高等教育应用型本科系列教材

有机化学

主　编　姚子健

副主编　高永红　卞　明

内容简介

本书是化学化工类专业应用型本科课程体系的系列教材之一。全书章节按照官能团分类进行编写。在内容上力求将有机化学基础理论知识与生产应用相结合。每章均包括化合物的结构、分类、命名、物理性质、化学性质以及其在有机合成中的应用等内容，并将其制备方法单独列出。本书还包含了对映异构和有机波谱两章理论性章节。

本书可作为高等学校化学化工类、应用化学类及相关专业的有机化学教材，也可以作为“中本贯通”化学工程与工艺等专业的有机化学教材。

图书在版编目(CIP)数据

有机化学/ 姚子健主编. —上海: 上海交通大学出版社，2022.1(2024.7 重印)

ISBN 978-7-313-25593-8

Ⅰ. ①有… Ⅱ. ①姚… Ⅲ. ①有机化学—高等学校—教材 Ⅳ. ①O62

中国版本图书馆 CIP 数据核字(2021)第 228796 号

有机化学

YOUJI HUAXUE

主　　编: 姚子健
副 主 编: 高永红　卞　明
出版发行: 上海交通大学出版社　　地　　址: 上海市番禺路 951 号
邮政编码: 200030　　电　　话: 021-64071208
印　　制: 上海新艺印刷有限公司　　经　　销: 全国新华书店
开　　本: 787 mm×1092 mm　1/16　　印　　张: 24.5
字　　数: 549 千字
版　　次: 2022 年 1 月第 1 版　　印　　次: 2024 年 7 月第 3 次印刷
书　　号: ISBN 978-7-313-25593-8
定　　价: 79.00 元

告读者: 如发现本书有印装质量问题请与印刷厂质量科联系
联系电话: 021-33854186

前　言

本书是化学化工类应用型本科课程体系的系列教材之一，同时也是上海应用技术大学“中本贯通”化学工程与工艺专业的有机化学教材用书。与原来的教学大纲相比较，教学学时数明显减少。为了能在较少的学时数内完成大纲规定的要求，在内容选材上本书以基本理论和基础知识为主，并且更加突出应用特征，力求将有机反应与生产应用相结合，在每类化合物的制备中增加各类化合物的来源和工业制法，并介绍了各类重要的、有代表性的化合物。

本书由上海应用技术大学姚子健、高永红、卞明、杜葩、康丽琴、廖慧英、孙小玲、肖繁花、任玉杰等参加编写。全书由姚子健统稿。此外，在编写过程中还得到上海应用技术大学有机化学教研室其他老师的协助。

由于编者水平有限，若有错误和不妥之处，敬请各位读者批评指正。

编　者

2021.9

目　录

第1章 绪　　论

1.1 有机化合物和有机化学

有机化学是研究有机化合物的组成、结构、性质及其变化规律的一门科学。研究内容主要包括有机化合物的性质及应用、有机反应机理、有机合成及有机化合物结构测定。

有机化合物与人类的生活密切相关，人们的衣食住行都离不开它，在很早以前人们就开始应用有机化合物。在古代人们就会用粮食发酵酿酒、酿醋，从甘蔗里制糖。18世纪，人们从尿中分离出尿素，从葡萄汁中分离出酒石酸，从酸牛奶中分离出乳酸等。但这些有机物质都来源于生物体内，因此，当时人们根据化合物的来源把从有生命的动物和植物中提取的物质称为有机化合物，而把从无生命的矿物中得到的物质称为无机化合物。但同时，化学家们认为有机物只能由生物细胞受一种特殊力量“生命力”的作用才会产生出来，人工是不能合成有机化合物的，这一思想曾一度统治了有机化学界，阻碍了有机化学的发展。

直到1828年，魏勒(Wohler)发现无机物氰胺酸很容易转变成尿素，即

$$NH_4OCN \xrightarrow{\triangle} H_2N-\overset{\overset{\displaystyle O}{\|}}{C}-NH_2$$

这是第一次将无机物人工合成有机化合物，对“生命力”学说是一个有力的冲击。

1845年，柯尔伯(Kolb)合成了醋酸，1854年，贝特罗(Berthelot)合成了油脂，1856年，普尔金(Perkin)合成了苯胺紫，随着越来越多的有机化合物在实验室中被成功合成，有机物的“生命力”学说才彻底被否认，开始了有机合成的新时代。

尽管如此，有机化合物这个名字现仍在使用，但其含义已发生了变化。大量研究表明，大部分有机化合物都含有碳元素，所以人们就把含碳的化合物称作有机化合物。然而，除了碳以外，绝大多数的有机化合物还含有氢，有的也含有氧、硫、氮和卤素等。因此，有机化合物更确切地说是烃及其衍生物。烃是指仅由碳、氢两种元素组成的化合物。烃的衍生物是指碳氢化合物上的氢被其他原子或基团取代了的化合物。然而，含碳的化合物不一定都是有机化合物，如一氧化碳、二氧化碳、碳酸盐及金属氰化物等，由于它们的结构和性质与无机化合物相似，因此仍属于无机化合物。

1.2 有机化合物的特点

有机化学作为一门独立的学科，其研究的对象有机化合物与无机化合物在结构和性质上存在着一定的差异。

1.2.1 有机化合物结构上的特点

从组成上来讲，组成有机化合物的元素甚少，除碳以外，还有氢、氧、氮、硫、磷和卤素等元素。但有机化合物的数量却极为庞大，迄今已逾一千万种，而且新合成或新分离和鉴定的有机化合物与日俱增。由碳以外的其他 100 多种元素组成的无机化合物的总数，还不到有机化合物的十分之一。有机化合物之所以数目众多，主要原因如下：

(1) 有机化合物的相对分子质量可大可小，其分子中原子个数可以从几个到几十个乃至几千个，每个有机化合物都有其独特的结构。不少有机分子的结构较为复杂，如维生素 B12 分子式为 $C_{63}H_{90}CoN_{14}O_{14}P$，由 183 个原子组成。

(2) 分子式相同而构造和性质不同的化合物称为同分异构体，这种现象称为同分异构现象。有机化合物中普遍存在着多种异构现象，如构造异构、顺反异构、对映异构、构象异构等。例如，乙醇和甲醚的分子式均为 C_2H_6O，但它们的结构不同，因而物理和化学性质也不相同。乙醇和甲醚互为同分异构体，结构如下：

```
    H  H              H     H
    |  |              |     |
 H—C—C—OH         H—C—O—C—H
    |  |              |     |
    H  H              H     H
```

乙醇　沸点：78.5℃　　　　甲醚　沸点：−25℃

由于在有机化学中普遍存在同分异构现象，故不能只用分子式来表示某一有机化合物，必须使用构造式或构型式。

(3) 碳有四个价电子，能形成四个共价键，碳与碳之间及碳与其他原子之间可形成稳定的共价键，并可通过单键、双键、三键连接成链状或环状化合物。

1.2.2 有机化合物性质上的特点

由于有机化合物结构上的特点，使得它在性质上与无机化合物，特别是与无机盐类有较明显的差别。有机化合物主要具有如下性质：

(1) 可燃性。大多数有机化合物都含有碳和氢两种元素，因此容易燃烧，而大多数无机化合物不可燃烧。

(2) 熔点低。有机化合物在室温下常为气体、液体或低熔点固体，一般固体化合物熔点不超过 400℃。

(3) 难溶于水。多数有机化合物易溶于有机溶剂而难溶于水。但是当有机化合物分子中含有能够与水形成氢键的羟基、磺基等基团时，该有机化合物也有可能可溶于水中。

(4) 反应速度慢。很多有机反应是反应速度缓慢的分子间的反应，往往需要加热或使用催化剂，而瞬间进行的离子反应很少。

(5) 副反应多。有机化合物结构复杂，在反应时其分子中有多个反应部位，因此，常有副反应发生，主产物的产率低，如

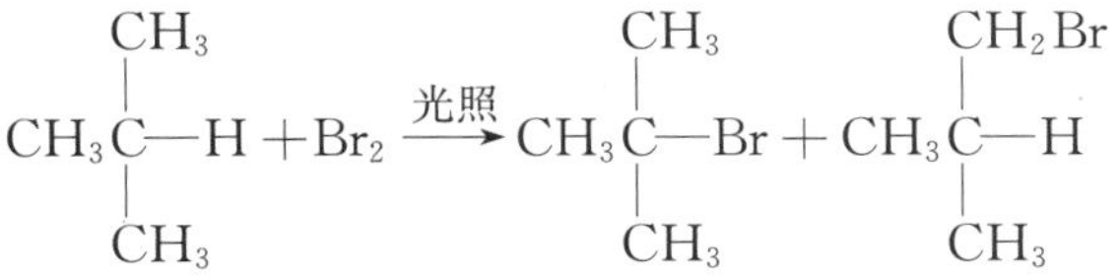

$$
\begin{array}{c}CH_3\\ |\\ CH_3C{-}H\\ |\\ CH_3\end{array} + Br_2 \xrightarrow{\text{光照}} \underset{\text{主产物}}{\begin{array}{c}CH_3\\ |\\ CH_3C{-}Br\\ |\\ CH_3\end{array}} + \underset{\text{副产物}}{\begin{array}{c}CH_2Br\\ |\\ CH_3C{-}H\\ |\\ CH_3\end{array}}
$$

1.3 有机化合物中的共价键

将分子中的原子结合在一起的力称为化学键。常见的化学键有共价键、离子键和金属键。有机化合物中最常见的是共价键。

1.3.1 共价键的形成

共价键是指成键的两个原子通过共用电子对结合在一起而形成的一种化学键。

1916 年，路易斯(Lewis)提出了原子的价电子可以配对共用形成共价键，使每个原子达到“八隅体”电子构型的学说。“八隅体”规则是指当各电子层轨道内充满电子时，原子的电子构型才是稳定的，电子不充满的构型是不稳定的，因此原子必须进行反应使电子充满轨道，使电子配对成键，以达到稳定的构型，使原子结合成稳定的分子，形成原子的价电子层达到与同周期惰性元素原子相同的稳定结构。

有机化合物是含碳的化合物，碳原子最外层有四个价电子，要想达到“八隅体”结构，既难失去四个电子成为 C^{4+}，也难得到四个电子成为 C^{4-}，它只能与其他的原子共享四对电子，达到外层 8 电子的稳定结构。如

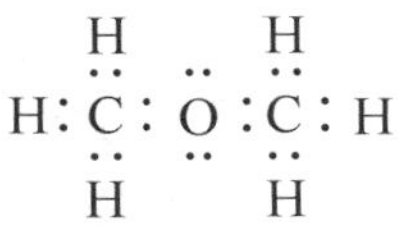

$$
\begin{array}{ccccc} & H & & H & \\ & \because & & \because & \\ H: & C & :\ddot{\underset{..}{O}}: & C & :H \\ & \because & & \because & \\ & H & & H & \end{array}
$$

1.3.2 价键理论

共价键的形成是成键原子的原子轨道相互交盖的结果，以氢分子的形成为例，如图 1－1 所示。

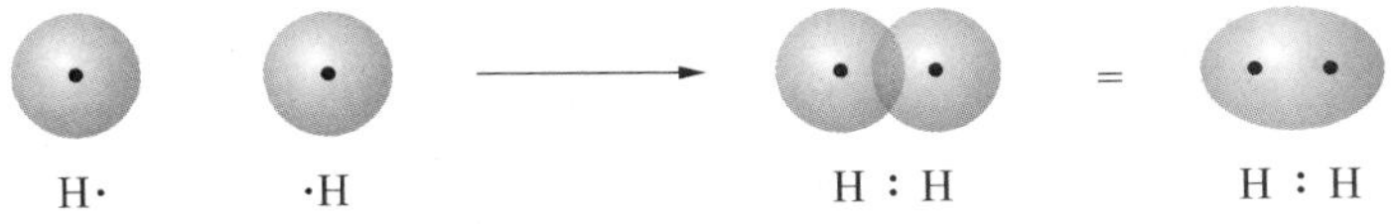

H·　·H　→　H : H　=　H : H

图 1－1　氢分子形成示意图

H原子的电子结构是$1s^1$，s轨道是球形的。当两个氢原子相接近时，H_2分子体系能量降低，也可以说是两个原子轨道发生了重叠。而在重叠的轨道上有两个自旋方向相反的电子，随着两个氢原子核间距离的减小，两核之间的电子云密度增大，体系能量降低。当两个原子核间距r为0.74 Å时，能量为最低值；r更小时，则因两核之间的斥力——库仑力增大，能量反而升高。氢分子形成过程的能量变化如图1-2所示。即当两核间距离为0.74 Å时，形成了稳定的H_2分子，这和实验测定值相符。价键理论指出成键电子必须自旋相反，并且认为共价键的本质是两个原子有自旋方向相反的未成对电子，它们的原子轨道发生了重叠，使体系能量降低而成键。

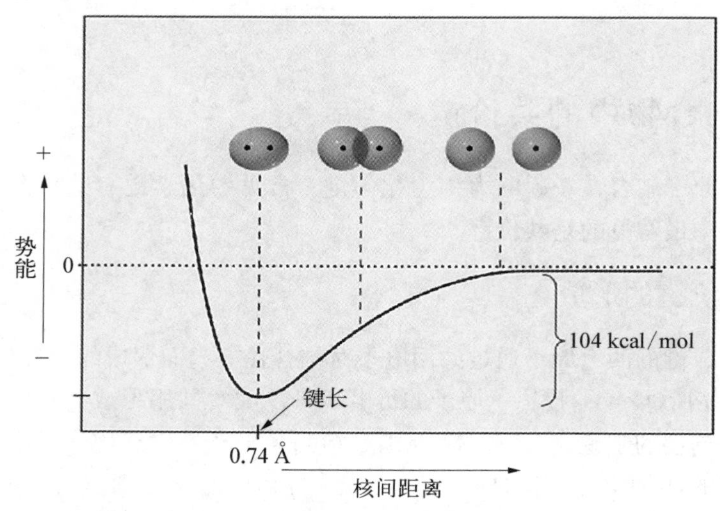

图1-2　氢分子形成能量

由此可知价键理论原则如下：

(1) 如果两个原子各有一个未成对电子，且自旋方向相反，则配对形成一个共价键；如两原子各含有两个或三个未成对原子，则两两配对形成双键或三键。

(2) 共价键的饱和性。一个原子的未成对电子配对后，就不能再与其他原子的未成对电子配对，即原子中有几个未成对电子就只能与几个其他原子中未成对电子配对。

各原子都有确定的不成对电子，所以它的共价键数是一定的。如H和Cl都是1价、O和S是2价、N是3价、C是4价等。按此推理，不同原子形成共价化合物时均有确定的原子比，如可以有HCl、H_2S、NH_3和CH_4等共价化合物，但不可能有HCl_2或H_4S分子，这就是共价键的饱和性。

(3) 共价键的方向性。两个成键原子的电子云重叠越多，形成的共价键越强。因此要尽可能在电子云密度最大的地方重叠。由于除s轨道外，其他成键的原子轨道都不是球形对称的，所以有明显的方向性。以H—Cl的形成为例，如图1-3所示，H的1s轨道和Cl的3p轨道按方式(1)重叠，才能形成稳定的化学键。

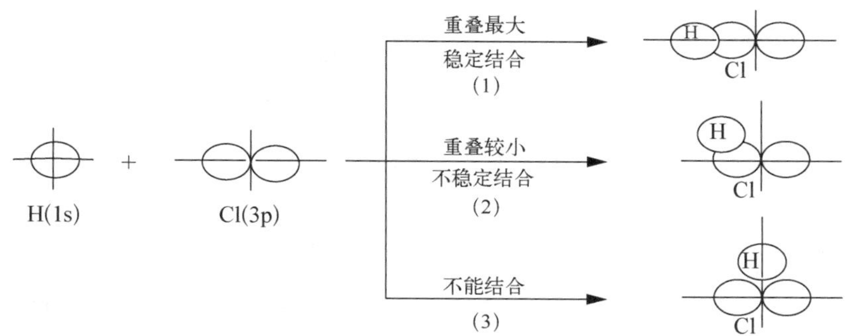

图 1-3 s 和 p 电子原子轨道的三种重叠情况

碳原子在基态时，只有两个未成对电子。根据价键理论碳原子应是二价的。但大量事实都证实，在有机化合物中碳原子都是四价的，而且在饱和化合物中，碳的四价都是等同的。1931 年，鲍林(Pauling)提出了原子轨道杂化理论。原子轨道杂化理论认为：碳原子在成键的过程中首先要吸收一定的能量，使 2s 轨道的一个电子跃迁到 2p 空轨道中，形成碳原子的激发态。然后外层能量相近的 2s 轨道和 2p 轨道进行杂化，可以“混合起来”进行“重新组合”，形成几个能量等同的新轨道，称为杂化轨道。杂化轨道的能量稍高于 2s 轨道的能量，稍低于 2p 轨道的能量。这种由不同类型的轨道混合起来重新组合成新轨道的过程，称为“轨道的杂化”。杂化轨道的数目等于参加组合的原子轨道的数目。碳原子轨道的杂化有 sp^3 杂化、sp^2 杂化和 sp 杂化。

(1) sp^3 杂化。由一个 2s 轨道和三个 2p 轨道杂化形成四个能量相等的新轨道称为 sp^3 杂化轨道，这种杂化方式称为 sp^3 杂化，其杂化过程如图 1-4 所示。

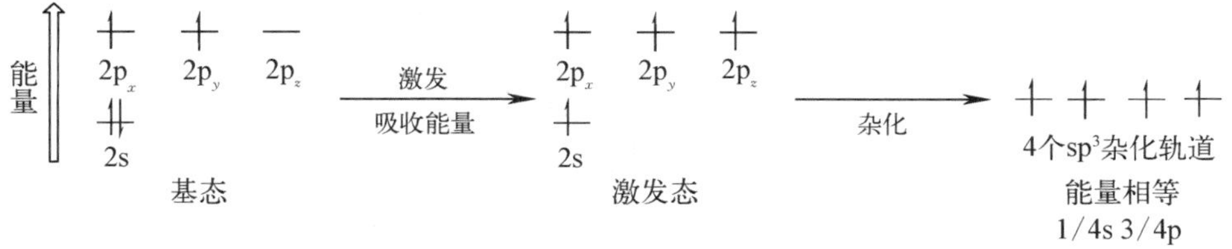

图 1-4 碳原子的 sp^3 杂化

sp^3 杂化轨道的形状及能量既不同于 2s 轨道，又不同于 2p 轨道，它含有 1/4 的 s 成分和 3/4 的 p 成分。sp^3 杂化轨道是有方向性的，即在对称轴的一个方向上集中，四个 sp^3 杂化轨道呈四面体分布，轨道对称轴之间的夹角均为 109.5°，其形状如图 1-5 所示，这使得成键电子之间的排斥力最小，结构最稳定。

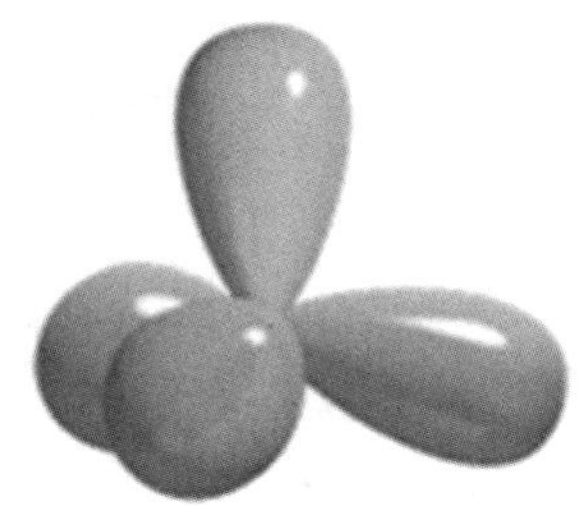

图 1-5 碳原子 sp^3 杂化轨道

(2) sp^2 杂化。由一个 2s 轨道和两个 2p 轨道重新组合成三个能量等同的杂化轨道，称为 sp^2 杂化，其杂化过程如图 1-6 所示。

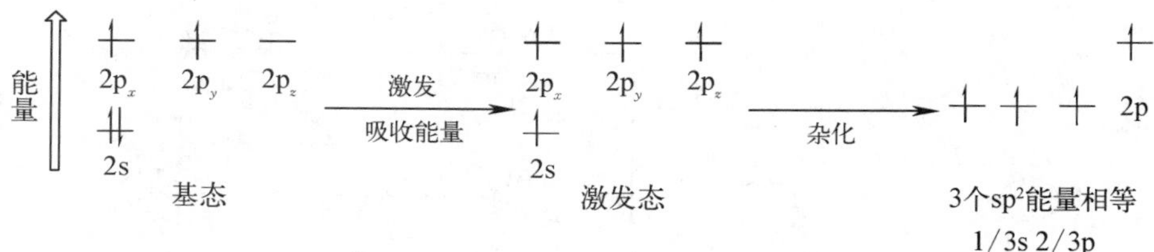

图 1-6 碳原子的 sp^2 杂化

sp^2 杂化轨道的形状与 sp^3 杂化轨道相似，sp^2 杂化轨道含有 1/3 的 s 成分和 2/3 的 p 成分，这三个 sp^2 杂化轨道的对称轴在同一平面上，并以碳原子核为中心，分别指向正三角形的三个顶点，对称轴的夹角为 120°，其形状如图 1-7(a)所示。碳原子还余下一个未参与杂化的 2p 轨道，仍保持原来的形状，它的对称轴垂直于三个 sp^2 杂化轨道对称轴所在的平面，其形状如图 1-7(b)所示。

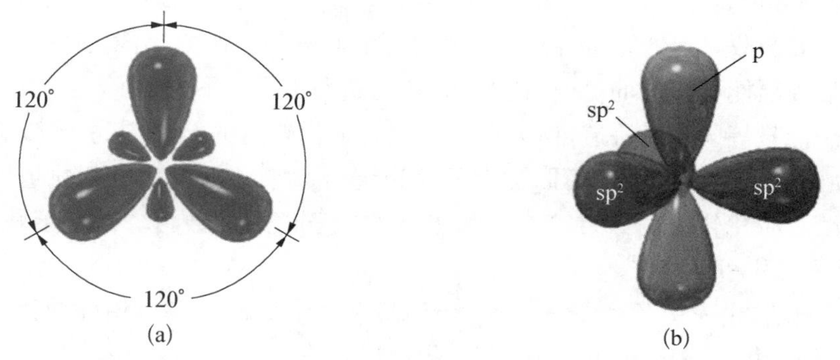

图 1-7 碳原子 sp^2 杂化轨道

(a) sp^2 杂化轨道；(b) sp^2 杂化碳的原子轨道

(3) sp 杂化。由一个 2s 轨道和一个 2p 轨道重新组合成两个能量等同、方向相反的杂化轨道，称为 sp 杂化，其杂化过程如图 1-8 所示。

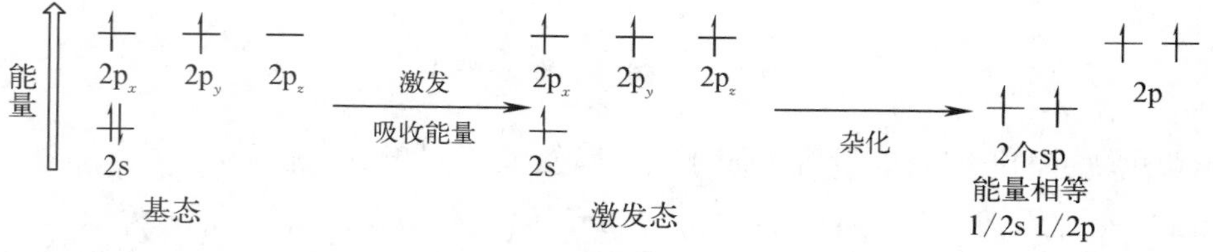

图 1-8 碳原子的 sp 杂化

sp 杂化轨道的形状与 sp^3、sp^2 杂化轨道的形状相似，sp 杂化轨道含有 1/2 的 s 成分和 1/2 的 p 成分，两个 sp 杂化轨道伸向碳原子核的两边，它们的对称轴在一条直线上，呈 180° 夹角，其形状如图 1-9(a)所示。碳原子还余下两个未参与杂化的 2p 轨道，这两个 2p 轨道仍保持原来的形状，其对称轴不仅互相垂直，而且都垂直于 sp 杂化轨道对称轴所在的直线，其形状如图 1-9(b)所示。

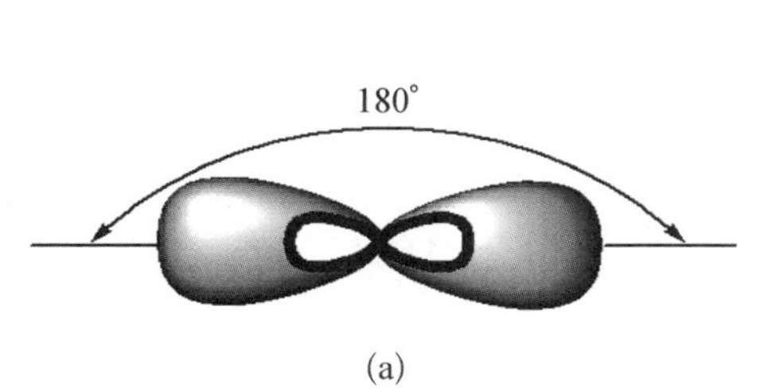

(a)

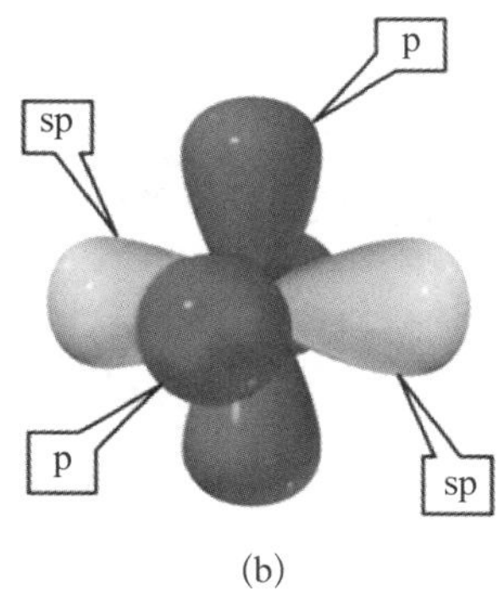

(b)

图1-9 碳原子 sp 杂化轨道

(a) sp 杂化轨道;(b) sp 杂化碳的原子轨道

1.4 共价键的属性

有机化学中通常用键角、键长、键能和键的极性来表征共价键的属性。

1.4.1 键长

当两个原子以共价键结合时,两原子核与核之间电子云的吸引力把它们拉到一起,当原子接近到一定距离,核与核、电子与电子之间又产生排斥,当吸引力与排斥力达到平衡时,两个原子保持一定的距离。成键原子的原子核之间的平均距离称为键长。

不同的共价键有不同的键长,键长越短,核与核之间电子云吸力越强,电子云越集中于两核之间,轨道重叠越大,键越牢固、稳定。常见的共价键键长如表1-1所示。

表1-1 常见的共价键键长

键	键长/nm	键	键长/nm
C—H	0.109	C—N	0.147
C—C	0.154	C—F	0.141
C=C	0.133	C—Cl	0.176
C≡C	0.120	C—Br	0.194
C—O	0.143	C—I	0.214

1.4.2 键能

共价键形成时要释放能量,反之,共价键断裂时必须吸收能量。共价键形成(或断裂)的过程中释放(或吸收)的能量称为键能。使1 mol 双原子分子(气态)解离为原子(气态)时所需能量则称为离解能。

对于双原子分子而言,键能等于离解能。如

$$2H \longrightarrow H_2 \qquad \Delta H = -435\ \text{kJ/mol}$$

$$H_2 \longrightarrow 2H \qquad \Delta H = 435\ \text{kJ/mol}$$

对于多原子分子而言，其键能为断裂分子中相同类型共价键所需能量的平均值。如

$$CH_4 \rightarrow \cdot CH_3 + \cdot H \qquad \Delta H = 434.7\ \text{kJ/mol}$$

$$\cdot CH_3 \rightarrow \cdot CH_2 \cdot + \cdot H \qquad \Delta H = 443.1\ \text{kJ/mol}$$

$$\cdot CH_2 \cdot \rightarrow \cdot \dot{C}H \cdot + \cdot H \qquad \Delta H = 441.1\ \text{kJ/mol}$$

$$\cdot \dot{C}H \cdot \rightarrow \cdot \dot{\underset{\cdot}{C}} \cdot + \cdot H \qquad \Delta H = 338.6\ \text{kJ/mol}$$

C—H 的键能为以上四个碳氢键离解能的平均值，即 $(423+439+448+347)\div 4 = 414\ \text{kJ/mol}$，可见在多原子分子中键能和离解能是有差别的。

键能反映了化学键的强度，化学键的键能越大，键越牢固。

1.4.3 键角

二价以上的原子与其他原子成键时，键与键之间的夹角称为键角。如

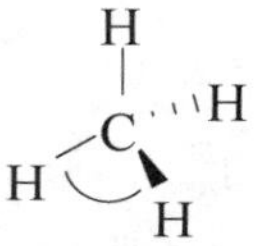

109°28′  105°

键角反映了分子中的原子在空间排列的形态。键角与成键中心原子的杂化态有关，也受到分子中其他原子的影响。

1.4.4 键的极性

键的极性是由于成键的两个原子之间存在电负性差异。电负性是指分子中的原子吸引电子的能力，常见原子的电负性如图 1-10 所示。

IA	IIA	IB	IIB	IIIA	IVA	VA	VIA	VIIA
H 2.1								
Li 1.0	Be 1.5			B 2.0	C 2.5	N 3.0	O 3.5	F 4.0
Na 0.9	Mg 1.2			Al 1.5	Si 1.8	P 2.1	S 2.5	Cl 3.0
K 0.8	Ca 1.0							Br 2.8
								I 2.5

图 1-10 常见原子的电负性

在由相同原子或电负性相近的原子形成的共价键中，电子云在两个原子核之间对称分布，正负电荷中心重合，这种共价键称为非极性共价键，如 H_2、Cl_2 等。由两个电负性不相同的原子形成的共价键，电子云非对称地分布在两个成键原子之间，电负性大的原子由于对共享电子有较大吸引力而带部分负电荷(δ^-)，电负性小的原子则带有部分负电荷(δ^+)，正负电荷中心不重合，这种共价键称为极性共价键，如

$$\overset{\delta^+}{H}—\overset{\delta^-}{Cl}$$

共价键的极性大小主要取决于成键原子电负性差值的大小，电负性差值越大，键的极性越强。若成键原子电负性差值小于 0.6，所形成的键为共价键，电负性相差 0.6～1.7 的为极性共价键，电负性相差 1.7 以上的为离子键。

此外，键的极性强弱还可用偶极矩(μ)来衡量，它是正、负电中心的电荷 q 与正负电荷中心之间距离 d 的乘积

$$\mu = q \times d$$

偶极矩的单位常用 C·m(库仑·米)或 D(德拜)表示($1\ D = 3.335 \times 10^{-30}\ C \cdot m$)，$\mu$ 越大，键(或分子)的极性越强，因此也可以用偶极矩来判断分子极性大小。

偶极矩是向量。用 $+\!\!\longrightarrow$ 来表示，箭头从正电荷指向负电荷。在双原子分子中，分子的偶极矩就是键的偶极矩。如

H—Cl	H—H	Cl—Cl
$+\!\!\longrightarrow$		
$\mu = 3.57 \times 10^{-30}\ C \cdot m$	$\mu = 0$	$\mu = 0$

多原子分子的偶极矩是分子中各个共价键的偶极矩的向量和。偶极矩为零的分子为非极性分子，偶极矩不为零的分子为极性分子。偶极矩越大，分子极性越大。如

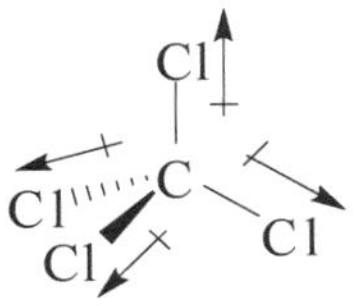

CCl_4	CH_2Cl_2	CH_3Cl
$\mu = 0$	$\mu = 3.28 \times 10^{-30}\ C \cdot m$	$\mu = 6.47 \times 10^{-30}\ C \cdot m$

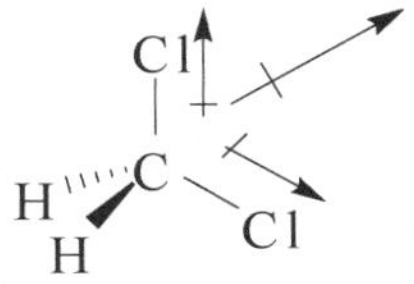

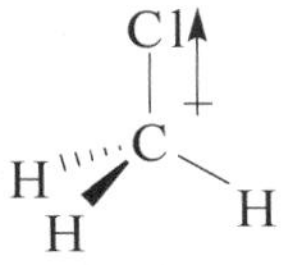

在多原子分子中，由于成键原子电负性不同所引起的使得整个分子中成键电子云按一定方向移动的效应，或者说是键的极性通过键链依次诱导传递的效应，称为诱导效应(inductive effects)，通常用 I 表示。但诱导效应会随分子链的增长而迅速衰减，如在 1-氯丁烷分子中

$$\underset{4}{CH_3}—\overset{\delta\delta\delta^+}{\underset{3}{CH_2}}—\overset{\delta\delta^+}{\underset{2}{CH_2}}—\overset{\delta^+}{\underset{1}{CH_2}}—\overset{\delta^-}{Cl}$$

由于氯原子的电负性较强，C—Cl 键上的电子云偏向氯，使氯带部分负电荷(δ^-)，C1 带部分正电荷(δ^+)。由于 C1 带部分正电荷，通过静电作用使得 C1 和 C2 之间的电子云也产生一定"偏移"，导致 C2 也带有少量的正电荷($\delta\delta^+$)。这样依次影响下去，C3 上带有更少正电荷($\delta\delta\delta^+$)。归纳诱导效应特性如下：

(1) 诱导效应是静电作用的结果。

(2) 诱导效应是永久性效应，沿键链传递，随分子链的增长而迅速衰减，一般能传到第三、四个键。

(3) 诱导效应具有方向性。以 C—H 为基准，一个原子或基团电负性比氢大，称为吸电子取代基，由吸电子取代基引起的诱导效应称为吸电子诱导效应，用－I 表示。一个原子或基团电负性比氢小，称为给电子取代基，由给电子取代基引起的诱导效应称为给电子诱导效应，用＋I 表示。

1.4.5 共价键的断裂和有机反应类型

化学反应是旧键断裂、新键形成的过程。根据共价键的断裂方式可以把有机反应分为不同的类型。共价键的断裂有均裂和异裂两种形式。

均裂是指共价键的电子对断裂时平均分配给两个键合原子上，形成带有单电子的原子或基团，即

$$A:B \xrightarrow{\text{均裂}} A\cdot + B\cdot$$

由均裂生成的带有单电子的原子或基团称为自由基。因共价键的均裂所引起的反应称为自由基反应。

异裂是指共价键的电子对断裂时完全被一个原子所占有，形成正、负离子，即

$$A:B \xrightarrow{\text{异裂}} A^+ + B^-$$

$$-\overset{|}{\underset{|}{C}}{}^+\ L:^- \xleftarrow{\text{异裂}} -\overset{|}{\underset{|}{C}}:L \xrightarrow{\text{异裂}} -\overset{|}{\underset{|}{C}}:^-\ L^+$$

因共价键的异裂产生离子的化学反应称为离子型反应。

自由基、碳正离子和碳负离子都是在反应过程中暂时生成的、瞬间存在的活性中间体，具有内能高、不稳定、反应活性很高等特点。

另外，周环反应在反应过程中化学键的断裂和新化学键的生成同时进行，经过环状过渡态，无活性中间体生成。

1.5 有机化学中的酸碱理论

有机化学中的酸碱理论是理解有机反应的最基本的概念之一，目前广泛应用于有机化学的是布朗斯特(Brönsted)酸碱理论和路易斯酸碱理论。

1.5.1 布朗斯特酸碱理论

布朗斯特酸碱理论又称为质子酸碱理论。布朗斯特酸是指能给出质子的物质，如 HCl、NH_4^+。而布朗斯特碱是指能接受质子的物质，一般是含未共用电子对或本身带负电荷的物质，如 NH_3、H_2O。酸碱反应是质子从酸转移给碱的过程，即

$$\underset{\text{酸}}{HCl} + \underset{\text{碱}}{H_2O} \longrightarrow \underset{\text{共轭酸}}{H_3^+O} + \underset{\text{共轭碱}}{Cl^-}$$

一个酸释放质子后产生的酸根被认为是该酸的共轭碱。一个碱与质子结合后形成的质子化合物被认为是该碱的共轭酸。

酸性强度取决于给出质子能力的强弱。给出质子的能力越强，酸性越强；给出质子的能力越弱，酸性越弱。同样，接受质子的能力越强，碱性越强；接受质子的能力越弱，碱性越弱。酸碱反应是一个可逆反应，平衡偏向生成较弱的酸和较弱的碱一方。此外，在共轭酸碱中，酸性越强，共轭碱碱性越弱。

对于给定的物种，酸碱性还随介质不同而有所不同。这种现象称为酸碱的相对性。如

$$\underset{\text{酸}}{CH_3COOH} + H_2O \rightleftharpoons CH_3COO^- + H_3O^+$$

$$\underset{\text{碱}}{CH_3COOH} + H_2SO_4 \rightleftharpoons CH_3CO\overset{+}{\underset{H}{O}}H + HSO_4^-$$

1.5.2 路易斯酸碱理论

路易斯酸碱理论又称为电子酸碱理论。与布朗斯特酸、碱一定要与质子的传递相关不同，路易斯酸是能接受外来电子对的分子或离子，如带正电荷的 H^+、Ag^+，有空轨道的 BF_3、$AlCl_3$；碱是能提供一对电子的分子或离子，如 NH_3、H_2O、OH^-、Cl^-。即酸是电子对的接受体，碱是电子对的给予体。

$$\ddot{N}H_3^+ + \colon BF_3 \longrightarrow \overset{+}{N}H_3—BF_3^-$$

路易斯酸是缺电子的，反应时进攻反应物电子云密度大的部位，是亲电试剂。路易斯碱是富电子的，它进攻反应物电子云密度小的部位，是亲核试剂。反应产物称为路易斯酸碱加合物。路易斯碱与布朗斯特碱是一致的，但路易斯酸的范围要比布朗斯特酸大得多。

1.6 有机化合物的分类

有机化合物数量庞大，为了系统地学习和研究有机化合物，有必要对其进行科学的分类。有机化合物的分类方法主要按分子的碳骨架和分子中含有的官能团进行分类。

1.6.1 按碳骨架分类

按碳骨架不同，可将有机化合物分为以下几类。

1. 开链化合物

分子中碳原子连接成链状，称为开链化合物，又称脂肪族化合物。其中碳原子之间可以通过单键、双键或三键相连，如

$CH_3CH_2CH_3$	$CH_3CH{=}CH_2$	$CH_3C{\equiv}CH$	$CH_3CH_2CH_2OH$
丙烷	1-丙烯	丙炔	乙醇

2. 脂环（族）化合物

脂环（族）化合物分子中碳原子相互连接成环状结构，如

环己烷　环戊二烯　环辛炔　环己醇

3. 芳香族化合物

芳香族化合物分子中一般含有苯环结构，其性质不同于脂环族化合物，具有芳香性，如

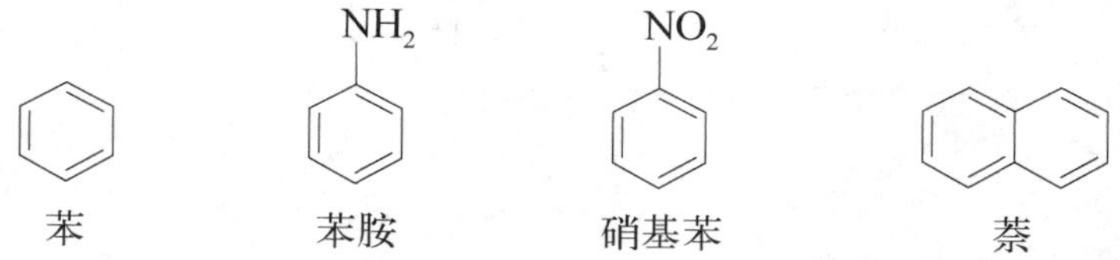

苯　苯胺　硝基苯　萘

4. 杂环化合物

分子中含有碳原子和其他原子（N、O、S 等）连接成环的化合物，如

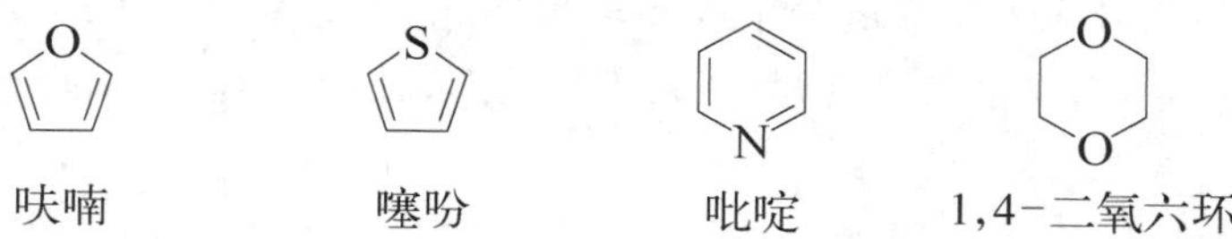

呋喃　噻吩　吡啶　1,4-二氧六环

1.6.2 按官能团分类

官能团是指分子中比较活泼且容易发生反应的原子或基团，它决定了一类化合物的主要性质，反映化合物的主要结构特征，含有相同官能团的化合物具有相似的性质。常见的官能团如表 1-2 所示。

表 1-2　一些常见的官能团

化合物类别	官能团	官能团名称	化合物举例
烯　烃	$\rangle C{=}C\langle$	双　键	$H_2C{=}CH_2$

续 表

化合物类别	官能团	官能团名称	化合物举例
炔烃	$—C\equiv C—$	三键	$HC\equiv CH$
卤代烃	—X(F,Cl,Br,I)	卤原子	C_2H_5Cl
醇和酚	—OH	羟基	C_2H_5OH
醚	(C)—O—(C)	醚键	$C_2H_5OC_2H_5$
醛	$—\overset{O}{\overset{\parallel}{C}}—H$	(醛)羰基	C_2H_5CHO
酮	$(C)—\overset{O}{\overset{\parallel}{C}}—(C)$	(酮)羰基	$C_2H_5—\overset{O}{\overset{\parallel}{C}}—C_2H_5$
酸	$—\overset{O}{\overset{\parallel}{C}}—OH$	羧基	$C_2H_5—\overset{O}{\overset{\parallel}{C}}—OH$
腈	—CN	氰基	C_2H_5CN
胺	$—NH_2$	氨基	$C_2H_5NH_2$
硝基化合物	$—NO_2$	硝基	$C_2H_5NO_2$
硫醇	—SH	巯基	C_2H_5SH
磺酸	$—SO_3H$	磺酸基	$C_6H_5SO_3H$

本书是按照官能团分类的体系来讨论各类有机化合物的，因为含有相同官能团的化合物具有类似的化学性质，将它们归于一类进行研究不但更为方便，还能反映各类化合物之间的相互联系。

习 题

1-1 简单解释下列名词：

(1) 有机化合物 (2) 共价键 (3) 键长 (4) 键角

(5) 键能 (6) 极性键 (7) 诱导效应 (8) 路易斯酸碱

1-2 将下列共价键按它们的极性大小次序排列：

(1) H—N，H—F，H—O，H—C

(2) C—Cl，C—F，C—O，C—N

1-3 判断下列化合物有无偶极：

(1) HBr (2) CO_2 (3) CH_3OCH_3 (4) CCl_4

1-4 下列物种哪些是路易斯酸？哪些是路易斯碱？哪些是路易斯酸碱加合物？

(A) $C_6H_5^-$ (B) H_3O^+ (C) $AlCl_3$ (D) NH_3 (E) BF_3 (F) HCl (G) NO_2^+

第 2 章　烷烃和环烷烃

烃是最简单的一类有机化合物，是有机物的母体，其他有机物都可以看成是烃的衍生物。根据分子中碳原子的连接方式，烃可以简单地分为开链烃（链烃）和闭链烃（环烃）；根据分子中是否含有不饱和键（即双键或三键），烃又可以分为饱和烃和不饱和烃，饱和烃又可以分为烷烃和环烷烃。

2.1　烷烃

2.1.1　烷烃的通式和构造异构

烷烃通常是指链状的碳氢化合物，其通式为 C_nH_{2n+2}，n 为碳原子数。一般把结构相似、分子组成只相差若干个“CH_2”的同一类有机化合物互相称为同系物。同系列中的同系物，彼此结构相似，具有相似的化学性质，其物理性质则随其分子组成的大小而显出规律性变化。

$$\begin{array}{ccccc} & H & \\ & | & \\ H- & C & -H \\ & | & \\ & H & \end{array} \quad \begin{array}{cccc} & H & H & \\ & | & | & \\ H- & C- & C & -H \\ & | & | & \\ & H & H & \end{array} \quad \begin{array}{ccccc} & H & H & H & \\ & | & | & | & \\ H- & C- & C- & C & -H \\ & | & | & | & \\ & H & H & H & \end{array} \quad \begin{array}{cccccc} & H & H & H & H & \\ & | & | & | & | & \\ H- & C- & C- & C- & C & -H \\ & | & | & | & | & \\ & H & H & H & H & \end{array}$$

烷烃中碳原子以单键的形式与其他碳原子或氢原子相结合。最为简单的烷烃即含一个碳原子的甲烷分子，其分子式为 CH_4。当所含碳原子数目增加时，含相同碳原子数的烷烃分子结构式会有所不同。例如，含有四个碳原子数目的烷烃（C_4H_{10}），就有如下两种异构体：

$$\begin{array}{c} CH_3CH_2CH_2CH_3 \\ \\ \\ \text{正丁烷} \end{array} \qquad \begin{array}{c} CH_3CHCH_3 \\ \quad | \quad \\ \quad CH_3 \\ \text{异丁烷} \end{array}$$

正丁烷和异丁烷具有相同的分子式 C_4H_{10}，但是它们是不同的化合物（沸点分别为

—0.5℃和—11.7℃)。正丁烷和异丁烷是分子构造不同的同分异构体,又称作构造异构体。通常对于烷烃分子而言,分子内部原子间键合顺序主要是碳骨架的不同,故其同分异构现象又称为碳架异构。

随着碳原子数的增加,烷烃的同分异构体的数目会惊人地增长,如表 2-1 所示。

表 2-1　部分烷烃(C_nH_{2n+2})的同分异构体数目

碳原子数	异构体数目	碳原子数	异构体数目	碳原子数	异构体数目	碳原子数	异构体数目
1	1	7	9	13	802	19	148 284
2	1	8	18	14	1 858	20	366 319
3	1	9	35	15	4 347	21	910 726
4	2	10	75	16	10 359	22	2 278 658
5	3	11	159	17	24 894	23	5 731 580
6	5	12	355	18	60 523	24	14 490 245

2.1.2　烷烃的命名

1. 烷烃中碳和氢的分类

1) 碳原子分类

根据分子中碳原子所处环境的不同,烷烃中的碳原子可以分为四类。仅与 1 个碳原子相连的碳原子称为伯碳,常用 1°碳表示;与 2 个碳原子相连的碳称为仲碳,常以 2°碳表示;与 3 个碳原子相连的碳称为叔碳,常用 3°碳表示;与 4 个碳原子相连的碳称为季碳,用 4°碳表示,如图 2-1 所示。

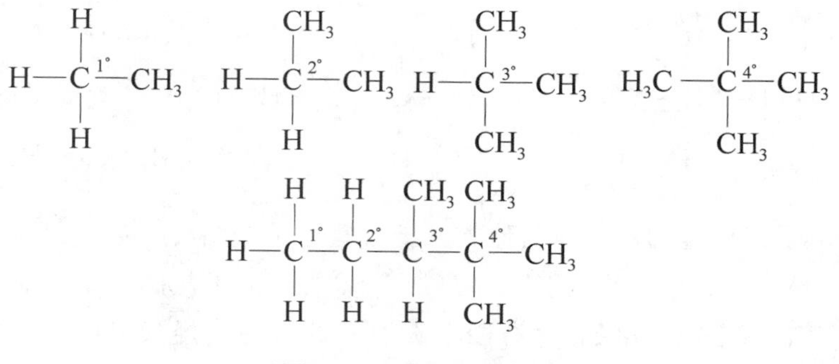

图 2-1　碳原子的类型

2) 氢原子分类

有机分子中氢原子的分类是根据碳原子的类型来进行划分的。伯碳上所连接的氢原子称为伯氢,仲碳上所连接的氢原子称为仲氢,叔碳上所连接的氢称为叔氢,分别用 1°氢、2°氢、3°氢表示,如图 2-2 所示。而季碳上只有碳没有氢,故无季氢。

```
        H               CH3              CH3
        |               |                |
   H¹°—C—CH3      H²°—C—CH3       H³°—C—CH3
        |               |                |
        H               H                CH3

        H    H    CH3  CH3
        |    |    |    |
    H—C —C —C —C —CH3
        |    |    |    |
        H¹°  H²°  H³°  CH3
```

图 2-2　氢原子的类型

2. 烷基的命名

烷烃分子中失去一个或多个氢原子的部分称为烷基，常用 R—表示。例如，甲烷分子失去一个氢原子后称为甲基，乙烷失去一个氢原子称为乙基，甲烷分子失去两个氢原子称为亚甲基。一些常见的烷基名称与结构如表 2-2 所示。

表 2-2　常见烷基名称与结构

烷基结构	中文名称	英文缩写	烷基结构	中文名称	英文缩写
CH_3—	甲　基	Me	$CH_3CH_2CH_2CH_2$—	正丁基	*n*-Bu
CH_3CH_2—	乙　基	Et	$CH_3CH_2\underset{\vert}{C}HCH_3$	仲丁基	*s*-Bu
$CH_3CH_2CH_2$—	正丙基	*n*-Pr	$CH_3\overset{CH_3}{\overset{\vert}{C}}HCH_2$—	异丁基	*i*-Bu
$CH_3\underset{\vert}{C}HCH_3$	异丙基	*i*-Pr	$CH_3\overset{CH_3}{\overset{\vert}{\underset{\vert}{C}}}CH_3$	叔丁基	*t*-Bu
—CH_2—	亚甲基	—	—CH_2CH_2—	1,2-亚乙基	—

3. 烷烃的命名

有机化合物的命名十分复杂，不仅要考虑化合物分子中原子的组成及数目，而且要反映出化合物的结构。现在我国常用的命名法是普通命名法和系统命名法。有时个别化合物还会使用俗名和衍生物命名法。

1）普通命名法

普通命名法适用于结构比较简单的烷烃命名。具体规则如下：根据烷烃中所含碳原子的数目，按照“甲”“乙”“丙”“丁”“戊”“己”“庚”“辛”“壬”“癸”顺序依次命名。对于 10 个碳原子以上的则直接称为“十一”“十二”等。例如，C_8H_{18}称为辛烷，$C_{18}H_{38}$称为十八烷。

对于只有一条碳原子链（即没有支链）的烷烃，在名称前冠以“正”字；链端第 2 个碳连有一个甲基称为“异”；链端第 2 个碳上连有两个甲基的，则称为“新”。例如

$CH_3CH_2CH_2CH_2CH_3$　　$CH_3CH(CH_3)CH_2CH_3$　　$CH_3C(CH_3)_2CH_3$

正戊烷　　异戊烷　　新戊烷

这种命名简单方便，然而对于复杂烷烃而言，则很难用普通命名法表述，需要用系统命名法。

2）系统命名法

系统命名法是根据国际纯粹与应用化学联合会（International Union of Pure and Applied Chemistry，IUPAC）制定的命名原则，并结合我国文字特点对有机化合物进行命名的方法。对于简单烷烃而言，在系统命名法中，直链烷烃与普通命名法相同，但不加"正"字，例如戊烷和十二烷。

系统命名法规则如下：

（1）选择主链。

选择含有最多碳原子数量的碳链作为主链，根据该主链上含有碳原子个数命名为"某烷"。主链以外的支链视为取代基，即失去一个氢原子的烷基。当有几个等长碳链可供选择时，则选取所含支链数目最多的碳链作为主链。例如，沿如下虚线标注方向选取，主链最长，且取代基最多，定为主链：

$CH_3CH(CH_3)CH(CH_3)CH(CH_2CH_2CH_3)CH(CH_3)CH_2CH_3$

（2）编号。

从靠近支链最近的一端开始依次给主链碳原子进行编号，用阿拉伯数字表示取代基位次。当存在几种编号时，还要遵从取代基具有"最低系列原则"的编号方式。所谓最低系列原则，指的是当分别从主链两端进行编号后，同类取代基的位号逐位对比，在最早出现差别的那位数中，取位号小的那种编号法编号。例如

$CH_3CH(CH_3)CH_2CH(CH_3)C(CH_3)_2CH_3$

A：2，2，3，5-四甲基己烷（正确）
B：2，4，5，5-四甲基己烷（错误）

按照命名A的编号顺序，取代基的位置分别为2，2，3，5；而命名B的编号则为2，4，5，5。逐个比较甲基的位次，第一个均为2，第二个在A中是2，而在B中为4，因此A中系列编号为最低，即选用命名A编号次序。

当不同取代基距离主链两端相等时，应该按"次序规则"对取代基进行排序，编号时尽量

使小基团编号最小。

(3) 命名。

书写名称按照取代基的位置、取代基的个数、取代基的名称、主链名称的顺序排列。

当分子中含有多个相同取代基时，应合并在一起，相同取代基的数量用汉字表示，如以二、三、四作为其前缀，而各自所在位次以阿拉伯数字由小到大列出并用逗号隔开。例如，3，3-二甲基己烷和 2，2，4-三甲基戊烷。

CH_3（C3 上）
$\overset{1}{C}H_3\overset{2}{C}H_2\overset{3}{C}CH_2CH_2CH_3$
CH_3（C3 上）

3,3-二甲基己烷

CH_3（C2 上）　CH_3（C4 上）
$CH_3\overset{2}{C}CH_2\overset{4}{C}HCH_3$
CH_3（C2 上）

2,2,4-三甲基戊烷

当分子内存在多个不同组取代基时，按“次序规则”排序，各组间用“-”相连。例如

CH_3（C2 上）　C_2H_5（C4 上）
$CH_3\overset{2}{C}H\overset{3}{C}H\overset{4}{C}H\overset{5}{C}HCH_3$
C_2H_5（C3 上）　CH_3（C5 上）

2,5-二甲基-3,4-二乙基己烷

CH_3（C2 上）　CH_3（C4 上）
$CH_3\overset{2}{C}H\overset{3}{C}H\overset{4}{C}H\overset{5}{C}HCH_2CH_3$
C_2H_5（C3 上）　CH_3（C5 上）

2,4,5-三甲基-3-乙基庚烷

(4) 支链的命名。

对于更为复杂的支链，还可以对支链编号，把含有取代基的支链名称放在括号中。支链上取代基的编号应从与主链直接相连的侧链碳原子开始编起。例如

$\overset{1}{C}H_3\overset{2}{C}H_2\overset{3}{C}H_2\overset{4}{C}H_2—\overset{5}{C}H\overset{6}{C}H_2\overset{7}{C}H_2\overset{8}{C}H_2\overset{9}{C}H_3$
（C5 上）$H_3C—\overset{1'}{C}—\overset{2'}{C}H_2\overset{3'}{C}H_3$
（C1′ 上）CH_3

5-(1,1-二甲基丙基)壬烷

（C2′ 上）CH_3
（C6 上）$\overset{1'}{C}H_2—\overset{2'}{C}H—\overset{3'}{C}H_3$
$\overset{1}{C}H_3\overset{2}{C}H_2\overset{3}{C}H_2\overset{4}{C}H_2—\overset{5}{C}H\overset{6}{C}H\overset{7}{C}H_2\overset{8}{C}H_2\overset{9}{C}H_3$
（C5 上）$\overset{1}{C}H—\overset{2}{C}H_3$
（C1 上）CH_3

6-(2-甲基丙基)-5-(1-甲基乙基)壬烷

2.1.3　烷烃的结构

1. 碳的 sp^3 杂化

根据鲍林的杂化理论，烷烃中的碳原子采取 sp^3 的杂化形式，形成的 sp^3 杂化轨道与其他碳原子的 sp^3 或氢原子的 1s 轨道形成共价键。

2. σ 键的性质

两原子间沿核间连线(键轴)以“头碰头”的方式发生原子轨道(电子云)重叠，这种沿着键轴呈现圆柱形对称分布的重叠轨道称为 σ 轨道。σ 轨道上的电子称为 σ 电子。由 σ 轨道

构成的化学键称为σ键。在烷烃分子结构中，所有的碳、氢原子之间所形成的化学键都是σ键，如图 2－3 所示。

图 2－3　烷烃中的σ键

由于成键电子集中在两原子核之间，σ键具有较大键能、原子间通过σ键结合较牢固、化学键受外界干扰(即可极化性)较小等特点。同时，两成键原子间还具有沿键轴自由旋转而化学键不被破坏的性质。

3. 烷烃的结构

甲烷是最简单的烷烃分子。根据现代物理实验方法测定结果，4 个碳氢键的键长都是 0.109 nm，键角为 109°28′，中心碳原子是以 sp^3 的形式杂化的，4 个 sp^3 杂化轨道分别与 4 个氢原子的 1s 轨道重叠，生成 4 个 C—H 键。甲烷分子空间分布为正四面体构型，这种排布使得电子之间的相互排斥力最小，能量最低，体系最稳定。

为了更为形象地展示分子的立体形状，常常使用立体模型进行表示。常采用的模型有两种：球棒模型(Kekulé 模型)和比例模型(Stuart 模型)，如图 2－4 所示。

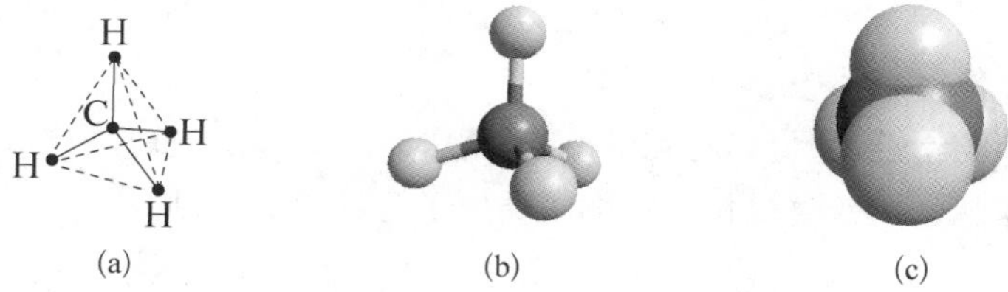

图 2－4　甲烷分子的模型

(a) 四面体结构；(b) 球棒模型；(c) 比例模型

与甲烷分子结构组成相似，乙烷及其他烷烃分子，其 C—H σ键也是由碳原子 sp^3 杂化轨道与氢原子的 1s 轨道交盖形成。不同之处在于，其中 C—C σ键是由两个碳原子彼此之间各以一个 sp^3 杂化轨道在 sp^3 杂化轨道对称轴方向交盖形成。由于各成键电子云之间的斥力影响，在碳链中 C—C—C 键角也接近 109°28′，因此，碳链的立体形象不再是书写结构时所表示的直线型，而是曲折近似“W”形，如图 2－5 所示。

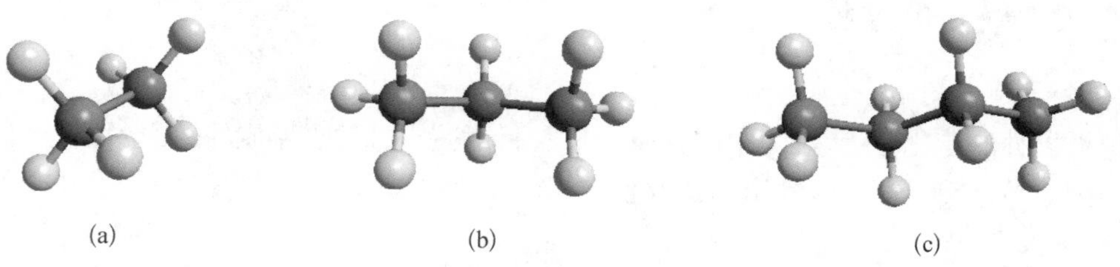

图 2－5　乙烷、丙烷和丁烷的球棒模型

(a) 乙烷；(b) 丙烷；(c) 丁烷

4. 烷烃分子的构象

对于分子三维空间结构的准确描述应包括构造、构型和构象三个方面。所谓分子的构造是指分子中各原子之间成键的顺序，分子的构型则是指各原子在空间上的排布。在有机化合物分子中，因单键旋转改变了其原子或基团在空间的相对位置，就会呈现出不同的立体形象，我们把分子的这种立体现象称为构象。简单来说，构造是平面化学式的反映，而构型构象则是立体空间上的表现。我们把绕 σ 键旋转而产生的异构现象称为构象异构，所形成的异构体称为构象异构体。对构象平衡中异构体的含量与能量的关系以及构象对于分子物理和化学性质的影响的研究，称为构象分析。

1）乙烷分子的构象

由于 σ 键可以自由旋转，如果使乙烷分子中的一个甲基固定，另一个甲基围绕着 C—C 单键键轴旋转，则两个甲基中氢原子的相对位置也会不断变化，产生许多不同的空间分布方式，每一种分布方式就是一种构象。因此，实际上乙烷分子的构象有无穷多个。

楔形（伞形）透视式、锯架透视式和纽曼投影式是用来描述分子构象的三种表达方式。透视式即从斜侧面看到的乙烷分子模型的形象。如果用楔形实线表示伸向纸平面的前方，楔形虚线表示指向纸平面后方，这种表达称为楔形式，也称伞形式，如图 2-6(a)所示。为了简化，将楔形式两端基团投影到平面，如图 2-6(b)所示，即得到乙烷分子的两种锯架式构象表达。

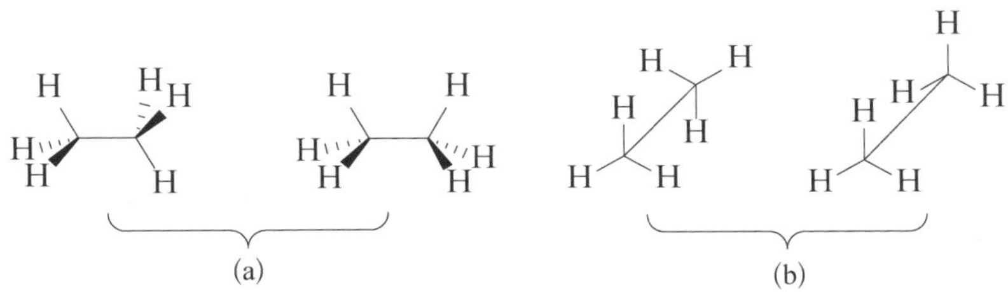

图 2-6　乙烷分子的两种透视式

(a) 楔形透视式；(b) 锯架透视式

在透视式中，虽然各键都可以看到，但各氢原子间的相对位置不能很好地表达出来。纽曼投影式则是通过 C—C σ 键投影上进行观察，两个碳原子在投影式中彼此重叠。为此，用一个较大的圆圈表示后边的碳原子，用其同心圆心标注前置碳原子。圆圈前面离我们较近的三根化学键用“　”表示，用“　”表示距离观察者较远的三个原子或基团。彼此键角呈 120°。如图 2-7 所示为乙烷分子的两种纽曼投影式，其中分子中的各原子或基团位置一目

(a)　　(b)

图 2-7　乙烷分子的纽曼投影式

(a) 重叠式；(b) 交叉式

了然。透视式和投影式均反映了分子内部原子间空间的构象。在这三种表达式中，两个碳原子和它们的连接键是关注的焦点，唯一的区别是观察的角度不同。

然而，在这些构象上，有两种极限情况更值得我们关注。仍以图 2－7 中乙烷分子为例，当两个碳上的氢原子相距最近时，此时两个甲基相互重叠，我们把这种构象称为重叠式构象；另一种则是两个碳上氢原子间距最远，此时一个甲基上的氢原子正处于另一个甲基的两个氢原子正中间，我们把这种状况称为交叉式构象。

20 世纪 30 年代，人们已经意识到乙烷分子的两个甲基既不是固定不动，也不是完全自由旋转，而是存在一定的旋转阻力问题。这主要是由于原子之间、化学键之间存在斥力。重叠式状态的乙烷分子，其分子内部斥力最大；而在交叉式的状态下，斥力最小。两种构象的乙烷分子能量上有一定差距，约 12.5 kJ/mol。我们把这种能量上的差值称为能垒。也就是说，乙烷分子由交叉式沿轴旋转，转变到重叠式时需要吸收 12.5 kJ/mol 能量；反之，由重叠式变成交叉式，则需要释放出 12.5 kJ/mol 能量。从交叉式出发，旋转 360°需要经过 3 个能垒。这种旋转与能量的关系如图 2－8 所示。

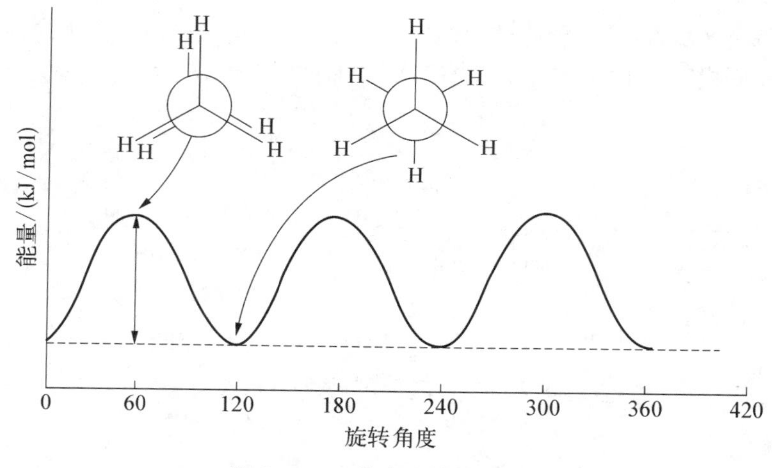

图 2－8　乙烷分子的势能曲线

在一个分子所有的构象中，能量最低最稳定的构象称为优势构象。优势构象在各种构象的转化过程中出现的概率最大。对于乙烷分子来说，交叉式就是其优势构象。在室温下，由于乙烷分子所具有的动能已远远超过此能量，足够使 σ 键自由旋转，所以动态混合体中各构象之间转化迅速，使得优势构象难以体现。然而当温度降低，例如在－170℃时，基本上以交叉式为主。后文在进行构象分析时，通常主要考虑优势构象。

2）丁烷分子的构象

正丁烷可以看作乙烷分子中两个碳原子上各有一个氢原子被甲基取代的产物，其构象更为复杂。由于选取不同键轴方向，观察分子的构象情况会有所不同，因此，我们主要讨论 C2 和 C3 之间的键轴方向上旋转得到的构象问题。如图 2－9 所示，C2—C3 上可以得到下列几个能量不等的极限构象。

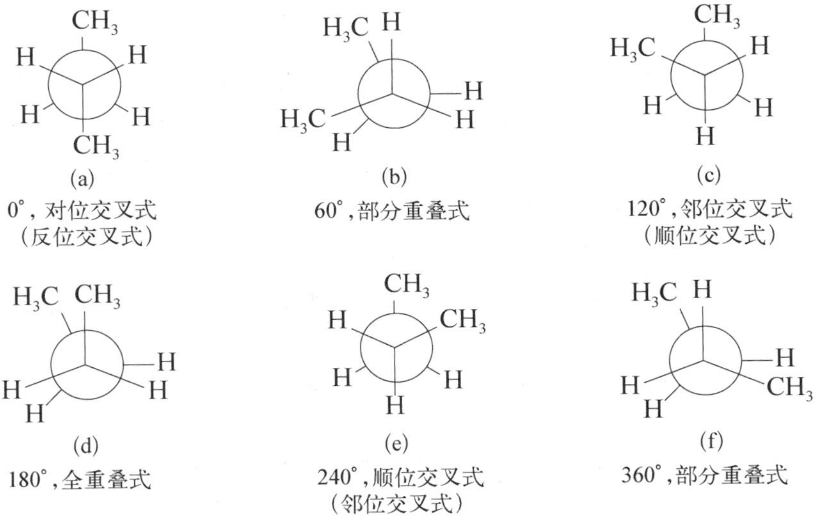

(a) 0°，对位交叉式（反位交叉式）　(b) 60°，部分重叠式　(c) 120°，邻位交叉式（顺位交叉式）

(d) 180°，全重叠式　(e) 240°，顺位交叉式（邻位交叉式）　(f) 360°，部分重叠式

图 2－9　丁烷分子的四种极限构象

丁烷最稳定的构象是对位交叉式，因为它的 σ 键电子对之间的扭转张力最小，并且两个体积最大的甲基距离最远，非键张力（范德华排斥力）也最小，能量最低；其次是邻位交叉式，这时两个甲基靠得比对位交叉式要近一些，能量也稍高一些；再次是部分重叠式；最不稳定的构象是全重叠式，它的两个甲基距离最近，σ 键电子对扭转张力最大，非键张力也最大，因而能量最高。丁烷从交叉式旋转 360°也需要越过 3 个能垒，其能量变化如图 2－10 所示。这些构象间能量差也不太大，在室温下仍可以通过 C2—C3 键旋转互相转化，达到动态平衡。优势构象的对位交叉式约占 72%，邻位交叉式约占 28%，两种重叠式极少。

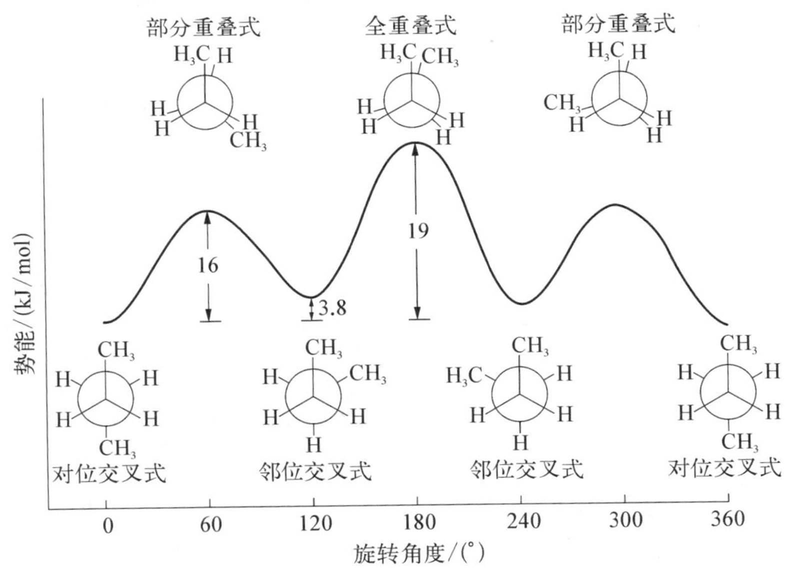

图 2－10　正丁烷不同构象能量曲线

2.1.4 烷烃的物理性质

有机化合物的物理性质通常包括状态、熔点、沸点、相对密度、折射率和溶解度等。对于单一纯净的有机化合物来讲，其在一定条件下测定得到的物理性质是固定不变的，因此，这些固定数值称为物理常数。通过对物理常数的测定，通常可以鉴定有机化合物及测定其纯度。同时，利用有机化合物不同的物理性质，也可以进行混合物的分离和有机化合物的纯化。

分子结构决定了物质的性质，结构相似的物质其物理性质也相近。一般来讲，在有机化合物中，同系列的化合物的物理常数是随着其相对分子质量的增加而有一定的规律变化。

1. 物态

在室温(25℃)和常压(0.1 MPa)下，含 4 个碳及以下的烷烃均为气体，碳数为 5～17 的烷烃是液体，含 18 个以上碳原子的烷烃是固体。表 2-3 列出了一些直链烷烃的物理常数。从表中可以看到，同系列化合物的物理常数随相对分子质量的增加而变化。

表 2-3　一些直链烷烃的物理常数

名　称	分子式	熔点/℃	沸点/℃	相对密度 d_4^{20}	折射率 n_D^{20}
甲　烷	CH_4	−182.5	−161.5	0.424	—
乙　烷	C_2H_6	−182.8	−88.6	0.546	—
正丙烷	C_3H_8	−187.6	−42.1	0.501	1.339 7
正丁烷	C_4H_{10}	−138.4	−0.5	0.579	1.356 2
正戊烷	C_5H_{12}	−130	36.1	0.626	1.357 7
正己烷	C_6H_{14}	−95	68.9	0.659	1.375 0
正庚烷	C_7H_{16}	−91	98.4	0.640	1.387 7
正辛烷	C_8H_{18}	−57	125.7	0.703	1.397 6
正壬烷	C_9H_{20}	−54	150.8	0.718	1.405 6
正癸烷	$C_{10}H_{22}$	−30	174.1	0.730	1.412 0
十一烷	$C_{11}H_{24}$	−26	195.9	0.740	1.417 6
十三烷	$C_{13}H_{28}$	−5.5	235.4	0.756	1.423 3
十五烷	$C_{15}H_{32}$	10	270.6	0.769	1.431 5
二十烷	$C_{20}H_{42}$	37	342.7	0.786	1.442 5
三十烷	$C_{30}H_{62}$	66	446.4	0.810	—
一百烷	$C_{100}H_{202}$	115	—	—	—

2. 沸点

从表 2-3 中可以看出，直链烷烃的沸点一般随相对分子质量的增加而升高。这是因为沸点与分子之间的相互作用力有关。烷烃分子是非极性或极弱极性分子，分子间的作用力主要体现在色散力上。色散力的大小与分子中所含原子数目和大小有关。随着分子中碳原子数的增加，分子自身相对分子质量也增大，分子间的色散力也增强，分子之间作用力的增强，体现在沸点的升高上。

虽然相邻两个烷烃的组成都相差一个 CH_2，但是其沸点差值并不相等。随着相对分子质量的增加，相邻两个烷烃间的沸点差值会逐渐减小，如图 2－11 所示。

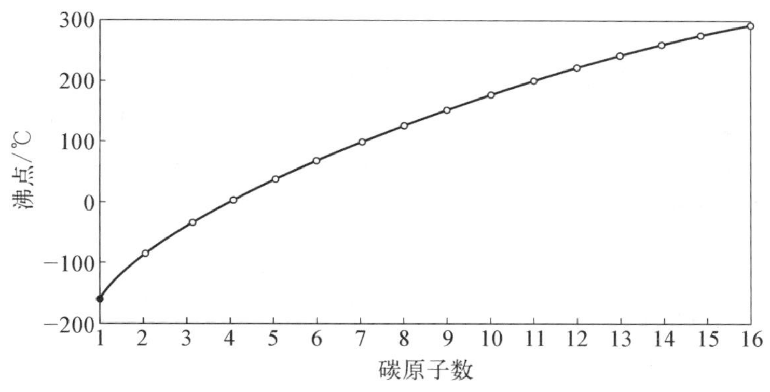

图 2－11　直链烷烃的沸点曲线

此外，碳链的分支及分子的对称性对沸点也有显著影响。带支链的分子由于支链的位阻，不能紧密地靠在一起，而色散力只在很近的距离内才有效，随距离的增加会很快地减弱，导致沸点相应降低。在同等碳数的烷烃异构体中，直链烷烃的沸点最高；含支链越多的，沸点越低；支链数目相同的，分子对称性越好，沸点越高，如

$CH_3CH_2CH_2CH_2CH_3$	$CH_3CH_2CH(CH_3)CH_3$	$CH_3C(CH_3)_2CH_3$
沸点：36.1℃	沸点：27.9℃	沸点：9.5℃

3. 熔点

烷烃熔点的变化基本上与沸点相似，直链烷烃的熔点变化也是随着其相对分子质量的增加而相应升高，如图 2－12 所示。

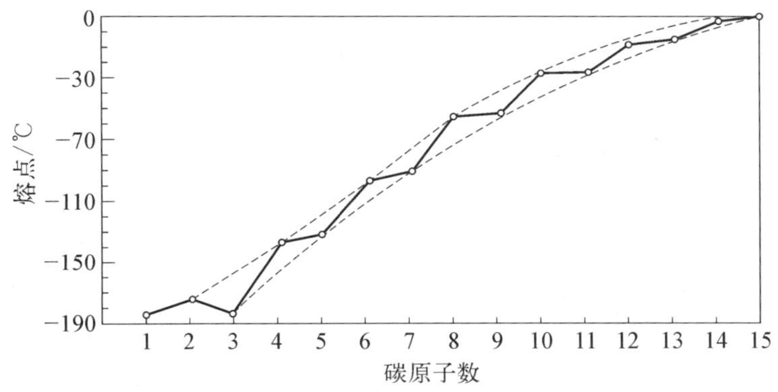

图 2－12　直链烷烃的熔点曲线

正烷烃的熔点同系列中前几个不一致，而含 4 个以上碳原子数的烷烃随着碳原子数的增加，熔点升高。但其中碳原子数为偶数的升高多一些，以致含奇数个碳原子的烷烃和含偶数个碳原子的烷烃各构成一条熔点曲线，偶数在上，奇数在下。因为在晶体中，分子之间的作用力不仅取决于分子的大小，而且取决于晶体中碳链的空间排布情况。熔融时，晶格中的质点从高度有序的排列变成较混乱的排列。在共价化合物晶体晶格中的质点是分子，偶数碳链的烷烃具有较高的对称性，凡对称性高的物体必然紧密排列，分子也是如此，紧密的排列必然导致分子间的作用力加强。在含偶数个碳的烷烃分子中，碳链之间的排列比奇数的紧密，分子间的色散力作用较大。因此，含偶数碳原子烷烃的熔点通常比含奇数碳原子烷烃的熔点升高较多。

同样的道理，碳原子数相同的烷烃的不同异构体之间，对称性较好的异构体的熔点较高，如

$CH_3CH_2CH_2CH_2CH_3$　　熔点：−130℃

$CH_3CH_2CHCH_3$（CH 上连 CH_3）　　熔点：−160℃

CH_3CCH_3（C 上连两个 CH_3）　　熔点：−17℃

4. 相对密度

烷烃的相对密度都小于 1。相对密度变化的规律为随着相对分子质量的增加而加大。碳原子数增加，分子的质量变大，而分子间的作用力增加，分子间距离相应减小，即体积缩小，自然相对密度也就增大。一些直链烷烃的相对密度如表 2-3 所示。

5. 溶解度

溶解度的大小与溶质和溶剂分子的结构有关。结构相似的化合物，它们之间的作用力也相近，彼此可以互溶，通常称为“相似相溶”原理。烷烃属于非极性分子，难溶于极性的水溶液中，但是可以溶于非极性的“油性”有机溶剂。常见溶剂有苯、氯仿、四氯化碳、石油醚等。

6. 折射率

折射现象的本质是光照射物质时和分子中的电子发生电磁感应，从而阻碍光波前进或改变光波前进的方向，降低光波在物质中的传播速度。折射率的大小与有机化合物的结构有关。特定化合物在一定波长的光源和一定温度条件下测得的折射率是个常数，是其固有特性。一般折射率与测定时的光波波长以及测定时的温度有关，文献上报道的数值常用钠光 D 线作为测定光源，在 20℃的温度下测定，用 n_D^{20} 表示。鉴定液体样品时，测定液体的折射率往往比测定沸点更为可靠。一些直链烷烃的折射率如表 2-3 所示。

2.1.5　烷烃的化学性质

有机化合物的化学性质取决于其分子结构。烷烃分子中均是能量较高的 σ 单键，由于 σ 键键合牢固，因此烷烃是相对稳定的一类化合物，一般在常温条件下与强酸、强碱、强氧化

剂、强还原剂等均无反应，通常用作溶剂。然而，在特殊条件下(如光照、适当的温度和压力或者催化剂存在)，烷烃也能发生反应。

1. 自由基取代反应

烷烃分子中含有C—C和C—H化学键，而C—H键上的化学反应主要是取代反应。有机化合物分子中任何一个原子或基团被其他原子或基团所取代的反应称为取代反应。通过生成自由基对分子中的氢原子或其他基团进行取代的反应称为自由基取代反应。

1) 卤代反应

在光照、高温加热条件下，烷烃分子中的氢原子可以被卤素原子(F、Cl、Br和I)取代，生成卤代烃和卤化氢，这类反应称为卤代反应。例如

$$CH_3CH_3 + Cl_2 \xrightarrow[78\%]{420℃} \underset{\text{氯乙烷}}{CH_3CH_2Cl} + HCl$$

$$C_{12}H_{26} + Cl_2 \xrightarrow{120℃} \underset{\text{一氯十二烷}}{C_{12}H_{25}Cl} + HCl$$

烷烃与不同卤素发生卤代反应的活性顺序为氟≫氯>溴≫碘。通常氟代反应十分剧烈且难以控制，而碘代反应非常缓慢，没有实际价值，因此烷烃卤代以氯代和溴代较为常见。

以甲烷氯代反应为例。甲烷与氯气在常温下或黑暗中并不发生反应，但是在光照、加热或存在自由基引发剂的条件下，可以发生氯代反应，进行逐步氯代，得到一氯甲烷、二氯甲烷、三氯甲烷(氯仿)、四氯甲烷(四氯化碳)的混合物。通常烷烃氯代程度不容易控制，得到一代到多代不确定的混合物，只有少数甲烷、乙烷等烷烃分子可以通过控制反应条件或反应物之间比例，使其反应得到以某一种氯代产物为主的产品。

$$CH_4 + Cl_2 \xrightarrow{\text{光照}} CH_3Cl + HCl$$

$$CH_3Cl + Cl_2 \xrightarrow{\text{光照}} CH_2Cl_2 + HCl$$

$$CH_2Cl_2 + Cl_2 \xrightarrow{\text{光照}} CHCl_3 + HCl$$

$$CHCl_3 + Cl_2 \xrightarrow{\text{光照}} CCl_4 + HCl$$

2) 卤代反应的机理

反应机理是对化学反应所经历的全部过程的详细描述和理论解释，也称反应历程。研究反应机理的目的在于揭示有机化反应的内在规律，是根据大量实验事实做出的经验性归纳总结。

烷烃的氯代反应机理比较明确，是典型的自由基反应。一般来讲，自由基过程分为三个阶段：链引发、链增长和链终止。下面以甲烷氯代为例，来说明其具体的反应过程。

链引发。在光照条件下，氯气分子首先获得能量，发生键均裂，生成两个带有单电子的氯原子，称为氯自由基，其具有很高的反应活性。甲烷进行氯代反应中的化学键能如表2-4所示。

$$Cl:Cl \xrightarrow{\text{光照}} \cdot Cl + \cdot Cl \quad \Delta H = 242\ kJ/mol$$

表 2-4　甲烷氯代反应中的化学键能

化学键	键能/(kJ/mol)
C—C	346
C—H	414
Cl—Cl	242

链增长。氯自由基与高浓度的甲烷分子发生有效碰撞，使甲烷分子的 C—H 键发生均裂，并与氢原子结合形成稳定的氯化氢分子，同时产生新的甲基自由基($\cdot CH_3$)。带有未成对单电子的甲基自由基也具有形成八隅体的稳定趋势，与氯分子结合，形成一氯甲烷和新的氯自由基。新的氯自由基重复上述过程，周而复始地进行自由基的消失和生成，逐步形成各种多氯取代物。

$$\cdot Cl + H:CH_3 \longrightarrow \cdot CH_3 + HCl \quad \Delta H = 4.1\ kJ/mol$$

$$\cdot CH_3 + Cl:Cl \longrightarrow CH_3Cl + \cdot Cl \quad \Delta H = -109\ kJ/mol$$

链终止。随着反应进行，甲烷和氯气浓度逐渐减小，与自由基碰撞机会也随之减少，而各类自由基相互碰撞机会增多，彼此寻找电子配对。

$$\cdot Cl + \cdot Cl \longrightarrow Cl_2$$

$$\cdot CH_3 + \cdot CH_3 \longrightarrow CH_3CH_3$$

$$\cdot CH_3 + \cdot Cl \longrightarrow CH_3Cl$$

综上所述，自由基形成后，反应就连续不断进行，整个反应过程就像一条链，环环相扣地进行下去，因此称为自由基链反应。在整个链反应过程中，链的引发需要提供能量产生自由基。链增长每一步都消耗一个活泼的自由基，同时又为下一步反应产生一个新的活泼自由基。整个反应体系能量变化如图 2-13 所示。链增长产生甲基自由基需要的能量为

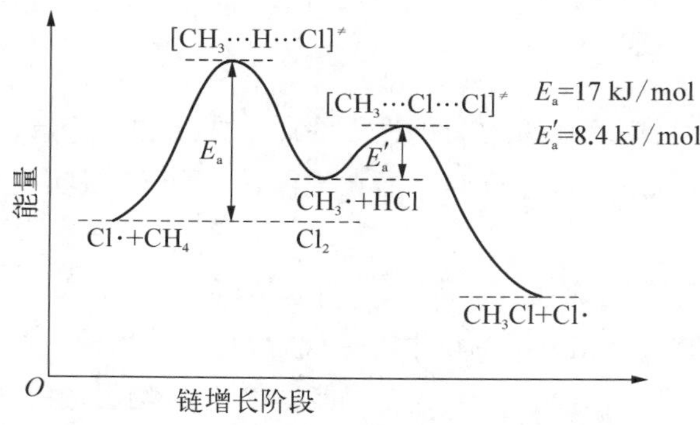

图 2-13　甲烷氯代反应链增长阶段能量变化

17 kJ/mol，而生成其他自由基只需要 4.1 kJ/mol，因此生成甲基自由基是慢的一步，也是决定反应速率的关键一步。

3）自由基的结构与稳定性

由于烷烃的卤代反应是按照自由基机理进行的，其反应关键中间体为各种含有未成对电子的碳自由基。以甲基自由基为例，三个 σ 型 C—H 键处于同一平面上，分别是由中心碳原子的三个 sp^2 杂化轨道与三个氢原子的 1s 轨道重叠形成。此外，中心碳原子上还有一个未参与杂化的 p 轨道，其对称轴垂直于三个 σ 键所在的平面，而甲基自由基的单电子就在这个 p 轨道上。整体上，甲基自由基表现为平面正三角形结构（见图 2－14）。其他烷基自由基也具有与甲基自由基相似的平面结构。

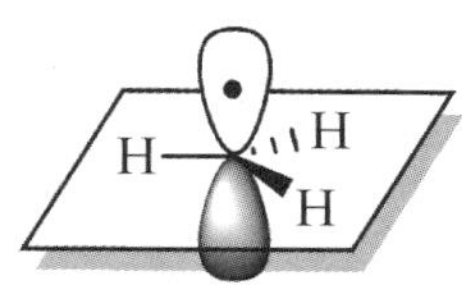

图 2－14　甲基自由基的结构

烷基自由基的稳定性是决定卤代过程难易的关键。一般来说，烷基自由基形成时所需要的能量越低，意味着该自由基越易形成，越稳定。同时，与卤素碰撞形成卤代烃的概率也越大，整个卤代反应越容易发生。如图 2－15 所示，根据各类型烷基自由基生成难易程度，其相对稳定性次序为 $R_3C\cdot > R_2CH\cdot > RCH_2\cdot > CH_3\cdot$。

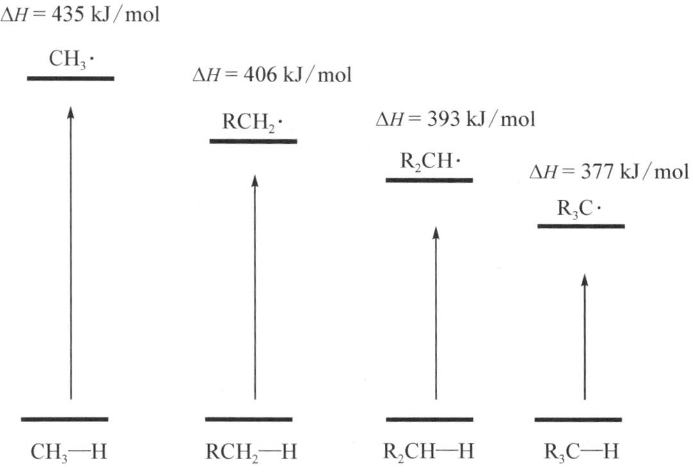

图 2－15　各类型烷基自由基生成能

通常，烷基自由基的中心碳原子由于存在单电子，未达到外层八电子稳定结构，因而体现出一定的缺电子性质。如果该碳原子上连接的取代基越多，其可以通过更多的诱导等电子效应弥补自身，使得其相应越稳定。叔碳自由基上连有较多的给电子烷基，因此各类型烷基自由基中叔碳自由基的稳定性最好。

4）卤代反应的区域选择性

除了自由基中间体稳定性不同，卤代反应也存在区域选择性。所谓区域选择性，即分子中不同位置有着不同的反应活性。以氯代过程为例，烷烃中氢原子的类型对氯原子取代位置的选择存在影响。

$$CH_3CH_2CH_3 + Cl_2 \xrightarrow[25℃]{光照} \underset{43\%}{CH_3CH_2CH_2Cl} + \underset{57\%}{CH_3\overset{\displaystyle Cl}{\overset{|}{C}}HCH_3}$$

$$CH_3\overset{\displaystyle CH_3}{\overset{|}{C}}HCH_3 + Cl_2 \xrightarrow[25℃]{光照} \underset{64\%}{CH_3\overset{\displaystyle CH_3}{\overset{|}{C}}HCH_2Cl} + \underset{36\%}{CH_3\overset{\displaystyle CH_3}{\overset{|}{\underset{\underset{\displaystyle Cl}{|}}{C}}}CH_3}$$

实验证明，丙烷分子中两种一氯取代物的分子个数比为 43∶57。如果考察氢原子的取代概率，这两种类型氢的相对活性比为

$$\frac{仲氢}{伯氢}=\frac{57/2}{43/6}=\frac{28.5}{7.16}\approx\frac{4}{1}$$

同样的道理，分析异丁烷的一氯取代情况，异丁烷分子中伯氢与叔氢的相对活性比为

$$\frac{叔氢}{伯氢}=\frac{36/1}{64/9}=\frac{36}{7.1}\approx\frac{5}{1}$$

由上文可以看出，在光照引发的氯代反应中，叔氢、仲氢、伯氢的活性比大致为 5∶4∶1。由此可知，氢原子被卤代的次序（由易到难）为叔氢＞仲氢＞伯氢。这与自由基的稳定次序一致。事实上，烷烃分子不同氢的活性与其 C—H 键的离解能有关。离解键能越小，键均裂时所吸收的能量越少，生成自由基越稳定，越容易被取代。烷烃中各类型氢的 C—H 键离解能如表 2-5 所示。

表 2-5　不同 C—H 键的离解能

C—H 键类型	$—CH_2—H$	$—\overset{|}{C}H—H$	$—\overset{|}{\underset{|}{C}}—H$
C—H 键离解能/(kJ/mol)	405.8	393.3	376.6

伯、仲、叔氢原子之间的活性差异除了与烷烃结构有关外，还与取代的卤素有关。不同卤素原子与不同氢原子的取代反应相对速度（以伯氢为标准）如表 2-6 所示。

表 2-6　不同卤原子取代反应相对速率(27℃)

卤素原子	氢　原　子		
	$—CH_2—H$	$—\overset{|}{C}H—H$	$—\overset{|}{\underset{|}{C}}—H$
F	1	1.3	1.8
Cl	1	4.4	6.7
Br	1	80	1 600
I	1	1 850	210 000

从表 2-6 中可以得知，在溴代过程中，三种类型的氢原子的相对活性为 3°H : 2°H : 1°H = 1 600 : 80 : 1，说明溴原子对反应位点的选择性比氯要好。由于氟和碘的反应活性过高和过低，在实际应用中，对烷烃卤代位置要求高的往往采用溴来进行。

2. 氧化反应

在常温条件下，烷烃一般不与氧化剂发生化学反应。但是，在强烈的条件下，如在高温和足够的空气(氧气)中可以完全燃烧，生成二氧化碳和水，并放出大量的热。例如，在 25℃ 时，甲烷的摩尔燃烧热为 −891 kJ/mol。因此，烷烃广泛用作燃料。

$$CH_4(g) + 2O_2(g) \longrightarrow CO_2(g) + 2H_2O(l) \quad \Delta H = -891\ \text{kJ/mol}$$

$$C_2H_6(g) + 7/2O_2(g) \longrightarrow 2CO_2(g) + 3H_2O(l) \quad \Delta H = -1\ 559.88\ \text{kJ/mol}$$

如果控制适当的条件，在催化剂存在的情况下，也可以使烷烃部分氧化得到醇、醛、酮、羧酸等一系列含氧化合物。由于氧化过程复杂，产物往往是复杂的混合物，作为实验室制法的意义不大，而对工业生产具有一定意义。如工业上以石蜡等高级烷烃为原料，生产高级脂肪酸(制造肥皂的原料)。

$$R—CH_2—CH_2—R' + 2O_2 \xrightarrow[107\sim110℃]{MnO_2} RCO_2H + R'CO_2H + \text{其他羧酸}$$

3. 异构化及裂解反应

化合物由一种异构体转变成另一种异构体的反应称为异构化反应。在适当的条件下，直链烷烃可以发生异构化反应，转变为支链烷烃。利用烷烃的异构化反应，可以提高汽油的质量。例如

$$CH_3—CH_2—CH_2—CH_3 \underset{95\sim100℃,1\sim2\text{ 个大气压}}{\overset{AlCl_3-HCl}{\rightleftharpoons}} CH_3—\underset{\displaystyle CH_3}{\underset{|}{CH}}—CH_3$$

当烷烃在没有氧气存在的条件下进行的热分解反应则称为裂解反应(或称热解)。烷烃所含碳原子数越多，其裂解产物越复杂。由于 C—C 键键能(347 kJ/mol)小于 C—H 键的键能(414 kJ/mol)，所以 C—C 键较 C—H 键更容易断裂。

$$CH_3—CH_2—CH_2—CH_3 \longrightarrow \begin{cases} CH_4 + C_3H_6 \\ CH_3CH_3 + C_2H_4 \\ C_4H_8 + H_2 \end{cases}$$

烷烃的裂解主要是由较长的碳链烷烃分解成为短链烷烃、烯烃、氢气，但同时也有异构化、环化、芳构化、缩合和聚合等反应伴随发生，因此产物就更为复杂。裂解反应是石油加工过程中的一个重要反应，通过裂解可以提高汽油、柴油等的产量和质量，同时也是获取低级烯烃等石化原料的重要途径。

2.2 环烷烃

环烷烃是分子中碳原子通过单键首尾相连而呈环状骨架结构的一类烃。

2.2.1 环烷烃的分类和命名

1. 环烷烃的分类

根据分子中所含碳环的数目，可将环烷烃分为单环烷烃、二环烷烃和多环烷烃；按照分子中所含碳环的大小，又可将环烷烃分为小环(C3～C4)、普通环(C5～C6)、中环(C7～C11)和大环(C12 以上)。

2. 环烷烃的命名

1）单环烷烃

单环烷烃的通式为 C_nH_{2n}，与同碳数的烯烃互为同分异构体。

单环烷烃的命名通常以环烷烃为母体，根据环中碳原子总数称为环某烷。如果环上有支链，则将支链作为取代基。当取代基不止一个时，则将环上的碳原子进行编号，并使取代基具有最小的位次；当有不同取代基时，优先小基团。如果碳环相对侧链比较简单，则碳环可以视作取代基，侧链视为母体。例如

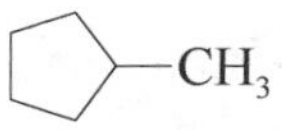

1-甲基环戊烷 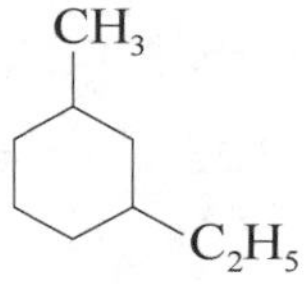　　1-甲基-3-乙基环己烷 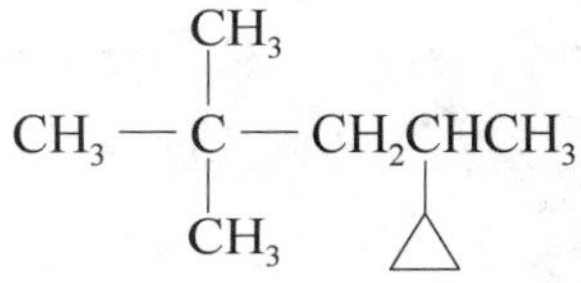　　2,2-二甲基4-环丙基戊烷

在环烷烃分子中，碳环的存在阻碍了 C—C σ 键的自由旋转。因此，当环上存在两个或两个以上分别处在不同位置的含碳基团时，可能会出现顺反异构现象，命名时还需要指明是顺式还是反式构型。两个相同原子或基团在环的同侧的为顺式异构体，也用“cis-”来表示；两个相同原子或基团在环的两侧的为反式异构体，也用“trans-”来表示，如

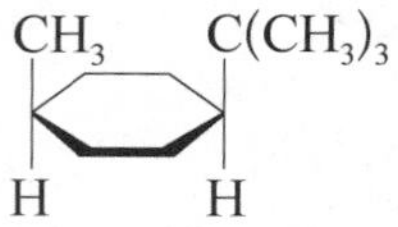

顺-1-甲基-4-异丙基环己烷 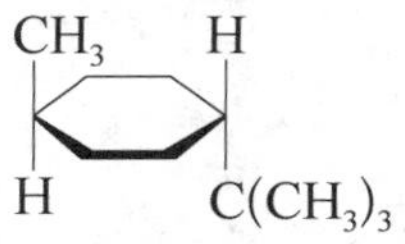　　反-1-甲基-4-异丙基环己烷

2）二环烷烃

分子中碳环的数目可根据将环变为开链烃所需打断的最少的 C—C 键的数目进行确定，如二环、三环等。其中，二环烷烃因两个环的连接方式不同，又可以划分为联环、螺环和桥环等。

(1) 联环烷烃。两个碳环之间通过单键相连的脂环烃称为联环烃。通常情况下，联环

烷烃是由两个相同的碳环组成，称为“联二环某烷”，如

联二环己烷

（2）螺环烷烃。两个碳环之间共用一个碳原子的脂环烃称为螺环烃。其中，两个碳环共用的碳原子称螺碳原子。命名时根据环中所含碳原子总数确定母体名称，加上词头“螺”，再将连接在螺原子上的两个环的碳原子数目（螺原子除外）按由小到大的次序写在“螺”和母体名称之间的方括号里，数字之间用圆点隔开。当有取代基时，应将其位置表示出来。编号时从第一个非螺原子开始，先编较小的环，经过螺原子再编第二个环，在此前提下尽量使取代基具有最小的位次。例如

螺[4.5]癸烷　　4-甲基螺[2.4]庚烷

（3）桥环烷烃。共用两个或两个以上碳原子的二环烷烃称为桥环烃。其中，桥环烃中共用的碳原子称为桥头碳。在二环桥环体系命名时，根据组成环的碳原子总数确定母体名称，加上词头“二环”，再将各桥所含碳原子的数目（桥头碳原子除外）按由大到小的次序写进词头“二环”和母体名称之间的方括号里，数字之间用圆点隔开。当有取代基时，从一个桥头碳开始进行编号，先编最长桥到另一个桥头碳，再编次长桥，最短的桥最后编，并尽量使取代基具有最小的位次。例如

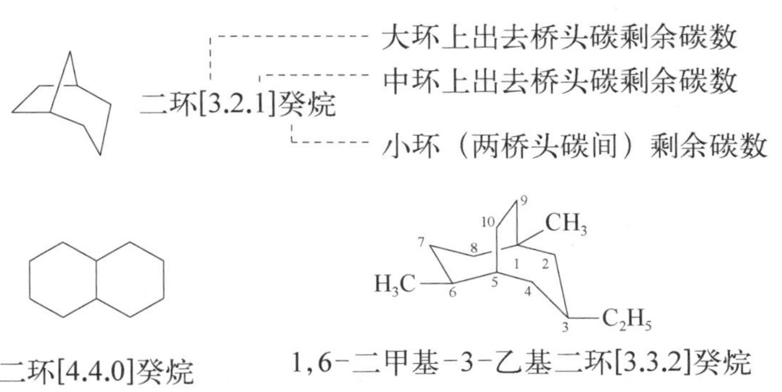

二环[4.4.0]癸烷　　1,6-二甲基-3-乙基二环[3.3.2]癸烷

3）多环烷烃

在多环烃分子中，如果存在没有通过主桥头碳的碳链，用数字（碳链中无碳原子时，用零表示）作为上标标明它的位置，位号之间用逗号分开。例如

三环$[2.2.1.0^{2,6}]$庚烷　　五环$[4.2.0^{2,5}.0^{3,8}.0^{4,7}]$辛烷

结构复杂、碳环数目多的脂环烃通常采用俗名。例如

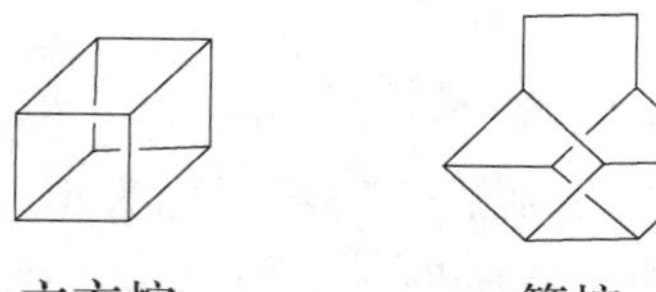

立方烷　　篮烷　　金刚烷

2.2.2 环烷烃的结构和构象

环烷烃环上的碳原子虽然均是以 sp^3 杂化的形式成键，但是成环键角的情况要比开链烷烃的复杂。此外，环烷烃的稳定性与所成环的大小有很大关系。

1. 环烷烃的稳定性

从热力学的角度来看，化合物燃烧热的高低与其稳定性密切相关。在烃类化合物中，燃烧热与分子中所含碳原子和氢原子数目有关，开链烷烃分子中每增加一个亚甲基单元，燃烧热就增加 658.6 kJ/mol。环烷烃的燃烧热也与亚甲基单元的数量有关，但与开链烷烃不同的是，环烷烃分子中每个亚甲基的燃烧热不是一个定值，而是因环的大小不同存在明显的差异(见表 2-7)。

表 2-7　环烷烃的摩尔燃烧热

名　称	成环碳数	分子燃烧热/(kJ/mol)	$—CH_2—$的平均燃烧热(kJ/mol)	与开链烷烃燃烧热差值(kJ/mol)
环丙烷	3	2 091	697	38
环丁烷	4	2 744	686	27
环戊烷	5	3 320	664	5
环己烷	6	3 954	659	0
环庚烷	7	4 637	662	3
环辛烷	8	5 310	664	5
环壬烷	9	5 981	665	6
环癸烷	10	6 636	664	5
环十五烷	15	9 885	660	1
开链烷烃	—	—	659	—

从表中可以看出，由环戊烷到环丙烷，成环碳原子数越少(即环越小)，每个亚甲基的燃烧热越大；从环丙烷到环己烷，随着环的增大，每个亚甲基的燃烧热逐渐降低。这说明在小环烷烃中，环越小能量越高，因此越不稳定。从环己烷开始，每个亚甲基的燃烧热趋于恒定，其中，环己烷和环十五烷分子中每个亚甲基的燃烧热与开链烷烃每个亚甲基的燃烧热相当。以上分析表明环烷烃的稳定性与环的大小有关。

2. 拜耳张力学说

为了解释环的大小与环烷烃的稳定性之间的关系，1885 年，拜耳提出了张力学说。张力学说认为，环烷烃的稳定性与环的几何形状和角张力有关。他假定碳原子成环时处于同

一平面，并排成正多边形。而饱和环烷烃的成环碳原子均为 sp^3 杂化，因此可用公式：偏转角＝(109°28′－正多边形内角)/2 来计算不同环烷烃中 C—C—C 键角与 sp^3 杂化轨道的正常键角 109°28′的偏离程度。偏转程度反映了环烷烃中角张力的大小。

例如，根据张力学说认为环丙烷的三个碳原子在同一平面上，呈正三角形，键角为 60°。要使键角由正常的 109.5°变为 60°成环，必须进行压缩(屈挠)，使两个价键各向内压缩(109.5°－60°)/2＝24.7°，即形成环丙烷时，每个键需向内偏转约 24.7°，这就使分子内部产生张力(称为拜耳张力或角张力)。同理，可以计算其他环烷烃分子中价键的偏转角度，如表 2－8 所示。

表 2－8　一些环烷烃的价键偏转角

名　称	环丙烷	环丁烷	环戊烷	环己烷	环庚烷	环辛烷
偏转角/(°)	24.7	9.8	0.8	－5.3	－10.05	－12.7

其中，键的偏转角度越大，环的张力越大，稳定性越差，燃烧值越大。由此可以得出结论：三元、四元环很不稳定，环戊烷是最稳定的，环己烷以上的环烷烃又不稳定。这可以很好地解释小环不稳定这一实验事实。然而当推论到其他环的稳定性时，却与事实不符，说明这一理论存在一定的局限性。该理论的主要缺点是将所有的环烷烃都按平面结构处理。实际上，从环丁烷开始，成环碳原子均不在同一平面上。如图 2－16 所示，环丁烷的结构是蝴蝶形。

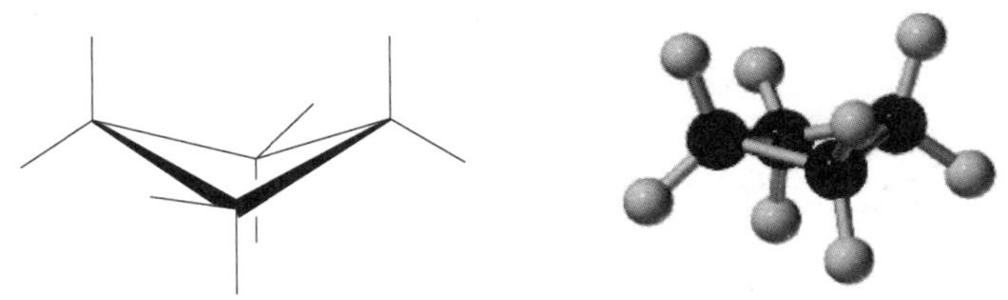

图 2－16　环丁烷分子结构示意图

对于环丙烷结构来说，虽然成环碳原子为 sp^3 杂化，但是成键轨道之间的重叠并不是典型的(即沿键轴方向的“头对头”)σ 键。实际测得环丙烷分子中相邻碳原子用于成键的 sp^3 轨道对称轴的夹角为 105.5°。这说明，为了使分子的能量达到最适合的程度，环丙烷中的价键大致保持原来轨道间的角度，但又有一定程度弯曲，我们称之为弯曲键，或称为香蕉键(见图 2－17)。

与沿键轴重叠的 σ 键相比，弯曲键中轨道的重叠程度比较小，而且电子云分布于环外，因此环丙烷分子中的 C—C σ 键比一般烷烃分子中的 σ 键弱，并且容易受到外界干扰，这就是环丙烷稳定性差、容易开环的一个原因。

此外，环丙烷的三个碳原子在同一平面上，任意两个碳原子上的 C—H 键都处于重叠式构象，相互之间存在斥力。因此，除角张力外，环丙烷张力比较大的另一个原因是存在由重叠式构象引起的扭转张力(见图 2－18)。

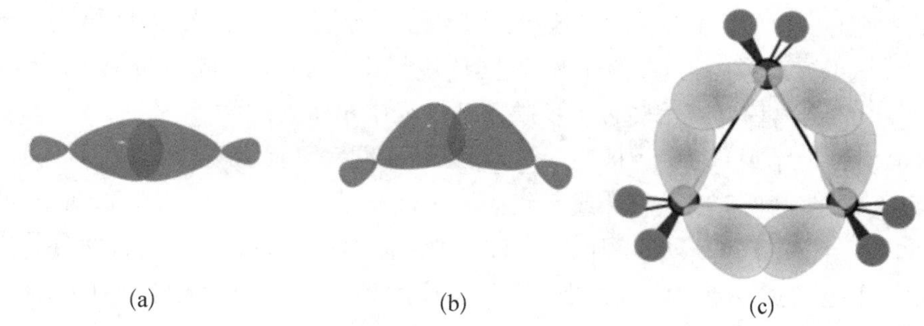

图 2-17　环丙烷分子中的弯曲键

(a) 最大重叠(正常键)；(b) 部分重叠(弯曲键)；(c) 环丙烷轨道模型

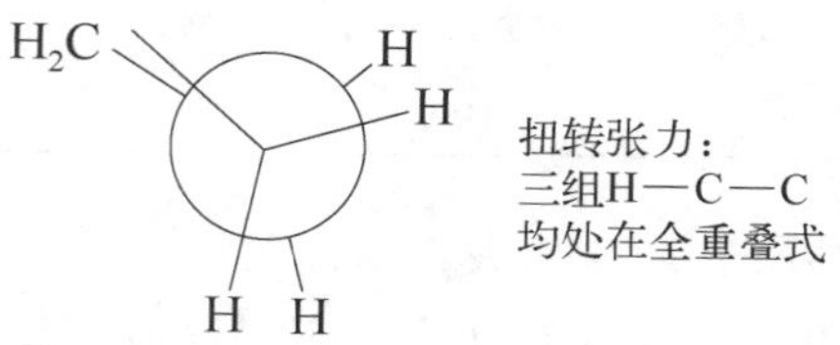

图 2-18　环丙烷的纽曼投影式

环戊烷及以上的环烷烃，由于不是平面结构，分子中的 C—C—C 键角都保持 109°28′，几乎不存在角张力。由 7～12 个碳原子组成的环烷烃分子中虽然不存在角张力，但是由于分子内氢原子比较拥挤，也存在扭转张力。只有相当大的环(如环二十二烷)的稳定性才与环己烷相当。

3. 环己烷的构象

1）椅式和船式构象

碳环的构象对环烷烃的稳定性和反应活性影响很大。环己烷分子则是环烷烃中最为典型的构象。近代电子衍射法研究表明，环己烷不是平面结构，其两个典型的构象是椅式构象和船式构象，如图 2-19 和图 2-20 所示(1 Å=10^{-10} m)。

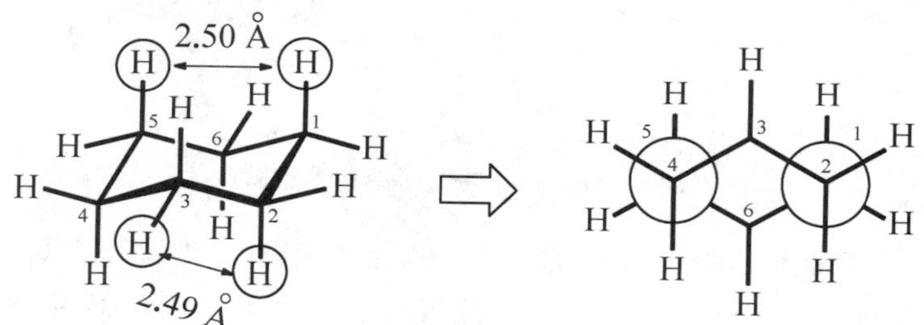

图 2-19　环己烷的椅式构象

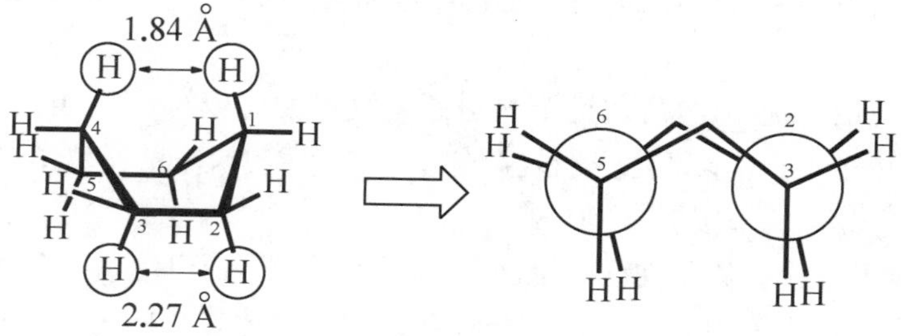

图 2-20　环己烷的船式构象

在环己烷的椅式构象中，所有 C—C—C 的键角均为 109°28′，且纽曼投影式显示任何相邻碳原子上的 C—H 键也都是交叉式。可见，环己烷的椅式构象无角张力，扭转张力也很小，基本上是无张力环，能量最低。而在环己烷的船式构象中，所有 C—C—C 的键角均为 109°28′，没有角张力。但是其相邻碳原子上的 C—H 键并非全在交叉式位置上。从纽曼投影式可以清楚地看到，C2—C3、C5—C6 上的 C—H 键都在重叠式的位置上，因而存在扭转张力。此外，船头的两个碳原子上的两个向内伸的 H 原子之间距离只有 0.18 nm，小于范德华半径之和(0.24 nm)，两个 H 原子互相排斥，存在张力。因此，船式构象的能量比较高，比椅式构象高 28.9 kJ/mol。由于常温下分子热运动产生的能量很容易克服这个能垒，因此，在常温下船式构象和椅式构象可以互相转化。在平衡体系中，椅式构象占 99.9%以上。

2）椅式构象中的平伏键和直立键

在环己烷椅式构象中，六个碳原子在空间分布于两个互相平行的平面上：C1、C3、C5 在一个平面上，C2、C4、C6 在另一个平面，两个平面相距 50 pm。椅式环己烷的每一个碳原子都连有两种 C—H 键，一种与分子的对称轴平行，称为直立键，也称 a 键；另一种与分子对称轴呈 109°28′的倾斜角，称为平伏键，也称 e 键，如图 2 - 21 所示。

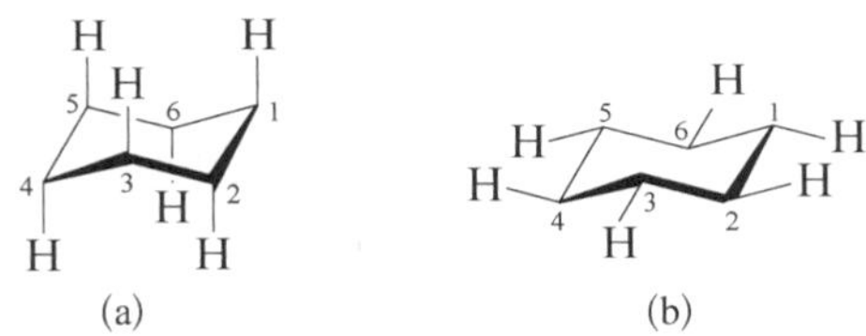

图 2 - 21　环己烷椅式中的直立键(a 键)和平伏键(e 键)

(a) 直立键；(b) 平伏键

环己烷可通过分子的热运动由椅式构象Ⅰ翻转为椅式构象Ⅱ，如图 2 - 22 所示。这时，构象Ⅰ中的 a 键转变为构象Ⅱ中的 e 键，e 键则转变为 a 键。两种构象异构体之间的能垒为 46 kJ/mol，常温下这种翻转很快，环己烷实际上是这两种椅式构象的动态平衡体系。

图 2 - 22　环己烷椅式构象的翻转

(a) 椅式构象Ⅰ；(b) 椅式构象Ⅱ

3）环己烷衍生物的构象

环己烷衍生物绝大多数以椅式构象存在，且大都可以进行椅式翻转。但由于取代基的存在，翻转前后往往是两种结构不同的分子。

研究表明，一元取代环己烷分子中，取代基处于 a 键和处于 e 键的两种构象的能量不同，在椅式构象平衡体系中所占的比例也不同。下面以 1－甲基环己烷为例说明。

当甲基在直立键时，由于甲基的范德华半径较大，与 C3、C5 上 a 键 H 原子的距离小于范德华半径之和，互相排斥，势能升高。构象翻转后，甲基处于 e 键，向外伸去，它与 C3、C5 上的 H 原子的距离增大，没有排斥作用，故势能较低。因此，e－甲基构象比较稳定，在平衡体系中占 95%，为优势构象（见图 2－23）。

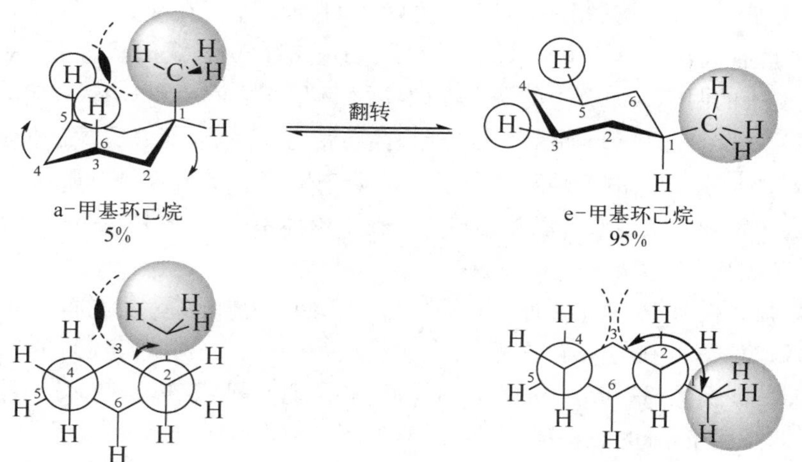

图 2－23　甲基环己烷的构象转化

环己烷的各种一元取代物都是以取代基在 e 键上的构象为优势构象。当取代基（如叔丁基）的体积很大时，几乎仅以这一种构象形式存在，如

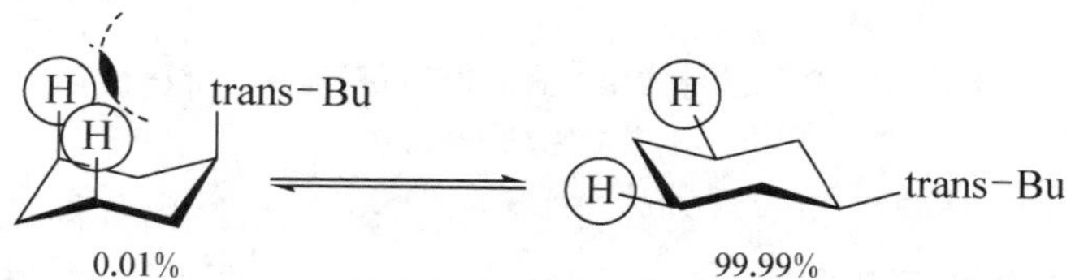

当环己烷有多个取代基时，往往是 e 键上取代基最多的构象最稳定。如果环上有不同的取代基，则体积大的取代基连在 e 键上的构象最稳定。

4）十氢萘的构象

十氢萘分子可视为由两个环己烷环共用两个碳原子而组成，有顺、反两种异构体。桥头上的氢可以省去，用一个圆点表示向上方伸出的氢

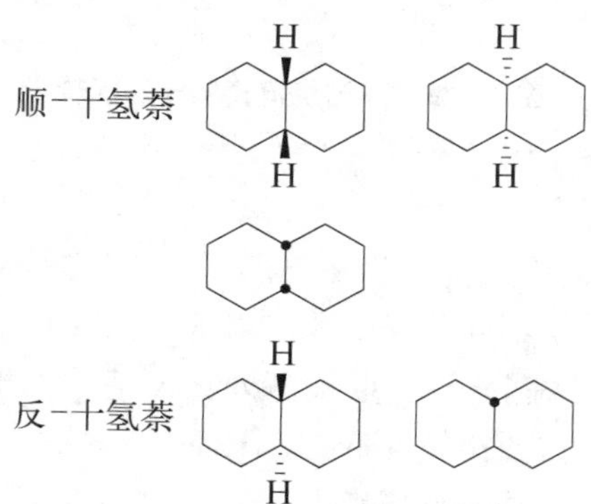

十氢萘分子中的环己烷环都以稳定的椅式构象存在。顺式异构体中一个环己烷环以一个 a 键和一个 e 键与另一个环连接，而反型异构体中一个环己烷环以两个 e 键与另一个环连接，所以，反型十氢合萘比顺型十氢合萘更稳定。

顺-十氢萘　　　　反-十氢萘

2.2.3　环烷烃的物理性质

低级环烷烃(如环丙烷和环丁烷)在常温下为气体，环戊烷为液体，高级环烷烃为固体。

环烷烃与相应的链烃相比，具有较高的熔点和沸点，相对密度也比相应烷烃高，但仍小于 1。这是因为环烷烃由于成环，结构较紧密，分子排列具有一定的对称性，分子间作用力较大。环烷烃都不溶于水，易溶于低极性的有机溶剂。一些环烷烃的物理常数如表 2-9 所示。

表 2-9　一些环烷烃的物理常数

环烷烃	沸点/℃	熔点/℃	相对密度 d_4^{20}	折射率 n_D^{20}
环丙烷	−32.9	−127.6	0.720(−79℃)	—
环丁烷	12.4	−80.0	0.703(0℃)	1.426 0
环戊烷	49.3	−93.8	0.746	1.406 4
环己烷	80.8	6.5	0.779	1.426 6
环庚烷	118.3	−12.0	0.810	1.444 9
环辛烷	150.0	14.3	0.835	—

2.2.4　环烷烃的化学性质

环烷烃的化学性质随着环的大小不同而表现出稳定性的不同，即小环烷烃(C3～C4)不稳定，具有开环加成(类似烯烃)的性质；而其他环烷烃的化学性质较为稳定，与链烷烃的相似。

1. 加氢反应

环烷烃可以发生催化加氢反应，最终得到链状烷烃。但是，由于环的大小不同，开环加氢的难易程度也不一样。例如

$$\triangle + H_2 \xrightarrow[80℃]{Ni} CH_3CH_2CH_3$$

$$\square + H_2 \xrightarrow[200℃]{Ni} CH_3CH_2CH_2CH_3$$

$$⬠ + H_2 \xrightarrow[300℃]{Pt} CH_3CH_2CH_2CH_2CH_3$$

环己烷以上的环烷烃通常难以发生催化加氢反应。

上述反应表明，环的大小不同，环烷烃的稳定性不同，加氢反应的条件也不同，其中，三元、四元环等小环容易开环，再次说明其稳定性差。

2. 与卤素、卤化氢的反应

环丙烷及其衍生物不仅容易加氢，而且易与卤素溶液发生开环反应。室温下，环丙烷即可迅速与溴的四氯化碳溶液反应。而环丁烷与溴溶液在常温下不发生反应，在加热下才能进行开环反应，生成1,4-二溴丁烷。对于环戊烷或环己烷，即便在加热条件下也不能发生开环反应，但是可以在高温或光照条件下发生自由基取代反应，如

$$\triangle + Br_2 \xrightarrow[CCl_4]{室温} CH_2BrCH_2CH_2Br$$

$$\square + Br_2 \xrightarrow[CCl_4]{加热} CH_2BrCH_2CH_2CH_2Br$$

$$\text{环戊烷} + Br_2 \xrightarrow{光照} \text{溴代环戊烷（环戊基—Br）}$$

由于三元环也可与 Br_2/CCl_4 反应，因此，不能用溴褪色法区别三元环烷烃和烯烃。

卤化氢在常温下也能使环丙烷发生开环。而在取代环丙烷与卤化氢加成时，反应的取向由形成的中间体碳正离子的稳定性来决定，即环的破裂发生在含氢最多和最少的两个成环碳原子之间，氢原子加在含氢较多的成环碳原子上，卤素原子连接在氢原子较少的碳原子上，例如

$$\text{甲基环丙烷} + HBr \longrightarrow \underset{\substack{|\\Br}}{CH_3CH}\underset{\substack{|\\H}}{CH_2CH_2}$$

3. 氧化反应

环烷烃与烷烃一样，在氧化剂下比较稳定。常温下环烷烃不与一般的氧化剂（如 $KMnO_4$、O_3）反应，即使是不太稳定的环丙烷在常温下也不能使 $KMnO_4$ 褪色。

在加热条件下，环烷烃可与强氧化剂发生反应，例如

$$\text{环己烷} + HNO_3 \xrightarrow{加热} \text{己二酸（}CO_2H\text{, }CO_2H\text{）}$$

2.3 烷烃和环烷烃来源

烷烃和环烷烃的实验室制备可以利用不饱和烃通过催化加氢、Corey-House合成法、卤代烷烃的还原以及羧酸脱羧反应等方法。

大量烷烃的工业主要来源是石油。石油是一种黏稠的、深褐色液体，是各种烷烃、环烷烃、芳香烃等的混合物。石油的成油机理有生物沉积变油和石化油两种学说。前者主张石

油是古代海洋或湖泊中的生物经过漫长的演化形成，属于生物沉积变油，不可再生；后者认为石油是由地壳内本身的碳生成，与生物无关，可再生。石油主要用作燃油和汽油，也是许多化学工业产品，如溶剂、化肥、杀虫剂和塑料等的原料。

石油的性质因产地而异，密度为 0.8～1.0 g/cm^3，黏度范围很宽，凝固点差别很大(−60～30℃)，沸点范围为常温到 500℃以上。通过分馏精馏等工业过程，石油可以提炼出各种馏分，如表 2－10 所示。

表 2－10　石油的主要馏分

馏　分	组　分	沸点/℃	所含主要成分
轻质组分	C1～C6	<30	甲烷、乙烷、丙烷等
较中组分	C5～C6	30～80	环戊烷、环己烷、石油醚等
中质组分	C7～C22	40～380	甲基环戊烷、汽油、煤油、柴油等
重质组分	C20 以上	不挥发	重柴油、润滑油、凡士林、石蜡、沥青等

饱和烃的另一种来源是天然气。所谓天然气是指自然形成蕴藏在地层夹缝中的烃类和非烃类气体，包括油田气、气田气、煤层气、泥火山气和生物生成气等，也有少量出自煤层，是优质燃料和化工原料。天然气的主要成分为甲烷。

2.4　重要的烷烃和环烷烃

1. 甲烷

甲烷是一种很重要的燃料，是天然气的主要成分，约占 87%。甲烷高温分解可得炭黑，可用作颜料、油墨、油漆以及橡胶的添加剂等，还可用作太阳能电池、非晶硅膜气相化学沉积的碳源以及作医药化工合成的生产原料。

甲烷可以形成笼状的水合物，甲烷分子被包裹在“冰笼”里，也就是我们常说的可燃冰。它是在一定条件(合适的温度、压力、气体饱和度、水的盐度、pH 值等)下由水和天然气在中高压和低温条件下混合时组成的类冰的、非化学计量的、笼形的结晶化合物。可燃冰的化学式可用 $m\mathrm{CH_4}\cdot n\mathrm{H_2O}$ 来表示，其中 m 代表水合物中的气体分子含量，n 为水合指数(即水分子数)。甲烷含量超过 99%的天然气水合物又称为甲烷水合物。可燃冰主要分布于海底或寒冷地区的永久冻土带。

除了作为化工上的重要分子之外，甲烷还在创造生命过程中扮演重要角色。在人们对地外生命探索的过程中，甲烷是科学家们观测生命迹象的一个重要指标。

2. 正丁烷

油田气、湿天然气和裂化气中都含有正丁烷，可作为理想的高能燃料，例如用于日常市售打火机的燃剂。除此外，其还用作亚临界生物技术提取溶剂、制冷剂和有机合成原料等。其目前主要的工艺制备流程主要由油田气和湿天然气分离蒸馏而得，或者从石油裂解的 C_4 馏分中加氢分离获得。

3. 环己烷

环己烷别名六氢化苯，为无色有刺激性气味的液体。不溶于水，溶于多数有机溶剂，极易燃烧。可作为橡胶、涂料、清漆的溶剂，胶黏剂的稀释剂、油脂萃取剂。因其毒性小，故也常代替苯用于脱油脂、脱润滑脂和脱漆。环己烷主要用于制造尼龙的单体己二酸、己二胺和己内酰胺，也用作制造环己醇、环己酮等的原料。在工业生产中，环己烷的生产方法分为苯加氢法和石油烃馏分的分馏精制法。目前典型工艺有 IFP 法、BP 法和 Arosat 法。

习　题

2-1　下列化合物哪些是同一化合物？哪些是构造异构体？

(1) $CH_3C(CH_3)_2CH_2CH_3$　　(2) $CH_2CH_2CH(CH_3)CH_2CH_3$

(3) $CH_3CH(CH_3)(CH_2)_2CH_3$　　(4) $(CH_3)_2CHCH_2CH_2CH_3$

(5) $CH_3(CH_2)_2CH(CH_3)_2$　　(6) $(CH_3CH_2)_2CHCH_3$

2-2　用系统命名法命名下列化合物：

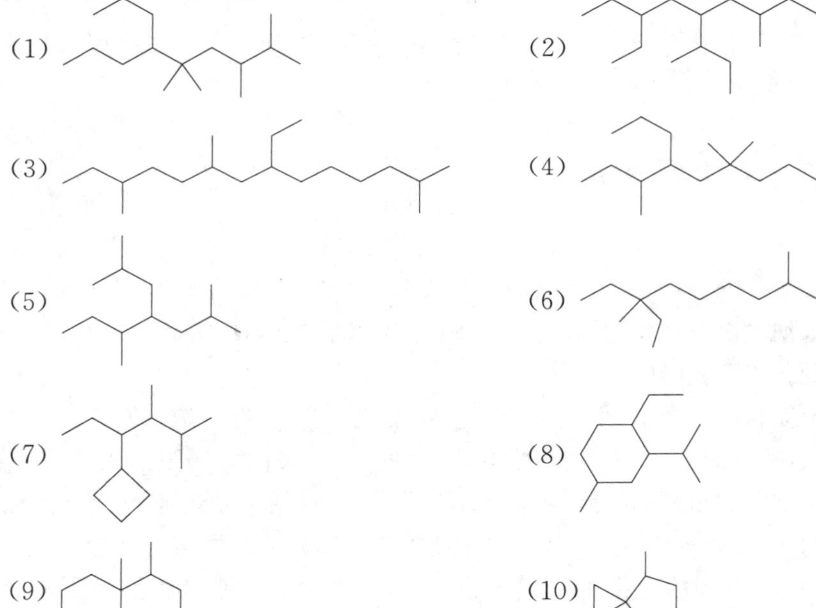

2-3　分子式为 C_6H_{12} 且只含有一个一级碳原子的饱和烃有几个？写出它们的结构简式并命名之。

2-4　画出下列化合物的优势构象：

(1)

(2)

(3) 顺-1-甲基-2-叔丁基环己烷　　　　(4) 顺-1-甲基-4-叔丁基环己烷

2-5　比较下列化合物构象的稳定性大小：

(1) H, H_3C, H, H; CH_3, H, H, H　　(2) H, H, H, CH_3; CH_3, H, H, H　　(3) H, H_3C, H, H; H, H, H, CH_3

2-6　试指出下列化合物中，哪些是构造异构，哪些是构象异构，哪些是不同的化合物：

(1) H, H_3C, Cl, H, H, $CH(CH_3)_2$　　(2) $H_3C—\underset{CH_3}{\overset{Cl}{C}}—\underset{CH_3}{\overset{H}{C}}—CH_3$　　(3) 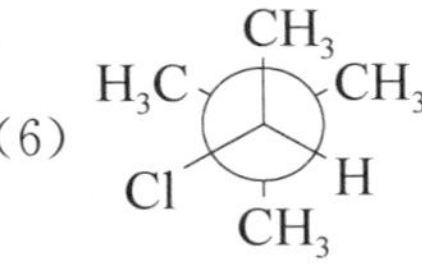

(4) H_3C, CH_3, CH_3, H, H_3C, Cl　　(5) H, H, H, H, H_3C, $CCl(CH_3)_2$　　(6) CH_3, H_3C, CH_3, Cl, H, CH_3

2-7　不要查表，试将下列烃类化合物按沸点降低的次序排列：

(1) 正庚烷、正己烷、2-甲基戊烷、2,2-二甲基丁烷、正癸烷

(2) 丙烷、环丙烷、正丁烷、环丁烷、环戊烷、环己烷、正己烷、正戊烷

(3) 甲基环戊烷、甲基环己烷、环己烷、环庚烷

(4) 2,3-二甲基戊烷、正庚烷、2-甲基庚烷、正戊烷、2-甲基己烷

2-8　下列烷烃沸点最低的是(　　)。

(A) 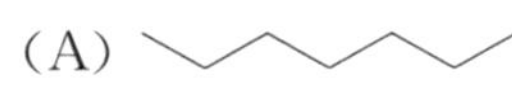　　(B) 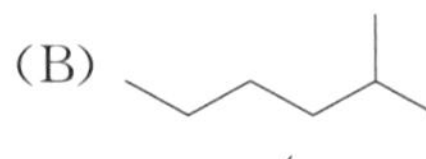

(C)　　(D)

2-9　已知烷烃的分子式为 C_5H_{12}，根据氯化反应产物的不同，试推测各烷烃的构造，并写出其构造式。

(1) 一元氯代产物只能有一种　　(2) 一元氯代产物可以有三种

(3) 一元氯代产物可以有四种　　(4) 二元氯代产物只可能有两种

2-10　解释以下甲烷氯化反应中观察到的现象：

(1) 甲烷和氯气的混合物在室温下和黑暗中可以长期保存而不起反应。

(2) 对氯气先进行光照，然后再迅速在黑暗中与甲烷混合，可以得到氯化产物。

(3) 在黑暗中将甲烷和氯气的混合物加热到 250℃，可以得到氯化产物。

(4) 将氯气光照后在黑暗中放置一段时间再与甲烷混合，不发生氯化反应。

(5) 将甲烷光照后在黑暗中与氯气混合，不发生氯化反应。

2-11　将下列的自由基按稳定性大小排列成序：

(1) $\dot{C}H_3$　　(2) $CH_2\underset{CH_3}{\underset{|}{C}H}CH_2\dot{C}H_2$

(3) $CH_2\dot{C}CH_2CH_3$（$\dot{C}$ 上连 CH_3） 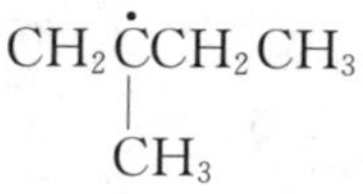　　(4) 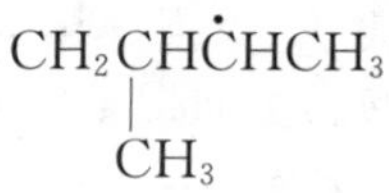 $CH_2CH\dot{C}HCH_3$（CH 上连 CH_3）

2-12 机理题。

(1) 写出由环戊烷生成一溴代环戊烷的反应机理。

(2) 在光照下，烷烃与二氧化硫和氯气反应，烷烃分子中的氢原子被氯磺酰基取代，生成烷基磺酰氯

$$R—H + SO_2 + Cl_2 \xrightarrow[\text{室温}]{\text{光照}} R—SO_2Cl + HCl$$

此反应称为氯磺酰化反应，亦称 Reed 反应。工业上常用此反应由高级烷烃生产烷基磺酰氯和烷基磺酸钠（R—SO_2ONa）（它们都是合成洗涤剂的原料）。此反应与烷烃氯化反应相似，也是按自由基取代机理进行的。试参考烷烃卤化的反应机理，写出烷烃（用 R—H 表示）氯磺酰化的反应机理。

2-13 完成下列各反应式：

(1) 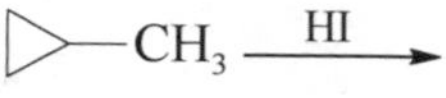 甲基环丙烷 $\xrightarrow{HI}$　　(2) 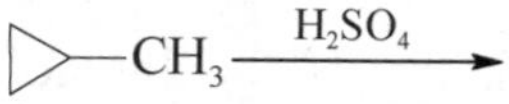 甲基环丙烷 $\xrightarrow{H_2SO_4}$

(3) 1,1-二甲基环丙烷 $\xrightarrow{Br_2}$　　(4) 三环化合物 $\xrightarrow[-60℃]{Br_2}$

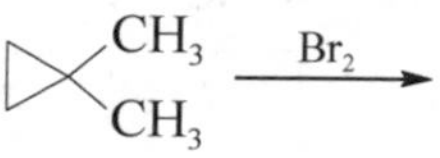

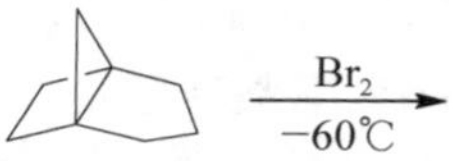

2-14 写出异丙基环丙烷在下列条件下的反应方程式：

(1) H_2，Pt/C，加热　(2) Br_2，光照　(3) Cl_2，$FeCl_3$

第3章 不饱和烃

相对于饱和烃——烷烃来说，一些烃分子中氢原子数比相同碳原子数的烷烃少，这些烃称为不饱和烃。分子中带有碳碳双键(C═C)的不饱和烃称为烯烃，烯烃的通式为 C_nH_{2n}。分子中带有碳碳三键(C≡C)的不饱和烃称为炔烃，炔烃的通式为 C_nH_{2n-2}。

3.1 烯烃和炔烃的结构

3.1.1 烯烃的结构

碳碳双键(C═C)是烯烃的官能团，烯烃的化学反应大多发生在碳碳双键上。

烯烃中结构最简单的是乙烯。近代物理方法研究表明，乙烯分子是一个平面分子，∠H—C—C 为 121.4°，∠H—C—H 为 117.2°，接近于 120°，如图 3-1 所示。

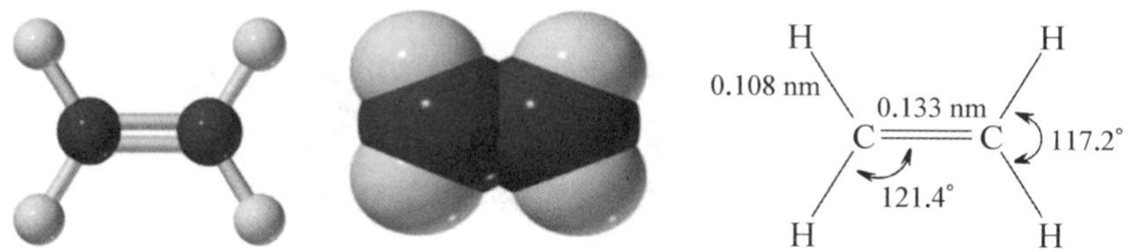

图 3-1 乙烯的分子模型及构型

在烯烃中，构成双键的碳原子仅与三个原子相连，为 sp^2 杂化。碳原子 sp^2 杂化示意如图 3-2 所示。

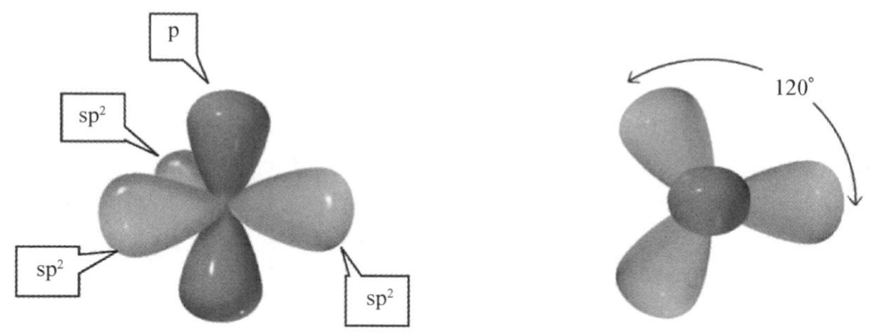

图 3-2 sp^2 杂化轨道示意图

三个 sp^2 杂化轨道的对称轴处在同一个平面，相互之间的夹角为 120°。另有一个 p 轨道未参与杂化，其对称轴垂直于 sp^2 杂化轨道所在的平面。

在乙烯分子中，双键的两个碳原子分别以两个 sp^2 杂化轨道与两个氢原子的 1s 轨道沿轨道对称轴相互交盖形成两个 $C_{sp^2}—H_s$ σ 键，两个碳原子之间又各以一个 sp^2 杂化轨道沿着键轴的方向相互重叠交盖形成一个 $C_{sp^2}—C_{sp^2}$ σ 键，这样形成的五个 σ 键的对称轴都在同一平面内，如图 3-3 所示。

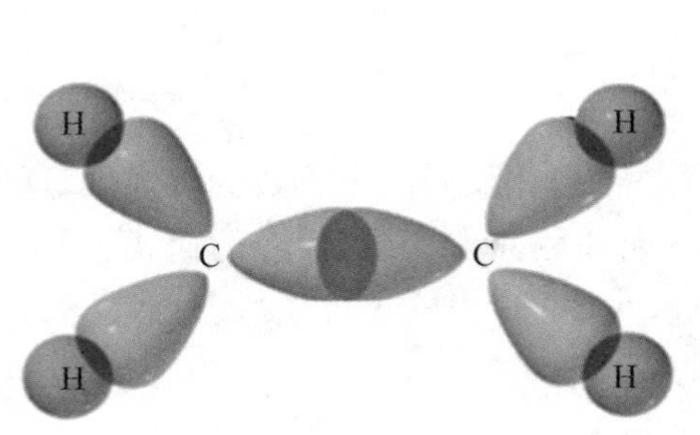

图 3-3　乙烯中 σ 键的形成

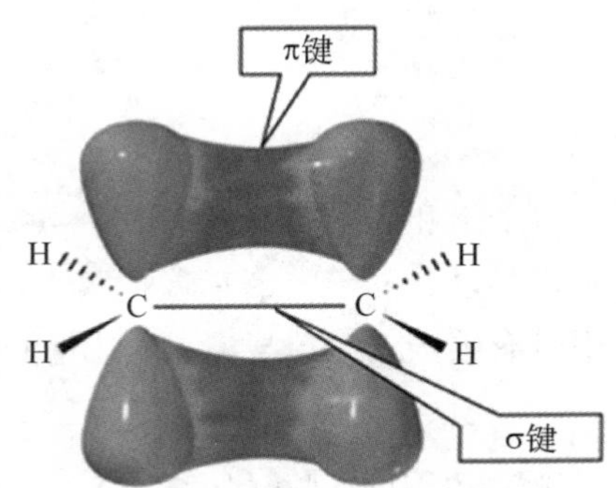

图 3-4　乙烯中 π 键的形成

此外，每个碳原子上还各有一个未参与杂化的 p 轨道，它们的对称轴垂直于 sp^2 杂化轨道所在的平面。这两个 p 轨道相互平行，它们从侧面以“肩并肩”的形式相互交盖（重叠）形成 π 键，如图 3-4 所示。形成 π 键的电子称为 π 电子。

因此，碳碳双键是由一个 σ 键和一个 π 键组成的。

3.1.2　π 键的特性

碳碳双键是由一个 σ 键和一个 π 键组成的。由于 σ 键和 π 键的交盖方式不同，造成它们在性质上有如下区别：

(1) σ 键是两个原子轨道沿着对称轴相互重叠，轨道和轨道之间的交盖程度较大。π 键是由两个相邻的 p 轨道侧面交盖而成，轨道和轨道之间的交盖程度比 σ 键小，因此 π 键的键能也小得多。C═C 键的平均键能为 610.9 kJ/mol，而 C—C 键的平均键能为 347.3 kJ/mol。因此，π 键的键能约为 263.6 kJ/mol，比 σ 键的键能小得多。

(2) σ 键的电子云集中在两个原子核之间，受两个原子核的束缚大。π 键是由 p 轨道侧面交盖而成，π 电子云分布在分子平面的上下两侧，因此 π 电子云受原子核束缚较小，在外电场作用下容易变形，发生极化。

(3) 形成 σ 键的原子可以以 C—C σ 键为轴自由旋转，不会引起 σ 键的变化。而形成 π 键的原子却不能以 C—C σ 键为轴自由旋转，否则会引起两个 p 轨道交盖程度的降低，使 π 键断裂。

因此，π 键没有 σ 键牢固。

3.1.3　炔烃的结构

在炔烃分子中，碳碳三键是炔烃的官能团，炔烃的化学反应大多发生在碳碳三键上。

炔烃中结构最简单的是乙炔。近代物理方法研究表明，乙炔分子中的 4 个原子都在同一直线上。C≡C 键键长为 0.120 nm(比 C═C 键长 0.134 nm 短)，键能为 837 kJ/mol(比 C═C 键键能 610.3 kJ/mol 大)，C—H 键键长为 0.106 nm，如图 3-5 所示。

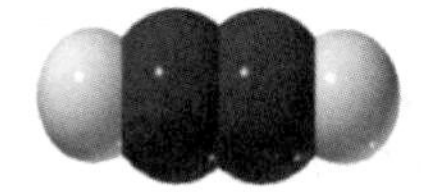
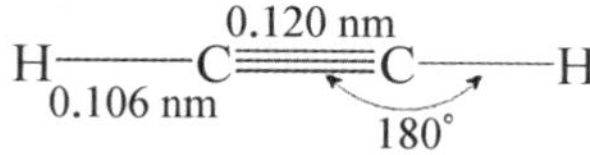

图 3-5 乙炔的分子模型及构型

在炔烃中，构成三键的碳原子仅与两个原子相连，碳原子采用 sp 杂化。sp 杂化示意如图 3-6 所示。

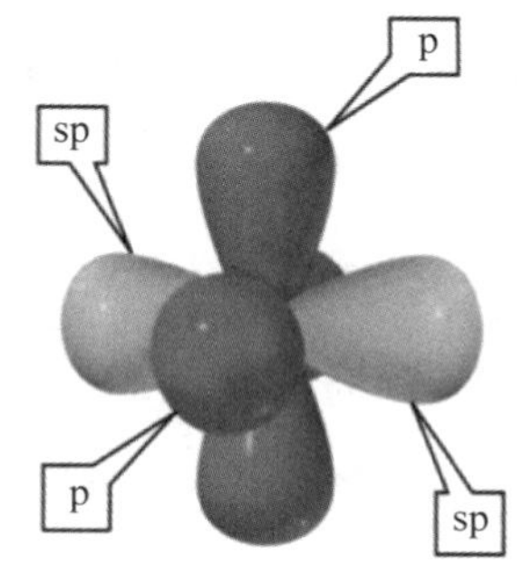

图 3-6 sp 杂化轨道示意图

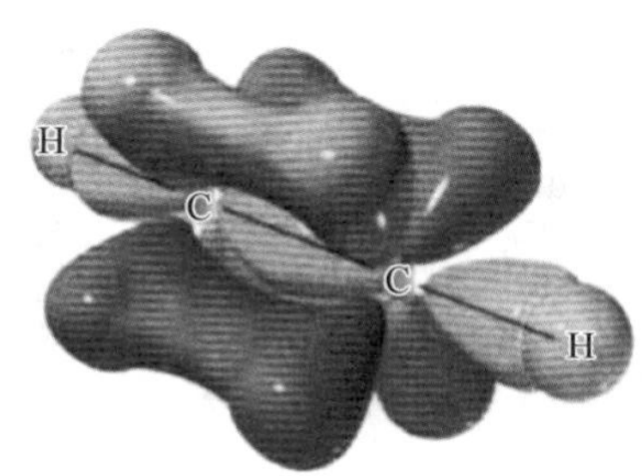

图 3-7 乙炔分子中键的形成

两个 sp 杂化轨道对称轴处在一条线上，相互间夹角为 180°。另有两个 p 轨道未参与杂化，对称轴垂直于 sp 杂化轨道。

乙炔分子的两个碳原子分别以一个 sp 杂化轨道与氢原子的 1s 轨道形成 $C_{sp}—H_s$ σ 键，两个碳原子之间又各以一个 sp 杂化轨道相互形成一个 $C_{sp}—C_{sp}$ σ 键，这样形成的三个 σ 键，其对称轴都在同一直线上。

此外，每个碳上还各有两个未参与杂化的 p_y、p_z 轨道，它们互相垂直，各含一个电子。两个碳原子的两组 p 轨道相互平行，侧面交盖，形成两个 C—C π 键。因此这两个 π 键相互垂直，如图 3-7 所示。

可见，碳碳三键是由一个 σ 键和两个相互垂直的 π 键组成。由于两个 π 键相互垂直，所以它们的电子云围绕在两个碳原子核连线的上、下、左、右，对称地分布在 C—C σ 键的周围，呈圆筒形。

3.2 烯烃和炔烃的同分异构

3.2.1 烯烃的同分异构

烯烃的同分异构现象比烷烃复杂得多，不仅存在构造异构，同时还有立体异构(顺反异构)现象。

1. 构造异构

烯烃的构造异构包括碳架的异构和双键位置的异构。例如戊烯的5种构造异构体

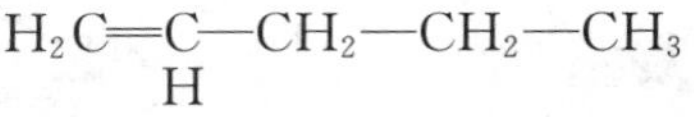

$$H_2C{=}\underset{H}{C}{-}CH_2{-}CH_2{-}CH_3 \qquad H_3C{-}\underset{H}{C}{=}\underset{H}{C}{-}CH_2{-}CH_3$$

Ⅰ 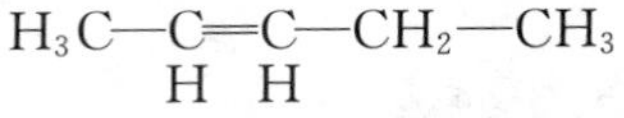　　Ⅱ

$$H_2C{=}\underset{CH_3}{C}{-}CH_2{-}CH_3 \qquad H_2C{=}\underset{H}{C}{-}\overset{H}{\underset{CH_3}{C}}{-}CH_3 \qquad H_3C{-}\underset{H}{C}{=}\underset{CH_3}{C}{-}CH_3$$

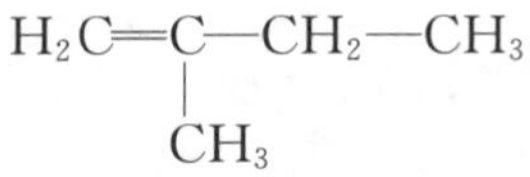

Ⅲ 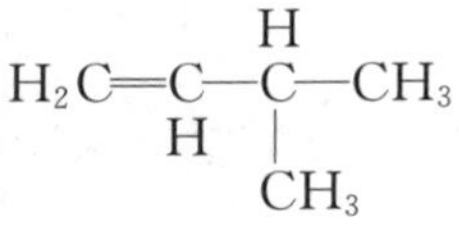　　Ⅳ 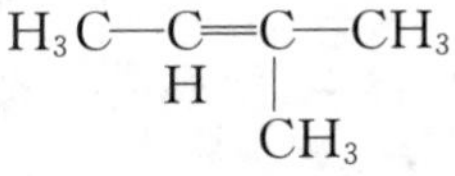　　Ⅴ

其中Ⅰ、Ⅱ与Ⅲ、Ⅳ、Ⅴ属于碳架的异构;Ⅰ与Ⅱ之间以及Ⅲ、Ⅳ、Ⅴ之间属于双键位置的异构。

2. 构型异构(顺反异构)

由于碳碳双键是由一个σ键和一个π键组成,π键不能自由旋转。因此当连接双键的两个碳原子各自连接不同的原子或原子团时,就可能产生两种不同的排列方式。例如2-丁烯

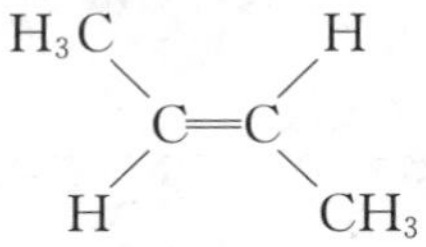

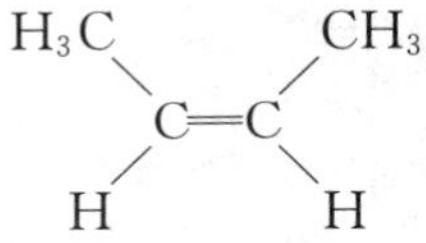

$$\begin{array}{ccc} H_3C & & H \\ & C{=}C & \\ H & & CH_3 \end{array} \qquad \begin{array}{ccc} H_3C & & CH_3 \\ & C{=}C & \\ H & & H \end{array}$$

在这两种排列中,原子之间相互连接的次序和连接方式相同,即两者的构造相同,不同的仅仅是分子中的原子在空间的排列方式,即构型不同。

两个相同基团处于双键同侧的构型称为顺式(cis)构型,两个相同基团处于双键两侧的构型称为反式(trans)构型。

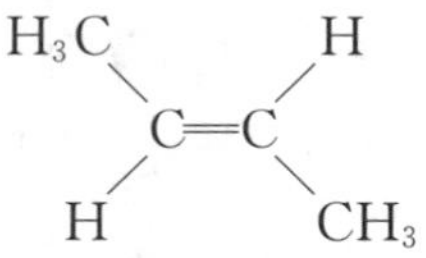

$$\begin{array}{ccc} H_3C & & H \\ & C{=}C & \\ H & & CH_3 \end{array} \qquad \begin{array}{ccc} H_3C & & CH_3 \\ & C{=}C & \\ H & & H \end{array}$$

反式 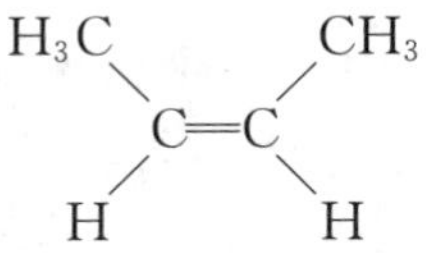　　顺式

这种由于双键的碳原子连接不同基团而形成的异构现象称为顺反异构现象(cis-trans isomerism),相应的同分异构体称为顺反异构体(cis-trans isomer)。

烯烃存在顺反异构的条件为构成双键的两个碳原子各自连有不同的原子或基团。两个碳原子中任意一个碳上带有两个相同的原子或基团,都不存在顺反异构体。顺反异构体在常温下不能转化,是两种不同的化合物,它们的物理、化学性质不同。

3.2.2 炔烃的同分异构

炔烃由于三键的位次和碳架的不同,也有构造异构现象。但由于在碳链分支的地方不

可能有三键存在，所以炔烃的构造异构比同碳的烯烃要少。而且三键上只可能连有一个取代基，所以炔烃没有顺反异构。

例如戊炔的构造异构体只有如下三种：

$$HC\equiv C-CH_2-CH_2-CH_3 \qquad H_3C-C\equiv C-CH_2-CH_3 \qquad HC\equiv C-\underset{\displaystyle CH_3}{\underset{|}{CH}}-CH_3$$

炔烃与同碳数的二烯烃、环烯烃是同分异构体(官能团异构)。

$$H_2C=CH-CH=CH-CH_3 \qquad H_2C=CH-CH_2-CH=CH_2 \qquad H_2C=CH-\underset{\displaystyle CH_3}{\underset{|}{C}}=CH_2$$

（环戊烯结构式）

3.3 烯烃和炔烃的命名

3.3.1 烯基和炔基的命名

烯烃中去掉一个氢原子后余下的部分称为烯基(-enyl)。炔烃中去掉一个氢原子后余下的部分称为炔基(-ynyl)。烯(炔)基的编号从自由价键所在的碳原子开始，如

$H_2C=\underset{H}{C}-$	$H_3C-\underset{H}{C}=\underset{H}{C}-$	$H_2C=\underset{H}{C}-CH_2-$	$H_2C=\overset{\displaystyle CH_3}{\overset{|}{C}}-$
乙烯基	丙烯基	烯丙基	异丙烯基
vinyl	propenyl	allyl	isopropenyl
	1-丙烯基	2-丙烯基	1-甲基乙烯基
ethenyl	1-propenyl	2-propenyl	1-methylethenyl

$HC\equiv C-$	$H_3C-C\equiv C-$	$HC\equiv C-CH_2-$
乙炔基	丙炔基	炔丙基
ethynyl	1-丙炔基	propargyl
	1-propynyl	2-丙炔基
		2-propynyl

3.3.2 衍生物命名法

把乙烯(炔)作为母体，其他烯(炔)烃看作乙烯(炔)的烷基取代衍生物。对于异构烯烃，要在名称前注明“对称”“不对称”。一般“对称”即两个烃基分别连在两个碳上，“不对称”即两个烃基连在同一个碳上，例如

$H_3C-CH_2-\underset{H}{C}=CH_2$	$H_3C-CH_2-\overset{H}{\underset{\displaystyle CH_3}{\underset{|}{C}}}-\underset{H}{C}=CH_2$	$H_3C-\underset{\displaystyle CH_3}{\underset{|}{C}}=CH_2$
乙基乙烯	仲丁基乙烯	不对称二甲基乙烯

$H_3C—CH_2—\underset{H}{C}=\underset{H}{C}—CH_3$　　$H_3C—C\equiv C—CH_2—CH_3$　　$H_2C=CHC\equiv CH$

对称甲基乙基乙烯　　甲基乙基乙炔　　乙烯基乙炔

3.3.3 系统命名法

命名原则基本上与烷烃的系统命名法相似，不同之处主要有以下三点：

(1) 选择最长碳链时必须选取包含碳碳双(三)键在内的最长连续碳链作为主链。根据主链碳原子数目称为某烯(炔)，主链的碳原子数超过 10 个时，“烯(炔)”字前面要加“碳”字。

(2) 在主链碳原子上编号时一般从靠近双(三)键的一端开始。

(3) 以两个碳原子中编号小的作为碳碳双(三)键的位次，在基本名称前标明(若位次为 1，则可以省略)。例如

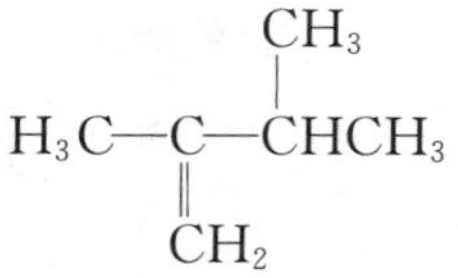

$H_3C—C(=CH_2)—CH(CH_3)CH_3$

2,3-二甲基-1-丁烯
2,3-dimethylbut-1-ene

$H_3C—(CH_2)_8—\underset{H}{C}=CHCH_3$

2-十二碳烯
dodec-2-ene

$(CH_3)_3CC\equiv CCH_2CH_3$

2,2-二甲基-3-己炔
2,2-dimethylhex-3-yne

$(CH_3)_2CHC\equiv CH$

3-甲基丁炔
3-methylbut-1-yne

环烯(炔)烃的命名是以环烯(炔)为母体，根据成环的碳原子数目称为环某烯(炔)，编号时从双(三)键碳原子开始编号，把 1、2 位次留给双(三)键碳原子。对于桥环或螺环化合物，命名时应首先遵循桥环或螺环化合物编号规则，然后再使双(三)键编号尽可能小。

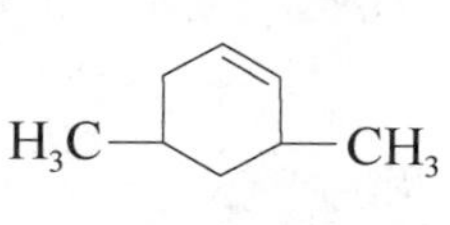

H_3C—(环己烯环)—CH_3

3,5-二甲基-1-环己烯
3,5-dimethylcyclohex-1-ene

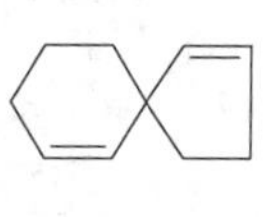

螺[4.5]-1,6-癸二烯
spiro[4.5]deca-1,6-diene

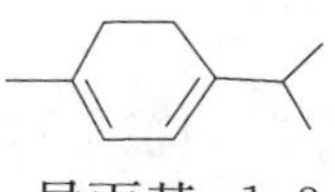

1-甲基-4-异丙基-1,3-环己二烯
1-isopropyl-4-methylcyclohexa-1,3-diene

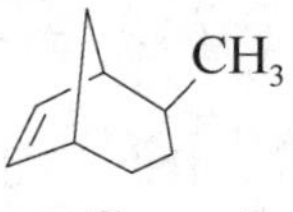

CH_3

2-甲基二环[3.2.1]-6-辛烯
2-methylbicyclo[3.2.1]oct-6-ene

分子中同时含有双键和三键时，系统命名法中一般以“烯炔”命名，选取含有双键和三键在内的最长碳链为主链，“烯”字在前，“炔”字在后。“烯”字前标明主链的碳原子数，称为某烯炔。编号时遵循最低系列原则，使双键和三键的位次尽可能小，不考虑双键和三键各自位次的大小。若双键、三键处于相同位次，则从靠近双键一端开始编号。

$$HC{\equiv}C{-}CH(CH_3){-}C(CH_2CH_3){=}CH{-}CH_3$$

3-甲基-4-乙基-4-己烯-1-炔
4-ethyl-3-methylhex-4-en-1-yne

$$H_2C{=}CH{-}CH(CH(CH_3)_2){-}C{\equiv}C{-}CH_3$$

3-异丙基-1-己烯-4-炔
3-isopropylhex-1-en-4-yne

$$HC{\equiv}C{-}CH_2{-}CH{=}CH_2$$

1-戊烯-4-炔
pent-1-en-4-yne

$$(C_2H_5)((CH_3)_2CH)C{=}C(C{\equiv}CCH_2CH_3)(CH_2CH_2CH_3)$$

(E)-2-甲基-3-乙基-4-丙基-3-辛烯-5-炔
(E)-3-ethyl-2-methyl-4-propyloct-3-en-5-yne

3.3.4 烯烃顺反异构体的命名

1. 顺/反命名法

在命名烯烃顺反异构体时，若双键上两个相同取代基在双键同侧，一般在烯烃名称前加“顺”(cis-)，反之加“反”(trans-)即可。

$$(H_3C)(H)C{=}C(CH_2CH_3)(H)$$

顺-2-戊烯
cis-2-pentene

$$(H)(H_3C)C{=}C(CH_2CH_3)(H)$$

反-2-戊烯
trans-2-pentene

但对三取代或四取代的乙烯，又都是不同的取代基时，用顺反命名法难以表示，一般用Z/E命名法。

2. Z/E 命名法

Z/E 命名法适用于所有顺反异构体，其命名原则主要有如下两点：

(1) 将双键两端碳原子上所连接的原子或基团各按“次序规则”排列。

次序规则：把与双键碳原子直接相连的原子按原子序数从大到小排列，排在前面的称为较优基团。同位素则以质量大的优先。

$$I>Br>Cl>F>O>N>C>H;$$
$$D>H$$

如果与双键碳原子直接相连原子的原子序数相同，则需依次比较与其相连的第二个原子的原子序数，以此类推，例如

$$-CH_2CH_3>-CH_3 \qquad -CH_2Br>-CCl_3$$

在$-CH_3$ 和$-CH_2CH_3$ 中，与双键碳原子直接相连的都是碳原子，再比较与该碳原子

相连的其他原子，与—CH_3 相连的是（H、H、H），与—CH_2CH_3 相连的是（C、H、H），C 的原子序数大于 H，因此，—CH_2CH_3＞—CH_3。

在—CCl_3 和—CH_2Br 中，与双键碳原子直接相连的都是碳原子，再比较与该碳原子相连的其他原子，与—CCl_3 相连的是（Cl、Cl、Cl），与—CH_2Br 相连的是（Br、H、H），Br 的原子序数大于 Cl，因此，—CH_2Br＞—CCl_3。

当与双键碳原子相连的取代基含有双键、三键时，把双键、三键看成是多个相同的单键，如

—CH═CH_2 相当于 —CH(C)—CH_2(C)　　　—C≡CH 相当于 —C(C)(C)—C(C)(C)—H

—CH═O 相当于 —C(O)(O)—H

（2）分别比较双键两端各自连接的两个原子或基团在序列中的优先度。如果两个优先的原子或基团在双键的同侧，则称为 Z（德文 zusammen，共同的意思）构型；如果两个优先的原子或基团在双键的异侧，则称为 E（德文 entgegen，相反的意思）构型。表示构型的 Z、E 写在括号中，放在化合物名称前，如

Z-2-戊烯
(Z)-pent-2-ene

E-2-戊烯
(E)-pent-2-ene

E-2-溴-2-戊烯
(E)-2-bromopent-2-ene

(3E,5E)-3,5,6-三甲基-4-乙基-3,5-壬二烯
(3E,5E)-4-ethyl-3,5,6-trimethylnona-3,5-diene

(Z)-2,6-二甲基-5-乙基-2,5-辛二烯
(Z)-5-ethyl-2,6-dimethylocta-2,5-diene

(2Z,4Z)-3,6,6-三甲基-2,4-庚二烯
(2Z,4Z)-3,6,6-trimethylhepta-2,4-diene

注意,顺式不一定是Z构型,反式也不一定是E构型。

3.4 烯烃和炔烃的物理性质

3.4.1 烯烃的物理性质

烯烃的物理性质如熔点、沸点、相对密度和溶解度等与烷烃相似。在常温下,C2～C4的烯烃是气体,C5～C18的烯烃是液体,C18以上的烯烃是固体。末端烯烃的沸点比非末端烯烃的同分异构体稍低。直链烯烃的沸点比带有支链的异构体稍高。顺式异构体一般比反式异构体的沸点高、熔点低。烯烃的相对密度都小于1。烯烃都难溶于水而易溶于非极性和弱极性的有机溶剂,如乙醚、石油醚、苯、四氯化碳等。常见烯烃的物理常数如表3-1所示。

表3-1 常见烯烃的物理常数

烯烃	熔点/℃	沸点/℃	相对密度
乙烯	−169.4	−103.9	0.570(沸点时)
丙烯	−185.2	−47.7	0.610(沸点时)
1-丁烯	−130	−6.4	0.625(沸点时)
顺-2-丁烯	−139.3	3.5	0.621
反-2-丁烯	−105.5	0.9	0.604
2-甲基丙烯	−140.8	−6.9	0.631(−10℃)
1-戊烯	−166.2	30.1	0.641
顺-2-戊烯	−151.4	37	0.655
反-2-戊烯	−136	36	0.648
3-甲基-1-丁烯	−168.5	25	0.648
2-甲基-2-丁烯	−133.8	39	0.662
2-甲基-1-丁烯	−137.6	20.1	0.633(15℃)
己烯	−139	63.5	0.673
庚烯	−119	93.6	0.697
1-辛烯	−104	122.5	0.716

3.4.2 炔烃的物理性质

炔烃的物理性质同样随着其相对分子质量的增加而有规律地变化。在常温常压下,C2～C4的炔烃是气体,C5～C15的是液体,C15以上的是固体。炔烃的熔点和沸点也随着碳原子数目的增加而增高。简单炔烃的沸点、熔点以及密度比同碳数的烷烃和烯烃高。炔烃不易溶于水,而易溶于石油醚、乙醚、苯和四氯化碳。常见炔烃的物理常数如表3-2所示。

表 3-2 常见炔烃的物理常数

炔 烃	熔点/℃	沸点/℃	相对密度
乙 炔	−81.8(压力下)	−83.4	0.618(沸点时)
丙 炔	−101.5	−23.3	0.671(沸点时)
1-丁炔	−122.5	−8.5	0.668(沸点时)
2-丁炔	−24	27	0.694
1-戊炔	−98	39.7	0.695
2-戊炔	−101	55.5	0.712 7 (17.2℃)
3-甲基-1-丁炔	−89.7	28(10 kPa)	0.685 4 (0℃)
1-己炔	−124	71.4	0.719
2-己炔	−88	84	0.730
1-庚炔	−80.9	99.8	0.733
1-辛炔	−70	126	0.747
1-十八碳炔	22.5	180(2 kPa)	0.869 6 (0℃)

3.5 烯烃的化学性质

烯烃虽然也是只含C、H两种元素的化合物，但与烷烃的化学性质大不相同，是非常活泼的化合物。这主要是由于烯烃的碳碳双键中含有一个较弱的 π 键，π 键容易极化，产生断裂。

烯烃最典型的反应是双键中 π 键断裂，随后生成两个更强的 σ 键，而成为加成产物。这样的反应称为加成反应(加成反应是具有不饱和键的化合物的典型反应)。除此以外，烯烃的反应发生在受双键影响较大的 α-碳原子上。

3.5.1 催化加氢

在常温下，烯烃与氢气并不发生反应，高温时反应也很慢。但如有适当的催化剂存在，烯烃在液相或气相下能够氢化，变成相应的烷烃，例如

$$\mathrm{R{-}\underset{\displaystyle H}{C}{=}CH_2 + H{-}H \xrightarrow{\text{催化剂}} R{-}\overset{\displaystyle H}{\underset{\displaystyle H}{C}}{-}\underset{\displaystyle H}{CH_2}}$$

这种在催化剂作用下的加氢反应称为催化加氢。

常用的催化剂为Pt、Pd、Ni等过渡金属。(Ni的活性较差，需在高温高压下进行反应。Pt和Pd粉末活性好，可在常温常压下进行反应，但价格较高，一般在实验室中用)。雷尼镍(Raney Nickel)是一种由带有多孔结构的镍铝合金的细小晶粒组成的固态多相催化剂，其制备过程是把镍铝合金用浓氢氧化钠溶液处理，大部分的铝会与氢氧化钠反应而溶解掉，剩下多孔性的、比表面积很大的镍。雷尼镍催化活性中等，可在常温、低压下反应，价格适中，应用广泛。

催化加氢反应是在催化剂金属表面上进行的。一般认为,催化剂表面首先吸附氢气和烯烃,使氢分子发生键的断裂生成两个活泼的氢原子,烯烃的 π 键的稳定性也因此而减弱。然后活化的烯烃与氢原子结合生成烷烃,从催化剂表面解吸,如图 3-8 所示。

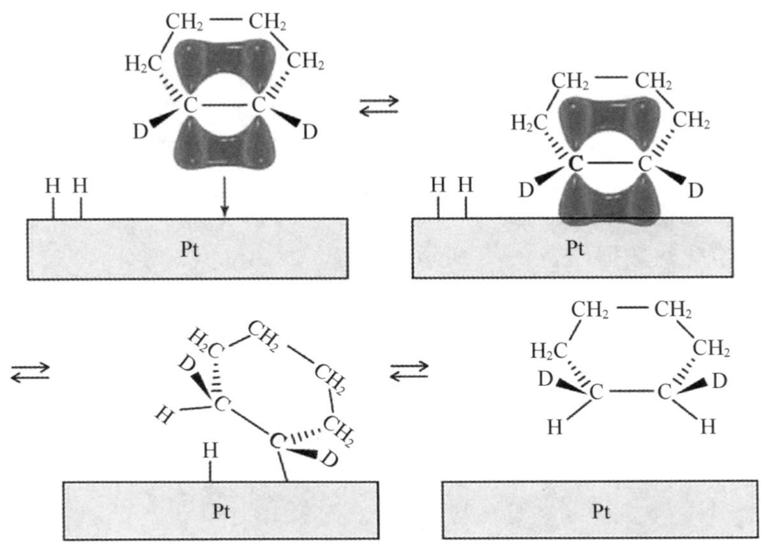

图 3-8 催化加氢过程

烯烃催化加氢是顺式加成反应,即两个氢原子加在双键的同侧。另外催化加氢反应可以定量地进行,所以可根据吸收氢的量来分析样品中双键的数量。

催化加氢反应是放热反应。1 mol 不饱和化合物与氢气进行加成反应,生成相应的烷烃时放出的热量称为氢化热。不同的烯烃或异构体,如果反应条件一样,试剂相同,而且产物也一样,那么氢化热的不同就只能解释为来自反应物所含能量(内能)的不同。

如图 3-9 所示,氢化热越高,原化合物内能越高,也越不稳定。在 2-丁烯中,反式比顺式稳定,主要是由于顺式的两个体积较大的甲基处于双键的同侧,相距较近,斥力大,所以能量高,稳定性差。顺反构型烯烃空间结构如图 3-10 所示。

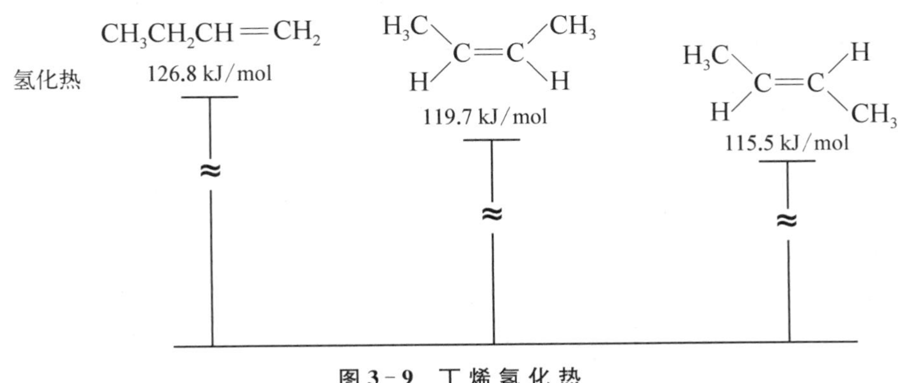

图 3-9 丁烯氢化热

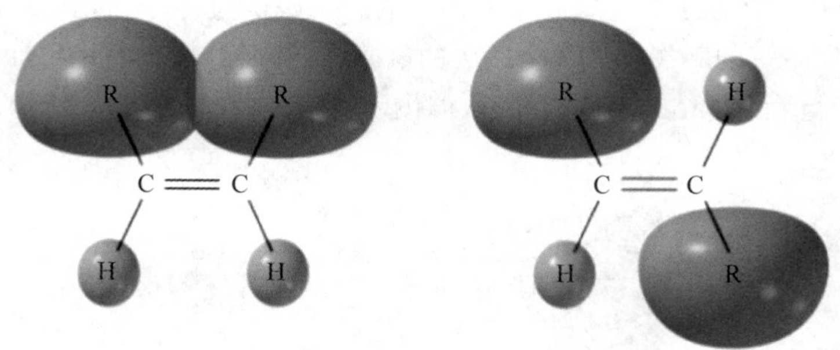

图 3-10　顺反构型烯烃空间结构

一些烯烃的氢化热数据如表 3-3 所示。

表 3-3　一些烯烃的氢化热数据

烯　烃	氢化热/(kJ/mol)	烯　烃	氢化热/(kJ/mol)
$H_2C{=}CH_2$	137.2	$(H_3C)_2C{=}CH_2$	118.8
$CH_3CH{=}CH_2$	125.9		
顺-$H_3C(H)C{=}C(H)CH_3$（H_3C、CH_3 同侧）	119.7	$(H_3C)_2C{=}CHCH_3$	112.5
反-$H(H_3C)C{=}C(H)CH_3$（CH_3 异侧）	115.5	$(H_3C)_2C{=}C(CH_3)_2$	111.3

可见，烯烃的稳定性如下：

$$R_2C{=}CR_2 > R_2C{=}CHR > R_2C{=}CH_2 \sim RCH{=}CHR > RCH{=}CH_2 > H_2C{=}CH_2$$

催化加氢的用途如下：① 提高汽油质量(除去其中的杂质烯烃)；② 在油脂工业中，使液态的油变成固态的脂肪；③ 理论上，可以通过加氢反应测定烯烃的氢化热，推测其结构。

3.5.2　亲电加成

由于烯烃中 π 键较弱，且电子云分布在分子平面的上、下两层，受原子核的束缚较小，流动性大，容易极化，容易给出电子。所以，烯烃容易受缺电子的亲电试剂的进攻而加成，这种反应称为亲电加成反应。

在亲电加成反应过程中，烯烃分子的 π 键总是发生异裂，生成离子，然后再继续反应。所以烯烃的亲电加成反应是一种离子型的反应。

烯烃可与一系列试剂(如 X_2、HX、H_2SO_4、H_2O 等)加成。

1. 与卤素加成

烯烃与卤素(氯或溴)进行加成反应,生成邻二卤化物。这个反应不需要光照和加热,也不要催化剂,在常温下反应就能很迅速地发生,例如

$$H_2C{=}CH_2 + Br_2 \xrightarrow{CCl_4} \underset{\displaystyle Br}{H_2C}{-}\underset{\displaystyle Br}{CH_2}$$

$$CH_3CH{=}CH_2 + Br_2 \xrightarrow{CCl_4} CH_3{-}\overset{\displaystyle H}{\underset{\displaystyle Br}{C}}{-}\underset{\displaystyle Br}{CH_2}$$

在室温下,将乙烯通入溴的四氯化碳溶液,溴的棕红色褪去,生成无色的1,2-二溴乙烷。由于反应易发生,现象明显,因此常用这个方法来鉴定化合物是否含有碳碳双键。

1) 烯烃加溴的反应历程

实验事实表明:干燥的乙烯通入无水的溴的四氯化碳溶液,反应不发生。如果加入少量水,反应立即发生,溴的棕红色褪去。乙烯与溴在玻璃容器中反应顺利,但如果在容器内壁涂一层石蜡,反应就难以进行。将乙烯分别通入含有 NaCl、NaI、$NaNO_3$ 的水溶液中,不仅可以得到1,2-二溴乙烷,还分别得到了1-氯-2-溴乙烷、1-碘-2-溴乙烷、硝酸-2-溴乙酯等副产物,即

$$H_2C{=}CH_2 + Br_2 \xrightarrow{NaCl} \underset{\displaystyle Br}{H_2C}{-}\underset{\displaystyle Br}{CH_2} + \underset{\displaystyle Br}{H_2C}{-}\underset{\displaystyle Cl}{CH_2}$$

$$H_2C{=}CH_2 + Br_2 \xrightarrow{NaI} \underset{\displaystyle Br}{H_2C}{-}\underset{\displaystyle Br}{CH_2} + \underset{\displaystyle Br}{H_2C}{-}\underset{\displaystyle I}{CH_2}$$

$$H_2C{=}CH_2 + Br_2 \xrightarrow{NaNO_3} \underset{\displaystyle Br}{H_2C}{-}\underset{\displaystyle Br}{CH_2} + \underset{\displaystyle Br}{H_2C}{-}\underset{\displaystyle ONO_2}{CH_2}$$

这说明乙烯和溴加成时,两个溴原子不是同时加到双键的两端,而是分步进行加成。另外,第一步反应先加上的应该是溴正离子,而不是溴负离子。如果先加上的是溴负离子,就不可能生成1-氯-2-溴乙烷、1-碘-2-溴乙烷、硝酸-2-溴乙酯。

因此,溴与乙烯的反应分两步进行。

第一步:

$$H_2C{=}CH_2 + :\ddot{Br}{-}\ddot{Br}: \rightleftharpoons H_2C\overset{Br^+}{\triangle}CH_2 + :\ddot{Br}:^-$$

溴分子与烯烃接近时,受到烯烃 π 电子的影响而发生极化,靠近 π 键的溴原子带部分正电荷,远离 π 键的溴原子带部分负电荷,两者进一步接近时,一个双键碳原子提供一对电子

与带部分正电荷的溴原子结合，溴原子另外用一对未共用电子对与另一个双键碳原子结合，生成一个环状的溴鎓离子和一个溴负离子。这一步反应较慢，是决定反应速率的一步。

第二步：

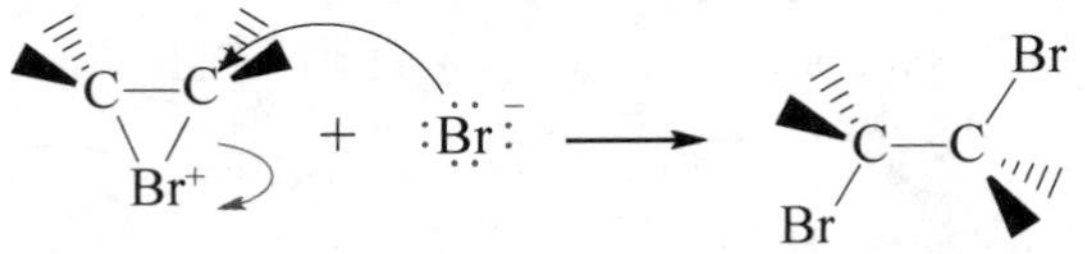

$$\text{环状溴鎓离子} + :\ddot{Br}:^- \longrightarrow \text{反式邻二溴化物（Br—C—C—Br）}$$

溴负离子从背面进攻溴鎓离子中的一个碳原子，生成反式邻二溴化物。这一步是离子间的反应，速率较快。

这两步的总结果是在碳碳双键的两侧分别加上两个溴，形成反式产物，这种加成方式称为反式加成。

由于烯烃与卤素的加成反应生成正离子活性中间体，是共价键异裂的离子型反应，反应是由带部分正电荷的溴原子首先进攻生成的（这样的试剂有亲电性，称为亲电试剂），由亲电试剂进攻而引起的加成反应称为亲电加成反应。烯烃与卤素的加成反应是离子型的亲电加成反应。

2）烯烃与其他卤素的反应

卤素的活性次序为 $F_2>Cl_2>Br_2>I_2$。

氟与烯烃的反应剧烈，难以控制；烯烃与碘的加成则很困难。所以，一般烯烃与卤素的加成反应主要是指与 Cl_2 和 Br_2 的加成。另外，在形成反应中间体上，加成 Cl_2 和加成 Br_2 稍有区别。由于氯原子半径较小，三元环状鎓离子的张力大而不稳定，因此，倾向于形成正碳离子中间体，即

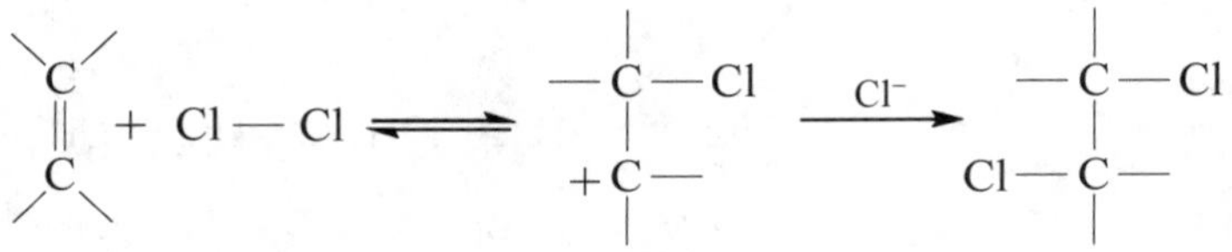

$$>C=C< + Cl-Cl \rightleftharpoons -\overset{|}{\underset{|}{C}}-Cl \text{（下接 } \overset{+}{C}- \text{）} \xrightarrow{Cl^-} -\overset{|}{C}-Cl \text{（下接 } Cl-\overset{|}{C}- \text{）}$$

应用：① 用来制备邻二卤代烷；② 用来鉴别烯烃（溴的四氯化碳溶液为棕黄色，而它与烯烃加成形成二溴化物后，变为无色，这个褪色反应非常迅速，易观察）。

2. 与卤化氢加成

烯烃与卤化氢的加成反应也是亲电加成反应，生成相应的一卤代烷。例如，乙烯与氯化氢在 $AlCl_3$ 的催化下，在 130～250℃下进行加成，这是氯乙烷的工业制法之一，即

$$H_2C{=}CH_2 + HCl \xrightarrow[130\sim250℃]{AlCl_3} \underset{\displaystyle H}{\underset{|}{H_2C}}-\underset{\displaystyle Cl}{\underset{|}{CH_2}}$$

烯烃的活性次序为 $R_2C{=}CR_2>R_2C{=}CHR>R_2C{=}CH_2\approx RCH{=}CHR>RCH{=}CH_2>H_2C{=}CH_2$。卤化氢与烯烃加成反应活性次序为 $HI>HBr>HCl>HF$。

1）反应机理

第一步：烯烃和卤化氢作用，双键中的 π 键打开，一对 π 电子与质子结合，生成一个带

正电荷的中间体碳正离子，即

$$>C=C< + H-X \xrightleftharpoons{慢} -\overset{|}{\underset{|}{C}}-H \;\; +\overset{|}{\underset{|}{C}}- + X^-$$

第二步：生成的碳正离子与卤负离子结合生成卤代烷，即

$$-\overset{|}{C}-H \;\; +\underset{|}{C}- + X^- \xrightarrow{快} -\overset{|}{C}-H \;\; X-\underset{|}{C}- + -\overset{|}{C}-H \;\; -\underset{|}{C}-X$$

从反应机理可以判断，烯烃双键上电子云密度越大，与质子结合越容易；质子浓度越大，反应也越容易。

2）不对称加成规则（马尔科夫尼科夫规则）

对 HX 这类试剂，加在双键上的两部分（H 与 X）不一样，所以称为不对称试剂。乙烯是对称烯烃，它和不对称试剂加成产物只有一种。但若不对称烯烃（双键碳上取代基不相同）和不对称试剂加成时，加成方式就有两种可能，例如

$$H_3C-CH=CH_2 + HCl \xrightarrow{AlCl_3} H_3C-CH_2-\underset{\displaystyle Cl}{\underset{|}{CH_2}} + \underset{\text{主产物}}{H_3C-\underset{\displaystyle Cl}{\underset{|}{CH}}-CH_3}$$

$$H_3C-\overset{\displaystyle CH_3}{\overset{|}{C}}=CH_2 + HBr \xrightarrow{CH_3COOH} H_3C-\overset{\displaystyle CH_3}{\overset{|}{\underset{\displaystyle H}{\underset{|}{C}}}}-\underset{\displaystyle Br}{\underset{|}{CH_2}} + \underset{90\%}{H_3C-\overset{\displaystyle CH_3}{\overset{|}{\underset{\displaystyle Br}{\underset{|}{C}}}}-\underset{\displaystyle H}{\underset{|}{CH_2}}}$$

也就是当不对称烯烃和卤化氢加成时，氢原子总是加在含氢较多的双键碳原子上，卤原子总是加到含氢较少的双键碳原子上。这个经验规律称为马尔科夫尼科夫规则（Markovnikov's rule），简称马氏规则。

对马氏规则的理论解释如下：

（1）用电子效应解释。

以丙烯为例，有

$$H_3C \Longrightarrow \overset{\delta_+}{\underset{H}{C}}=\overset{\delta_-}{CH_2}$$

丙烯与乙烯相比，以一个甲基代替了一个氢原子。与氢原子相比，甲基有一定的供电子诱导效应和供电子超共轭效应（见第 4 章），供电子的结果使碳碳双键上的电子云密度增大，因此反应对乙烯有利。另外还会使双键电子云发生偏移，离甲基较远的双键碳上电子云密

度更大，带部分负电荷。HX 等极性分子加成时，带正电的质子加到双键中带部分负电荷 δ^- 的一端，带负电的卤原子加到带部分正电荷 δ^+ 的一端。

甲基为什么有供电性？这是因为甲基碳是 sp^3 杂化，含 1/4 s 轨道成分和 3/4 p 轨道成分。与甲基相连的双键碳原子是 sp^2 杂化，含 1/3 s 轨道成分和 2/3 p 轨道成分。sp^2 杂化轨道比 sp^3 杂化轨道含有更多的 s 轨道成分，而 s 轨道在原子中更靠近原子核，所以 sp^2 杂化轨道的电子云就更靠近碳原子核。因此，在甲基碳和双键碳之间的 σ 键的电子云更偏向于双键碳。所以，相对而言，甲基有一定的供电性。

所以，马氏规则实际上是诱导效应和共轭效应共同作用的结果。

(2) 用碳正离子的稳定性来解释。

仍以丙烯为例。

烯烃加 HX 的反应机理分两步，第一步是烯烃与质子结合生成碳正离子的过程，第二步则是卤素负离子加成到碳正离子上生成最终产物卤代烃。对于丙烯，与质子结合可能生成如下两种碳正离子中间体：

$$CH_3\cdot\overset{+}{C}HCH_3 \qquad\qquad CH_3CH_2\overset{+}{C}H_2$$
$$\text{I} \qquad\qquad\qquad\qquad \text{II}$$

生成这两种碳正离子的反应是竞争反应，哪一个占优取决于相应的活化能，也就是取决于它们的稳定性。碳正离子稳定性越大，它就越容易生成，这个反应就越容易进行，如图 3-11 所示。

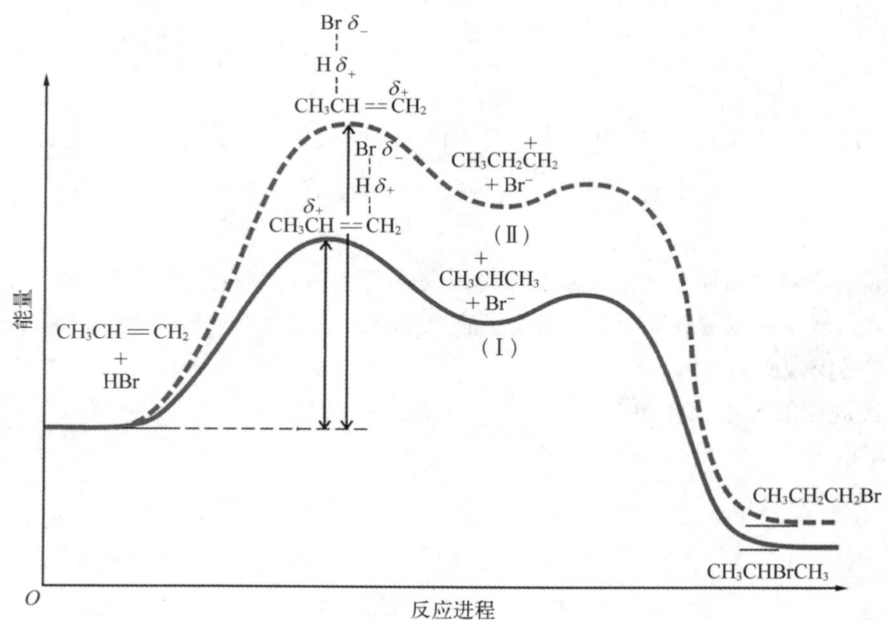

图 3-11　碳正离子的稳定性与反应取向

由图 3-11 可见，两个碳正离子中间体中，(Ⅰ)的能量比(Ⅱ)低，稳定性好，相应的反应活化能较低，因此丙烯与质子结合主要按(Ⅰ)进行。

碳正离子的稳定性与其结构有关，一般为

$$H_3C-\overset{CH_3}{\underset{CH_3}{C^+}} > H_3C-\overset{CH_3}{CH^+} > H_3C-\overset{+}{C}H_2 > \overset{+}{C}H_3$$

3°碳正离子　　2°碳正离子　　1°碳正离子　　甲基正离子

碳正离子的稳定性次序也可以由烷基的供电诱导效应得到如下解释：甲基取代了 H，由于甲基有供电性，使碳正离子中心碳原子上的正电荷得以分散，趋于稳定。甲基取代越多，正电荷越分散，碳正离子也越稳定。

所以，马氏规则可以修正为：当不对称烯烃和极性分子加成时，试剂中带正电的部分总是加在双键较负的碳原子上，试剂中带负电的部分总是加到双键较正的碳原子上，例如

$$(H_3C)_2C{=}CH_2 + ICl \longrightarrow H_3C-\overset{CH_3}{\underset{Cl}{C}}-\underset{I}{CH_2}$$

$$F_3C-CH{=}CH_2 + HBr \longrightarrow F_3C-\underset{H}{CH}-\underset{Br}{CH_2}$$

3）碳正离子重排

在烯烃与 HX 的加成过程中，反应有可能会重排，例如

$$H_3C-\overset{CH_3}{\underset{H}{C}}-\underset{H}{C}{=}CH_2 \xrightarrow{HCl} \underset{40\%}{H_3C-\overset{CH_3}{\underset{H}{C}}-\underset{Cl}{CH}-CH_3} + \underset{60\%}{H_3C-\overset{CH_3}{\underset{Cl}{C}}-CH_2-CH_3}$$

在上述反应中，第一步烯烃与质子结合生成碳正离子，碳正离子是一种活性中间体，不同结构的碳正离子稳定性不同。在第一步反应中生成的碳正离子有可能会发生重排，生成更稳定的碳正离子。

$$H_3C-\overset{CH_3}{\underset{H}{C}}-\underset{H}{C}{=}CH_2 \xrightarrow[-Cl^-]{H-Cl} H_3C-\overset{CH_3}{\underset{H}{C}}-\overset{H}{\underset{+}{C}}-\underset{H}{CH_2} \xrightarrow{Cl^-} H_3C-\overset{CH_3}{\underset{H}{C}}-\underset{Cl}{CH}-CH_3 \quad 40\%$$

2°碳正离子

$$\xrightarrow{重排} H_3C-\overset{CH_3}{\underset{+}{C}}-\underset{H}{CH}-\underset{H}{CH_2} \xrightarrow{Cl^-} H_3C-\overset{CH_3}{\underset{Cl}{C}}-\underset{H}{CH}-\underset{H}{CH_2}$$

3°碳正离子
更稳定

60%

重排一般是从不稳定的碳正离子重排为较稳定的碳正离子。

因此，在烯烃与 HX 的加成过程中，反应有可能会产生重排，有时甚至重排产物是主要产物。

$$H_3C-C(CH_3)_2-CH=CH_2 \xrightarrow{HCl} \underset{17\%}{H_3C-C(CH_3)_2-CHCl-CH_3} + \underset{83\%}{H_3C-CCl(CH_3)-CH(CH_3)-CH_3}$$

4）过氧化物效应——反马氏规则

不对称烯烃和卤化氢的加成服从马氏规则。但是，HBr 在过氧化物存在下，与不对称烯烃的加成正好与马氏规则相反，例如

$$H_3C-CH=CH_2 + HBr \longrightarrow H_3C-CHBr-CH_3$$

$$H_3C-CH=CH_2 + HBr \xrightarrow{ROOR} H_3C-CH_2-CH_2Br$$

这种反常现象是由于过氧化物（指含有—O—O—键的化合物）的存在而引起的。过氧化物容易受热分解而产生自由基，从而引发自由基加成反应。

丙烯与 HBr 的自由基加成反应过程如下：

链的引发

$$R-O-O-R \longrightarrow 2R-O^{\cdot}$$

$$R-O^{\cdot} + HBr \longrightarrow ROH + Br^{\cdot}$$

链的增长

$$Br^{\cdot} + H_3C-CH=CH_2 \longrightarrow H_3C-\dot{C}H-CH_2-Br \quad \text{自由基稳定}$$

$$Br^{\cdot} + H_3C-CH=CH_2 \not\longrightarrow H_3C-CHBr-CH_2^{\cdot}$$

$$H_3C-\dot{C}H-CH_2-Br + HBr \longrightarrow H_3C-CH_2-CH_2Br + Br^{\cdot}$$

链的终止

$$Br^{\cdot} + Br^{\cdot} \longrightarrow Br_2$$

$$H_3C-\dot{C}H-CH_2-Br + Br^{\cdot} \longrightarrow H_3C-CHBr-CH_2-Br$$

$$H_3C—\dot{C}H—CH_2—Br + H_3C—\dot{C}H—CH_2—Br \longrightarrow \begin{array}{l} H_3C—CH\ CH_2—Br \\ \qquad\quad | \\ H_3C—CH\ CH_2—Br \end{array}$$

在上述自由基加成反应中，首先进攻的是溴原子(自由基)，由于 Br· 加到1号 C 上生成一个 2°自由基，而加到 2 号 C 上生成一个 1°自由基，两者相比较而言，前者更稳定。丙烯在 ROOR 下与 HBr 的加成是按照上述自由基加成反应历程进行的。所以，由于过氧化物的存在，反应历程不同，加成方向不同，因而产物也不同。

注意，过氧化物效应仅限于 HBr。如表 3-4 所示为链增长阶段不同卤化氢反应的反应热。

表 3-4 链增长阶段烯烃与不同卤化氢反应的反应热

氢卤酸	第一步反应热/(kJ/mol)	第二步反应热/(kJ/mol)	总的反应热/(kJ/mol)
HF	−221.5	+150.5	−71.0
HCl	−75.2	+16.7	−58.5
HBr	−20.9	−50.2	−71.1
HI	+50.2	−117.0	−66.8

氯化氢不能发生自由基反应是因为 H—Cl 键比 H—Br 键强，需要较高的活化能才能使 H—Cl 键均裂，因此产生自由基氯原子比较困难。碘化氢虽然容易均裂，但是产生的自由基碘原子活性太差，不能与烯烃双键进行加成，而碘原子又容易自相结合成键，所以碘化氢也不能发生自由基反应。

3. 与硫酸加成

烯烃可与浓硫酸反应，生成烷基硫酸(硫酸氢酯)，即

$$H_2C{=}CH_2 + HO—\overset{\overset{\large O}{\|}}{\underset{\underset{\large O(浓)}{\|}}{S}}—OH \xrightarrow{0\sim15℃} H_3C—CH_2O—SO_2—OH$$

反应过程与 HX 的加成一样，第一步乙烯与质子加成，生成碳正离子，然后碳正离子与硫酸氢根结合，生成烷基硫酸，即

$$H_2C{=}CH_2 + H—O—\overset{\overset{\large O}{\|}}{\underset{\underset{\large O}{\|}}{S}}—OH \longrightarrow CH_3\overset{+}{C}H_2 + {}^-O—\overset{\overset{\large O}{\|}}{\underset{\underset{\large O}{\|}}{S}}—OH$$

$$\longrightarrow H_3C—CH_2O—SO_2—OH$$

不对称烯烃与硫酸的加成也符合马氏规则，如

$$H_3C—CH=CH_2 + \underset{(80\%)}{H_2SO_4} \xrightarrow{50℃} H_3C—\underset{\underset{OSO_2OH}{|}}{CH}—CH_3$$

$$H_3C—\underset{\underset{CH_3}{|}}{C}=CH_2 + \underset{(63\%)}{H_2SO_4} \xrightarrow{20℃} H_3C—\overset{\overset{CH_3}{|}}{\underset{\underset{OSO_2OH}{|}}{C}}—CH_3$$

随着烯烃双键碳上取代烷基的增多，烯烃与硫酸的加成也越容易(这可从机理理解，R越多，加质子后生成的碳正离子越稳定，相应的活化能越小，反应越容易进行，条件越温和)。

硫酸氢酯可以进一步与乙烯加成，生成硫酸二酯，即

$$H_3C—CH_2O—SO_2—OH + H_2C=CH_2 \xrightarrow{\triangle} CH_3CH_2OSO_2OCH_2CH_3$$

硫酸酯是硫酸的取代产物，可溶解于硫酸。若将其硫酸溶液加水共热，硫酸酯可以水解生成醇，即

$$\begin{matrix} H_3C\cdot CH_2OSO_2OH \\ CH_3CH_2OSO_2OCH_2CH_3 \end{matrix} + H_2O \xrightarrow{\triangle} CH_3CH_2OH + H_2SO_4$$

烯烃加硫酸后水解，总的结果是烯烃的双键上加上了一分子水而得到醇，这是工业上制备醇的方法之一，称为烯烃的间接水合法。

$$H_3C—\underset{\underset{CH_3}{|}}{C}=CH_2 \xrightarrow{63\%H_2SO_4} H_3C—\overset{\overset{CH_3}{|}}{\underset{\underset{OSO_2OH}{|}}{C}}—CH_3 \xrightarrow[\triangle]{H_2O} H_3C—\overset{\overset{CH_3}{|}}{\underset{\underset{OH}{|}}{C}}—CH_3$$

烯烃与硫酸加成的意义如下：① 间接制醇；② 提纯烷烃；③ 如烷烃中含少量烯烃，将其与冷的浓硫酸一起摇动，烯烃即生成可溶的硫酸酯，烷烃不溶，即可除去烷烃和烯烃混合物中的烯烃。

4. 与水加成

烯烃可以在酸(硫酸或磷酸)的催化下与水直接加成得到醇，如

$$H_2C=CH_2 + H_2O \xrightarrow[\substack{280\sim300℃,\\ 7\sim8\ MPa}]{H_3PO_4/硅藻土} CH_3CH_2OH$$

不对称烯烃与水的加成也符合马氏规则，如

$$H_3C—\underset{H}{C}=CH_2 + H_2O \xrightarrow[195℃,2\ MPa]{H_3PO_4/硅藻土} H_3C—\underset{\underset{OH}{|}}{CH}—CH_3$$

这个反应除了乙烯外，其他烯烃与水加成得不到伯醇。这也是醇的工业制法之一，一般

称为直接水合法。

反应机理如下：

$$H_3C—CH=CH_2 + H^+ \longrightarrow H_3C—\overset{+}{C}H—CH_3 \xrightarrow{H—\ddot{O}—H} H_3C—\underset{\underset{H}{|}}{\underset{H—O^+}{\underset{|}{C}H}}—CH_3$$

$$\xrightarrow{-H^+} H_3C—\underset{OH}{\underset{|}{\overset{H}{\overset{|}{C}}}}—CH_3$$

5. 与次卤酸加成

烯烃与次卤酸(常用的是次氯酸和次溴酸)加成,生成β—卤代醇和少量的二卤代烷,如

$$H_2C=CH_2 + Br_2 + H_2O \longrightarrow \underset{OH}{\underset{|}{CH_2}}—\underset{Br}{\underset{|}{CH_2}} + \underset{Br}{\underset{|}{CH_2}}—\underset{Br}{\underset{|}{CH_2}}\ \text{少量}$$

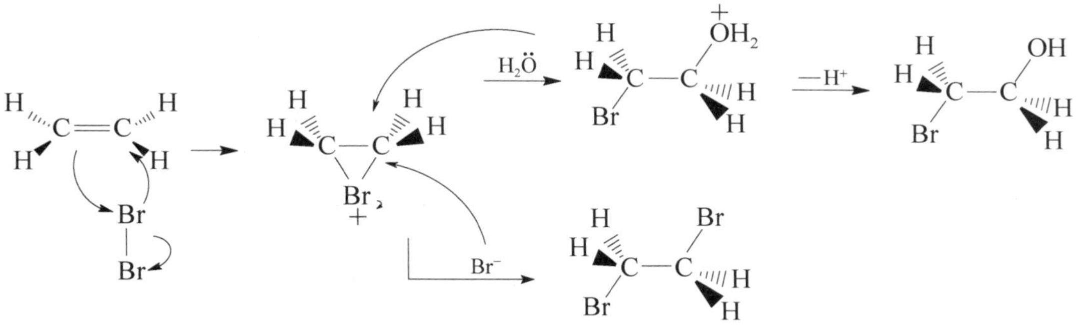

$H_2\ddot{O}$ —H⁺ Br⁻

不对称烯烃与次卤酸的加成也遵从马氏规则,如

$$H_3C—CH=CH_2 + HO—Br \longrightarrow H_3C—\underset{OH}{\underset{|}{CH}}—\underset{Br}{\underset{|}{CH_2}}$$

在有机化学中,常把与官能团直接相连的碳原子称为α-碳原子,然后依次排列为β、γ、δ等碳原子。在这个反应中产物为醇,溴原子处在醇羟基的β-碳原子上,所以称为β-溴代醇。

在实际生产中,常常用 $Cl_2 + H_2O$ 直接反应代替次氯酸。

反应机理：第一步,烯烃与氯进行加成,生成碳正离子中间体,如

$$H_3C—CH=CH_2 + Cl—Cl \longrightarrow H_3C—\underset{+}{CH}—\underset{Cl}{\underset{|}{CH_2}} + Cl^-$$

第二步，由于体系中有大量水存在，水进攻碳正离子生成β-氯代醇，如

$$H_3C-\overset{+}{C}H-CH_2(Cl) \xrightarrow{H_2\ddot{O}} H_3C-CH(O^+H_2)-CH_2Cl \xrightarrow{-H^+} H_3C-CH(OH)-CH_2Cl$$

$$H_3C-\overset{+}{C}H-CH_2(Cl) \xrightarrow{Cl^-} H_3C-CH(Cl)-CH_2Cl$$

如果反应第一步生成的氯负离子进攻碳正离子则生成二氯代烷副产物。所以烯烃与次卤酸的加成，除了生成β-卤代醇，反应产物中同时有少量二卤代烷。

6. 硼氢化反应

烯烃和乙硼烷的加成反应称为硼氢化反应(hydroboration)。硼氢化反应是一类极其重要且有广泛应用的有机反应。

乙硼烷是甲硼烷的二聚体，无色，有毒，由硼氢化钠和三氟化硼反应制得。乙硼烷在空气中会自燃，通常应将其溶于四氢呋喃中再进行后续使用。乙硼烷在四氢呋喃或其他醚中分解为甲硼烷，并与醚形成配合物，即

$$2\ BH_3 \longrightarrow B_2H_6$$

(乙硼烷桥式结构：两个B原子各连两个端基H，并通过两个桥H相连；甲硼烷-四氢呋喃配合物：$H_3B \leftarrow :O$(四氢呋喃))

因此烯烃和乙硼烷的加成反应实际上是烯烃和甲硼烷的加成反应。其反应过程如下：

$$RCH{=}CH_2 \xrightarrow{BH_3} \underset{\text{一烷基硼}}{RCH_2CH_2BH_2} \xrightarrow{RCH=CH_2} \underset{\text{二烷基硼}}{(RCH_2CH_2)_2BH} \xrightarrow{RCH=CH_2} \underset{\text{三烷基硼}}{(RCH_2CH_2)_3B}$$

这是一个顺式加成反应。在加成反应中，由于 BH_3 的硼原子外层只有 6 个电子，因此它可以作为一个亲电试剂和烯烃发生亲电加成。由于硼的电负性为 2.0，氢的电负性为 2.1，加成时，缺电子的硼原子加到含氢较多的双键碳原子上，氢原子加到含氢较少的双键碳原子上。

加成反应生成的一烷基硼还可以继续和烯烃反应生成二烷基硼和三烷基硼。如果烯烃的双键碳上连有体积较大的取代基时，反应可能停止在生成二烷基硼或一烷基硼的阶段。结构简单的烯烃与乙硼烷的反应迅速，可直接生成三烷基硼，如

$$CH_3(CH_2)_3CH{=}CH_2 \xrightarrow[\text{二甘醇二甲醚}]{B_2H_6} [CH_3(CH_2)_3CH_2CH_2]_3B$$

烷基硼化物同过氧化氢的氢氧化钠溶液作用，可被氧化和分解成醇，如

$$[CH_3(CH_2)_3CH_2CH_2]_3B \xrightarrow[25\sim30℃]{H_2O_2,OH^-,H_2O} CH_3(CH_2)_3CH_2CH_2OH+B(OH)_3$$

烯烃通过硼氢化-氧化反应的产物相当于烯烃加了一分子水。与烯烃在酸催化下与水的加成产物不同，硼氢化-氧化反应可得到反马氏加成产物，如

$$\text{1-甲基环己烯} \xrightarrow[\text{② } H_2O_2,\ OH^-,\ H_2O]{\text{① } B_2H_6,\text{醚}} \text{反-2-甲基环己醇}$$

3.5.3 氧化反应

烯烃很容易被氧化，随着氧化剂及反应条件的不同，氧化产物也不同。

1. 催化氧化

在催化剂作用下，用氧气或空气作为氧化剂进行的氧化反应称为催化氧化。

在 $PdCl_2-CuCl_2$ 催化下，乙烯、丙烯可分别氧化成乙醛、丙酮，即

$$H_2C{=}CH_2+\frac{1}{2}O_2\xrightarrow[125\sim130^{\circ}C]{PdCl_2-CuCl_2}CH_3CHO$$

$$CH_3CH{=}CH_2+\frac{1}{2}O_2\xrightarrow[120^{\circ}C]{PdCl_2-CuCl_2}H_3C-\overset{\overset{\Large O}{\|}}{C}-CH_3$$

在特殊的活性银催化下，乙烯可被空气氧化为环氧乙烷（氧化乙烯），即

$$H_2C{=}CH_2+\frac{1}{2}O_2\xrightarrow[280\sim300^{\circ}C]{Ag}H_2C\underset{O}{\diagdown\!\!\diagup}CH_2$$

乙醛、丙酮、环氧乙烷都是重要的有机化工原料。

2. 高锰酸钾氧化

1）稀、冷、碱性高锰酸钾溶液

烯烃与稀、冷、碱性高锰酸钾溶液作用时，可被氧化为邻二醇。

$$CH_3CH{=}CH_2\xrightarrow[\text{室温,碱性}]{KMnO_4}H_3C-\underset{OH}{\underset{|}{\overset{H}{C}}}-\underset{OH}{\underset{|}{CH_2}}+MnO_2\downarrow$$

$$\text{环己烯}\xrightarrow[-20\sim-15^{\circ}C]{KMnO_4,\ C_2H_5OH-H_2O}\text{顺-1,2-环己二醇}\quad 33\%$$

生成的邻二醇易被进一步氧化，反应难以控制。

烯烃的氧化可使紫色的高锰酸钾溶液褪色，同时生成棕色的二氧化锰沉淀，所以此反应可用于检验烯烃及其他含有碳碳不饱和键的化合物是否存在。

2）热、浓的高锰酸钾溶液

烯烃与热、浓的中性或碱性高锰酸钾溶液、酸性高锰酸钾溶液作用可生成低级的酮或酸，如

$$CH_3CH{=}CH_2 \xrightarrow[\text{或酸性}]{\text{热、浓 }KMnO_4} CH_3COOH + CO_2$$

$$CH_3CH{=}\underset{\substack{|\\CH_3}}{C}{-}CH_3 \xrightarrow[\text{或酸性}]{\text{热、浓 }KMnO_4} CH_3COOH + H_3C{-}\overset{\substack{O\\\|}}{C}{-}CH_3$$

$$\text{1-甲基环己烯} \xrightarrow[\text{或酸性}]{\text{热、浓}KMnO_4} H_3C{-}\overset{\substack{O\\\|}}{C}{-}CH_2CH_2CH_2CH_2\overset{\substack{O\\\|}}{C}{-}OH$$

反应意义如下：① 合成有机酮或酸；② 检验双键的存在；③ 推断烯烃的结构。

3. 臭氧化反应

在低温下将含有臭氧(6%～8%)的氧气通入液态烯烃或其非水溶液(一般以四氯化碳或石油醚为溶剂)，臭氧即迅速且定量地与烯烃作用，生成黏稠状的臭氧化物，该反应称为臭氧化反应，如

$$\text{—}\overset{|}{C}{=}\overset{|}{C}\text{—} \xrightarrow[\text{加成}]{O_3} \text{(C—C 与 O—O—O 构成的五元环)} \xrightarrow{\text{重排}} \text{(C—O—C 与 O—O 构成的五元环，臭氧化物)}$$

臭氧化物在游离状态下不稳定，容易发生爆炸。但一般可以不经过分离而进行下一步反应——水解得醛、酮。由于水解过程中产生过氧化氢，它有氧化性，为了避免产物被进一步氧化，可以加入适量锌粉，使过氧化氢还原为水，如

$$\text{臭氧化物}(RR'C, R''HC) \xrightarrow{H_2O} \begin{matrix}R\\R'\end{matrix}{>}C{=}O + O{=}C{<}\begin{matrix}R''\\H\end{matrix} + H_2O_2 \xrightarrow{Zn} H_2O$$

因此，烯烃经臭氧化、还原水解后可得到醛、酮，如

$$CH_3CH{=}CH_2 \xrightarrow{O_3} \xrightarrow[Zn]{H_2O} H_3C{-}\overset{\substack{O\\\|}}{C}{-}H + H{-}\overset{\substack{O\\\|}}{C}{-}H$$

$$\text{1-甲基环己烯} \xrightarrow{O_3} \xrightarrow[Zn]{H_2O} H_3C{-}\overset{\substack{O\\\|}}{C}{-}CH_2CH_2CH_2CH_2{-}\overset{\substack{O\\\|}}{C}{-}H$$

反应意义如下：① 制备醛、酮；② 通过反应产物推测烯烃的结构。

4. 环氧化反应

烯烃与过氧酸(简称过酸，RCO_3H)反应生成1，2-环氧化物(简称环氧化物)，称为环氧化反应(epoxidation)，例如

$$\text{H}(C_6H_5)C{=}C(C_6H_5)\text{H} \xrightarrow{H_3C\overset{O}{\overset{\|}{C}}OOH} \text{环氧化物 (H, }C_6H_5\text{ / H, }C_6H_5\text{)}$$

$$\text{H}(H_3C)C{=}C(CH_3)\text{H} \xrightarrow{H_3C\overset{O}{\overset{\|}{C}}OOH} \text{环氧化物 (H, }H_3C\text{ / }CH_3\text{, H)}$$

常用的过氧酸有过氧甲酸、过氧乙酸、过氧苯甲酸、过氧三氟乙酸等，其中以过氧三氟乙酸最有效。

烯烃与过氧酸加成时生成的两根碳氧键是同时形成的，因此是顺式加成，生成的环氧化合物的构型与原料烯烃的构型一致。

3.5.4 聚合反应

由低分子化合物相互作用，结合成更大分子化合物的过程称为聚合反应，生成的大分子化合物产物称为聚合物或高聚物，进行聚合反应的低分子化合物称为单体，如

$$n\,H_2C{=}CH_2 \longrightarrow \left[CH_2{-}CH_2\right]_n$$

聚合反应有如下分类：① 按参与聚合的单体可分为二聚、三聚、多聚；② 按聚合的方式可分为加聚(分子自相加成聚合)、共聚(两种或两种以上单体加成聚合)、缩聚[两种或两种以上单体聚合时，同时有小分子(如水、醇、氨等)脱下来]；③ 按聚合机理可分为离子型聚合、自由基型聚合、配位聚合。

烯烃的聚合反应既有离子型聚合反应，也有自由基型聚合反应，还有配位聚合反应，例如，异丁烯在路易斯酸催化下的聚合反应是离子型的聚合反应，即

$$2(CH_3)_2C{=}CH_2 \xrightarrow[100℃]{60\%H_2SO_4} (CH_3)_3C{-}CH_2\overset{CH_3}{\overset{|}{C}}{=}CH_2 + (CH_3)_3CCH{=}C(CH_3)_2$$

其机理如下：

$$H_3C{-}\overset{CH_3}{\overset{|}{C}}{=}CH_2 \xrightarrow{H^+} H_3C{-}\overset{CH_3}{\overset{|}{C^+}}{-}CH_3 \xrightarrow{H_3C-\overset{CH_3}{\overset{|}{C}}=CH_2} H_3C{-}\overset{CH_3}{\overset{|}{C}}(CH_3){-}CH_2\overset{+}{C}(CH_3){-}CH_3$$

$$\xrightarrow{-H^+} (CH_3)_3C{-}CH_2\overset{CH_3}{\overset{|}{C}}{=}CH_2 + (CH_3)_3CCH{=}C(CH_3)_2$$

反应第一步是质子氢加到异丁烯上生成相对较为稳定的叔丁基正离子；第二步叔丁基正离子再进攻另一个异丁烯分子又生成一个新的叔碳正离子；第三步是这个叔碳正离子失去β位上的氢，由于此时有两种不同的氢可以选择，因此生成两个新的烯烃。总的结果是异丁烯发生了二聚反应。

异丁烯在路易斯酸催化下的聚合反应也可以进一步反应下去，生成高分子化合物。

乙烯可在高压下聚合生成聚乙烯，即

$$nH_2C{=}CH_2 \xrightarrow{200℃,200\ MPa} {-\!\!\![}CH_2CH_2{]\!\!\!-}_n$$

反应机理如下：

链的引发

$$R{-}O{-}O{-}R \longrightarrow 2R{-}O^{\bullet}$$

$$R{-}O^{\bullet} + H_2C{=}CH_2 \longrightarrow ROCH_2\dot{C}H_2$$

链的增长

$$ROCH_2\dot{C}H_2 + H_2C{=}CH_2 \longrightarrow ROCH_2CH_2CH_2\dot{C}H_2$$

$$ROCH_2CH_2CH_2\dot{C}H_2 + H_2C{=}CH_2 \longrightarrow ROCH_2CH_2CH_2CH_2CH_2\dot{C}H_2$$

$$\cdots\cdots$$

链的终止

$$\sim\!\sim CH_2\dot{C}H_2 + \dot{C}H_2CH_2 \sim\!\sim \longrightarrow \sim\!\sim CH_2CH_2CH_2CH_2 \sim\!\sim$$

$$\sim\!\sim CH_2\dot{C}H_2 + \dot{C}H_2\underset{}{\overset{H}{\overset{|}{C}}}H \sim\!\sim \longrightarrow \sim\!\sim CH_2CH_3 + H_2C{=}CH \sim\!\sim$$

这是一种自由基聚合反应，由引发剂产生的自由基与乙烯分子加成生成新的自由基，并引发聚合反应使更多的乙烯分子加成进来，生成相对分子质量为几万的高分子聚乙烯。当高分子自由基从另一个高分子自由基中夺取一个氢原子生成一个烷烃，并使另一个高分子自由基变成烯烃，或高分子自由基自身结合成稳定的分子时，反应结束。

齐格勒(Ziegler)和纳塔(Natta)分别发现，在由四氯化钛和三乙基铝组成的催化剂(Ziegler - Natta catalyst)作用下，乙烯在较低的温度和压力下就能聚合生成低压聚乙烯，即

$$nH_2C{=}CH_2 \xrightarrow{TiCl_4/C_2H_5AlCl_2} {-\!\!\![}CH_2CH_2{]\!\!\!-}_n$$

由于烯烃的聚合反应都是通过双键的断裂而使分子自相加成聚合起来的，所以它又被称为加聚反应，简称加聚。

聚乙烯是白色或淡白色的固体物质，具有柔曲性、热塑性和弹性。聚乙烯塑料可用作人工髋关节髋臼、输液容器、各种医用导管、整形材料和包装材料等。聚乙烯的机械强度随制造方法的不同而有所不同。高压聚乙烯的密度小，熔融温度低，主要用于薄膜制品；低压法

制得的聚乙烯的韧性、抗张强度、耐热性以及对溶剂的抵抗能力均比高压聚乙烯好，适于制造瓶、罐、盆、箱等生活用品，在日常生活中有着广泛应用。

两个或两个以上不同种类的烯烃也可以一起发生相互加成聚合的反应，称为共聚反应。如乙烯和丙烯共聚得到聚乙丙烯（乙丙橡胶 EPR），随聚合物中乙烯含量的不同可分别得到各种非常有用的高分子材料

$$n\,H_2C{=}CH_2 + n\,H_3C{-}\underset{H}{C}{=}CH_2 \xrightarrow{TiCl_4/C_5H_5AlCl_2} {-}\!\!\left[CH_2CH_2CH_2\underset{CH_3}{\underset{|}{C}H}\right]_n$$

乙丙橡胶

3.5.5 α-氢原子的反应

$$\overset{\gamma}{C}H_3{-}\underset{\underset{CH_3}{|}}{\overset{\beta}{C}H}{-}\overset{\alpha}{C}H_2{-}CH{=}CH{-}\overset{\alpha'}{C}H_3$$

在有机化合物中，与官能团直接相连的碳原子称为α碳，与α碳相连的氢原子称为α氢。由于受双键的影响，烯烃的α氢表现出特别的活性，容易发生取代反应和氧化反应。

1. 卤化反应

具有α氢的烯烃在常温下与 Cl_2 主要发生双键的加成反应，但在高温（或光照）下则主要发生α氢的氯代反应，如

$$H_3C{-}CH{=}CH_2 + Cl_2 \xrightarrow[\text{室温}]{CCl_4} H_3C{-}\underset{Cl}{\underset{|}{C}H}{-}\underset{Cl}{\underset{|}{C}H_2}$$

$$H_3C{-}CH{=}CH_2 + Cl_2 \xrightarrow[\text{气相}]{500\sim600℃} H_2\underset{Cl}{\underset{|}{C}}{-}CH{=}CH_2$$

$$\text{1-甲基环己烯} + Cl_2 \xrightarrow{\text{高温}} \text{6-氯-1-甲基环己烯 (Cl, CH}_3\text{ 同碳)}$$

如果希望在较低的温度下进行溴代反应，常用N-溴代丁二酰亚胺（NBS）做溴化剂，如

$$\text{环己烯} \xrightarrow[(C_6H_5COO)_2\,\triangle]{NBS,\,CCl_4} \text{3-溴环己烯 (Br)}$$

N-溴代丁二酰亚胺（NBS）是一种专门对烯丙基氢（双键α碳上的氢）或苄基氢（苯环α碳上的氢）进行溴代反应的溴化试剂。在反应中，NBS与取代中生成的溴化氢反应，提供恒定的低浓度的溴（如果溴浓度高，烯烃主要进行加成反应），如

$$HBr + \begin{matrix} & O & \\ & \| & \\ H_2C- & C & \\ | & & \backslash NBr \\ H_2C- & C & / \\ & \| & \\ & O & \end{matrix} \longrightarrow Br_2 + \begin{matrix} & O & \\ & \| & \\ H_2C- & C & \\ | & & \backslash NH \\ H_2C- & C & / \\ & \| & \\ & O & \end{matrix}$$

烯烃α氢的高温卤代反应与烷烃的卤化反应相似,也是自由基取代反应。其机理如下:

1) 链的引发

$$(C_6H_5COO)_2 \xrightarrow{\triangle} C_6H_5COO^{\cdot} \xrightarrow{\text{自发分解}} C_6H_5^{\cdot} + CO_2$$

$$C_6H_5^{\cdot} + Br_2 \longrightarrow C_6H_5Br + Br^{\cdot}$$

2) 链的增长

$$\text{(环己烯)} + Br^{\cdot} \longrightarrow \text{(环己烯-3-基自由基)} + HBr$$

$$HBr + \begin{matrix} & O & \\ & \| & \\ H_2C- & C & \\ | & & \backslash NBr \\ H_2C- & C & / \\ & \| & \\ & O & \end{matrix} \longrightarrow Br_2 + \begin{matrix} & O & \\ & \| & \\ H_2C- & C & \\ | & & \backslash NH \\ H_2C- & C & / \\ & \| & \\ & O & \end{matrix}$$

$$\text{(环己烯-3-基自由基)} + Br_2 \longrightarrow \text{(3-溴环己烯)} + Br^{\cdot}$$

3) 链的终止

自由基结合成分子。

反应之所以发生在α位上,是由于受π键的影响(见第4章共轭效应),使中间体烯丙基型自由基更稳定(比叔烷基自由基还稳定),使α氢活化。

当α烯烃(双键在分子链端的单烯烃)的烷基不止一个碳原子时,卤化结果可能得到重排产物,如

$$CH_3(CH_2)_4CH_2CH{=}CH_2 \xrightarrow{NBS} CH_3(CH_2)_4\underset{\underset{Br}{|}}{CH}{-}CH{=}CH_2 + CH_3(CH_2)_4CH{=}\underset{H}{C}{-}\underset{\underset{Br}{|}}{CH_2}$$

$$CH_3CH_2CH{=}CH_2 \xrightarrow[(C_6H_5COO)_2\triangle]{NBS,CCl_4} CH_3\underset{\underset{Br}{|}}{CH}CH{=}CH_2 + CH_3CH{=}CH\underset{\underset{Br}{|}}{CH_2}$$

这两种产物都具有烯丙基结构，只是双键位次不同。

2. 氧化反应

烯烃中的α氢也容易发生氧化反应。不同条件下得到不同的产物，例如，丙烯用空气经催化氧化可生成丙烯醛，即

$$CH_3CH{=}CH_2 + O_2 \xrightarrow[300\sim400℃ \quad 0.2\sim0.3\ MPa]{钼酸铋等} H_2C{=}CH{-}CHO$$

这是目前工业上生产丙烯醛的主要方法。丙烯醛是重要的有机合成中间体，可以用于制造甘油、饲料添加剂蛋氨酸等，还可以用作油田注水的杀菌剂。

若丙烯的催化氧化反应在氨的存在下进行，则生成丙烯腈，即

$$CH_3CH{=}CH_2 + O_2 + NH_3 \xrightarrow[440℃ \quad 63\sim74\ kPa]{催化剂} H_2C{=}CH{-}CN$$

这是目前工业上生产丙烯腈的主要方法。丙烯腈是合成纤维、树脂和橡胶等的重要原料。

3.6 炔烃的化学性质

—C≡C—是炔烃的官能团，它有两个π键，其化学性质与烯烃有不少相似之处，例如能发生加成、氧化、聚合反应等。然而三键毕竟不同于双键，性质上也与烯烃不完全一样，具有特殊性。

3.6.1 炔烃的还原

1. 催化加氢

炔烃可以催化加氢生成烯烃，如再进一步加氢，最后生成烷烃，即

$$R{-}C{\equiv}C{-}R' \xrightarrow[Pt、Ni或Pd]{H_2} \underset{\displaystyle H\quad\ H}{R{-}C{=}C{-}R'} \xrightarrow[Pt、Ni或Pd]{H_2} R{-}CH_2{-}CH_2{-}R'$$

一般催化剂如Pt、Ni等，在氢气过量的情况下，反应不易停止在烯烃阶段，而得到烷烃，如

$$\underset{\displaystyle \quad CH_3}{CH_3CH_2\overset{}{C}HCH_2C{\equiv}CH} + 2H_2 \xrightarrow[5\ MPa]{Ni,90\sim100℃} \underset{\displaystyle \quad CH_3}{CH_3CH_2CHCH_2CH_2CH_3}$$

在催化氢化反应中，炔烃比烯烃的反应活性大，更容易氢化（由于炔烃在催化剂表面吸附快，从而阻碍了烯烃的吸附，而催化氢化主要靠催化剂表面的吸附作用。因此，炔烃更容易进行催化氢化反应）。

利用三键和双键的活性差异，可以选择适当的催化剂，并控制一定的条件，可以使炔烃

的氢化停留在烯烃阶段。常用的催化剂是林德拉(lindlar)催化剂(即将金属钯沉淀于碳酸钙或硫酸钡上,再用醋酸铅或喹啉处理而得。铅盐或喹啉会使得钯催化剂部分中毒,从而降低其催化活性)或P-2催化剂(由醋酸镍在乙醇溶液中用硼氢化钠还原而得,如 Ni_3B),如

$$H_3C-(CH_2)_7C\equiv C-(CH_2)_7COOH \xrightarrow[Pd-BaSO_4\ \text{喹啉}]{H_2} \underset{\text{油酸}}{\overset{H\qquad H}{H_3C-(CH_2)_7-C=C-(CH_2)_7COOH}}$$

硬脂炔酸　　　　油酸

$$HC\equiv C(CH_3)-C\!=\!CHCH_2CH_2OH \xrightarrow[Pd-BaSO_4\ \text{喹啉}]{H_2} H_2C\!=\!CH-C(CH_3)\!=\!CHCH_2CH_2OH$$

$$C_2H_5-C\equiv C-C_2H_5 \xrightarrow[\text{P-2 催化剂}]{H_2} (C_2H_5)HC\!=\!CH(C_2H_5)\ (\text{顺式})$$

反应主要得到顺式烯烃。

2. 化学还原法

非末端炔烃用化学还原法,如在液氨溶液中用钠或锂还原,可以得到反式烯烃。但末端炔烃不被钠(锂)/液氨所还原,因为此时的反应会生成炔基碳负离子而阻止还原的进行,如

$$C_2H_5-C\equiv C-C_2H_5 \xrightarrow[\text{液氨}]{Na} (C_2H_5)HC\!=\!CH(C_2H_5)\ (\text{反式})$$

炔烃加氢反应的立体选择性问题是非常重要的,许多有生物活性的烯类化合物的立体构型是专一的,如10,12-十六碳二烯-1-醇的四个顺反异构体中只有10E、12E构型是雌蚕蛾的有效的性信息素;乙酸9Z-十二碳烯-1-酯是雌性葡萄蛾的性引诱剂,而其E式异构体是另一种昆虫欧洲松苗蛾的性引诱剂。因此,得到一个构型纯的烯烃在有机合成中非常重要。

3.6.2 炔烃的亲电加成

1. 与卤素加成

炔烃能与氯或溴加成。反应分两步进行,第一步加1 mol试剂,生成烯烃的二卤衍生物;第二步再加1 mol试剂,生成四卤代烷,即

$$R-C\equiv C-R' \xrightarrow{X_2} R-CX\!=\!CX-R' \xrightarrow{X_2} R-CX_2-CX_2-R'$$

例如

$$H-C\equiv C-H \xrightarrow[FeCl_3\quad 80\sim85℃]{Cl_2, CCl_4} H-\underset{\underset{}{}}{\overset{Cl}{\overset{|}{C}}}=\underset{\underset{Cl}{|}}{C}-H \xrightarrow[FeCl_3\quad 80\sim85℃]{Cl_2, CCl_4} H-\overset{Cl}{\overset{|}{\underset{\underset{Cl}{|}}{C}}}-\overset{Cl}{\overset{|}{\underset{\underset{Cl}{|}}{C}}}-H$$

$$H_3C-C\equiv C-H \xrightarrow{Br_2} H_3C-\overset{Br}{\overset{|}{C}}=\underset{\underset{Br}{|}}{C}-H \xrightarrow{Br_2} H_3C-\overset{Br}{\overset{|}{\underset{\underset{Br}{|}}{C}}}-\overset{Br}{\overset{|}{\underset{\underset{Br}{|}}{C}}}-H$$

卤素的活性次序为 $F_2>Cl_2>Br_2>I_2$。

氟与炔烃的反应剧烈，难以控制；炔烃与碘的加成则很困难。所以，一般炔烃与卤素的加成反应主要是指与 Cl_2 和 Br_2 的加成。

炔烃与氯、溴的加成具有立体选择性，主要生成反式加成产物，例如

$$C_5H_5-C\equiv C-C_2H_5 \xrightarrow{Br_2} \begin{matrix} C_2H_5 & & Br \\ & C=C & \\ Br & & C_2H_5 \end{matrix}$$

$$CH_3CH_2CH_2CH_2-C\equiv C-H \xrightarrow[CH_3COOH/H_2O]{Br_2} \begin{matrix} n-C_4H_9 & & Br \\ & C=C & \\ Br & & H \end{matrix}$$

与烯烃相比，炔烃的亲电加成反应活性稍差。这是由于 C≡C 的键长短，三键间电子云密度较大，p 轨道的重叠程度相对大些，使 π 电子云受到原子核的束缚较多，导致碳碳三键活性下降。因此，分子内若同时含有双键和三键（双键和三键不共轭）时，卤素一般首先与双键加成，在卤素不过量的情况下，仍然可以保留三键，例如

$$H_2C=CHCH_2-C\equiv CH + Br_2 \xrightarrow{低温} \underset{\underset{Br}{|}}{CH_2}-\underset{\underset{Br}{|}}{C}HCH_2C\equiv CH$$

2. 与卤化氢加成

炔烃和卤化氢的加成反应比烯烃困难，常常以汞盐（氯化汞或硫酸汞）为催化剂，在 HX 不过量时，可以加上一分子 HX；若 HX 过量，则加入两分子 HX，如

$$H-C\equiv C-H \xrightarrow[HgCl_2]{HCl} H_2C=CHCl \xrightarrow{HCl} CH_3CHCl_2$$

炔烃和卤化氢的加成反应也是分两步进行的。

首先炔烃与质子结合，生成乙烯基碳正离子；然后乙烯基碳正离子与卤负离子结合，如

$$H—C\equiv C—H \xrightarrow{H^+} H_2C=C^+H \xrightarrow{Cl^-} H_2C=CHCl$$

由于在乙烯基碳正离子中，正电荷所在的碳为 sp 杂化，电负性(3.29)大于 sp^2 杂化碳(2.75)，较难容纳正电荷。因此，乙烯基碳正离子稳定性较烷基碳正离子差。因此，炔烃与卤化氢的加成较烯烃困难。

在生成的氯乙烯分子中，氯原子的未共用电子对与 π 键形成共轭体系(p - π 共轭)，这里共轭效应起了主要作用，而氯原子的诱导效应仅居次要地位。因此，当与第二个卤化氢分子加成时，氯原子继续加成在已有一个氯的碳原子上，生成 CH_3CHCl_2。

卤化氢与炔烃的加成速率为 HI＞HBr＞HCl＞HF。

不对称炔烃与 HX 加成时遵从马氏规则。而在有过氧化物存在下，不对称炔烃与 HBr 的加成反应则是反马氏规则的，如

$$CH_3CH_2CH_2C\equiv C—H \xrightarrow{HBr} CH_3CH_2CH_2—\underset{\substack{|\\Br}}{C}=CH_2 \xrightarrow{HBr} CH_3CH_2CH_2=\overset{\substack{Br\\|}}{\underset{\substack{|\\Br}}{C}}—CH_3$$

$$H_3C—C\equiv CH \xrightarrow[ROOR]{HBr} H_3C—CH=CHBr \xrightarrow[ROOR]{HBr} H_3C—CH_2—CHBr_2$$

炔烃与卤化氢加成可以控制在加一分子卤化氢阶段，这是制备卤代烯烃的方法之一。

此外，炔烃与卤化氢的加成，在相应卤离子存在下，大多得到反式产物，例如

$$C_2H_5—C\equiv C—C_2H_5 + HCl \xrightarrow[CH_3COOH,25℃]{Cl^-} \underset{H}{\overset{C_2H_5}{}}\!\!>C=C<\!\!\underset{C_2H_5}{\overset{Cl}{}}$$

3. 与水加成

在酸催化下，炔烃的直接水合一般是困难的，但如果在硫酸汞的硫酸溶液中，炔烃可以比较顺利地与水进行加成(反应首先形成烯醇，烯醇立即重排为稳定的酮)，这个反应称为库切洛夫(Kucherov)反应，即

$$H—C\equiv C—H + H_2O \xrightarrow[H_2SO_4]{HgSO_4} [H_2C=\underset{\substack{|\\OH}}{C}H] \xrightarrow{重排} H_3C—\overset{\substack{O\\\|}}{C}—H$$

$$—\overset{|}{C}=\overset{|}{\underset{\substack{|\\O—H}}{C}} \rightleftharpoons —\overset{|}{\underset{\substack{|\\H}}{C}}—\overset{|}{C}=O$$

烯醇式　　　　酮式

烯醇式和酮式之间的变化是可逆的，一般平衡倾向于酮式。通常称这种异构为互变

异构。

不对称炔烃与水加成时遵从马氏规则，得到相应的烯醇式化合物，再重排为酮，如

$$C_2H_5-C\equiv CH + H_2O \xrightarrow[H_2SO_4]{HgSO_4} \left[C_2H_5-\underset{\underset{OH}{|}}{C}=CH_2\right] \xrightarrow{\text{重排}} C_2H_5-\overset{\overset{O}{\|}}{C}-CH_3$$

$$CH_3CH_2CH_2C\equiv C-CH_2CH_2CH_3 + H_2O \xrightarrow[H_2SO_4]{HgSO_4} CH_3CH_2CH_2CH_2\underset{\underset{O}{\|}}{C}-CH_2CH_2CH_3$$

4. 硼氢化反应

炔烃与硼烷作用得到烯基硼烷，反应取向也是反马氏规则的，如

$$R\cdot C\equiv CH + B_2H_6 \xrightarrow{THF} \left[\begin{array}{c}R\\H\end{array}\!\!>C=C<\!\!\begin{array}{c}H\\ \end{array}\right]_3 B$$

烯基硼烷再用碱性过氧化氢氧化水解后得到烯醇，后者重排为醛或酮。烯基硼烷和醋酸反应则生成顺式烯烃，即

$$\left[\begin{array}{c}R\\H\end{array}\!\!>C=C<\!\!\begin{array}{c}H\\ \end{array}\right]_3 B \xrightarrow[OH^-]{H_2O_2} \left[\begin{array}{c}R\\H\end{array}\!\!>C=C<\!\!\begin{array}{c}H\\OH\end{array}\right] \xrightarrow{\text{重排}} RCH_2\overset{\overset{O}{\|}}{C}-H$$

$$\left[\begin{array}{c}R\\H\end{array}\!\!>C=C<\!\!\begin{array}{c}H\\ \end{array}\right]_3 B \xrightarrow{CH_3COOH} \begin{array}{c}R\\H\end{array}\!\!>C=C<\!\!\begin{array}{c}H\\H\end{array}$$

$$C_2H_5-C\equiv C-C_2H_5 + B_2H_6 \xrightarrow{THF} \left[\begin{array}{c}C_2H_5\\H\end{array}\!\!>C=C<\!\!\begin{array}{c}C_2H_5\\ \end{array}\right]_3 B \xrightarrow[OH^-]{H_2O_2} CH_3CH_2CH_2\overset{\overset{O}{\|}}{C}-CH_2CH_3$$

3.6.3 炔烃的亲核加成

炔烃亲电加成活性较差，但它们易受亲核试剂（负离子或带有未共用电子对的分子，如HCN、醇、酸等）的进攻而加成，称为亲核加成。

1. 与 HCN 加成

乙炔与 HCN 加成，可生成丙烯腈（丙烯腈可以聚合成聚丙烯腈，腈纶，人造羊毛）；其他炔烃与 HCN 加成，可生成烷基取代丙烯腈，即

$$HC\equiv CH + HCN \xrightarrow[70^\circ C]{CuCl_2} \underset{\text{丙烯腈}}{H_2C=CH\cdot CN}$$

$$RC\equiv CH + HCN \xrightarrow[HCl]{CuCl} R-\underset{}{\overset{CN}{\overset{|}{C}}}=CH_2$$

反应中氰根负离子首先与三键进行亲核加成形成碳负离子中间体，碳负离子中间体再与质子作用得到丙烯腈，如

$$HC\equiv CH + CN^- \longrightarrow H\bar{C}=CH-CN \xrightarrow{H^+} H_2C=CH-CN$$

2. 与醇加成

乙炔在碱（醇钠或 KOH，NaOH）催化下，在高温高压下与乙醇反应，生成乙烯基乙醚，即

$$HC\equiv CH + C_2H_5OH \xrightarrow[\substack{150\sim180℃ \\ 0.1\sim1.5\ MPa}]{KOH} \underset{\text{乙烯基乙醚}}{H_2C=CH-O-C_2H_5}$$

这类反应的机理是烷氧负离子与三键进行亲核加成形成碳负离子中间体，碳负离子中间体再从醇分子中得到质子生成加成产物。乙烯基醚聚合后得聚乙烯基醚，常用作黏合剂。

$$HC\equiv CH + RO^- \longrightarrow {}^-HC=CH-OR \xrightarrow[-RO^-]{ROH} H_2C=CH-OR$$

3. 与羧酸加成

醋酸乙烯酯是制备聚乙烯醇的原料，主要用于乳胶漆、黏合剂等。

$$HC\equiv CH + H_3C-\overset{O}{\overset{\|}{C}}-OH \xrightarrow[210\sim250℃]{\text{醋酸锌}} \underset{\text{醋酸乙烯酯}}{H_2C=CH-OCOCH_3}$$

以上三个反应的结果相当于将 HCN、C_2H_5OH、CH_3COOH 中的 H 换成了乙烯基 $CH_2=CH-$，所以，这三个反应称为乙烯基化反应，乙炔也称为乙烯基化试剂。

3.6.4 氧化反应

1. 高锰酸钾氧化

炔烃和高锰酸钾（不管是碱性、中性还是酸性）反应时，$C\equiv C$ 断裂。最后得到羧酸或二氧化碳，同时高锰酸钾溶液褪色，即

$$R-C\equiv CH \xrightarrow{KMnO_4} RCOOH + CO_2$$

$$CH_3CH_2C\equiv CH \xrightarrow{KMnO_4} CH_3CH_2COOH + CO_2$$

$$CH_3CH_2C\equiv CCH_2CH_2CH_3 \xrightarrow[OH^-,25℃]{KMnO_4} \xrightarrow{H^+} CH_3CH_2COOH + CH_3CH_2CH_2COOH$$

在比较缓和的条件下，二取代炔烃的氧化产物可以停留在二酮的阶段，如

$$CH_3(CH_2)_7C\equiv C(CH_2)_7COOH \xrightarrow[\text{常温,pH=7.5}]{KMnO_4 \quad H_2O} CH_3(CH_2)_7-\overset{\overset{O}{\|}}{C}-\overset{\overset{O}{\|}}{C}-(CH_2)_7COOH$$

这个反应对于制备特殊的 1,2-二酮是一个有用的方法。

反应意义如下：① 可根据高锰酸钾溶液褪色鉴别三键的存在；② 根据氧化产物羧酸结构，推断炔烃的结构。

2. 臭氧化

炔烃与臭氧反应首先生成臭氧化物，后者用水分解，则生成 α-二酮和过氧化氢，随后过氧化氢将 α-二酮氧化成羧酸，即

$$RC\equiv CR' + O_3 \longrightarrow R-\underset{\underset{O-O}{\diagdown\ \diagup}}{\overset{\overset{O}{\diagup\ \diagdown}}{C-C}}-R' \xrightarrow{H_2O} R-\overset{\overset{O}{\|}}{C}-\overset{\overset{O}{\|}}{C}-R' + H_2O_2 \longrightarrow RCOOH + R'COOH$$

$$CH_3CH_2C\equiv CCH_3 \xrightarrow{O_3} \xrightarrow{H_2O} CH_3CH_2COOH + CH_3COOH$$

3.6.5 聚合反应

乙炔一般很难聚合成高分子，而是发生低分子缩合。在不同的催化剂和反应条件下，生成链状或环状的化合物。如乙炔在 CuCl—NH_4Cl 催化下发生两分子聚合，生成乙烯基乙炔。进一步反应可生成二乙烯基乙炔，如

$$HC\equiv CH + HC\equiv CH \xrightarrow[80\sim 90^\circ C]{CuCl/NH_4Cl} H_2C=CHC\equiv CH \xrightarrow[CuCl/NH_4Cl]{HC\equiv CH} H_2C=CHC\equiv C-CH=CH_2$$

乙烯基乙炔是合成氯丁橡胶单体的重要原料。当它与浓盐酸在催化剂 CuCl—NH_4Cl 作用下，即得 2-氯-1,3-丁二烯

$$H_2C=CH-C\equiv CH + HCl \xrightarrow{CuCl/NH_4Cl} H_2C=CH-\underset{\underset{Cl}{|}}{C}=CH_2$$

若在适当的催化剂(三苯基膦羰基镍[$Ph_3PNi(CO)_2$])存在下，三个分子的乙炔聚合成苯，即

$$3\,HC\equiv CH \xrightarrow[60\sim 70^\circ C,\ 1.5\ MPa]{[Ph_3PNi(CO)_2]} C_6H_6\ (\text{苯})$$

在镍催化剂[$Ni(CN)_2$]存在下，乙炔在四氢呋喃溶液中四聚，得到环辛四烯，即

$$\begin{array}{ccc} & HC\equiv CH & \\ CH & & CH \\ ||| & & ||| \\ CH & & CH \\ & HC\equiv CH & \end{array} \xrightarrow[80\sim120^\circ C,\ 1.5\ MPa]{Ni(CN)_2,\ THF} \text{环辛四烯}$$

3.6.6 炔烃活泼氢的反应

乙炔和末端炔烃分子中，连接在 sp 杂化碳原子上的氢原子受三键的影响相当活泼，属于活泼氢，具有弱酸性。这是因为三键碳是 sp 杂化，电负性比较大，使得 $C_{sp}—H_{1s}\sigma$ 键的电子云更靠近碳原子，增强了 C—H 键极性，使氢原子容易离解，显示酸性。同时乙炔基负离子能量低，体系稳定。

1. 生成炔钠

将乙炔通过加热熔融的金属钠时，就可以得到乙炔钠和乙炔二钠，同时放出氢气，即

$$HC\equiv CH \xrightarrow[110^\circ C]{Na} HC\equiv CNa + H_2$$

$$HC\equiv CNa \xrightarrow[19\sim 220^\circ C]{Na} NaC\equiv CNa + H_2$$

乙炔的一烷基取代物和氨基钠的液氨溶液作用时，三键上的氢也可以被钠取代，生成炔钠，即

$$R—C\equiv CH \xrightarrow[NH_3(l)]{NaNH_2} R—C\equiv CNa$$

氨基钠为白色固体，碱性极强，易吸收空气中的水分而分解。实验室通常将其悬浮于苯等惰性介质中，或者制成它的液氨溶液。

炔钠与伯卤代烷反应，可以在炔烃中引入烷基而制备一系列高级炔烃，即

$$HC\equiv CNa + H_3C—CH_2Br \xrightarrow{\text{浓 } NH_3} HC\equiv C—CH_2CH_3$$

$$HC\equiv C—CH_2CH_3 \xrightarrow[\text{液 } NH_3]{NaNH_2} NaC\equiv C\cdot CH_2CH_3 \xrightarrow[\text{液 } NH_3]{H_3C\ CH_2Br} CH_3CH_2C\equiv C—CH_2CH_3$$

这类反应又称为炔烃的烷基化反应，可用于增长碳链。

2. 生成炔银、炔亚铜

具有活泼氢的炔烃容易和硝酸银氨溶液或氯化亚铜氨作用，分别生成白色的炔化银和砖红色的炔亚铜沉淀，如

$$HC\equiv CH \xrightarrow{Ag(NH_3)_2^+} AgC\equiv CAg\downarrow \text{白色}$$

$$HC\equiv CH \xrightarrow{Cu(NH_3)_2^+} CuC\equiv CCu\downarrow \text{砖红色}$$

$$HC\equiv CR \xrightarrow{Ag(NH_3)_2^+} AgC\equiv CR\downarrow \text{白色}$$

$$HC\equiv CR \xrightarrow{Cu(NH_3)_2^+} CuC\equiv CR\downarrow \text{砖红色}$$

上述反应极为灵敏，常用来鉴定具有—C≡CH 构造特征的炔烃。

金属炔化物在湿润时比较稳定，在干燥时会因撞击或受热发生爆炸，所以实验完毕后，应立即加硝酸把它们分解掉，如

$$AgC\equiv CR \xrightarrow{HNO_3} HC\equiv CR + AgNO_3$$

$$CuC\equiv CCu \xrightarrow{HNO_3} HC\equiv CH + CuNO_3$$

由于炔金属容易在酸(盐酸，硝酸等)作用下分解为原来的炔烃。可利用这一反应从混合物中把末端炔烃分离出来。

3.7 烯烃和炔烃的来源和制备

3.7.1 烯烃的工业来源

乙烯、丙烯、丁烯等低级烯烃都是重要的化工原料，过去主要从炼厂气和热裂解气中分离得到。随着石油化学工业的飞速发展，现在主要从原油和石油的各种馏分裂解得到，如

$$C_6H_{14} \xrightarrow{700\sim900℃} \underset{15\%}{CH_4} + \underset{40\%}{H_2C{=}CH_2} + \underset{20\%}{H_2C{=}\underset{H}{C}{-}CH_3} + \underset{25\%}{\text{其他}}$$

原料不同，裂解条件不同，得到烯烃的比例也不同。

1. *石油裂解气*

在石油化工生产过程中，常以石油分馏产品(包括石油气)为原料，采用比裂化更高的温度(700～800℃，有时甚至为1 000℃以上)，使石油分馏后具有长链分子的烃断裂成各种短链的气态烃和少量液态烃，作为有机化工原料。工业上把这种方法称为石油的裂解。石油裂解的化学过程是比较复杂的，生成的裂解气是一种复杂的混合气体，它除了主要含有乙烯、丙烯、丁二烯等不饱和烃外，还含有甲烷、乙烷、氢气、硫化氢等。把裂解产物进行分离，就可以得到所需的多种原料。石油裂解气里烯烃含量比较高。

2. *炼厂气*

原油一次加工和二次加工的各生产装置都有气体产出，总称为炼厂气。主要来自原油蒸馏、催化裂化、热裂化、石油焦化等过程。不同来源的炼厂气组成各异，主要成分为 C_4 以下的烷烃、烯烃、氢气和少量氮气、二氧化碳等气体。

一般炼厂气的组成成分如表 3-5 所示。

表 3-5 各种来源炼厂气的典型组成(质量百分比)

成分	原油蒸馏气/%	催化重整气/%	催化裂化气/%	加氢裂化气/%	加氢精制气/%	石油焦化气/%	热裂化气/%
氢气	—	15.4	0.1	1.4	3.0	0.6	0.4
甲烷	8.5	9.0	3.2	21.8	24.0	35.6	14.7
乙烷	15.4	20.0	4.1	4.4	70.0	20.7	22.8
乙烯	—	0.0	2.8	—	—	2.7	4.4
丙烷	30.2	27.7	7.3	15.3	3.0	13.4	20.5
丙烯	—	—	20.2	—	—	5.1	14.8
丁烷	45.9	27.9	22.9	57.1	—	5.6	10.8
丁烯	—	—	30.5	—	—	3.8	4.2
其他	—	—	8.9	—	—	12.5	7.4
合计	100.0	100.0	100.0	100.0	100.0	100.0	100.0

3.7.2 烯烃的制备

醇脱水和卤代烃脱卤化氢是有机化合物中引入双键的常用方法，也是实验室制备烯烃的一般方法。

1. 醇脱水

醇在强酸性条件下脱水得到烯烃，如

$$CH_3{-}CH_2OH \xrightarrow[170℃]{H_2SO_4} H_2C{=}CH_2$$

$$H_3C{-}\underset{\underset{OH}{|}}{C}HCH_2CH_2{-}CH_3 \xrightarrow[\triangle]{60\%\ H_2SO_4} H_3C{-}CH{=}CHCH_2CH_3$$

2. 卤代烃脱卤化氢

卤代烃与强碱(KOH、NaOH 等)的醇溶液共热，可失去卤化氢而得到烯烃，如

$$H_3C{-}CH_2{-}\underset{\underset{Br}{|}}{\overset{\overset{CH_3}{|}}{C}}{-}CH_3 \xrightarrow[\triangle]{KOH,C_2H_5OH} \underset{71\%}{H_3C{-}\underset{H}{C}{=}\overset{\overset{CH_3}{|}}{C}CH_3} + \underset{29\%}{H_3CCH_2\overset{\overset{CH_3}{|}}{C}{=}CH_2}$$

除了醇脱水和卤代烃脱卤化氢以外，还有维蒂希(Wittig)反应、卤代烃与烯烃或其他衍生物的偶联反应(即 Heck 反应)等。

3.7.3 乙炔的制备

1. 电石法

先把生石灰和焦炭一起加热到 2 000℃，得到电石(碳化钙)，然后电石与水反应生成乙

炔,其反应式如下:

$$3C + CaO \xrightarrow[\text{电炉}]{2\,000^\circ C} CaC_2 + CO$$

$$CaC_2 + H_2O \longrightarrow HC \equiv CH + Ca(OH)_2$$

此法成本较高,除少数国家外,均不用此法。

2. 电弧法

电弧法是由巴斯夫于 1925 年开发的一种生产工艺,电弧法是利用在电弧阴、阳两极间通入高压强直流电流形成电弧产生的高温,使原料烃裂解而生产乙炔的方法。甲烷、乙烷及原油均可作为电弧法的原料。如甲烷在 1 500℃电弧中经过极短时间(0.01~0.1 s)加热,裂解成乙炔,即

$$2CH_4 \xrightarrow{\text{电弧}} HC \equiv CH + 3H_2$$

由于乙炔在高温下会很快分解成碳,故反应气必须用水很快地冷却,乙炔产率约为 15%,改用气流冷却反应气,可提高乙炔产率(达 25%~30%)。裂解气中还含有乙烯、氢和碳尘。这个方法的特点是原料非常便宜,在天然气丰富的地区采用这个方法是比较经济的。

3. 烃类部分氧化法

烃类部分氧化法是利用烃类物质在同一空间、同一时间使部分烃类物质与氧气燃烧所释放的热量来裂解另一部分烃类物质,采用的主要原料是天然气,因此习惯上也叫天然气部分氧化法,如

$$6CH_4 + O_2 \xrightarrow{1\,500^\circ C} 2HC \equiv CH + 2CO + 10H_2$$

3.7.4 炔烃的制备

炔烃可以通过邻二卤代烃或偕二卤代烃在 NaOH、KOH、$NaNH_2$ 等碱性条件下,失去两分子卤化氢得到,如

$$CH_3CHBrCH_2Br \xrightarrow[\triangle]{KOH, C_2H_5OH} CH_3C \equiv CH$$

$$(CH_3)_3CCH_2CHCl_2 \xrightarrow{NaNH_2} (CH_3)_3CC \equiv CH$$

3.8 重要的烯烃和炔烃

1. 乙烯

乙烯是最简单的烯烃,分子式为 C_2H_4,为无色易燃气体。其少量存在于植物体内,是植物的一种代谢产物,能使植物生长减慢,促进叶落和果实成熟。乙烯的熔点为-169℃,沸点

为 −103.7℃。乙烯几乎不溶于水，难溶于乙醇，易溶于乙醚和丙酮。

工业上采用的乙烯生产方法有石油烃裂解、乙醇催化脱水、焦炉煤气分离等。由于石油和天然气资源丰富，大规模生产乙烯成本低、质量好。因此，大量乙烯主要用石油裂解法生产。乙醇催化脱水法只适用于为精细化学品提供数量不大的乙烯的场合。

乙烯是石油化工基本原料之一，应用非常广泛。在合成材料方面，大量用于生产聚乙烯、氯乙烯及聚氯乙烯、乙丙橡胶等。乙烯是基本的有机合成原料，广泛用于合成乙醇、环氧乙烷及乙二醇、乙醛、乙酸等有机合成产品。在农业上，乙烯可用作果实催熟剂。

2. 乙炔

乙炔是最简单的炔烃，纯的乙炔是带有乙醚气味的气体，难溶于水，易溶于丙酮，具有麻醉作用，燃烧时火焰明亮，可用以照明。工业乙炔一般含有少量硫化氢、磷化氢以及有机磷、硫化合物等杂质，有一定气味。

乙炔在液态、固态下或在气态和一定压力下有猛烈爆炸的危险，受热、震动、电火花等因素都可能引发爆炸，所以乙炔不能加压液化后贮存或运输。乙炔易溶于丙酮，在 15℃和总压力为 15 个大气压时，在丙酮中的溶解度为 237 g/L，溶液是稳定的。因此，工业上是存储于装满石棉等多孔物质的钢桶或钢罐中，使多孔物质吸收丙酮后将乙炔压入，以便贮存和运输。

乙炔最早用作照明，燃烧时产生白光。乙炔和氧气燃烧时的氧炔焰温度可达 2 700℃。因此，目前乙炔的主要用途之一是用氧炔焰来焊接和切割钢和铁。乙炔曾经是非常重要的有机合成原料，用途广泛，但由于乙炔的生产成本相当高，以乙炔为原料生产化学品的路线逐渐被以其他化合物（特别是乙烯、丙烯）为原料的路线所取代。

习　题

3-1　用系统命名法命名下列化合物：

(1) 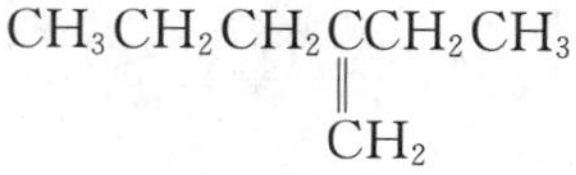 $CH_3CH_2CH_2C(=CH_2)CH_2CH_3$　　(2) 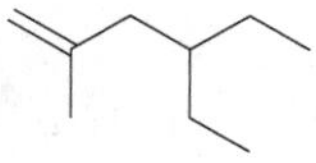　　(3)

(4) 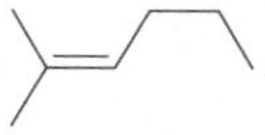　　(5) 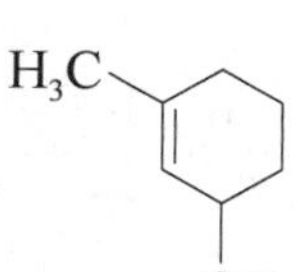 H_3C，CH_3　　(6)

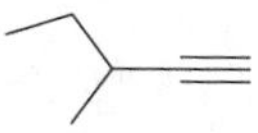

(7) 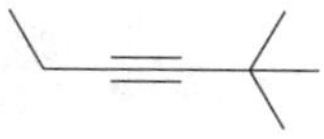　　(8) 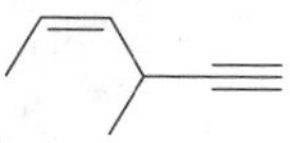　　(9) 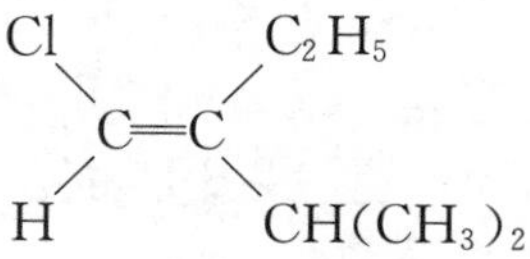 Cl、C_2H_5、C=C、H、$CH(CH_3)_2$

(10) 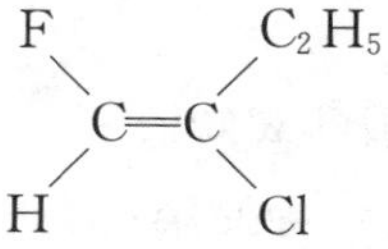 F、C_2H_5、C=C、H、Cl　　(11) 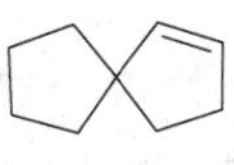　　(12)

3-2 画出下列化合物或基的结构：

(1) 丙烯基　　(2) 炔丙基

(3) 2-丁炔基　　(4) 2-甲基-1-丙烯基

(5) (E)-2-氯-2-丁烯　　(6) (E)-3-甲基-2-溴-2-戊烯

(7) (Z)-3-甲基-2-己烯-4-炔　　(8) 1-甲基螺[3.5]-5-壬烯

3-3 按要求完成下列反应：

(1) □ $\xrightarrow[Pd]{H_2}$?

(2) $H_2C{=}CHCH_2CH_3$
- $\xrightarrow{H_2SO_4}$? $\xrightarrow[\triangle]{H_2O}$?
- $\xrightarrow[THF]{B_2H_6}$ $\xrightarrow[OH^-]{H_2O_2}$?
- $\xrightarrow[ROOR]{HBr}$?

(3) $CF_3CH{=}CHCH_3$
- $\xrightarrow{HBr}$?
- $\xrightarrow[ROOR]{HBr}$?

(4) $CH_3CH{=}C(CH_3)CH_2CH_3$
- $\xrightarrow{H_2O/H^+}$?
- $\xrightarrow{HBr}$?
- $\xrightarrow{KMnO_4/H^+}$?

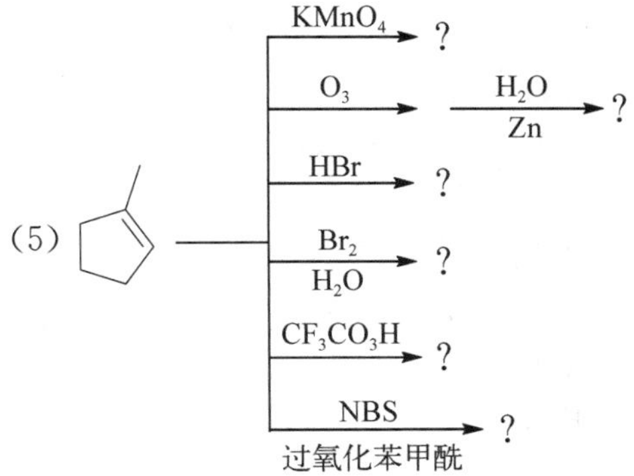

(6) $C_2H_5C{\equiv}CCH_3$
- $\xrightarrow[Pd/BaSO_4]{H_2}$?
- $\xrightarrow[NH_3]{Na}$?

(7) $C_2H_5C \equiv CH \xrightarrow{KMnO_4} ?$

$C_2H_5C \equiv CH \xrightarrow[HgSO_4/H_2SO_4]{H_2O} ?$

$C_2H_5C \equiv CH \xrightarrow[THF]{B_2H_6} \xrightarrow{H_2O_2/OH^-} ?$

(8) $CH_3C \equiv CCH_2CH = CH_2 \xrightarrow{HBr} ?$

$CH_3C \equiv CCH_2CH = CH_2 \xrightarrow[Pd/BaSO_4\ \text{喹啉}]{H_2} ?$

$CH_3C \equiv CCH_2CH = CH_2 \xrightarrow[NH_3]{Na} ?$

(9) $C_2H_5C \equiv CH \xrightarrow{HCN} ?$

$C_2H_5C \equiv CH \xrightarrow[NH_3]{Na} ? \xrightarrow{C_2H_5Br} ? \xrightarrow[HgSO_4/H_2SO_4]{H_2O} ?$

$C_2H_5C \equiv CH \xrightarrow{O_3} \xrightarrow{H_2O} ?$

(10) $2HC \equiv CH \xrightarrow{CuCl/NH_4Cl} ?$

(11) $CH_3C \equiv CCH_2CH = CH_2 \xrightarrow{KMnO_4} ?$

3-4 按要求回答下列问题:

(1) 将下列基团按照次序规则排序

(A) $—CF_3$　(B) $—COOH$　(C) $—CH_2Br$　(D) $—CN$

(E) $—F$　(F) $—CH=CH_2$　(G) $—C(CH_3)_3$　(H) $—CH(CH_3)_2$

(2) 将下列烯烃按照与硫酸反应活性由大到小排序

(A) $CF_3CH=CHCH_3$　(B) $CH_3CH=CHCH_3$

(C) $CH_3CH=CH_2$　(D) $ClCH=CH_2$

(3) 将下列烯烃按照与溴加成反应活性由大到小排序

(A) $CH_2=CH_2$　(B) $ClCH=CH_2$

(C) $CH_3CH=CH_2$　(D) $CH_2=C(CH_3)_2$

(4) 将下列碳正离子按照稳定性由大到小排序

(A) $H_2C=CH—\overset{+}{C}H—CH=CH_2$

(B) $H_2C=CH—\overset{+}{C}H—CH_2CH_3$

(C) $H_2C=CH—CH_2—CH(CH_2^+)—CH_3$

(D) $H_2C{=}CH{-}CH_2CH_2{-}\overset{+}{C}H_2$

3-5 用简单的化学方法鉴别下列化合物：

(1) 己烷　1-己烯　2-己烯

(2) 1-戊烯　1-戊炔　2-戊炔　戊烷

(3) 2-甲基丁烷　3-甲基-1-丁炔　2-甲基-2-丁烯　甲基环丁烷

3-6 合成题

(1) 由丙烯合成 1-氯-2-溴丙烷

(2) 由 1-丁烯合成 1-溴丁烷和 1-丁醇

(3) 由乙炔合成 $H_2C{=}\underset{H}{C}{-}\overset{O}{\overset{\|}{C}}{-}CH_3$

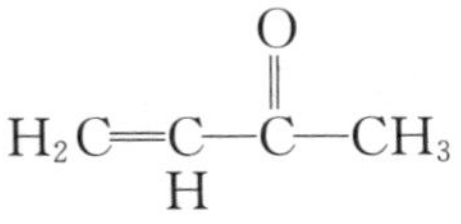

(4) 由乙炔合成 1-溴丁烷

(5) 由丙炔合成 2-己炔

(6) 由乙炔合成 (H)(C_2H_5)C=C(C_2H_5)(H)（反式：H 与 C_2H_5 分别位于双键两侧）

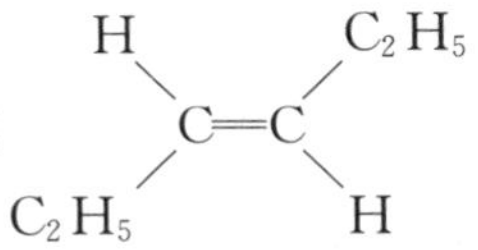

3-7 写出下列反应机理：

(1) 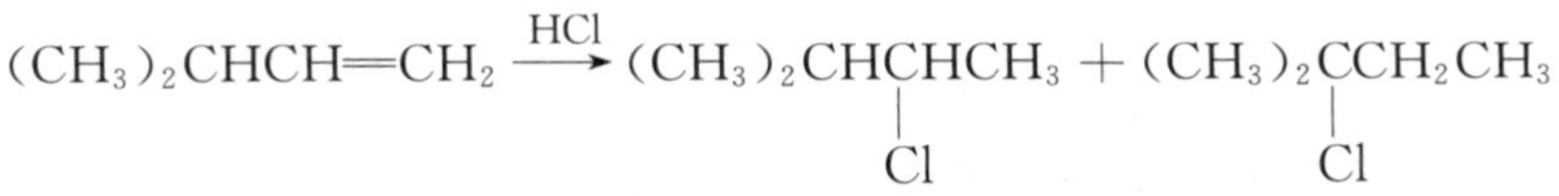 $(CH_3)_2CHCH{=}CH_2 \xrightarrow{HCl} (CH_3)_2CH\underset{Cl}{C}HCH_3 + (CH_3)_2\underset{Cl}{C}CH_2CH_3$

(2) $(CH_3)_2C{=}CHCH_2CH_2CH{=}C(CH_3)_2 \xrightarrow{H^+}$ 1,1-二甲基-2-[$=C(CH_3)_2$]环戊烷（环戊烷环上一碳带两个 CH_3，相邻碳以双键连接 $C(CH_3)_2$）

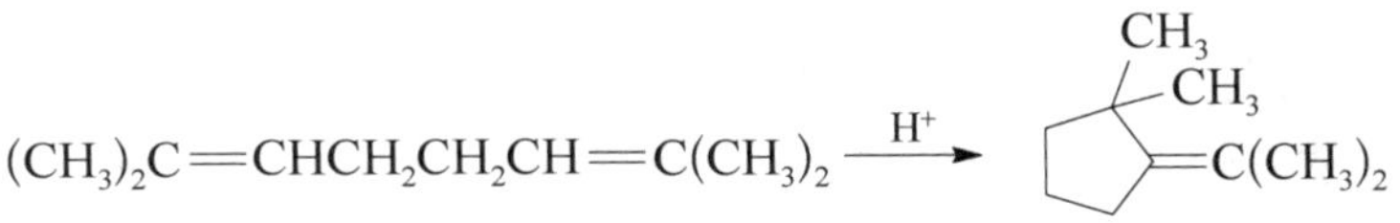

3-8 推测结构

(1) 某不饱和烃经过臭氧化-还原水解后，生成以下产物，试给出原来不饱和烃的结构：

(A) $CH_3CH_2CH_2CHO$，CH_3CHO

(B) CH_3CHO，$HCHO$，CH_3COCH_2CHO

(C) CH_3COOH，$HOOCCH_2CH_2CHO$，$HCHO$

(2) 化合物 A(C_5H_{10})，能吸收 1 mol H_2，A 用 $KMnO_4/H_2SO_4$ 氧化生成 1 mol C_4 的羧酸，但经臭氧化-还原水解后得到两种不同的醛。试写出 A 所有可能的构造式。

(3) 化合物 A(C_8H_{12})，在 H_2/Pt 作用下生成 4-甲基庚烷，A 用 lindlar 催化剂小心地氢化得到 B(C_8H_{14})，A 和 Na/NH_3(l) 作用得到 C(C_8H_{14})，试写出 A、B、C 的结构式。

第4章　二　烯　烃

分子中含有两个或多个双键的不饱和烃分别称为二烯烃(alkadiene)和多烯烃。多烯烃的性质与结构相似的二烯烃类似。二烯烃通式为 C_nH_{2n-2}。

4.1　二烯烃的分类和命名

4.1.1　二烯烃的分类

二烯烃分子中的两个 C═C 的位置和它们的性质有密切关系。根据两个 C═C 的相对位置,可将二烯烃分为如下三类:

1. 累积(聚积)二烯烃(cumulative diene)

分子中两个双键连在同一个碳原子上,即含有 >C═C═C< 体系的二烯烃,例如 1,2-丁二烯 CH_2═C═CH—CH_3。

2. 孤立(隔离)二烯烃(isolated diene)

分子中的两个双键被两个或两个以上的单键隔开,即含有 >C═CH$\leftarrow$$CH_2$$\rightarrow_n$CH═C< ($n \geqslant 1$)体系的二烯烃,例如 1,4-戊二烯 CH_2═CH—CH_2—CH═CH_2。

3. 共轭二烯烃(conjugated diene)

两个 C═C 被一个单键隔开,即含有 >C═CH—CH═C< 体系的二烯烃,例如 1,3-丁二烯 CH_2═CH—CH═CH_2。

累积二烯烃结构特殊,势能较高,不稳定,数目不多,主要用于立体化学上的研究,实际应用也不多。孤立(隔离)二烯烃由于两个双键相距较远,相互影响较小,它们的性质与单烯烃相似。共轭二烯烃结构特殊,能量稳定,在性质上与单烯烃有较大差别。共轭二烯烃在理论和应用上都有重要价值,是一类最重要、最有用的二烯烃。

4.1.2　二烯烃的命名

二烯烃的命名与烯烃相似:命名时选择包含两个双键在内的最长连续碳链为主链,称

为某二烯,同时应标明两个双键的位次。若存在顺反异构,要逐个标明双键的构型,如

H_3C　　$CH_2CH_2CH_3$

C_2H_5　　C=C

C=C　　CH_3

$(CH_3)_2CH$　　H

(3E,5E)-2,5,6-三甲基-3-乙基-3,5-壬二烯
(3E,5E)-3-ethyl-2,5,6-trimethylnona-3,5-diene

(Z)-2,6-二甲基-5-乙基-2,5-辛二烯
(Z)-5-ethyl-2,6-dimethylocta-2,5-diene

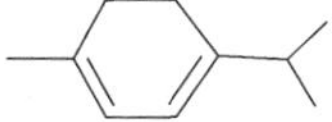

1-甲基-4-异丙基-1,3-环己二烯
1-isopropyl-4-methylcyclohexa-1,3-diene

螺[4.5]-1,6-癸二烯
spiro[4.5]deca-1,6-diene

在1,3-丁二烯分子中,两个双键还可以在单键的同侧或异侧,这两种不同的空间排布因C—C的旋转可以相互转化,因此它们属于两种不同的构象。两个双键在单键同侧的称为s-顺式,在单键两侧的称为s-反式,或者以s-(Z)和s-(E)表示,如

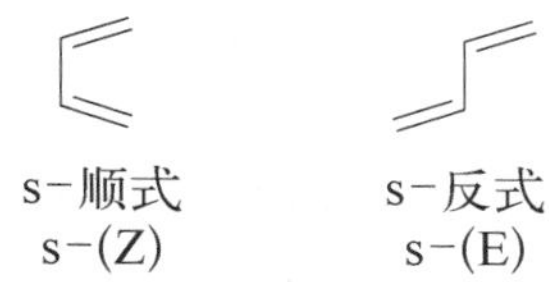

s-顺式　　s-反式
s-(Z)　　s-(E)

4.2 二烯烃的结构

4.2.1 丙二烯的结构

如图4-1所示为丙二烯的分子结构。

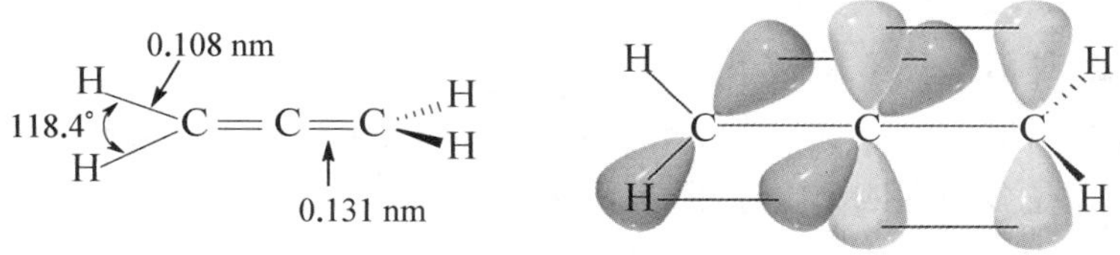

图4-1 丙二烯的分子结构

丙二烯分子中C1和C3分别与三个原子相连,是sp^2杂化,而C2只与两个原子相连,所以是sp杂化。C2以两个sp杂化轨道分别与C1和C3的sp^2杂化轨道形成C—C σ键,此外,它用两个未参与杂化的相互垂直的p轨道与C1和C3未参与杂化的p轨道分别形成两个相互垂直的π键。因此,丙二烯分子是线形非平面分子。

由于两个π键相互垂直,彼此影响较小,丙二烯的性质与烯烃相似,但比较活泼。

4.2.2 共轭二烯烃的结构

在共轭二烯烃中，最简单、最重要的是 1,3-丁二烯。应用近代物理方法可以测得，1,3-丁二烯是一个平面分子，四个碳原子和六个氢原子都在同一平面上，其键长、键角如图 4-2 所示。

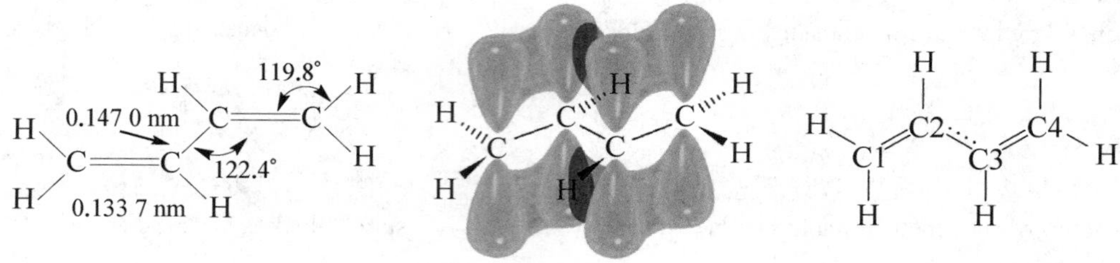

图 4-2 1,3-丁二烯的分子结构

在 1,3-丁二烯分子中，两个 C═C 的键长为 0.133 7 nm，比一般的烯烃分子中的 C═C 的键长(0.133 nm)长，而 C2—C3 键长为 0.147 0 nm，比一般的烷烃分子中的 C—C 的键长(0.154 0 nm)短，这种现象称为键长的平均化。

对于正常的 C—C，碳原子是 sp^3 杂化。而在 1,3-丁二烯分子中，C—C σ 键的碳原子是 sp^2 杂化，其中的 s 轨道成分比较多，电子云更靠近核。因此，由两个 sp^2 杂化轨道构成的 C—C 自然要比由两个 sp^3 杂化轨道构成的 C—C 的键长短。

在 1,3-丁二烯分子中，每个碳原子都是 sp^2 杂化。由于 sp^2 杂化轨道的共平面性，所有的 σ 键都在同一平面内，1,3-丁二烯分子是一个平面分子。此外，每个碳原子还留下一个未参与杂化的 p 轨道，它们的对称轴都垂直于 σ 键所在的平面，因而它们互相平行。因此，不仅 C1C2 间的 p 轨道、C3C4 间的 p 轨道可以相互交盖形成两个 π 键，C2C3 间的 p 轨道也相互平行，也有一定程度的交盖，从而使 C2C3 间电子云密度比孤立的 C—C 单键的电子云密度增大，键长缩短，且具有部分双键的性质。相应的分子中原来的两个双键 C1C2 间、C3C4 间的电子云密度下降，键长增长为 0.133 7 nm。

在这种情况下，这四个 p 轨道相互平行重叠，使四个 p 电子不是分布在原来的两个固定域的 π 轨道中，而是分布在四个碳原子之间，即发生离域，形成了包括四个碳原子及四个 π 电子的体系，这种体系称为共轭体系。

4.3 共轭体系和共轭效应

4.3.1 共轭体系

1,3-丁二烯是一个共轭二烯烃，是一个共轭体系，那么，具有怎样结构特征的体系可以称为共轭体系？当分子中含有三个或三个以上的、相邻的、共平面的原子，在这些原子中各含有 p 轨道，这些 p 轨道相互平行，这样的体系称为共轭体系，如图 4－3 所示。

共轭体系有以下两个特征：① 形成共轭体系的原子必须在同一个平面上；② 必须有可以平行交盖的 p 轨道，即 p 轨道必须相互平行。

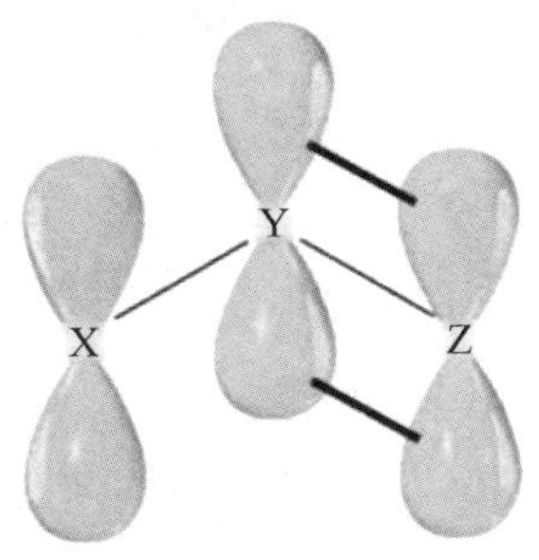

图 4－3　共轭体系示意图

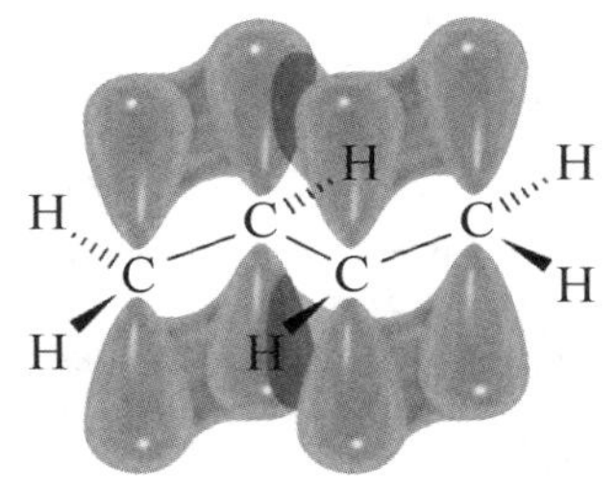

图 4－4　π－π 共轭体系

1. π－π 共轭体系

如图 4－4 所示为 π－π 共振的 1,3－丁二烯。1,3－丁二烯是一个平面分子，四个碳原子均是 sp^2 杂化，每个碳原子各有一个 p 轨道，C1C2 间的 p 轨道、C3C4 间的 p 轨道相互交盖形成两个 π 键，同时 C2C3 间的 p 轨道也相互平行，有一定程度的交盖。因此，1,3－丁二烯中两个 π 键不是孤立存在的，而是相互结合成一个整体。

像 1,3－丁二烯这样的共轭体系是由两个 π 键组成，故称 π－π 共轭。π－π 共轭体系的特点为单、双键交替出现。

2. p－π 共轭体系

如氯乙烯、烯丙基正碳离子、烯丙基自由基等都是 p－π 共轭体系。

在这几个例子中，共轭体系是由一个 p 轨道和一个 π 键组成，故称 p－π 共轭。p－π 共轭体系与 π－π 共轭体系稍有不同，参与共轭的原子数可能与电子数不同。因此 p－π 共轭体系可分为多电子 p－π 共轭体系如氯乙烯(参与共轭的为 3 原子，4 电子)、等电子 p－π 共轭体系如烯丙基自由基(参与共轭的为 3 原子，3 电子)、少电子 p－π 共轭体系如烯丙基正碳离子(参与共轭的为 3 原子，2 电子)，如图 4－5 所示。

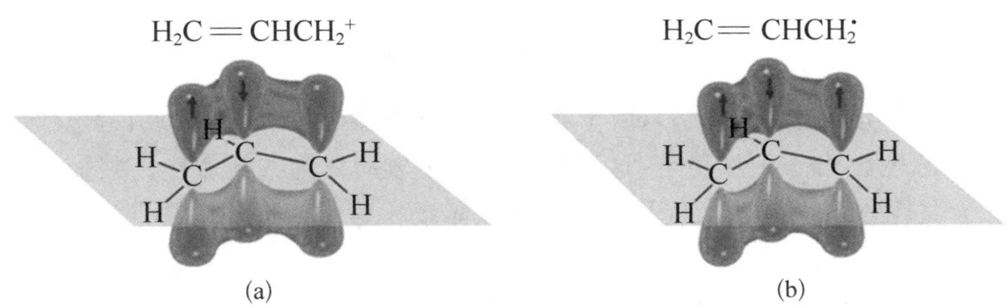

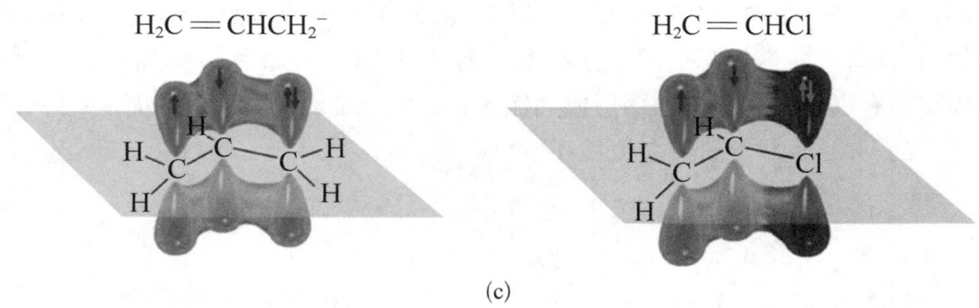

(c)

图4-5 p-π共轭体系

(a) 少电子p-π共轭体系;(b) 等电子p-π共轭体系;(c) 多电子p-π共轭体系

3. 超共轭体系

π键或p轨道与α碳原子上的碳氢σ键的轨道之间,也能产生微弱的交盖,形成一个整体,这种有σ电子参与的共轭体系称为超共轭体系。

超共轭体系分为σ-π超共轭体系和σ-p超共轭体系。σ-π超共轭体系的特征是α碳上的碳氢σ键与π键轨道产生微弱的交盖,如丙烯;σ-p超共轭体系的特征是α碳上的碳氢与p轨道产生微弱的交盖,如乙基碳正离子,如图4-6所示。

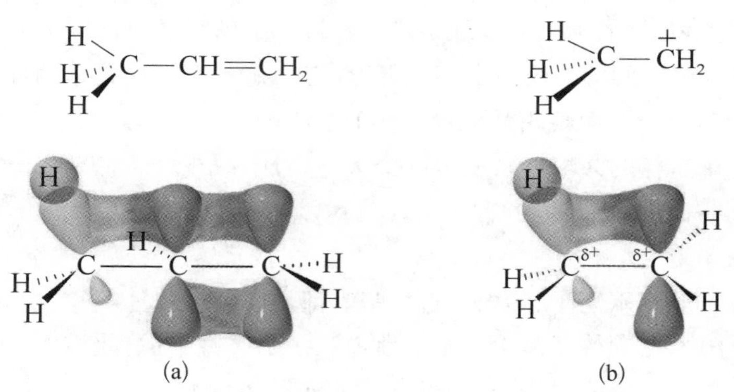

图4-6 超共轭体系

(a) σ-π超共轭体系;(b) σ-p超共轭体系

由上可见,共轭(conjugation)是指一定数量的轨道之间相互交盖、连在一起的意思。π-π共轭体系就是π键和π键连在一起,p-π共轭体系就是p轨道和π键连在一起。

4.3.2 共轭效应

共轭体系中(包括超共轭体系),由于轨道的重叠、交盖,使电子离域,引起电子云密度平均化,分子内能下降,分子更加稳定,这种特殊的电子效应称为共轭效应。共轭效应的强弱一般为π-π共轭体系>p-π共轭体系>超共轭体系。

1. 共轭效应的表现

共轭效应是共轭体系的内在性质,主要表现如下:

(1) 共轭体系与构造相似的非共轭体系相比,共轭体系能量更低,更稳定。且共轭体系范围越大,能量越低,越稳定,例如氢化热

$$H_2C{=}CHCH_2{-}CH{=}CH_2 \xrightarrow[Ni]{H_2} H_3C{-}CH_2CH_2CH_2CH_3 + 254\ kJ/mol \quad (\text{氢化热})$$

$$H_2C{=}CHCH{=}CH{-}CH_3 \xrightarrow[Ni]{H_2} H_3C{-}CH_2CH_2CH_2CH_3 + 226\ kJ/mol$$

这两者都是直链二烯烃,催化加氢后都生成戊烷。1,4-戊二烯的氢化热比1,3-戊二烯高28 kJ/mol,说明1,4-戊二烯内能高,不稳定。这是由于1,3-戊二烯是共轭二烯,分子中存在着π-π共轭体系,因此内能比1,4-戊二烯(分子中没有π-π共轭体系)低28 kJ/mol,这个额外的能量差是由π电子的离域引起的,是共轭效应的具体表现,通常称为离域能或共轭能。

(2) 在共轭体系中,π电子或p电子部分离域,电子云密度平均化,总趋势是电子从电子云密度大的部位向电子云密度小的部位移动,如

$$H_2C{=}CH{-}\ddot{Cl} \qquad H_2C{=}CH{-}\overset{+}{C}H_2$$

(3) 共轭体系中电子云密度平均化,导致键长平均化,即双键相应增长,单键相应缩短,如

$$\underset{0.154\ nm}{H_3C{-}CH_3} \qquad \underset{0.133\ nm}{H_2C{=}CH_2} \qquad H_2C{=}CH{-}CH{=}CH_2\ (C{=}C\ 0.133\ 7\ nm,\ C{-}C\ 0.147\ 0\ nm)$$

2. 共轭效应的传递及方向

在共轭体系中,由于π电子离域到整个共轭体系,因此共轭效应在共轭链中迅速传递,不随着碳链的增长而减弱。所以,若该共轭体系受到分子中或外界吸(推)电子影响时,这种影响可以通过电子离域传递到整个共轭体系上,使体系电子云变形,并在共轭链中产生电子云密度的疏密交替。

共轭效应的传递方向为电子云密度平均化方向。决定因素为外界影响和体系中原子或基团的影响,如

$$\overset{\delta^+}{H_2C}{=}\overset{\delta^-}{C}H\overset{\delta^+}{C}H{=}\overset{\delta^-}{C}H_2 \leftarrow H^+ \qquad \underset{\delta^-}{H_2C}{=}CH{-}\underset{\delta^-}{\overset{-}{C}H_2} \qquad \underset{\delta^+}{H_2C}{=}CH{-}\underset{\delta^+}{\overset{+}{C}H_2}$$

在超共轭体系中,C—H的σ键总是推电子的,如

$$H_3C{-}\overset{\delta^+}{C}H{=}\overset{\delta^-}{C}H_2 \qquad H_3C{-}\overset{+}{C}H_2$$

共轭效应和诱导效应的不同在于

诱导效应是因为键的定域，是短程作用，随着距离的延伸迅速减弱；共轭效应是因为键的离域，是远程作用，发生交替极化，强弱不随距离的延伸而变化。这两种电子效应可存在于同一结构中。

3. 共轭效应的应用

1）亲电加成与马氏规则

$$H_3C\rightarrow \overset{\delta^+}{CH}=\overset{\delta^-}{CH_2} \xrightarrow{HCl} H_3C-\underset{\displaystyle Cl}{\underset{|}{CH}}-CH_3$$

由于甲基推电子的超共轭效应，使双键中距离甲基远的碳原子带部分负电荷，距离甲基近的碳原子带部分正电荷。因此加成时带正电的质子加到带部分正电荷碳上，得到符合马氏规则的产物，即

$$Cl-CH_2\rightarrow \overset{\delta^+}{CH}=\overset{\delta^-}{CH_2} \xrightarrow{HCl} ClH_2C-\underset{\displaystyle Cl}{\underset{|}{CH}}CH_3 \qquad \text{I}$$

$$Cl_3C-\overset{\delta^-}{CH}=\overset{\delta^+}{CH_2} \xrightarrow{HCl} Cl_3C-CH_2-\underset{\displaystyle Cl}{\underset{|}{CH_2}} \qquad \text{II}$$

反应Ⅰ中尽管氯有吸电子诱导效应，但由于还存在推电子的 σ-π 超共轭效应，所以—CH_2Cl仍为推电子基，加成符合马氏规则。而对于反应Ⅱ，—CCl_3 只有强吸电子诱导效应，没有推电子的超共轭效应，所以是吸电子基，导致离—CCl_3 远的双键碳原子带部分正电荷，因此氢原子加到另一个碳原子上。

2）碳正离子或烷基自由基的稳定性

$$(CH_3)_3\overset{+}{C} > (CH_3)_2\overset{+}{C}H > CH_3\overset{+}{C}H_2 > \overset{+}{C}H_3$$

由于与中心碳原子相连的 C—H 的 σ 键部分离域到中心碳原子的 p 轨道上，使中心碳原子上的正电荷分散后，碳正离子更稳定。显然，在整个碳正离子中，能进行离域的 C—H 键越多，越有利于碳正离子的稳定。同理，烷基自由基的稳定性也是如此，即

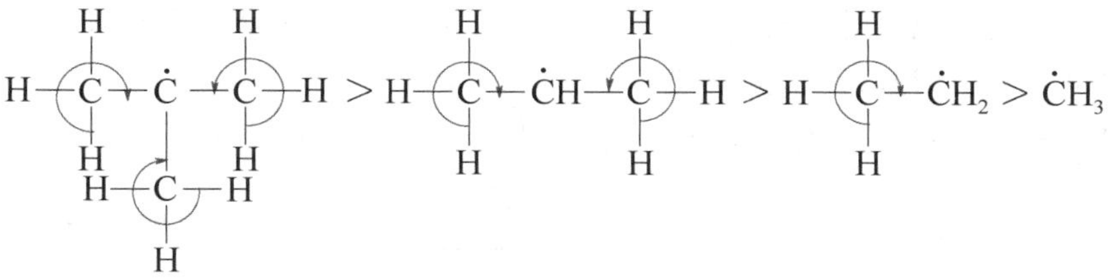

$$H_3C-\dot{C}(CH_3)-CH_3 > H_3C-\dot{C}H-CH_3 > H_3C-\dot{C}H_2 > \dot{C}H_3$$

总之，不管是碳正离子还是烷基自由基，超共轭得越多，能量越低，越稳定。

3）由共轭效应推断主产物

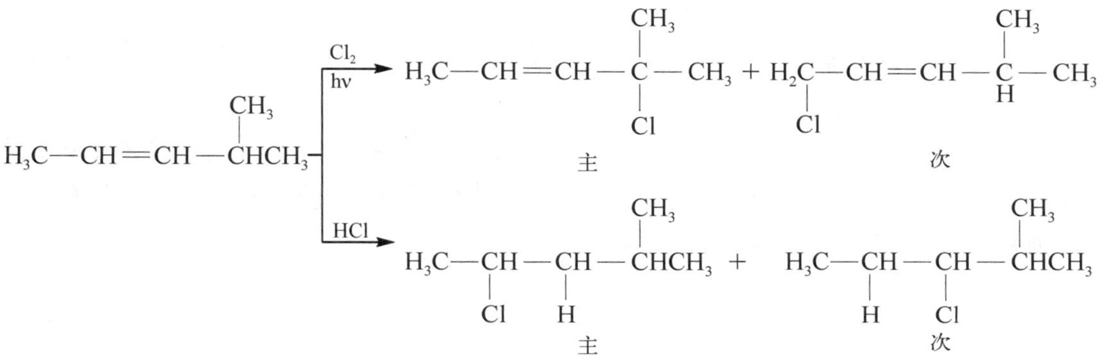

$$H_3C-CH=CH-CHCH_3(CH_3) \xrightarrow[h\nu]{Cl_2} \underset{主}{H_3C-CH=CH-C(CH_3)(Cl)-CH_3} + \underset{次}{H_2C(Cl)-CH=CH-CH(CH_3)-CH_3}$$

$$H_3C-CH=CH-CHCH_3(CH_3) \xrightarrow{HCl} \underset{主}{H_3C-CH(Cl)-CH(H)-CHCH_3(CH_3)} + \underset{次}{H_3C-CH(H)-CH(Cl)-CHCH_3(CH_3)}$$

4.4 共轭二烯烃的化学性质

共轭二烯烃的化学性质和烯烃相似，可以发生加成、氧化、聚合等反应。但由于两个双键共轭的影响，显示出一些特殊的性质。

4.4.1 共轭二烯烃的1,4-加成

1. 1,4-加成

共轭二烯烃和卤素、卤化氢等都容易发生亲电加成反应，而且反应一般比单烯烃容易，例如1,3-丁二烯与溴加成。

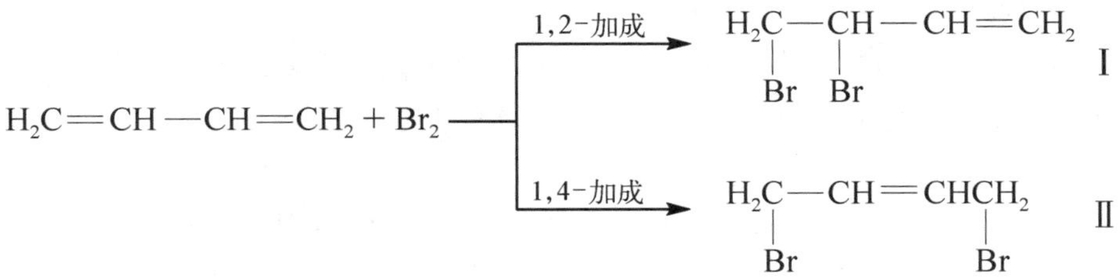

$$H_2C=CH-CH=CH_2 + Br_2 \xrightarrow{1,2-加成} H_2C(Br)-CH(Br)-CH=CH_2 \quad \text{I}$$

$$H_2C=CH-CH=CH_2 + Br_2 \xrightarrow{1,4-加成} H_2C(Br)-CH=CHCH_2(Br) \quad \text{II}$$

加成第一分子溴的速率要比加成第二分子溴快得多，反应常常终止在二溴代物阶段。而且生成的二溴代物有两种：3,4-二溴-1-丁烯和1,4-二溴-2-丁烯。

上述反应Ⅰ是普通的双键加成，打开一个π键，试剂加到双键的两端，称为1,2-加成。

反应Ⅱ是试剂加到共轭双键的两端，即 C1、C4 原子上，原来的两个双键消失，而在 C2、C3 原子之间的单键变成了双键，称为 1,4-加成。

1,3-丁二烯与 1 mol 卤化氢加成时，也得到 1,2-及 1,4-加成产物，如

$$H_2C{=}CH{-}CH{=}CH_2 + HBr \xrightarrow{1,2-加成} \underset{H}{H_2C}{-}\underset{Br}{CH}CH{=}CH_2 \quad Ⅰ$$

$$H_2C{=}CH{-}CH{=}CH_2 + HBr \xrightarrow{1,4-加成} \underset{H}{H_2C}{-}CH{=}CH{-}\underset{Br}{CH_2} \quad Ⅱ$$

共轭二烯烃进行加成反应的特点为不但可以发生 1,2-加成，而且可以发生 1,4-加成。

2. 1,4-加成的理论解释

在共轭体系中，由于 π 电子离域，电子云密度平均化，体系能量降低，这是共轭分子所固有的性质，称为静态共轭效应。当分子受到外界电场的影响时，整个共轭体系的电子云变形，而使电子云密度疏密交替，如

$$\underset{4}{\overset{\delta^+}{H_2C}}{=}\underset{3}{\overset{\delta^-}{CH}}{-}\underset{2}{\overset{\delta^+}{CH}}{=}\underset{1}{\overset{\delta^-}{CH_2}} \longleftarrow H^+$$

因此，在亲电加成反应中，第一步质子的进攻，加成可能发生在 1 号或 3 号碳上，形成两种不同的正碳离子，如

$$\underset{4}{\overset{\delta^+}{H_2C}}{=}\underset{3}{\overset{\delta^-}{CH}}{-}\underset{2}{\overset{\delta^+}{CH}}{=}\underset{1}{\overset{\delta^-}{CH_2}} \xrightarrow[加在1号碳]{H^+} H_2C{=}\underset{H}{C}{-}\overset{+}{CH}{-}\underset{稳定}{CH_3} \quad Ⅰ$$

$$\underset{4}{\overset{\delta^+}{H_2C}}{=}\underset{3}{\overset{\delta^-}{CH}}{-}\underset{2}{\overset{\delta^+}{CH}}{=}\underset{1}{\overset{\delta^-}{CH_2}} \xrightarrow[加在3号碳]{H^+} \overset{+}{H_2C}{-}CH_2CH{=}CH_2 \quad Ⅱ$$

碳正离子Ⅰ不仅有 p-π 共轭，还有 σ-p 超共轭，碳正离子Ⅱ只有 σ-p 超共轭，因此，碳正离子Ⅰ比Ⅱ稳定得多。

碳正离子Ⅰ是一个 p-π 共轭体系，电子离域的结果使中心碳原子上的正电荷得到了分散，不仅 2 号碳上带有部分正电荷，4 号碳上也有部分正电荷，即

$$\underset{4}{H_2C}{=}\underset{3}{CH}{-}\underset{2}{\overset{+}{CH}}{-}\underset{1}{CH_3}\ (Ⅰ) \equiv \underset{4}{\overset{\delta^+}{H_2C}}\cdots\underset{3}{CH}\cdots\underset{2}{\overset{\delta^+}{CH}}{-}\underset{1}{CH_3}$$

在第二步加成时，溴负离子既可以进攻 2 号碳，也可以进攻 4 号碳，分别生成加成产物，即

$$\overset{\delta^+}{\underset{4}{H_2C}} \cdots \underset{3}{CH} \cdots \overset{\delta^+}{\underset{2}{CH}} - \underset{1}{CH_3} \begin{cases} \xrightarrow[\text{加在2号碳}]{Br^-} H_2C{=}CH{-}\underset{\mid \atop Br}{CH}{-}CH_3 & \text{1,2-加成} \\ \xrightarrow[\text{加在4号碳}]{Br^-} \underset{\mid \atop Br}{H_2C}{-}CH{=}CHCH_3 & \text{1,4-加成} \end{cases}$$

所以共轭二烯烃既可以发生 1,2 -加成也可以发生 1,4 -加成。

共轭二烯烃的 1,2 -加成与 1,4 -加成产物的比例取决于反应条件。通常在较低温度及非极性溶剂中，有利于 1,2 -加成，在较高温度及极性溶剂中，有利于 1,4 -加成。例如，以己烷为溶剂时，在−15℃下进行反应，1,3 -丁二烯与溴的 1,2 -加成产物占 54%，1,4 -加成产物占 46%；如在 60℃下进行反应，则 1,4 -加成产物占 70%，即

$$H_2C{=}\underset{H}{C}{-}\underset{H}{C}{=}CH_2 \xrightarrow[\text{正己烷}]{Br_2} \underset{\mid \atop Br}{H_2C}{-}\overset{H}{\underset{\mid \atop Br}{C}}{-}\underset{H}{C}{=}CH_2 + \underset{\mid \atop Br}{H_2C}{-}\underset{H}{C}{=}\underset{H}{C}{-}\underset{\mid \atop Br}{CH_2}$$

	1,2-加成产物	1,4-加成产物
−15℃	54%	46%
60℃	30%	70%

$$H_2C{=}\underset{H}{C}{-}\underset{H}{C}{=}CH_2 + HBr \longrightarrow \underset{\mid \atop H}{H_2C}{-}\overset{H}{\underset{\mid \atop Br}{C}}{-}\underset{H}{C}{=}CH_2 + \underset{\mid \atop H}{H_2C}{-}\underset{H}{C}{=}\underset{H}{C}{-}\underset{\mid \atop Br}{CH_2}$$

	1,2-加成产物	1,4-加成产物
−80℃	80%	20%
40℃	20%	80%

另外，由于共轭二烯烃 1,4 -加成产物双键上有两个取代基，1,2 -加成产物双键上仅有一个取代基，所以 1,4 -加成产物比 1,2 -加成产物更稳定。但是，两者的生成速率不同。1,2 -加成的活化能比 1,4 -加成的活化能小，这是由于相应的中间体稳定性不同。1,2 -加成得到的中间体由于有相邻甲基的推电子效应，正电荷更分散，因此更稳定，反应的活化能小，反应速率快。1,2 -加成产物的生成速度也快(见图 4 - 7)。

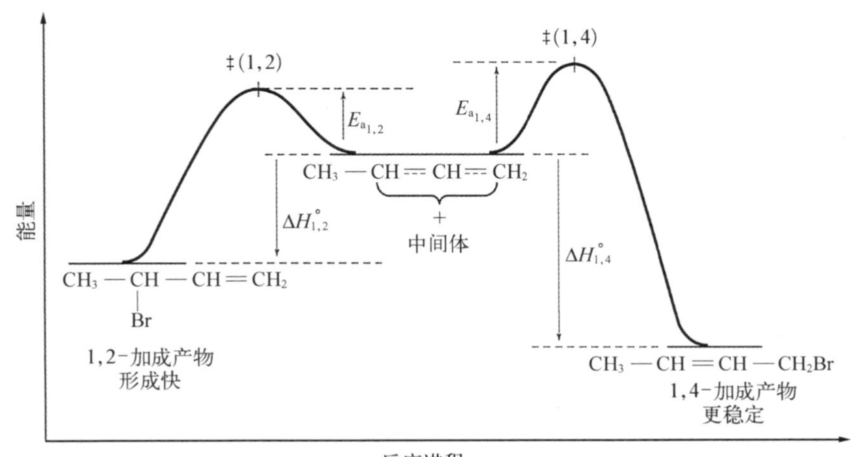

图 4 - 7 碳正离子的稳定性与反应取向

在低温下，1，2-加成产物生成速率快，分解少，1，4-加成产物生成速率慢，分解也慢，主要得到1，2-加成产物；在高温下，1，2-加成产物生成速率快，但分解也大大加快，1，4-加成产物生成速率加快，分解慢，主要得到1，4-加成产物(见图4-7)。

我们把低温时反应产物的比例取决于反应速率的过程称为动力学控制的过程；把高温时反应产物的比例取决于产物稳定性的过程称为热力学控制的过程。

4.4.2 双烯合成

共轭二烯烃及其衍生物与含有碳碳双键、碳碳三键的化合物可以进行1，4-加成，生成环状化合物，这个反应称为双烯合成(diene synthesis)，又称狄尔斯-阿尔德(Diels-Alder)反应，如

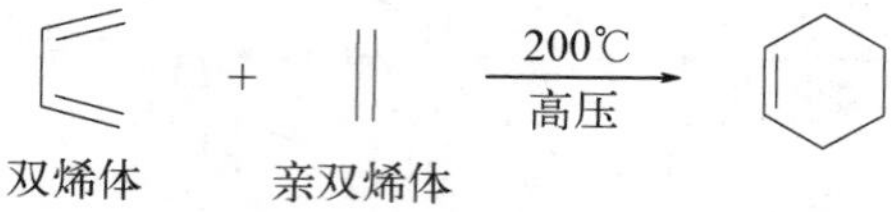

200℃ 高压

双烯体 亲双烯体

在双烯合成中，我们把共轭二烯称为双烯体，与其反应的不饱和化合物称为亲双烯体。双烯合成反应是可逆反应，正向成环反应的温度较低，逆向开环反应则需要较高的温度。

共轭二烯必须以s-顺式构象来参与反应，如

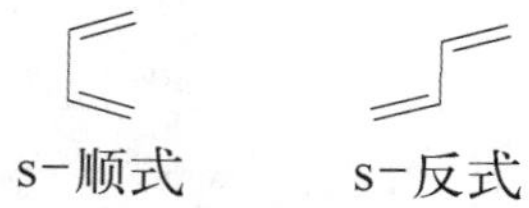

s-顺式 s-反式

如果二烯的构型固定为s-反式，则不能进行双烯合成，如

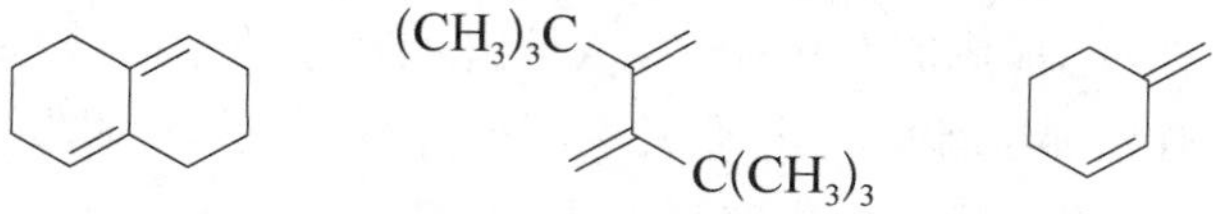

$(CH_3)_3C$ $C(CH_3)_3$

由于2，3-二叔丁基-1，3-丁二烯的两个叔丁基体积很大，空间位阻使其不能形成s-顺式构象，因此不能进行双烯合成。

如果双烯体上连有推电子基和亲双烯体的不饱和键上连有吸电子基(如—CHO、—COR、—COOR、—CN、—NO_2)时反应容易进行，如

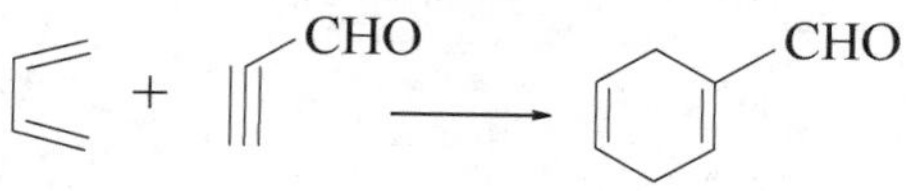

CHO CHO

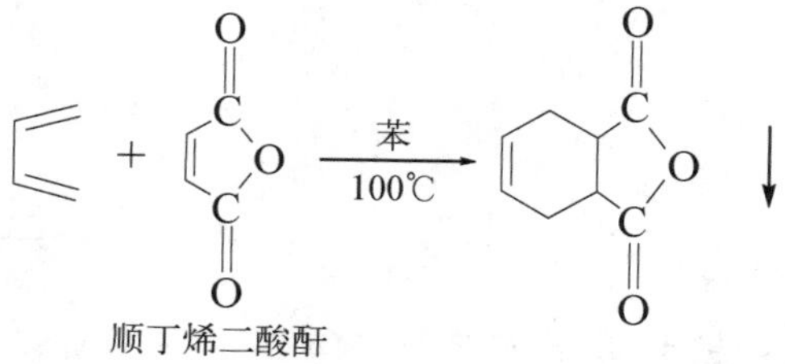

O C O C O 苯 100℃ C O C O

顺丁烯二酸酐

共轭二烯烃可与顺丁烯二酸酐反应生成结晶固体，因此可用顺丁烯二酸酐来鉴别共轭二烯烃。

共轭二烯烃之间也能进行双烯合成，如

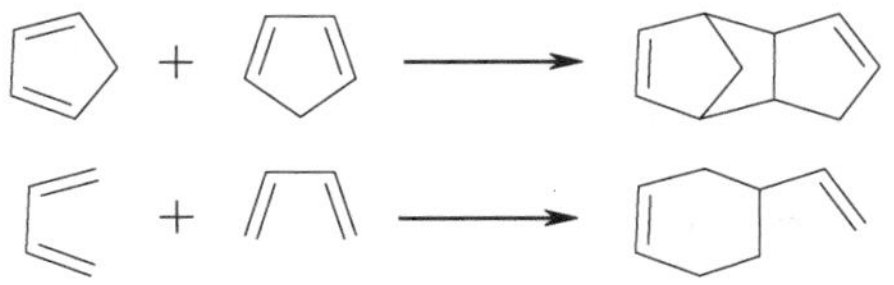

双烯体和亲双烯体都有取代基时，两个取代基处在环己烯环的1，4-位或1，2-位的产物占优势，如

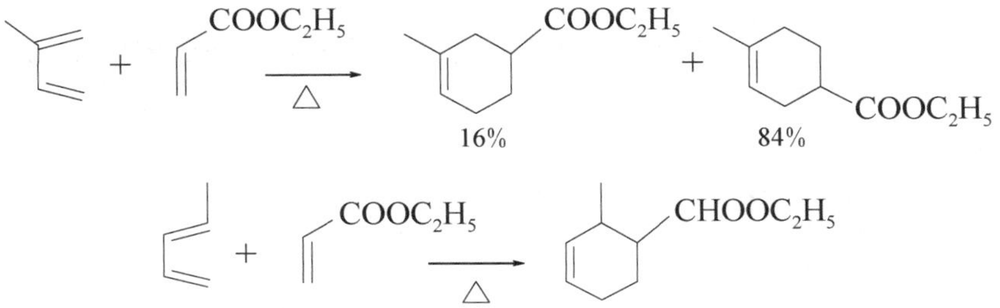

$COOC_2H_5$ $COOC_2H_5$ $COOC_2H_5$

△

16% 84%

$COOC_2H_5$ $CHOOC_2H_5$

△

双烯体和亲双烯体在反应过程中原有构型保持不变，如

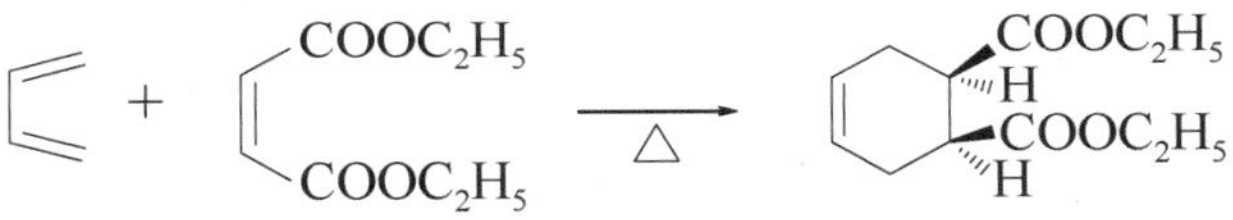

$COOC_2H_5$ $COOC_2H_5$ H $COOC_2H_5$ H $COOC_2H_5$

△

许多双烯合成反应非常容易进行，常常将两种反应物混合在一起即可发生反应，双烯合成反应不需要自由基引发剂，也不需要酸和碱的催化。经研究证明，这类反应既不是自由基反应，也不是离子型反应，而属于协同反应。其特点是新键的生成和旧键的断裂同时发生并协同进行。由于该反应中生成环状过渡态，所以这类反应又称周环反应。

4.4.3 聚合反应和合成橡胶

共轭二烯烃也容易进行聚合反应，生成相对分子质量较高的聚合物。在聚合时，与加成反应类似，可以进行1，2-加成聚合，也可以进行1，4-加成聚合。在1，4-加成聚合时，既可以顺式聚合，也可以反式聚合，分别生成相应的1，4-加成聚合物。同时，共轭二烯烃不仅可以自身聚合，也可以与其他化合物发生共聚合，例如1，3-丁二烯的聚合

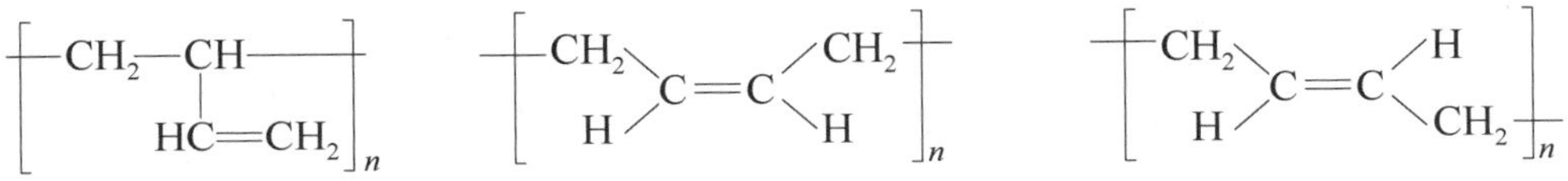

$$\left[\!\!-CH_2-\underset{\underset{HC=CH_2}{|}}{CH}-\!\!\right]_n$$

1,2-加成聚合物

$$\left[\!\!-CH_2-CH=CH-CH_2-\!\!\right]_n\ (\text{cis: } C(H)=C(H))$$

顺-1,4-加成聚合物

$$\left[\!\!-CH_2-CH=CH-CH_2-\!\!\right]_n\ (\text{trans})$$

反-1,4-加成聚合物

共轭二烯烃的聚合反应是制备合成橡胶的基本反应，很多合成橡胶是1，3-丁二烯或2-甲基-1，3-丁二烯(异戊二烯)及其衍生物的聚合物，或与其他化合物的共聚物，即

$$nH_2C{=}CH-CH{=}CH_2 \xrightarrow{TiCl_4/AlEt_3} \left[\begin{matrix} -CH_2 & & CH_2- \\ & C{=}C & \\ H & & H \end{matrix}\right]_n$$

顺-1,4-聚丁二烯
顺丁橡胶

$$nH_2C{=}\overset{\overset{\large CH_3}{|}}{C}CH{=}CH_2 \xrightarrow{TiCl_4/AlEt_3} \left[\begin{matrix} -CH_2 & & CH_2- \\ & C{=}C & \\ H_3C & & H \end{matrix}\right]_n$$

顺-1,4-聚异戊二烯
异戊橡胶

异戊橡胶因其结构和性质均与天然橡胶相似，被称为合成天然橡胶。

橡胶是一类在很宽的温度范围内具有弹性的高分子化合物，分为天然橡胶和合成橡胶两大类。天然橡胶可以认为是相对分子质量不等的异戊二烯的高相对分子质量的混合物，其橡胶烃(聚异戊二烯)含量在90%以上，还含有少量的蛋白质、脂肪酸、糖分及灰分等。它主要来自橡树，因受自然条件的影响，产量有限。

$$nH_2C{=}\overset{\overset{\large CH_3}{|}}{C}-CH{=}CH_2 \underset{裂解}{\overset{聚合}{\rightleftharpoons}} \left[CH_2-\underset{\underset{\large CH_3}{|}}{C}{=}CH-CH_2\right]_n$$

异戊二烯　　　　天然橡胶

合成橡胶的出现不但能弥补天然橡胶在数量上的不足，而且不同的合成橡胶有不同的特殊性能。

$$nH_2C{=}CHCH{=}CH_2 + n\,C_6H_5CH{=}CH_2 \xrightarrow{过氧化物} \left[CH_2-CH{=}CHCH_2-\underset{\underset{\large C_6H_5}{|}}{CH}-CH_2\right]_n$$

丁苯橡胶

丁苯橡胶具有良好的耐老化性，耐油性，耐热性和耐磨性等。主要用于制备轮胎和其他工业制品，是目前世界上产量最大的合成橡胶。

$$nH_2C{=}CH\underset{\underset{\large Cl}{|}}{C}{=}CH_2 \xrightarrow{聚合} \left[CH_2-CH{=}\underset{\underset{\large Cl}{|}}{C}-CH_2\right]_n$$

氯丁橡胶

氯丁橡胶的耐老化性、耐油性和化学稳定性也比天然橡胶好。

$$nH_2C{=}CHCH{=}CH_2 + n\underset{\underset{\large CN}{|}}{HC}{=}CH_2 \longrightarrow \left[CH_2-CH{=}CHCH_2-\underset{\underset{\large CN}{|}}{CH}-CH_2\right]_n$$

丙烯腈　　　　丁腈橡胶

丁腈橡胶的耐油性能优于天然橡胶。

橡胶是工农业生产、交通运输、国防建设和日常生活不可缺少的物质。但不论是天然橡胶还是合成橡胶，都是线型高分子化合物，均需在加热下用硫磺或其他物质处理，使之进行交联，这个过程称为硫化(即把一个或更多的硫原子接在聚合物链上形成桥状结构，形成三维网状结构，从而使其性能大大改善，尤其是橡胶的定伸应力、弹性、硬度、拉伸强度等一系列物理机械性能都会大大提高)。天然橡胶和合成橡胶都必须经硫化处理才能使用。

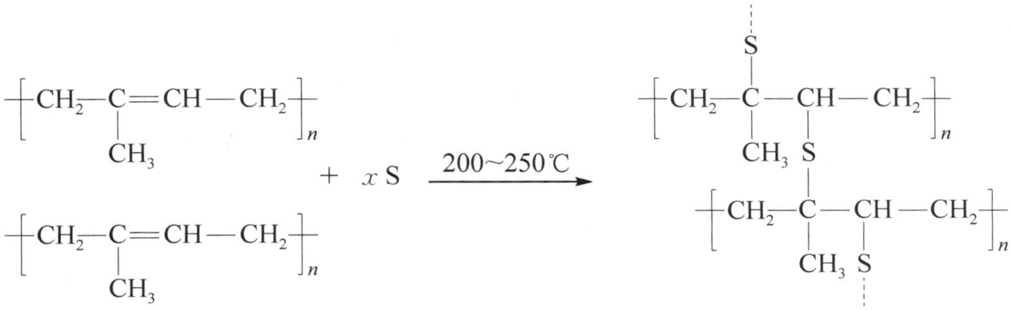

$$2\ \left[CH_2-\underset{CH_3}{\underset{|}{C}}=CH-CH_2 \right]_n + x\,S \xrightarrow{200\sim250℃} \left[CH_2-\underset{CH_3}{\underset{|}{\overset{\overset{\vdots}{S}}{\overset{|}{C}}}}-\underset{S}{\underset{|}{CH}}-CH_2 \right]_n \ \ \left[CH_2-\underset{CH_3}{\underset{|}{C}}-\underset{\underset{\vdots}{S}}{\underset{|}{CH}}-CH_2 \right]_n$$

天然橡胶　　　　橡胶制品中的橡胶结构

硫化后的橡胶性质获得改善，增强了弹性、硬度、机械强度，提高了耐热性和抗老化能力。

4.5 离域体系的共振论表述法

4.5.1 共振论的基本概念

电子的离域现象也可以用共振论的方法进行描述。共振论是美国化学家鲍林于1931—1933年提出来的。共振论以经典结构式为基础，是价键理论的延伸和发展。其基本观点是：当一个分子、离子或自由基不能用一个经典结构式表示时，可以用几个经典结构式的杂化和叠加来表述。叠加又称共振。每种可能的经典结构式称为极限结构(或正则结构或共振结构)，经典结构的叠加或共振形成的杂化体称为共振杂化体。任何一个极限结构都不能完全正确地代表真实分子，只有共振杂化体才能更确切地反映一个分子、离子或自由基的真实结构，例如，1,3-丁二烯是下列极限结构Ⅰ、Ⅱ、Ⅲ等的共振杂化体：

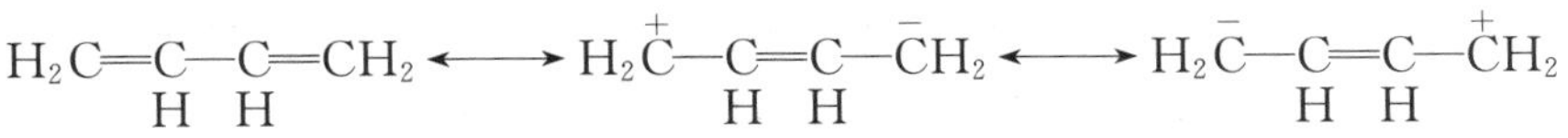

$$\underset{\text{Ⅰ}}{H_2C=\underset{H}{C}-\underset{H}{C}=CH_2} \longleftrightarrow \underset{\text{Ⅱ}}{H_2\overset{+}{C}-\underset{H}{C}=\underset{H}{C}-\overset{-}{C}H_2} \longleftrightarrow \underset{\text{Ⅲ}}{H_2\overset{-}{C}-\underset{H}{C}=\underset{H}{C}-\overset{+}{C}H_2}$$

为了表示极限结构之间的共振，采用双箭头↔表示。要注意，共振杂化体是单一物，它只有一种结构，而不是几个极限式的混合物。

4.5.2 书写极限结构式的基本原则

书写极限结构式有如下基本原则：

(1) 不同极限结构式中原子的排列完全相同，不同的仅是电子(一般是 π 电子或未共用电子对)的排布，例如

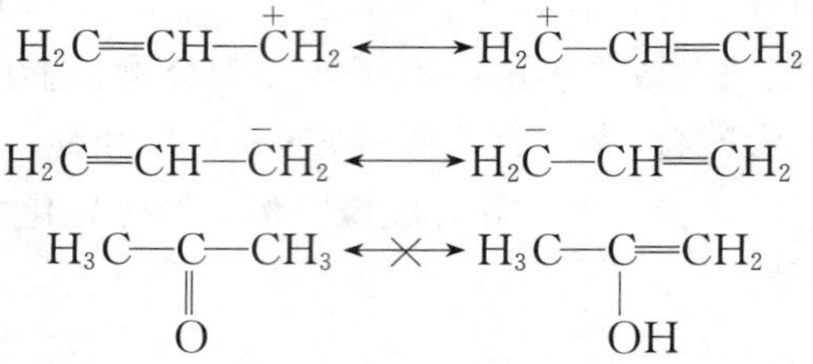

$$H_2C{=}CH{-}\overset{+}{C}H_2 \longleftrightarrow H_2\overset{+}{C}{-}CH{=}CH_2 \qquad \text{I}$$

$$H_2C{=}CH{-}\overset{-}{C}H_2 \longleftrightarrow H_2\overset{-}{C}{-}CH{=}CH_2 \qquad \text{II}$$

$$H_3C{-}\underset{\underset{O}{\|}}{C}{-}CH_3 \not\longleftrightarrow H_3C{-}\underset{\underset{OH}{|}}{C}{=}CH_2 \qquad \text{III}$$

Ⅲ中原子的排列发生了改变，不能成为共振杂化体。

(2) 不同极限结构式中成对的电子或未成对的电子数应保持一致，如

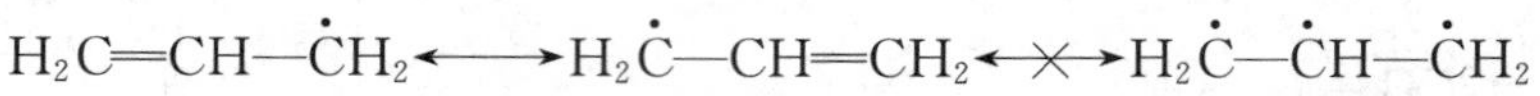

$$\underset{\text{I}}{H_2C{=}CH{-}\dot{C}H_2} \longleftrightarrow \underset{\text{II}}{H_2\dot{C}{-}CH{=}CH_2} \not\longleftrightarrow \underset{\text{III}}{H_2\dot{C}{-}\dot{C}H{-}\dot{C}H_2}$$

Ⅰ、Ⅱ中均有一个单电子和一对成对电子，为共振式。Ⅲ中有三个单电子，没有成对电子，不是共振式。

(3) 极限结构式要符合价键结构理论和路易斯结构理论的要求。如碳原子不能高于 4 价；第二周期元素最外层不能超过 8 个电子，如

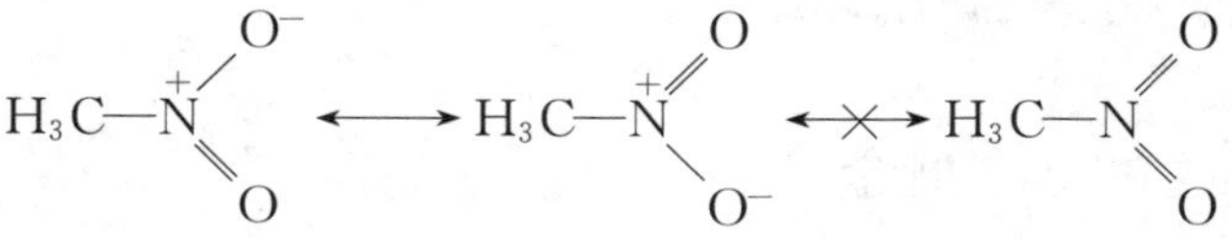

$$\underset{\text{I}}{H_3C{-}\overset{+}{N}\begin{matrix}\diagup O^- \\ \diagdown\!\!\diagdown O\end{matrix}} \longleftrightarrow \underset{\text{II}}{H_3C{-}\overset{+}{N}\begin{matrix}\diagup\!\!\diagup O \\ \diagdown O^-\end{matrix}} \not\longleftrightarrow \underset{\text{III}}{H_3C{-}N\begin{matrix}\diagup\!\!\diagup O \\ \diagdown\!\!\diagdown O\end{matrix}}$$

(Ⅲ)中氮原子的最外层超过了 8 个电子。

中性分子也可以表示为电荷分离式，但电子的转移要与原子的电负性吻合，如

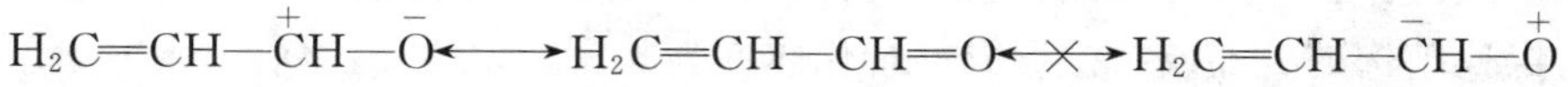

$$\underset{\text{I}}{H_2C{=}CH{-}\overset{+}{C}H{-}\overset{-}{O}} \longleftrightarrow \underset{\text{II}}{H_2C{=}CH{-}CH{=}O} \not\longleftrightarrow \underset{\text{III}}{H_2C{=}CH{-}\overset{-}{C}H{-}\overset{+}{O}}$$

(Ⅲ)中电子的转移不符合电负性规则。

共振杂化体比任何一个极限结构式都要稳定，不同的极限结构式的能量也不同。我们把共振杂化体与能量最低极限结构式的能量之差称为共振能。

对于一个真实分子，并不是所有极限结构对共振杂化体的贡献都是一样的，其中，能量低的极限结构更稳定，对共振杂化体的贡献大，能量高稳定性较小的极限结构对共振杂化体的贡献小。

4.5.3 极限结构式对共振杂化体的贡献大小

极限结构式对共振杂化体的贡献大小如下：

(1) 共价键数目相等的极限结构，对共振杂化体的贡献相同，例如

$$\underset{\text{I}}{H_2C{=}CH\dot{C}H_2} \longleftrightarrow \underset{\text{II}}{H_2\dot{C}{-}CH{=}CH_2} \qquad \underset{\text{I}}{H{-}C(O^-){=}O} \longleftrightarrow \underset{\text{II}}{H{-}C(=O){-}O^-}$$

(2) 共价键多的极限结构比共价键少的极限结构能量低，更稳定，对共振杂化体的贡献大，例如

$$\underset{\text{I}}{H_2C{=}CH{\cdot}CH{=}CH_2} \longleftrightarrow \underset{\text{II}}{H_2\overset{+}{C}{-}CH{=}CH\overset{-}{C}H_2} \longleftrightarrow \underset{\text{III}}{H_2\overset{-}{C}{-}CH{=}CH{-}\overset{+}{C}H_2}$$

对共振杂化体的贡献Ⅰ＞Ⅱ＝Ⅲ。

(3) 没有电荷分离的极限结构比含有电荷分离的极限结构贡献大。不遵守电负性原则的电荷分离的极限结构通常是不稳定的，对共振杂化体的贡献很小，一般可以忽略不计，例如

$$\underset{\text{I}}{H_2C{=}CH{-}Cl} \longleftrightarrow \underset{\text{II}}{H_2\overset{-}{C}{-}CH{=}\overset{+}{Cl}}$$

对共振杂化体的贡献Ⅰ＞Ⅱ。

$$\underset{\text{I}}{H_2C{=}CH{-}CH{=}O} \longleftrightarrow \underset{\text{II}}{H_2C{=}CH{-}\overset{+}{C}H{-}\overset{-}{O}} \longleftrightarrow \underset{\text{III}}{H_2\overset{+}{C}{-}CH{=}CH{-}\overset{-}{O}}$$

对共振杂化体的贡献Ⅰ＞Ⅱ＞Ⅲ。

(4) 键角和键长变形较大的极限结构对共振杂化体的贡献很小，一般可以忽略不计，如

Ⅰ　⟷　Ⅱ　⟷　Ⅲ　⟷　Ⅴ　⟷　Ⅳ

对共振杂化体的贡献为Ⅰ＞Ⅱ＞Ⅲ＝Ⅳ＝Ⅴ，其中Ⅲ、Ⅳ、Ⅴ贡献很小。

一个分子写出的极限结构式越多，分子体系的能量就越低，分子也越稳定。

4.5.4　共振论的局限性

由于共振论在经典结构的基础上又引入一些硬性的规定（如共振论所说的极限结构式是不存在的），因而其应用具有一定的局限性。

例如根据共振论，由于下列共振的存在，环丁二烯和环辛四烯应该很稳定：

实际上这些化合物非常活泼、极不稳定。

4.6 重要的共轭二烯烃

1. 1,3-丁二烯

1,3-丁二烯为无色、有特殊气味、有麻醉性、具有微弱芳香气味的无色气体，易液化。可溶于醇和醚，也可溶于丙酮、苯、二氯乙烷、醋酸戊酯和糠醛、醋酸铜氨溶液中。不溶于水。

1,3-丁二烯是制造生产合成橡胶（丁苯橡胶、顺丁橡胶、丁腈橡胶、氯丁橡胶）、合成树脂（如ABS树脂、SBS树脂、BS树脂、MBS树脂）、尼龙等的原料，也是重要的基础化工原料。丁二烯在精细化学品生产中也有很多用处。

丁二烯的生产方法有丁烯催化脱氢法、丁烷催化脱氢法、丁烯氧化脱氢法和乙烯副产C4馏分分离法。其中以C4馏分分离生产丁二烯的方法最为经济，这种方法价格低廉，经济上占优势，是目前世界上丁二烯的主要生产方法。

2. 异戊二烯

异戊二烯又称2-甲基-1,3-丁二烯，为无色刺激性液体。其熔点为−120℃，沸点为34℃。不溶于水，溶于苯，易溶于乙醇和乙醚。

异戊二烯的生产方法主要有异戊烷脱氢法、C5馏分分离法和化学合成法。

异戊二烯是合成橡胶的重要单体，其用量占异戊二烯总产量的95%，主要用于合成异戊橡胶，其产量仅次于丁苯橡胶和顺丁橡胶而居合成橡胶的第三位。其也是用作合成丁基橡胶的一种共聚单体，以改进丁基橡胶的硫化性能。此外异戊二烯还用于合成树脂、液体聚异戊二烯橡胶等，还用于制造农药、医药、香料等。

习　题

4-1 用系统命名法命名下列化合物：

(1) 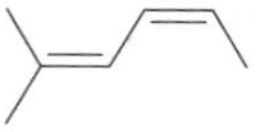　　(2) 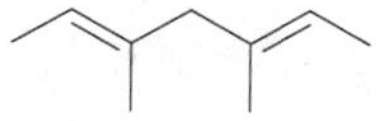　　(3) 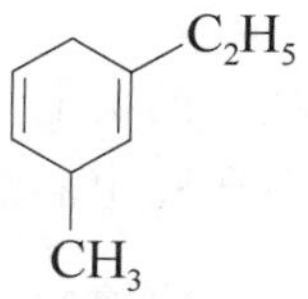 C_2H_5 CH_3

(4) 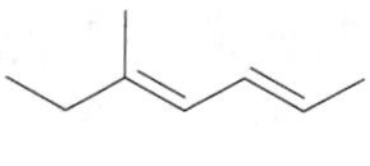　　(5) 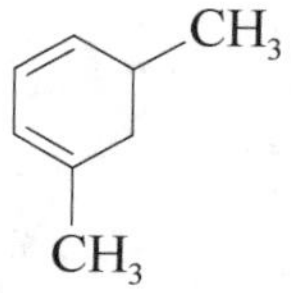 CH_3 CH_3　　(6)

4-2 画出下列化合物的结构：

(1) 2-甲基-1,3-戊二烯　　(2) (2Z,4E)-2,4-庚二烯

(3) 2-甲基-1,3-环己二烯　　(4) (2E,5E)-3,5-二甲基-2,5-庚二烯

4-3 按要求完成下列反应：

(1) $CH_2{=}CH{-}CH{=}CH_2 \xrightarrow{HBr}$?

(2) $CH_2{=}C(CH_3){-}CH{=}CH_2 \xrightarrow{HBr}$?

(3) $H_3C{-}CH{=}CH{-}CH{=}CH_2 \xrightarrow{HBr}$?

(4) $2HC{\equiv}CH \xrightarrow[NH_4Cl]{Cu_2Cl_2}$? $\xrightarrow[Pd/BaSO_4\ 喹啉]{H_2}$? $\xrightarrow[\triangle]{HC{\equiv}CH}$?

(5) 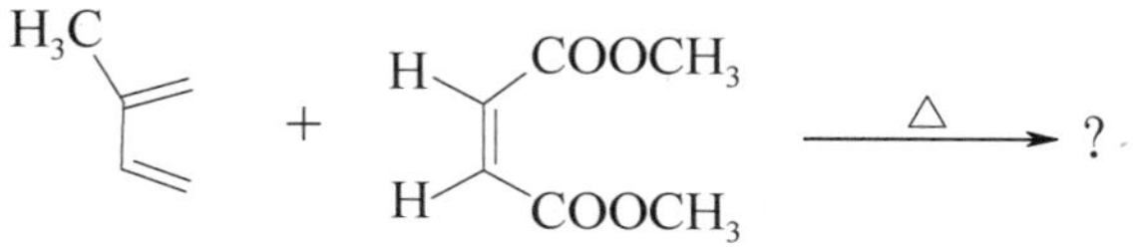 H_3C（异戊二烯） + H(COOCH$_3$)C=C(COOCH$_3$)H $\xrightarrow{\triangle}$?

(6) 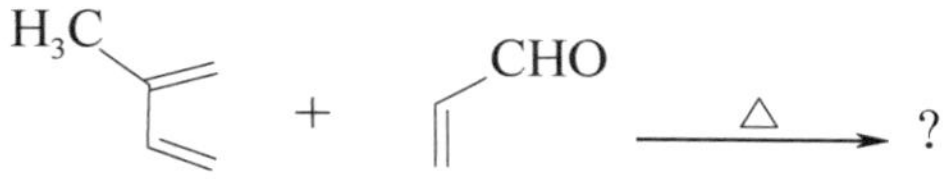 H_3C（异戊二烯） + CHO（丙烯醛） $\xrightarrow{\triangle}$?

(7) 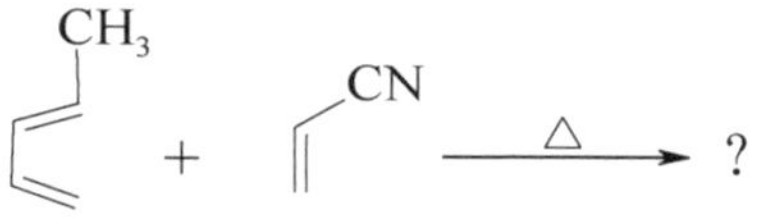 CH_3（1,3-戊二烯） + CN（丙烯腈） $\xrightarrow{\triangle}$?

(8) 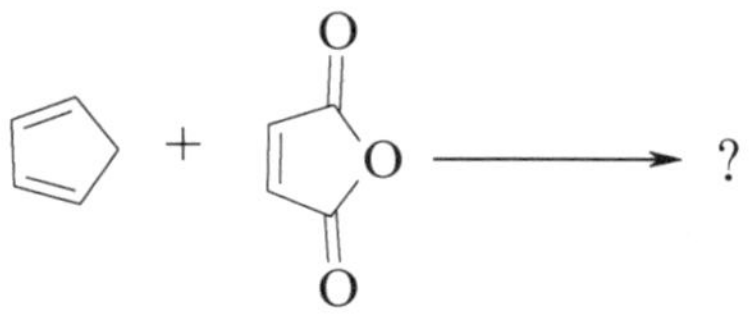 环戊二烯 + 顺丁烯二酸酐（O, O, O） $\longrightarrow$?

4-4 用简单的化学方法鉴别下列化合物：

(1) 1-己烯、2-己烯、1,3-己二烯、1-己炔

(2) 1,3-庚二烯、1,5-庚二烯、3-庚烯

(3) 环己烯、丙基环丙烷、1,3-环己二烯、环己烷

4-5 解释下列实验事实：

利用共轭效应解释异戊二烯与1 mol的HCl加成，为什么3-甲基-1-氯-2-丁烯为主要产物，3-甲基-3-氯-1-丁烯为次要产物，而2-甲基-3-氯-1-丁烯和2-甲基-1-氯-2-丁烯却很少？

4-6 以乙炔为原料合成下列化合物：

(1) 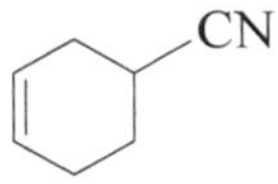 CN（环己烯基甲腈）　(2) 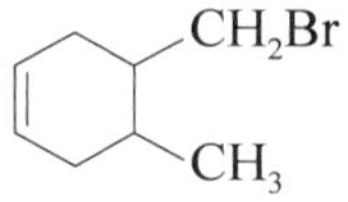 CH_2Br, CH_3（环己烯衍生物）　(3) Cl, Cl（环己烯衍生物）

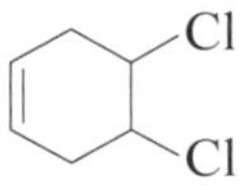

4-7 推测结构

(1) 某化合物 A($C_{11}H_{20}$),催化加氢可吸收两分子的氢,经高锰酸钾的酸性溶液氧化,得到下列三个化合物:

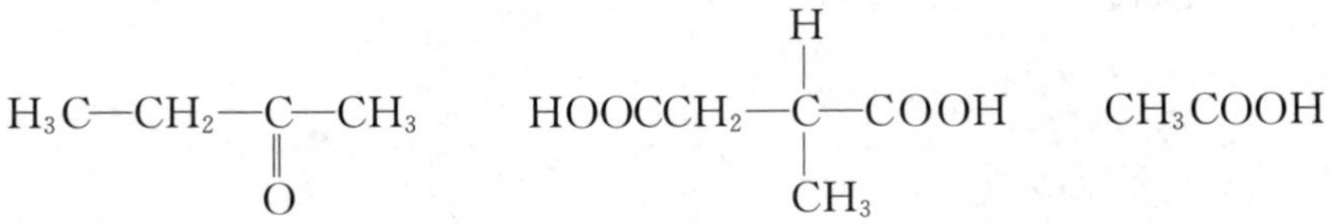

$$H_3C-CH_2-\underset{\substack{\| \\ O}}{C}-CH_3 \qquad HOOCCH_2-\underset{\substack{| \\ CH_3}}{\overset{\substack{H \\ |}}{C}}-COOH \qquad CH_3COOH$$

写出 A 所有可能的结构式。

(2) 某聚合物经高锰酸钾的酸性溶液氧化,得到 $HOOC-CH_2-CH_2-\underset{\substack{\| \\ O}}{C}-CH_3$ 试写出原聚合物的结构式,它是由什么单体聚合成的?

第5章　芳　　烃

芳香族化合物最初主要是指一类从天然植物树胶和香精油等中提取得到的具有芳香气味的物质，它们大多含有苯环结构。后来人们发现，很多含有苯环结构的化合物并不具有芳香气味，因此，芳香这个词已经失去原有的意义，只是由于习惯沿用至今。在现代有机化合物中，芳香性更多用来描述这类芳香族化合物所具有独特的化学性质。因此，芳香族化合物现代的概念是基于它们的结构和性质来进行定义的。

5.1　芳烃的分类和命名

5.1.1　芳烃的分类

芳烃根据所含苯环可以分为两类，即含苯环的芳烃和非苯环芳烃。其中，含苯环芳烃又根据所含苯环数目分为单环芳烃和多环芳烃。

1. 单环芳烃

单环芳烃即含有一个苯环的芳烃，例如

苯　　甲苯　　二甲苯（PX）　　均三甲苯

2. 多环芳烃

多环芳烃是含有两个或两个以上苯环的芳烃，例如

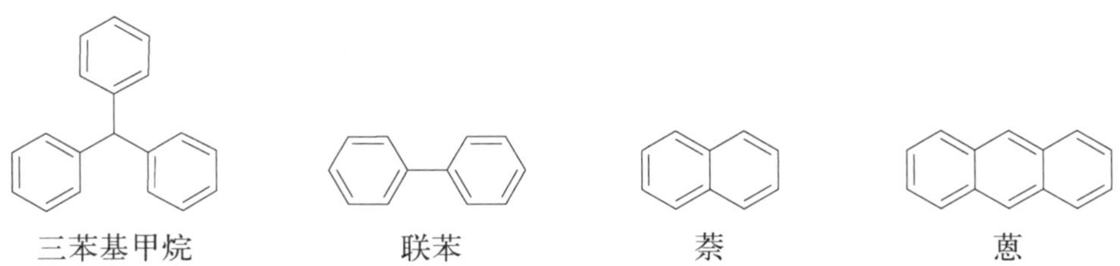

三苯基甲烷　　联苯　　萘　　蒽

3. 非苯芳烃

非苯芳烃中不含苯环，但具有芳香性的烃类化合物，例如

环戊二烯负离子　环庚三烯正离子　薁

5.1.2 芳烃的命名

结构比较简单的单取代苯的命名是以苯环作为母体，烷基等作为取代基，称为某烷基苯，例如

甲苯　乙苯　异丙苯

若不考虑侧链上的异构，由于苯环结构具有高度的对称性，苯的一元衍生物只有一种。而取代基相同的二取代苯则有三种异构体，通常用邻(o-)、间(m-)、对(p-)加以区分，例如

邻二甲苯　间二甲苯　对二甲苯

同理，取代基相同的三取代苯也有三个异构体，用连、偏、均来分别标注，例如

连二甲苯　偏二甲苯　均二甲苯

当苯环上连接多个取代基时，烷基名称的排列顺序应符合最低系列原则，同时应按照“次序规则”，优先基团后列出，并使较简单的基团位次尽量较小，例如

1,4-二甲基-2-乙基苯　1-甲基-3-环己基-5-叔丁基苯

当苯环上连接有复杂烃基或不饱和烃基时，可以将苯环视作取代基，将侧链作为母体来进行命名。苯分子上去掉一个氢原子后剩余的部分称为苯基(phenyl)，用 Ph-表示；芳烃分子的芳环上去掉一个氢原子后剩余的部分称为芳基(aryl)，用 Ar-表示，例如

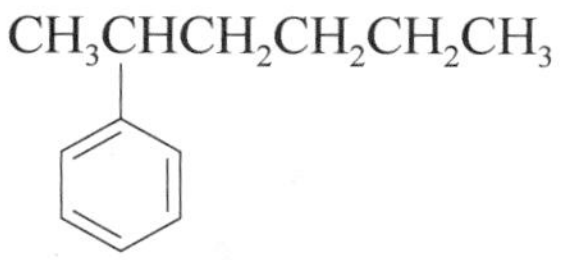

2-苯基己烷 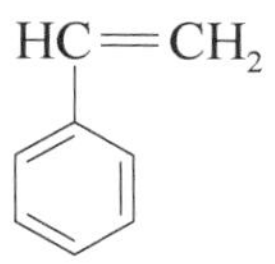　　苯(基)乙烯 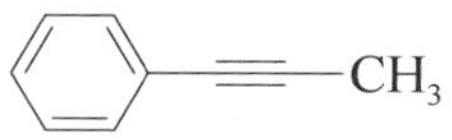　　1-苯基丙-1-炔

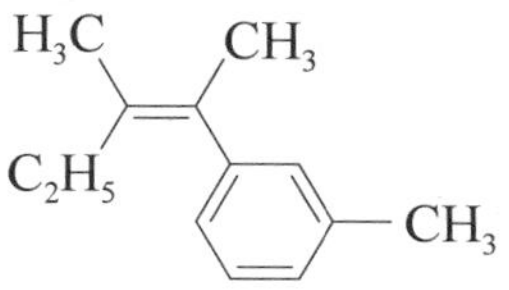

(Z)-1,2-二甲基-1-(3-甲基苯基)丁-1-烯 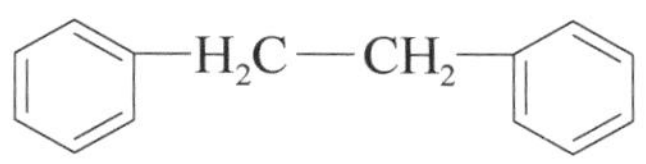　　1,2-二苯基乙烷

5.2 苯的结构

最简单的芳烃就是苯。苯及其同系物的通式为 C_nH_{2n-6}。在苯分子中，碳氢原子比为1∶1。虽然与炔烃的碳氢比一致，但是明显与炔烃的不饱和化学性质不同。苯在一般情况下不使溴水或高锰酸钾溶液褪色，即经典的亲电加成和氧化反应很难发生。相反，苯却容易进行取代反应。苯的一元取代物只有一种，这说明苯具有高度环对称的结构。此外，苯的氢化热很低，也说明苯的稳定性很好。

近代物理方法证实，苯分子的六个碳原子和六个氢原子都在一个平面上，其碳碳键均为0.140 nm，各键夹角为120°，相连形成正六边形，即

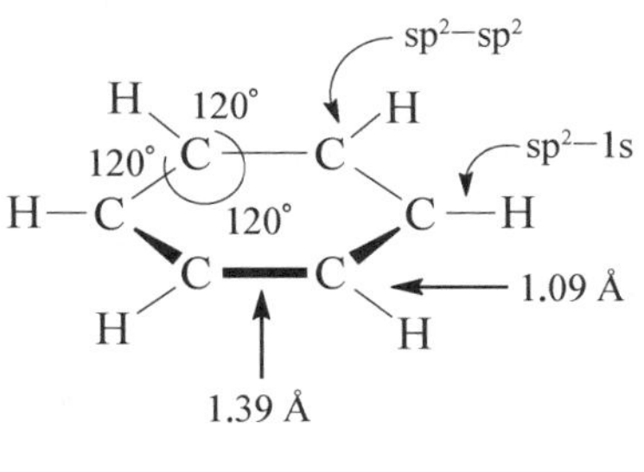

5.2.1 价键理论

价键理论认为，构成苯分子的碳原子均采用 sp^2 杂化轨道，共处同一个平面。三个等价的 sp^2 轨道分别与相邻碳原子、一个氢原子的轨道交盖、重叠，形成三根“头碰头”的 σ 键。同时，碳上剩余未参与杂化的 p 轨道与其他碳原子剩余的 p 轨道均垂直于苯分子平面，以“肩

并肩"的形式形成闭合的大π键(见图5-1)。这样,电子填充在π轨道上,构成两个环状电子云,分别处在苯环的上方和下方。由于π轨道上的电子能够高度离域,使π电子完全平均化,因此整体能量降低,苯分子变得稳定。

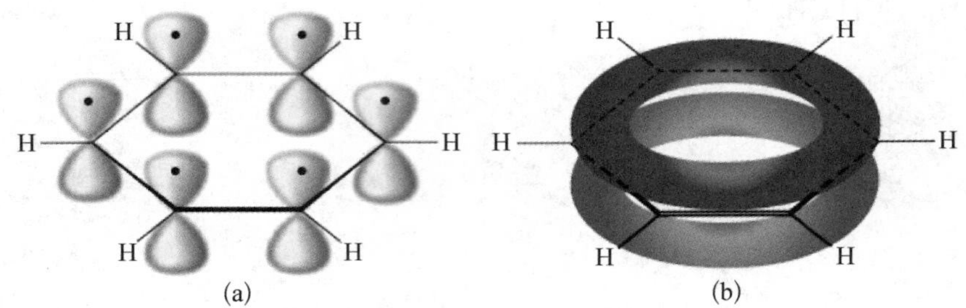

图 5-1　苯分子的轨道模型和电子云

(a) 轨道模型;(b) 电子云

苯分子是对称的,这种结构不能用经典的价键结构式来描述,但通常还是采用凯库勒结构式( )来进行表示。

5.2.2　苯的共振结构

共振理论认为,苯的结构是由多个共振杂化体的集合,其中两个极限结构式Ⅰ和Ⅱ的贡献最大。这两个结构是能量很低、稳定性等同的极限结构,它们之间共振引起的稳定作用很大。而其他形式的极限结构能量高,对体系能量降低贡献小。

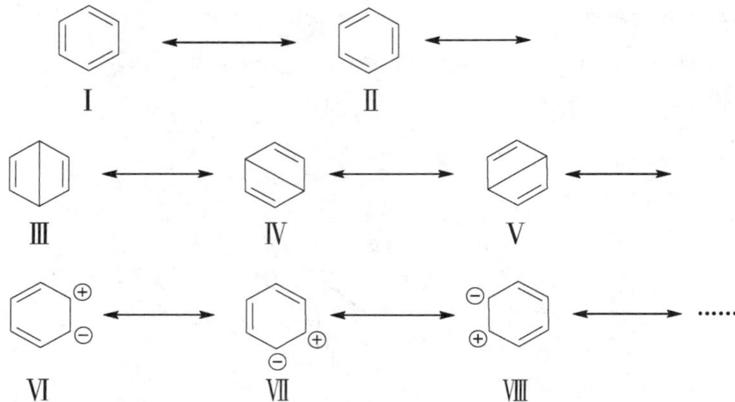

由于共振,苯分子中的碳碳键既不是双键,也不是单键,而是介于两者之间,六个碳碳键等价。

5.3　芳烃的物理性质

苯及其同系物多为无色且有特殊香味的液体,大多数密度小于水,但比相应的脂肪烃要大一些。和其他烃类似，芳烃可溶于非极性有机溶剂。如表 5-1 所示为一些常见芳香烃的物理性质。

表 5-1 一些常见的芳香烃的物理性质

名 称	熔点/℃	沸点/℃	相对密度 d_n^{20}	名 称	熔点/℃	沸点/℃	相对密度 d_n^{20}
苯	5.5	80.1	0.879	对二甲苯	13.2	138.4	0.861
甲 苯	−95	110.6	0.866	连三甲苯	−25.5	176.1	0.894
乙 苯	−95	136.1	0.867	偏三甲苯	−43.9	169.2	0.876
丙 苯	−99.6	159.3	0.862	均三甲苯	−44.7	164.6	0.865
异丙苯	−96	152.4	0.862	萘	80.3	218.0	1.162
邻二甲苯	−25.2	144.4	0.880	蒽	2.7	354.1	1.147
间二甲苯	−47.9	139.1	0.864	菲	101.1	340.2	1.179

单环芳烃的沸点与相对分子质量有关，含有相同原子数的各种同分异构体的沸点差别不大；每增加一个 CH_2，沸点相应约升高 30℃。在二取代苯的三种异构体中，芳烃的熔点除了与相对分子质量有关外，还与分子的对称性有关。例如对称性好的对位异构体，由于分子能够更好地嵌入晶格中，在熔解过程则需要克服较大的晶格能，因此熔点要比其他两个异构体高。利用这一点性质，可以通过冷冻结晶，将其从邻、间位异构体中分离出来。

5.4 芳烃的化学性质

由于苯环是一个稳定的共轭体系，尽管苯及其同系物都是高度不饱和的化合物，因此其化学性质与不饱和烃有着明显不同。从苯环的电子云分布来看，富含电子的电子云暴露在苯环上下两面，易受到缺电子的亲电试剂进攻。加成的方式会导致闭合的大 π 键共轭体系破坏，不再保持原有的稳定性，因而加成反应很难发生；相反，苯环上的氢原子被取代后，仍可以继续保持闭合的共轭体系，因而单环芳烃倾向取代反应。

5.4.1 芳环的亲电取代反应

亲电试剂进攻分子中带有负电荷或部分负电荷的原子或基团从而发生的取代过程，称为亲电取代反应。苯环上的取代反应是亲电取代反应，即反应中苯环的 π 电子提供电子给缺电子的亲电试剂。苯环典型的亲电取代反应有卤代、磺化、硝化以及弗里德-克拉夫茨(Friedel-Crafts)烷基化和酰基化反应。

1. 卤代反应

苯与卤素在铁粉(Fe)或三卤化铁(FeX_3)的催化下，加热发生反应，苯环上的氢原子被卤素原子取代，生成相应的卤代苯，并放出卤化氢，此过程称卤化反应，例如

$$C_6H_6 + Cl_2 \xrightarrow[90\%]{FeCl_3,\ 25℃} C_6H_5{-}Cl + HCl$$

对于不同的卤素，与苯环发生取代反应的活性次序为氟＞氯＞溴＞碘。其中，氟化反应很剧烈，碘化反应几乎不能进行。因此，实际氟化物和碘化物的制备通常不用此方法（参见13.9.3节）。铁粉可以代替三卤化铁（FeX_3），这是因为 Fe 与 X_2 反应生成 FeX_3，从而起催化作用。

在较强烈的条件下，卤苯可以继续与卤素作用，生成二卤苯，其中主要是邻、对位二取代产物。

$$C_6H_5Cl + Cl_2 \xrightarrow{FeCl_3,\ 60\sim65℃} o\text{-}C_6H_4Cl_2\ (39\%) + m\text{-}C_6H_4Cl_2\ (56\%) + p\text{-}C_6H_4Cl_2\ (5\%)$$

烷基苯与卤素反应也存在类似的情况。例如甲苯在与液溴-铁粉催化下反应，整个反应相对苯更容易，主要产物也是邻、对位取代产物，即

$$C_6H_5CH_3 \xrightarrow[25℃]{Br_2,\ Fe} o\text{-}CH_3C_6H_4Br\ (33\%) + p\text{-}CH_3C_6H_4Br\ (66\%) + m\text{-}CH_3C_6H_4Br\ (1\%)$$

2. 硝化反应

苯与浓硝酸和浓硫酸组成的混合物（俗称混酸）作用，苯环上的一个氢原子被硝基取代生成硝基苯，这类反应称为硝化反应，如

$$C_6H_6 \xrightarrow[75\%\sim85\%]{浓HNO_3,\ 浓H_2SO_4,\ 50\sim60℃} C_6H_5{-}NO_2 + H_2O$$

生成的硝基苯若要继续硝化，则需要提高反应温度以及混酸的浓度，并且明显比第一次硝化慢很多，产物主要是间位二硝基苯，即

$$C_6H_5NO_2 \xrightarrow[100\sim110℃]{浓HNO_3,\ 浓H_2SO_4} m\text{-}C_6H_4(NO_2)_2\ (93\%) + p\text{-}C_6H_4(NO_2)_2\ (1\%) + o\text{-}C_6H_4(NO_2)_2\ (6\%)$$

然而对于烷基苯来讲，硝化过程要比苯的硝化容易得多。例如，甲苯在低于50℃就可以硝化，所得到的主产物为邻、对位产品，即

$$\text{甲苯} \xrightarrow[30^\circ C]{\text{浓}HNO_3,\ \text{浓}H_2SO_4} \text{邻硝基甲苯 (59\%)} + \text{对硝基甲苯 (37\%)} + \text{间硝基甲苯 (4\%)}$$

3. 磺化反应

在有机化合物分子中引入磺酸基的反应称为磺化反应。苯与浓硫酸或发烟硫酸作用，苯环上的一个氢原子可以被磺酸基($—SO_3H$)取代，形成苯磺酸，即

$$C_6H_6 \underset{\triangle}{\overset{\text{浓}H_2SO_4}{\rightleftharpoons}} C_6H_5—SO_3H + H_2O$$

苯磺酸

与苯环上其他的亲电取代反应不同，磺化过程是个可逆过程。例如，苯磺酸在100～175℃时与水反应，可以实现脱出磺酸基，重新得到苯。因此，采用发烟硫酸进行磺化，有利于苯磺酸的生成。

$$C_6H_5SO_3H + H_2O \xrightarrow[100\sim175^\circ C]{\text{稀}H_2SO_4} C_6H_6$$

由于磺化的可逆性，烷基苯在磺化过程中，可以通过调控温度来实现芳环上区域位置磺基化。在0℃下反应时，甲苯的磺化产物主要为邻、对位结构，其中对位略多；而100℃下反应时，产物主要是对位结构。整体来说，间位产物比例都很小。磺化反应的可逆性及温度调节下的区域选择性，在芳香族化合物的分离提纯及合成中具有重要的意义。

磺化温度	邻位	间位	对位
0℃	43%	4%	53%
100℃	13%	8%	79%

4. 弗里德-克拉夫茨反应

在无水氯化铝($AlCl_3$)等路易斯酸催化剂的作用下，芳烃与卤代烃或酸酐、酰卤等发生反应，环上的氢原子被烷基或酰基取代，分别称为烷基化和酰基化反应，统称为弗里德-克拉夫茨反应。

1) 弗里德-克拉夫茨烷基化反应

弗里德-克拉夫茨烷基化反应通式如下：

$$Ar—H+RX \xrightleftharpoons{\text{路易斯酸}} Ar—R+HX$$

无水 $AlCl_3$ 是弗里德-克拉夫茨烷基化反应常用的高活性催化剂，此外，$FeCl_3$、$ZnCl_2$、HF、H_2SO_4 等均可作为催化剂。除了卤代烃，烯烃、环氧和醇类化合物也可作为烷基化试剂，例如

$$C_6H_6 + H_2C=CH_2 \xrightarrow{AlCl_3} C_6H_5—CH_2CH_3$$

$$C_6H_6 + \text{环氧乙烷} \xrightarrow{AlCl_3} C_6H_5—CH_2CH_2OH$$

$$C_6H_6 + (CH_3)_2CHOH \xrightarrow{AlCl_3} C_6H_5—CH(CH_3)_2$$

当所用烷基化试剂含有三个或三个以上碳原子时，常会伴随重排反应。最终经过重排得到稳定的碳正离子形态进行烷基化为最优，例如

$$C_6H_6 + CH_3CH_2CH_2Cl \xrightarrow[\triangle]{AlCl_3} C_6H_5—\underset{\underset{CH_3}{|}}{CH}CH_3 + C_6H_5—CH_2CH_2CH_3$$

64%~68%　　36%~32%

由于生成的烷基苯比苯反应活性要高，所以反应生成的烷基苯产物仍能继续烷基化，最终得到多元取代物。因此，常通过加入过量芳烃和调节反应温度来对取代形式加以控制，如

$$C_6H_6 \xrightarrow[AlCl_3,\ 0℃]{CH_3Cl} 1,2,4\text{-}C_6H_3(CH_3)_3$$

此外，弗里德-克拉夫茨烷基化是个可逆反应。利用反应的可逆性，可以实现歧化结果，即一分子烷基苯脱除烷基，另一分子苯环上增加烷基，如

$$2\,C_6H_5CH_3 \xrightarrow{AlCl_3} C_6H_4(CH_3)_2 + C_6H_6$$

(o-, m-, p-)

2）弗里德-克拉夫茨酰基化反应

常用的弗里德-克拉夫茨酰基化试剂有酰氯、酸酐，甚至羧酸，反应生成芳香酮，例如

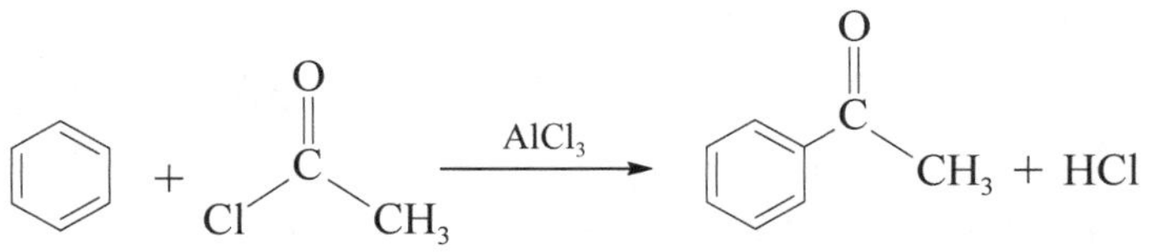

$$C_6H_6 + CH_3COCl \xrightarrow{AlCl_3} C_6H_5COCH_3 + HCl$$

乙酰氯　　　苯乙酮

与烷基化结果不同，当苯环上引入酰基后，芳烃整体亲电反应的活性降低，因此，弗里德-克拉夫茨酰基化反应不存在多元取代产物。此外，芳环上存在硝基、磺酸基、氰基等官能团时，均会产生反应致钝效果，使得弗里德-克拉夫茨酰基化，甚至烷基化不能再次进行。鉴于这点，硝基苯往往可作为弗里德-克拉夫茨反应的溶剂。另外，弗里德-克拉夫茨酰基化过程不是可逆过程。

5. 氯甲基化反应

在无水氯化锌作用下，苯与甲醛和干燥的氯化氢反应，生成氯化苄，该反应称为氯甲基化反应，也称 Blanc 氯甲基化反应，即

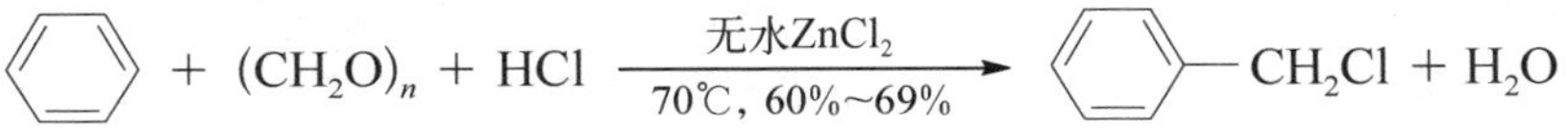

$$C_6H_6 + (CH_2O)_n + HCl \xrightarrow[70℃,\ 60\%\sim69\%]{无水ZnCl_2} C_6H_5\text{—}CH_2Cl + H_2O$$

氯化苄

氯甲基化产物氯化苄中，苄位氯原子活性非常高，可以转变成各种有用的化合物，如

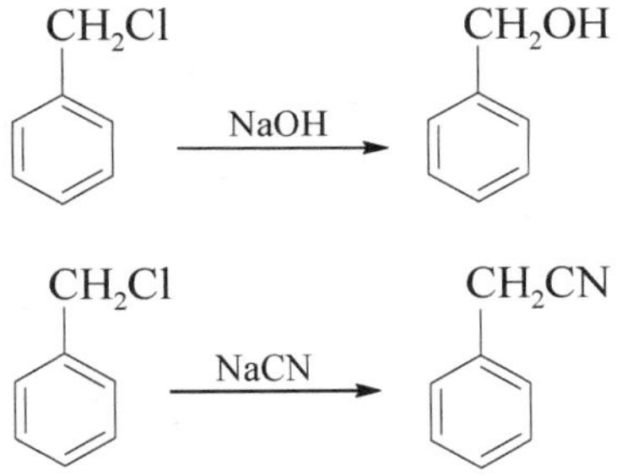

$$C_6H_5CH_2Cl \xrightarrow{NaOH} C_6H_5CH_2OH$$

$$C_6H_5CH_2Cl \xrightarrow{NaCN} C_6H_5CH_2CN$$

6. 亲电取代反应机理

苯环上亲电取代反应的启动首先由缺电子亲电试剂引起。整个亲电反应的机理如下所示：

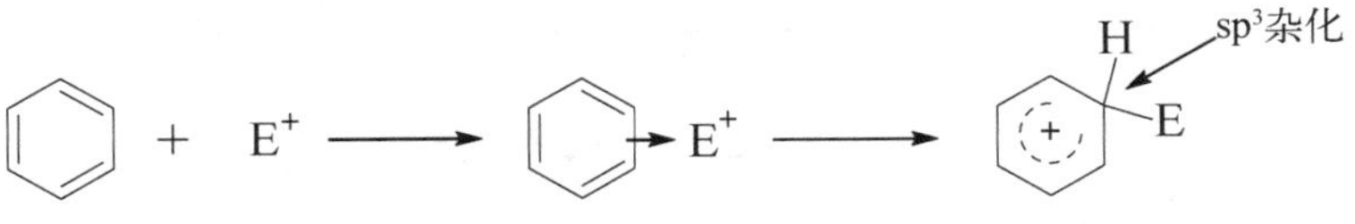

$$C_6H_6 + E^+ \longrightarrow C_6H_6\cdots E^+ \longrightarrow [C_6H_6E]^+$$

π配合物　　σ配合物

H　sp^{3}杂化　E

$$\left[\ \text{H,E}\ (+) \longleftrightarrow \text{H,E}\ (+) \longleftrightarrow \text{H,E}\ (+)\ \right] \quad \text{H,E}\ (+)$$

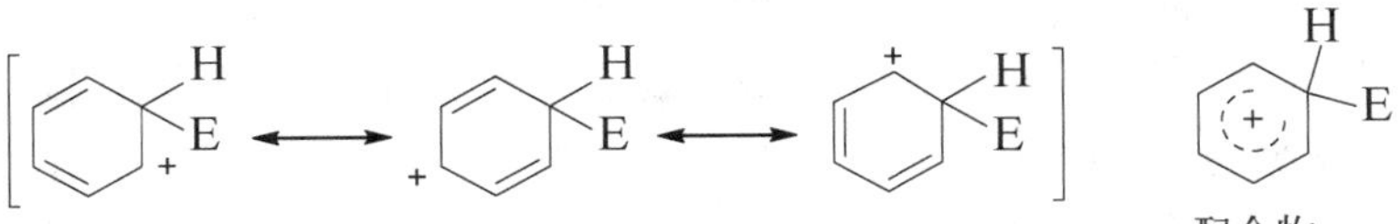

σ配合物

首先，在催化剂的作用下，亲电试剂 E^+ 进攻苯环，与苯环上的 π 电子云结合形成 π-配合物，然后再进一步形成一个不稳定的碳正离子中间体 σ-配合物，即通过苯环提供两个电子与亲电试剂 E^+ 结合形成 σ 键，相应的碳原子由 sp^2 杂化态转变成 sp^3 杂化态。

从共振论上来看，该碳正离子中间体 σ-配合物是三个碳正离子共振杂化体的集合，苯环上剩余的四个 π 电子只好分散在剩余的五个碳原子上。尽管形式上存在 p-π 共轭，但是苯环原有的闭合大 π 键体系被破坏，从而导致 σ-配合物能量比苯高，不稳定。因此，sp^3 杂化碳原子易失去一个原子，重新恢复到 sp^2 杂化态，形成新的大 π 键。相比而言，氢更容易以质子形式离去，所以反应最终得到取代产物，即

E^+ + C_6H_5–H ⟵ σ-配合物（H, E） ⟶ C_6H_5–E + H^+

苯（起始原料）　　　　取代苯（产物）

从反应进程与能量关系上来看，如图 5-2 所示，之所以生成碳正离子后不与富电子的亲核试剂 Nu^- 结合生成加成产物，是因为加成的结果会破坏芳环的大 π 键，反应所需能量高，不稳定；而失去质子形成取代产物，恢复到稳定的芳环结构所需能量低，产物较稳定，更倾向进行该反应。

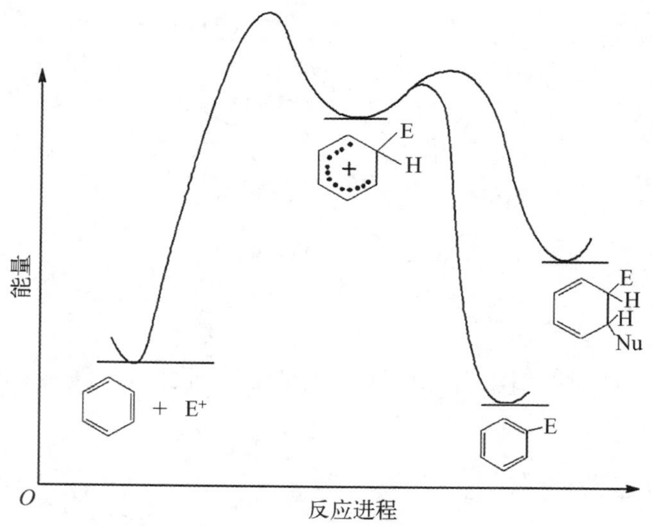

图 5-2　苯的亲电取代能量

1）卤代反应机理

首先，反应中 X_2 在催化剂 FeX_3 作用下极化而解离，产生亲电试剂卤正离子（X^+）和 FeX_4^- 部分，其中 X^+ 进而结合富电子云的苯环，形成不稳定的碳正离子 σ-配合物；随后，体系失去质子（H^+），重新形成稳定大 π 键，得到取代卤苯；同时，脱下的质子与 FeX_4^- 作用，使催化剂 FeX_3 再生。整个反应转化中，缺电子的 X^+ 正离子进攻富电子苯环是影响反应的关键步骤。

$$X_2 + FeX_3 \rightleftharpoons X^+ + FeX_4^-$$

$$X^+ + \text{C}_6\text{H}_6 \xrightleftharpoons{\text{慢}} [\text{C}_6\text{H}_6\text{X}]^+$$

$$[\text{C}_6\text{H}_6\text{X}]^+ + FeX_4^- \longrightarrow \text{C}_6\text{H}_5\text{X} + HX + FeX_3$$

2）硝化反应机理

在硝化过程中，形成的有效亲电试剂是NO_2^+ 硝酰正离子。浓硫酸在整个过程中既是催化剂，又是脱水剂。首先浓硫酸将硝酸脱去一分子水，得到亲电试剂NO_2^+ 硝酰正离子；接着，硝酰正离子进攻富电子苯环，进一步形成不稳定的碳正离子σ-配合物；随后，体系失去质子(H^+)，生成硝基苯，即

$$2H_2SO_4 + HNO_3 \rightleftharpoons NO_2^+ + H_3O^+ + 2HSO_4^-$$

$$NO_2^+ + \text{C}_6\text{H}_6 \rightleftharpoons [\text{C}_6\text{H}_6\text{NO}_2]^+ \xrightarrow{HSO_4^-} H_2SO_4 + \text{C}_6\text{H}_5\text{NO}_2$$

3）磺化反应机理

通常认为，苯环上磺化反应的亲电试剂是三氧化硫(SO_3)，由发烟硫酸提供，或者浓硫酸自身脱水形成。在三氧化硫分子(SO_3)中，硫原子最外层只有六个电子，属于缺电子状态，且氧的电负性大于硫。故磺化过程是由带部分正电荷的硫原子进攻富电子的苯环，实现亲电取代进程，即

$$2H_2SO_4 \rightleftharpoons SO_3 + HSO_4^- + H_3O^+$$

$$\text{C}_6\text{H}_6 + \overset{\delta^-}{O}=\overset{\delta^+}{S}O_2 \rightleftharpoons [\text{C}_6\text{H}_6\text{SO}_3^-]^+ \overset{HSO_4^-}{\rightleftharpoons} \text{C}_6\text{H}_5\text{SO}_3^-$$

$$\text{C}_6\text{H}_5\text{SO}_3\text{H} \xrightleftharpoons{H_3O^+} \text{C}_6\text{H}_5\text{SO}_3^-$$

4）弗里德-克拉夫茨反应机理

在弗里德-克拉夫茨烷基化反应中，进攻苯环的亲电试剂是烷基碳正离子。整个过程如

下：卤代烃在路易斯酸 $AlCl_3$ 作用下首先形成烷基正离子；然后该碳正离子进攻富电子苯环，得到不稳定的碳正离子 σ-配合物；随后分子自身脱去质子重新形成闭合芳环，进而得到苯环烷基化产物，即

$$R—Cl + AlCl_3 \longrightarrow R^+ + AlCl_4^-$$

$$C_6H_6 + R^+ \longrightarrow [C_6H_6R]^+ \xrightarrow{-H^+} C_6H_5R$$

与烷基化反应不同，在弗里德-克拉夫茨酰基化过程里，进攻苯环的亲电试剂是酰基碳正离子。整个过程如下：酰氯等在路易斯酸作用下首先形成酰基碳正离子；然后该酰基正离子进攻富电子苯环；最后脱除质子形成芳香酮型化合物，即

$$RCOCl + AlCl_3 \longrightarrow RC^+{=}O + AlCl_4^-$$

$$C_6H_6 + RC^+{=}O \longrightarrow [C_6H_6COR]^+ \xrightarrow{-H^+} C_6H_5COR$$

在弗里德-克拉夫茨酰基化过程中，其酰基碳正离子中间体比较稳定，不会发生重排。因此，与克莱门森(Clemmensen)还原反应(见 10.3.4 节)联合使用，可用来制备含有三个或三个以上碳的直链烷基取代苯。即首先通过弗里德-克拉夫茨酰基化向苯环上引入酰基直链，然后利用盐酸-锌粉将羰基还原，将芳酮转化成取代烷基芳烃，即

$$C_6H_6 + \underset{\text{丁酰氯}}{CH_3CH_2CH_2COCl} \xrightarrow[\triangle]{AlCl_3} \underset{\text{1-苯基-1-丁酮}}{C_6H_5COCH_2CH_2CH_3}$$

$$\underset{\text{1-苯基-1-丁酮}}{C_6H_5COCH_2CH_2CH_3} \xrightarrow[\text{回流, 88\%}]{\text{Zn-Hg, 浓HCl}} C_6H_5CH_2CH_2CH_2CH_3$$

5）氯甲基化反应机理

在氯甲基反应过程中，甲醛与 HCl 作用，产生有效的亲电试剂羟甲基碳正离子；接着发生类似弗里德-克拉夫茨烷基化的过程转变成苄醇；得到的苄醇再进一步与 HCl 作用，最终得到氯化苄，即

$$HCHO + HCl \xrightarrow[-ZnCl_3^-]{ZnCl_2} [H_2C{=}\overset{+}{O}H \longleftrightarrow H_2\overset{+}{C}{-}OH] \xrightarrow{C_6H_6} [C_6H_6(H)(CH_2OH)]^+ \xrightarrow{-H^+} C_6H_5CH_2OH \xrightarrow{HCl} C_6H_5CH_2Cl$$

5.4.2 芳环的氧化和还原反应

1. 氧化反应

苯在一般条件下不容易发生氧化，常见的强氧化剂如稀硝酸、$KMnO_4$、H_2CrO_4等均不能将苯环氧化。但是，在高温和五氧化二钒催化下，苯环也会被破坏，氧化成顺丁烯二酸酐，即

$$2\,C_6H_6 + 9O_2(\text{空气}) \xrightarrow[70\%]{V_2O_5,\ 400\sim500℃} 2\,C_4H_2O_3 + 4CO_2 + 4H_2O$$

顺丁烯二酸酐
(马来酸酐)

顺丁烯二酸酐也称马来酸酐或顺酐，是重要的有机化工中间体，工业上用于生产不饱和聚酯等树脂，同时也在农药、纸张处理等领域广泛应用。另外，它也可以用作鉴定未知化合物中是否含有共轭二烯结构单元。

2. 还原反应

高度不饱和的苯环很难通过加氢还原。在金属镍催化加压的条件下，升温至 180～210℃，苯环才可缓慢加氢还原得到环己烷，即

$$C_6H_6 + 3H_2 \xrightarrow[180\sim210℃,\ 2.81\ MPa]{Ni} C_6H_{12}$$

苯环所具有特殊的芳香性使得其不容易被一般的还原剂还原。但是，通过与碱金属(锂和钠)在液氨与醇的混合液中，苯环可以被还原形成不共轭的 1,4 -环己二烯，该反应称为伯奇(Birch)还原，即

$$C_6H_6 \xrightarrow[NH_3(l)-C_2H_5OH]{\text{Li或Na}} C_6H_8$$

5.4.3 芳环侧链上的反应

在烷基苯分子中，将直接与苯环相连的位置称为α位，也称苄位。由于受到苯环电子效应的影响，该处α氢比较活泼，容易发生取代、氧化等反应。

1. 自由基取代反应

与丙烯相似，烷基苯上α氢反应性质非常活泼。在光照、高温或自由基引发剂的作用下，卤素（氯或溴）可以取代烷基苯侧链上的α氢，例如

$$C_6H_5CH_3 + Cl_2 \xrightarrow[\text{约}100℃]{hv} C_6H_5CH_2Cl + HCl$$

该反应按照自由基历程进行，反应中间体为苄基自由基(benzyl radical)，反应过程如下：

链引发 $Cl_2 \xrightarrow[\text{或高温}]{hv} 2Cl\cdot$

链增长 $C_6H_5-CH_3 + Cl\cdot \longrightarrow C_6H_5-\dot{C}H_2 + HCl$

苄基自由基

$C_6H_5-\dot{C}H_2 + Cl_2 \longrightarrow C_6H_5-CH_2Cl + \dot{C}l$

…

链终止 略

由于苄基自由基的单电子处在p轨道，可以与相邻的苯环的大π键发生p-π共轭，因此，苄基自由基具有与烯丙基自由基相似的稳定性。

当氯气过量时，氯化苄可以进一步发生氯代，生成多氯化苄。生成的一氯化苄、二氯化苄和三氯化苄分别是合成苯甲醇、苯甲醛和苯甲酸的中间体，即

$$C_6H_5CH_2Cl \xrightarrow[\triangle\text{或}hv]{Cl_2} C_6H_5CHCl_2 \xrightarrow[\triangle\text{或}hv]{Cl_2} C_6H_5CCl_3$$

苄基氯 二氯化苄 三氯化苄

$$\downarrow \qquad\qquad \downarrow \qquad\qquad \downarrow$$

$$C_6H_5CH_2OH \qquad C_6H_5CHO \qquad C_6H_5CO_2H$$

苯甲醇 苯甲醛 苯甲酸

此外，烷基苯侧链溴化反应，可以使用NBS作为溴化试剂，如

$C_6H_5CH_2CH_3$ + N-溴代丁二酰亚胺 $\xrightarrow[CCl_4]{h\nu}$ $C_6H_5CHBrCH_3$ + 丁二酰亚胺（N—H）

N-溴代丁二酰亚胺

2. 氧化反应

通常，含有α氢的烷基苯比苯容易氧化。即在$KMnO_4$、铬酸和浓硝酸等强氧化剂作用下，凡含有α氢的侧链，不论烷烃侧链长短，均被氧化生成一个与苯环相连的羧基，苯环则保持不变。没有α氢的烷基部分，则不易被氧化。例如

$$(H_3C)_3C-C_6H_4-CH(CH_3)CH_2CH_3 \xrightarrow[\triangle]{KMnO_4} (H_3C)_3C-C_6H_4-CO_2H$$

4-叔丁基苯甲酸

当苯环上含有多个含有α氢的烷基侧链时，在强烈条件下均可以被氧化生成羧酸。若两个烷基处在邻位，氧化的最终产物为酸酐，例如

$$C_6H_2(CH_3)_4 + O_2(\text{空气}) \xrightarrow[60\%\sim70\%]{V_2O_5,\ 350\sim500^\circ C} \text{均苯四甲酸二酐}$$

均苯四甲酸二酐

这是工业生产均苯四甲酸二酐的主要方法。均苯四甲酸二酐主要用作环氧树脂的固化剂，以及制造聚酰亚胺等。

此外，烷基苯上的侧链可以在适当的催化剂作用下脱氢。例如，工业上用乙苯经催化脱氢来生产苯乙烯。苯乙烯是合成丁苯橡胶和聚乙烯高分子材料的重要单体，如

$$C_6H_5-CH_2CH_3 \xrightarrow[560\sim600^\circ C]{Fe_2O_3} C_6H_5-CH=CH_2$$

5.5 芳环上取代反应定位规则

5.5.1 定位基及定位规则

当苯环上已有一个取代基时，若再发生亲电取代反应，则原有的取代基会对新进入的取代基进入位置有一定指向性，这种效应称为取代基定位效应。苯环上已有的取代基称为定位基。

实验数据表明，一方面，有些定位基会降低苯环的电子云密度，有些则会增加电子云密度，进而导致发生亲电取代的反应速度明显不同；另一方面，第二个取代基进入苯环的位置，有些集中在原有取代基的邻、对位，有些则在间位，如表5-2所示。

表 5-2　一取代苯硝化反应速率及产物比例分布

取代基	相对速率（与氢相比）	硝化产物异构体分布/%			o+p/m
		o-(邻)	m-(间)	p-(对)	
$—OH$	很快	55	痕量	45	100/0
$—OCH_3$	2×10^5	74	15	11	85/15
$—NHCOCH_3$	快	19	2	79	98/2
$—CH_3$	25	58	4	38	96/4
$—C(CH_3)_3$	16	12	8	80	92/8
H	1.0	—	—	—	—
$—F$	0.03	12	痕量	88	100/0
$—Cl$	0.03	30	1	69	99/1
$—Br$	0.03	37	1	62	99/1
$—I$	0.18	38	2	60	98/2
$—CO_2C_2H_5$	3.7×10^{-3}	28	68	4	32/68
$—CO_2H$	$<1\times10^{-3}$	19	80	1	20/80
$—SO_3H$	慢	21	72	7	28/72
$—CF_3$	慢	0	100	0	0/100
$—NO_2$	6×10^{-8}	6	93	1	7/93
$—N^+(CH_3)_3$	1.2×10^{-8}	0	约 100	0	0/100

根据基团对苯环的影响以及它们的定位情况，可将取代基大致分为两类。

第一类定位基称邻、对位定位基，主要使新引入的基团进入其邻、对位。此类定位基（除了卤素）一般会使芳环上的电子云密度升高，提高了芳环进行亲电取代的活性，故又称致活基团。这类定位基结构特征主要是与苯环直接相连的原子上含有孤对电子或负电荷。属于这一类的常见基团有$—NR_2$、$—NHR$、$—NH_2$、$—OH$、$—OR$、$—OCOR$、$—NHCOR$、$—R$、$—Ar$等。其中，卤素表现特殊，虽属于第一类定位基，却使芳环亲电取代活性钝化，有些教材也把它们单独列为一类。

第二类定位基称间位定位基，它使新引入的取代基主要进入其间位。这类定位基的存在往往使芳环上的电子云密度降低，导致芳环上再次进行亲电取代的反应困难，故又称其为致钝基团。其结构主要特征为与苯环直接相连的原子上多含重键或正电荷（$—CF_3$ 和 $—CCl_3$ 为特例）。属于这一类的常见取代基团有$—N^+R_3$、$—NO_2$、$—CF_3$、$—CN$、$—SO_3H$、$—CO_2H$、$—CO_2R$、$—COR$和$—CHO$等。

5.5.2　定位规则的解释

单取代苯分子中的取代基定位效应是该取代基的诱导效应、共轭效应等电子效应叠加的结果。同时，空间位阻对其还有一定影响。

1. 第一类定位基

从电子效应来看，第一类定位基是给电子基团，它们使苯环上的电子云密度增大，对所生成的碳正离子中间体具有稳定作用，使亲电取代反应易于发生。但是，亲电试剂进攻邻位、对位和间位时生成的碳正离子的稳定性是不同的，因此，邻、对位产物和间位产物的比例也不同。

以甲苯为例，甲基对苯环产生给电子的诱导效应和超共轭效应，两者对苯环 π 电子云影响作用一致。因此，叠加后甲基表现出给电子效应，进而使得苯环上电子云密度增大，亲电反应活性增大。当亲电试剂进攻甲基的邻位、对位和间位时，对应生成的三种碳正离子，其结构可用共振式表示，即

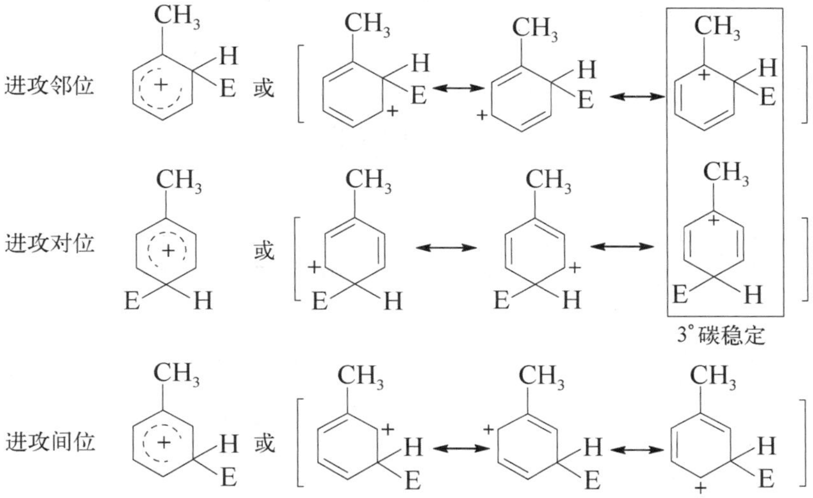

进攻邻位 或

进攻对位 或

3°碳稳定

进攻间位 或

当亲电试剂进攻甲基的邻位或对位时，生成的碳正离子中间体的三种极限结构中，都有一个是叔碳正离子，其带正电荷的碳原子直接与甲基相连，甲基的给电子效应可以使该正电荷得到分散，对应碳正离子中间体的稳定性增加，使邻、对位产物容易生成。因此，当甲苯发生亲电反应时，亲电试剂更容易进攻邻、对位，而不是间位，最后生成以邻、对位取代产物为主。其他烷基与甲基的定位效应相似，但当烷基的体积增大时，其对位取代产物比例会增加。

对于含有电子对的第一类定位基来说，以苯酚为例，亲电试剂进攻苯酚羟基的邻位、对位和间位时生成三种碳正离子中间体，它们的结构可用共振式表示，即

进攻邻位 或

进攻对位 或

特别稳定

进攻间位 或

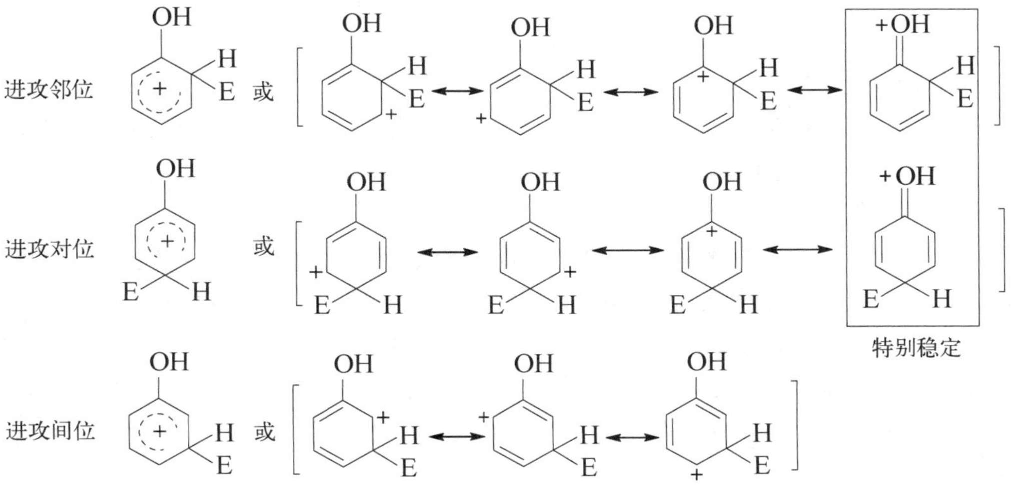

虽然苯酚上酚羟基氧原子的电负性大于碳，具有吸电子诱导效应，但当亲电试剂进攻羟基的邻位、对位时，所生成的碳正离子中间体中都有一个特别稳定的极限结构。在这两种极限结构中，羟基氧原子的孤对电子通过共轭作用分散到苯环上，使每个原子都具有完整的外电子层结构。这种给电子的共轭稳定作用远远大于吸电子的诱导效应，叠加后对苯环仍然表现出给电子效应，这样使邻、对位取代反应的速率大大提高。在间位取代的中间体的共振式中没有这种特别稳定的结构，因此，苯酚的亲电取代反应比苯容易，且主要发生在羟基的邻位和对位。

同样的碳正离子稳定效应也存在于卤苯型亲电取代进程中。以氯苯为例，其亲电试剂进攻得到的邻位、对位和间位三种碳正离子中间体的结构用共振式表示如下：

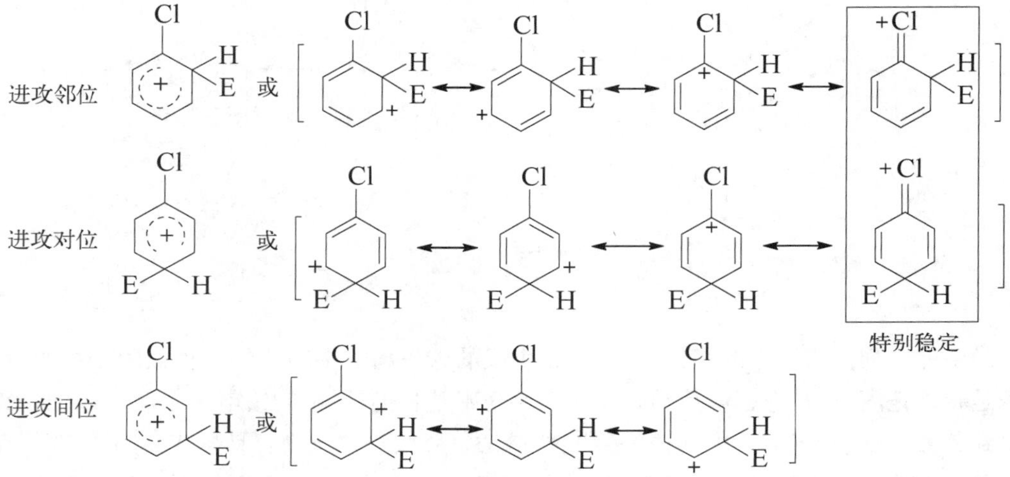

进攻邻位 或

进攻对位 或

特别稳定

进攻间位 或

尽管存在对共振杂化体贡献大的稳定态极限结构式，但是氯原子的吸诱导效应要远高于氯原子上孤对电子产生的给电子共轭效应，因此叠加的电子效应是使苯环电子云密度降低的结果，其亲电取代反应速度减慢。虽然氯原子整体体现吸电子效应，但是其通过共轭效应有效分散邻、对位形成的碳正离子上的正电荷，过程趋于得到这两种状态下的碳正离子，因此，亲电取代的产物以邻、对位为主。

2. 第二类定位基

从电子效应来看，第二类定位基是吸电子基团，它们使苯环上的电子云密度降低，所生成的碳正离子中间体的正电荷比较集中、不稳定，使亲电取代反应难以发生，但它们对苯环邻、对位的钝化作用大于间位。

以硝基苯为例，硝基对苯环的吸电子效应为吸电子诱导和吸电子共轭的叠加。在发生亲电取代过程中，硝基苯的邻位、对位受到进攻生成的碳正离子的几种极限结构中，都有一个特别不稳定碳正离子，即带正电的碳原子与吸电子的硝基直接相连。硝基的强吸电子作用使它们的正电荷更加集中，参与形成的共振杂化体的稳定性相应就差。而间位受到进攻生成的碳正离子的三种极限结构可以回避这种不利状态，因而导致最终产物以间位产物为主。

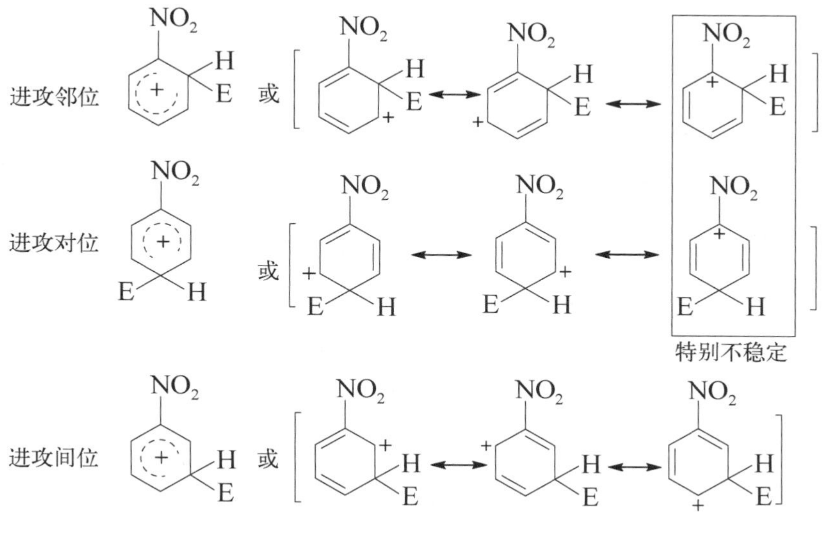

进攻邻位 或

进攻对位 或

特别不稳定

进攻间位 或

整体来看，定位基的定位效应与电子效应关联密切，其实质是反应过程中碳正离子的稳定性问题。一般来看，存在给电子共轭效应的取代基往往得到邻、对位为主的产物（给电子共轭效应可以稳定邻、对位形成的碳正离子），而吸电子共轭效应产物则是以间位为主。另一方面，不同定位基对芳环致活还是致钝，这是由其诱导、共轭等电子效应综合的结果。

5.5.3 二取代苯的定位规则

当苯环上含有两个取代基时，可以根据这两个取代基的定位效应对第三个取代基进入苯环的位置做出预测。

1. 定位效应一致

当两个取代基的定位效应一致时，则由原定位规则来决定第三个取代基进入苯环的位置。例如，下列化合物发生亲电取代反应时，取代基主要进入箭头所指示的位置：

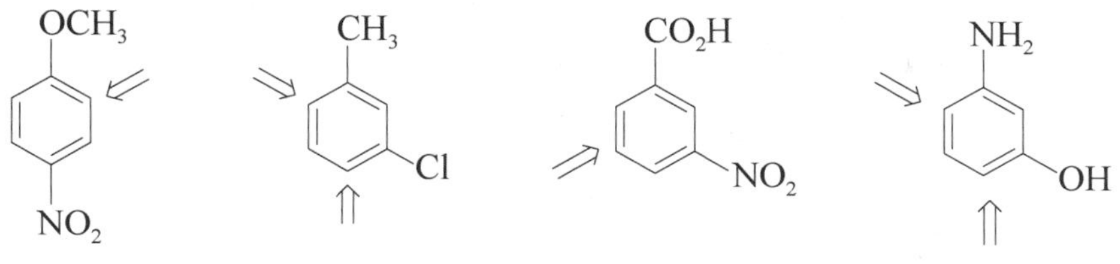

当两个定位基彼此处在间位时，由于空间位阻影响，再次发生取代，夹在两个取代基之间的取代产物收率较低。

2. 定位效应不一致

（1）当两个取代基属于同一类时，第三个取代基进入苯环的位置则由较强的取代基来决定。若两者强弱程度差别不大，则得混合物。

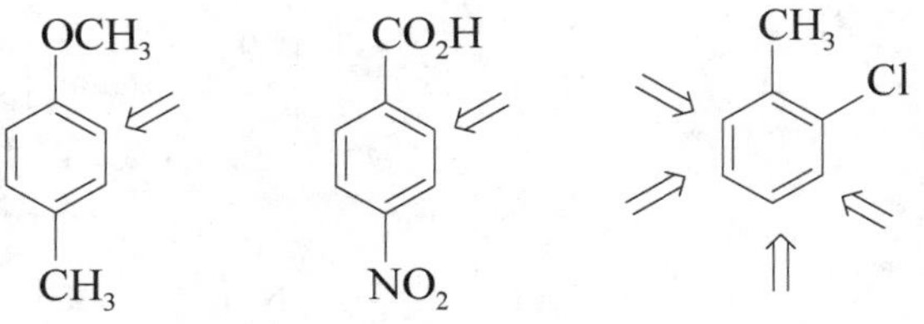

(2) 当两个取代基属于不同类时,第三个取代基进入苯环的位置一般由第一类定位基来决定。

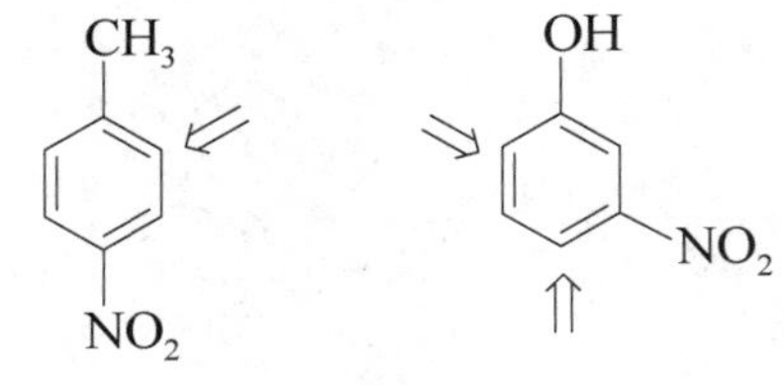

5.5.4 定位规则在有机合成中的应用

苯环上取代反应的定位规则不仅可用来解释反应的区域选择性,而且可用来指导多取代苯的合成。例如,以苯为原料设计合理的路线,来完成间硝基苯甲酸的制备,即

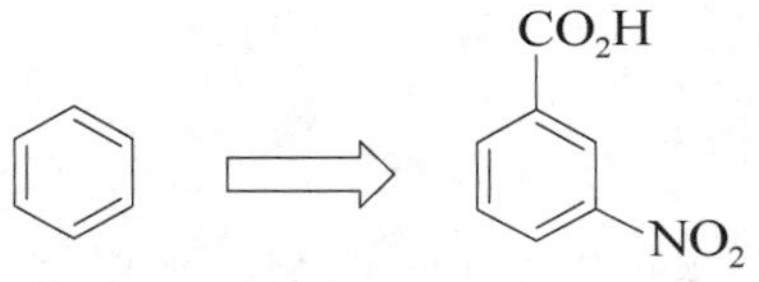

由于羧基不能直接引入,因此需由烷基转化。但是合成的第一步不能进行硝化,因为硝基是环芳烃中的强致钝基团,硝基苯不能发生弗里德-克拉夫茨烷基化反应,所以第一步只能先引入烷基,例如乙基。但当乙苯发生硝化反应时,硝基主要进入甲基的邻位或对位,因此,只能先将乙基转化为羧基,再利用羧基的间位定位效应将硝基引入苯环。所以苯合成间硝基苯甲酸的合理合成路线是首先采用弗里德-克拉夫茨烷基化反应引入烷基侧链,然后氧化侧链生成羧基,再通过硝化得到目标产物,即

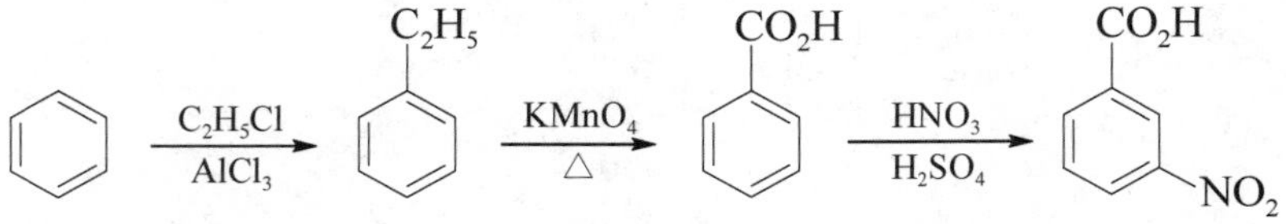

再例如,由苯出发来合成 1-异丙基-2-硝基苯,即

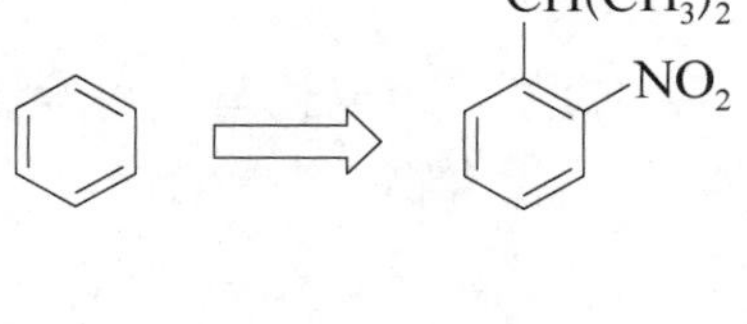

产物苯环上的两个取代基异丙基和硝基处在邻位，显然第一步不能硝化，因为硝基是间位定位基，且硝基苯不能发生弗里德-克拉夫茨烷基化反应。因此，只能首先进行弗里德-克拉夫茨烷基化反应引入异丙基。然而，虽然异丙基为第一类邻对位定位基，但是其较大的空间位阻使得硝化只能得到对位主要产物。为解决这个问题，可以利用磺化反应的可逆性，通过引入磺酸基团将对位占住。同时，异丙基苯经过磺化后，苯环上的异丙基和磺酸基的定位作用方向一致，均引导接下来的硝基进入异丙基邻位。因此，整个合成路线如下：首先进行弗里德-克拉夫茨烷基化反应引入异丙基，接着磺化占据对位，随后硝化得到硝基在异丙基邻位的主产物，最后水解脱除占位的磺酸基团，得到目标产物，即

$$C_6H_6 \xrightarrow[HF]{H_3C-HC=CH_2} C_6H_5CH(CH_3)_2 \xrightarrow[\triangle]{发烟H_2SO_4} p\text{-}(CH_3)_2CHC_6H_4SO_3H \xrightarrow{混酸} (CH_3)_2CH(NO_2)C_6H_3SO_3H \xrightarrow[\triangle]{H_3O^+} o\text{-}C(CH_3)_3C_6H_4NO_2$$

5.6 稠环芳烃

稠环芳烃是多环芳烃中的一类，分子中含有两个或两个以上的苯环，并且彼此共用两个相邻碳原子，例如萘、蒽、菲等。

萘　　蒽　　菲

在稠环芳烃中，许多由四个或四个以上的苯环稠合而成的多环芳烃具有致癌性，例如

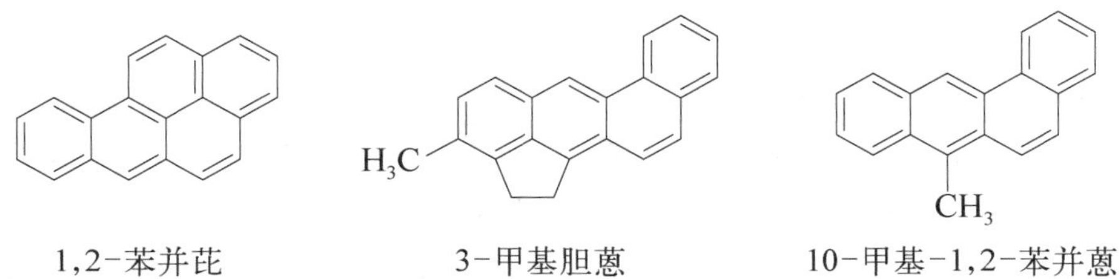

1,2-苯并芘　　3-甲基胆蒽　　10-甲基-1,2-苯并蒽

5.6.1 萘

最简单的稠环芳烃是萘，其分子式为 $C_{10}H_8$，结构与苯相似，也是平面分子，分子中十个碳原子的未杂化 p 轨道形成了一个闭合的共轭体系。X 射线衍射测定结果表明，萘分子中的碳碳键的键长不完全相等，即

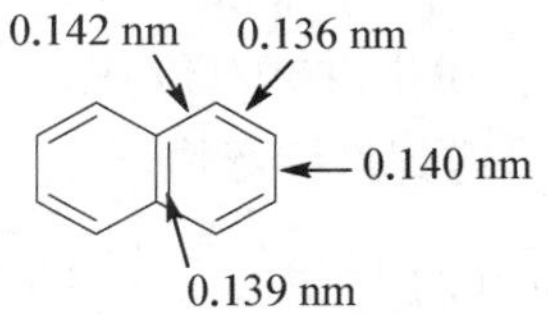

0.142 nm 0.136 nm 0.140 nm 0.139 nm

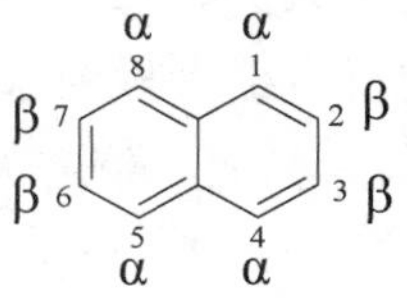

α α β β β β α α

萘分子中的碳原子有固定的编号，其中，1、4、5、8 位称为 α 位，2、3、6、7 位称为 β 位。因此，萘的一元取代物有两种，即 α 取代物和 β 取代物。萘的离域能约为 255 kJ/mol，因此比较稳定。其化学性质与苯类似，但比苯更容易发生亲电取代反应。

1. 萘的亲电取代反应

萘可以发生亲电取代反应，如卤代、磺化、硝化以及弗里德-克拉夫茨烷基化和酰基化反应。

萘环上 π 电子的离域并不像苯环那样完全平均化，而是 α 碳原子上电子云密度略高于 β 位上，因此亲电取代反应主要发生在 α 位。

从共振论来看，亲电试剂 E^+ 进攻 α 位和 β 位将形成两种不同共振结构的碳正离子中间体，即

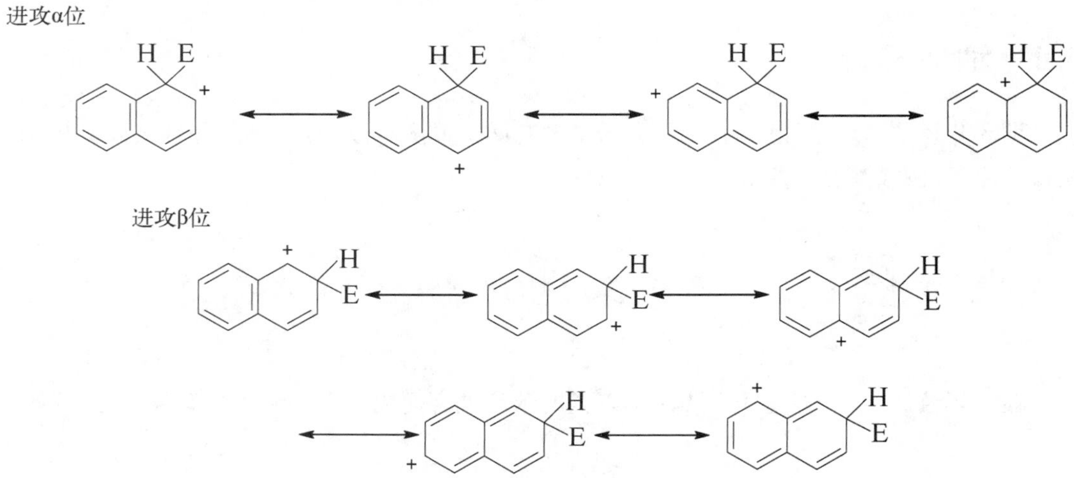

进攻α位

进攻β位

在这两种碳正离子中，虽然正电荷分布在五个不同的位置，但能量是不同的。在进攻 α 位所形成的碳正离子中，前两个极限结构式仍保留一个完整的苯环单元，这样能量比较低，结构相对比较稳定，对共振杂化体的贡献大。而进攻 β 位仅有一个完整苯环单元，体系能量相对要高，导致反应速率缓慢，因而萘在发生亲电反应时一般优先选择 α 位。

1）卤代反应

$$C_{10}H_8 + Cl_2 \xrightarrow[95\%]{FeCl_3,\ 100\sim110℃} \text{1-氯萘} + HCl$$

在 $FeCl_3$ 作用下，将氯气通入熔融的萘中，即主要得到 1-氯萘。这是工业上生产 1-氯萘的重要方法。α-氯萘是无色液体，沸点 259℃，可用作高沸点溶剂和增塑剂，也是制备 1-萘酚的重要化工中间体。

2）硝化反应

$$C_{10}H_8 + HNO_3 \xrightarrow[95\%]{H_2SO_4,\ 30\sim60℃} \text{1-硝基萘} + H_2O$$

萘比苯极易硝化，其中 α 位的硝化比苯快 750 倍，β 位的硝化比苯快 50 倍。故在室温下，使用混酸即可完成硝化过程，其主产物为 α 硝基萘。工业上通常在温热条件下进行，为防止二硝基萘的形成，则采用较低浓度的混酸。1-硝基萘为黄色针状晶体，熔点 61℃，不溶于水，是合成硫化染料、1-萘胺等化工产品的重要中间体。

3）磺化反应

$$C_{10}H_8 + H_2SO_4 \underset{}{\overset{60℃}{\rightleftharpoons}} \text{1-萘磺酸}\ (C_{10}H_7SO_3H) + H_2O \quad (96\%)$$

$$C_{10}H_8 + H_2SO_4 \overset{165℃}{\rightleftharpoons} \text{2-萘磺酸}\ (C_{10}H_7SO_3H) + H_2O \quad (85\%)$$

$$\text{1-萘磺酸} \xrightarrow{165℃,\ H_2SO_4} \text{2-萘磺酸}$$

萘与浓硫酸发生磺化反应的产物与反应温度有关。在较低温度(60℃)下反应时，主要得到 1-萘磺酸；当温度升高到 165℃时，则以 2-萘磺酸为主。其中，1-萘磺酸与浓硫酸共热，在 165℃环境中，也能转变成 2-萘磺酸。这主要因为，与亲电进攻 β 位相比，亲电试剂(SO_3)进攻 α 位活化能比较低，在低温条件下优先进攻电子云密度较大的 α 位，得到以 1-萘磺酸为主的产物。利用各种产物生成速率差异来控制产物分布的反应称为动力学控制反应，因此低温下萘的磺化反应是个动力学控制的过程。

虽然进攻α位的速度快，反应容易发生，但是磺酸基团体积较大，在α位时与8位上的氢原子靠得近，空间上存在一定的范德华斥力，而β位上则没有这种情况。因此，相比较而言，2-萘磺酸在热力学上比1-萘磺酸稳定。利用各种产物热稳定性差异来控制产物分布称为热力学控制反应，因此高温下萘的磺化是个热力学控制过程。

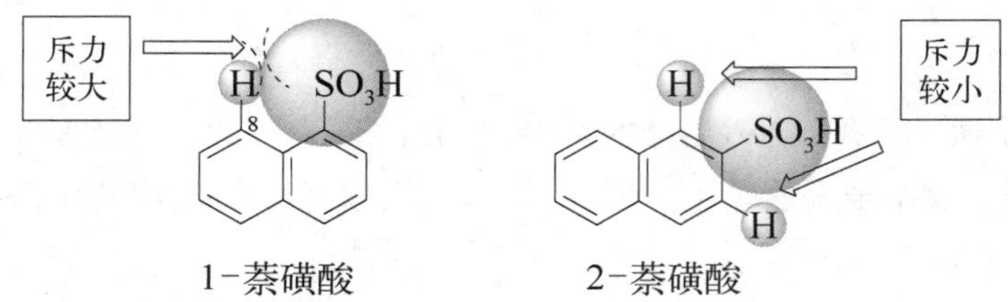

1-萘磺酸　　2-萘磺酸

一水合1-萘磺酸是白色晶体，熔点为90℃；而一水合2-萘磺酸为白色片状晶体，熔点为124～125℃。两者都是重要的化工原料。

4）弗里德-克拉夫茨反应

由于萘比苯的亲电活性高，发生弗里德-克拉夫茨烷基化或酰基化反应时往往得到多种复杂产物，实际应用价值不大。其中，萘的弗里德-克拉夫茨产物与所处溶剂的极性有着密切关系。例如，在非极性溶剂（如CS_2或1，1，2，2-四氯乙烷）中，乙酰化产物以α位异构体为主，但是β位异构体很难分离除去；而在极性溶剂（如硝基苯）中，产物主要为β位异构体，即

CH_3COCl, $AlCl_3$ / CS_2, −15℃ ⟶ $COCH_3$（α位） + $COCH_3$（β位）

(3 : 1)

CH_3COCl, $AlCl_3$ / $PhNO_2$, 90% ⟶ $COCH_3$（β位）

2. 一取代萘的定位规则

当萘的一元取代物发生亲电取代反应时，亲电试剂进入萘环的位置会受原有取代基定位性质的影响。

当萘环上已有取代基为第一类定位基时，再次取代发生在所在苯环一侧，即同环取代。同环取代大致分为以下两种情况：

（1）当原取代基在萘环α位（1位）时，新进入取代基主要进入同环相对的α位（4位），即

OCH_3 —— HNO_3 / 约85% ⟶ 1 OCH_3，4 α NO_2 ⟸ 同环相对α位

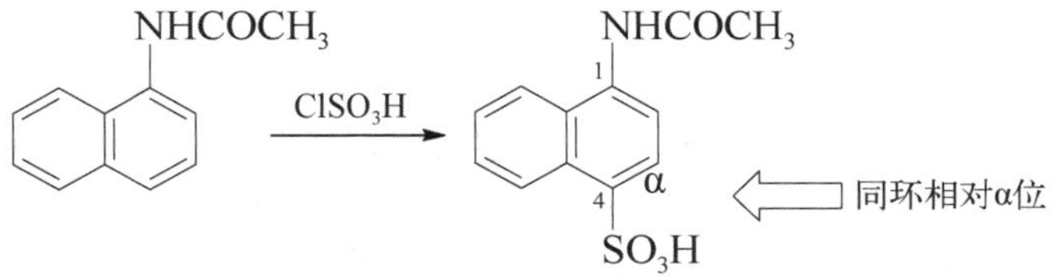
NHCOCH3
ClSO3H
NHCOCH3
1
α
4
SO3H
同环相对α位

(2) 当原取代基在萘环β位(2位)时,新引入取代基主要进入同环相邻的α位(1位),即

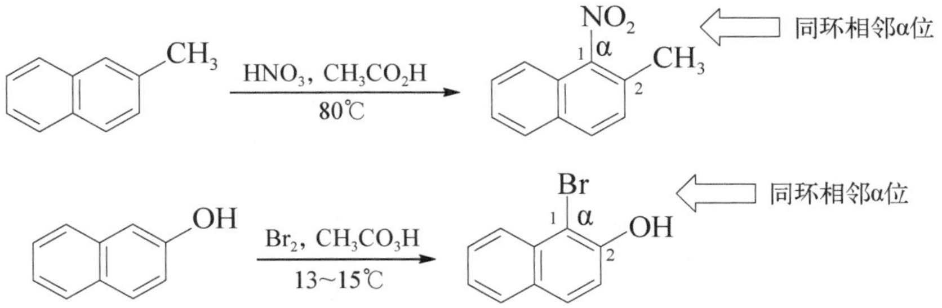
CH3
HNO3, CH3CO2H
80℃
NO2
1 α
CH3
2
同环相邻α位
OH
Br2, CH3CO2H
13~15℃
Br
1 α
OH
2
同环相邻α位

而当萘环上已有取代基为第二类定位基时,再次取代发生在另一侧苯环,即异环取代。无论原有取代基占据α位还是β位,新引入的取代基主要在异环的α位,即

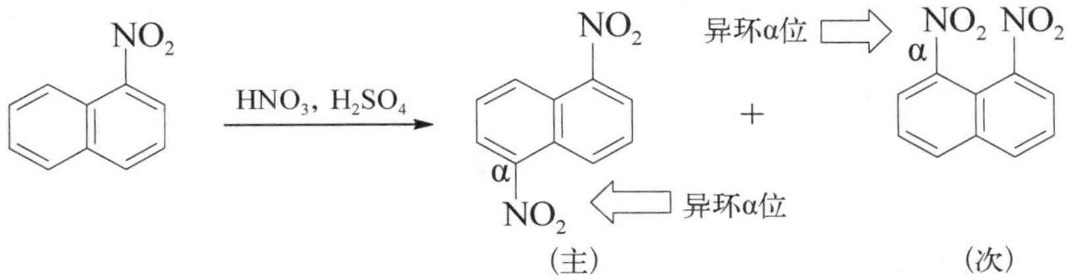
NO2
HNO3, H2SO4
NO2
α
NO2
异环α位
(主)
+
异环α位
NO2 NO2
α
(次)

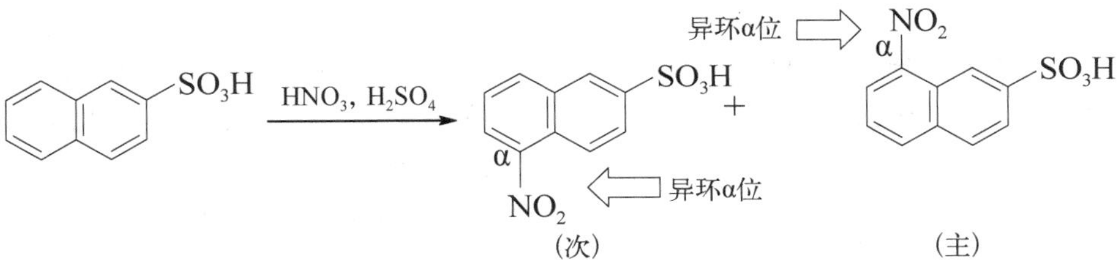
SO3H
HNO3, H2SO4
SO3H
α
NO2
异环α位
(次)
+
异环α位
NO2
α
SO3H
(主)

上述规则只是一般情况,事实上,萘的二元取代反应要比苯环复杂得多,有些反应并不一定遵循上述规律,例如,2-甲基萘在磺化和弗里德-克拉夫茨酰基化反应,即

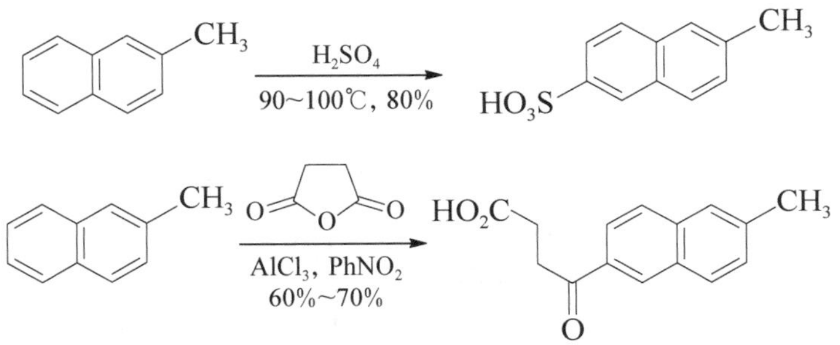
CH3
H2SO4
90~100℃, 80%
CH3
HO3S
CH3
O O O
AlCl3, PhNO2
60%~70%
HO2C
CH3
O

3. 萘的氧化还原反应

1）氧化反应

由于萘环上整体电子云密度高，因此萘比苯容易氧化。例如，萘在室温下就可以被三氧化铬-乙酸溶液氧化，生成1,4-萘醌。在同样的条件，烷基萘的氧化反应也发生在萘环上，因此，不能用氧化侧链的方法来制备萘甲酸，如

CrO_3, CH_3CO_2H
10~15℃, 约20%

1,4-萘醌

CH_3

CrO_3, CH_3CO_2H

CH_3

2-甲基-1,4-萘醌

在强烈条件下氧化，则其中一个环被氧化破坏，生成邻苯二甲酸酐，这是工业上制备邻苯二甲酸酐的重要方法之一，即

$+ O_2$(空气)

V_2O_5, K_2SO_4
385~390℃

邻苯二甲酸酐

当取代的萘发生氧化时，哪一侧环被氧化破裂则取决于该环上电子云密度的大小，即电子云密度高的环优先被氧化。例如，氧化α-硝基萘和β-萘胺时，由于硝基是第二类定位基，使其所在环上电子云密度降低，钝化所在的苯环，因此氧化发生在电子云密度高的另一侧环上。同样，氨基是第一类定位基，活化所在的苯环，故氧化发生在所在环上。最终得到邻苯二甲酸或其衍生物，即

NO_2

$KMnO_4$
△

NO_2
CO_2H
CO_2H

Ni, $H_2(g)$

NH_2

$K_2Cr_2O_7$
H_2SO_4

HO_2C
HO_2C

2）还原反应

萘在催化剂存在下可以与氢加成，生成四氢合萘或十氢合萘。两者都是无色液体，可作为高沸点溶剂。

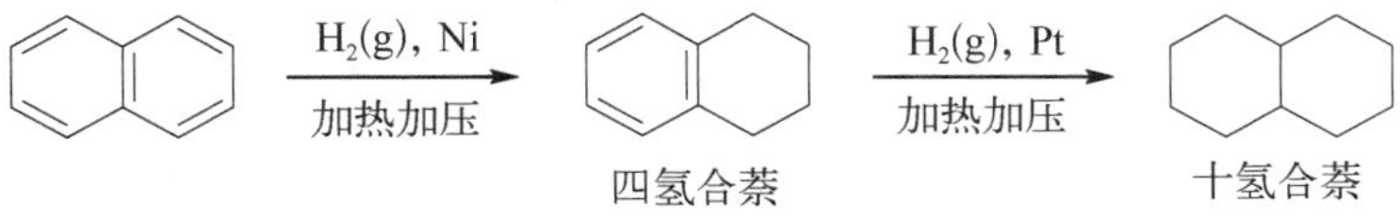

$H_2(g)$, Ni 加热加压 → 四氢合萘 $H_2(g)$, Pt 加热加压 → 十氢合萘

萘也可以在碱金属和乙醇-液氨条件下还原，即发生伯奇还原，低温生成 1，4 -二氢萘。该产物中还有一个孤立双键，不会被进一步还原。

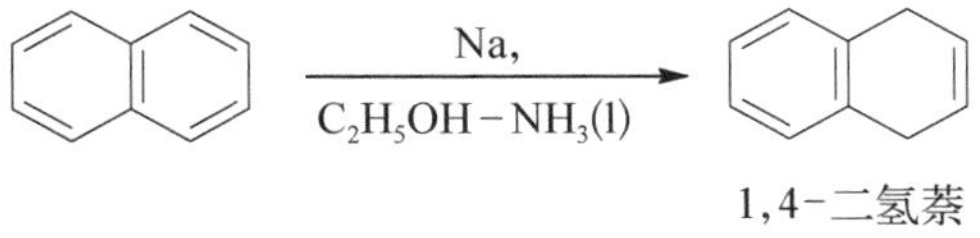

Na, $C_2H_5OH-NH_3(l)$ → 1，4-二氢萘

5.6.2 其他稠环芳烃

除了萘，其他比较重要的稠环芳烃还有蒽和菲。蒽和菲也是从煤焦油中分离得出的，分子式均为 $C_{14}H_{10}$，彼此互为构造异构体。蒽是无色的单斜片状晶体，有蓝紫色荧光，熔点为 217℃，沸点为 354℃，不溶于水，难溶于乙醇和乙醚，易溶于苯。菲是无色有荧光的单斜片状晶体，熔点为 101.1℃，沸点为 340.2℃，易溶于苯和乙醚。结构上，两种化合物都是由三个苯环组成，且所有原子都在同一个平面上。其中蒽分子中的三个苯环采取线性稠合，而菲则采取角形稠合。蒽和菲分子中碳原子的固定编号如下所示：

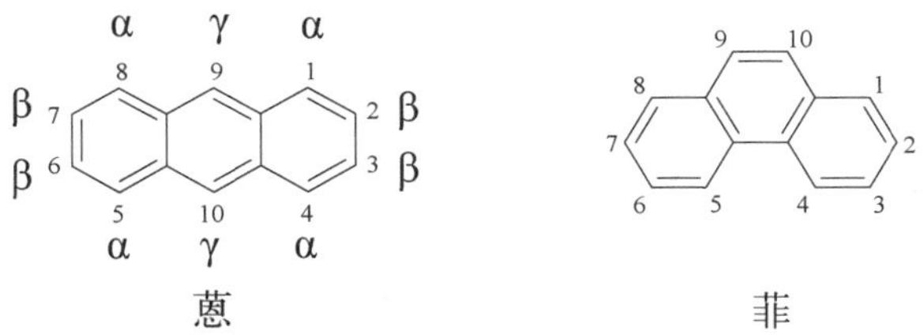

α γ α
8 9 1
β 7 2 β
β 6 3 β
5 10 4
α γ α
蒽

9 10
8 1
7 2
6 5 4 3
菲

在蒽分子中，1、4、5、8 四个位置相等，称为 α 位；2、3、6、7 位置相等，称为 β 位；9、10 两个位置相等，称为 γ 位（也称中位）。因此，一元取代的蒽有三种同分异构体。在三个位置中，γ 位比 α 位和 β 位都要活泼，所以反应一般发生在 γ 位（9/10 位）上。在菲分子中，1 与 8、2 与 7、3 与 6、4 与 5、9 与 10 等同，因而一元取代菲有五种异构体。其中，中位 9、10 比较活泼，反应也集中于此。蒽或菲分子的 9、10 位活性高，这是因为发生反应后，产物结构至少可以保留两个完整的苯环。

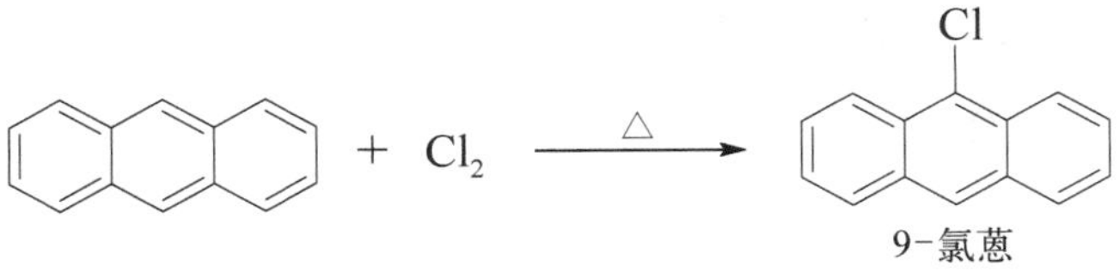

\+ Cl_2 △ → Cl 9-氯蒽

$$\text{菲} + Br_2 \xrightarrow{Fe} \text{9-溴菲} + \text{(取代产物常伴有加成产物)}$$

9-溴菲

（取代产物常伴有加成产物）

$$\text{蒽} \xrightarrow[\triangle,\ 约90\%]{Na_2Cr_2O_7,\ 稀H_2SO_4} \text{蒽醌}$$

蒽醌

$$\text{菲} \xrightarrow[\triangle,\ 约50\%]{Cr_2O_3,\ 稀H_2SO_4} \text{菲醌}$$

菲醌

另外，由于蒽的芳香性比较差，且9、10位活性高，因此蒽可以作为双烯体发生第尔斯-阿尔德(Diels-Alder)反应，即

$$\text{蒽} + \text{顺丁烯二酸酐} \underset{\triangle}{\overset{二甲苯}{\rightleftharpoons}} \text{加成产物}$$

5.7 芳香性

芳香性具备以下特征：① 虽含有不饱和键，但不易发生加成反应，而是像苯分子一样容易发生亲电取代反应；② 与相应的非环状体系相比，该环状体系具有较低氢化热和燃烧热，显示出特殊的热力学稳定性；③ 具有与烯烃等明显不同的光谱特征，例如通过核磁共振谱图分析，芳烃的氢处在低磁场区，而烯烃不饱和键上的氢则位于高磁场区；④ 从芳香性的化学物结构上来看，是由若干个π键共轭相连组成的环状分子，环上每一个原子都是sp^2杂化(有些情况，sp杂化也可以)；⑤ 分子具有平面结构，或近似平面结构。

但是，仅仅从这些结构特点分析上，仍然不容易判断化合物是否具有芳香性。例如，萘、蒽、菲等在结构上与苯环类似，具有相似的化学性质。而同样是闭合环状共轭多烯，环辛四烯等却表现不稳定，易发生聚合和亲电加成，体现出典型的烯烃性质。

5.7.1 休克尔规则

1931年，德国化学家休克尔(Hückel)通过对大量的环状化合物芳香性的研究，并根据

分子轨道理论计算结果提出了一个判定化合物芳香性的简单依据，即：对于一个简单共轭多烯分子，当成环原子都处在同一平面，且离域的π电子总数为 $4n+2$（$n=0,1,2$ 等正整数）时，该化合物就具有芳香性。这就是判断单环化合物是否具有芳香性的休克尔规则，也称 $4n+2$ 规则。

如表 5-3 所示为单环共轭多烯烃的芳香性。从表 5-3 可以看出，在单环共轭体系 C_nH_n 体系中，π电子总数为 3、5、7 等奇数时，不符合 $4n+2$ 规则，不具有芳香性；π电子呈现出总数为 4、8 等 $4n$ 规律时，体系活性较高，导致分子热力学稳定性大大降低，即具有反芳香性；而π电子呈现出总数为 2、6、10 等 $4n+2$ 规律时，分子体系均稳定，体现出芳香性。

表 5-3 单环共轭多烯烃的芳香性

单环共轭体系	π总电子数	芳香性
环丙烯基碳正离子	$n_\pi=2$	有
环丙烯基碳自由基	$n_\pi=3$	无
环丁二烯	$n_\pi=4$	反
环戊二烯碳自由基	$n_\pi=5$	无
环戊二烯碳负离子	$n_\pi=6$	有
苯	$n_\pi=6$	有
环庚三烯自由基	$n_\pi=7$	无
环辛四烯	$n_\pi=8$	反

5.7.2 芳香性的判断

1. 环多烯离子

有些芳烃虽然没有芳香性，但是转变成正或负离子后，则有可能显现出芳香性。下列环烯离子的π电子数都符合 $4n+2$ 规则，且都是平面闭合环状共轭多烯结构，因此都具有芳香性：

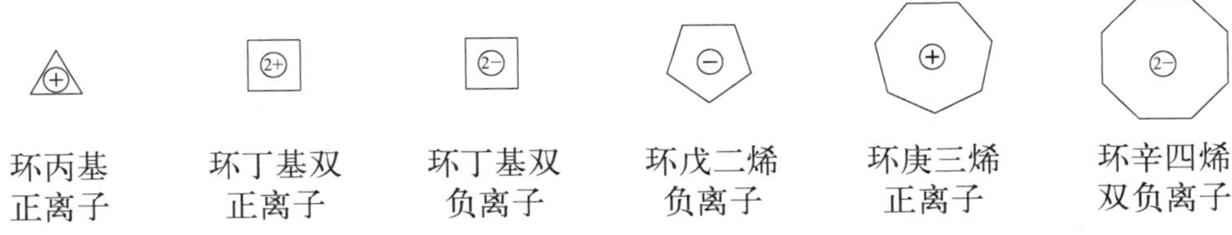

环丙基正离子　环丁基双正离子　环丁基双负离子　环戊二烯负离子　环庚三烯正离子　环辛四烯双负离子

2. 并联稠环

对于并联稠环体系，如果成环原子均在同一平面，则考虑其成环原子的外围π电子总数，符合 $4n+2$ 规则的芳烃则具有芳香性。例如萘、蒽、菲等稠环芳烃，其外围π电子总数分别为 10 和 14，符合 $4n+2$ 规则，均具有芳香性。再例如薁，可视为由环戊二烯负离子和环庚三烯正离子稠合而成，沿外侧，共轭双键交替共有五对，即分子中外围π电子总数为 10，符合 $4n+2$ 规则，具有芳香性。薁分子的分子式为 $C_{10}H_8$，是萘的同分异构体，为蓝色固体，熔点为 99℃，是香精油的成分，具有明显的抗菌、镇静及镇痛的作用。

萘 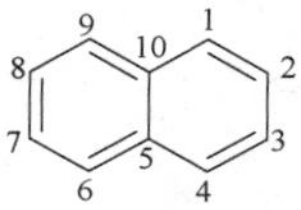 (4×2+2=10) （外围π电子形式上不连续，未形成闭合单环）

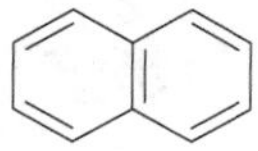

蒽 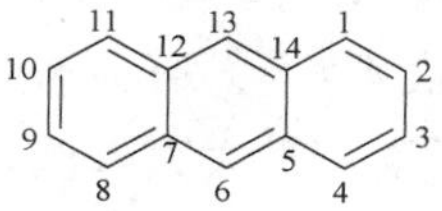 (4×3+2=14) 菲 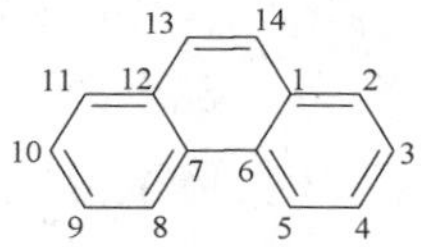 (4×3+2=14)

薁 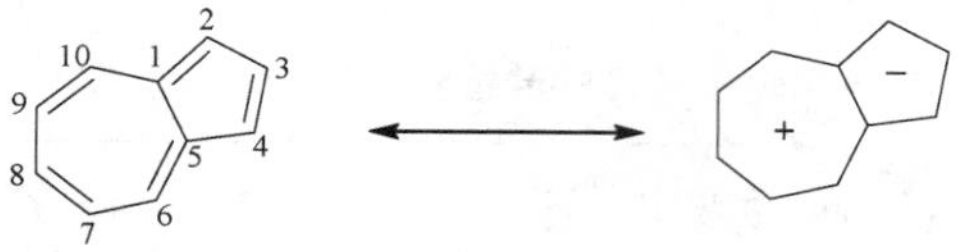 (4×2+2=10)

3. 轮烯

通常，将 $n \geqslant 10$ 的单环共轭多烯称为轮烯。命名时，以轮烯作为母体，将环碳原子数置于方括号内，称为某轮烯，例如[14]轮烯、[18]轮烯等。有时候，也会将环丁二烯、苯和环辛四烯记作[4]轮烯、[6]轮烯和[8]轮烯。常见轮烯结构如下：

[4]轮烯 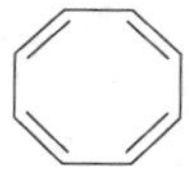　[8]轮烯 　[10]轮烯 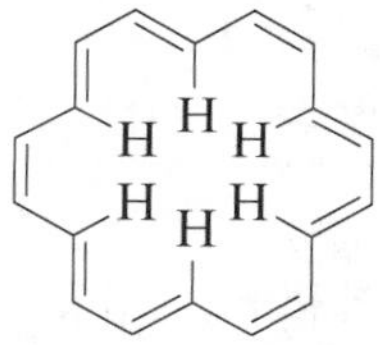　[18]轮烯

对于[10]轮烯而言，虽然外围 π 电子总数为 10，符合 $4n+2$ 规则，但是由于环内两个处于反式双键上的氢原子之间相距很近，彼此间存在强烈的排斥作用，导致轮烯分子内碳原子间并不存在于同一平面，有一定的扭曲，从而失去芳香性。而[18]轮烯成环较大，环内氢原子间斥力较小，可以保证分子基本处在同一平面上，且外围 π 电子总数为 18，符合 $4n+2$ 规则，因而存在芳香性。所以，对于轮烯而言，判断其分子是否具有芳香性，除了外围 π 电子总数是否符合 $4n+2$ 规则外，所有成环原子是否处在同一平面也是其判定的必要因素。

5.8 重要的芳烃

1. 苯

苯作为一种极其重要的石油化工基本原料，其产量和生产的技术水平反映了一个国家石油化工发展水平。苯可以由含碳量高的物质不完全燃烧获得。在自然界中，火山爆发和森林火险都能生成苯。苯也存在于香烟的烟中。工业上生产苯最重要的三种过程是催化重整、甲苯加氢脱烷基化和蒸汽裂化。

由于苯的挥发性大，暴露于空气中很容易扩散。人和动物吸入或皮肤接触大量苯会导致其进入体内，引起急性和慢性苯中毒。在白血病患者中，有很大一部分有苯及其有机制品接触历史。因此，在苯的生产、运输及使用过程中，要注意采取安全措施。

2. 二甲苯

二甲苯为苯环上两个氢被甲基取代的产物，存在邻、间、对三种异构体，在工业上，二甲苯即指上述异构体的混合物。相对于苯，二甲苯属于低毒类化学物质，美国政府工业卫生学家会议(American Conference of Governmental Industrial Hygienists, ACGIH)将其归类为A4级，即为缺乏对人体、动物致癌性证据的物质。

二甲苯的工业制备可通过铂重整轻汽油和甲苯歧化法。将石油轻馏分混合苯经过加氢精制、催化重整，分离而得到二甲苯，或将焦化粗苯经洗涤、分馏而得到。

二甲苯广泛用于涂料、树脂、染料、油墨等行业作溶剂；用于医药、炸药、农药等行业作合成单体或溶剂；也可作为高辛烷值汽油组分，是有机化工的重要原料。其中，对二甲苯是生产战略性物品涤纶纤维的一个重要原料。

3. 萘

萘在煤焦油中含量为6%，是含量最多的一种稠环芳烃。主要用于合成邻苯二甲酸酐等，也广泛用于生产苯酐、染料的中间体、橡胶助剂和杀虫剂等。在生产合成树脂、增塑剂、橡胶防老剂、表面活性剂、合成纤维、染料、医药和香料等领域扮演着重要角色。以往的卫生球就是用萘制成的，但由于萘的毒性，现在卫生球已经禁止使用萘。暴露的萘与溶血性贫血、肝脏和神经系统损伤、白内障和视网膜出血有关。

萘的工业制法主要有以下几种：一是经由石油烃出发，催化重质重整油、催化裂化轻循环油、裂解制乙烯的副产焦油等；二是通过煤焦油分离，经蒸馏分离取得煤油、经脱酚、脱喹啉、蒸馏得成品萘；三是采取静态分步结晶手段，根据结晶点的不同，多次重结晶得到较高纯度的萘。

习 题

5-1 用系统命名法命名下列化合物：

(1) 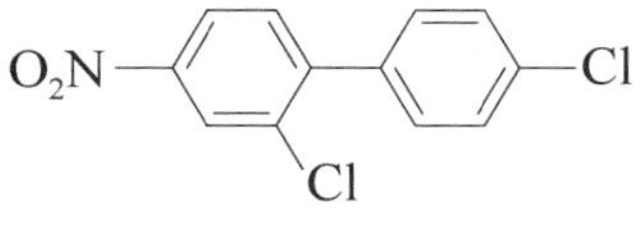 O_2N—(苯环，邻位Cl)—(苯环)—Cl

(2) 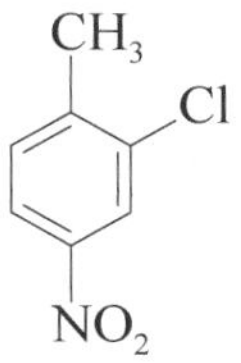 CH_3 / Cl / NO_2 取代苯环

(3) Cl、COOH 取代萘环

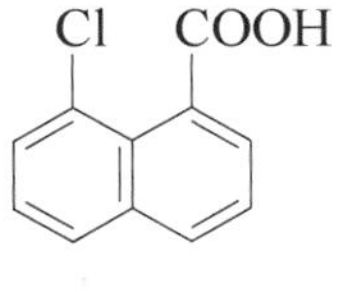

(4) 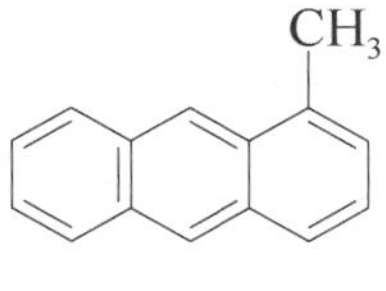 CH_3 取代蒽环

5-2 完成下列反应式：

(1) $Br_3C-C_6H_5 \xrightarrow{浓H_2SO_4}$?

(2) 5-硝基茚满（O_2N-取代） $\xrightarrow[H_2SO_4]{HNO_3}$?

(3) 甲苯（CH_3-苯） $+ CO + HCl \xrightarrow[AlCl_3]{Cu_2Cl_2}$?

(4) 乙酰苯胺（$NHCOCH_3$-苯） $+ ClCH_2COCl \xrightarrow{AlCl_3}$?

(5) 间羟基苯甲腈（OH、CN 间位） $\xrightarrow{浓H_2SO_4}$?

(6) 对氨基乙酰苯胺（$NHCOCH_3$、NH_2 对位） $\xrightarrow{浓H_2SO_4}$?

5-3 下列哪些化合物能在通常情况下发生弗里德-克拉夫茨反应？哪些不能发生？

(A) C_6H_5CN　　(B) $C_6H_5CH(CH_3)_2$　　(C) C_6H_5CHO

(D) $C_6H_5CF_3$　　(E) $C_6H_5CH_2OH$　　(F) $C_6H_5N(CH_3)_2$

5-4 用简便的化学方法鉴别下列各组化合物：

(1) (A) 环己烷　　(B) 环己烯　　(C) 苯

(2) (A) 苯　　(B) 1,3,5-己三烯

5-5 写出下列各反应的机理：

(1) $C_6H_6 + C_6H_5CH_2OH \xrightarrow{H^+} C_6H_5CH_2C_6H_5 + H_2O$

(2) $2\ (H_3C)(C_6H_5)C{=}CH_2 \xrightarrow{H_2SO_4}$ 1,1,3-三甲基-3-苯基茚满（C_6H_5）

(3) CH_2Cl $\xrightarrow{AlCl_3}$ $\underset{H_2}{C}$

5-6 利用什么二取代苯，经亲电取代反应可制备纯的下列化合物？

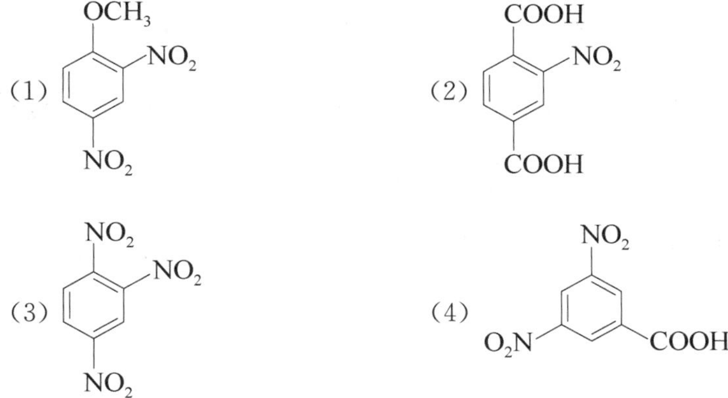

5-7 按要求回答下列问题：

(1) 将下列化合物进行硝化反应的活性由大到小排列成序：

(A) 苯 (B) 间二甲苯 (C) 甲苯

(2) 将下列化合物按与混酸反应的活性排序：

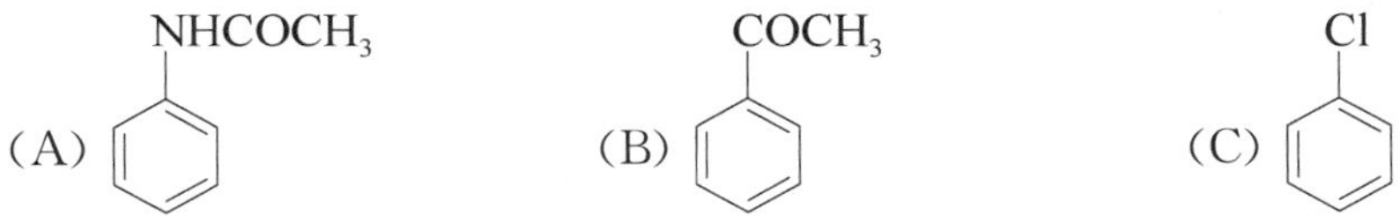

(3) 将下列化合物按与 HCl 发生反应的速率由快至慢排列成序：

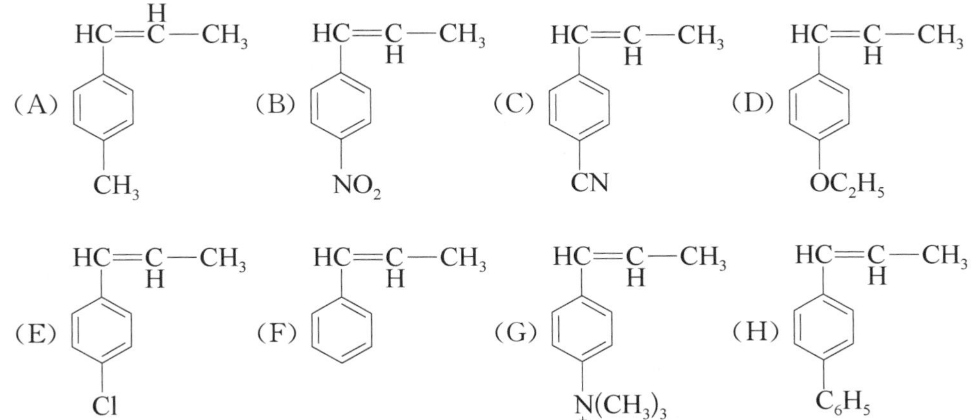

(4) 将下列化合物按溴化反应的相对速率由大到小排序：

(A) 甲苯 (B) 苯甲酸 (C) 苯

(D) 溴苯　　　　　　(E) 硝基苯

(5) 将下列化合物按与溴反应的活性由大到小排序：

(A) 对二甲苯　　　　(B) 对苯二甲酸　　　　(C) 甲苯

(D) 对甲基苯甲酸　　(E) 间二甲苯

5-8　解释下列实验事实：

(1) 在硝化反应中，硝基苯、苯基硝基甲烷、2-苯基-1-硝基乙烷所得间位异构体的量分别为 93%、67%和 13%，为什么？

(2) 甲苯中的甲基是邻对位定位基，然而三氟甲苯中的三氟甲基是间位定位基，试解释之。

(3) 在 $AlCl_3$ 催化下苯与过量氯甲烷作用在 0℃时产物为 1,2,4-三甲苯，而在 100℃时反应，产物却是 1,3,5-三甲苯，为什么？

5-9　以苯为原料合成下列化合物：

(1) 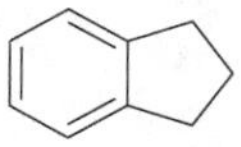　　(2) 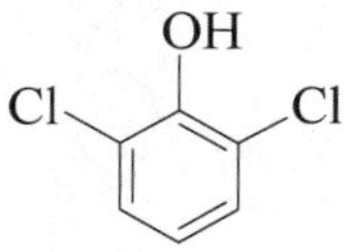　　(3)

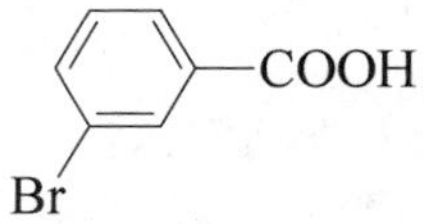

5-10　推测结构

某烃的实验式为 CH，相对分子质量为 208，强氧化得苯甲酸，臭氧化分解产物得苯乙醛，试推测该烃的结构。

第6章　对映异构

6.1　异构现象分类

同分异构现象在有机化合物中十分普遍，因而有机化合物数量极多，结构复杂。有机化合物的同分异构现象包括构造异构和立体异构两大类。

- 同分异构
  - 构造异构
    - 碳架异构　$H_3C—CH_2CH_2—CH_3$　　$H_3C—CH(CH_3)—CH_3$
    - 位置异构　$H_2C{=}CH—CH_2—CH_3$　　$H_3C—CH{=}CH—CH_3$
    - 官能团异构　$H_3C—O—CH_3$　　$H_3C—CH_2—OH$
    - 互变异构　$H_2C{=}C(OH)—CH_3$　⇌　$H_3C—C({=}O)—CH_3$
  - 立体异构
    - 构象异构
    - 构型异构
      - 顺反异构　$H_3C(H)C{=}C(H)CH_3$（两个 CH_3 同侧）　　$H_3C(H)C{=}C(H)CH_3$（两个 CH_3 异侧）
      - 对映异构　$CH(CH_3)(Br)(Cl)$ 与其镜像

1. 构造异构

构造异构是指由于分子中各原子相互连接的方式和次序不同而产生的异构现象。构造异构又可以分为碳架异构、位置异构、官能团异构和互变异构。

2. 立体异构

立体异构为因分子中各原子在空间的不同排布而产生的异构现象。立体异构可以分为构象异构和构型异构。其中，构型异构又可以分为顺反异构和对映异构。

对映异构是立体异构中的一类，是指分子彼此互为实物和镜像的关系，但又不能重合的一类立体异构体。各个对映异构体对平面偏振光的作用不同。

6.2 平面偏振光和物质的旋光性

6.2.1 偏振光

光波是电磁波，是横波。光以振动的方式向前传播，其振动方向与传播方向垂直，如图 6-1(a) 所示。

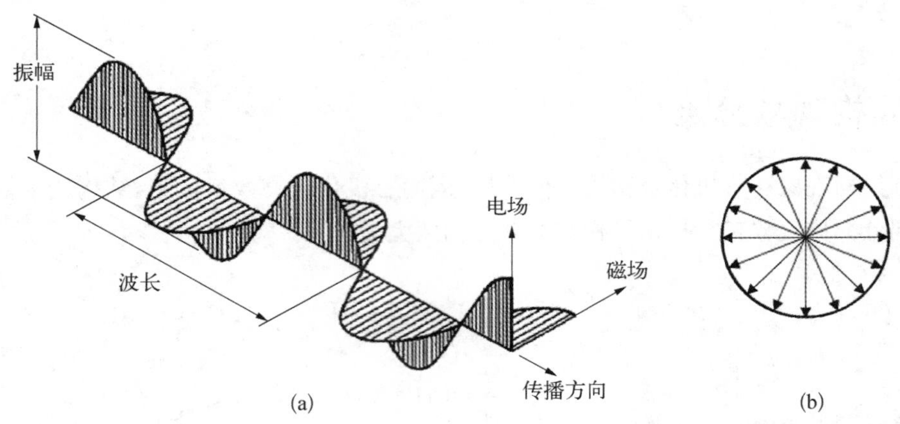

图 6-1 光的振动与传播

(a) 光的传播方向与振动方向；(b) 普通光的振动平面

普通光源所产生的光线是由多种波长的光波组成的，光波可以在垂直于其传播方向的不同平面上振动。如图 6-1(b)所示为普通的单色光束朝我们眼睛直射过来时的横截面。光波的振动平面可以有无数个，但都与其前进方向垂直。

当一束单色光通过尼科尔棱镜(由方解石晶体加工制成，尼科尔棱镜只能让与其晶轴平行的平面内振动的光线通过，其他各个方向的光将被挡住)，通过尼科尔棱镜的光线就只在一个平面上振动，这种只在一个平面振动的光称为平面偏振光，简称偏振光(偏光)，如图 6-2 所示。偏振光的振动方向与其传播方向所构成的平面称为偏振光的振动面。

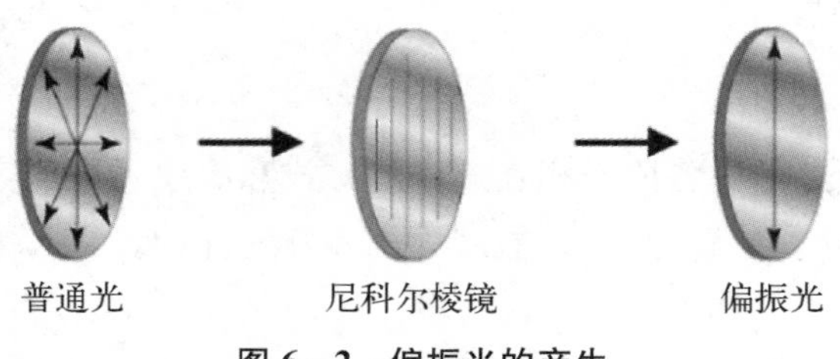

图 6-2 偏振光的产生

6.2.2 物质的旋光性

自然界中有许多物质对偏振光的振动面没有影响，例如水、乙醇、甘油等；另外一些物质却能使偏振光的振动面发生偏转，如某种乳酸及葡萄糖的溶液，如图 6-3 所示。

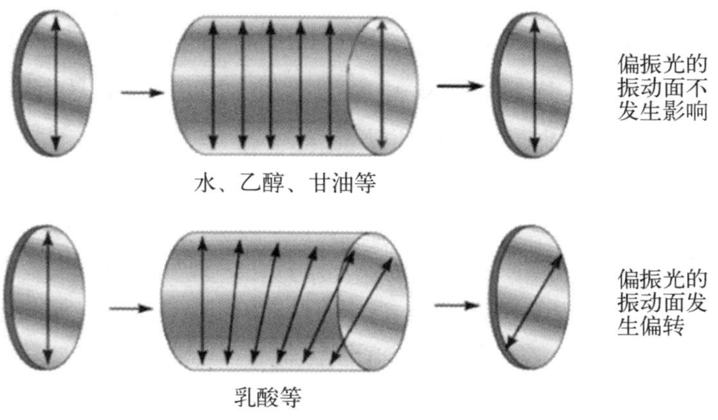

图 6-3　旋光性示意图

能使偏振光的振动面发生偏转的性质称为旋光性，具有旋光性的物质称为旋光性物质；不能使偏振光的振动面发生偏转的性质称为非旋光性，没有旋光性的物质称为非旋光性物质。

6.2.3　旋光度和旋光仪

能使偏振光的振动面向左（逆时针方向）旋转的物质称为左旋体，具有左旋性，以"－"或"l"表示；使偏振光的振动面向右（顺时针方向）旋转的物质称为右旋体，以"＋"或"d"表示。旋光性物质使偏振光的振动面旋转的角度称为旋光度，以 α 表示。旋光度一般用旋光仪测定。

如图 6-4 所示，旋光仪一般由光源、起偏镜、盛液管、检偏镜和刻度盘（图中未标出）五个部分组成。

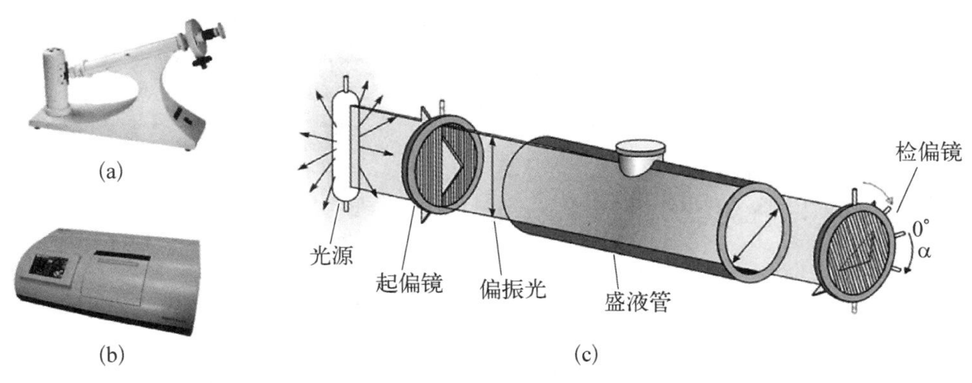

图 6-4　常用旋光仪及其示意

(a) 圆盘旋光仪；(b) 自动旋光仪；(c) 旋光仪示意

由光源产生的光经起偏镜（固定的尼科尔棱镜）变成偏振光。经过盛液管，受到管中物质的影响，如在管中放置水、乙醇或丙醇时，由于水、乙醇等是非旋光性物质，不影响偏振光的振动面，光线能通过检偏镜（可以旋转的尼科尔棱镜），并不影响光的亮度。但如果把葡萄糖或某种乳酸的溶液放于管内，由于葡萄糖等是旋光性物质，它们能使偏振光的振动面向右或左偏转一定的角度，光就不能完全通过检偏镜，光的亮度就会减弱，这时要达到最大的亮度，必须把检偏镜向右或向左转动同一角度。所旋转的角度从仪表盘上读出即可得到旋光度。注意，如果旋光仪不能分辨 $\alpha \pm 180°$ 的度数，例如，旋光仪不能分辨出 $+28°$、$+208°$、$-152°$ 等。在这种情况下，至少应做两个不同浓度的测定。

物质的旋光性除了与物质的分子结构有关，还受到测定条件的影响。影响旋光度的因素包括溶液浓度、液层厚度（即盛液管的长度）、所用光源的波长、温度以及溶剂等。因此，同一种旋光性物质在不同条件下测定 α 值时，所得的结果也不一样。但如固定实验条件，则测得的物质的旋光度即为常数，它能反映该旋光性物质的本性，称为比旋光度，以 $[\alpha]$ 表示。比旋光度与测得的旋光度 α 有如下关系：

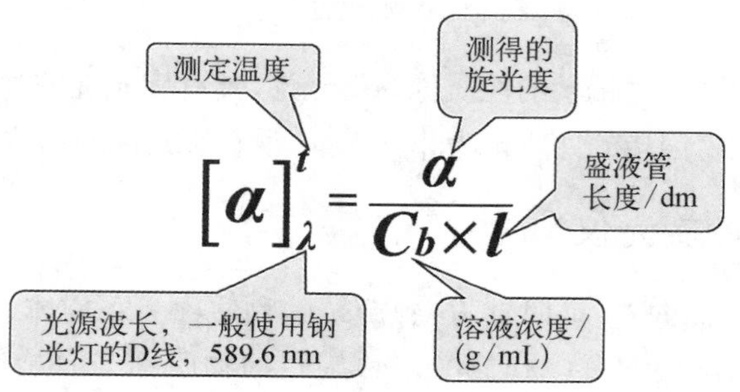

$$[\alpha]_{\lambda}^{t} = \frac{\alpha}{C_b \times l}$$

如果被测物质是纯液体，将溶液浓度改成溶液密度即可。

当浓度 c 和盛液管长度 l 的数值都等于 1 时，则 $[\alpha]=\alpha$。因此，物质的比旋光度就是浓度为 1 g/mL 的溶液放在 1 dm 长的管中测得的旋光度。如 $[\alpha]_{D}^{25}=3.12°$（水）表示 25℃时，以钠光灯为光源、水为溶剂、浓度为 1 g/mL 的某旋光性物质在 1 dm 长的盛液管中测得的旋光度为右旋 3.12°。所用溶剂须写在比旋光度值后面的括号中。因为即使在其他条件都相同时，改变溶剂也会使 $[\alpha]$ 值发生变化。比旋光度是旋光性物质特有的物理常数，一般可从化学手册上查到。

6.3 手性和手性分子

6.3.1 手性

把左手放在镜子前，可以看到镜中镜像，镜像与右手一样，所以，左手和右手互为实物和镜像的关系，但左手和右手又不能相互完全重叠，如图 6-5 所示。

左右手的这种特征在其他物质中也广泛存在，因此人们将物质不能和其镜像重叠的特征称为手性。在有机化合物中，不能和自身的镜像完全重合的分子称为手性分子，手性分子具有旋光性；能和自身的镜像完全重合的分子称为非手性分子，非手性分子没有旋光性。

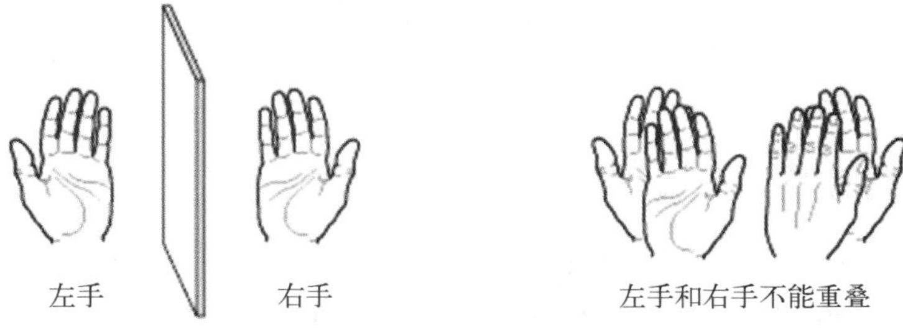

图6-5 手 性

6.3.2 对称性因素

手性分子有如下对称性因素：

(1) 对称面。对称面是分子中假想的一个平面，它可把分子分成两部分，这两部分互为实物和镜像的关系，如图 6-6 所示。

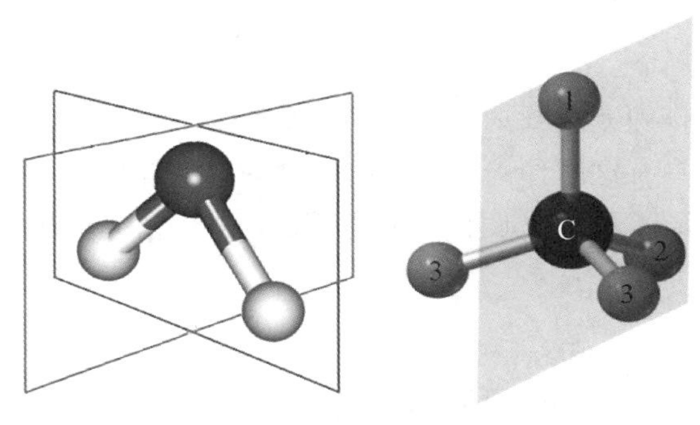

图6-6 对 称 面

(2) 对称中心。对称中心是分子中假想的一点，从分子中任意一个原子出发，向这个点作一条直线，再延长到等距离处，可遇到同样一个原子，这个点就是对称中心，如图 6-7 所示。

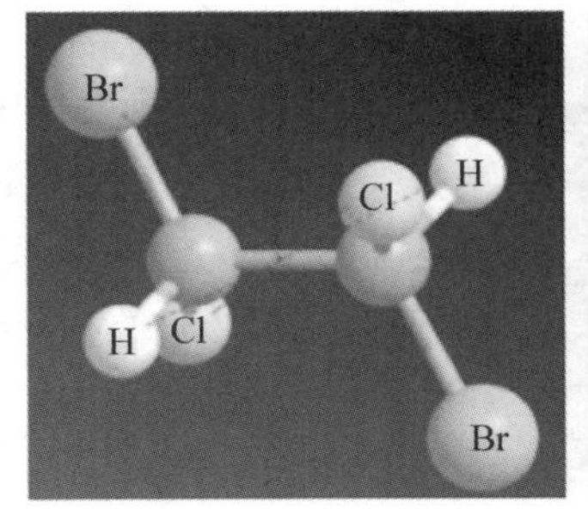

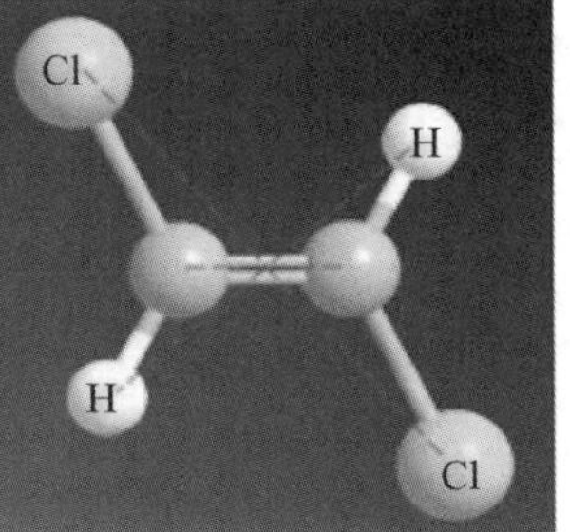

图6-7 对 称 中 心

凡是分子中有对称性因素的都是非手性分子；没有对称性因素的都是手性分子。一个物质的分子是否具有手性是由它的分子结构决定的。最常见的手性分子是含手性碳原子的分子。

6.3.3 手性碳原子和对映体

在有机化合物中，如果一个碳原子与四个各不同的原子或原子团相连时，这个化合物在空间可能有两种不同的排列方式，即不同的构型，如图 6-8 所示。

图 6-8 对映体

这两种不同的空间排列方式互为实物和镜像的关系，但又不能完全重叠。因此把它们称为两种不同的构型。具有这两种构型的异构体称为对映异构体，简称对映体。

连有四个各不同的原子或原子团的碳原子称为手性碳原子或手性中心或不对称碳原子，以 C* 表示。

6.4 手性分子构型的表示和标记

6.4.1 手性分子构型的表示方法

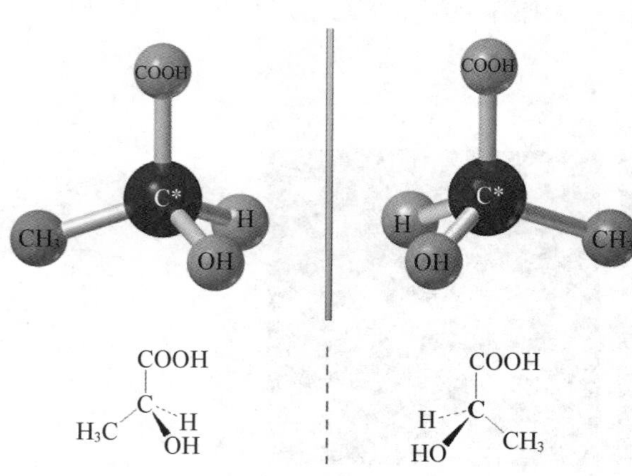

图 6-9 乳酸的分子模型和透视式

用常用的构造式不能准确地反映分子中原子或基团在空间的排布，因此常用透视式和费歇尔投影式来表示。

1. 透视式

透视式中，规定手性碳原子在纸平面上，细实线表示在纸平面上与手性碳原子相连的基团，虚线表示伸向纸平面后方，楔形线表示伸向纸平面前方的基团，如图 6-9 所示。

这种书写方式比较麻烦，对于表示含多个手性碳原子的化合物更加不便，现在普遍采用费歇尔(Fischer)投影式。

2. 费歇尔投影式

费歇尔投影式是用二维式子来表示含手性碳原子的分子的三维结构。即把手性碳原子所连的四个原子或原子团按规定的方法投影到纸上,使它变成平面形式。

投影原则为横前竖后,即① 手性碳原子写在纸平面上,以一个"+"字形的交叉点代表这个手性碳原子;② 以竖线表示与手性碳相连的伸向纸后的两个键,以水平线表示与手性碳原子相连的伸向纸前的两个键;③ 通常把碳链放在垂直线上,并把命名时编号最小的碳原子放在上端,如图 6-10 所示。

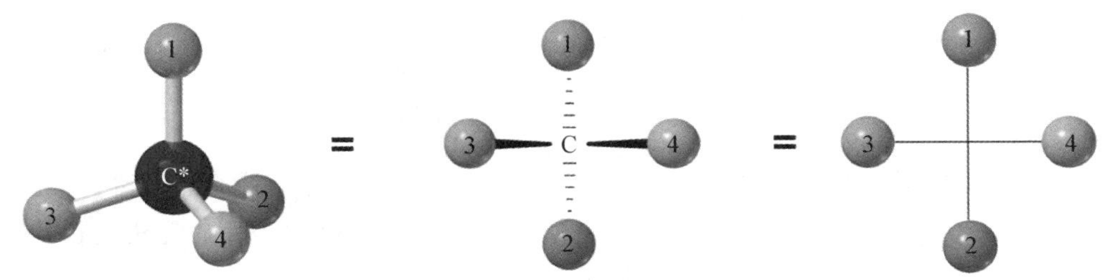

图 6-10 费歇尔式投影方法

对于费歇尔投影式,可以把它在纸面上旋转 180°,构型不变;若把它在纸面上旋转 90°、270°或脱离纸面翻转 180°,构型变成其对映体,如

$$\begin{array}{c} CH_3 \\ HO-\!\!\!+\!\!\!-H \\ COOH \end{array} \xleftarrow[\text{构型不变}]{\text{旋转180°}} \begin{array}{c} COOH \\ H-\!\!\!+\!\!\!-OH \\ CH_3 \end{array} \xrightarrow[\text{变为对映体}]{\text{旋转90°}} \begin{array}{c} H \\ H_3C-\!\!\!+\!\!\!-COOH \\ OH \end{array}$$

$$\begin{array}{c} COOH \\ HO-\!\!\!+\!\!\!-H \\ CH_3 \end{array} \xleftarrow[\text{变为对映体}]{\text{翻转180°}} \begin{array}{c} COOH \\ H-\!\!\!+\!\!\!-OH \\ CH_3 \end{array} \xrightarrow[\text{变为对映体}]{\text{旋转270°}} \begin{array}{c} OH \\ HOOC-\!\!\!+\!\!\!-CH_3 \\ H \end{array}$$

此外,若一个基团的位置保持不变,其他三个基团轮转,构型不变,例如

$$\begin{array}{c} \boxed{COOH} \\ H-\!\!\!+\!\!\!-OH \\ CH_3 \end{array} = \begin{array}{c} COOH \\ \boxed{H_3C}-\!\!\!+\!\!\!-H \\ OH \end{array} = \begin{array}{c} H \\ H_3C-\!\!\!+\!\!\!-OH \\ COOH \end{array}$$

6.4.2 构型的标记

在命名构造相同、构型不同的异构体时,必须将其构型加以标记。例如,构造为 $CH_3CHOHCOOH$ 的化合物有两种构型,它们的俗名都是乳酸,对于它们构型上的不同,通常在乳酸这一名称前加上一定的标记以示区别。构型的标记法有 D/L 标记法或 R/S 标记法。

1. D/L 标记法

在一对对映体中，一个是左旋体，另一个必然是右旋体，但哪一种构型代表左旋体或右旋体？1951 年以前还无法确定分子中各个原子在空间的真实排布，即无法确定分子的绝对构型，便采用相对的方法：以甘油醛(2,3-二羟基丙醛)的构型为对照标准进行的标记法。

甘油醛有两种构型。人为规定，在甘油醛的费歇尔投影式中，醛基在上，羟甲基在下。与手性碳相连的 OH 排在横线右边的，称为右旋甘油醛，构型为 D 型；其对映体 OH 排在横线左边的，称为左旋甘油醛，构型为 L 型。

CHO
H—┼—OH
CH_2OH
D-甘油醛

CHO
HO—┼—H
CH_2OH
L-甘油醛

通过一定的实验，手性碳上的键不发生断裂，化合物可以与标准甘油醛通过直接或间接的方式相关联。如果与 D-甘油醛相关联的，称为 D 构型分子；与 L-甘油醛相关联的，称为 L 构型分子。用这种方法确定的构型是相对于标准物质——甘油醛而来的，所以称为相对构型。

CHO
H—┼—OH
CH_2OH
D-甘油醛
D-(+)-甘油醛

—氧化→

COOH
H—┼—OH
CH_2OH
D-甘油酸
D-(−)-甘油酸

—还原→

COOH
H—┼—OH
CH_3
D-乳酸
D-(−)-乳酸

—取代→

COOH
H—┼—NH_2
CH_3
D-丙氨酸
D-(+)-丙氨酸

上述规定为确定其他一些物质分子的构型带来了方便，但这毕竟是人为规定的，都是相对构型，真实概率仅 50%。直到 1951 年 Bijvoet 用 X 射线衍射法测定了右旋酒石酸铷钾的构型，发现该分子中各原子在空间分布的构型与它的相对构型完全一致。这样，无论是甘油醛还是与它们相关联的各旋光性物质的相对构型也都是绝对构型了。现在已有许多旋光性物质用不同的方法确定了绝对构型。

要注意的是，D、L 只表示化合物的构型，不表示旋光方向。若既要表示构型，又要表示化合物的旋光方向，则旋光方向用“(+)”“(−)”表示。

D/L 标记法有一定的局限性：很多手性化合物不能通过化学反应与甘油醛关联，含多个手性碳原子的化合物，无法将每个手性碳的构型都表示出来，有时用不同的转化方法可能使同一化合物既是 D 型，又是 L 型，造成混乱。但由于长期习惯，D/L 标记法目前在糖类及氨基酸类化合物中仍有应用。

2. R/S 标记法

1970 年，根据国际纯粹与应用化学联合会(International Union of Pure and Appied Chemistry，IUPAC)的建议，世界各国普遍采用 R/S 标记法。首先把手性碳所连的四个基团按照次序规则排列其优先顺序，如①>②>③>④。然后将④放在距观察者最远处，其他三个基团指向观察者。观察从①→②→③的次序,如果①→②→③为顺时针方向排列,为R构型(R为拉丁文Rectus首字母,右);如果①→②→③为逆时针方向排列,为S构型(S为拉丁文Sinister首字母,左),如图6-11所示。

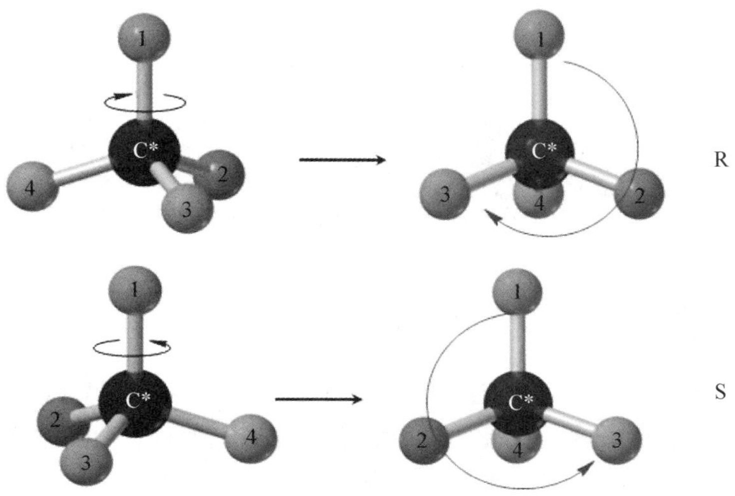

图6-11 通过透视式进行标记

如果构型是费歇尔投影式,可以直接用以下方法来标记:同样先把手性碳所连的四个基团排序,如①>②>③>④;④在横线上,①→②→③顺时针方向排列,为S构型,反之则为R构型;④在竖线上,①→②→③顺时针方向排列,为R构型,反之则为S构型,如图6-12所示。

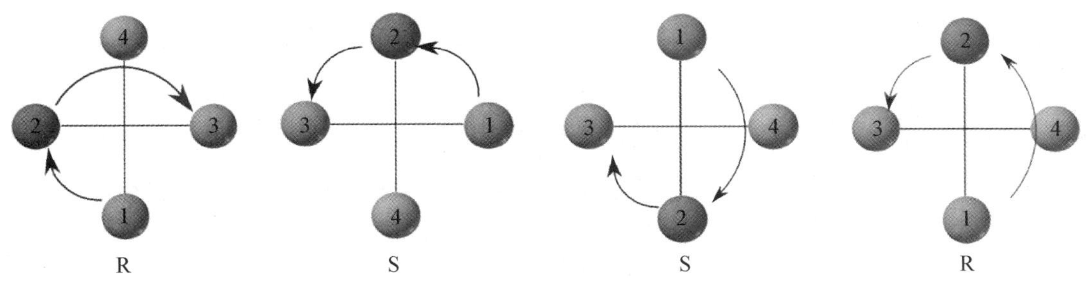

图6-12 通过费歇尔投影式进行标记

例如

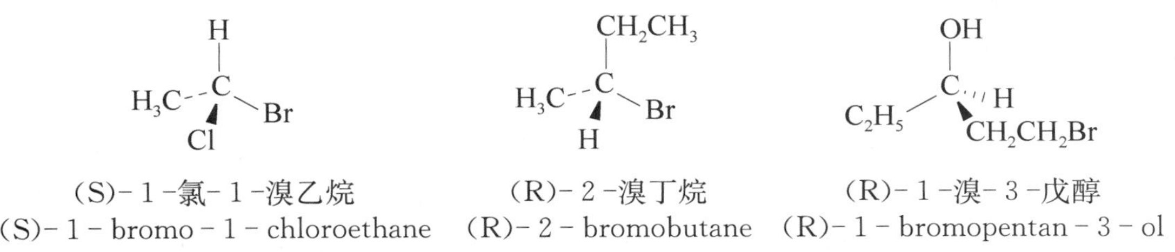

$$\begin{array}{c} CH(CH_3)_2 \\ C_2H_5 - \!\!\!+\!\!\! - CH_3 \\ H \end{array}$$	$$\begin{array}{c} CH_2 - C = CH_2 \\ \quad\quad H \\ H - \!\!\!+\!\!\! - CH_3 \\ C \equiv CH \end{array}$$	$$\begin{array}{c} CH_3 \\ Cl - \!\!\!+\!\!\! - H \\ Cl - \!\!\!+\!\!\! - H \\ C_2H_5 \end{array}$$
(S)-2,3-二甲基戊烷	(S)-4-甲基-1-己烯-5-炔	(2R,3S)-2,3-氯戊烷
(S)-2,3-dimethylpentane	(S)-4-methylhex-1-en-5-yne	(2R,3S)-2,3-dichloropentane

R/S构型同样只表示化合物的构型，与其旋光性没有必然的联系。物质的旋光性仍需通过实验测定。

如果分子中含有多个手性碳原子时，每个手性碳原子的构型都要标出。

6.5 含一个手性碳原子的化合物

含一个手性碳原子的化合物一定是一个手性分子，有两种不同的构型，互为对映异构体。它们的性质除旋光性不同（旋光方向相反，比旋光度的绝对值相同）外，其他物理性质相同。一般条件下，对映体的化学性质也相同，但在遇到旋光性条件（旋光性的试剂、溶剂、催化剂等）下，会表现出差异。如表6-1所示为不同乳酸的性质比较。

表6-1 不同乳酸性质的比较

	$[\alpha]_D^{20}$（水）	熔点/℃	pK_a
(+)-乳酸	+3.82°	53	3.79
(−)-乳酸	−3.82°	53	3.79
(±)-乳酸	0	18	3.86

人体在运动时肌肉可产生右旋乳酸，其$[\alpha]_D^{20}=+3.82°$（水）。由左旋乳酸杆菌使乳酸发酵得到另一种乳酸：左旋乳酸，其$[\alpha]_D^{20}=-3.82°$（水）。另外，采用人工合成法所得到的乳酸没有旋光性，即$[\alpha]_D^{20}=0$，这种乳酸称为外消旋乳酸。外消旋乳酸不是单纯的化合物，而是由等量的左旋乳酸和右旋乳酸组成的混合物。由于左旋乳酸和右旋乳酸旋光方向相反，旋光能力相等，等量混合时，旋光性被抵消，因此没有旋光性。

两个对映体的等量混合物的比旋光度为零。这种混合物称为外消旋体，一般用(±)来表示。与左旋体右旋体相比较，外消旋体除了无旋光性外，其理化性质也有不同。外消旋体的生理或药理作用与各对映体往往有明显的差异，例如左旋氯霉素具有抗菌作用，而右旋氯霉素无抗菌作用。

沙利度胺(Thalidomide)是人类药物史上一个著名的案例：20世纪50年代初期，德国的一家制药厂生产了一种安眠药沙利度胺（也译为“反应停”），发现该化合物具有一定的镇静催眠作用，还对妊娠呕吐有明显的疗效，一时各国争相上市，使用极为广泛。但随即而来的是，许多出生的婴儿都患有一种很罕见的畸形症状——海豹肢症，四肢发育不全，短得就像海豹的鳍足。1961年，这种症状终于被证实是孕妇服用“反应停”所致。于是，该药被禁用，然而，受其影响的婴儿已多达1.2万名。沙利度胺作为一个手性化合物，其R-构型具有镇静作用，而S-构型有致畸性。

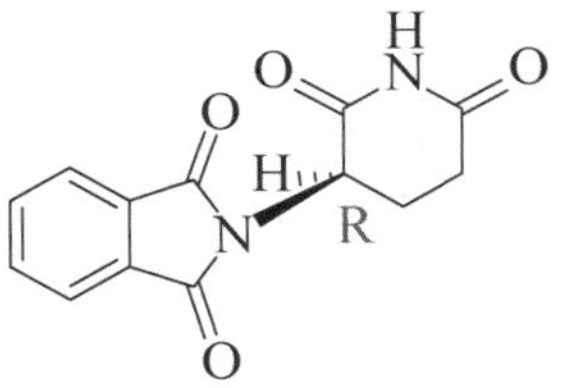

镇静作用 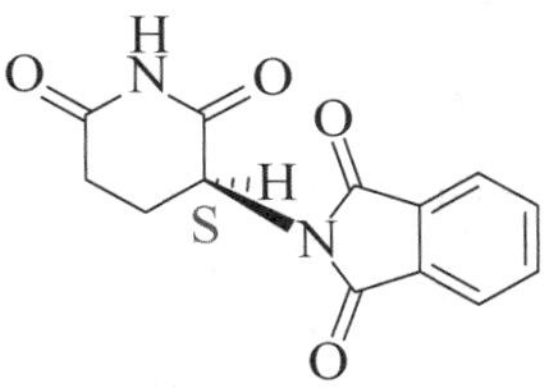　　强烈致畸作用

沙利度胺(反应停)

除了用特殊方法外，通常化学合成的具手性碳原子的化合物基本上都是外消旋体。要想从外消旋体得到纯的旋光异构体，要采用特定的方法把左旋体与右旋体分开，这个过程称为拆分。

6.6 含两个手性碳原子的化合物

在有机化合物中，随着手性碳原子数目的增加，对映异构现象也愈发复杂。

如果两个手性碳原子所连接的基团完全相同，称为相同手性碳原子，否则属于不同的手性碳原子。

6.6.1 含两个不同的手性碳原子的分子

含两个不同的手性碳原子的化合物有四种构型：两种对映异构体和两种外消旋体。例如2-羟基-3-氯丁二酸，C2* 上连的是—H，—OH，—COOH及—CHClCOOH，C3* 上连的是—H，Cl，—COOH及—CHOHCOOH，属于两个不同的手性碳。2-羟基-3-氯丁二酸四种构型的费歇尔投影式如下：

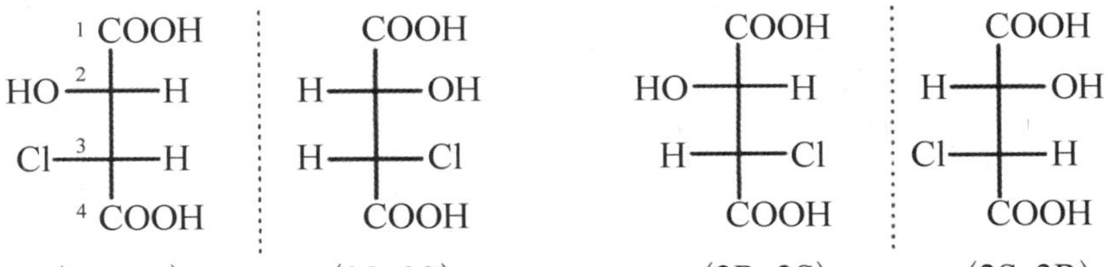

(2R,3R)　　(2S,3S)　　(2R,3S)　　(2S,3R)

Ⅰ　　Ⅱ　　Ⅲ　　Ⅳ

结构Ⅰ与Ⅱ是一对对映体，结构Ⅲ与Ⅳ是另一对对映体。Ⅰ(Ⅱ)与Ⅲ(Ⅳ)没有实物和镜像的关系，分子结构中部分相同，部分是镜像关系，因此它们不是对映异构体，而是非对映异构体(非对映体，diasteroisomer)。非对映体之间不仅旋光性不同，理化性质也有一定的差异，可以用一般的物理方法分离。

6.6.2 含两个相同的手性碳原子的分子

酒石酸(2,3-二羟基丁二酸)C2* C3* 上连接的基团相同,属于两个相同的手性碳。酒石酸不同构型的费歇尔投影式如下:

I	II	III	IV
1 COOH	COOH	COOH	COOH
HO—2—H	H——OH	HO——H	H——OH
H—3—OH	HO——H	HO——H	H——OH
4 COOH	COOH	COOH	COOH
(2S,3S)	(2R,3R)	(2S,3R)	(2R,3S)

结构Ⅰ与Ⅱ是一对对映体,等量混合可以形成外消旋体。结构Ⅲ、Ⅳ粗看为对映体,但将Ⅲ在纸面上旋转180°后与Ⅳ完全重合,所以Ⅲ、Ⅳ为同一种分子。因为在这个分子中有一个对称面,将分子分成互为实物和镜像的上下两部分,使分子内上下两部分的旋光性相抵消。这种分子称为内消旋体。如表6-2所示为不同酒石酸的性质比较。

表6-2 不同酒石酸性质的比较

酒石酸	$[\alpha]_D^{25}$(水)	熔点/℃	溶解度 g/100 gH_2O	pK_{a_1}	pK_{a_2}
右旋体	+12	170	139	2.96	4.16
左旋体	−12	170	139	2.96	4.16
外消旋体	0	159	20.6	2.96	4.16
内消旋体	0	205	125	3.11	4.80

要注意的是,外消旋体是混合物,内消旋体是化合物,内消旋体不可分。内消旋体与其他非对映体性质不同,不仅旋光性不同,而且物理性质、化学性质都不同。

所以,当化合物分子含有不止一个手性碳原子时,该分子可能不是手性分子。决定一个分子是否有手性的依据还是看其有无对称性因素。

理论上,当分子中含有 n 个手性碳原子时,每个手性碳原子都有R/S两种构型,分子可能有 $2n$ 个立体异构体,但若分子中含有相同的手性碳原子时,分子中可能存在对称性因素导致异构体数目减少。

6.7 环状化合物的立体异构

取代环烷烃既有顺反异构,又有对映异构。判断取代环烷烃是否具有对映异构体的依据仍然是看分子中有没有对称因素。在分析环烷烃的对称性时,可以把环上的碳原子看成是在同一平面上。如含两个相同取代基的环丙烷有如下三种构型:

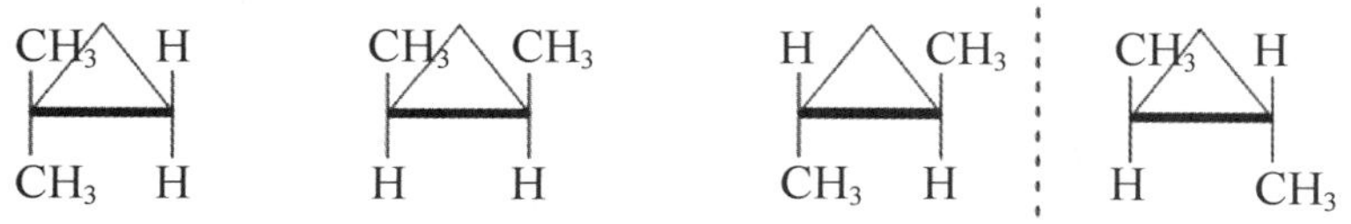

结构Ⅰ与Ⅱ有对称面，无旋光性；结构Ⅲ、Ⅳ互为对映异构体。

再如含两个相同取代基的环己烷有以下不同构型：

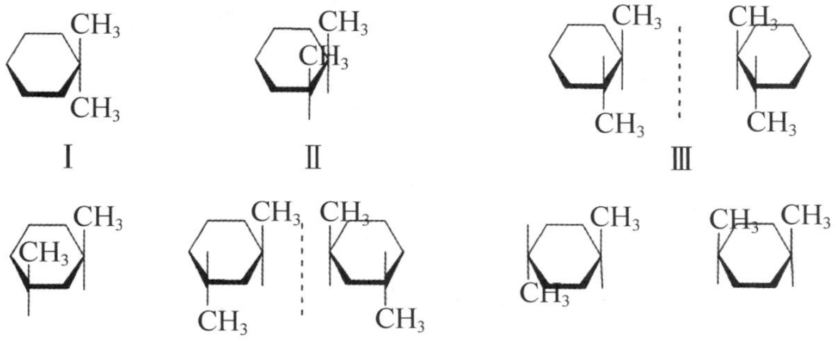

6.8 不含手性碳原子化合物的立体异构

在有机化合物中，大多数旋光性物质含有手性碳原子。实际上还有一些元素（如N、S、P等）的共价键化合物也是四面体。当这些原子所连接的基团互不相同时，也是手性原子（见图6-13）。含有这些手性原子的分子也可能是手性分子。另外，有些旋光性物质分子中虽不含有手性原子，但分子无对称因素，如丙二烯型化合物及联苯型化合物，因此也有旋光性。

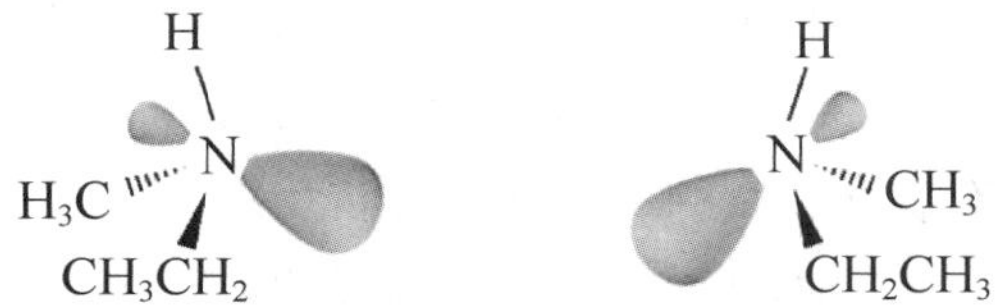

图6-13 含手性氮的胺分子

6.8.1 丙二烯型化合物

丙二烯型化合物分子中两端碳连接的四个基团相互垂直。如果某一端的碳原子上连有相同的基团时，分子能找到对称面，则没有旋光性，否则就存在一对对映异构体。

1. 两个双键相连

2. 一个双键与一个环相连

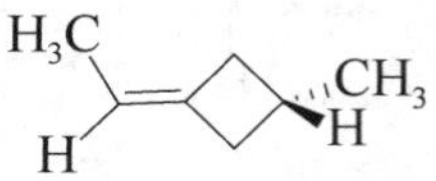

3. 螺环型

6.8.2 联苯型化合物

这类分子中的两个苯环之间以一个单键相连，单键可以旋转。但当联苯 2、6 位上连接有体积较大的取代基时，苯环之间单键的旋转受阻，使两个苯环不能处在同一平面上。此时，若苯环上的取代基不同，整个分子就具有手性，如

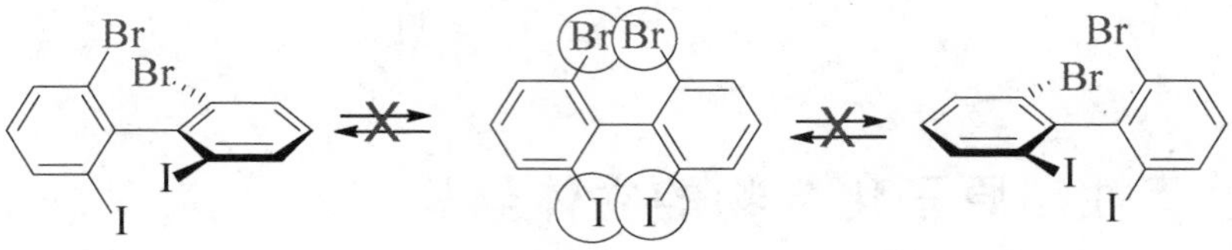

6.9 外消旋体的拆分

人工合成的手性化合物往往是外消旋体，要得到纯的异构体需要经过拆分（用某种方法将外消旋体分离成纯的左旋体和右旋体的过程）。但对映体的一般的物理性质及化学性质（除与手性试剂作用）都相同，因此很难用一般的方法，如蒸馏结晶等进行分离。常用的方法有化学分离法、微生物分离法、播种结晶法等，这些方法的具体步骤如下：

(1) 化学分离法。让对映体与某种旋光性化合物反应，生成非对映体，再利用非对映体物理性质（沸点、溶解度等）的差别，通过分馏或分步结晶进行分离，最后再除去拆分剂，得到纯的旋光异构体。例如拆分外消旋的酸，可以用旋光性碱。

(±)-酸＋(−)-碱 → (+)-酸-(−)-碱 $\xrightarrow{H^+}$ (+)-酸

(±)-酸＋(−)-碱 → (−)-酸-(−)-碱 $\xrightarrow{H^+}$ (−)-酸

非对映体

(2) 生物分离法。生物体中的酶及细菌等具有旋光性，当它们与外消旋体作用时，具有较强的选择性。例如在外消旋的酒石酸中培养青霉素，只消耗(+)-酒石酸，剩下(−)-酒石酸。但这种方法往往要损失一半的原料。

(3) 播种结晶法。在外消旋体的过饱和溶液中加入少量左旋或右旋体的晶种，与晶种相同的异构体将优先结晶出来，将其过滤分离。在滤液中另加外消旋体，加温溶解，冷却后另一异构体将优先结晶。这样反复操作，达到拆分的目的。此法只加少量的一种旋光异构体，就可以达到分离目的，十分经济。工业上氯霉素就是用此法分离的。

习 题

6-1 判断下列化合物有无旋光性：

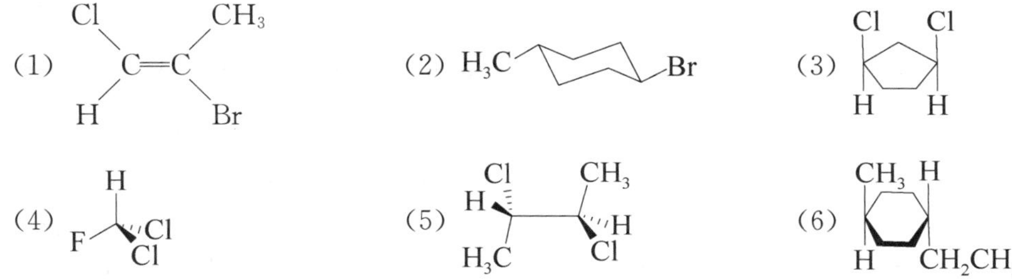

6-2 下列各化合物中有无手性碳原子？若有则用“*”标出手性碳原子。

(1) $C_6H_5CH(Cl)CH_2C_6H_5$　(2) $CH_3CHBrCHClCH{=}CH_2$

(3) $CH_3CH_2CHDCH_3$　(4) H3C, H, C=C, H, H, CH3, C, C=C, H, H, CH3

(5) OH, Br（环己烷）　(6) Cl, CH3（环己烷椅式）

6-3 用R/S标记下列化合物中手性碳原子的构型：

(1) H, H3C, C, C2H5, HO　(2) OH, H, C, CH3, CH2Cl　(3) CHO, H3C, C, COOH, H

(4) COOH, H, NH2, CH3　(5) CN, H3C, C≡CH, CH2OH　(6) CH3, Cl, H, H, CH3, C2H5

6-4 判断下列各组化合物中两个化合物的关系（对映体、同一化合物、构造异构），并标明手性碳原子的构型：

(1) 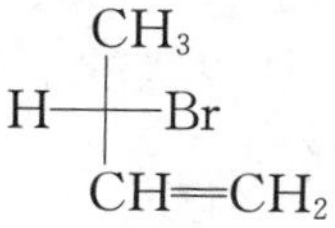 和 (2) 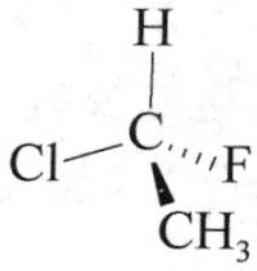 和

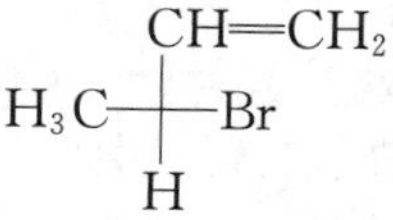

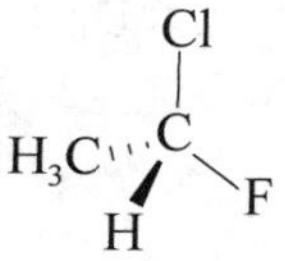

(3) 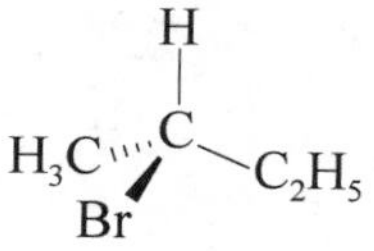 和 (4) 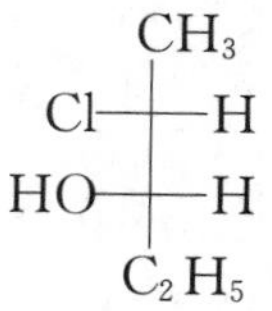 和

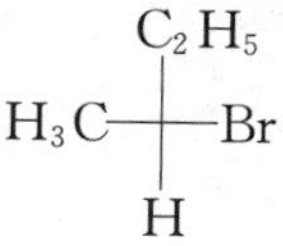

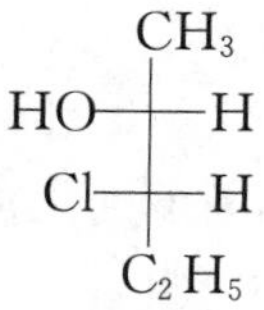

6-5 指出A与B、C、D、E的关系(同一化合物、对映体、非对映体、不同化合物)及各分子有无手性。

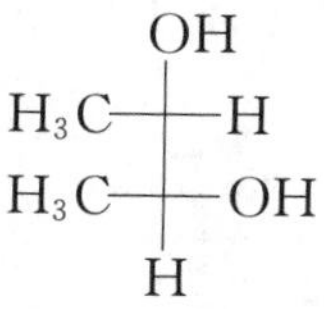

A 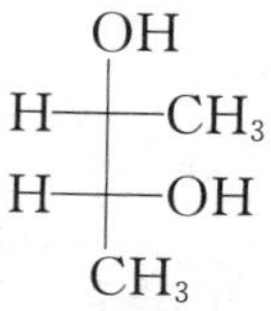 B 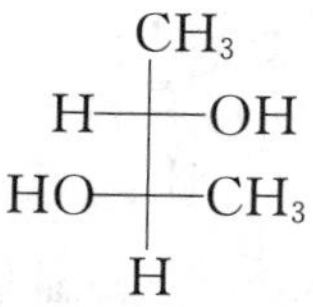 C 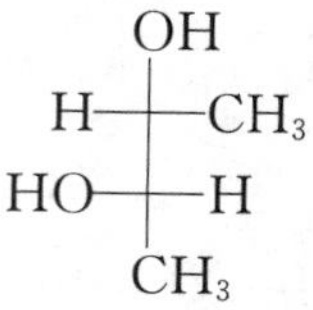 D 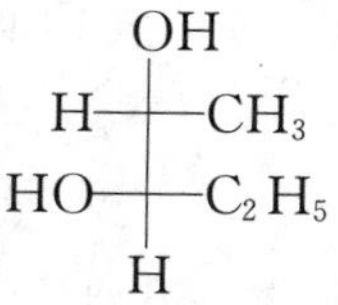 E

6-6 判断下列两组化合物中两个化合物的关系，标明不对称碳原子的构型：

(1) 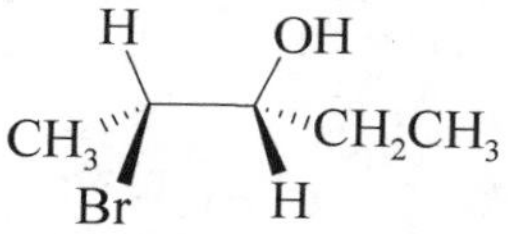 和

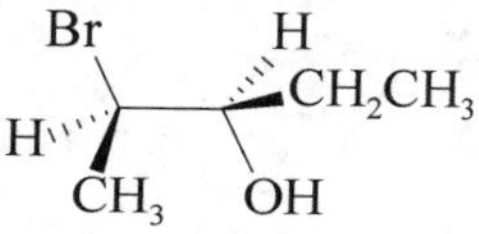

(2) 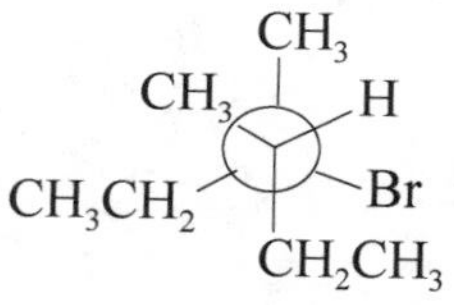 和

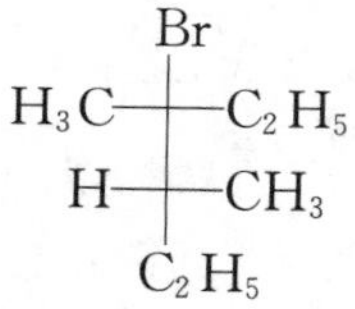

(3) 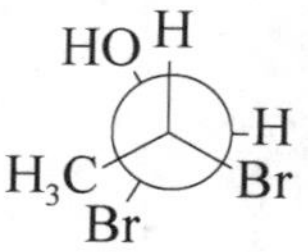 和

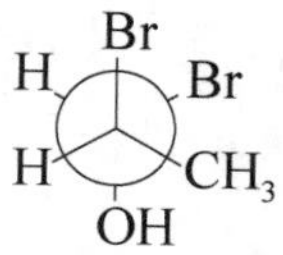

6-7 指出下列化合物是否具有光学活性：

(1) 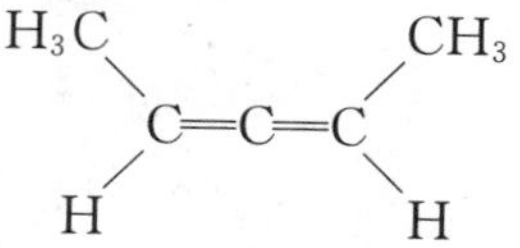 (2)

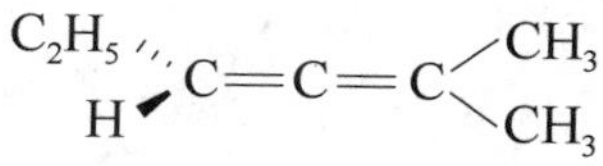

(3) 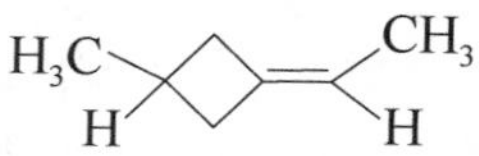 (4)

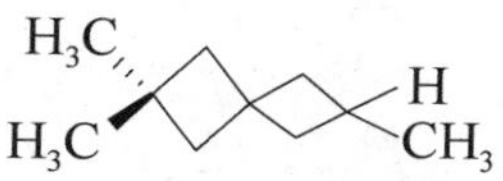

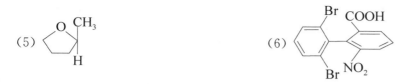

6－8 按要求回答下列问题：

(1) 写出(S)－2－氯丁烷经自由基一氯化反应得到的可能产物。

(2) 写出顺－2－戊烯与溴加成产物的透视式和费歇尔投影式。

6－9 用系统法命名或写出下列化合物的结构式：

(1) CH_3 / CH_2CH_3

(2) Ph / H—CH$_3$ / H—C_2H_5 / CH_3

(3) C_2H_5 / H_3C / C / H / $CH{=}CH_2$

(4) (S)－1－苯基－2－甲基丁烷　　(5) (4S,2E)－2－氯－4－溴－2－戊烯

(6) (S)－3－乙基－1－庚烯－5－炔　　(7) (2R,3R)－2,3－二氯丁烷

6－10 对旋光性化合物 A(C_8H_{12})用铂催化剂加氢得到没有手性的化合物 B(C_8H_{18})，A 用林德拉催化剂加氢得到手性的化合物 C(C_8H_{14})，但用金属钠在液氨中还原得到另一个没有手性的化合物 D(C_8H_{14})。试推测 A、B、C 的结构。

第7章 卤 代 烃

卤代烃可以看作烃分子中一个或多个氢被卤原子取代后所生成的化合物。其中卤原子就是卤代烃的官能团。卤代烃的通式为 R—X，其中 R 是烃基，X 为卤原子 Cl、Br、I、F。由于氟代烃的化学性质和制备方法与其他卤代烃相差较多，故本章仅讨论氯代烃、溴代烃和碘代烃。

卤代烃的性质比烃活泼得多，能发生多种化学反应，转化成各种其他类型的化合物，在有机合成中起着桥梁的作用。

7.1 卤代烃的分类和命名

7.1.1 卤代烃的分类

根据卤代烃分子中的烃基结构的不同，可分为饱和卤代烃、不饱和卤代烃和卤代芳烃。

在饱和卤代烃中根据和卤原子直接相连的碳原子的类型，可分为伯卤代烃、仲卤代烃和叔卤代烃，即

RCH_2X	R_2CHX	R_3CX
一级(伯)卤代烃 1°卤代烃	二级(仲)卤代烃 2°卤代烃	三级(叔)卤代烃 3°卤代烃

根据分子中卤原子与双键或苯环的相对位置可以分为：

(1) 乙烯型和苯基型卤代烃。即卤原子直接与碳碳双键碳原子或苯环碳原子相连的卤代烃，分别称为乙烯型和苯基型卤代烃，如

氯乙烯　　　　溴苯

(2) 烯丙基型和苄基型卤代烃。即卤原子与碳碳双键碳原子或苯环碳原子相隔一个饱和碳原子的卤代烃，分别称为烯丙基型和苄基型卤代烃，如

$CH_2{=}CHCH_2Cl$

3-氯-1-丙烯

$C_6H_5CH_2Br$

苯甲基溴(苄溴)

(3) 隔离型卤代烯烃。即卤原子与碳碳双键碳原子或苯环碳原子相隔两个或多个饱和碳原子的卤代烃，称为隔离型卤代烃，如

$CH_2{=}CHCH_2CH_2Cl$

4-氯-1-丁烯

$C_6H_5CH_2CH_2Br$

1-苯基-2-溴乙烷

此外，根据分子中卤原子的数目的不同还可分为一卤代烃、二卤代烃和多卤代烃。

7.1.2 卤代烃的命名

1. 习惯命名法

结构简单的卤代烃可以按与卤原子相连接的烃基的名称来命名，称为卤代某烃或某基卤，如

$(CH_3)_2CHBr$	$C_6H_5CH_2Cl$
溴代异丙烷(异丙基溴)	氯代苄(苄基氯)

$CH_3CH_2CH_2CH_2Cl$	$(CH_3)_3CBr$	$(CH_3)_3CCH_2I$
正丁基氯	叔丁基溴	新戊基碘

2. 系统命名法

1) 卤代烷烃

以烷烃为母体，卤原子看作取代基，选择含有卤原子的最长碳链为主链，先按“最低系列”原则将主链编号，然后按次序规则中“较优基团后列出”来命名，如

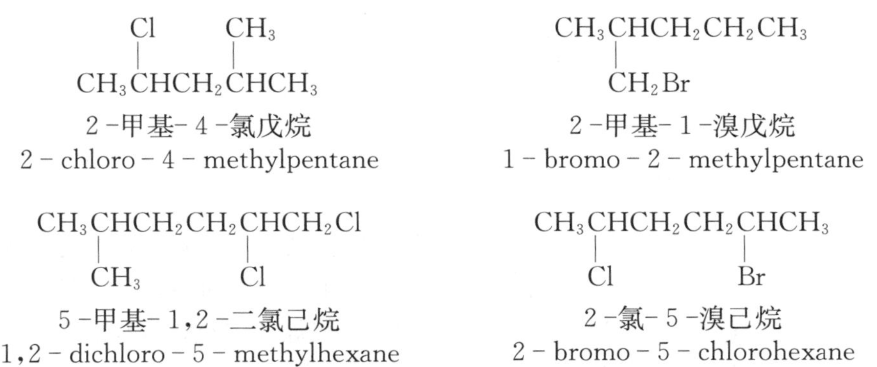

2) 卤代烯烃

选择含双键和卤原子的最长碳链为主链，从靠近双键的一端开始将主链编号，以烯烃为母体来命名，如

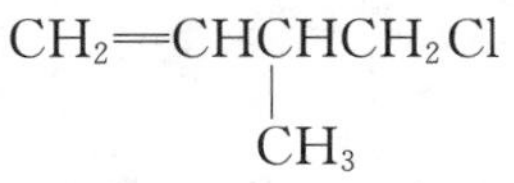

$CH_2{=}CHCH(CH_3)CH_2Cl$

3-甲基-4-氯丁烯

4-chloro-3-methylbut-1-ene

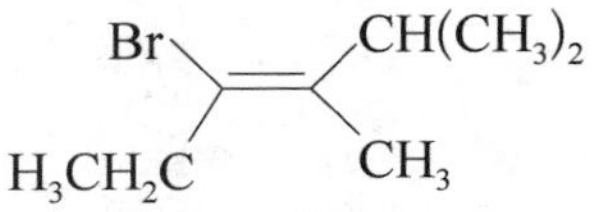

$(Br)(H_3CH_2C)C{=}C(CH(CH_3)_2)(CH_3)$

Z-2,3-二甲基-4-溴-2-己烯

(Z)-4-bromo-2,3-dimethylhex-3-ene

3）卤代芳烃

卤原子直接连接在芳环上时，以芳烃为母体，卤原子作为取代基来命名，如

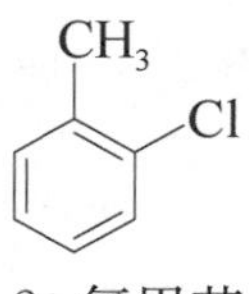

2-氯甲苯

1-chloro-2-methylbenzene

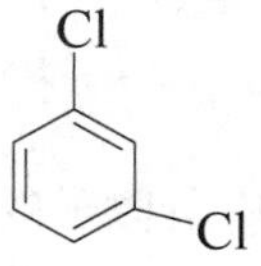

间二氯苯

1,3-dichlorobenzene

卤原子连接在芳环侧链上时，常以脂肪烃为母体，卤原子和芳环作为取代基来命名，如

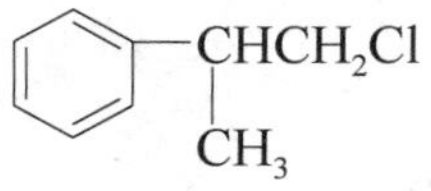

$C_6H_5CH(CH_3)CH_2Cl$

2-苯基-1-氯丙烷

(1-chloropropan-2-yl)benzene

4）卤代环烷

一般以脂环烃为母体，卤原子及支链作为取代基来命名，如

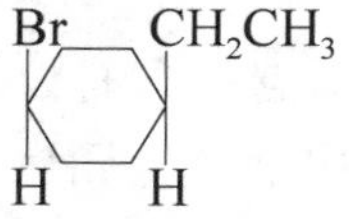

顺 1-乙基-4-溴环己烷

1-bromo-4-ethylcyclohexane

7.2 卤代烃的物理性质

在常温常压下，除氯甲烷、氯乙烷、溴甲烷是气体外，其他常见的一元卤烷为液体。十五个碳以上的卤代烷为固体。一元卤烷的沸点随着碳原子数的增加而升高。卤原子的引入使C—X键具有较强的极性，卤代烃分子间引力增大，卤代烃的沸点比同碳数的相应烷烃高。同一烃基的卤烷中碘代烷的沸点最高，其次是溴代烷、氯代烷。在卤烷的同分异构体中，直链异构体的沸点最高，支链越多，沸点越低。

一元卤烷的相对密度大于同数碳原子的烷烃。一氯代烷的相对密度小于1，一溴代烷、一碘代烷及多氯代烷的相对密度大于1。同一烃基的卤烷，氯烷的相对密度最小，碘烷的相对密度最大。如果卤素相同，其相对密度随着烃基的相对分子质量增加而减少。某些卤代烃的沸点和密度如表 7-1 所示。

表 7-1 一些卤代烃的沸点与密度

名 称	沸点/℃	相对密度(20℃)/(g/cm³)	名 称	沸点/℃	相对密度(20℃)/(g/cm³)	名 称	沸点/℃	相对密度(20℃)/(g/cm³)
氯甲烷	−24		溴甲烷	5		碘甲烷	43	2.279
氯乙烷	12.5		溴乙烷	38	1.440	碘乙烷	72	1.933
1-氯丙烷	47	0.89	1-溴丙烷	71	1.335	1-碘丙烷	102	1.747
1-氯丁烷	78.5	0.884	1-溴丁烷	102	1.276	1-碘丁烷	130	1.617
3-氯丙烯	45.7	0.938	3-溴丙烯	70	1.398	3-碘丙烯	102	1.837
氯苯	132	1.106	溴苯	155.5	1.495	碘苯	188.5	1.832
二氯甲烷	40	1.325	三氯甲烷	61	1.489	四氯化碳	77	1.595

所有卤代烃均不溶于水，能溶于乙醇、乙醚等有机溶剂，并能溶解多种弱极性和非极性有机物，因此二氯甲烷、氯仿、四氯化碳等为常用有机溶剂，可把有机物从水层中提取出来。

纯净的卤代烃是无色的，但碘代烃往往是棕红色，这是碘代烃见光会分解产生游离碘的缘故。因此，碘代烃应避光保存。

7.3 卤代烷的化学性质

在卤代烃中，由于卤原子的电负性较大，碳卤键是极性共价键，C—X 键的键能都比 C—H 键小(C—I 键能为 218 kJ/mol，C—Br 键能为 285 kJ/mol，C—Cl 键能为 339 kJ/mol，C—H 键能为 414 kJ/mol)。因此，C—X 键比 C—H 键更容易异裂而发生各种化学反应，转变为其他有机化合物。卤代烃在合成中有着广泛的应用，为一类重要的化合物。

7.3.1 亲核取代反应

在卤代烷分子中，由于卤原子的电负性大于碳，使 C—X 键的一对电子偏向卤原子，碳原子上带有部分正电荷，容易受到亲核试剂的进攻，发生取代反应。

$$Nu:^- + -\overset{|}{\underset{|}{C}}-X \longrightarrow Nu-\overset{|}{\underset{|}{C}}- + X^-$$

其中 $Nu:^-$ 表示亲核试剂，一般是带有负电荷的离子(如 HO^-、RO^-、CN^- 等)或具有未共用电子对的分子(如 NH_3、H_2O 等)。X^- 表示卤素负离子，在反应中作为离去基团，带着一对电子离开。这种由亲核试剂进攻引起的取代反应称为亲核取代反应，用 S_N 表示。卤代烷的取代反应活性次序为 RI>RBr>RCl>RF。

1. 水解反应

卤代烷与强碱水共热时，卤原子可被羟基取代生成醇，即

$$RCH_2X + NaOH \xrightarrow{水} RCH_2OH + NaX$$

此反应是制备醇的一种方法，一般情况下，卤代烷水解反应很慢，加入 NaOH 能加快反应的进行，这是因为 OH^- 亲核性比水强。伯卤代烷碱性水解时主要产物是醇。叔卤代烷碱性水解时，除了得到相应的醇外，还会因烷基的结构不同发生消除反应得到不同比例的烯烃。

2. 与氰化钠反应

卤代烷与氰化钾或氰化钠反应时，卤原子可被氰基取代生成腈，即

$$RCH_2X + NaCN \xrightarrow{醇} \underset{腈}{RCH_2CN} + NaX$$

通过这个反应，分子中增加了一个碳原子，是有机合成中增长碳链的方法之一。此外，氰基是一个重要的官能团，可进一步转化为—COOH、—$CONH_2$ 等基团。在这一反应中，卤代烃一般为伯卤代烷，仲卤代烷收率较低，叔卤代烷则主要发生消除反应生成烯烃。

3. 与氨反应

卤代烷与氨反应时，卤原子可被氨基取代生成胺，即

$$RX + NH_3(过量) \longrightarrow \underset{胺}{RNH_2} + NH_4X$$

由于生成的伯胺会进一步与卤代烷反应，生成仲胺、叔胺和季铵盐，因此，如要制备伯胺，需要卤代烷与过量的 NH_3 反应。

4. 与醇钠(RONa)反应

卤代烷与醇钠的醇溶液反应时，卤原子可被烷氧基取代生成醚，即

$$RX + R'ONa \longrightarrow \underset{醚}{ROR'} + NaX \qquad R{=}R' 单醚\ R \neq R' 混醚$$

这个反应称为威廉森(Williamson)合成法，主要用来制备混醚。在这一反应中，也不能使用叔卤代烷，因为叔卤代烷与醇钠反应时，主要发生消除反应而生成烯烃。

5. 与 $AgNO_3$-醇溶液反应

卤代烷与硝酸银的醇溶液反应时，可生成硝酸酯和卤化银沉淀，即

$$RX + AgNO_3 \xrightarrow{醇} \underset{硝酸酯}{RONO_2} + AgX\downarrow$$

由于有卤化银沉淀出现，现象明显，此反应可用于鉴别卤化物。若卤代烷的卤原子或烃基不同的卤代烷，其亲核取代反应活性有差异。

若卤原子相同，烃基结构不同的卤代烷的反应活性顺序为叔卤代烷＞仲卤代烷＞伯卤代烷。在室温下，叔卤代烷与 $AgNO_3$ 的醇溶液反应立刻生成 AgX 沉淀，仲卤代烷反应较慢，反应片刻后生成 AgX 沉淀，而伯卤代烷与 $AgNO_3$ 的醇溶液则需加热才生成 AgX 沉淀。若烃基

相同,不同卤原子卤代烷的反应活性顺序为 R—I>R—Br>R—Cl,且反应生成的 AgI 为黄色沉淀,AgBr 为淡黄色沉淀,AgCl 为白色沉淀,由此可以鉴别不同卤原子的卤代烷。

6. 卤原子交换反应

在丙酮溶液中,卤代烷和溴代烷可分别与碘化钠反应,生成碘代烷,即

$$RCl + NaI \xrightarrow{\text{丙酮}} RI + NaCl$$

$$RBr + NaI \xrightarrow{\text{丙酮}} RI + NaBr$$

NaI 溶于丙酮,NaCl、NaBr 不溶于丙酮,会从溶液中沉淀析出,有利于反应的进行。卤代烷(RCl 和 RBr)的反应活性顺序为伯卤代烷>仲卤代烷>叔卤代烷。碘化钠的丙酮溶液可用来检验氯代烷和溴代烷。

7.3.2 消除反应

在卤代烷分子中,由于卤原子的吸电子诱导效应,不仅使得 α 碳带部分正电荷,β 碳也受到影响带更少量正电荷,从而 β - C—H 键的电子偏向碳原子,使 β 氢表现出一定的活泼性,在强碱性试剂的进攻下容易脱离。卤代烃与 NaOH(KOH)的醇溶液作用时,脱去卤素与 β 碳上的氢原子而生成烯烃。像这种从一个分子中脱去一个简单分子生成不饱和键的反应称为消除反应,用 E 表示。

$$R-\underset{\displaystyle H}{\underset{|}{CH}}-\underset{\displaystyle X}{\underset{|}{CH_2}} \xrightarrow[\text{EtOH, }\triangle]{KOH} RCH=CH_2$$

这是在有机合成中在分子上引入不饱和键的常用方法。卤代烷消除反应活性次序为叔卤代烷>仲卤代烷>伯卤代烷。

在仲卤代烷或叔卤代烷中,如存在不同的 β 氢,脱卤化氢时,遵守扎依采夫(Sayzeff)规则,即主要产物是生成双键碳上连接烃基最多的烯烃,也就是较稳定的烯烃,如

$$CH_3CH_2CH_2\underset{\displaystyle Br}{\underset{|}{C}}HCH_3 \xrightarrow[\text{EtOH, }\triangle]{KOH} \underset{69\%}{CH_3CH_2CH=CHCH_3} + \underset{31\%}{CH_3CH_2CH_2CH=CH_2}$$

7.3.3 与金属的反应

卤代烃能与某些活泼金属直接反应,生成金属有机化合物。这些金属有机化合物性质活泼,能与多种化合物发生反应,在有机合成上具有重要意义。

卤代烷可与镁在纯醚中反应生成有机镁化合物,法国著名化学家格利雅(Grignard)首次发现这种制备有机镁化合物的方法,并将其应用于有机合成反应,因此,这种有机镁化合物称为格利雅试剂,简称格氏试剂。格利雅因发明了该试剂于 1912 年获得诺贝尔化学奖。

$$RX + Mg \xrightarrow{纯醚} RMgX$$

$$RX\ 活性：RI > RBr > RCl$$

格氏试剂的制备一般在严格除水的醚类溶剂中进行，一般适用的是无水乙醚。无水乙醚不仅可以作溶剂，还可以与格氏试剂配合生成稳定的溶剂化物。除无水乙醚外，四氢呋喃(THF)和其他醚类也可作为溶剂。

$$(C_2H_5)_2O \longrightarrow Mg(R)(X) \longleftarrow O(C_2H_5)_2$$

格氏试剂中的 C—Mg 键是共价键。由于碳的电负性比镁大，故碳原子上带有部分负电荷，镁上带有部分正电荷。带有部分负电荷的烷基既是强亲核试剂，又是强碱。格氏试剂能与酸、醇、胺、水等含活泼氢的化合物反应，分解成烷烃。

$$RMgX + \left\{\begin{array}{l} HOH \\ HOR' \\ HNH_2 \\ HX \\ HC\equiv CH \\ HO-\overset{\overset{\displaystyle O}{\|}}{C}-R' \end{array}\right. \longrightarrow RH + \left\{\begin{array}{l} MgXOH \\ MgXOR' \\ MgXNH_2 \\ MgX_2 \\ R'C\equiv CMgX \\ XMgO-\overset{\overset{\displaystyle O}{\|}}{C}-R' \end{array}\right.$$

由于格氏试剂遇水就水解。所以，在制备格氏试剂时，必须用无水试剂和干燥的反应器。操作时也要采取隔绝空气中湿气的措施。此外，格氏试剂遇 CO_2、O_2 也易分解，即

$$RMgX + O_2 \longrightarrow ROMgX \xrightarrow{H_2O} ROH + Mg(OH)X$$

$$RMgX + CO_2 \longrightarrow R-\overset{\overset{\displaystyle O}{\|}}{C}-OMgX \xrightarrow{H_2O} RCOOH$$

因此，在保存格氏试剂时，应尽量避免与空气接触，最好是在制得试剂后立即进行下一步反应。

7.4 亲核取代反应机理

卤代烷的亲核取代反应是一类重要反应，亲核取代反应机理可以用一卤代烷的水解为例来说明。

甲基溴可在碱性条件下水解，实验证明，水解的反应速度不仅与卤代烷浓度有关，与碱的浓度也有关，即

$$OH^- + CH_3Br \longrightarrow CH_3OH + Br^-$$

$$v = k[CH_3Br][OH^-]$$

在动力学研究中，把反应速率式子里各浓度项的指数称为级数，把所有浓度项指数的总和称为该反应的反应级数。对上述反应来说，反应速率相对于$[CH_3Br]$和$[OH^-]$分别是一级，而整个水解反应则是二级反应。

叔丁基溴可在上述条件下水解，其反应速度只与叔丁基溴的浓度有关，反应速率只与卤代烷的浓度成正比，而与碱的浓度无关。反应速率对$[(CH_3)_3CBr]$是一级反应，对碱则是零级，整个水解反应是一级反应。

$$OH^- + (CH_3)_3C—Br \longrightarrow (CH_3)_3C—OH + Br^-$$

$$v = k[(CH_3)_3CBr]$$

从上述实验现象和大量的事实说明，卤代烷的亲核取代反应是按照不同的机理进行的。

7.4.1 双分子亲核取代(S_N2)机理

对溴甲烷等这类水解反应，认为决定反应速率的一步是由两种分子参与的，反应机理如下：

$$HO^- + H_3C—Br \longrightarrow [\overset{\delta^-}{HO}\cdots CH_3 \cdots \overset{\delta^-}{Br}] \longrightarrow HO—CH_3 + Br^-$$

过渡态

亲核试剂 OH^- 由于受电负性大的溴原子排斥作用及空间效应，只能从溴原子背面且沿C—Br键的轴线进攻α碳，逐渐形成C—O键，而C—Br键逐渐减弱，但并没有完全断裂。与此同时三个氢原子向溴原子方向逐渐偏移，直至与碳原子在一个平面上，进攻试剂和离去基团分别处在该平面的两侧。同时，α碳由 sp^3 杂化状态转变为 sp^2 杂化状态，这种状态称为过渡态，如图 7-1 所示，此时连有卤原子的中心碳原子上同时连有五个基团，体系能量最高。当 OH^- 进一步接近α碳并最终形成O—C键时，C—Br键进一步拉长并彻底断裂，Br^- 离去，三个氢原子也向溴原子一方偏转，C原子又转变为 sp^3 杂化状态，反应由过渡态转化为产物，体系能量降低。在反应中，决定反应速度的是过渡态的形成速度，而亲核试剂和卤代烷都参与了过渡态的形成，所以水解反应速度与卤代烷和亲核试剂的浓度都有关系，这类反应称为双分子亲核取代反应，表示为 S_N2。溴甲烷水解反应进程中的能量变化如图 7-2 所示。

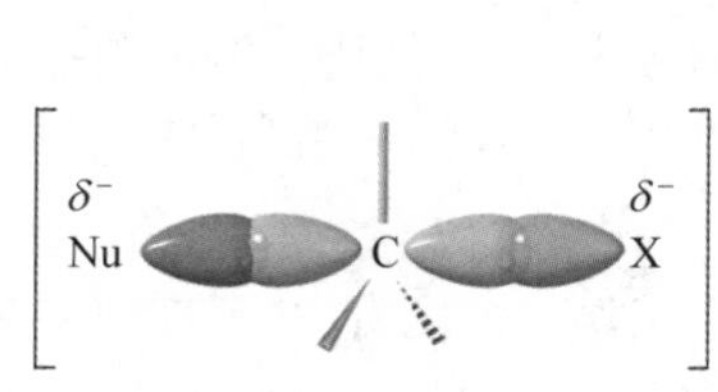

图 7-1　卤代烃 S_N2 亲核取代反应过渡态

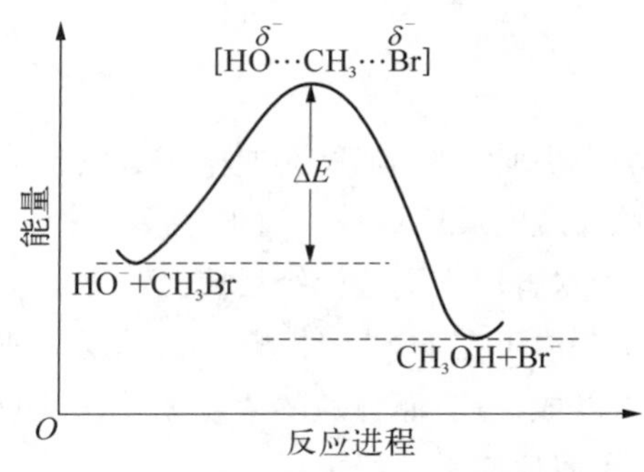

图 7-2　溴甲烷水解反应能量曲线

S_N2 反应特点如下：

(1) 反应一步完成，即旧键的断裂与新键的形成同时进行，无中间体生成。

(2) 反应速度由过渡态的稳定性决定，与卤代烷和亲核试剂都有关，为双分子取代反应。

(3) 产物发生构型翻转，在反应中手性碳原子的构型发生了翻转，即产物的构型与原来化合物的构型相反，这种反应过程称为构型的翻转或瓦尔登(Walden)转化。大量立体化学的实验事实已经证明了 S_N2 反应过程往往伴随着构型转化。如，已知(s)-2-溴辛烷和(s)-2-辛醇属同一构型，其比旋光度分别为$-34.9°$，$-9.9°$。

C_6H_{13}
H C Br
H_3C
(s)-2-溴辛烷
$-34.9°$

C_6H_{13}
H C OH
CH_3
(s)-2-辛醇
$-9.9°$

将(s)-2-溴辛烷与 NaOH 进行水解反应而制得 2-辛醇比旋光度为$+9.9°$。

OH^- + (C_6H_{13}, H, C, Br, H_3C) ⟶ HO—C (C_6H_{13}, H, CH_3) + Br^-

$-34.9°$　(s)-2-溴辛烷　　　　$+9.9°$　(R)-2-辛醇

这说明，通过水解反应，手性中心碳原子的构型已翻转。

7.4.2　单分子亲核取代(S_N1)机理

叔丁基溴的水解速度与碱的浓度无关，进一步的研究表明，该反应分两步进行：第一步是离去基团 Br^- 带着一对电子逐渐离开中心碳原子，C—Br 键发生部分断裂，经由过渡态 I，

C—Br 键完全断裂生成能量较高、活性较大的叔丁基碳正离子，即

$$\mathrm{H_3C{-}\underset{CH_3}{\overset{CH_3}{C}}{-}Br} \longrightarrow \left[\mathrm{H_3C{-}\underset{CH_3}{\overset{CH_3}{\overset{\delta^+}{C}}}\text{------}\overset{\delta^-}{Br}}\right] \longrightarrow \mathrm{H_3C{-}\underset{CH_3}{\overset{CH_3}{C^+}}} + \mathrm{Br^-}$$

过渡态 I

第二步生成的叔丁基碳正离子与 OH^- 很快结合，经由过渡态 II 生成产物叔丁醇，即

$$\mathrm{H_3C{-}\underset{CH_3}{\overset{CH_3}{C^+}}} + \mathrm{OH^-} \longrightarrow \left[\mathrm{H_3C{-}\underset{CH_3}{\overset{CH_3}{\overset{\delta^+}{C}}}\text{------}\overset{\delta^-}{OH}}\right] \longrightarrow \mathrm{H_3C{-}\underset{CH_3}{\overset{CH_3}{C}}{-}OH}$$

过渡态 II

对于多步反应来说，生成最后产物的速率由速率最慢的一步来控制。在叔丁基溴的水解反应中，C—Br 键的离解需要较大的能量，反应速度比较慢，而生成的碳正离子具有高度的活泼性，它生成后立即与 OH^- 作用，因为第一步反应所需活化能较大，是决定整个反应速率的步骤，所以整个反应速率仅与卤代烷的浓度有关，这类反应称为单分子亲核取代反应，表示为 S_N1。叔丁基溴水解反应进程中的能量变化如图 7－3 所示。

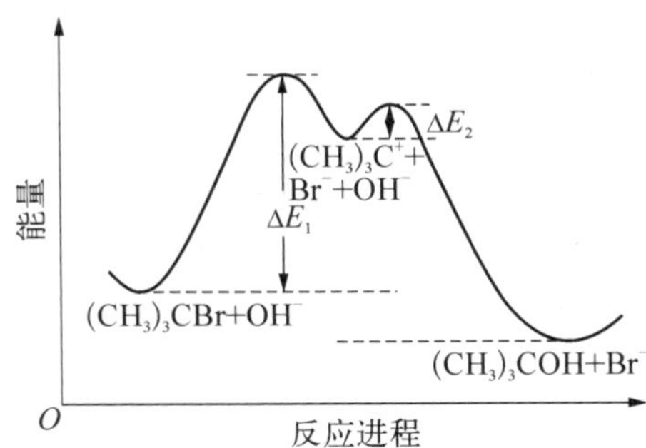

图 7－3　叔丁基溴水解反应能量曲线

S_N1 反应特点如下：

（1）分步进行的单分子反应，并有活泼中间体碳正离子的生成。

（2）反应速率由形成的碳正离子速度决定。

（3）取代产物有重排现象，如

$$\mathrm{H_3C{-}\underset{CH_3}{\overset{CH_3}{C}}{-}CH_2Br} \xrightarrow{-\mathrm{Br^-}} \mathrm{H_3C{-}\underset{CH_3}{\overset{CH_3}{C}}{-}\overset{+}{C}H_2} \xrightarrow{\text{重排}} \mathrm{H_3C{-}\underset{CH_3}{\overset{+}{C}}{-}CH_2CH_3} \xrightarrow[-\mathrm{H^+}]{\mathrm{C_2H_5OH}} \mathrm{H_3C{-}\underset{CH_3}{\overset{OC_2H_5}{C}}{-}CH_2CH_3}$$

（4）产物外消旋化，在 S_N1 反应中，由于生成中间体碳正离子，其中心碳原子为 sp^2 杂

化，为平面结构。亲核试剂可以从平面的两侧进攻中心碳原子，如中心碳原子为手性碳原子时，则可得到构型保持和构型翻转的两种外消旋混合物，如图 7 - 4 所示。

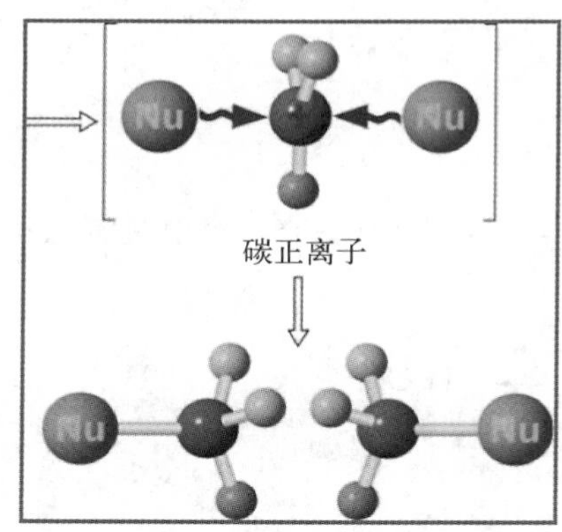

图 7 - 4　亲核试剂进攻碳正离子示意

$$H_3C\text{—}CH(C_6H_5)\text{—}Br \xrightarrow{-Br^-} H_3C\text{—}\overset{+}{C}H\text{—}C_6H_5 \xrightarrow{OH^-} \underset{\text{构型保持}}{H_3C\text{—}CH(C_6H_5)\text{—}OH} + \underset{\text{构型翻转}}{HO\text{—}CH(CH_3)\text{—}C_6H_5}$$

7.4.3　影响亲核取代反应活性的因素

卤代烷的亲核取代反应可按 S_N1 和 S_N2 两种不同反应机理进行。但对一种反应物来说，究竟按什么机理进行，反应活性如何，这与反应物的结构、离去基团、亲核试剂的性质和溶剂的性质等因素都有密切的关系。

1. 烷基结构的影响

卤代烷的烷基结构对 S_N1 和 S_N2 反应均有影响，但影响不同。

1）烷基结构对 S_N2 机理的影响

甲基溴、乙基溴、异丙基溴和叔丁基溴在极性较小的无水丙酮中与碘化钾的反应是按 S_N2 机理进行的，生成相应的碘代烷。反应的相对速率如下：

$$R\text{—}Br + I^- \longrightarrow R\text{—}I + Br^-$$

	$H\text{—}CH_2\text{—}Br$	$H_3C\text{—}CH_2\text{—}Br$	$H_3C\text{—}CH(CH_3)\text{—}Br$	$H_3C\text{—}C(CH_3)_2\text{—}Br$
相对速率	145	1	0.01	0.001

在 S_N2 反应中，决定反应速率的关键是其过渡态是否容易形成。上述四个化合物与 I^- 反应形成的过渡态如图 7 - 5 所示。

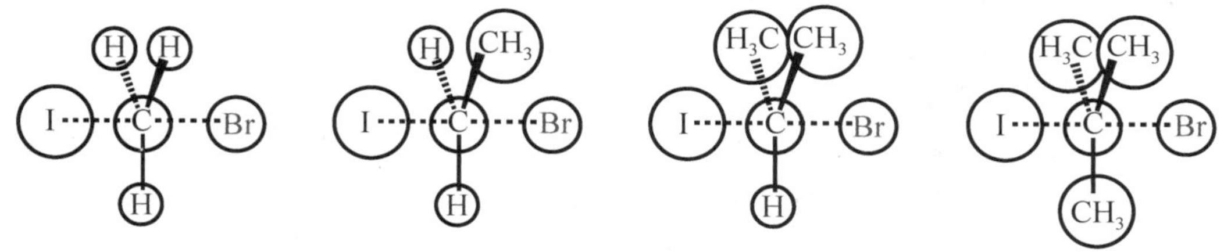

图 7-5 S_N2 反应中的空间效应

在 S_N2 反应中，当 α 碳周围取代基数目越多，拥挤程度就越大，亲核试剂进攻中心碳原子的立体障碍也越大。过渡态是由反应物和亲核试剂共同形成的，中心碳原子上连有五个原子或基团，空间较为拥挤，随着 α 碳上烷基越多，过渡态能量也越高，反应所需活化能就越高，反应速率则降低。对于伯卤代烃来说，β 氢被甲基取代后，同样会增加过渡态的拥挤程度，因此也难以进行 S_N2 反应。

烷基的电子效应对反应速度也有影响。烷基取代氢原子后，使中心碳原子上的电子云密度增大，亲核试剂进攻中心碳原子会越困难。

综上所述，对于 S_N2 反应，反应速度顺序为卤代甲烷＞伯卤代烷＞仲卤代烷＞叔卤代烷。

2）烷基结构对 S_N1 机理的影响

甲基溴、乙基溴、异丙基溴和叔丁基溴在极性较大的甲酸溶液中水解是按 S_N1 机理进行的，反应的相对速率如下：

$$R{-}Br + H_2O \xrightarrow{\text{甲酸}} R{-}OH + HBr$$

	$(CH_3)_3C{-}Br$	$(CH_3)_2CH{-}Br$	$CH_3CH_2{-}Br$	$CH_3{-}Br$
相对速率	10^8	45	1.7	1
中间体	$(CH_3)_3\overset{+}{C}$	$(CH_3)_2\overset{+}{C}H$	$CH_3\overset{+}{C}H_2$	$\overset{+}{C}H_3$

稳定性　$(CH_3)_3\overset{+}{C} > (CH_3)_2\overset{+}{C}H > CH_3\overset{+}{C}H_2 > \overset{+}{C}H_3$

对于 S_N1 反应，决定反应速率的关键一步是碳正离子的生成，反应速率与碳正离子稳定性的次序是一致的。中间体碳正离子越稳定，反应速率越大。因此在 S_N1 反应中，卤代烷的活性次序为叔卤代烷＞仲卤代烷＞伯卤代烷＞卤代甲烷。

综上所述，卤代烷分子中的不同烷基结构对反应按照何种机理进行有很大影响。伯卤代烷主要按 S_N2 机理进行，叔卤代烷主要按 S_N1 机理进行，仲卤代烷则处于两者之间，要根据具体反应条件而定。

值得注意的是，伯卤代烷一般按 S_N2 机理进行，但如果控制反应条件，也会发生 S_N1 反应。例如伯卤代烃在银离子存在的条件下，其中的碳卤键可以在银离子的促使下离解，形成碳正离子，反应按 S_N1 机理进行。

2. 离去基团的影响

离去基团是指在亲核取代反应中被亲核试剂所取代的基团。亲核取代反应无论按哪种反应机理进行，反应关键步骤都包括 C—X 键的断裂，离去基团(X)带着电子对离开中心碳原子。因此，无论是 S_N1 或 S_N2 反应，离去基团的离去性越好，亲核取代反应越容易发生。

对于饱和碳原子上的亲核取代反应，卤原子的离去能力顺序为 $I^- > Br^- > Cl^-$。离去基团除卤原子外还有很多，常见离去基团的离去次序为

$$RSO_3^- > RCOO^- > PhO^- > OR^- > R_3C^-$$

实验证明，离去基团的碱性越弱，越容易离去，离去基团碱性越强越难离去。强酸的负离子，如 I^-、Br^-、Cl^- 等，为好的离去基团，较易离去，容易发生亲核取代反应。碱性很强的基团，如 R_3C^-、R_2N^-、RO^-、HO^- 等，则不能作为离去基团进行亲核取代反应，它们只是在酸性(包括路易斯酸)条件下形成如 $R—OH_2^+$、$R—OH^+—R$ 等，使离去基团的碱性相应减弱后，才有可能进行亲核取代反应，如

$$Br^- + CH_3CH_2CH_2CH_2OH \not\longrightarrow CH_3CH_2CH_2CH_2Br + OH^-$$

$$HBr + CH_3CH_2CH_2CH_2OH \longrightarrow CH_3CH_2CH_2CH_2\overset{+}{O}H_2 + Br$$

$$\downarrow S_N2$$

$$CH_3CH_2CH_2CH_2Br + H_2O$$

3. 亲核试剂的影响

在 S_N1 反应中，反应速率只取决于 RX 的解离，而与亲核试剂无关，因此试剂亲核性的强弱对反应速率不产生显著影响。而在 S_N2 反应中，亲核试剂参与过渡态的形成，其亲核性的大小和浓度对反应速度将产生一定的影响。一般说，进攻的试剂亲核能力越强，反应经过 S_N2 过渡态所需的活化能就越低，S_N2 反应越易进行。亲核试剂的亲核性一般与它的碱性、可极化度和空间因素有关。

亲核试剂都是带有负电荷或未共用电子对的，所以它们都是路易斯碱，一般来说，试剂的碱性愈强，亲核能力也愈强。在很多情况下，亲核试剂的亲核能力大致与其碱性强弱次序相对应。

一个带负电荷的亲核试剂要比相应呈中性的试剂更为活泼，如

碱性：$HO^- > H_2O$，$RO^- > ROH$，亲核性：$HO^- > H_2O$，$RO^- > ROH$。

当试剂的亲核原子相同时，它们的亲核性和碱性是一致的，如

碱性：$EtO^- > HO^- > C_6H_5O^- > CH_3COO^-$，亲核性：$EtO^- > HO^- > C_6H_5O^- > CH_3COO^-$

当试剂的亲核原子是周期表中同一周期的元素时，试剂的亲核性和碱性强弱次序也是呈对应关系的，如

碱性：$R_3C^- > R_2N^- > RO^- > F^-$，亲核性：$R_3C^- > R_2N^- > RO^- > F^-$

但是由于空间效应，亲核性可能与碱性次序不一致，如

碱性：$(CH_3)_3CO^- > C_2H_5O^- > CH_3O^-$，亲核性：$(CH_3)_3CO^- < C_2H_5O^- < CH_3O^-$

此外，试剂的可极化性也会影响亲核性，试剂的可极化度越大，亲核性越强。通常情况下，同一族元素从上到下，碱性逐渐减弱，但由于试剂的可极化度越大，亲核性越强，如

碱性：$I^- < Br^- < Cl^-$，亲核性：$I^- > Br^- > Cl^-$

4. 溶剂的影响

在极性较大的溶剂中，能加速卤代烷的解离，使反应有利于按 S_N1 反应机理进行。这是因为极性溶剂常促使反应的活化能降低，使反应加快，如

$$RX \longrightarrow \left[\overset{\delta^+}{R}\text{---}\overset{\delta^-}{X}\right] \longrightarrow R^+ + X^-$$

过渡态

而在 S_N2 反应中，亲核试剂电荷比较集中，而过渡态的电荷比较分散，也就是过渡态的极性不及亲核试剂，增加溶剂的极性反而使极性大的亲核试剂溶剂化，而对 S_N2 过渡态的形成不利，如

$$Nu^- + RX \longrightarrow \left[\overset{\delta^-}{Nu}\text{---}R\text{---}\overset{\delta^-}{X}\right] \longrightarrow R^+ + X^-$$

过渡态

因此，溶剂极性的增加对 S_N1 机理有利，对 S_N2 机理不利，如

$$C_6H_5Cl \xrightarrow[S_N1]{H_2O} C_6H_5OH + Cl^-$$

$$C_6H_5Cl \xrightarrow[S_N2]{\text{丙酮}} C_6H_5OH + Cl^-$$

7.5 消除反应机理

与亲核取代反应相似，消除反应也分为双分子消除和单分子消除两种反应机理。

7.5.1 双分子消除机理

双分子消除(E2)反应是碱性亲核试剂进攻卤代烷分子中的β氢，使这个氢原子成为质子和试剂结合而脱去，同时，分子中的卤原子在溶剂作用下带着一对电子离去，在β碳与α碳之间形成了双键。反应机理如下：

$$B^- + H-\overset{|}{\underset{|}{C}}-\overset{|}{\underset{X}{C}}- \longrightarrow \left[\overset{\delta^-}{B}\cdots H \quad -C\overset{...}{=}C- \quad \underset{\delta^-}{X}\right] \longrightarrow C=C + HB$$

过渡态

E2 反应的特点如下：

(1) 消除反应一步完成，即旧键的断裂与新键的形成同时进行。

(2) 消除反应速度由过渡态的稳定性决定，与卤代烷和亲核试剂都有关，反应速度与卤代烷和碱有关，称为双分子消除反应：$v=k[RX][C_2H_5O^-]$。

(3) 消除反应的取向遵循扎依采夫规则，在 E2 中由于 OH^- 进攻不同的 β 氢，生成的过渡态能量变化不同，从图 7－6 中的能量曲线可以看出，消除产物 2－丁烯的过渡态位能较低，所需活化能较低，所以 2－丁烯为主产物。

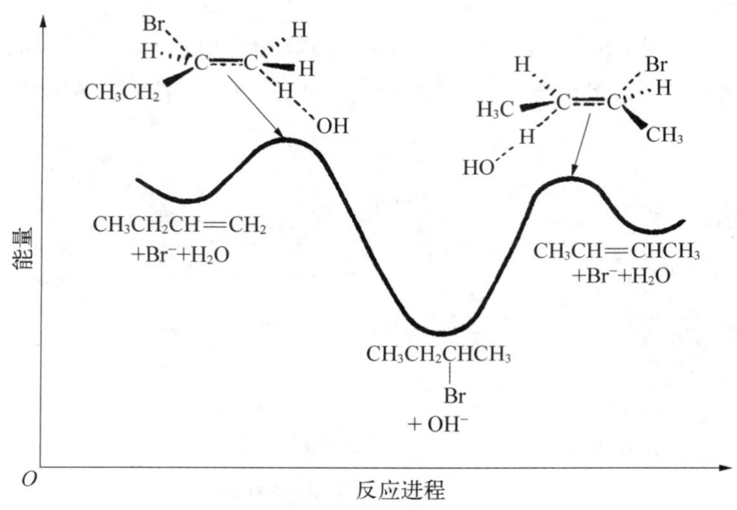

图 7－6　E2 反应能量曲线

(4) E2 反应的立体化学——反式共平面消除即参与消除过程的几个原子 H—C—C—X 共平面，且 H 和 X 原子处于反式位置。在 E2 反应中 C—X 和 C—H 键逐渐破裂，两个碳原子与 X 和 H 成键的 sp^3 轨道逐渐变成 p 轨道，并互相重叠成 π 键，两个 p 轨道必须相互平行才能有最大限度的交盖，因此消除反应发生时，X、C、C、H 必须共平面。

7.5.2　单分子消除机理

单分子消除(E1)反应是分两步进行的，首先卤代烷分子先离解为碳正离子，由于需要较高的活化能，反应速度较慢。随后失去 β 氢，同时在 α 与 β 碳之间形成一个双键。反应机理如下：

$$\mathrm{H_3C{-}\overset{\displaystyle CH_3}{\underset{\displaystyle CH_3}{C}}{-}X} \xrightarrow{\text{慢}} \left[\mathrm{H_3C{-}\overset{\displaystyle CH_3}{\underset{\displaystyle CH_3}{C}}\text{-----}X}\right] \longrightarrow \mathrm{H_3C{-}\overset{\displaystyle CH_3}{\underset{\displaystyle CH_3}{C^+}}} + \mathrm{X^-}$$

过渡态Ⅰ

$$\xrightarrow[\text{快}]{\mathrm{B^-}} \left[\mathrm{H_3C{-}\overset{\displaystyle CH_3}{\underset{\displaystyle H_2C{-}H{-}B}{C^+}}}\right] \longrightarrow \mathrm{H_3C{-}\overset{\displaystyle CH_3}{C}{=}CH_2}$$

过渡态Ⅱ

E1 反应的特点如下：

（1）反应分两步进行，有活性中间体碳正离子生成。

（2）反应的决速步骤为第一步碳正离子的生成速度，因此反应速度只与卤代烃的浓度有关，与进攻试剂浓度无关，所以成为单分子消除反应，$v=k[\mathrm{RX}]$。

（3）有重排反应发生。

如

$$\mathrm{H_3C{-}\overset{\displaystyle CH_3}{\underset{\displaystyle CH_3}{C}}{-}CH_2Br} \xrightarrow[\mathrm{KOH}\ \triangle]{\mathrm{C_2H_5OH}} \mathrm{CH_3\overset{\displaystyle CH_3}{C}{=}CHCH_3}$$

$$\mathrm{H_3C{-}\overset{\displaystyle CH_3}{\underset{\displaystyle CH_3}{C}}{-}CH_2Br} \xrightarrow{-\mathrm{Br^-}} \mathrm{H_3C{-}\overset{\displaystyle CH_3}{\underset{\displaystyle CH_3}{C}}{-}\overset{+}{C}H_2} \xrightarrow{\text{重排}} \mathrm{CH_3\overset{\displaystyle CH_3}{\underset{+}{C}}CH_2CH_3} \xrightarrow{-\mathrm{H^+}} \mathrm{CH_3\overset{\displaystyle CH_3}{C}{=}CHCH_3}$$

（4）消除取向遵循扎依采夫规则，在 E1 中，第一步是决定反应速度的步骤，第二步是决定产物结构的步骤。从图 7-7 中的能量曲线可以看出，消除产物 2-甲基-2-丁烯的过渡态位能较低，所需活化能较低，反应速度较快，所以 2-甲基-2-丁烯为主产物。

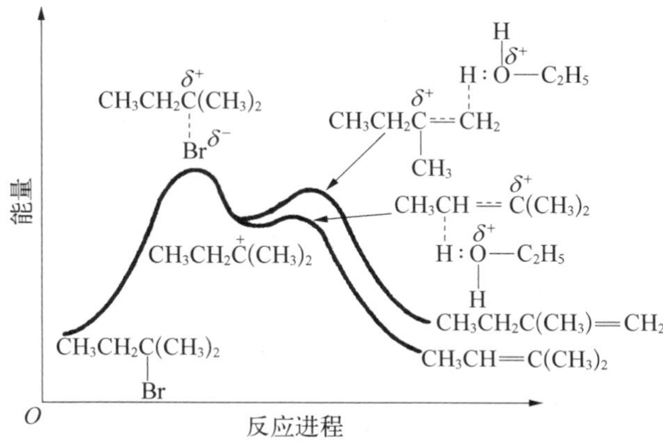

图 7-7 E1 反应能量曲线

7.6 消除反应与亲核取代反应的竞争

消除反应与亲核取代反应是由同一亲核试剂的进攻而引起的。进攻碳原子会引起取代反应,进攻β-H就会引起消除反应,所以这两种反应常常是同时发生和相互竞争的。

$$\text{B:} \xrightarrow{E2} \text{H(β)}; \quad \text{B:} \xrightarrow{S_N2} -\overset{|}{\underset{|}{C}}-L \qquad \text{B:} \xrightarrow{E1} \text{H(β)}; \quad \text{B:} \xrightarrow{S_N1} -\overset{|}{\underset{|}{C^+}}$$

研究影响消除反应与亲核取代反应相对优势的各种因素在有机合成上很有意义,它能提供有效的控制产物的依据。消除产物和取代产物的比例常受反应物的结构、试剂、溶剂和反应温度等的影响。

1. 反应物结构的影响

卤代烃对 S_N1、E1 和 E2 的活性次序相同:3°RX>2°RX>1°RX,而 S_N2 的反应活性次序为 1°RX>2°RX>3°RX。

对于 S_N1、E1 来说,第一步生成的碳正离子稳定性决定了反应的活性。叔碳正离子最稳定,其次为仲碳正离子,伯碳正离子最不稳定。此外,C=C 上烃基越多,消除产物越稳定,反应越容易发生。

对于 S_N2 来说,亲核试剂进攻直接与卤原子相连的α碳,该碳原子周围空间位阻越大,亲核试剂越不容易进攻中心碳原子。因此空间位阻最大的叔卤代烃反应活性最小,空间位阻最小的伯卤代烃活性最大。

对于 E2 来说,碱试剂进攻β氢发生消除反应,β氢无空间效应,α碳上连接的烷基愈多,β氢数目愈多,被碱进攻的机会愈多,E2 反应速率相应增加。

因此,通常情况下,伯卤代烃倾向于 S_N2 反应,只有在强碱及加热条件下才以消除为主(E2),如

$$CH_3CH_2CH_2CH_2Br \xrightarrow[\text{EtOH } 55℃]{C_2H_5ONa} \begin{cases} \xrightarrow{S_N2} CH_3CH_2CH_2CH_2OC_2H_5 \quad 90\% \\ \xrightarrow{E2} CH_3CH_2CH=CH_2 \quad 10\% \end{cases}$$

叔卤代烃倾向于发生消除反应,即使在弱碱条件下,也以消除为主。只有在纯水或醇中发生溶剂解,才以取代反应为主,例如

$$H_3C-\overset{CH_3}{\underset{CH_3}{\overset{|}{\underset{|}{C}}}}-Br \xrightarrow[H_2O]{Na_2CO_3} H_3C-\overset{CH_3}{\overset{|}{C}}=CH_2$$

$$H_3C-\underset{CH_3}{\overset{CH_3}{C}}-Br \xrightarrow{C_2H_5OH} \underset{81\%}{H_3C-\underset{CH_3}{\overset{CH_3}{C}}-OC_2H_5} + \underset{19\%}{H_3C-\overset{CH_3}{C}=CH_2}$$

仲卤代烃两者均会发生，试剂亲核性强，有利于取代；试剂体积大、碱性强有利于消除。故制烯烃时宜用叔卤代烃，制醇时最好用伯卤代烃。

2. 试剂的影响

对于单分子反应来说，反应速度与试剂的浓度无关，试剂的影响主要表现在双分子反应中。亲核性是指亲 α 碳，与碳结合；而碱性是指亲 β 氢，与 H^+ 结合。亲核试剂一般都有未共用电子对，因而也表现出一定的碱性，因此，亲核性强的试剂有利于取代反应，亲核性弱的试剂有利于消除反应。反之，碱性强的试剂有利于消除反应，碱性弱的试剂有利于取代反应。下列试剂的亲核性和碱性的大小顺序为

亲核性：$CH_3O^- > (CH_3)_2CHO^- > (CH_3)_3CO^-$

碱　性：$CH_3O^- < (CH_3)_2CHO^- < (CH_3)_3CO^-$

因此，选择亲核性较强的 CH_3O^- 对取代反应有利，而选择碱性强的 $(CH_3)_3CO^-$ 对消除反应有利。

3. 溶剂的影响

溶剂极性的增大有利于取代反应的发生，不利于消除反应。所以由卤代烃制备烯烃时要用 KOH 的醇溶液（醇的极性小），而由卤代烃制备醇时则要用 KOH 的水溶液（因水的极性大），如

$$CH_3\underset{Br}{C}HCH_3 \xrightarrow[\text{乙醇-水}]{OH^-} CH_3CH=CH_2$$

V(乙醇)∶V(水)		
	100∶0	71%
	80∶20	59%
	60∶40	54%

4. 反应温度的影响

由于消除反应在活化过程中要拉长 C—H 键，而亲核取代反应中无这种情况，所以消除反应的活化能比取代反应的大，故升高温度有利于消除反应，如

$$CH_3\underset{Br}{C}HCH_3 \xrightarrow[C_2H_5OH\quad H_2O]{NaOH} CH_3CH=CH_2 + CH_3\underset{OH}{C}HCH_3 + CH_3\underset{OC_2H_5}{C}HCH_3$$

	E	S_N
45℃	53%	47%
100℃	64%	36%

7.7 卤代烯烃和卤代芳烃的化学性质

7.7.1 双键或苯基对卤原子活性的影响

卤代烯烃和卤代芳烃中卤原子与双键或苯环的相对位置不同对卤代烃亲核取代反应的活性有很大的影响。

1. 化学反应活性

用 $AgNO_3$ 的醇溶液和不同烃基的卤代烷作用，根据卤化银沉淀生成的快慢，可以测得这些卤代烃的活性次序，即

$$R—X + AgNO_3 \xrightarrow{醇} RONO_2 + AgX\downarrow$$

烯丙基型卤代烃、苄基型卤代烃和三级卤代烃在室温下就能和 $AgNO_3$ 的乙醇溶液迅速作用，生成 AgX(沉淀)；一级、二级卤代烷一般要在加热下才能起反应；而乙烯式卤代烃和卤苯即使在加热下也不起反应。

由此可知，卤代烯烃或卤代芳烃亲核取代反应活性次序如下：

$$\begin{matrix}烯丙基型卤代烃\\苄基型卤代烃\end{matrix} > 隔离型卤代烃 > \begin{matrix}乙烯型卤代烃\\苯基型卤代烃\end{matrix}$$

反应实例如下：

$$CH_2{=}CHCH_2Cl + NaOH \xrightarrow{H_2O} CH_2{=}CHCH_2OH$$

$$CH_2{=}CHCl + NaOH \xrightarrow{H_2O} \times$$

$$C_6H_5CH_2Cl + NaOH \xrightarrow{H_2O} C_6H_5CH_2OH$$

$$C_6H_5Cl + NaOH \xrightarrow[300℃,20\ MPa]{H_2O} C_6H_5OH$$

2. 活性差异原因

1）乙烯型和苯基型卤代烃不活泼原因

氯乙烯和氯苯的氯原子分别与双键或苯环相连，氯的未共用电子对所处的 p 轨道与双键或苯环的 π 轨道相互重叠，形成 p-π 共轭体系，如图 7-8 所示。结果发生了电子的离域，键长的平均化。氯乙烯 C—Cl 键键长为 0.172 nm，氯苯 C—Cl 键键长为 0.169 nm，而一

般 C—Cl 键键长为 0.177 nm，氯乙烯和氯苯的 C—Cl 键变短，C—Cl 键重叠程度加大，C—Cl 键结合更牢固，不易断裂。所以乙烯型和苯基型卤代烃均难发生 S_N1 反应和 S_N2 反应。

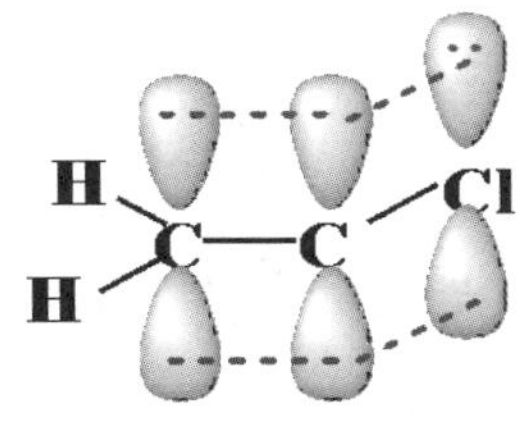

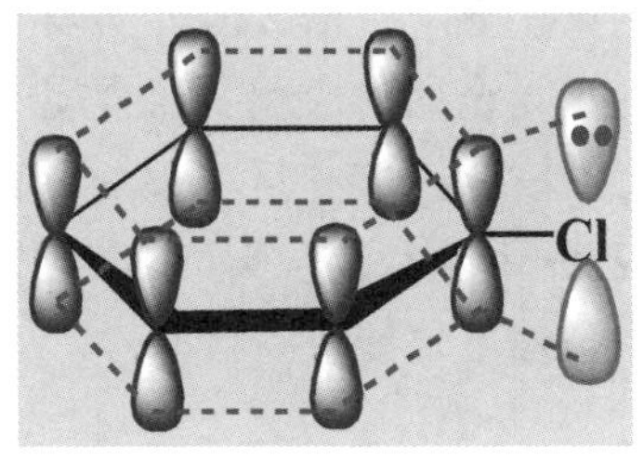

图 7-8　氯乙烯和氯苯分子中 p-π 共轭

2）烯丙基型和苄基型卤代烃活泼的原因

与乙烯型和苯基型卤代烃相比，烯丙基型和苄基型卤代烃亲核取代反应无论按 S_N1 反应机理进行，还是按 S_N2 反应机理进行，均易发生。

反应按 S_N1 机理进行时，第一步生成碳正离子中间体为决速步骤，碳正离子稳定性决定了反应的速度，烯丙基（苄基）碳正离子由于带正电荷碳原子上的空的 p 轨道与相邻 C═C（苯环）上的 p 轨道共轭，形成 p-π 共轭体系，如图 7-9 所示，使得正电荷得到分散，体系趋于稳定，有利于 S_N1 反应的进行。

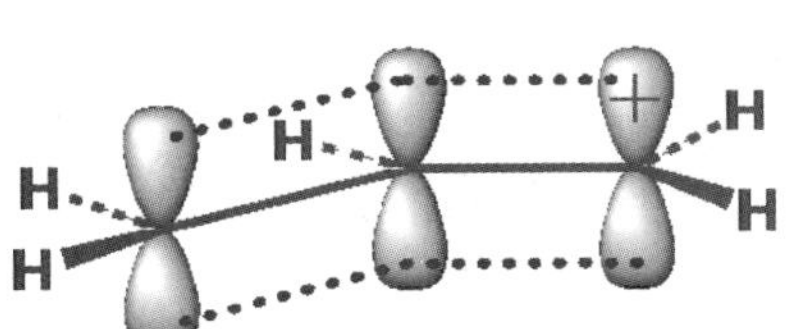

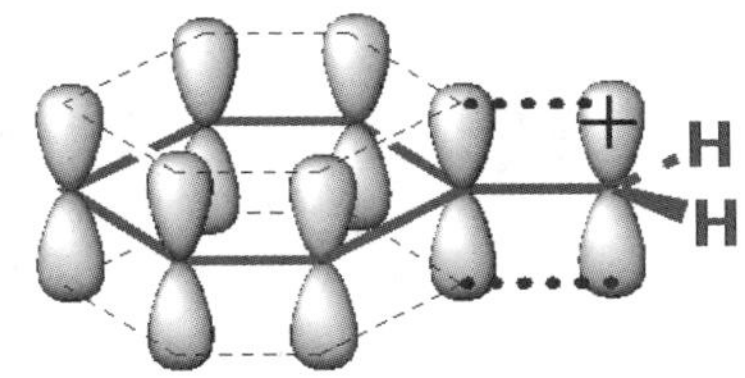

图 7-9　烯丙基型和苄基型碳正离子中的 p-π 共轭

当按 S_N2 机理发生反应时，过渡态能量的高低决定了反应进行的快慢，在烯丙基氯（苄氯）进行 S_N2 反应的过渡态结构中，如图 7-10 所示。反应中心碳原子接近 sp^2 杂化，亲核试剂和离去基团与过渡态双键（苯环）的 π 轨道在侧面互相交盖，类似于烯丙基碳正离子的共轭体系，使过渡态能量降低，有利于 S_N2 反应的进行。

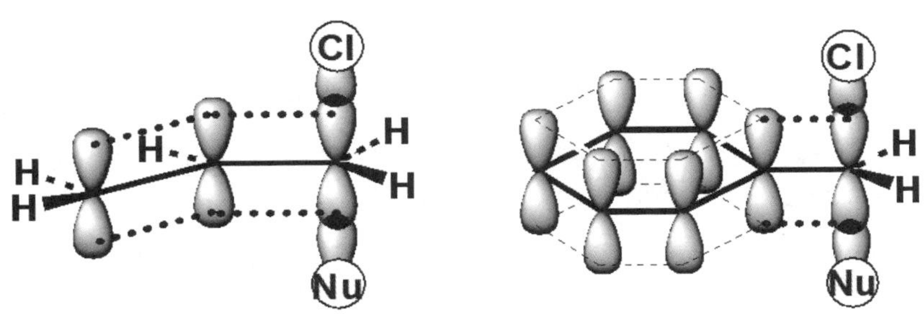

图 7-10　烯丙基氯和苄氯 S_N2 反应的过渡态

7.7.2 卤代芳烃的化学性质

卤代芳烃分子中的卤原子虽相对不活泼，但若采用较强烈的反应条件，或提供合适的反应条件，也能发生某些反应。卤代芳烃所发生的反应主要有三类：芳香族的亲核取代反应、芳香族的亲电反应、与金属的反应。与金属的反应与7.3.3节中所讨论的卤代烷烃与金属的反应类同。制备芳基格氏试剂时，不仅与芳环上的卤原子有关，与反应条件也有关。例如，溴苯与镁可以在乙醚中顺利反应，而氯苯则需使用配合能力较强（如四氢呋喃）、和/或高沸点溶剂、或在强烈条件下才能进行，即

$$C_6H_5Br + Mg \xrightarrow{\text{纯醚}} C_6H_5MgBr$$

$$C_6H_5Cl + Mg \xrightarrow{THF} C_6H_5MgCl$$

苯基型卤代烃活性差，一般条件下较难发生亲核取代，然而当苯环的一定位置上连有吸电子基团时，反应活性大大提高。例如，氯苯很难水解，但当氯原子的邻和/或对位连接有硝基等强吸电子基团时，水解变得较容易，且吸电子基团越多反应越容易，即

$$C_6H_5Cl + NaOH \xrightarrow[300℃,\ 20\ MPa]{H_2O} \xrightarrow{H^+} C_6H_5OH$$

$$4\text{-}O_2NC_6H_4Cl \xrightarrow[②\ H_3O^+]{①\ 15\%NaOH,\ 160℃} 4\text{-}O_2NC_6H_4OH$$

$$2,4\text{-}(O_2N)_2C_6H_3Cl \xrightarrow[②\ H_3O^+]{①\ Na_2CO_3,\ 100℃} 2,4\text{-}(O_2N)_2C_6H_3OH$$

$$2,4,6\text{-}(O_2N)_3C_6H_2Cl \xrightarrow[②\ H_3O^+]{①\ Na_2CO_3,\text{温热}} 2,4,6\text{-}(O_2N)_3C_6H_2OH$$

这是芳环上的亲核取代反应，其反应机理为加成-消除机理，可表示如下：

$$\text{对硝基卤苯} + Nu:^- \xrightarrow[\text{加成}]{\text{慢}} \text{(Nu、X 同连于一个碳的负离子中间体，对位 }NO_2\text{)} \xrightarrow[\text{消除}]{\text{快}} \text{对硝基-Nu-苯} + X^-$$

反应分两步进行，第一步是亲核试剂对苯环上的 C—X 键上的碳原子先进行加成，生成苯环上带有负电荷的中间体，与卤原子和亲核试剂相连的碳原子由原来的 sp^2 杂化转变为 sp^3 杂化，苯环闭合的共轭体系被破坏，能量较高而较不稳定，因此，这是反应速率较慢的一步，是控制反应速度的一步。第二步，卤原子带着一对电子离去，恢复苯环闭合的共轭体系，使能量降低，较容易发生反应，这一步反应较快。

当苯环上有强吸电子基团时，能分散中间体碳负离子的负电荷，使得中间体更稳定，有利于亲核取代反应。苯环上连有的吸电子基团越多，中间体的负电荷得到更好的分散，稳定性更高，反应更容易进行。

卤原子直接与芳环相连的芳卤化合物在强烈条件下，其上的卤原子可以被 NH_2^-、RO^-、CN^- 等亲核试剂取代。例如，氯苯在一般条件下不能进行亲核取代反应，但与强碱 $NaNH_2$ 作用可得到苯胺。如用同位素 ^{14}C 跟踪实验，可以得到两种几乎等量的苯胺，一种是氨基连在 ^{14}C 上，另一种是氨基连在 ^{14}C 邻位上，即

$$C_6H_5Cl\ (^*C\text{—}Cl) \xrightarrow[NH_3(l)]{NaNH_2} C_6H_5NH_2\ (^*C\text{—}NH_2) + C_6H_5NH_2\ (NH_2\text{ 在 }^*C\text{ 邻位})$$

此实验现象用前面所述的加成-消除机理是难以解释的，显然是按照另一种机理进行的。由于受到氯苯中的氯原子吸电子诱导效应的影响，使其邻位氢原子的酸性增强，强碱 (NH_2^-) 首先夺取氯原子邻位上的氢，使氯苯分子转变为氯苯负离子，然后脱去 Cl^- 形成苯炔。苯炔三键两端的碳原子可以机会均等地与氨进行反应，故可以得到两种苯胺。这种先进行消除反应，然后再进行加成反应的反应机理，称为消除-加成机理。由于反应通过苯炔中间体，故也称苯炔机理。

消除 $$C_6H_5Cl\ (^*C\text{—}Cl) + NH_2^- \longrightarrow C_6H_4Cl^-\ (\text{邻位碳负离子}) + NH_3 \longrightarrow \text{苯炔}(^*C) + Cl^-$$

加成 （苯炔 + NH_2^- → 邻位负离子 $\xrightarrow{NH_3}$ 苯胺；或 间位负离子 $\xrightarrow{NH_3}$ 苯胺）

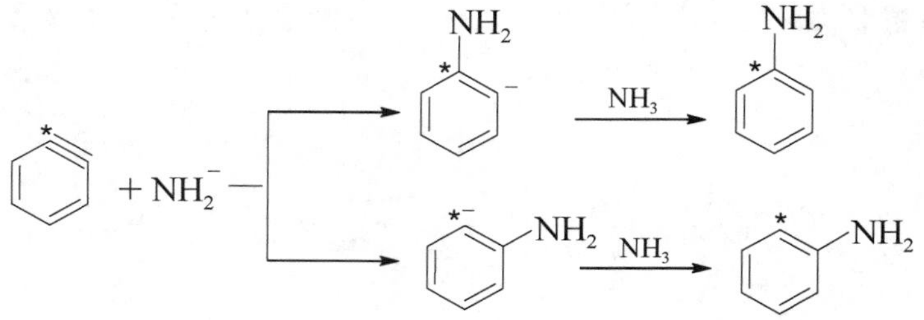

7.8 卤代烃的制备

7.8.1 烃的卤代

在光照或加热条件下，烷烃可以与卤素（Cl_2 或 Br_2）发生取代反应，生成卤代烷，如

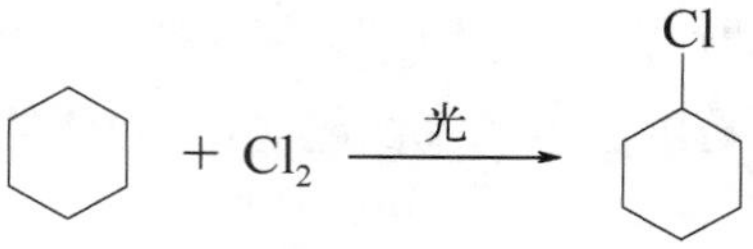

$$\text{环己烷} + Cl_2 \xrightarrow{光} \text{氯代环己烷}$$

在烷烃卤代反应中，溴代的反应选择性比氯代高，以适当烷烃为原料可得到一种主要的溴代烃，如

$$(CH_3)_3CH \xrightarrow[光照]{Br_2} (CH_3)_3CBr \quad >99\%$$

如用烯烃为原料，在高温或光照条件下可发生 α－H 的卤代，如

$$CH_3CH{=}CH_2 + Br_2 \xrightarrow{光} CH_2{=}CH{-}CH_2Br$$

7.8.2 不饱和烃的加成

不饱和烃与 Br_2 或 HX 加成，可以得到相应的卤代烃，如

$$CH_3CH{=}CH_2 + Br_2 \longrightarrow CH_3CHBrCH_2Br$$

$$CH_3CH{=}CH_2 + HBr \longrightarrow CH_3CHBrCH_3$$

$$CH_3CH{=}CH_2 + HBr \xrightarrow{ROOR} CH_3CH_2CH_2Br$$

$$CH_3C\equiv CH + HX \longrightarrow CH_3\underset{\displaystyle X}{\underset{|}{C}}=CH_2 + HX \longrightarrow CH_3\underset{\displaystyle X}{\underset{|}{\overset{\displaystyle X}{\overset{|}{C}}}}CH_3$$

7.8.3 氯甲基化反应

$$C_6H_6 + HCHO + ZnCl_2 + HCl \longrightarrow C_6H_5CH_2Cl$$

该反应可以直接在芳环上导入一个—CH_2Cl，生成苄氯。苯环上有第一类取代基时，使氯甲基化反应容易进行；有第二类取代基和卤素时则使反应难以进行。

7.8.4 醇的卤代

常用的卤化试剂有 HX、PX_3、PX_5、$SOCl_2$（亚硫酰氯）。

1. 醇与 HX 作用

$$ROH + HX \rightleftharpoons RX + H_2O$$

2. 醇与卤化磷作用

$$ROH + PX_3 \rightleftharpoons RX + P(OH)_3 \ (X = Br、I)$$

在试剂制备中，常将赤磷与碘（溴）加到醇中，然后加热，让三碘（溴）化磷边生成边与醇作用。醇与三氯化磷作用生成氯代烷，因有副反应生成，产率不高，一般低于 50%。

3. 醇与亚硫酰氯作用

$$ROH + SOCl_2 \longrightarrow RCl + SO_2\uparrow + HCl\uparrow$$

7.8.5 卤原子交换

碘代烃的制备比较困难，通常将含氯代烷或溴代烷的丙酮溶液与碘化钠共热，通过卤素交换反应来制备，如

$$RCl + NaI \xrightarrow{\text{丙酮}} RI + NaCl$$

$$RBr + NaI \xrightarrow{\text{丙酮}} RI + NaBr$$

7.9 重要的含卤化合物

1. 三氯甲烷

三氯甲烷俗称氯仿，它是一种无色而有甜味的液体，沸点为 61.2℃，密度为 1.483 2 g/mL，

不能燃烧，也不溶于水。由于氯仿能溶解油脂和许多有机物质，可用作抗生素、香料、油脂、树脂、橡胶的溶剂和萃取剂。三氯甲烷是一种重要的有机合成原料，主要用来生产氟利昂（F－21、F－22、F－23）、染料和药物。

在医学上，三氯甲烷还常用作麻醉剂，不过医用三氯甲烷必须非常纯净。但由于它在光照下遇空气逐渐被氧化生成光气，光气是剧烈窒息性毒气，高浓度吸入可致肺水肿，因此，三氯甲烷需保存在密封的棕色瓶中，装满到瓶口加以封闭，以防和空气接触。通常还可以加入1%乙醇以破坏可能生成的光气。

2. 四氯化碳

四氯化碳是一种无色液体，沸点为76.8℃，密度为1.594 0 g/mL，能溶解脂肪、油漆等多种物质，在实验室和工业上常用作溶剂和萃取剂。四氯化碳不能燃烧，受热易挥发，其蒸气比空气重，不导电，因此它的蒸气可把燃烧物覆盖，使之与空气隔绝而达到灭火的效果，适用于扑灭油类的燃烧和电源附近的火灾，是一种常用的灭火剂。四氯化碳在500℃以上时可以与水作用，产生有毒光气，故灭火时要注意空气流通，以防中毒。

3. DDT（4,4′-二氯二苯三氯乙烷）

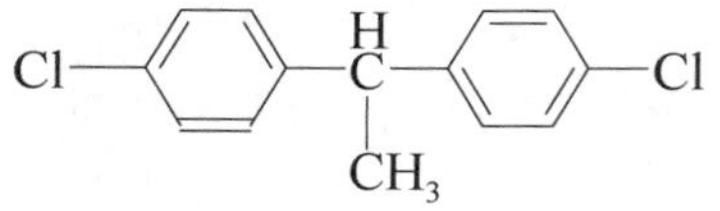

DTT又称滴滴涕、二二三，是一种杀虫剂，也是一种农药，为白色晶体，无味无臭，不溶于水，溶于煤油。它的杀虫功效在1939年由瑞士化学家穆勒发现并推广，在20世纪上半叶在防止农业病虫害、减轻疟疾伤寒等抗灾中起到重要作用。由于其在环境中非常难以降解，并可在动物脂肪内蓄积，对环境污染过于严重，因此很多国家和地区已经禁止使用。

4. 二氟二氯甲烷

二氟二氯甲烷在工业上可由四氯化碳和干燥的HF在$SbCl_5$或$FeCl_3$作用下制得，也可由四氯化碳和$SbCl_3$或$FeCl_5$作用下制得。

二氟二氯甲烷是氟利昂制冷剂中应用较多的一种，为无色、无味、无毒，化学性质稳定的气体。常压沸点为－29.8℃，易压缩成液体。解压后立即气化，同时吸收大量热，广泛用作制冷剂、气雾推进剂、发泡剂等。它的商品名称为氟利昂-12或F_{12}。

在对流层的氟利昂分子很稳定，几乎不发生化学反应。但是，当它们上升到平流层后，会在强烈紫外线的作用下被分解，分解时释放出的氯原子同臭氧会发生连锁反应，不断破坏臭氧分子。科学家估计一个氯原子可以破坏数万个臭氧分子，地球上已出现很多臭氧层空洞，有些漏洞已超过非洲面积。此外，氟利昂也是重要的温室气体，一个氟利昂分子增加温室效应的效果相当于一万个二氧化碳分子。因此，我国及许多工业发达国家正在研究F_{12}的代用品，目前主要是含氢的氟利昂，它们将在到达臭氧层之前的对流层时就被分解，或者用不含氯的氟利昂如CF_3CH_2F等。20世纪80年代后，国际上接连签署了多个关于限制使用生产氟利昂的协议，以更好地保护生态环境。

5. 聚四氟乙烯

聚四氟乙烯是由四氟乙烯单体在过硫酸铵引发下聚合而成。俗称“塑料王”，具有优良的化学稳定性、耐腐蚀性、密封性、高润滑不黏性、电绝缘性和良好的抗老化耐力。可制成聚四氟乙烯管、棒、带、板、薄膜等。一般应用于性能要求较高的耐腐蚀的管道、容器、泵、阀以及制作雷达、高频通信器材、无线电器材等。

本章小结

1. 卤代烃的命名

习惯命名法：烷基的名称加上卤素的名称。

系统命名法：选择含有卤原子的最长碳链为主链，卤原子看作取代基。卤代烯烃命名时，选择含双键和卤原子的最长碳链为主链，从靠近双键的一端开始将主链编号，以烯烃为母体来命名。卤代芳烃和卤代脂肪烃一般以脂环烃或芳烃为母体，卤原子作为取代基来命名。卤原子连在芳环侧链上时，常以脂肪烃为母体，卤原子和芳环作为取代基来命名。

2. 卤代烃的化学性质

$$RCH_2X + NaOH \xrightarrow{\text{水}} RCH_2OH + NaX$$

$$RCH_2X + NaCN \xrightarrow{\text{醇}} \underset{\text{腈}}{RCH_2CN} + NaX$$

$$RX + NH_3(\text{过量}) \longrightarrow \underset{\text{胺}}{RNH_2} + NH_4X$$

$$RX + AgNO_3 \xrightarrow{\text{醇}} \underset{\text{硝酸酯}}{RONO_2} + AgX\downarrow$$

$$RCl + NaI \xrightarrow{\text{丙醇}} RI + NaCl$$

$$RBr + NaI \xrightarrow{\text{丙酮}} RI + NaBr$$

$$RX + Mg \xrightarrow{\text{纯醚}} RMgX$$

$$RCH_2\underset{\underset{X}{|}}{C}HCH_3 \xrightarrow[\triangle]{KOH/\text{醇}} RCH{=}CHCH_3$$

3. 卤代烃的制备

$$>C{=}C< \xrightarrow{HX} -\underset{|}{\overset{|}{C}}-\underset{\underset{X}{|}}{\overset{|}{C}}-$$

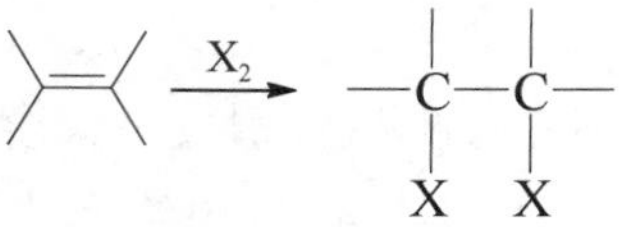

$$\gt C{=}C\lt \xrightarrow{X_2} -\underset{X}{\underset{|}{\overset{|}{C}}}-\underset{X}{\underset{|}{\overset{|}{C}}}-$$

$$CH_2{=}CHCH_3+Cl_2 \xrightarrow{光照} CH_2{=}CHCH_2Cl$$

$$ROH+HX \rightleftharpoons RX+H_2O$$

$$ROH+SOCl_2 \longrightarrow RCl+SO_2\uparrow+HCl\uparrow$$

$$ROH+PX_3 \rightleftharpoons RX+P(OH)_3$$

习　题

7－1　用系统法命名下列化合物或写出结构式：

(1) 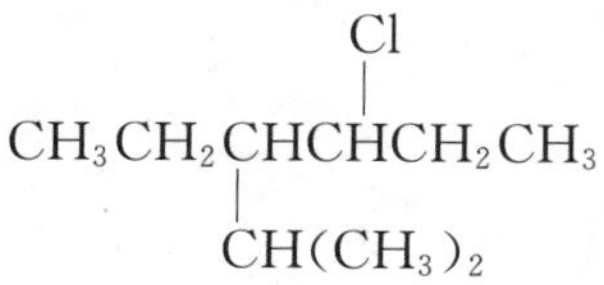 $CH_3CH_2\underset{CH(CH_3)_2}{\underset{|}{C}}H\overset{Cl}{\overset{|}{C}}HCH_2CH_3$

(2) $CH_3\overset{CH_3}{\overset{|}{C}}HCH_2\underset{CH_3}{\underset{|}{\overset{CH_3}{\overset{|}{C}}}}CH_2\overset{Br}{\overset{|}{C}}HCH_2CH_3$

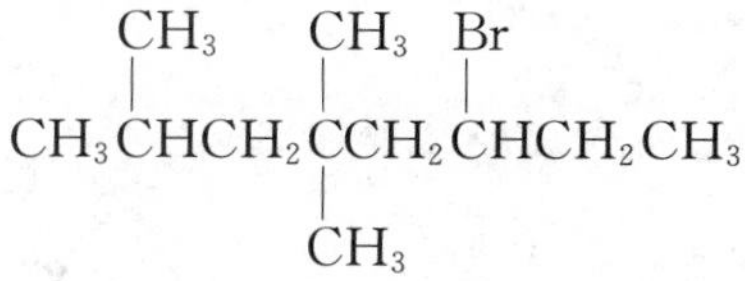

(3) $CH_2ClCH_2CH_2CH_2Cl$

(4) 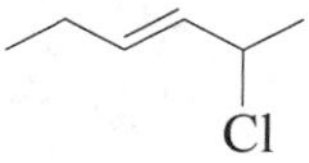 Cl

(5) 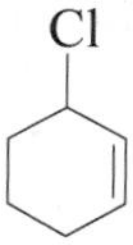 Cl

(6) 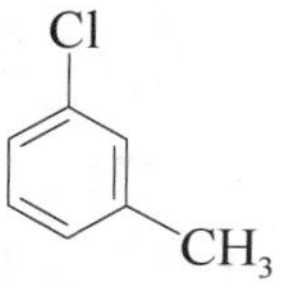 Cl　CH_3

(7) 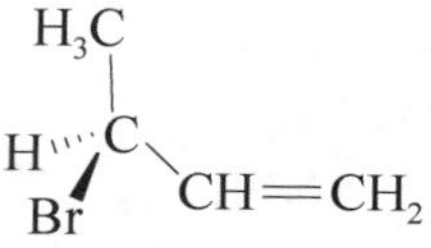 H_3C　H　C　$CH{=}CH_2$　Br

(8) 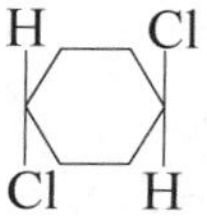 H　Cl　Cl　H

(9) 烯丙基氯

(10) 氯仿

(11) 苄溴

(12) 1-苯基-2-溴乙烷

7－2　完成下列反应式：

(1) $CH_3CH{=}CH_2 \xrightarrow{HBr}$ (　　　　　) $\xrightarrow{NaCN}$ (　　　　　)

(2) $CH_3CH{=}CH_2 \xrightarrow[HBr]{ROOR}$ (　　　　　) $\xrightarrow{H_2O(NaOH)}$ (　　　　　)

(3) $CH_3CH{=}CH_2 \xrightarrow[Cl_2]{光照}$ (　　　　　) $\xrightarrow[丙酮]{NaI}$ (　　　　　)

(4) $ClCH_2CH_2CH_2I+KCN(1\ mol)\longrightarrow$ (　　　　　)

(5) $CH_3CH_2\underset{|\atop Br}{CH}-\underset{|\atop CH_3}{CH}CH_2CH_3 \xrightarrow[\text{乙醇}\quad\triangle]{KOH}$ (　　　　)

(6) $\bigcirc \xrightarrow[hv]{Cl_2}$ (　　　　) $\xrightarrow[C_2H_5OH]{C_2H_5ONa}$ (　　　　) $\xrightarrow{Br_2}$ (　　　　)

$\xrightarrow[C_2H_5OH]{2C_2H_5OK}$ (　　　　)

(7) $CH_3CH_2CH(CH_3)_2 \xrightarrow[hv]{Br_2}$ (　　　　) $\xrightarrow[\text{乙醚}]{Mg}$ (　　　　) $\xrightarrow{D_2O}$ (　　　　)

(8) 苯环邻位取代：$CH{=\!=}CHBr$，CH_2Cl $+KCN \xrightarrow{\text{醇}}$ (　　　　)

7-3 用化学方法区别下列化合物：

(1) (A) 正丁基溴　(B) 叔丁基溴　(C) 烯丙基溴

(2) (A) 对-氯甲苯　(B) 苄氯　(C) 1-氯-1-丙烯

(3) (A) 2-戊烯　(B) 1-戊炔　(C) 1-溴丁烷　(D) 戊烷

(4) (A) 1-氯戊烷　(B) 1-溴丁烷　(C) 1-碘丙烷

7-4 根据题意按要求回答问题。

(1) 将下列化合物按消除反应活性次序排列：

(A) $CH_3CH_2CH_2CH_2Br$　(B) $CH_3CH_2CHBrCH_3$　(C) $CH_3CH_2CBr(CH_3)_2$

(2) 按下列卤代芳烃水解速度由快到慢排列：

(A) Cl, NO_2（苯环，1-Cl，4-NO_2）

(B) Cl, NO_2, NO_2（苯环，1-Cl，2-NO_2，4-NO_2）

(C) Cl, O_2N, NO_2, NO_2（苯环，1-Cl，2,4,6-NO_2）

(D) Cl（苯环）

(E) Cl, CH_3（苯环，1-Cl，4-CH_3）

(3) 将下列化合物按 S_N1 反应活性排序：

(A) $CH_3CH_2CH_2CH_2Br$　(B) $CH_3CH_2\overset{CH_3\atop |}{C}HBr$　(C) $(CH_3)_3CBr$

(4) 将下列化合物发生 S_N1 反应活性排序：

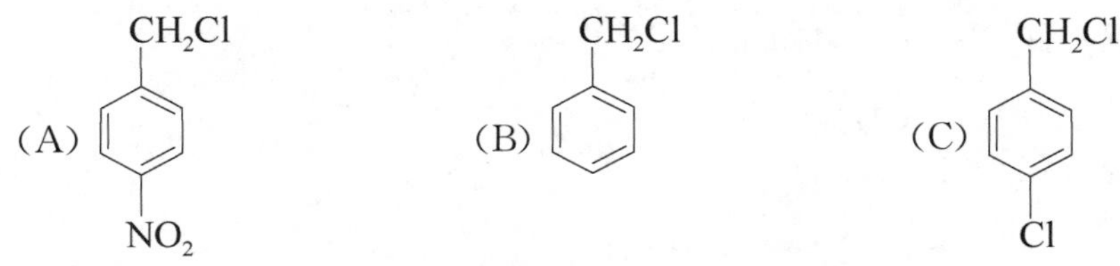

(5) 将下列化合物按 S_N2 反应活性排序：

(A) $CH_3CH_2CH_2CH_2Br$ (B) $(CH_3)_2CHCH_2Br$ (C) $(CH_3)_3CCH_2Br$

(6) 将下列化合物按 S_N2 反应活性排序：

(A) $CH_3CH_2CH(CH_3)Br$ (B) $CH_3CH_2CH_2CH_2Br$ (C) $(CH_3)_3CBr$

(7) 卤代烷与 NaOH 在水与乙醇混合物中进行反应，指出下列哪些属于 S_N2 历程，哪些属于 S_N1 历程：

(A) 产物的构型完全转化　(B) 有重排产物

(C) 碱浓度增加，反应速度加快　(D) 叔卤烷反应速度大于仲卤烷

(E) 试剂亲核性越强，反应速度越快　(F) 反应是一步完成的

(G) 增加溶剂的含水量，反应速度明显加快

7-5　预测下列各对反应中何者较快，并说明理由：

(1) (A) $CH_3CH_2CH(CH_3)CH_2Br + CN^- \longrightarrow CH_3CH_2CH(CH_3)CH_2CN + Br^-$

(B) $CH_3CH_2CH_2CH_2CH_2Br + CN^- \longrightarrow CH_3CH_2CH_2CH_2CH_2CN + Br^-$

(2) (A) $CH_3Cl + NaOH(H_2O) \longrightarrow CH_3OH + NaCl$

(B) $CH_3Cl + H_2O \longrightarrow CH_3OH$

(3) (A) $(CH_3)_2CHCH_2Cl + H_2O \longrightarrow (CH_3)_2CH_2OH + Cl^-$

(B) $(CH_3)_2CHCH_2Br + H_2O \longrightarrow (CH_3)_2CH_2OH + Br^-$

7-6　由指定原料合成下列化合物：

(1) $CH_3CH(Br)CH_3 \longrightarrow CH_3CH_2CH_2Br$

(2) $CH_3CH(Cl)CH_3 \longrightarrow CH_2ClCHClCH_2Cl$

(3) 环己烷 $\longrightarrow$ 2-环己烯-1-醇（OH）

(4) $HC\equiv CH \longrightarrow$ $H_3CH_2C(H)C=C(H)CH_2CH_3$（顺式）

7-7　根据题意推测结构。

(1) 某烃A的分子式为C_5H_{10}，它与溴水不发生反应，在紫外光照射下与溴作用只得到一种产物B(C_5H_9Br)。将化合物B与KOH的醇溶液作用得到C(C_5H_8)，化合物C经臭氧化并在锌粉存在下水解得到戊二醛。写出化合物A、B、C的构造式及各步反应式。

(2) 化合物A与溴作用生成含有三个卤原子的化合物B，A能使冷的稀$KMnO_4$溶液褪色，生成含有一个溴原子的1,2-二醇。A很容易与NaOH作用，生成C和D；C和D氢化后分别得到两种互为异构体的饱和一元醇E和F；E比F更容易脱水，E脱水后产生两个异构化合物；F脱水后仅产生一个化合物。这些脱水产物都能被还原为正丁烷。写出化合物A至F的构造式及各步反应式。

第8章　有机波谱

8.1　分子吸收光谱和分子结构

光是一种电磁波，具有波粒二相性，即光既有波的特性又有粒子的特性。光在X射线的波长以上呈波动性，具有波的性质，如绕射、衍射、反射、干涉等；在X射线的波长以下呈粒子性，具有光电效应。

光的波动性可用波长(λ)、频率(ν)和波数(σ)来描述。按量子力学，其关系如下：

$$\nu = \frac{c}{\lambda} = c\sigma$$

式中，ν 为频率，单位为 Hz；c 为光速，量值为 3×10^{10} cm/s；λ 为波长，单位为 cm，也用 nm 作单位(1 nm $=1\times10^{-7}$ cm)；σ 为 1 cm 长度中波的数目，单位为 cm^{-1}。

光的微粒性可用光量子的能量来描述，即

$$E = h\nu = \frac{hc}{\lambda} = hc\sigma\nu = \frac{c}{\lambda} = c\sigma$$

式中，E 为光量子能量，单位为 J；H 为普朗克常数，量值为 6.63×10^{-34} J/s。

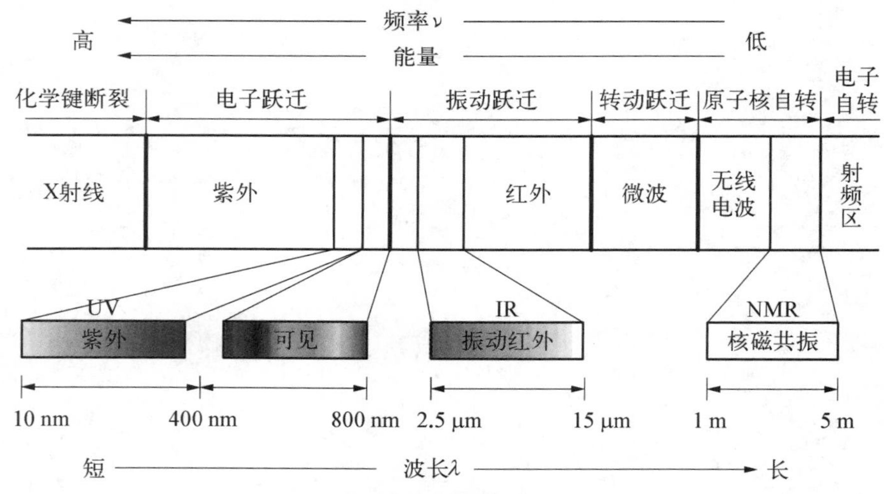

图 8-1　光谱区域及能量跃迁

该式表明：分子吸收电磁波，从低能级跃迁到高能级，其吸收光的频率与吸收能量的关系。由此可见，λ 与 E、ν 成反比。在分子光谱中，根据电磁波的波长(λ)划分为几个不同的区域，如图 8-1 所示。

分子光谱是由远红外光谱、近红外光谱、可见光和紫外光谱交织在一起的光谱。远红外光谱是由于分子转动能级的变化引起的，近红外光谱是分子既有振动能级又有转动能级改变时产生的，而可见光和紫外光谱是分子既有电子能级又有振动和转动能级变化时产生的。所以分子内部既有分子转动，又有分子的振动，还有分子中电子的运动。

8.2 红外吸收光谱

8.2.1 红外吸收光谱的定义

红外吸收光谱是分子中成键原子振动能级跃迁而产生的吸收光谱，只有引起分子偶极距变化的振动才能产生红外吸收。

红外吸收光谱是研究波数在 4 000～400 cm^{-1} 范围内不同波长的红外光通过化合物后被吸收的谱图。谱图以波长或波数为横坐标，以透光度为纵坐标而形成。透光度以下式表示：

$$T\% = \frac{I}{I_0} \times 100\%$$

式中，I 为透过光的强度；I_0 为入射光的强度。

如图 8-2 所示为仲丁醇的红外吸收光谱谱图。

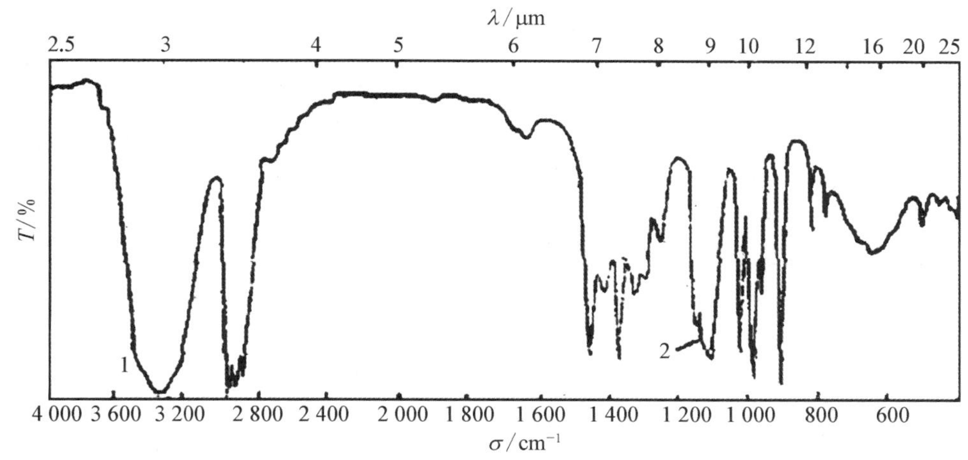

图 8-2 仲丁醇的红外吸收光谱

图 8-2 的横坐标为 4 000～400 cm^{-1} 范围内的波数(σ)，表示吸收峰的位置；纵坐标为透过率($T/\%$)，表示吸收强度。T 值越小，表明吸收得越好，故曲线低谷表示是一个好的吸收带。

8.2.2 分子振动与红外吸收光谱

1. 振动方程式(胡克定律)

分子的振动运动可近似地看成一些用弹簧连接着的小球的运动。以双原子分子为例,若把两原子间的化学键看成质量可以忽略不计的弹簧,长度(键长)为 r,两个原子的原子质量为 m_1、m_2。如果把两个原子看成两个小球,则它们之间的伸缩振动可以近似地看成沿轴线方向的简谐振动。因此可以把双原子分子称为谐振子。由胡克定律得其振动频率为

$$\nu_{振} = \frac{1}{2\pi}\sqrt{\frac{k}{\mu}} \qquad \mu = \frac{m_1 \cdot m_2}{m_1 + m_2}$$

式中,k 为化学键的力常数,单位为 N/cm。k 与化学键的强度有关(键长越短,键能越小,k 越大)。μ 为折合质量,单位为 g。键的振动频率与力常数和成键的原子质量有关,键力常数 k 值越大、折合质量越小,键的振动频率就越大。

红外吸收光谱中常用波长 λ 的倒数波数 σ(cm^{-1})作为横坐标。振动频率 ν 和波数 σ 的关系如下:

$$\nu = \frac{c}{\lambda} = c\sigma,\ \sigma = \frac{\nu}{c} = \frac{1}{2\pi c}\sqrt{\frac{k}{\mu}}$$

常见化学键的 k 值如表 8-1 所示。

表 8-1 常见化学键的 k 值

键　型	O—H	N—H	≡C—H	=C—H	—C—H	C≡N	C≡C	C=O	C=C	C—O	C—C
k/(N/cm)	7.7	6.4	5.9	5.1	4.8	17.7	15.6	12.1	9.6	5.4	4.5

由表 8-1 可知键力常数 k 值由大到小通常为三键>双键>单键。各种碳碳键的振动频率如表 8-2 所示。

表 8-2 碳碳键的振动频率性质

化学键	键长/nm	键能/(kJ/mol)	力常数 k/(N/cm)	波数/cm^{-1}
C—C	0.154	347.3	4.5	700～1 200
C=C	0.134	610.9	9.6	1 620～1 680
C≡C	0.116	836.8	15.6	2 100～2 600

由于化学键所处的环境不同,同一类化学键的力常数并不完全相同,所以吸收峰的位置也不尽相同。此外只有使分子偶极矩发生改变的振动形式,在红外吸收光谱图中才有吸收峰。

含氢原子的化学键 X—H,X 的电负性越大,k 越大。如果 m_2 为氢的原子质量,则

$m_2 \ll m_1$，$m_1+m_2=m_1$，$\mu \approx m_2$，所以化学键 X—H 的振动频率较高，吸收峰将出现在高波数区。

C—H　　　　　　N—H　O—H

3 000～2 800 cm^{-1}　　　　3 600～3 000 cm^{-1}

2. 分子的振动

多原子分子基本振动类型可分为两类：伸缩振动和弯曲振动，如图 8-3 所示为以亚甲基为例的振动方式。

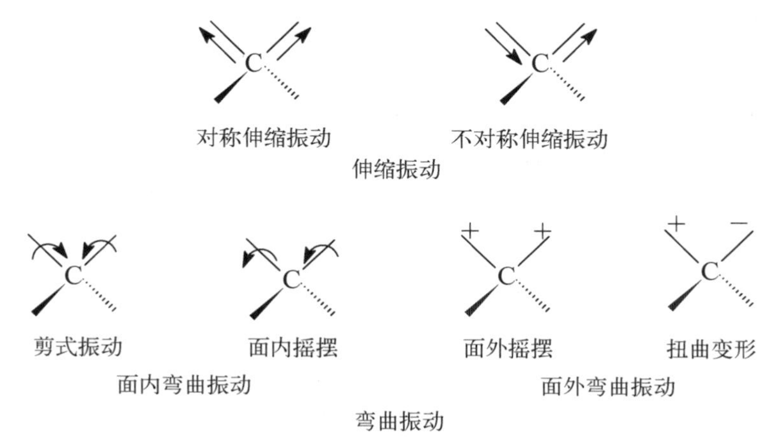

图 8-3　亚甲基的振动方式

1）伸缩振动

伸缩振动是指原子沿着键轴方向伸缩，使键长发生周期性的变化的振动。伸缩振动的力常数比弯曲振动的力常数要大，因而同一基团的伸缩振动常在高频区出现吸收。周围环境的改变对频率的变化影响较小。

2）弯曲振动

弯曲振动又称变形或变角振动。一般是基团键角发生周期性变化的振动或分子中原子团对其余部分做相对运动。弯曲振动的力常数比伸缩振动的小，因此同一基团的弯曲振动在其伸缩振动的低频区出现。另外，弯曲振动对环境结构的改变可以在较广的波段范围内出现，所以一般不把它作为基团频率处理。

8.2.3　有机化合物基团的特征光谱

有机化合物各种基团的不同振动形式所产生的吸收峰，总是出现在一定的波数范围内。同一类型化学键或官能团，其红外吸收频率总是出现在一定的波数范围内。这种代表一类基团的吸收峰称为特征吸收峰（官能团吸收峰），最大吸收对应的频率为该基团的特征频率。表 8-3 列出了各类基团的特征频率。

表 8-3 常见有机物基团的特征频率

	化学键类型	频率/cm^{-1}（化合物类型）	化学键类型	频率/cm^{-1}（化合物类型）
伸缩振动	—O—H	3 600～3 200(醇、酚) 3 600～2 500(羧酸)	C═C	1 680～1 620(烯烃)
	—N—H	3 500～3 300(胺、亚胺，伯胺为双峰) 3 350～3 180(伯酰胺，双峰) 3 320～3 060(仲酰胺)	C═O	1 750～1 710(醛、酮) 1 725～1 700(羧酸) 1 850～1 800，1 790～1 740(酸酐) 1 815～1 770(酰卤) 1 750～1 730(酯) 1 700～1 680(酰胺)
	sp C—H	3 320～3 310(炔烃)		
	sp^2 C—H	3 100～3 000(烯、芳烃)	C═N	1 690～1 640(亚胺、肟)
	sp^3 C—H	2 950～2 850(烷烃)	—NO_2	1 550～1 535，1 370～1 345(硝基化合物)
	sp^2 C—O	1 250～1 200(酚、酸、烯醚)		
	sp^3 C—O	1 250～1 150(叔醇、仲醚) 1 125～1 100(仲醇、伯醚) 1 080～1 030(伯醇)	—C≡C —C≡N	2 200～2 100(不对称炔) 2 280～2 240(腈)
弯曲振动	C—H 面内弯曲振动	1 470～1 430，1 380～1 360(CH_3) 1 485～1 445(CH_2)	Ar—H 面外弯曲振动	770～730，710～680(五个相邻氢) 770～730(四个相邻氢) 810～760(三个相邻氢) 840～800(两个相邻氢) 900～860(隔离氢)
	═C—H 面外弯曲振动	995～985，915～905(单取代烯) 980～960(反式二取代烯) 690(顺式二取代烯) 895～885(同碳二取代烯) 840～790(三取代烯)	≡C—H 面外弯曲振动	660～630(末端炔烃)

通常把波数的 4 000～1 300 cm^{-1}范围称为官能团区，该区域内的吸收峰主要由 C—H、O—H、N—H、三键、双键等特征官能团的伸缩振动所产生，其特点是吸收峰较为稀疏，容易辨认。把波数的 1 300～400 cm^{-1}范围称为指纹区。这一区域主要是 C—C、C—N、C—O 等单键和各种弯曲振动的吸收峰，其特点是谱带密集、难以辨认，而且不同化合物的峰型差异很大。

从官能团特征频率区可以判别化合物是否含有某个官能团，再结合指纹区区别或确定具体的化合物结构。

8.2.4 有机化合物红外吸收光谱图解析

1. 红外吸收光谱图解析基础知识

(1) 特征频率区。红外吸收光谱中 4 000～1 300 cm^{-1}的高频区称为特征频率区，主要是X—H、三键(C≡C) 及双键(C═C、C═O、C═N)的伸缩振动的吸收峰。

(2) 指纹区。红外吸收光谱的 1 000～650 cm^{-1}的低频区称为指纹区，主要是各种单键

(C—N，C—O，C—C)的伸缩振动及各种弯曲振动的吸收峰。

(3) 相关峰。习惯上把同一官能团因不同振动方式而产生的红外吸收峰称为相关峰，如甲基有 2 960 cm^{-1}(ν_{as})、2 870 cm^{-1}(ν_s)、1 470 cm^{-1}、1 380 cm^{-1}(δ_{C-H}剪式及面内摇摆)等不同的吸收峰。

(4) 已知物的鉴定。若被测物的红外吸收光谱与已知物的谱峰位置和相对强度完全一致，则可确认为一种物质(注意仪器的灵敏度及 H_2O 的干扰)。

(5) 未知物的鉴定。可推断简单化合物的结构。对复杂的化合物，需要紫外光谱、核磁共振、质谱的数据。

2. 化合物典型红外吸收光谱

1) 烷烃

烷烃的红外吸收光谱比较简单，主要是 C—H 键的伸缩振动(2 960～2 850 cm^{-1})和 C—H 弯曲振动(—CH_2—，1 460 cm^{-1}；—CH_3，1 380 cm^{-1})。此外异丙基和叔丁基在 1 380～1 370 cm^{-1}处裂分为双峰，如图 8-4 和图 8-5 所示。

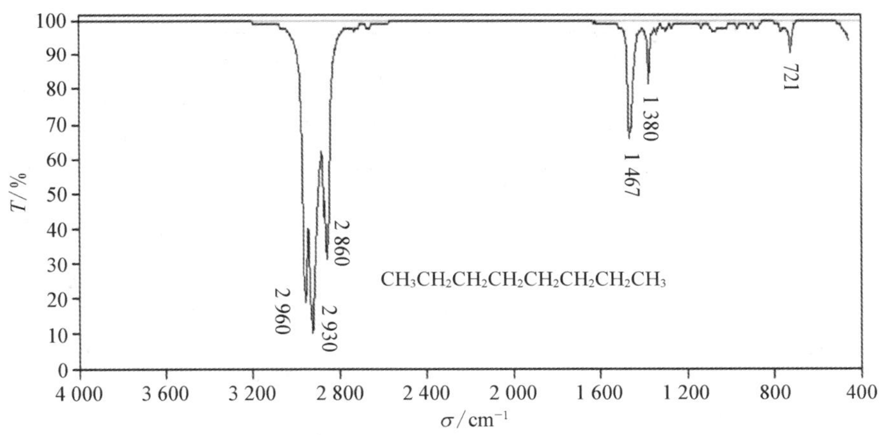

图 8-4　辛烷的红外吸收光谱

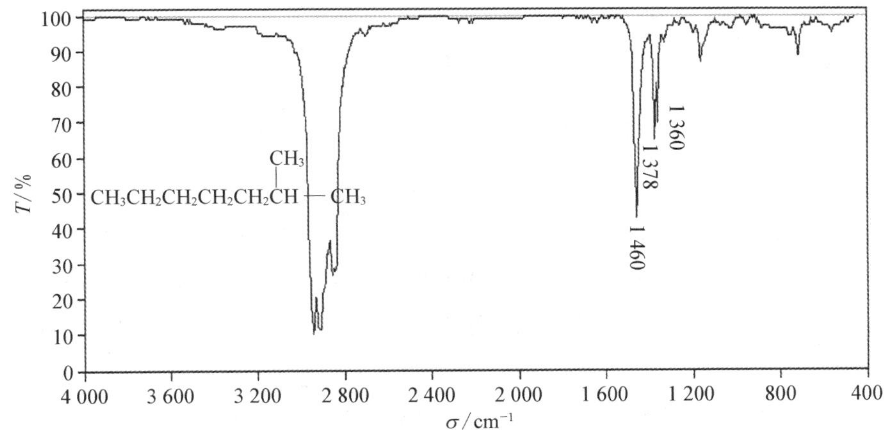

图 8-5　2-甲基庚烷的红外吸收光谱

2）烯烃

烯烃双键碳的 C—H 伸缩振动吸收峰在 3 100～3 010 cm^{-1}处，在 1 000～800 cm^{-1} 处对应的是 C—H 弯曲振动峰。不对称烯烃中 C═C 键在 1 680～1 620 cm^{-1}处有强或中等强度的吸收峰，对称性好的烯烃此处峰很弱或消失。如图 8－6 和图 8－7 所示为 1-己烯和(E)3-己烯的红外吸收光谱。

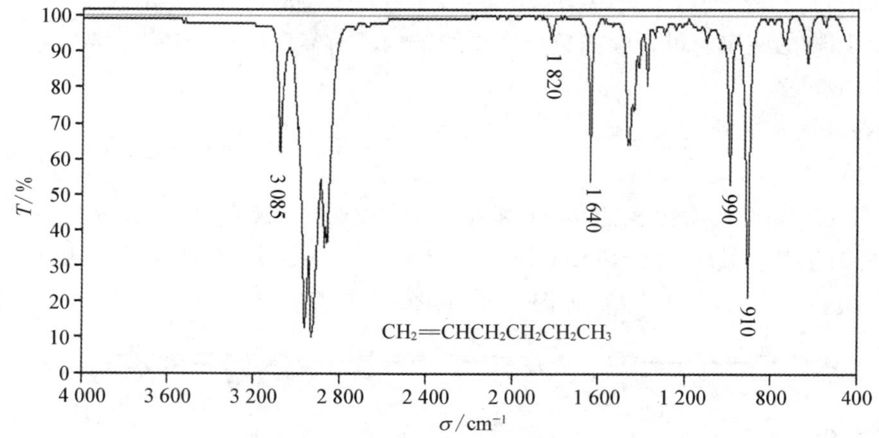

图 8－6　1-己烯的红外吸收光谱

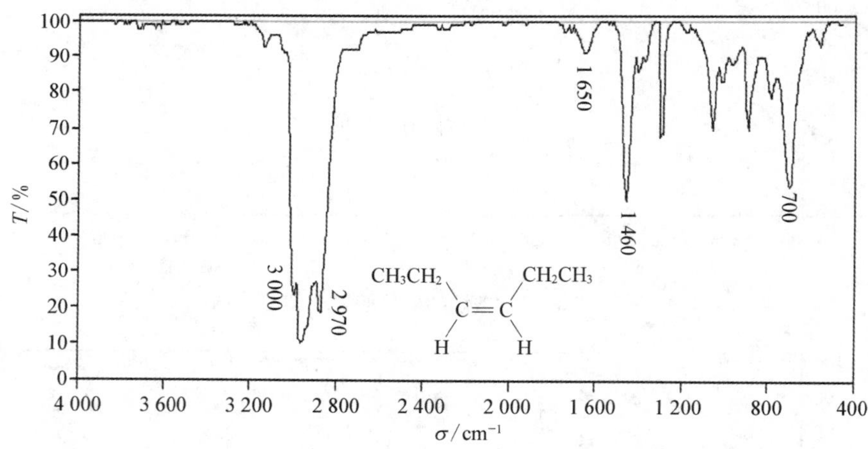

图 8－7　(E)3-己烯的红外吸收光谱

3）炔烃

端炔中三键碳的 C—H 伸缩振动在 3 310～3 300 cm^{-1}处有一个较强的吸收峰。对应的 C—H 弯曲振动在 700～600 cm^{-1}处有一个强吸收峰。端炔中 C≡C 键在 2 140～2 100 cm^{-1}处有一个弱吸收峰，二取代炔烃此处峰很弱或消失。如图 8－8 所示为 1-己炔的红外吸收光谱。

4）芳烃

芳烃芳环上的 C—H 伸缩振动在 3 110～3 010 cm^{-1} 处为中等的吸收峰。苯环骨架在 1 600～1 450 cm^{-1} 附近有 2～3 个骨架振动吸收峰。苯环上对应的 C—H 弯曲振动在

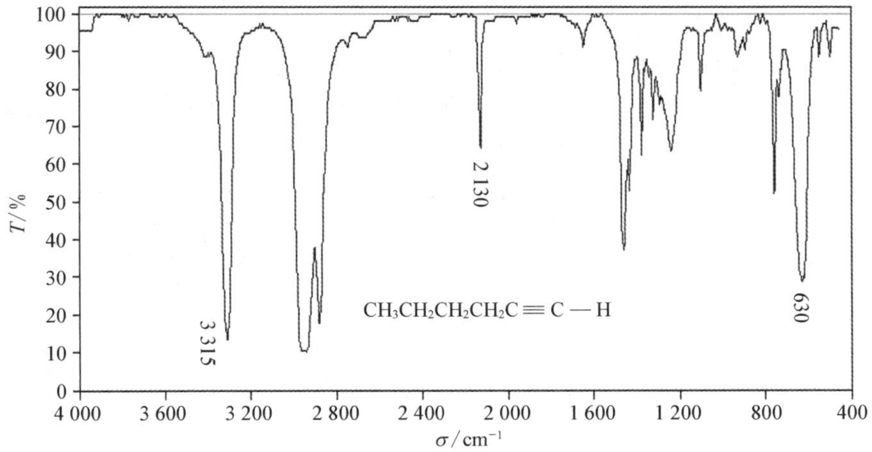

图 8-8 1-己炔的红外吸收光谱

670 cm^{-1} 处有一个弱吸收峰：一取代在 770～730 cm^{-1}、710～690 cm^{-1}处有两个强峰；邻位二取代在 770～735 cm^{-1}处有一个强峰；间位二取代在 810～750 cm^{-1}(强)、710～690 cm^{-1}(中等)处有两个峰；对位二取代在 833～810 cm^{-1}处有一个强峰。如图 8-9 和图 8-10 所示为甲苯和邻二甲苯的红外吸收光谱。

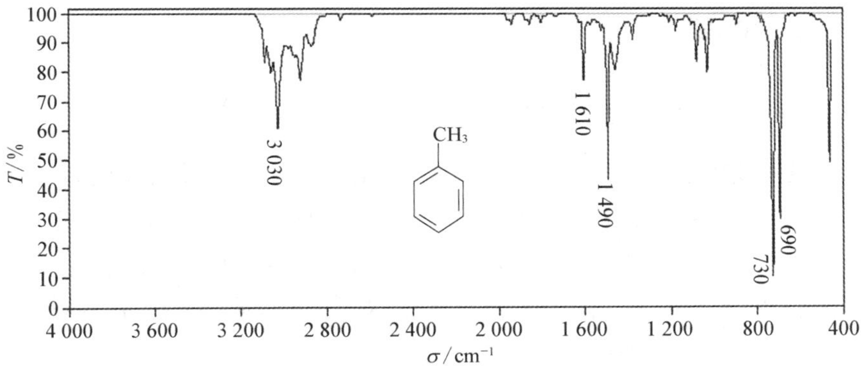

图 8-9 甲苯的红外吸收光谱

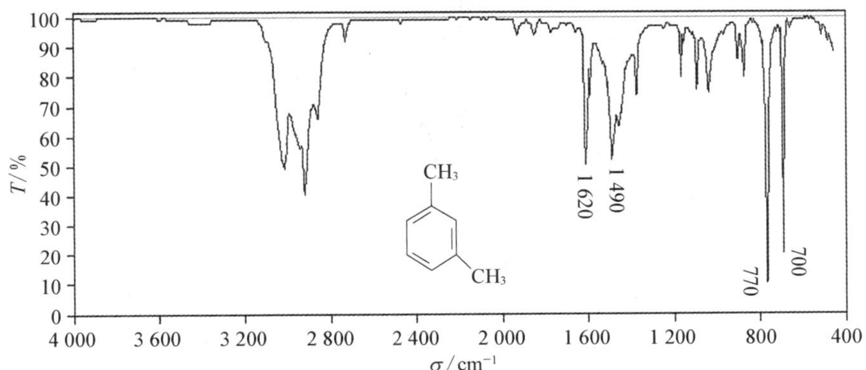

图 8-10 邻二甲苯的红外吸收光谱

5）卤代烃

卤代烃中碳-卤键出峰位置分别为 C—F（1 350～1 100 cm^{-1}，强）、C—Cl（750～700 cm^{-1}，中等强）、C—Br（700～500 cm^{-1}，中等强）、C—I（610～685 cm^{-1}，中等强）。吸收峰在指纹区时一般不明显。如图 8-11 所示为叔丁基溴的红外吸收光谱。

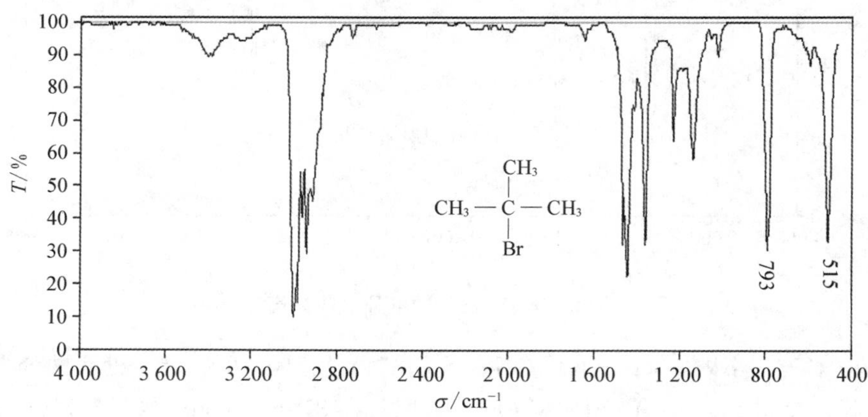

图 8-11　叔丁基溴的红外吸收光谱

8.3　核磁共振谱

8.3.1　核磁共振的基本原理

核磁共振是无线电波与处于磁场中的自旋核相互作用，引起核自旋能级的跃迁而产生的。1945 年，斯坦福大学的布洛赫（Bloch）和哈佛大学的珀塞尔（Purcell）发现了核磁共振现象，他们于 1952 年获诺贝尔物理学奖。随后，核磁共振在鉴定化合物结构方面获得广泛应用。核磁共振谱可提供原子数目、类型、键合次序、立体结构，从而确定分子结构。

1. 原子核的自旋与核磁共振

原子核像电子一样也有自旋现象（见图 8-12），从而有自旋角动量，核的自旋角动量（ρ）

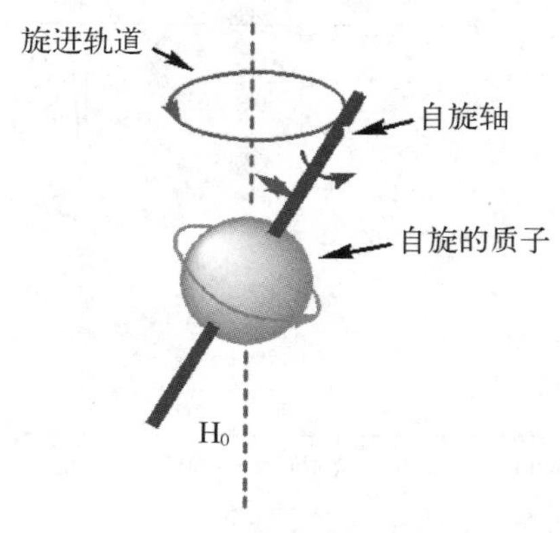

图 8-12　原子核的自旋

是量子化的，不能任意取值，可用自旋量子数(I)来描述。

$$\rho=\sqrt{I(I+1)}\ \frac{h}{2\pi} \qquad I=0、1/2、1\cdots\cdots$$

只有当$I>0$时，才能发生共振吸收，产生共振信号。^{1}H，^{13}C，^{15}N，^{19}F，^{19}Si，^{31}P的自旋量子数为1/2，能发生共振吸收。

原子核是带正电的粒子，能自旋的核有循环的电流，会产生磁场，形成磁矩。自旋量子数为I的自旋核在外加磁场中有$2I+1$个自旋取向，^{1}H核的$I=2$，所以在外加磁场时有两种取向：与外磁场方向相同的自旋能级较低(α)和与外磁场方向相反的自旋能级较高(β)，如图8－13所示。

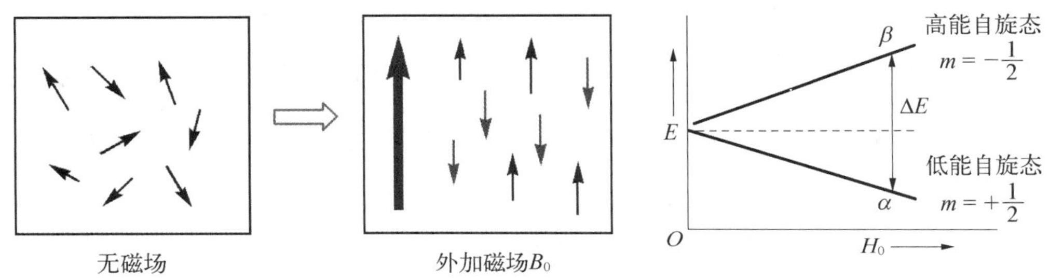

图8－13　质子在外加磁场下的取向和能级裂分

两个能级的差值为ΔE。ΔE与外加磁场强度(B_0)、核的磁旋比成正比，即

$$\Delta E=\gamma\frac{h}{2\pi}B_0=h\nu$$

式中，ΔE为能级差；γ为磁旋比；^{1}H核(氢原子核)的磁旋比为2.673×10^{8}；h为普朗克常数；ν为无线电波的频率；B_0为外磁场强度。

当质子核在外磁场B_0中时，产生能极差为ΔE的自旋能级裂分。若用频率为ν的电磁波照射氢核，氢核从低能级(α)跃迁到高能级(β)，即产生核磁共振(nuclear magnetic resonance，NMR)。目前研究得最多的是^{1}H的核磁共振，^{13}C的核磁共振近年也有较大的发展。能发生核磁共振的条件为

$$\nu=\frac{\gamma B_0}{2\pi}$$

2. *核磁共振仪和核磁共振谱图*

目前使用的核磁共振仪有连续波及脉冲傅里叶变换两种形式。核磁共振仪主要由磁铁、射频发生器、射频接受器、扫描发生器、记录仪等组成，如图8－14所示。磁铁用来产生磁场，主要有三种：永久磁铁、电磁铁和超导磁铁。按照射频率可分为60 MHz、100 MHz、200 MHz、300 MHz、500 MHz、600 MHz等。核磁共振仪的频率大，分辨率好、灵敏度高、图谱简单易于分析。

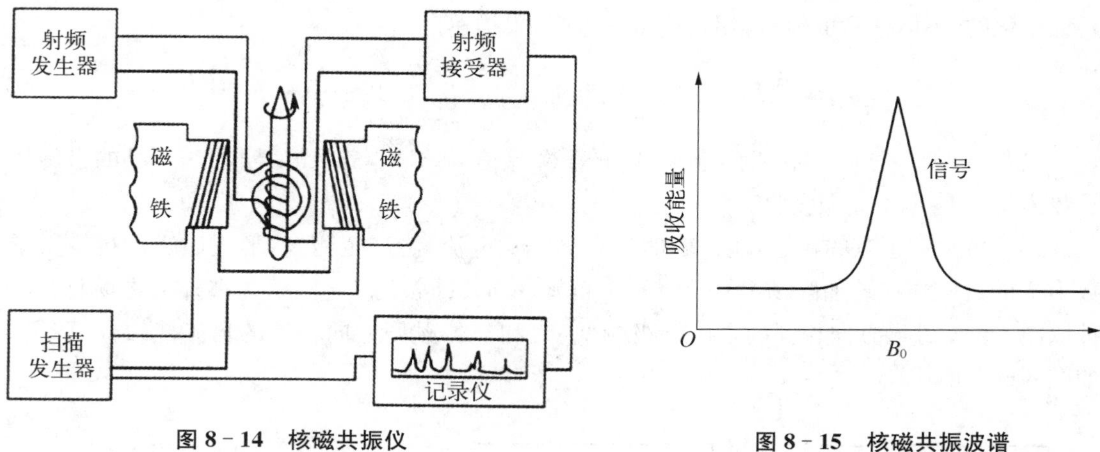

图 8-14　核磁共振仪　　　　图 8-15　核磁共振波谱

在核磁共振测定时，可以固定频率改变磁场，也可以固定磁场改变频率。当磁场强度 B_0 和无线电波的频率 ν 正好满足式 $\nu=\dfrac{\gamma B_0}{2\pi}$ 时，质子便发生能级跃迁，接受器就接收到信号并有记录仪记录下来。核磁共振谱图以吸收能量为纵坐标、此处强度为横坐标，如图 8-15 所示。

以 2-丁酮的 ^{1}H NMR 为例，如图 8-16 所示，核磁共振谱图一般包括化学位移、自旋裂分、偶合常数、峰面积等。

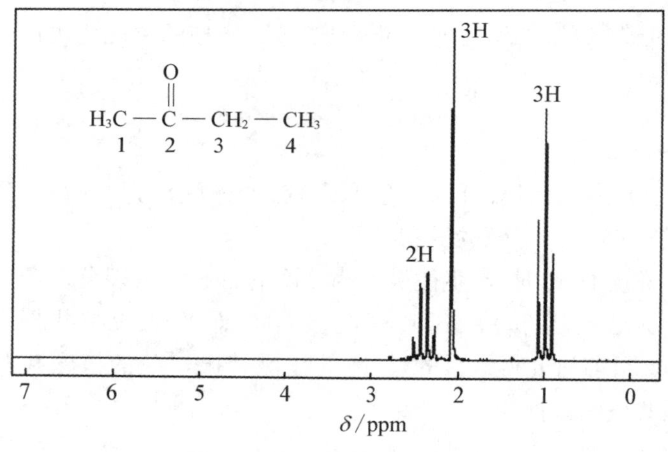

图 8-16　2-丁酮的 ^{1}H NMR

8.3.2　化学位移

由于原子核所处的化学环境不同，核的共振频率也不尽相同，因而它们的谱线出现在谱图的不同位置上，这种现象称为化学位移(chemical shift)。

化学位移的产生一般认为是核外电子对外加磁场的屏蔽(shielding)作用的结果。假定有一孤立的原子核外电子云分布是球形对称的(如氢原子的 s 电子)，在外加磁场的作用下，核外电子便在磁场方向上绕核运动，产生感应磁场。根据楞次定律，感应磁场的方向与外加磁场方向相反，因此原子核实际感受到的磁场减弱，共振频率 ν 也不同。

1. 屏蔽常数

H 核在分子中不是完全裸露的，而是被价电子所包围的。因此，在外加磁场作用下，由于核外电子在垂直于外加磁场的平面绕核旋转，从而产生与外加磁场方向相反的感生磁场 B'。这样，H 核的实际感受到的磁场强度为

$$B_{实}=B_0-B'=B_0-\sigma B_0=B_0(1-\sigma)，\sigma \text{ 为屏蔽常数}$$

1）屏蔽和去屏蔽

核外电子产生与外加磁场方向相反的感应磁场 B′，使 H 核实际感受到的磁场强度较少，这种作用称为屏蔽效应，如图 8-17(a)所示。若感应磁场与外加磁场方向一致，质子感受到的磁场增加，这种作用称为去屏蔽效应，如图 8-17(b)所示。

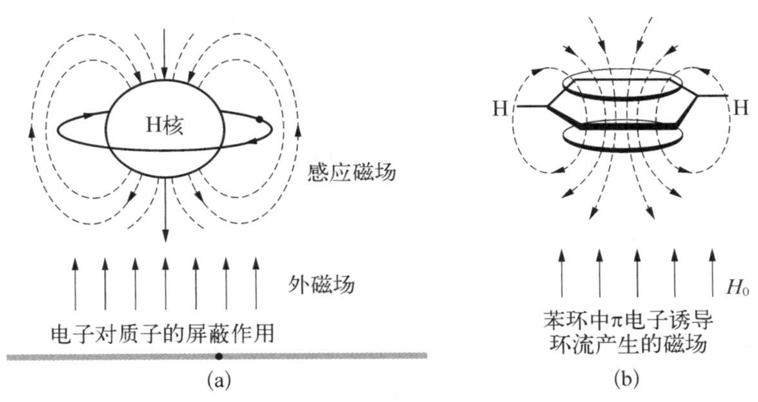

图 8-17 屏蔽和去屏蔽效应

(a) 屏蔽效应；(b) 去屏蔽效应

2）高场和低场

核外电子云密度越大，屏蔽效应越强，要发生共振吸收就势必增加外加磁场强度，共振信号将移向高场区；反之，共振信号将移向低场区，即

$$\text{低场}\underset{\leftarrow\text{去屏蔽效应}\uparrow\text{，共振信号移向低场}}{\xrightarrow{\text{屏蔽效应}\uparrow\text{，共振信号移向高场}\rightarrow}}B_0\ \text{高场}$$

2. 化学位移的表示

化学位移的差别约为百万分之十，精确测量十分困难，现采用相对数值。以四甲基硅(TMS)为标准物质，规定它的化学位移为零，然后，根据其他吸收峰与零点的相对距离来确定它们的化学位移值(见图 8-18)。化学位移的表达式如下式所示：

$$\delta=\frac{\nu_{试样}-\nu_{TMS}}{\nu_0}\times 10^6$$

式中，$\nu_{试样}$ 为试样共振频率；ν_{TMS} 为四甲基硅烷(tetramethylsilane, TMS)的共振频率；ν_0 为操作仪器选用频率。

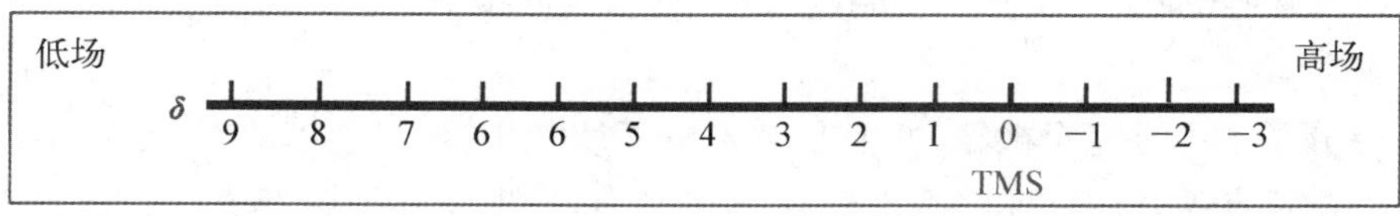

图 8－18　化学位移值表示方法

不同类型质子的化学位移值如表 8－4 所示。

表 8－4　不同氢质子的化学位移值

质子类型	化学位移	质子类型	化学位移
RCH_3	0.9	$RCH{=}CH_2$	4.5～5.0
R_2CH_2	1.2	$R_2C{=}CH_2$	4.6～5.0
R_3CH	1.5	$R_2C{=}CHR$	5.0～5.7
R_2NCH_3	2.2	$RC{=}CH$	2.0～3.0
RCH_2I	3.2	ArH	6.5～8.5
RCH_2Br	3.5	RCHO	9.5～10.1
RCH_2Cl	3.7	RCOOH，RSO_3H	10～13
RCH_2F	4.4	ArOH	4～5
$ROCH_3$	3.4	ROH	0.5～6.0
RCH_2OH，RCH_2OR	3.6	RNH_2，R_2NH	0.5～5.0
$RCOOCH_3$	3.7	$RCONH_2$	6.0～7.5
$RCOCH_3$，$R_2C{=}CRCH_3$	2.1		
$ArCH_3$	2.3		

3. 影响化学位移的因素

氢质子的化学位移值受它所处化学环境影响很大，主要影响因素有诱导效应和磁各向异性。

1）电负性

电负性大的基团的吸电子作用，使核周围的电子云密度下降，屏蔽效应降低、信号移向低场，化学位移 δ 值增大。

如在碘乙烷分子中与碘直接相连的 α 碳上的氢，由于碘的吸电子诱导而产生去屏蔽作用，其化学位移值在较低场；在碘乙烷分子中与碘直接相连的 β 碳上的氢，碘的去屏蔽减弱，其化学位移值在较高场。如图 8－19 所示为碘乙烷的 ^1H NMR。

2）磁各向异性效应

烯烃双键碳上的质子位于 π 键环流电子产生的感生磁场与外加磁场方向一致的区域，由于去屏蔽效应，使烯烃双键碳上的质子移向稍低的磁场区，其 $\delta=4.5\sim5.7$，如图 8－20(b)所示。

羰基上的 H 质子也在去屏蔽区，但因氧原子电负性的影响较大，所以，羰基碳上的 H 质子出现在更低的磁场区，其 $\delta=9.4\sim10$，如图 8－20(a)所示。

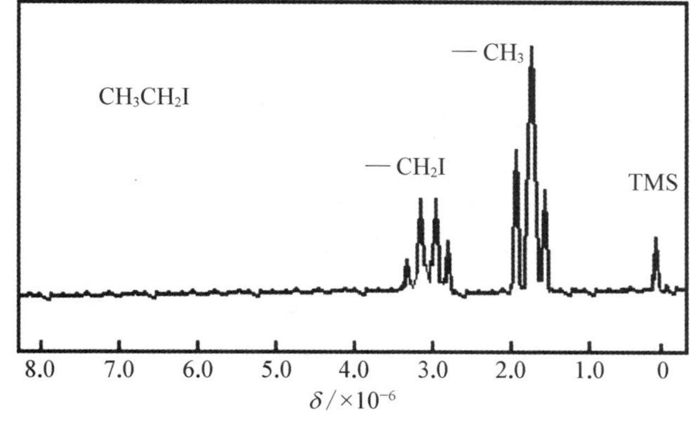

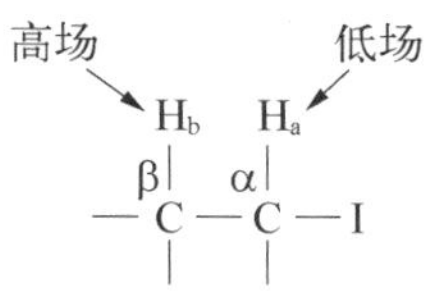

图 8-19　碘乙烷的[1]H NMR

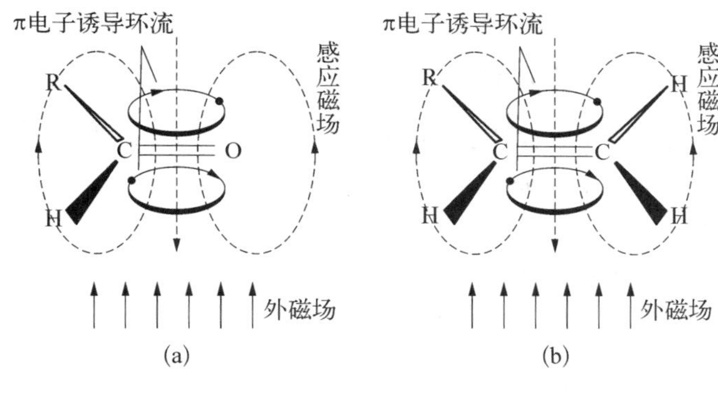

图 8-20　磁的各向异性

(a) 醛酮分子；(b) 烯烃分子

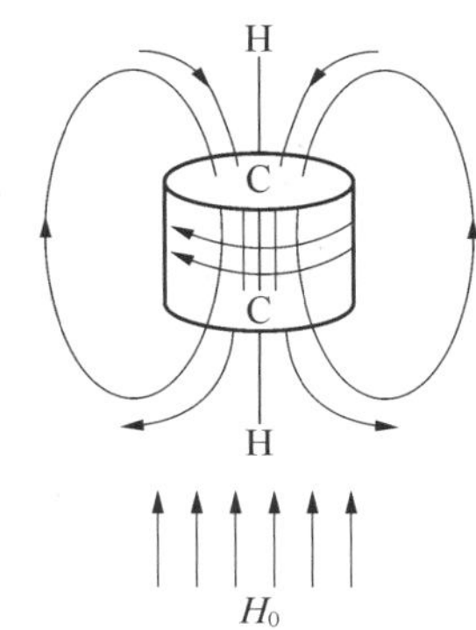

图 8-21　炔烃分子中磁的各向异性

C≡C 键是直线构型，π 电子云围绕碳碳 σ 键呈筒形分布，形成环电流，它所产生的感应磁场与外加磁场方向相反，故三键上的 H 质子处于屏蔽区，屏蔽效应较强，使三键上 H 质子的共振信号移向较高的磁场区，其 $\delta=2\sim3$，如图 8-21 所示。

8.3.3　自旋耦合和自旋裂分

1. 自旋耦合的产生

用高分辨的核磁共振仪测得碘乙烷[1]H NMR 谱图(见图 8-17)，可知 CH_3 和 CH_2 的共振峰不是单一的峰，而是多重峰。CH_3 为三重峰，CH_2 为四重峰。这是由于 CH_3 和 CH_2 上的氢核自旋相互影响所引起的。原子核之间的这种相互影响称为自旋耦合，由核之间的自旋耦合导致的谱线增多现象称为自旋裂分。

以 H_a—C—C—H_b 为例：若 H_a 负极没有 H_b 存在，H_a 感应到的磁场强度为 B_0，由核磁共振的条件，出现一个共振吸收的单峰。当 H_a 的邻近有 H_b 存在时，H_b 在外磁场中有两种自旋取向，并产生相应的两种方向相反的感应磁场 B'。因此由于 H_b 的自旋耦合作用，使

得 H_a 的吸收峰裂分为 2 个(双峰)。同理,H_a 对 H_b 也会产生类似的耦合作用,使得 H_b 的吸收峰裂分为 2 个,如图 8-22 所示。

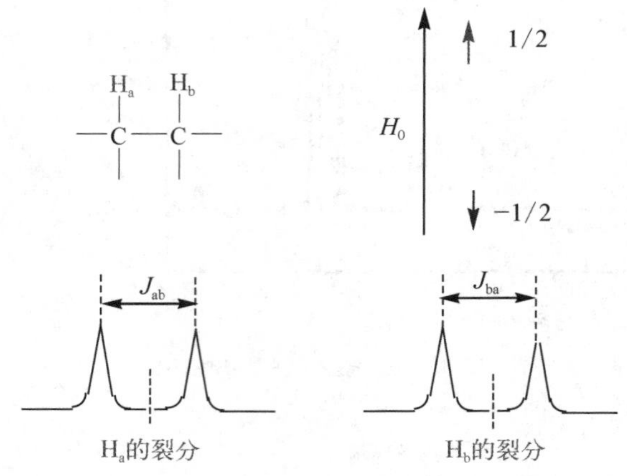

图 8-22 耦合效应

当有两个 H_b 时,对 H_a 存在自旋耦合作用,使 H_a 的吸收峰裂分为三重峰;当有三个 H_b 时,对 H_a 存在自旋耦合作用,使 H_b 的吸收峰裂分为四重峰,如图 8-23 所示。

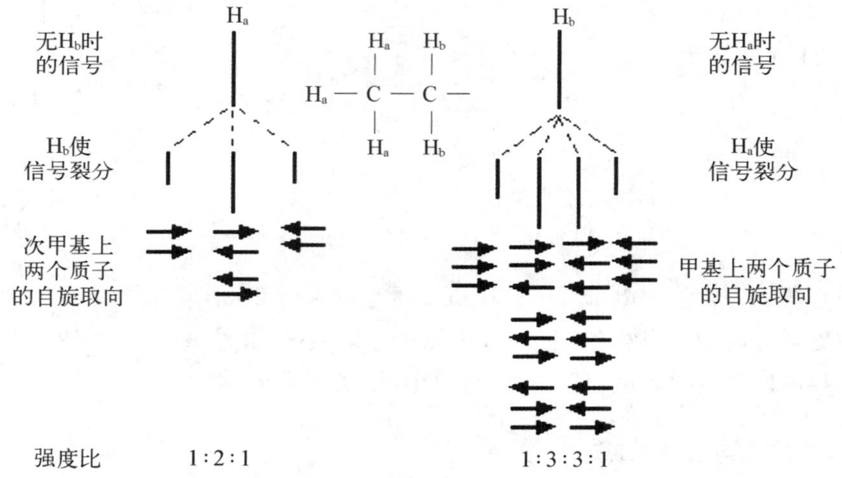

图 8-23 耦合效应

进一步推测发现,由于自旋耦合产生的裂分峰的数目符合 $n+1$ 的规律,其中 n 为相邻 H 核的数目。

2. 耦合常数

自旋裂分谱线之间的距离称为耦合常数,用 J 表示,单位为 Hz, $J=\Delta S\times\nu_0$ (ΔS 为两条谱线化学位移差值,ν_0 为仪器固有频率)。根据相互耦合的氢质子相隔键数不同,耦合作用可分为同碳耦合(^2J)、邻碳耦合(^3J)和远程耦合。两个自旋核相距越近,耦合作用越强,耦合常数越大。两个自旋核相距越远,耦合作用越弱,耦合常数越小,超过三个碳就可忽略不计。N、O、S 等电负性大的杂原子上的质子不参与耦合。

3. 化学等同核和磁等同核

在 NMR 谱图中,化学环境相同的核其化学位移值相同。这种化学位移相同的核称为化学等同核。如碘乙烷分子中,甲基的三个质子核为化学等同核;亚甲基中的两个质子核也是化学等同核。

若一组核不仅化学位移相同,而且对组外任一核的耦合常数也都相同,则这组核称为磁等同核。如二氟甲烷中的两个质子化学位移相同,对每个氟的耦合常数也相同,是磁等同核。而在 1,1-二氟乙烯中的两个核化学位移相同,但$^3J_{H_aF_b} \neq {}^3J_{H_bF_b}$,$H_a$ 和 H_b 为磁不等同核。化学等同核之间的耦合作用不会发生峰的裂分,只有磁不等同核之间的耦合作用才会发生峰的裂分。

4. 一级谱图和 $n+1$ 规律

一级谱图是指几组质子的化学位移与其耦合常数之比大于 6($\Delta\nu > 6J$)时,相互之间的干扰较弱的简级谱图。一级谱图特征:① 裂分峰呈现 $n+1$ 规律;② 裂分峰强度比符合二项式展开式系数之比;③ 一组峰的中心位置即为化学位移 δ;④ 各个裂分峰等距,峰间距即为耦合常数 J 值。

8.3.4 核磁共振谱图解析

核磁共振谱图可以提供关于有机分子结构的以下信息:吸收峰的组数,判断有几种不同类型的 H 核;峰的强度(峰面积),判断各类 H 的相对数目;峰的裂分数目,可以判断相邻 H 核的数目;化学位移(δ 值),判断各类型 H 所处的化学环境;耦合常数,判断哪种类型 H 是相邻的。

1. 核磁共振氢谱谱图解析

核磁共振氢谱谱图解析基本步骤如下:

(1) 检查整个氢谱谱图,确定各个峰的化学位移、峰型和峰的裂分、峰面积等数据。

(2) 根据分子式计算不饱和度 Ω。

(3) 解析单峰。对照表 8-4 数据,检查是否有—CH_3—O—、$CHCOCH_3$N═、CH_3C、$RCOCH_2Cl$、RO—CH_2—Cl 等基团。

(4) 确定有无芳香族化合物。如果化学位移在 6.5～8.5 范围内有信号,则表示有芳香族质子存在。如出现 AA′BB′的谱形说明有芳香邻位或对位二取代。

(5) 解析多重峰。按照一级谱的规律,根据各峰之间的相系关系,确定有何种基团。如果峰的强度太小,可把局部峰进行放大测试,增大各峰的强度。

(6) 把图谱中所有吸收峰的化学位移值与表 8-4 数据相对照,确定是何官能团,并根据峰的裂分预测质子的化学环境。

(7) 连接各基团，推出结构式，并用此结构式对照该谱图是否合理。再对照已知化合物的标准谱图。

2. 核磁共振氢谱谱图解析举例

例 8－1 某化合物的分子式为 C_3H_7Cl，其^1H NMR 谱图如下：

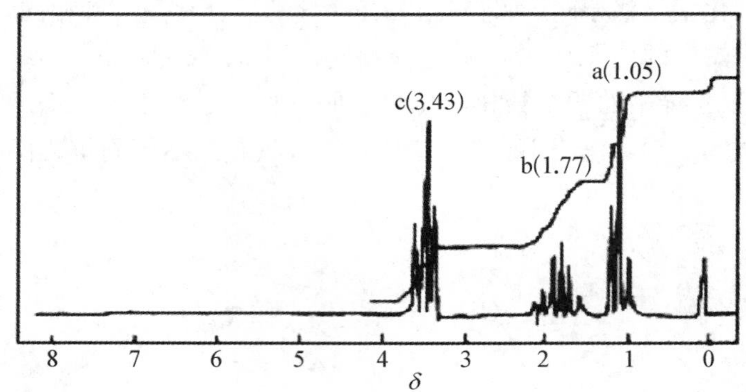

解： 由分子式可知其为饱和化合物。谱图有三组吸收峰，说明有三种不同类型的 H 核。该化合物有 7 个 H，有积分曲线的阶高可知 a、b、c 各组吸收峰的质子数分别为 3、2、2。由化学位移值可知：H_a 的共振信号在高场区，其屏蔽效应最大，该氢核离 Cl 原子最远。而 H_c 的屏蔽效应最小，该氢核离 Cl 原子最近。

因此其结构为 $\overset{a}{CH_3}\overset{b}{CH_2}\overset{c}{CH_2}Cl$。

例 8－2 某化合物的分子式为 $C_4H_8Br_2$，其^1H NMR 谱如下，试推断该化合物的结构：

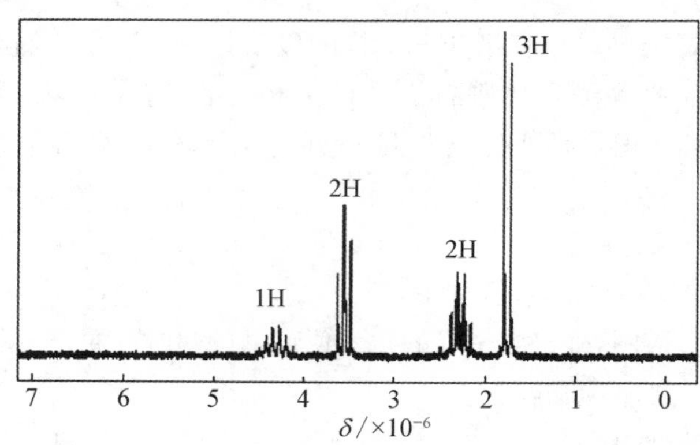

解： 由分子式可知其为饱和化合物。谱图有四组吸收峰，说明有四种不同类型的 H 核。该化合物有 8 个 H，有各组吸收峰的积分可知各个峰的质子数分别为 3、2、2、1。由化学位移值可知：H_a 的共振信号在高场区，其屏蔽效应最大，该氢核为甲基，离 Br 原子较远，该组质子有 3 个氢，为 CH_3，从峰型看为双峰，可以推测此甲基与 CH 相连，而含一个氢的吸收峰较偏低场，可知 CH 上连了一个 Br。还有两个 CH_2，其中在较低场的三重峰是与 Br 相连的 CH_2。

因此其结构为 $CH_3CH(Br)CH_2CH_2Br$。

例 8-3 某化合物的分子式为 C_9H_{12}，其 ^1H NMR 谱如下，试推断该化合物的结构：

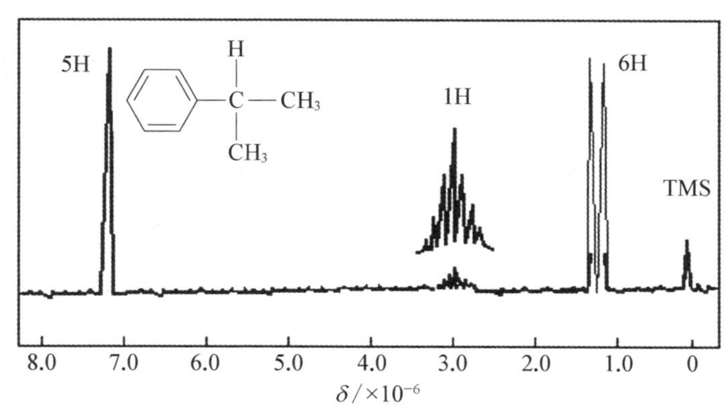

解： 由分子式可知其不饱和度为 4，在较低场化学位移 7 左右有峰，表明其含苯环，由化学位移 7 左右峰面积等于 5 可知苯环上只有一个取代基。在化学位移 1 左右有 6 个氢，说明含两个相同的甲基，且峰型为双峰，说明两甲基与 CH 相连，对应在化学位移 3 左右是一个氢的多重峰。

因此其结构为 $C_6H_5CH(CH_3)_2$。

8.4 紫外吸收光谱

8.4.1 紫外光谱的基本原理

紫外吸收光谱是由于分子中价电子的跃迁而产生的。分子中价电子经紫外或可见光照射时，电子从低能级跃迁到高能级，此时电子就吸收了相应波长的光，这样产生的吸收光谱称为紫外光谱。紫外吸收光谱的波长范围是 100～400 nm，其中 100～200 nm 为远紫外区，200～400 nm 为近紫外区，一般的紫外光谱是指近紫外区。

1. 电子能级和电子跃迁

价电子有单键的 σ 电子、重键的 π 电子和杂原子（氧、硫、氮、卤素）上未成键 n 电子三种类型。处在基态的电子吸收紫外光后，向能级较高的激发态跃迁。电子跃迁的类型有 $\sigma\rightarrow\sigma^*$、$n\rightarrow\sigma^*$、$\pi\rightarrow\pi^*$、$n\rightarrow\pi^*$。各类电子跃迁的相应能量大小如图 8-24 所示。

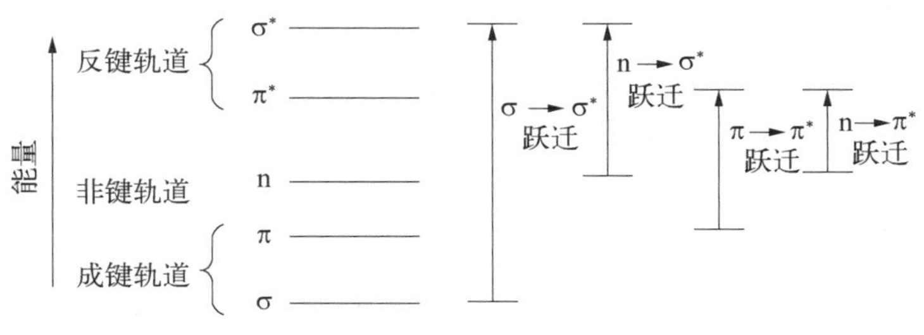

图 8-24 电子能级与电子跃迁

2. 电子跃迁与吸收波长

各类电子跃迁与吸收的紫外光波长的关系如表 8-5 所示。一般的紫外光谱是指近紫外区，即 200～400 nm，即紫外光谱只能观察到 $\pi\rightarrow\pi^*$ 和 $n\rightarrow\pi^*$ 跃迁。也就是说紫外光谱法主要适用于分析分子中具有不饱和结构的化合物。

表 8-5　电子跃迁类型与吸收波波长的关系

跃　迁　类　型	吸收峰波长/nm
$\sigma\rightarrow\sigma^*$	约 150
$n\rightarrow\sigma^*$	小于 200
(孤立双键)$\pi\rightarrow\pi^*$	约 200
$n\rightarrow\pi^*$	200～400

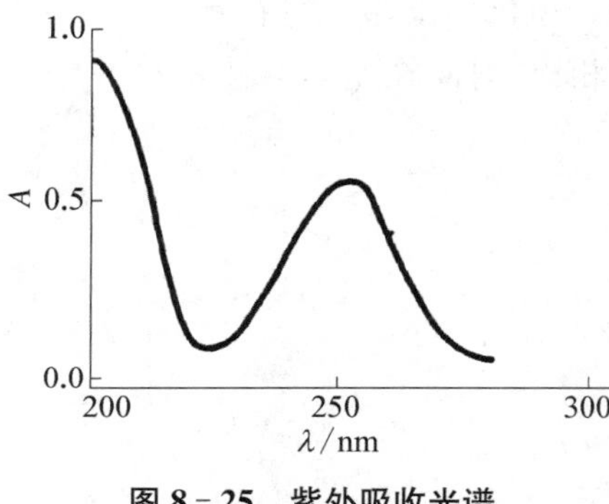

图 8-25　紫外吸收光谱

8.4.2　紫外光谱图

紫外光谱图中横坐标表示吸收光的波长，用纳米(nm)为单位。纵坐标表示吸收光的吸收强度，可以用吸光度(A)、透射比或透光率或透过率(T)、吸收率($1-T$)、吸收系数(κ)中的任何一个来表示。吸收曲线表示化合物的紫外吸收情况。曲线最大吸收峰的横坐标为该吸收峰的位置，纵坐标为它的吸收强度，如图 8-25 所示。

吸光度 A 符合朗伯-比尔(Lambert-Beer)定律，即

$$A=\lg\frac{I_0}{I}=\lg\frac{1}{T}=\varepsilon cl$$

式中，A 为吸光度；I_0为入射光强度；I 为透射光强度；T 为透过率，单位为%；ε 为摩尔吸收系数；c 为溶液的摩尔浓度，单位为 mol/L；l 为样品池长度，单位为 cm。

化合物的紫外光谱数据用最大吸收波长及相应的摩尔吸光系数表示，如丙酮的紫外吸收为

$$\lambda_{max}^{正己烷}=279\ \text{nm}(\varepsilon=15)$$

表示在正己烷溶液中丙酮的最大吸收峰为 279 nm，其摩尔吸光系数为 15。

8.4.3　紫外光谱图解析

1. 生色团和助色团

生色团是指分子中对紫外及可见光区域(200～800 nm)产生吸收、能引起电子跃迁的不饱和基团。这种吸收具有波长选择性，吸收某种波长(颜色)的光，而不吸收另外波长(颜色)

的光，从而使物质显现颜色，所以称为生色团，又称发色团，如 C═C、C═O、C═N 等。一些生色团的紫外吸收特性如表 8-6 所示。

表 8-6 一些生色团的紫外吸收特性

生色团	化合物	跃迁类型	λ_{max}/nm	ε_{max}	溶剂
C═C	乙烯	$\pi\to\pi^*$	165	15 000	正己烷
C═C—C═C	1,3-丁二烯	$\pi\to\pi^*$	224	20 900	正己烷
R—C≡C—R′	辛炔	$\pi\to\pi^*$	195	21 000	庚烷
C═O	丙酮	$n\to\pi^*$	279	15	正己烷
C═C—C═O	丙烯醛	$\pi\to\pi^*$	210	5 500	水
		$n\to\pi^*$	315	13.8	乙醇
COOH	乙酸	$n\to\pi^*$	208	41	95%乙醇
COOR	乙酸乙酯	$n\to\pi^*$	204	60	水
$CONH_2$	乙酰胺	$n\to\pi^*$	220	63	水
芳基	苯	$\pi\to\pi^*$	204	7 900	正己烷
		$\pi\to\pi^*$	256	200	正己烷

2. 紫外光谱图解析

有机物的紫外吸收光谱取决于分子的生色团和助色团的特性。通过紫外光谱图可以推测不饱和基团的共轭关系，以及共轭体系中取代基的种类、数目和位置。一般单独使用紫外光谱无法确定分子的结构，但可以配合红外光谱、核磁共振等其他方法，用于含有共轭体系的分子，如萜类、天然色素、染料、维生素等结构的鉴定。

利用紫外吸收光谱鉴定有机化合物，其主要依据是化合物的特征吸收特征。如吸收曲线的形状、吸收峰数目以及各吸收峰波长及摩尔吸收系数。对未知化合物的紫外光谱图，可以由经验规律做出初步的解析：如果化合物的紫外光谱在 220～400 nm 范围内没有吸收带，则可以判断该化合物可能是饱和的直链烃、脂环烃、其他饱和的脂肪族化合物或只含一个双键的烯烃等。如果化合物只在 270～350 nm 有弱的吸收带，则该化合物必含有 n 电子的简单非共轭发色基团，如羰基、硝基等。如果化合物在 210～250 nm 范围内有强的吸收带，且 ε=10 000～25 000，则表明该化合物可能是含有共轭双键的化合物。如果吸收带出现在 260～300 nm 范围内，则表明该化合物存在 3 个或 3 个以上共轭双键，如吸收带进入可见光区，则表明该化合物是长共轭发色基团的化合物或是稠环化合物。如果化合物在 250～300 nm 范围内有中等强度吸收带，ε 在 200～2 000 范围内，表明该化合物可能含有苯环。

可以使用紫外可见光谱法对化合物进行定量分析。紫外光谱法在化合物定量分析方面的应用比其定性分析测定方面具有更大的优越性，方法的灵敏度高，准确性和重现性都很好，应用非常广泛。只要对近紫外光有吸收或可能吸收的化合物，均可用紫外可见分光光度法测定。例如一些国家已将数百种药物的紫外吸收光谱的最大吸收波长和吸收系数载入药典。紫外分光光度法可方便地用来直接测定混合物中某些组分的含量，如环己烷中的苯、四氯化碳中的二硫化碳、鱼肝油中的维生素 A 等。

紫外吸收光谱能测定化合物中含有的微量具有紫外吸收的杂质。如果一个化合物在紫外可见光区内没有明显的吸收峰，而其杂质在紫外区内有较强的吸收峰，就可检出化合物中所含有的杂质(乙醇/苯，苯 $\lambda_{max}=256$ nm)。如果一个化合物在紫外可见光区内有明显的吸收峰，可利用摩尔吸光系数(吸光度)来检查其纯度。

单独从紫外吸收光谱不能完全确定化合物的分子结构，必须与红外光谱、核磁共振、质谱及其他方法配合，才能得出可靠的结论。

习　　题

8-1　用红外光谱区别下列各组化合物：

(1) (A) $CH_3CH_2CH_2CH_2CH_2CH_3$　　(B) $CH_2{=}CHCH_2CH_2CH_2CH_3$

(2) (A) $CH{\equiv}CCH_2CH_2CH_2CH_3$　　(B) $CH_3CH_2C{\equiv}CCH_2CH_3$

(3) (A) $CH_3CH_2CH_2CH_2OH$　　(B) $CH_3CH_2OCH_2CH_3$

(4) (A)　　(B)

8-2　用[1]H NMR 谱区分下列各组化合物：

(1) (A) $CH_3CH_2CH_2CH_2Br$　　(B) $CH_3CH(Br)CH_2CH_3$

(2) (A) $CH_2{=}C(CH_2CH_3)_2$　　(B) $(CH_3)_2C{=}C(CH_3)_2$

(3) (A) $ClCH_2CH_2CH_2CH_2Cl$　　(B) $CH_3CH(Cl)CH(Cl)CH_3$

(4) (A)

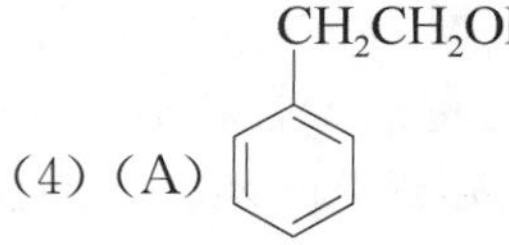

(B) OCH_2CH_3

8-3　根据题意推测下列化合物的结构：

(1) 化合物(A)和(B)分子式均为 C_5H_8，吸收两摩尔氢都得到正戊烷，(A)和(B)的红外谱图在 1 650 cm^{-1} 处都有吸收峰。(A)的紫外光谱在 225 nm 处有吸收峰，而(B)没有。试推测(A)和(B)的结构式。

(2) 某化合物分子式为 C_4H_9Cl，其[1]H NMR 谱如下，试推测其构造式：

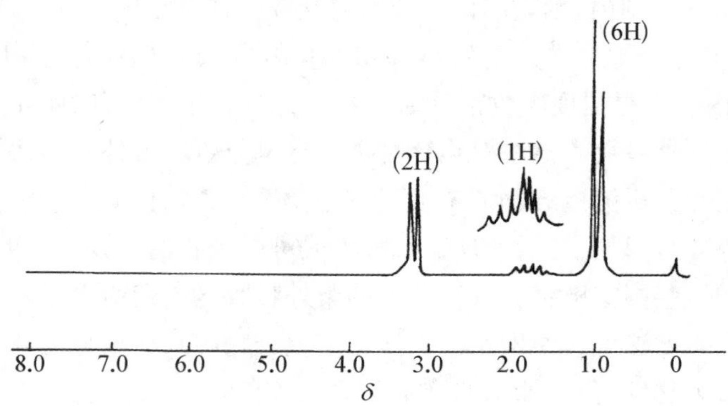

(3) 化合物A、B互为同分异构体，分子式为$C_6H_{13}Br$，核磁共振谱如下：

A：$\delta=0.9$(s,9H)　$\delta=1.8$(t,2H)　$\delta=3.5$(t,2H)

B：$\delta=0.9$(s,9H)　$\delta=1.5$(d,3H)　$\delta=4.4$(q,1H)

试推测A、B的结构式。

第9章 醇 酚 醚

醇和酚都含羟基。醇中的羟基与脂肪链相连；酚中的羟基与芳环相连；醇或酚羟基中的氢原子被烃基取代的化合物则为醚。醇、酚、醚都是烃的含氧衍生物。

9.1 醇

9.1.1 醇的结构、分类和命名

1. 醇的结构

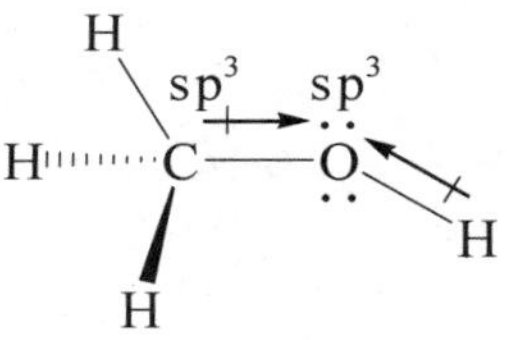

醇分子中羟基氧原子采用 sp^3 杂化轨道与相连原子成键。如图 9-1 所示为甲醇分子的结构示意图。

甲醇分子中羟基氧原子为 sp^3 杂化。由于不同原子电负性的差异，分子中的 C—O 键和 O—H 键为极性共价键。

图 9-1 甲醇结构示意

2. 醇的分类

醇的分类可有以下几种不同分法：

(1) 根据醇分子中羟基所连碳原子的类别，可分为伯醇、仲醇和叔醇。伯醇为一级醇(1°醇)，仲醇为二级醇(2°醇)，叔醇为三级醇(3°醇)，如

RCH_2OH	$R_2CH—OH$	$R_3C—OH$
伯醇	仲醇	叔醇

(2) 根据醇分子中羟基所连烃基结构的不同，可以分为脂肪醇(根据烃基是否饱和又可分为饱和醇、不饱和醇)、脂环醇、芳香醇，如

$CH_3CH_2CH_2OH$	$CH_2=CH—CH_2OH$	环己基—OH	苯基—CH_2OH
脂肪醇（饱和醇）	脂肪醇（不饱和醇）	脂环醇	芳香醇

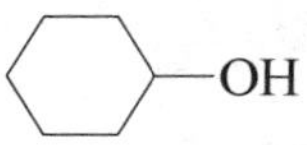

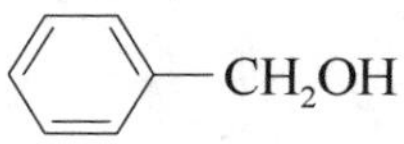

(3) 根据醇分子中羟基数目，可分为一元醇、二元醇、三元醇等，其中二元以上的醇统称为多元醇，如

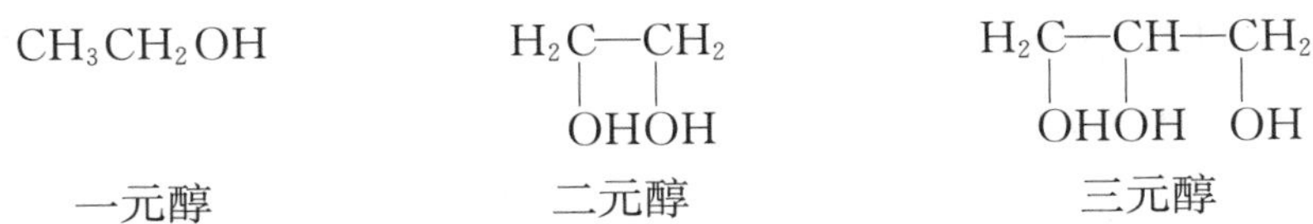

一元醇　　二元醇　　三元醇

3. 醇的命名

结构简单的醇命名，可在烷基的后面加“醇”字。

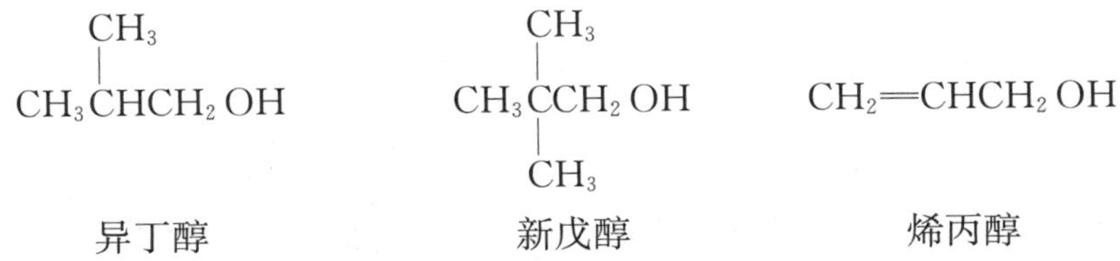

异丁醇　　新戊醇　　烯丙醇

结构比较复杂的醇，通常采用系统命名法。具体的命名规则如下：

(1) 选择含有羟基在内的最长碳链作为主链，醇为母体，其他支链看作取代基。

(2) 主链中碳原子的编号从靠近羟基的一端开始，根据主链上碳原子数目，称为某醇。

(3) 将支链的位次、名称及羟基的位次依次写在“某醇”的前面，并分别用“-”分开，例如

$CH_3C(CH_3)(OH)CH_2CH_3$　　$CH_3CH(OH)CH_2CH_2C(CH_3)_2CH_3$

2-甲基-2-丁醇　　5,5-二甲基-2-己醇

不饱和醇的命名是选择含羟基及不饱和重键的最长碳链作为主链，从靠近羟基一端开始编号，根据主链中碳原子数目称为某烯醇或某炔醇，例如

$CH_3CH{=}CHCH_2OH$　　$CH_3CH_2CH(CH{=}CH_2)CH_2CH_2CH_2OH$

2-丁烯醇　　4-乙基-5-己烯-1-醇

在脂环醇的命名中，若羟基直接与脂环烃相连，称为环某醇；若羟基连在侧链上，则把“环”作为取代基，例如

环己基—OH　　环己基—$CH(OH)CH_3$

环己醇　　1-环己基乙醇

在芳香醇的命名中，可把芳基作为取代基，侧链作为主链来命名，例如

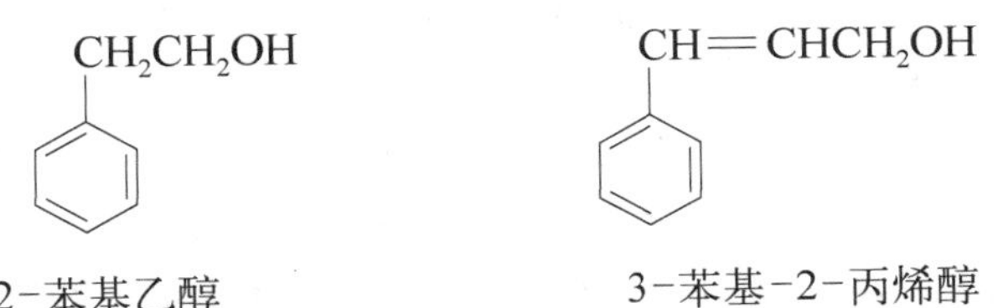

2-苯基乙醇　　3-苯基-2-丙烯醇

多元醇称为二醇、三醇等，例如

$$\underset{\displaystyle OH}{CH_3\overset{}{C}H}CH_2CH_2\underset{\displaystyle OH}{CH}CH_2CH_3$$

2,5-庚二醇

反-1,2-环己二醇

9.1.2 醇的物理性质和波谱性质

1. 醇的物理性质

低级一元醇是无色、具有酒味的液体，含有四到十一个碳的醇是具有不愉快气味的油状液体，含有十二个碳以上的醇为无臭无味的蜡状固体。一些常见醇的物理常数如表 9-1 所示。

表 9-1 一些常见醇的物理常数

化合物	熔点/℃	沸点/℃	相对密度 d_4^{20}	溶解度/(g/100 g H_2O)
甲醇 CH_3OH	−97.9	65.0	0.791	∞
乙醇 CH_3CH_2OH	−114.7	78.5	0.789	∞
正丙醇 $CH_3(CH_2)_2OH$	−126.5	97.4	0.803	∞
异丙醇 $(CH_3)_2CHOH$	−89.5	82.4	0.785	∞
正丁醇 $CH_3(CH_2)_3OH$	−89.5	117.3	0.809	8.0
异丁醇 $(CH_3)_2CHCH_2OH$	−108	108	0.802	10.0
仲丁醇 $CH_3CH_2CH(CH_3)OH$	−114.7	99.5	0.806	12.5
叔丁醇 $CH_3C(CH_3)_2OH$	25.5	82.2	0.789	∞
正戊醇 $CH_3(CH_2)_4OH$	−79	138	0.814	2.2
新戊醇 $(CH_3)_3CCH_2OH$	53	114	0.812	3.5
正己醇 $CH_3(CH_2)_5OH$	−46.7	158	0.814	0.7
环己醇 (环己基)—OH	25.2	161.1	0.968	3.8
苄醇 (苯基)—CH_2OH	−15.3	205.7	1.046	4.0
乙二醇 $HOCH_2CH_2OH$	−13.2	197.3	1.113	∞
丙三醇 $HOCH_2CH(OH)CH_2OH$	18	290	1.261	∞

低级一元醇的性质在很大程度上取决于羟基的极性和生成氢键的能力。它们具有较高的沸点和在水中有较大的溶解度。

低级醇的沸点比相对分子质量相近的烷烃高。但随着碳原子数的增多，分子碳链增长，分子间氢键缔合作用相对减弱，沸点与烃的差值越来越小。在含相同碳原子数的一元醇中，支链醇的沸点比支链醇的高，含相同碳架的一元烷醇，伯醇的沸点最高，仲醇次之，叔醇最低。

醇与醇之间能形成氢键，醇与水之间也可形成氢键，所以，低级醇在水中的溶解度较大。当醇分子中的烃基加大时，醇羟基生成氢键的能力减弱，醇在水中的溶解度也随之降低。高级醇不溶于水。

多元醇羟基数目增多，沸点更高，在水中溶解度也增大。

2. 醇的波谱性质

醇的官能团是羟基，在红外光谱中羟基和碳氧键的吸收峰为主要特征峰。其中，羟基的伸缩振动吸收峰出现在 3 650～3 500 cm^{-1} 处（峰尖、峰形较强），缔合的羟基吸收峰向低波数移动，在 3 500～3 200 cm^{-1} 处会出现一强而宽的峰。C—O 键的伸缩振动吸收峰出现在 1 200～1 050 cm^{-1} 区域，伯、仲、叔醇特征吸收波数依次增高，对应 1 085～1 050 cm^{-1}、1 125～1 100 cm^{-1} 及 1 200～1 150 cm^{-1} 的区域。如图 9-2 所示为 3,3-二甲基-2-丁醇的红外光谱。

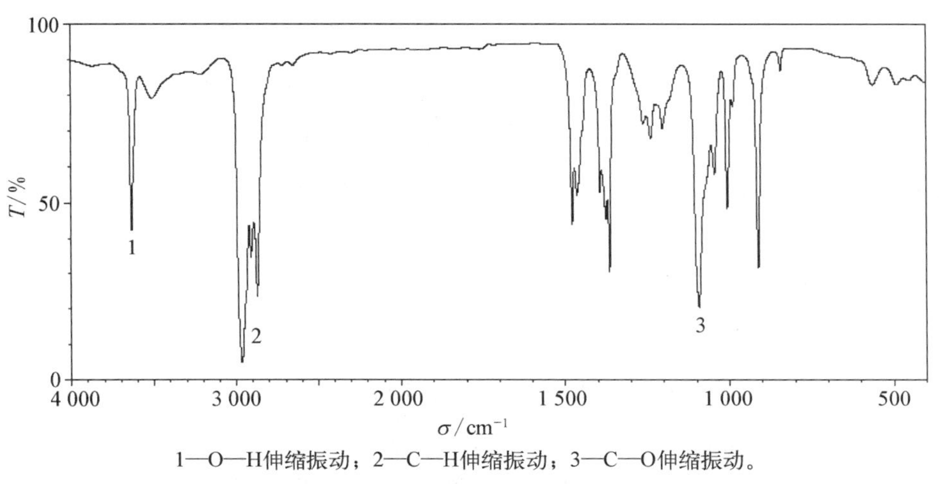

1—O—H伸缩振动；2—C—H伸缩振动；3—C—O伸缩振动。

图 9-2 3,3-二甲基-2-丁醇的红外光谱

在醇的 ^1H NMR 谱中，羟基氢的化学位移值受测试时的溶剂、浓度和温度等因素的影响。观察到的信号常出现在 1～5 ppm 处。对于伯醇和仲醇，由于羟基氧原子的电负性较大，α-H 的化学位移出现在低场，大致范围在 3.3～4.0。通常醇羟基氢不与邻位质子发生自旋-自旋耦合，在谱图中产生一个单峰。如图 9-3 所示为 3,3-二甲基-2-丁醇的 ^1H NMR 谱。

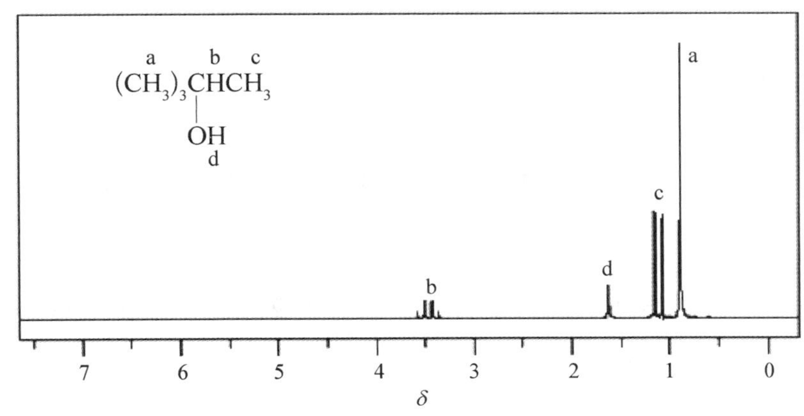

图 9-3 3,3-二甲基-2-丁醇的 ^1H NMR 谱

9.1.3 醇的化学性质

醇的化学性质主要与羟基官能团有关。另外，与羟基相邻的α-H由于受羟基的影响表现出一定的活性。

1. 醇的酸碱性

1）弱酸性

醇分子中羟基的O—H键具有极性。由于氧原子和氢原子电负性的差异，氧原子带部分负电荷，氢原子带部分正电荷而显酸性。醇能与碱金属（如钠）作用生成醇盐，并放出氢气，即

$$2ROH + Na \longrightarrow 2RONa + H_2\uparrow$$

实验室中残余的金属钠常用乙醇处理，即

$$ROH + NaOH \rightleftharpoons R—ONa + H_2O$$

工业上常利用醇与固体氢氧化钠反应，并加入约8%的苯共沸蒸馏制备醇钠。该生产较为安全，同时可避免使用昂贵的金属钠。

在有机合成中，醇钠常作为碱性催化剂和缩合剂，也可作为烷氧化试剂。

醇也可与镁在一定条件下反应生成醇镁，即

$$2C_2H_5OH + Mg \xrightarrow{I_2} (C_2H_5O)_2Mg + H_2\uparrow$$

在溶液中，醇的酸性强弱次序为甲醇>伯醇>仲醇>叔醇。因为在溶液中，影响酸性的主要因素不是电子效应，而是烷氧负离子的溶剂化程度。烷氧负离子在水溶液中通过与水形成氢键而被溶剂化，体积小的烷氧负离子（如CH_3O^-）的空间阻碍作用小，溶剂化程度大，故稳定而容易形成，相应醇的酸性强，反之则酸性弱。

2）弱碱性

醇羟基氧原子上有未共用电子对，可以与强酸或路易斯酸结合形成盐，即

$$RCH_2OH + H_2SO_4 \rightleftharpoons RCH_2\overset{+}{O}H_2\overset{-}{S}O_4H$$

$$C_2H_5OH + BF_3 \rightleftharpoons C_2H_5—\underset{\displaystyle H}{\overset{+}{\underset{|}{O}}}—\overset{-}{B}F_3$$

醇与浓硫酸生成的锌盐溶于浓硫酸中。利用这一性质，可以鉴别或除去烷烃、卤代烷中少量不溶于水的醇。

2. 醇羟基的取代反应

醇可与多种卤化试剂（如HX、$SOCl_2$、PCl_5等）发生反应，分子中的羟基被卤离子取代，生成卤代烃。

1）与氢卤酸作用

醇与氢卤酸作用生成相应的卤代烃，是制备卤代烃的重要方法之一，即

$$R—OH+HX \rightleftharpoons R—X+H_2O$$

实验表明,反应速率与醇分子中烃基的结构以及氢卤酸的种类有关。醇的反应活性次序为烯丙型醇(苄醇),叔醇>仲醇>伯醇,氢卤酸的反应活性次序为 HI>HBr>HCl≫HF。例如

$$CH_3CH_2CH_2CH_2OH \xrightarrow[\triangle]{47\%HI} CH_3CH_2CH_2CH_2I$$

$$CH_3CH_2CH_2CH_2OH \xrightarrow{NaBr,H_2SO_4} CH_3CH_2CH_2CH_2Br$$

伯醇与浓盐酸很难发生反应,通常需要在氯化锌[无水氯化锌与浓盐酸的溶液称为卢卡斯(Lucas)试剂]的存在下才能发生反应。不同的醇与卢卡斯试剂反应活性不同,利用该活性差异,可以鉴别六个碳以下的醇。因为少于六个碳的醇能溶于卢卡斯试剂,而生成的氯代烷在试剂中不溶,根据出现浑浊或分层的时间可以判断醇的类型。烯丙型醇、苄基型醇、叔醇与卢卡斯试剂在室温很快反应,仲醇要等一会才能反应,伯醇最慢,需加热才反应。因此伯、仲、叔醇的鉴别可采用卢卡斯试剂。例如

$$(CH_3)_3C—OH + HCl \xrightarrow[20℃,1\ min]{ZnCl_2} (CH_3)_3C—Cl + H_2O$$

分层

$$CH_3CH(OH)CH_2CH_3 + HCl \xrightarrow[20℃,10\ min]{ZnCl_2} CH_3CH(Cl)CH_2CH_3 + H_2O$$

浑浊

$$CH_3CH_2CH_2CH_2OH+HCl \xrightarrow[\triangle]{ZnCl_2} CH_3CH_2CH_2CH_2Cl+H_2O$$

长时间不浑浊,加热后变浑浊

醇与氢卤酸的反应属于酸催化下的亲核取代反应。不同结构的醇,反应机理不同。通常,烯丙型醇、三级醇及大多数二级醇倾向于按 S_N1 机理反应,由于生成了碳正离子中间体,因此可能发生重排,得到重排产物,如

$$H_3C—CH(CH_3)—CH(OH)—CH_3 \underset{}{\overset{H^+}{\rightleftharpoons}} H_3C—CH(CH_3)—CH(\overset{+}{O}H_2)—CH_3 \xrightarrow{-H_2O} H_3C—CH(CH_3)—\overset{+}{C}H—CH_3 \xrightarrow[\text{负氢迁移}]{\text{重排}} H_3C—\overset{+}{C}(CH_3)—CH_2—CH_3$$

$$H_3C—CH(CH_3)—\overset{+}{C}H—CH_3 \xrightarrow{Br^-} H_3C—CH(CH_3)—CHBr—CH_3\ (36\%)$$

$$H_3C—\overset{+}{C}(CH_3)—CH_2—CH_3 \xrightarrow{Br^-} H_3C—CBr(CH_3)—CH_2—CH_3\ (64\%)$$

伯醇与氢卤酸的反应一般按 S_N2 机理进行，即

$$RCH_2OH \xrightleftharpoons{H^+} RCH_2\overset{+}{O}H_2 \xrightarrow{X^-} \left[X\cdots \underset{H}{\overset{R\quad H}{C}} \cdots \overset{+}{O}H_2 \right] \longrightarrow RCH_2X + H_2O$$

但当 R 基团体积太大时，由于空间效应，不易按 S_N2 机理反应，按 S_N1 机理反应，得到重排产物，如

$$H_3C-\underset{CH_3}{\overset{CH_3}{\underset{|}{\overset{|}{C}}}}-CH_2OH + HCl \xrightarrow{ZnCl_2} H_3C-\underset{Cl}{\overset{CH_3}{\underset{|}{\overset{|}{C}}}}-CH_2CH_3 + H_2O$$

2）与卤化磷反应

醇可以和三卤化磷发生反应，生成卤代烷和亚磷酸，即

$$3ROH + PX_3 \longrightarrow 3RX + P(OH)_3$$
$$(X=Br, I)$$

该反应通常不发生重排，产率高，是由醇制备溴代烃、碘代烃的一种好方法。碘代烷可由三碘化磷与醇反应制备，但三碘化磷往往用红磷和碘来代替，将醇、红磷和碘放在一起加热，先生成三碘化磷，再与醇进行反应。

醇与五卤化磷可发生类似反应，一般也仅用于溴代烃、碘代烃的制备，即

$$CH_3\underset{OH}{\underset{|}{C}}HCH_3 \xrightarrow{PBr_5} CH_3\underset{Br}{\underset{|}{C}}HCH_3 + POBr_3$$

3）与氯化亚砜（$SOCl_2$）反应

醇与氯化亚砜作用生成氯代烃，产物除氯代烃外，还有 SO_2 和 HCl 气体。因此，该方法具有分离操作简单、纯度好、收率高等特点。是目前制备氯代烃最常用的方法之一。

$$CH_3\underset{OH}{\underset{|}{C}}HCH_3 + SOCl_2 \longrightarrow CH_3\underset{Cl}{\underset{|}{C}}HCH_3 + SO_2 + HCl$$

3. 醇的酯化反应

1）与含氧无机酸的反应

醇与含氧无机酸作用，脱去水分子生成相应的无机酸酯。

伯醇与浓硫酸反应生成硫酸氢酯，两分子硫酸氢酯在减压蒸馏下脱去一分子硫酸得到硫酸二酯。甲醇与硫酸的反应为

$$CH_3OH + H_2SO_4 \longrightarrow CH_3OSO_3H$$

$$CH_3OSO_3H + CH_3OSO_3H \longrightarrow (CH_3)_2SO_2 + H_2SO_4$$

硫酸二甲酯为无色液体，是很好的烷基化试剂，但有剧毒，其蒸气对眼睛、呼吸道、皮肤

具有强烈的刺激作用，使用时应注意安全。

$$CH_3OH \xrightarrow{HNO_3} CH_3ONO_2$$

$$\begin{array}{l} CH_2OH \\ | \\ CHOH \\ | \\ CH_2OH \end{array} \xrightarrow{3HNO_3} \begin{array}{l} CH_2ONO_2 \\ | \\ CHONO_2 \\ | \\ CH_2ONO_2 \end{array} + H_2O$$

硝酸酯极不稳定，受热会快速分解甚至爆炸。多元醇的硝酸酯是烈性炸药，如三硝酸甘油酯(硝化甘油)具有极强的爆炸力，是诺贝尔发明的胶质炸药的主要原料。三硝酸甘油酯在医药上还具有扩张血管、缓解心绞痛的药理作用。

磷酸酯也是一类很重要的化合物，常用作萃取剂、增塑剂和杀虫剂。

2）与有机酸的反应

醇与有机酸及相应的酰氯或酸酐反应都能生成酯，其反应通式为

$$R_1—OH + R_2—\underset{\underset{O}{\|}}{C}—Y \longrightarrow R_2—\underset{\underset{O}{\|}}{C}—OR_1 + HY$$

$$(Y = —OH, —X, —O—\overset{\overset{O}{\|}}{C}—R_2)$$

例如，甲醇与乙酸反应生成乙酸甲酯，乙醇与对甲苯磺酰氯反应生成对甲苯磺酸乙酯，即

$$CH_3OH + CH_3COOH \overset{H^+}{\rightleftharpoons} CH_3COOHCH_3 + H_2O$$

$$CH_3CH_2OH + Cl—\underset{\underset{O}{\|}}{\overset{\overset{O}{\|}}{S}}—C_6H_4—CH_3 \xrightarrow[72\%]{\text{吡啶}} H_3CH_2CO—\underset{\underset{O}{\|}}{\overset{\overset{O}{\|}}{S}}—C_6H_4—CH_3$$

4. 醇的脱水反应

醇与强酸共热可发生脱水反应。有两种不同的脱水方式：分子间脱水和分子内脱水。

1）分子间脱水

两分子醇发生分子间脱水生成醚，例如

$$2CH_3CH_2OH \xrightarrow[140℃]{90\%浓\ H_2SO_4} CH_3CH_2OCH_2CH_3$$

两分子醇之间脱水的反应过程可简单表示为

$$CH_3CH_2OH \xrightarrow{H^+} CH_3CH_2\overset{+}{O}H_2 \xrightarrow{CH_3CH_2\ddot{O}H} \left[C_2H_5—\underset{H}{\overset{\delta^+}{O}}\cdots\overset{\overset{CH_3}{|}}{\underset{H\ \ H}{C}}\cdots\overset{\delta^+}{O}H_2 \right]$$

$$\xrightarrow{H_2O} H_3CH_2C—\underset{H}{\overset{+}{O}}—CH_2CH_3 \xrightarrow{-H^+} H_3CH_2C—O—CH_2CH_3$$

该反应是一种亲核取代反应(S_N2)。

2) 分子内脱水

醇可发生分子内脱水生成烯烃,这是制备烯烃的常用方法之一,即

$$CH_3CH_2OH \xrightarrow[170℃]{90\%浓\ H_2SO_4} CH_2{=}CH_2 + H_2O$$

$$\underset{\displaystyle OH}{CH_3\overset{}{C}HCH_3} \xrightarrow[100℃]{60\%浓\ H_2SO_4} CH_3CH{=}CH_2 + H_2O$$

$$CH_3CH_2\underset{\displaystyle OH}{C}HCH_3 \xrightarrow[85\sim90℃]{65\%浓\ H_2SO_4} \underset{65\%\sim80\%}{CH_3{-}CH{=}CH{-}CH_3} + \underset{少量}{CH_3CH_2CH{=}CH_2}$$

醇发生分子内脱水时,同样遵循扎伊采夫规则,即主要生成 C═C 上取代基多的烯烃。

醇的分子内脱水是消除反应,由于醇分子中的羟基不是好的离去基团,因此在酸催化下,醇羟基先质子化,脱去一个水分子生成碳正离子后,再失去 β-H 生成相应的烯烃,即

$$\underset{H\quad OH}{-\overset{|}{\underset{|}{C}}-\overset{|}{\underset{|}{C}}-} \xrightleftharpoons{H^+} \underset{H\quad \overset{+}{O}H_2}{-\overset{|}{\underset{|}{C}}-\overset{|}{\underset{|}{C}}-} \xrightleftharpoons{-H_2O} \underset{H}{-\overset{|}{\underset{|}{C}}-\overset{|}{\underset{+}{C}}-} \xrightarrow{-H^+} -\overset{|}{C}{=}\overset{|}{C}-$$

不同类型的醇发生分子内脱水的活性次序为苄基型醇、烯丙型醇>叔醇>仲醇>伯醇。

由于反应过程中生成了碳正离子,发生脱水反应时,可能发生重排,得到结构不同的烯烃,如

$$CH_3CH_2\underset{\displaystyle CH_3}{C}HCH_2OH \xrightarrow[100℃]{60\%浓\ H_2SO_4} CH_3CH_2\underset{\displaystyle CH_3}{C}{=}CH_2 + CH_3CH{=}C(CH_3)_2$$

5. 醇的氧化反应

醇分子中 α-H 由于受羟基的影响,比较活泼,可以被多种氧化剂氧化。氧化产物因醇的结构和氧化剂不同而不同。

伯醇氧化生成醛,醛很容易被进一步氧化成羧酸,如

$$CH_3CH_2OH \xrightarrow{KMnO_4,\ H^+} CH_3CHO \xrightarrow{KMnO_4,\ H^+} CH_3COOH$$

若使氧化停留在生成醛的阶段,可选择一些特殊的氧化剂,如三氧化铬-双吡啶配合物(Sarett 试剂)。该试剂在二氯甲烷溶液中,能氧化伯醇,并控制在生成醛的阶段,产率较高,且对醛分子中存在的碳碳不饱和键无影响。

$$CH_3(CH_2)_6CH_2OH \xrightarrow[CH_2Cl_2,\ 25℃,\ 90\%]{Sarett\ 试剂} CH_3(CH_2)_6CHO$$

$$CH_3(CH_2)_8CH_2OH \xrightarrow[CH_2Cl_2,92\%]{CrO_3\cdot \text{吡啶}\cdot HCl} CH_3(CH_2)_6CHO$$

$$(H_3C)_3C\text{—}C_6H_4\text{—}CH_2OH \xrightarrow[CH_2Cl_2,\ 94\%]{H_2Cr_2O_7\cdot 2\,\text{吡啶}} (H_3C)_3C\text{—}C_6H_4\text{—}CHO$$

在工业生产过程中，常使用氧气或空气作为氧化剂，在催化剂的作用下进行氧化脱氢，如

$$CH_3CH_2OH+\frac{1}{2}O_2 \xrightarrow[550℃]{Cu\text{或}Ag} CH_3CHO+H_2O$$

仲醇在上述氧化剂作用下生成酮。酮比较稳定，较难进一步被氧化。但当使用氧化性很强的 $KMnO_4$ 时，酮能进一步被氧化成酸，如

$$CH_3(CH_2)_5\underset{\underset{OH}{|}}{C}HCH_3 \xrightarrow[2\,h,92\%\sim96\%]{K_2Cr_2O_7,H_2SO_4} CH_3(CH_2)_5\underset{\underset{O}{\|}}{C}CH_3$$

$$CH_3(CH_2)_5\underset{\underset{OH}{|}}{C}HCH_3 \xrightarrow[CH_2Cl_2,97\%]{\text{Sarett试剂}} CH_3(CH_2)_5\underset{\underset{O}{\|}}{C}CH_3$$

$$\text{环己醇(C}_6H_{11}\text{—OH)} \xrightarrow[\triangle]{KMnO_4/H^+} HOOC(CH_2)_4COOH$$

不饱和仲醇的氧化，除用 Sarett 试剂外，还可用 Jones 试剂（CrO_3 溶于稀硫酸，滴加到醇的丙酮溶液），可得到高产率的酮。

$$\text{不饱和仲醇(HO—)} \xrightarrow[CH_3COCH_3]{CrO_3\cdot H_2SO_4} \text{不饱和酮(O=)}$$

叔醇没有 α－H，难于被氧化，若在强烈氧化条件下，叔醇将先脱水生成烯烃，然后烯烃被氧化断键，生成小分子，通常无实用价值。

9.1.4 醇的来源及制法

1. 醇的来源及工业制法

1）甲醇

最早的甲醇生产采用木材干馏法，因此，甲醇也称木醇或木精。工业上采用一氧化碳和氢气为原料、活化的氧化铜作催化剂生产，即

$$CO+2H_2 \xrightarrow[250℃,5\sim10\,MPa]{CUO} CH_3OH$$

2）乙醇

生产乙醇可采用发酵法，是通过微生物进行的一种生物化学方法，饮用的酒就是采用这种方法生产的。工业上大量生产乙醇是采用石油裂解气中的乙烯做原料。一种方法是烯烃间接水合法。将乙烯在100℃下通入浓硫酸中被吸收，再水解得到乙醇，即

$$CH_2{=}CH_2 + HOSO_3H \longrightarrow CH_3CH_2OSO_3H \xrightarrow{CH_2=CH_2} (CH_3CH_2)_2SO_2$$

$$CH_3CH_2OSO_3H \xrightarrow{H_2O} CH_3CH_2OH + H_2SO_4 \qquad (CH_3CH_2)_2SO_2 \xrightarrow{+2H_2O} 2CH_3CH_2OH + H_2SO_4$$

此方法具有产率高的优点，但存在硫酸用量大、腐蚀性强及废酸回收等问题。另一种方法是烯烃直接水合法。以磷酸作催化剂，在300℃和7 MPa压力下，将水蒸气通入乙烯中，得到乙醇，即

$$CH_2{=}CH_2 + H_2O \xrightarrow[300℃, 7\ MPa]{H_3PO_4} CH_3CH_2OH$$

此方法步骤简单，没有硫酸腐蚀及废酸的回收利用问题，但需用高浓度的乙烯，高压条件下操作对设备要求高，转化乙醇需要多次循环，能量消耗大。

3）正丙醇

1）工业生产法

正丙醇的工业生产是采用乙烯、一氧化碳和氢气在加热及高压下，以钴为催化剂进行反应得到醛，将醛进一步还原得到，即

$$CH_2{=}CH_2 + CO + H_2 \xrightarrow[100\sim115℃, 15\ MPa]{Co} \underset{72\%}{CH_3CH_2CHO} \xrightarrow[Pt]{H_2} \underset{72\%}{CH_3CH_2CH_2OH}$$

2）醛酮还原法

醛、酮分子中的羰基在还原剂作用下或催化加氢可得到醇，例如

$$CH_3CH_2CHO \xrightarrow{H_2, Pt} CH_3CH_2CH_2OH$$

$$\text{环戊酮(}C_5H_8{=}O\text{)} \xrightarrow[EtOH]{H_2, Pt} \text{环戊醇(}C_5H_9{-}OH\text{)}$$

不饱和醛、酮若选择性还原羰基，可选用 $LiAlH_4$ 或 $NaBH_4$ 还原剂，醛、酮分子中的双键不受影响，如

$$CH_3CH{=}CHCHO \xrightarrow{NaBH_4} \xrightarrow{H_2O} CH_3CH{=}CHCH_2OH$$

$$CH_2{=}CH\overset{O}{\overset{\|}{C}}CH_3 \xrightarrow{NaBH_4} \xrightarrow{H_2O} CH_2{=}CH\overset{OH}{\overset{|}{C}H}CH_3$$

3. 格氏试剂合成法

醛、酮与格氏试剂反应是实验室制备较复杂醇的重要方法之一，但反应条件较苛刻，故在实际生产中受到一定限制，如

$$RCHO + R_1MgX \xrightarrow[\text{或 THF}]{\text{无水乙醚}} \underset{\substack{| \\ R_1}}{RCH}OMgX \xrightarrow{H_3^+O} \underset{\substack{| \\ R_1}}{RCH}OH$$

$$R-\overset{\substack{O \\ \|}}{C}-R_1 + R_2MgX \xrightarrow[\text{或 THF}]{\text{无水乙醚}} R\overset{\substack{R_2 \\ |}}{\underset{\substack{| \\ R_1}}{C}}OMgX \xrightarrow{H_3^+O} R\overset{\substack{R_2 \\ |}}{\underset{\substack{| \\ R_1}}{C}}-OH$$

格氏试剂与甲醛反应得到伯醇，与其他醛反应得到仲醇，与酮反应得到叔醇。

4. 卤代烃水解法

通常醇比相应的卤代烃容易得到，因此，一般由醇来制卤代烃，而不是由卤代烃来制醇。只有卤代烃容易得到时此合成才有意义。例如，由烯丙基氯和苄基氯水解制备烯丙醇和苄醇，即

$$CH_2{=}CHCH_2Cl \xrightarrow{Na_2CO_3,\ H_2O} CH_2{=}CHCH_2OH$$

$$C_6H_5CH_2Cl \xrightarrow{Na_2CO_3,\ H_2O} C_6H_5CH_2OH$$

9.2 酚

9.2.1 酚的结构、分类和命名

1. 酚的结构

酚羟基的氧原子通常为 sp^2 杂化或接近 sp^2 杂化，氧原子未杂化的 p 轨道上有一对未成键电子，该 p 轨道与苯环上六个碳原子的 p 轨道相互平行并重叠形成 p－π 共轭体系，产生电子离域现象。苯酚的结构如图 9－4 所示。

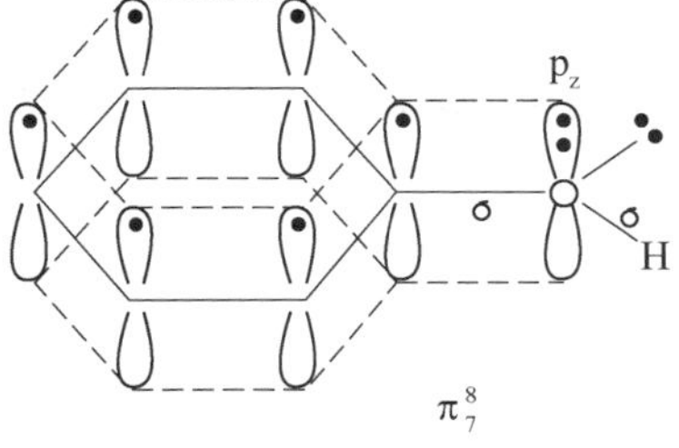

图 9－4 苯酚分子中的电子离域

2. 酚的分类

酚的分类可根据分子中羟基的数目，分为一元酚、二元酚、多元酚等，含两个及以上羟基的酚统称为多元酚，如

C_6H_5OH（一元酚）　　$C_6H_4(OH)_2$（二元酚）

3. 酚的命名

酚的命名是在芳基的后面加“酚”字。若苯环上有多个取代基，按照官能团优先规则。

若羟基优先其他基团，则以苯酚为母体，环上其他基团为取代基，按位次和名称写在前面，称为某酚。否则，按取代基的排列次序来选择母体，如

9.2.2 酚的物理性质和波谱性质

1. 酚的物理性质

少数烷基酚为液体，大多数酚是固体。纯酚一般无色，但在空气中易氧化，呈红色或红褐色。酚类化合物在水中有一定的溶解度，且羟基越多，在水中的溶解度越大。由于分子间氢键的形成，酚类化合物的沸点较高。常见酚类化合物的物理常数如表 9-2 所示。

表 9-2 常见酚类化合物的物理常数

化合物	熔点/℃	沸点/℃	溶解度(20℃)/(g/100 mL)	pK_a
苯酚	43	181.8	8.2	9.98
邻甲苯酚	30.9	191	2.5	10.25
间甲苯酚	12	202	2.6	10.09
对甲苯酚	35	202	2.3	10.26
邻氯苯酚	9	173	2.8	8.48
间氯苯酚	33	214	2.6	9.02
对氯苯酚	42	217	2.6	9.38
邻硝基苯酚	46	216	0.2	7.23
间硝基苯酚	96	194	1.4	8.39
对硝基苯酚	115	279	1.6	7.16
邻苯二酚	105	246	45.1	9.40
间苯二酚	111	276	111.0	9.40
对苯二酚	170	285	8.0	9.96

2. 酚的波谱性质

酚的红外光谱具有酚羟基和芳环的特征吸收峰。O—H 键在 3 600～3 200 cm^{-1}左右出现一个强而宽的伸缩振动吸收峰，C—O 键的伸缩振动峰出现在 1 250～1 200 cm^{-1}，较醇的吸收峰略高，如图 9-5 所示。

在酚的^1H NMR 谱中，酚羟基质子的化学位移通常在 4～10 ppm(1 ppm＝0.000 1%)。其化学位移值受溶剂、浓度、温度、芳环上取代基等因素的影响。环上有强吸电子基或能形

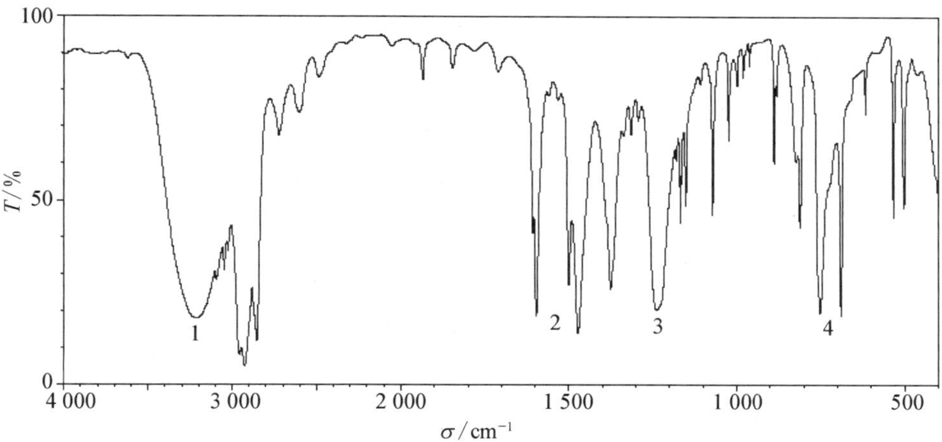

1—O—H 伸缩振动；2—苯环骨架伸缩振动；3—C—O 伸缩振动；3——取代苯 C—H 面外弯曲振动。

图 9-5 苯酚的红外光谱

成较强分子内氢键的酚时，羟基质子的化学位移值向低场移动，一般在 8～12 ppm 范围内。如图 9-6 所示为邻甲基苯酚的^{1}H NMR 谱。

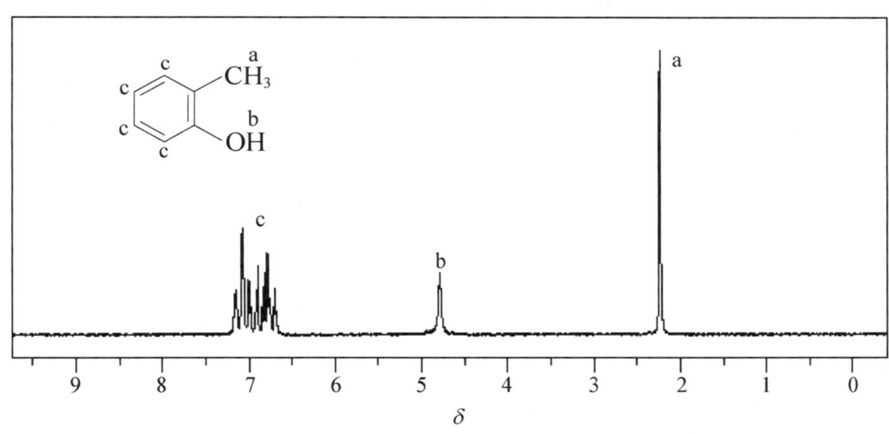

图 9-6 邻甲基苯酚的^{1}H NMR 谱

9.2.3 酚的化学性质

苯酚分子中羟基与苯环共轭，碳氧键具有部分双键的性质，羟基难以进行被取代的反应。而羟基氧原子上的未共用电子对离域到整个共轭体系中，对氧原子而言，电子云密度降低，氧氢键减弱，有利于氢原子离解，表现出酸性；对于苯环而言，电子云密度增加，易于发生亲电取代反应。

1. 酚羟基的反应

1）酸性

苯酚具有酸性，其酸性比水强，比碳酸弱。一些常见化合物的酸性如表 9-3 所示。

表 9-3　一些常见化合物的酸性

化合物	R—OH	H—OH	Ph—OH	H_2CO_3	CH_3COOH
pK_a	16～18	15.7	10	6.35	4.76

苯酚能溶于 NaOH 溶液，生成可溶于水的酚钠盐，而在酚钠的水溶液中通入二氧化碳，能析出苯酚。此法可用于苯酚的鉴别、分离及提纯，工业上就是利用了这一性质回收和处理含酚污水，如

$$C_6H_5OH + NaOH \rightleftharpoons C_6H_5O^-Na^+ + H_2O$$

$$C_6H_5O^-Na^+ + CO_2 + H_2O \rightleftharpoons C_6H_5OH + NaHCO_3$$

苯酚的酸性受苯环上取代基的影响，当苯环上连接有不同取代基时，其酸性可发生很大改变。总的来说，芳环上连接有吸电子基，会使苯酚的酸性增强，且吸电子能力越强，酸性也越强；芳环上连接有给电子基，会使苯酚的酸性减弱，且给电子能力越强，酸性越弱。如表 9-4 所示是一些取代基对苯酚 pK_a 值的影响。

表 9-4　一些取代基对苯酚 pK_a 值的影响

取代基	邻位	间位	对位
—H	10.00	10.00	10.00
$—CH_3$	10.29	10.09	10.26
—Cl	8.48	9.02	9.38
$—NO_2$	7.22	8.39	7.15

2）显色反应

酚与三氯化铁溶液作用生成酚氧离子与高价铁离子的配合物，该配合物能够显色，如

$$6ArOH + FeCl_3 \rightleftharpoons [Fe(OAr)_6]^{3-} + 6H^+ + 3Cl^-$$

不同的酚与三氯化铁溶液作用显现不同的颜色，因此利用该性质可以鉴别酚类化合物，如

苯酚：蓝紫色　　对甲苯酚：蓝色　　间甲苯酚：蓝紫色　　对苯二酚：暗绿色　　邻苯二酚：深绿色　　间苯二酚：蓝紫色

3）酚醚的生成

酚醚通常由酚钠和卤代烷作用生成，这是制备芳香醚的常用方法。与醇不同，酚类化合

物由于其羟基与苯环形成共轭，C—O 键比较牢固，很难直接脱水，如

$$C_6H_5ONa + CH_3I \xrightarrow{\triangle} C_6H_5OCH_3 + NaI$$

苯甲醚又称大茴香醚，具有令人愉快的茴香样香气，可用于有机合成，也可用作溶剂、香料和驱虫剂。

4）酯化反应

酚与羧酸直接酯化较困难，常采用酸酐或酰氯作为酰化剂进行反应，如

$$o\text{-}HOC_6H_4COOH + (CH_3CO)_2O \xrightarrow[\text{约}70℃]{H_2SO_4} o\text{-}CH_3COOC_6H_4COOH + CH_3COOH$$

乙酰水杨酸（阿司匹林）

乙酰水杨酸又称阿司匹林，是白色针状晶体，为解热镇痛药，也可用于防治心脑血管病。

5）氧化反应

酚类化合物易被氧化生成醌。酚不仅可被重铬酸钾在硫酸中氧化，也可被三氧化铬在醋酸中氧化，长时间与空气接触，也可被氧化，如

$$C_6H_5OH + K_2Cr_2O_7 \xrightarrow[30℃]{H_2SO_4} O{=}C_6H_4{=}O$$

$$C_6H_5OH + CrO_3 \xrightarrow[H_2O]{HOAc} O{=}C_6H_4{=}O$$

多元酚更易被氧化，如邻苯二酚易被氧化为邻苯醌，即

$$o\text{-}C_6H_4(OH)_2 \xrightarrow{[O]} o\text{-}C_6H_4O_2$$

具有对苯醌或邻苯醌结构的物质都是有颜色的，这便是酚放置一段时间后常带有颜色的原因。

2. 酚芳环上的反应

酚羟基具有活化苯环的作用，相比苯，酚更容易进行亲电取代反应。酚中的芳环易发生

一般芳香烃的取代反应,如卤代、硝化、磺化等。

1) 卤化反应

苯酚在室温下与溴水反应,立即生成 2,4,6 -三溴苯酚白色沉淀,即

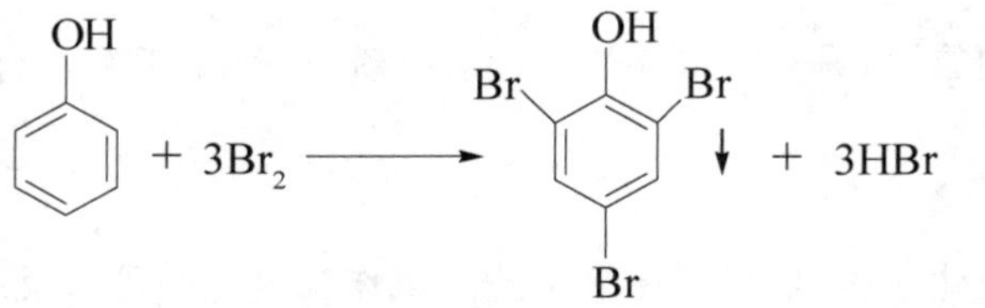

OH + $3Br_2$ ⟶ (OH, Br, Br, Br) ↓ + 3HBr

经实验发现,该反应十分灵敏,十万分之一浓度的苯酚溶液与溴水作用也可观察到白色沉淀,且定量进行,故此反应可用作苯酚的定性或定量分析。

若反应在低极性溶剂(如 CS_2、CCl_4 等)中和低温条件下进行,并控制适量溴水,可停留在生成一溴代物的阶段,如

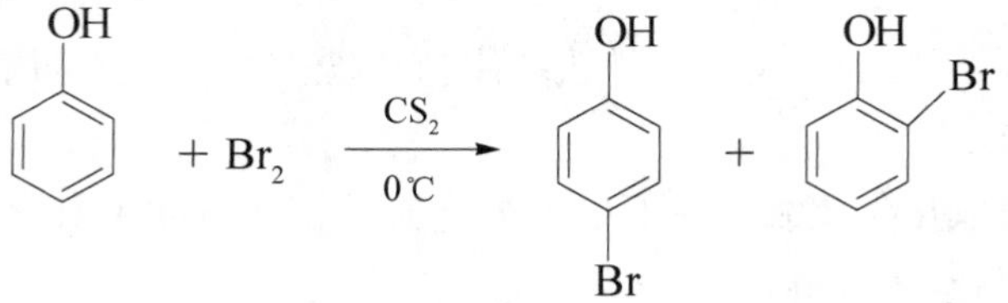

OH + Br_2 $\xrightarrow[0℃]{CS_2}$ (OH, Br) + (OH, Br)

67% 33%

2) 磺化反应

苯酚在室温下能被浓硫酸磺化,得到含量比例接近的邻、对位羟基苯磺酸,若反应温度升到 100℃,产物以对羟基苯磺酸为主。邻羟基苯磺酸也可以在 100℃下与浓硫酸共热转化为对羟基苯磺酸。

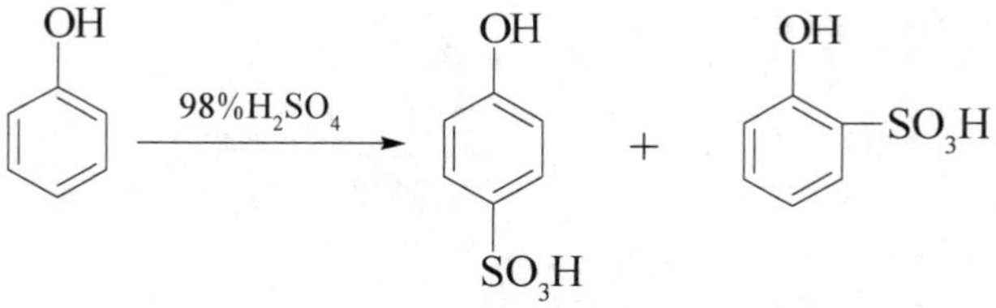

OH $\xrightarrow{98\%H_2SO_4}$ (OH, SO_3H) + (OH, SO_3H)

20℃ 51% 49%

100℃ 90% 10%

3) 硝化反应

苯酚在室温下就可被稀硝酸硝化,生成邻硝基苯酚和对硝基苯酚的混合物,即

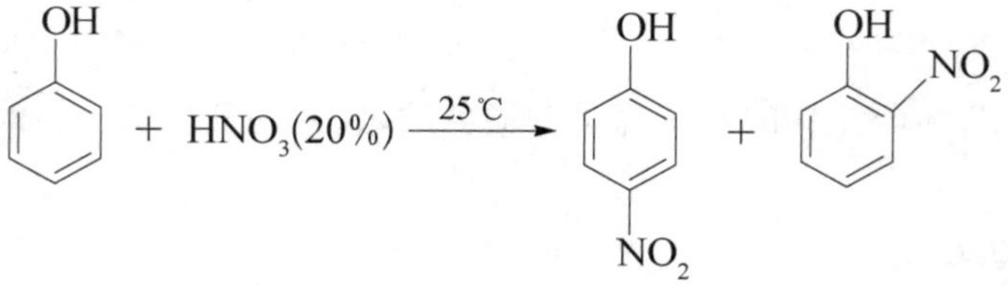

OH + HNO_3(20%) $\xrightarrow{25℃}$ (OH, NO_2) + (OH, NO_2)

15% 30%~40%

邻位和对位硝基苯酚的混合物可通过水蒸气蒸馏的方法进行分离。邻硝基苯酚可形成分子内氢键，水溶性小，挥发性大，沸点低，可随水蒸气一起蒸出。对硝基苯酚形成分子间氢键，降低了蒸气压，不能随水蒸气蒸馏出来。

苯酚硝化反应的产率较低，在反应过程中苯酚易被硝酸氧化，生成较多副产物，但由于邻、对位异构体容易分离提纯，在合成上仍有用途。

多硝化产物的制备一般分步进行，如

$$\text{苯酚} \xrightarrow[110℃]{H_2SO_4} \text{2,4-二磺酸基苯酚} \xrightarrow{HNO_3} \text{2-硝基-4,6-二磺酸基苯酚} \xrightarrow[\triangle]{HNO_3} \text{2,4,6-三硝基苯酚}$$

苯酚先进行磺化，吸电子磺酸基团的引入能使苯环钝化，提高其抗氧化能力，再用硝酸硝化，在较高温度下硝基取代磺酸基得到2,4,6-三硝基苯酚。

4）弗里德-克拉夫茨反应

酚由于受羟基的影响，比苯容易进行弗里德-克拉夫茨反应。酚的烃基化反应研究得比较多，工业上常利用烃化反应合成各种烃基取代的酚，如

$$\text{对甲基苯酚} + 2\,H_3C{-}\underset{}{\overset{CH_3}{\overset{|}{C}}}{=}CH_2 \xrightarrow{H_2SO_4} (H_3C)_3C{-}\text{(4-甲基-2,6-二叔丁基苯酚)}{-}C(CH_3)_3$$

在 BF_3、$ZnCl_2$ 等催化下，苯酚与羧酸发生酰基化反应，一般不用 $AlCl_3$ 作催化剂，因为 $AlCl_3$ 可与酚羟基与形成配合物，如

$$\text{苯酚} + CH_3COOH \xrightarrow{BF_3} \text{对羟基苯乙酮}(COCH_3,\ 95\%) + \text{邻羟基苯乙酮}(COCH_3)$$

9.2.4 酚的来源及制法

酚类化合物存在于自然界中，可从煤焦油中提取。先将煤焦油中的重油部分用氢氧化

钠溶液萃取，再在萃取液中通入二氧化碳，就可将酚分离出来。为了满足酚在工业上日益广泛的用途，目前主要通过合成方法获得，如磺酸盐碱熔法、氯苯水解法、异丙苯氧化法等。

1. 磺酸盐碱熔法

磺酸盐碱熔法是最老的工业制酚的方法，反应按三步进行：芳香磺酸先被中和为磺酸盐，再与氢氧化钠熔融转变为酚钠盐，然后酸化得到酚，即

$$C_6H_5SO_3H + Na_2SO_3 \xrightarrow{\text{中和}} C_6H_5SO_3Na + SO_2 + H_2O$$

$$C_6H_5SO_3Na + NaOH(\text{固}) \xrightarrow[\text{熔化}]{350℃} C_6H_5ONa + Na_2SO_3$$

$$C_6H_5ONa + SO_2 + H_2O \xrightarrow{\text{酸化}} C_6H_5OH + Na_2SO_3$$

在工业生产中，中和、碱熔和酸化的副产物可以充分利用。中和产生的 SO_2 可用来酸化苯酚钠；酸化、碱熔产生的 Na_2SO_3 又可用来中和苯磺酸。

磺酸盐碱熔法制酚设备简单，产率比较高，但反应条件苛刻，污染严重，操作麻烦，生产不能连续化等限制了其使用。

碱熔法也可用来制备烷基苯、苯二酚等。

2. 氯苯水解法

氯苯与 NaOH 水溶液在高温高压、铜做催化剂条件下作用可生成苯酚。氯苯的反应活性差，反应条件苛刻，工业生产上正逐渐被淘汰。

$$C_6H_5Cl + NaOH \xrightarrow[350\sim400℃, 28\ MPa]{Cu} C_6H_5ONa \xrightarrow{H_3\overset{+}{O}} C_6H_5OH$$

当氯原子的邻、对位上连接有强吸电子基团时，水解反应比较容易进行，不需要高压，甚至可用弱碱，如多硝基氯苯的碱性水解比氯苯容易进行，即

$$\text{2,4-}(NO_2)_2C_6H_3Cl \xrightarrow[H^+]{Na_2CO_3\text{水溶液}} \text{2,4-}(NO_2)_2C_6H_3OH$$

3. 异丙苯氧化法

异丙苯在碱性条件下很容易被空气氧化成过氧化异丙苯，过氧化异丙苯在稀酸作用下可发生重排，水解成苯酚和另一重要化工原料丙酮。该方法具有原料易得、收率高等特点，是工业生产苯酚的重要方法。但反应中涉及过氧化物，对技术设备要求较高。

值得注意的是，该方法只能用于生产苯酚、甲酚等简单酚。

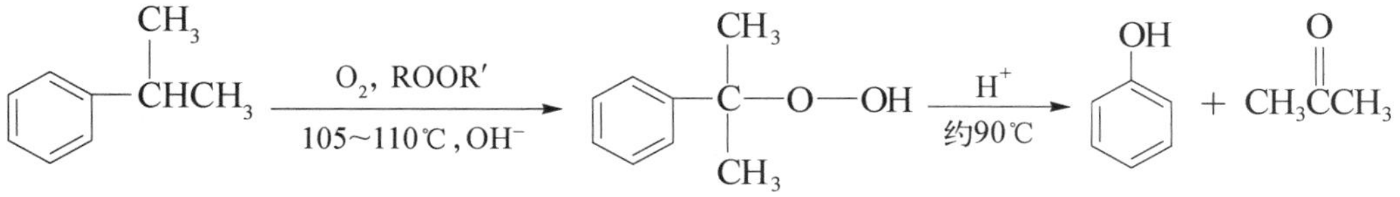

$$C_6H_5CH(CH_3)_2 \xrightarrow[105\sim110℃,\,OH^-]{O_2,\ ROOR'} C_6H_5C(CH_3)_2{-}O{-}OH \xrightarrow[\text{约}90℃]{H^+} C_6H_5OH + CH_3\overset{O}{\overset{\|}{C}}CH_3$$

9.3 醚

9.3.1 醚的分类、结构和命名

1. 醚的分类

醚的分子式为 R—O—R′，分子中的—O—键称为醚键，是醚的官能团。

醚分子中的两个烃基通过氧原子连接起来，烃基相同时为简单醚，不同时为混合醚，烃基的两头连接起来形成环的为环醚，如

CH_3OCH_3	$CH_3CH_2OCH_3$	（四氢呋喃环，含O）
简单醚	混合醚	环醚

醚分子中 R 和 R′是不饱和链的为饱和醚，R 或 R′含不饱和键的为不饱和醚，R 或 R′是芳基的为芳香醚，如

$CH_3CH_2OCH_2CH_3$	$CH_2{=}CHOCH{=}CH_2$	$C_6H_5{-}O{-}CH_3$
饱和醚	不饱和醚	芳香醚

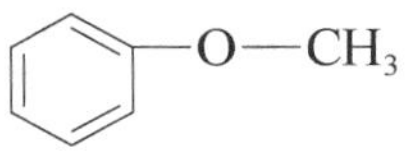

2. 醚的结构

醚分子中的氧原子为 sp^3 杂化，醚键的键角接近 109.5°。以甲醚为例，醚键的键角为 112°，C—O 键的键长约为 0.142 nm，即

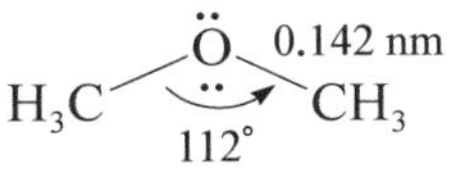

$$H_3C{-}\ddot{\underset{..}{O}}{-}CH_3 \quad (\angle COC = 112°,\ C{-}O\ 0.142\ nm)$$

3. 醚的命名

简单醚习惯按它的烃基名称命名，称二某醚，在分子较小的简单脂肪醚中，“二”字可省略。例如

CH_3OCH_3	$CH_3CH_2OCH_2CH_3$	$CH_2{=}CHOCH{=}CH_2$
甲醚	乙醚	二乙烯基醚

混合醚的命名将较小的烃基放在前面。若烃基中有一个是芳香基时，将芳香基放在前面。烃基结构复杂的醚可以当作烃的衍生物来命名，将较大的烃基作母体，烃氧基作取代

基。例如

$CH_3OC_2H_5$　　　　$C_6H_5—O—CH_3$　　　　OCH_3 / $CH{=}CHCH_3$

甲乙醚　　　　苯甲醚　　　　对甲氧基丙烯基苯

环醚的命名常采用俗名，没有俗名的一般称为环氧某烷，或按杂环化合物命名称为氧杂某烷。例如

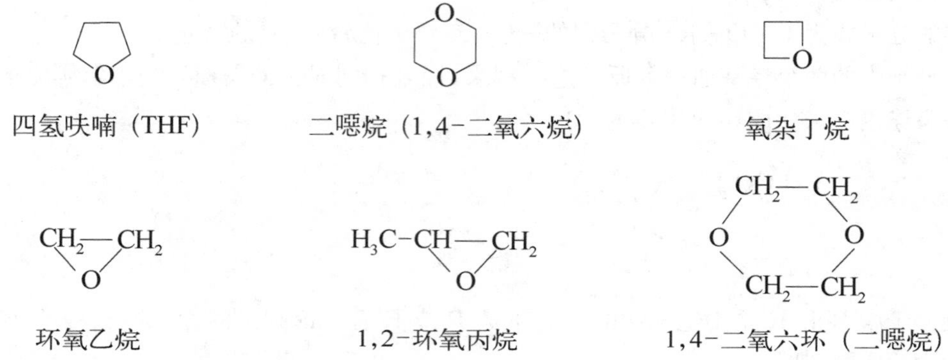

四氢呋喃（THF）　　二噁烷（1,4-二氧六烷）　　氧杂丁烷

环氧乙烷　　1,2-环氧丙烷　　1,4-二氧六环（二噁烷）

9.3.2 醚的性质

醚比较稳定，化学性质不活泼，遇碱、氧化剂、还原剂等一般不发生反应。但醚中 C—O 键为极性键，在一定条件下，与强酸性物质可以发生某些化学反应。

1. 锌盐的生成

醚中的氧原子上有未共用电子对，能接受质子，但接受质子的能力较弱，仅能与浓硫酸（或浓盐酸）中的质子结合形成一种不稳定的盐，称为锌盐。

$$C_2H_5OC_2H_5 + H_2SO_4 \longrightarrow C_2H_5\underset{H}{\overset{+}{O}}C_2H_5 + HSO_4^-$$

醚生成的锌盐不稳定，只能存在于低温下的浓强酸中，遇水又分解为原来的醚。故可利用此性质鉴别或分离醚与烷烃或卤代烃。

醚也能和三氟化硼、三氯化铝等缺电子的路易斯酸形成配合物，如

$$R_1—\ddot{\underset{..}{O}}—R_2 + BF_3 \longrightarrow R_1—\underset{..}{\overset{BF_3}{\ddot{O}}}—R_2$$

$$R_1—\ddot{\underset{..}{O}}—R_2 + AlCl_3 \longrightarrow R_1—\underset{..}{\overset{AlCl_3}{\ddot{O}}}—R_2$$

不同类型的醚生成锌盐或配合物的能力不一样，通常脂肪醚比芳香醚能力强。

2. 醚键的断裂

醚键比较稳定，但与氢卤酸作用时，醚键会发生断裂，生成醇和卤代烷。如在过量氢卤酸作用下，生成的醇会进一步反应转化成卤代烷，即

$$R_1—O—R_2 + HX \longrightarrow R_1—\overset{+}{\underset{H}{O}}—R_2 \xrightarrow[\triangle]{X^-} R_1OH + R_2X$$

$$R_1OH \xrightarrow{过量HX} RX + H_2O$$

HBr 和 HCl 进行上述反应时活性较差，HI 的活性最高，所以 HI 是醚键断裂的常用试剂。

混醚与氢碘酸作用，醚键断裂时，一般是较小的烷基变成碘代烷，例如

$$CH_3CH_2CH_2OCH_3 + HI \longrightarrow CH_3CH_2CH_2\overset{+}{\underset{H}{O}}CH_3 \xrightarrow{I^-} CH_3CH_2CH_2OH + CH_3I$$

当醚中一个烃基为叔烃基时，叔烃基的醚键很容易断裂，反应中生成较稳定的叔碳正离子，例如

$$H_3C—\underset{CH_3}{\overset{CH_3}{C}}—OCH_3 + HI \longrightarrow H_3C—\underset{CH_3}{\overset{CH_3}{C}}—\overset{+}{\underset{H}{O}}CH_3\,I^- \longrightarrow H_3C—\underset{CH_3}{\overset{CH_3}{C^+}}\ I^- \longrightarrow H_3C—\underset{CH_3}{\overset{CH_3}{C}}—I$$

对于混合醚，碳氧键断裂的顺序为三级烷基＞二级烷基＞一级烷基＞芳基。

芳基烷基醚与氢卤酸反应时，醚键总是优先在烷氧键之间断裂，因为芳基碳氧键存在 p-π 共轭，具有部分双键性质，结合牢固，难以断裂。而烷基与氧却无此效应。例如

$$C_6H_5—O—CH_3 + HI \longrightarrow C_6H_5OH + CH_3I$$

在有机合成时，为防止酚被氧化，有时需先将酚羟基保护起来，常将酚先生成醚，反应完成后，再将醚与氢碘酸作用把酚羟基释放出来。

3. 醚的氧化

醚对一般氧化剂稳定，但长期与空气接触会慢慢发生自动氧化，生成过氧化物，例如

$$CH_3CH_2OCH_2CH_3 + O_2 \longrightarrow CH_3CH_2O\underset{OOH}{CH}CH_3$$

过氧化物不稳定，受热或受冲击易分解爆炸。因此，醚的保存需避光、密封在阴凉处。在蒸馏醚类溶剂时，不能蒸干，因为过氧化物沸点比乙醚高，会残留在瓶底，若继续加热，过氧化物会迅速分解而猛烈爆炸。为防意外，在使用存放时间较长的醚类（如乙醚）之前，必须

检查是否含有过氧化物。可用KI-淀粉试纸,若有过氧化物,淀粉试纸变蓝,如

$$ROOR + 2KI + 2H_2O \longrightarrow 2ROH + 2KOH + I_2 \xrightarrow{\text{淀粉}} \text{变蓝}$$

除去醚中过氧化物可将醚用硫酸亚铁的硫酸溶液洗涤,过氧化物会被还原剂 $FeSO_4$ 破坏。

4. 环醚的性质

环醚与一般的醚不同,由于其分子间存在较大的张力,因此易与多种试剂发生反应生成开环化合物。

环氧乙烷是最简单的环醚,由于分子间三元环存在较大的张力,且氧原子具有较大的吸电子诱导效应,使得环氧乙烷具有较高的化学活性,在酸或碱催化下可以与许多试剂发生开环加成反应,如

$$H_2C\overset{O}{—}CH_2 \xrightarrow[H^+ \text{ or } OH^-]{H_2O} HOCH_2CH_2OH$$

$$H_2C\overset{O}{—}CH_2 \xrightarrow[OH^-]{ROH} HOCH_2CH_2OR$$

$$H_2C\overset{O}{—}CH_2 \xrightarrow{ArONa} HOCH_2CH_2OAr$$

$$H_2C\overset{O}{—}CH_2 \xrightarrow{HX} HOCH_2CH_2X$$

$$H_2C\overset{O}{—}CH_2 \xrightarrow{NaCN} HOCH_2CH_2CN$$

$$H_2C\overset{O}{—}CH_2 \xrightarrow{NH_3} HOCH_2CH_2NH_2 \xrightarrow{H_2C\overset{O}{—}CH_2} (HOCH_2CH_2)_2NH \xrightarrow{H_2C\overset{O}{—}CH_2} (HOCH_2CH_2)_3N$$

$$H_2C\overset{O}{—}CH_2 \xrightarrow{RMgX} RCH_2CH_2OMgX \xrightarrow{H_3\overset{+}{O}} RCH_2CH_2OH$$

取代的环氧乙烷在酸或碱的作用下可发生开环反应,反应条件不同,得到的产物也不同。

在酸性条件下,易按 S_N1 机理进行反应,优先在取代较多的碳原子上进行取代,如

$$H_3C—CH\overset{O}{—}CH_2 \underset{}{\overset{H^+}{\rightleftharpoons}} H_3C—CH\overset{\overset{+}{O}H}{—}CH_2 \xrightarrow{H\ddot{O}—R} H_3C—\underset{H}{\overset{H\overset{+}{O}R}{C}}—\underset{OH}{CH_2} \xrightarrow{-H^+} H_3C—\underset{H}{\overset{OR}{C}}—\underset{OH}{CH_2}$$

在碱性条件下，易按 S_N2 机理进行反应，优先在取代较少的碳原子上进行取代，如

$$H_3C-\underset{\diagdown O \diagup}{CH-CH_2} + {}^-OCH_3 \longrightarrow H_3C-\underset{H}{\overset{O^-}{C}}-CH_2OCH_3 \xrightarrow{HOCH_3} H_3C-\underset{H}{\overset{OH}{C}}-CH_2OCH_3$$

9.3.3 醚的来源及工业制法

1. 醇脱水法

在酸催化下，醇受热发生分子间脱水制得简单醚，如

$$2ROH \xrightarrow[\triangle]{浓 H_2SO_4} ROR + H_2O$$

该法的原料主要是伯醇。若为叔醇，则发生分子内脱水，生成烯烃。

2. 威廉森合成法

醇钠(或酚钠)与卤代烃作用生成醚，该反应称为威廉森合成法。

$$RONa + R'X \longrightarrow ROR' + NaX$$

这种方法既可合成简单醚，也可合成混合醚。常采用伯卤代烷为原料，因为仲、叔卤代烷在醇钠或酚钠作用下易发生消除反应，例如

$$CH_3CH_2CH_2Br + (CH_3CH_2)_3CONa \longrightarrow CH_3CH_2CH_2OC(CH_2CH_3)_3 + NaBr$$

在合成芳香醚时，常采用酚钠与卤代烷反应，而不用卤代芳烃和醇钠反应，因为卤代芳烃反应活性差，例如

$$C_6H_5-ONa + CH_3CH_2CH_2Br \longrightarrow C_6H_5-OCH_2CH_2CH_3 + NaBr$$

此外，芳香醚可用苯酚与磺酸酯或硫酸酯在氢氧化钠溶液中制备，例如

$$C_6H_5-OH + (CH_3O)_2SO_2 \xrightarrow{NaOH} C_6H_5-OCH_3$$

3. 醚和环氧化物的工业合成

乙醚的工业合成可由乙醇经浓硫酸脱水制取，即

$$2CH_3CH_2OH \xrightarrow[\triangle]{浓 H_2SO_4} H_3CH_2C-O-CH_2CH_3$$

乙烯在催化剂作用下与空气中的氧气反应，是工业上制取环氧乙烷的主要方法，即

$$H_2C{=}CH_2 + \frac{1}{2}O_2 \xrightarrow[280\sim3\,000℃,\ 1\sim2\ MPa]{Ag} H_2C\underset{O}{\diagdown\diagup}CH_2$$

9.3.4 重要的醇、酚、醚化合物

1. 醇

1) 甲醇

甲醇俗称木醇，为无色透明有特殊气味的无色液体，易燃、有毒，误服 10 g 即可造成眼睛失明，误服 25 g 可致人死亡。甲醇主要用作溶剂或甲基化试剂，还可作为燃料，由甲醇合成高辛烷值汽油的生产已实现了工业化。甲醇在有机合成中用途广泛，可用来合成甲醛、制农药等，是重要的化工原料。

2) 乙醇

乙醇俗称酒精，是一种具有香味而刺鼻的无色透明液体，少量乙醇有兴奋神经的作用，大量饮入乙醇对人体有害。乙醇的用途极为广泛，被用作许多化工产品的溶剂及进行反应的溶剂介质和基本化工原料。医用酒精是 75%的乙醇，此浓度下的酒精溶液杀菌消毒效果最好。

3) 乙二醇

乙二醇俗称甘醇，为无色无嗅略黏稠的有毒液体，是工业上重要的二元醇。乙二醇可与水混溶，60%乙二醇水溶液的凝固点为 40℃，是较好的防冻剂。乙二醇分子间能以氢键缔合，其沸点为 198℃，可作为高沸点溶剂。乙二醇是重要的化工原料，可用于制造树脂、增塑剂、合成纤维等。

4) 丙三醇

丙三醇又名甘油，是一种无色、黏稠、有甜味的液体，与水混溶，在空气中具有较强的吸湿性，不溶于乙醚、氯仿等有机溶剂。甘油是重要的有机原料，工业上甘油主要用于印染、烟草和家用日化产品的润湿剂及炸药、醇酸树脂的生产，也用作抗干燥的防治剂和医用软膏的配置成分。

5) 苯甲醇

苯甲醇俗称苄醇，为无色液体，具芳香味，微溶于水，溶于乙醇、甲醇等有机溶剂。在医药上，苯甲醇具微弱的麻醉作用，例如目前使用的青霉素稀释液就含有 2%的苄醇，可减轻注射时的疼痛。苯甲醇在香料工业中也有广泛的应用。它是一个最重要又简单的芳醇，存在于茉莉等芳香精油中，工业上可从苄氯在碳酸钾或碳酸钠存在下水解而得。

2. 酚

1) 苯酚

苯酚俗称石炭酸，为无色针状结晶，有特殊气味。由于苯酚易被氧化，应装于棕色瓶中避光保存。苯酚能凝固蛋白质，对皮肤有腐蚀性，如不慎触及皮肤，皮肤会出现白色斑点，应立即用蘸有酒精的棉花擦洗，直到触及的部位不呈白色，并不再有苯酚的气味为止。苯酚有杀菌作用，是医药临床上使用最早的外科消毒剂，因为有毒，现已不用。此外，苯酚也是重要的工业原料，可用于制造塑料、染料、药物及照相显影剂。

2) 苯二酚

苯二酚有邻、间、对三种异构体，均为无色结晶体，溶于乙醇、乙醚。邻苯二酚俗称茶酚，具

有苯酚气味并略带甜味和苦味，遇空气和光变色。能溶于水，溶于乙醇、乙醚、苯、氯仿，易溶于吡啶和苛性碱液。邻苯二酚是一种强还原剂，易被氧化成邻苯醌。间苯二酚可用于合成染料、酚醛树脂、胶黏剂、药物等，医药上用作消毒剂。对苯二酚还具有还原性，可用做显影剂。

3. 醚

1）乙醚

乙醚在常温常压下是无色、具有香味的液体。乙醚极易着火，乙醚蒸气与空气以一定比例混合后，遇火会猛烈爆炸，故在制备和使用时要远离火源，并不可将反应器中未液化的废气引入下水道。乙醚可溶解许多有机物，是优良的溶剂。另外，乙醚曾在医疗上用作麻醉剂，但大量吸入乙醚蒸气可使人失去知觉，甚至死亡。

2）二甲醚

二甲醚又称甲醚，简称 DME。二甲醚在常温常压下是一种无色气体或压缩液体，具有轻微醚类的香味。溶于水及醇、乙醚、丙酮、氯仿等多种有机溶剂。由于其具有易压缩、冷凝、汽化及与许多极性或非极性溶剂互溶特性，因此广泛用于气雾制品喷射剂、氟利昂替代制冷剂、溶剂等，用途广泛。

3）环氧乙烷

环氧乙烷是最简单的环醚，常温下为无色、有毒气体，可与水互溶，也能溶于乙醇、乙醚等有机溶剂，可与空气形成爆炸混合物，常储存于钢瓶中，不宜长途运输，因此有强烈的地域性。环氧乙烷是一种有毒的致癌物质，以前被用来制造杀菌剂。环氧乙烷被广泛地应用于洗涤、制药、印染等行业。在化工相关产业中可作为清洁剂的起始剂。

习 题

9-1 用系统命名法命名下列化合物：

（1）$CH_3CH(OH)—CH(CH_2CH_3)CH_3$

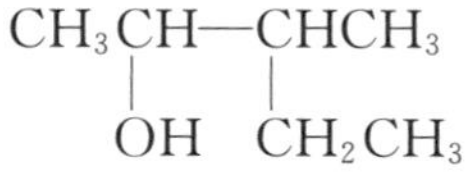

$$\begin{array}{l}CH_3CH—CHCH_3\\ \quad\ \ |\qquad\ |\\ \quad OH\quad CH_2CH_3\end{array}$$

（2）$CH_3CH_2{=}C(CH(CH_3)_2)C(OH)CH(CH_3)_2$

$$\begin{array}{c}OH\\ |\\ CH_3CH_2{=}CCCH(CH_3)_2\\ |\\ (CH_3)_2CH\end{array}$$

（3）$$\begin{array}{c}CH_3\\ |\\ H_3C—C—CH_2OH\\ |\\ CH_3\end{array}$$

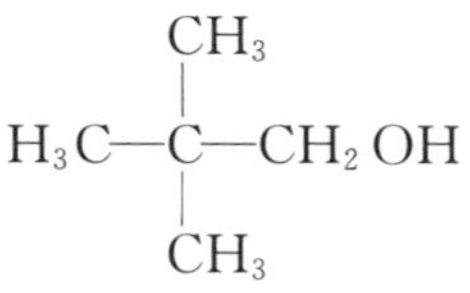

（4）$(CH_3)_3CCH_2CH_2OH$

（5）$$\begin{array}{r}CH_3\\ |\ \ \ \ \ \\ H_2C{=}CHCH_2CHOH\end{array}$$

（6）$$\begin{array}{c}CH_3\\ |\\ HOCH_2CHCH_2CH_2OH\end{array}$$

（7）$$\begin{array}{c}CH_2OH\\ |\\ H_3C—C—CH_2OH\\ |\\ CH_2OH\end{array}$$

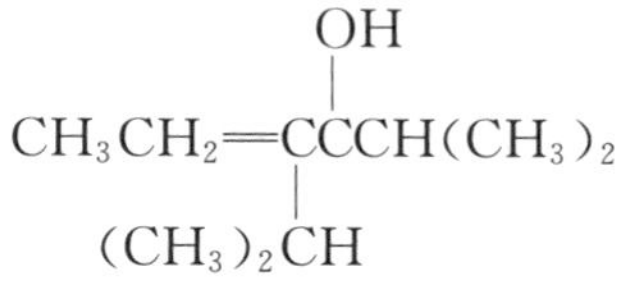

（8）（环己烷环上相邻碳原子分别连有 CH_2CH_3 和 OH）

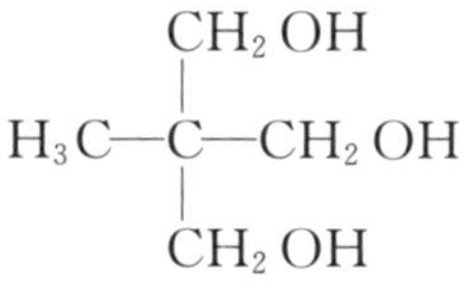

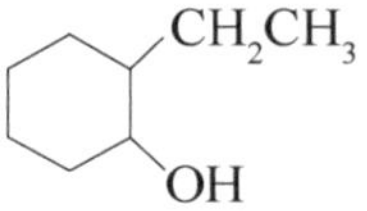

(9) 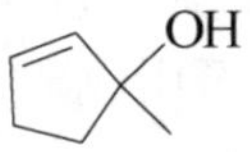 OH

(10) 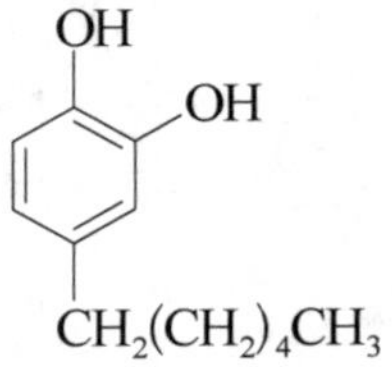 OH OH $CH_2(CH_2)_4CH_3$

(11) 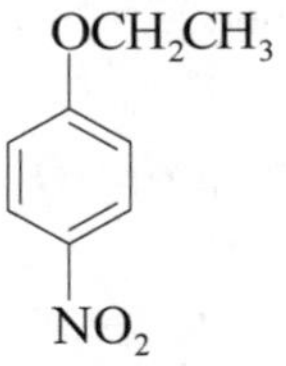 OCH_2CH_3 NO_2

(12) 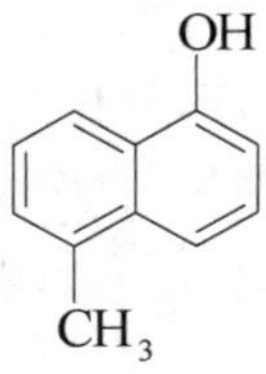 OH CH_3

9-2　完成下列化学反应式：

(1) $CH_3CH(OH)CH_2CH_3 \xrightarrow{KMnO_4, H_2SO_4}$?

(2) $CH_3CH_2Br + CH_3CH(ONa)CH_2CH_3 \longrightarrow$?

(3) $CH_3CH(OH)CH(CH_3)CH_2CH_3 \xrightarrow[\triangle]{H_2SO_4}$?

(4) 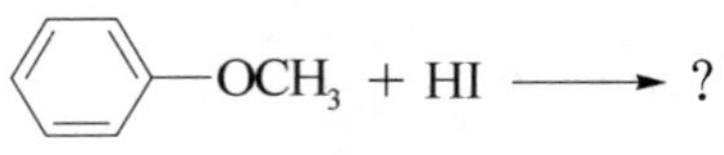 $C_6H_5{-}OCH_3 + HI \longrightarrow$?

(5) $C_6H_5OH + 3Br_2 \longrightarrow$?

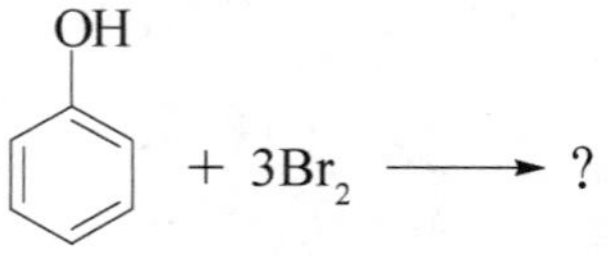

9-3　分别从下列各物合成2-溴丁烷：

(1) 2-丁醇　(2) 1-丁醇　(3) 1-丁烯　(4) 1-丁炔

9-4　比较下列化合物的酸性强弱：

(1) (A) 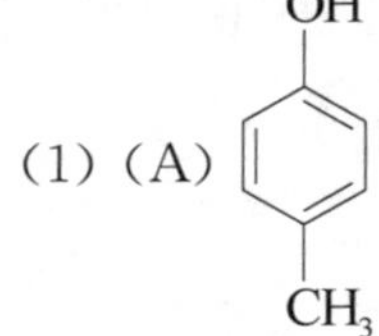

(B) 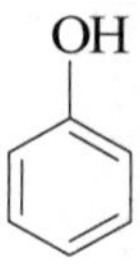 OH

(C) 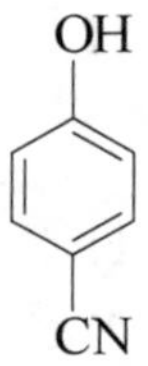 OH CN

(2) (A) 2,4-二硝基苯酚 (B) 2,4,6-三硝基苯酚 (C) 4-硝基苯酚

(3) (A) 苯酚 (B) 3-甲氧基苯酚 (C) 4-甲氧基苯酚

9-5 写出下列反应的机理：

$$2,2\text{-二甲基环己醇} \xrightarrow{H^+} 1,2\text{-二甲基环己烯}$$

9-6 用简单的化学方法鉴别或分离下列化合物：

(1) 己烷、丁醇、苯酚、丁醚

(2) $CH_3CH(OH)CH_2CH_3$，$CH_3CH_2CH_2CH_2OH$，$H_3C—C(CH_3)(OH)—CH_3$

(3) 分离苯酚与环己醇

9-7 一芳香化合物 A 的分子式为 C_7H_8O，A 与 Na 不反应，与氢碘酸反应生成两个化合物 B 和 C，B 能溶于 NaOH 并与 $FeCl_3$ 溶液作用呈紫色，C 与硝酸银水溶液作用生成黄色碘化银沉淀。试写出 A、B、C 的结构式。

9-8 有两种液体化合物的分子式同是 $C_4H_{10}O$，其中 A 在室温下不与卢卡斯试剂作用，但与浓氢碘酸作用生成碘乙烷，B 与卢卡斯试剂很快地生成 2-氯丁烷，与氢碘酸作用则生成 2-碘丁烷。写出这两种化合物的结构式。

9-9 由指定原料合成下列化合物，无机试剂任选：

(1) 由乙烯为主要原料合成 2-己醇

(2) 苯酚 ⟶ 2,6-二氯苯酚

第10章 醛 酮 醌

醛和酮都是分子中含有羰基的化合物，又统称为羰基化合物。羰基与一个烃基相连的称为醛，羰基与两个烃基（可相同或不同）相连的称为酮，如

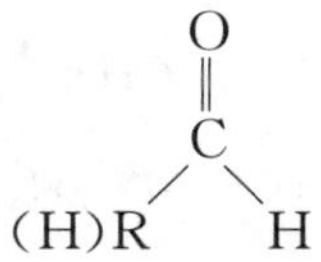

$$\text{(H)R}-\overset{\overset{\displaystyle O}{\|}}{C}-\text{H} \qquad\qquad \text{R}-\overset{\overset{\displaystyle O}{\|}}{C}-\text{R}'\text{(R)}$$

醛 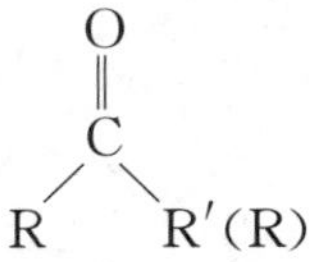　　　　　　　　酮

醛可以简写成 RCHO，因此—CHO 又称为醛基。酮可以简写成 RCOR′，分子中的羰基为—CO—，也称为酮基。

醌是一类特殊的环状不饱和二元酮类化合物。

10.1 醛和酮

10.1.1 醛、酮的分类、命名和结构

1. 醛、酮的分类

根据烃基结构不同，醛、酮可分为脂肪醛、酮和芳香醛、酮，例如

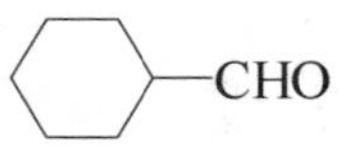

—CHO　　　　—CHO　　　　=O　　　　$-\overset{\overset{\displaystyle O}{\|}}{C}-CH_3$

脂肪醛 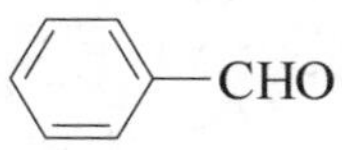　　　　芳香醛 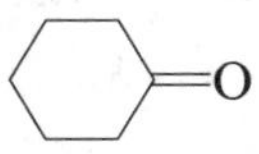　　　　脂肪酮 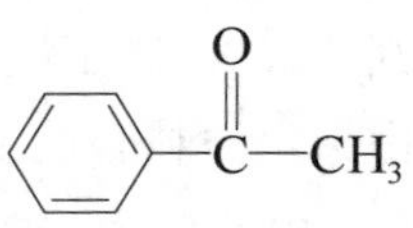　　　　芳香酮

根据烃基的饱和程度，脂肪醛、酮可分为饱和醛、酮和不饱和醛、酮，例如

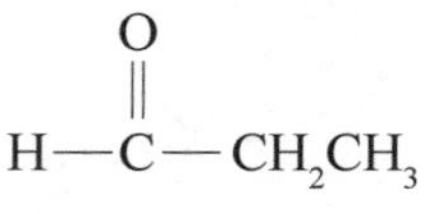

$$H-\overset{\overset{\displaystyle O}{\|}}{C}-CH_2CH_3 \qquad H-\overset{\overset{\displaystyle O}{\|}}{C}-CH{=}CH_2$$

饱和醛 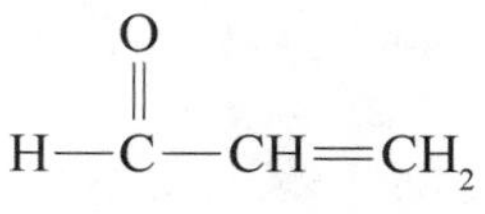　　　　不饱和醛 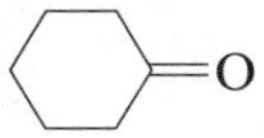　　　　饱和酮 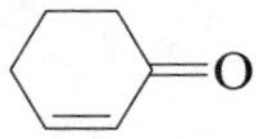　　　　不饱和酮

根据羰基的数目，醛、酮又可分为一元醛、酮和多元醛、酮(二元及以上的醛、酮)，例如

$$\mathrm{H-\overset{\overset{O}{\|}}{C}-CH_2CH_3}\qquad \mathrm{H-\overset{\overset{O}{\|}}{C}-CH_2-\overset{\overset{O}{\|}}{C}-H}\qquad \mathrm{H_3CH_2C-\overset{\overset{O}{\|}}{C}-CH_2CH_3}\qquad \mathrm{H_3C-\overset{\overset{O}{\|}}{C}-CH_2-\overset{\overset{O}{\|}}{C}-CH_3}$$

一元醛　　二元醛　　一元酮　　二元酮

在一元酮中，两个烃基相同的称为简单酮，不同的称为混合酮，例如

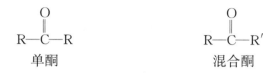

单酮　　混合酮

2. 醛、酮的命名

醛、酮命名与醇相似。

(1) 脂肪族醛、酮命名时，选择含有羰基的最长碳链为主链，编号从靠近羰基一端碳原子开始。酮的名称中要注明羰基的位置，例如

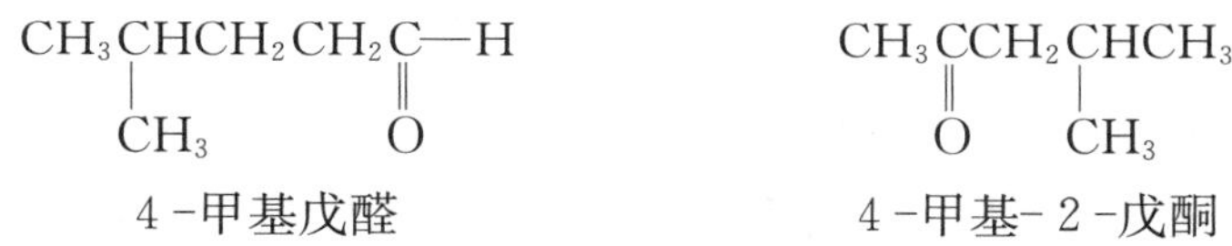

4-甲基戊醛　　4-甲基-2-戊酮

(2) 脂环酮的羰基在环内，称为环某酮；在环外，则将环当作取代基，如

4-甲基环己酮　　3-甲基环己基甲醛

(3) 芳香族醛、酮命名时一般把支链作为主链，芳环作为取代基，如

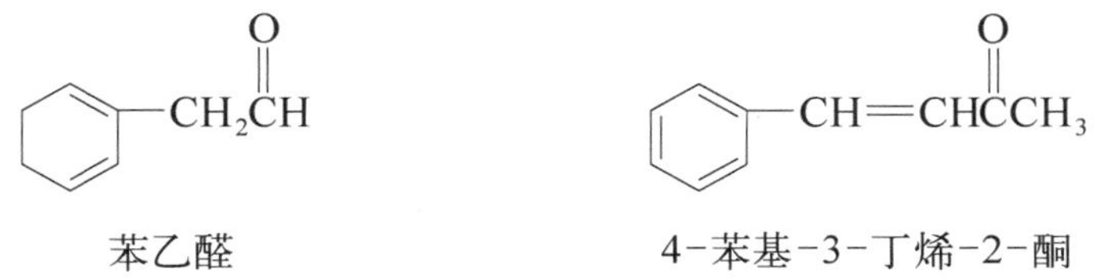

苯乙醛　　4-苯基-3-丁烯-2-酮

(4) 主链中既含醛基又含酮基的化合物时，既可以醛为母体，将酮羰基氧原子作为取代基，用"氧代"表示，也可以酮醛为母体，注明酮羰基碳原子的位次，如

$$\mathrm{CH_3\overset{\overset{O}{\|}}{C}CH_2CH_2CHO}$$

4-氧代戊醛或 4-戊酮醛

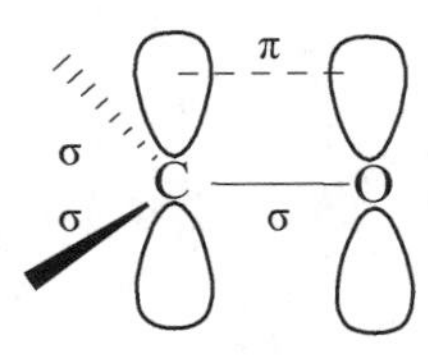

图 10-1
羰基的结构

3. 醛、酮的结构

醛、酮的官能团是羰基，羰基是由碳与氧以双键结合而成的基团，与碳碳双键相似，其中羰基碳原子是 sp^2 杂化的，三个 sp^2 杂化轨道分别与氧及另外两个原子形成三个 σ 键。未杂化的 p 轨道和氧原子的 p 轨道侧面重叠形成 π 键，并与 σ 键构成的平面相垂直，如图 10-1 所示。

羰基结构决定其具有较高的化学活性，一是因为与羰基碳直接相连的三个原子处于同一平面内，这种平面构型对试剂进攻阻碍作用较小。此外，氧原子的电负性比碳大，羰基中碳氧双键的电子偏向于氧原子，羰基具有一定的极性，羰基碳容易接受亲核试剂的进攻。

10.1.2 醛、酮的物理性质和波谱性质

1. 醛、酮的物理性质

常温下，除甲醛是气体外，C12 以下的低级、中级醛酮是液体，高级醛酮是固体。低级醛有刺鼻气味，中级醛具有果香味，常用于香料工业中。酮类化合物一般有特殊香味，C14～C18 环酮具有麝香味。

醛和酮的羰基具有极性，增强了分子间偶极-偶极相互作用力，因此，醛、酮的沸点比相对分子质量相近的烃或醚要高。但由于羰基之间不能形成氢键，其沸点比相对分子质量相近的醇要低。

由于羰基的氧原子可以与水分子形成分子间氢键，所以低相对分子质量的醛、酮，如甲醛、乙醛、丙酮等可溶于水。其他的醛、酮仅微溶或不溶于水，而易溶于一般的有机溶剂。一些常见一元醛和酮的物理常数如表 10-1 所示。

表 10-1 常见一元醛和酮的物理常数

名　称	熔点/℃	沸点/℃	溶解度(H_2O)/(g/100 g)
甲　醛	−92	−21	易溶水
乙　醛	−121	20	∞
丙　醛	−81	49	16
正丁醛	−99	76	7
正戊醛	−91	103	微溶
苯甲醛	−26	178	0.3
丙　酮	−94	56	∞
丁　酮	−86	80	26
2-戊酮	−78	102	6.3
3-戊酮	−41	101	5
环己酮	−45	138	溶
苯乙酮	21	202	微溶
二苯甲酮	48	306	不溶

2. 醛、酮的波谱性质

醛、酮的红外光谱在 1 850～1 650 cm^{-1} 区域内出现强的羰基伸缩振动吸收峰，羰基峰的位置相对稳定，强度高且干扰少，成为红外光谱中最容易辨别的特征峰之一。醛、酮的羰基伸缩振动吸收峰位置相近，不易区别，但大多数醛类的 C—H 键在 2 830～2 720 cm^{-1} 处有尖锐且中等强度的特征吸收峰，可以用来区别是否含醛基。

在核磁共振氢谱中，醛氢的化学位移在 10×10^{-6} 左右，处于低场，而羰基相邻碳上氢的化学位移在 $(2\sim3)\times10^{-6}$ 区域内，此差异可用以区别醛、酮，如图 10－2 和图 10－3 所示。

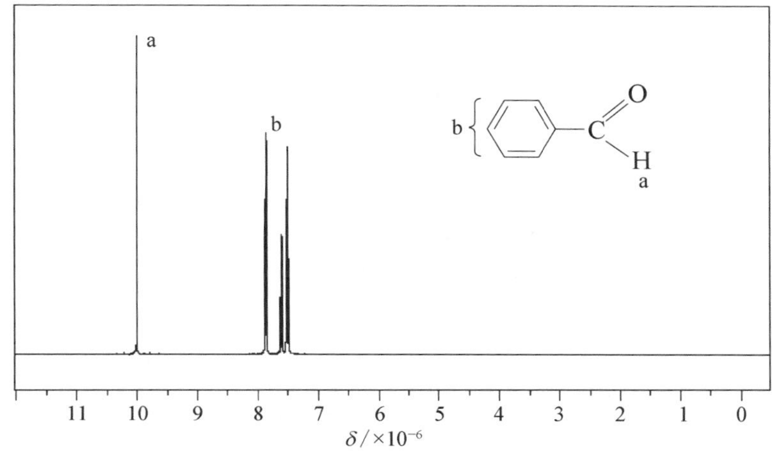

图 10－2　苯甲醛的 ^{1}H NMR 谱

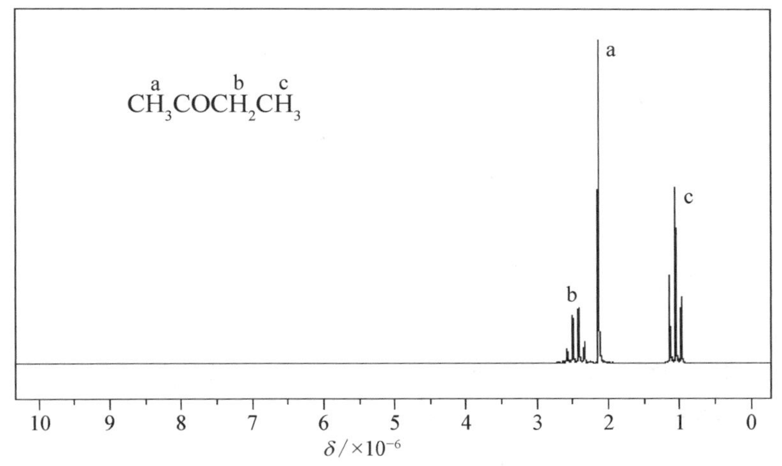

图 10－3　丁酮的 ^{1}H NMR 谱

10.1.3　醛、酮的化学性质

醛、酮的官能团是羰基，其化学性质与羰基结构密切相关。醛、酮的羰基双键的极性强，由于氧原子的电负性比碳原子大，因此 π 电子云偏向氧原子而带部分负电荷，碳原子带部分正电荷。由于带正电荷的碳要比带负电荷的氧活泼得多，因此其易受亲核试剂的进攻，发生加成反应，即亲核加成反应。易发生亲核加成反应是醛、酮的主要化学性质。

羰基碳原子对邻近碳原子表现出吸电子诱导效应，故羰基的 α-H 具有一定的活性，易发生 α-H 的相关反应是醛酮化学性质的重要组成部分。

另外，醛酮处于氧化还原的中间价态，既可以被氧化又可以被还原，因此，氧化还原反应也是醛酮的重要反应。

1. 羰基的亲核加成

1）与 HCN 加成

$$\mathrm{R(H)R}\overset{\sigma+}{C}=\overset{\sigma-}{O} + H^{+}CN^{-} \rightleftharpoons \mathrm{R(H)R\,C(OH)(CN)}$$

醛、酮可与 HCN 反应生成 α-羟基腈，也称氰醇。醛酮与氢氰酸在微量碱的存在下可迅速反应。该反应表明在 HCN 与醛酮的加成中，起决定作用的是 CN^-，而不是 H^+。氰化氢是弱酸，加碱可促进平衡右移而提高 CN^- 浓度，使反应较快进行，如

$$HCN \underset{H^+}{\overset{OH^-}{\rightleftharpoons}} H^+ + CN^-$$

HCN 易于挥发，有剧毒，使用不方便，所以，通常将醛酮与 NaCN 或 KCN 水溶液混合，再慢慢向混合液中滴加酸，保证反应产生的 HCN 能随即与醛酮反应，该操作应在通风橱中进行，例如

$$H-\overset{O}{\overset{\|}{C}}-H + KCN \xrightarrow{H_2SO_4} H_2C(OH)(CN) \quad 76\%\sim80\%$$

$$H_3C-\overset{O}{\overset{\|}{C}}-CH_3 + NaCN \xrightarrow{H_2SO_4} (H_3C)_2C(OH)(CN) \quad 71\%\sim78\%$$

CN^- 对羰基化合物的加成反应分两步进行，首先是亲核试剂 CN^- 对羰基的进攻，该反应较慢，是决定整个反应速率的关键步骤，然后是负离子中间体的质子化。一般认为无催化下 HCN 对羰基的加成反应机理如下：

$$>C=\ddot{O}: + {}^{-}C\equiv N \underset{}{\overset{慢}{\rightleftharpoons}} -\overset{:\ddot{O}:^-}{\overset{|}{\underset{|}{C}}}-C\equiv N \overset{H^+}{\underset{}{\overset{快}{\rightleftharpoons}}} -\overset{OH}{\overset{|}{\underset{|}{C}}}-C\equiv N$$

不同结构的醛和酮进行亲核加成反应时的反应活性大致可排列为 HCHO＞RCHO＞ArCHO＞CH_3COCH_3＞CH_3COR＞RCOR＞ArCOAr。这种活性主要受电子效应和空间效应的影响。当羰基碳上连接有给电子的烃基时，羰基碳的正电性降低，不利于亲核试剂（CN^-）的进攻。此外，羰基碳上所连接基团的体积对加成的影响也很大，若羰基碳所连接基团体积较大时，就会产生立体障碍，不利于加成进行。因为在加成过程中，羰基碳由原来的 sp^2 杂化的平面结构变成 sp^3 杂化的四面体结构，拥挤程度大为增加。

2）与亚硫酸氢钠加成

醛、酮可与饱和的亚硫酸氢钠溶液（$NaHSO_3$）发生加成反应，生成结晶的 α-羟基磺酸钠，如

$$\text{R(}(H_3C)H\text{)C=O} + NaHSO_3 \rightleftharpoons \text{R}(\text{(H}_3\text{C)H})\text{C(OH)}SO_3Na$$

羰基与亚硫酸氢钠的加成反应机理可表示如下：

$$>C=\ddot{O}: + HO-\overset{O}{\overset{\|}{S}}-O^-Na^+ \rightleftharpoons -\overset{ONa}{\overset{|}{C}}-SO_3H \rightleftharpoons -\overset{OH}{\overset{|}{C}}-SO_3Na$$

醛、脂肪族甲基酮和八个碳原子以下的环酮都可以与亚硫酸氢钠发生反应，该反应中亲核试剂亚硫酸氢钠的亲核中心是硫原子，而不是氧原子，所以生成的产物是 α-羟基磺酸钠，而不是硫酸酯。α-羟基磺酸钠盐易溶于水，但在饱和亚硫酸氢钠（40%）溶液中不溶而析出结晶。此外，由于该反应是可逆反应，产物在稀酸或稀碱存在下可分解成原来的醛、酮。因此可利用此性质进行醛、脂肪族甲基酮和八个碳原子以下的环酮的鉴别和提纯。

3）与醇加成

醛、酮在干燥氯化氢或浓硫酸的作用下能与醇发生加成反应，生成半缩醛或半缩酮。半缩醛（酮）很不稳定，易分解成原来的醛（酮），不易分离出来。半缩醛（酮）和另一分子醇继续反应，缩合失去一分子水，生成缩醛（酮），能从过量的醇中分离出来，如

$$\text{R}'(\text{(}''\text{R)H})C=O + ROH \overset{H^+}{\rightleftharpoons} R'-\underset{H(R'')}{\overset{OR}{C}}-OH + ROH \overset{H^+}{\rightleftharpoons} R'-\underset{H(R'')}{\overset{OR}{C}}-OR$$

半缩醛　　缩醛

整个反应的机理可表示如下：

$$\text{R}'(\text{(}''\text{R)H})C=O \overset{H^+}{\rightleftharpoons} \text{R}'(\text{(}''\text{R)H})C=O^+H \overset{ROH}{\rightleftharpoons} \text{R}'(\text{(}''\text{R)H})C(OH)(\overset{+}{O}(H)R) \rightleftharpoons \text{R}'(\text{(}''\text{R)H})C(O^+H_2)(OR) \overset{-H_2O}{\rightleftharpoons}$$

$$\left[\mathrm{R'(''R)HC^{+}{-}OR} \longleftrightarrow \mathrm{R'(''R)HC{=}O^{+}R}\right] \underset{}{\overset{\mathrm{ROH}}{\rightleftharpoons}} \mathrm{R'(''R)HC(OR){-}O^{+}(H)R} \underset{}{\overset{-\mathrm{H^{+}}}{\rightleftharpoons}} \mathrm{R'(''R)HC(OR)_2}$$

由醛(酮)到半缩醛(酮)是醇对羰基的亲核加成。醇的亲核性较弱,要使反应发生,就必须通过酸催化来提高碳基的活性。在酸性条件下,羰基上的氧原子被质子化,使羰基碳的正电性增强,更容易受到醇分子的进攻,而生成半缩醛(酮)。由半缩醛(酮)到缩醛(酮)为亲核取代反应,质子化的半缩醛(酮)为反应底物,水分子为离去基团,醇为亲核试剂。

与醛相比,酮与醇反应生成缩酮的反应较困难,但酮容易与乙二醇反应,生成具有无缘环状结构的缩酮,例如

$$\mathrm{R'RC{=}O} + \mathrm{HOCH_2CH_2OH} \overset{\mathrm{H^{+}}}{\rightleftharpoons} \mathrm{R'RC}\langle\mathrm{OCH_2CH_2O}\rangle$$

缩醛的性质和缩酮的性质相似,可以看作同碳数二元醇的醚(胞二醚),性质与醚相似,它们对碱、氧化剂和还原剂都稳定。但对酸敏感,遇稀酸,缩醛(酮)可以水解成原来的醛(或酮)和醇,如

$$\mathrm{R'(''R)HC(OR)_2} \overset{\mathrm{H^{+},H_2O}}{\rightleftharpoons} \mathrm{R'(''R)HC{=}O} + 2\mathrm{ROH}$$

因此,在有机合成中,为了保护容易发生反应的醛基,常将醛转化为缩醛,待反应完成后,再用稀酸水解缩醛,把醛基释放出来。通常,用乙二醇保护分子中的醛基,例如

$$\mathrm{CH_3CH{=}CHCH_2CH_2CHO} \xrightarrow[\mathrm{HCl}]{\mathrm{HOCH_2CH_2OH}} \mathrm{CH_3CH{=}CHCH_2CH_2CH}\langle\mathrm{OCH_2CH_2O}\rangle$$

$$\xrightarrow{\mathrm{KMnO_4}} \mathrm{HOOCCH_2CH_2CH}\langle\mathrm{OCH_2CH_2O}\rangle \xrightarrow[\mathrm{HCl}]{\mathrm{H_2O}} \mathrm{HOOCCH_2CH_2CHO}$$

4) 与金属有机化合物加成

醛、酮可以与多种金属有机化合物如格氏试剂(RMgX)、有机锂试剂(RLi)、炔钠($\mathrm{NaC{\equiv}C}$)等发生亲核加成反应,得到醇,其中最重要的是格氏试剂。格氏试剂中与 Mg 相连的碳带部分负电荷,具有很强的亲核性,而 Mg 带部分正电荷。在亲核加成反应中,R 进攻羰基碳,MgX 则与羰基氧结合,加成产物经水解生成醇,如

$$\mathrm{R'(''R)HC{=}O} + \mathrm{RMgX} \xrightarrow{\mathrm{EtOEt}} \mathrm{R'(''R)HC(OMgX)R} \xrightarrow{\mathrm{H_2O}} \mathrm{R'(''R)HC(OH)OR}$$

格氏试剂的亲核性很强，大多数的醛、酮都能与它发生反应。格氏试剂与甲醛反应可得伯醇，与其他醛反应可得仲醇，与酮反应得到叔醇。但当酮基上连接的两个烃基体积较大时，反应比较困难，这时可用体积小的有机锂试剂代替，例如

$$(H_3C)_3C-\overset{\overset{\displaystyle O}{\|}}{C}-C(CH_3)_3+(CH_3)_3CLi\xrightarrow{Ether}[(CH_3)_3C]_3COH$$

5) 与氨衍生物的反应

醛酮能与氨的衍生物，如与羟胺、肼、苯肼、氨基脲、2，4－二硝基苯肼等发生亲核加成反应。由于反应加成物不稳定，容易脱水，生成含碳氮双键的化合物。总的结果，相当于在醛、酮和氨衍生物之间脱掉了一分子水，所以称为缩合反应，即

$$\underset{(R')H}{\overset{R}{>}}C=O+H_2NY\longrightarrow\underset{(R')H}{\overset{R}{>}}C=NY$$

羟胺、肼、苯肼、氨基脲、2，4－二硝基苯肼与醛、酮反应的产物分别为肟、腙、苯腙、缩氨脲、2，4－二硝基苯腙，即

$$\underset{H(R'')}{\overset{R'}{>}}C=O+H_2N-OH\longrightarrow\underset{H(R'')}{\overset{R'}{>}}C=N-OH+H_2O$$

羟胺 肟

$$\underset{(''R)H}{\overset{R'}{>}}C=O+H_2N-NH_2\longrightarrow\underset{(''R)H}{\overset{R'}{>}}C=N-NH_2+H_2O$$

肼 腙

$$\underset{(''R)H}{\overset{R'}{>}}C=O+H_2N-NH-\overset{\overset{\displaystyle O}{\|}}{C}-NH_2\longrightarrow\underset{(''R)H}{\overset{R'}{>}}C=N-NH-\overset{\overset{\displaystyle O}{\|}}{C}-NH_2+H_2O$$

氨基脲 缩氨脲

$$\underset{(''R)H}{\overset{R'}{>}}C=O+H_2N-NH-C_6H_3(NO_2)_2\longrightarrow\underset{(''R)H}{\overset{R'}{>}}C=N-NH-C_6H_3(NO_2)_2+H_2O$$

2,4-二硝基苯肼 2,4-二硝基苯腙

在反应中所生成的肟、腙和缩氨脲等产物大多是结晶固体，且具有一定的熔点，它们在稀酸的作用下，又能水解成原来的醛酮。因此这类反应除了具有合成意义，也常用于含羰基化合物的鉴定和分离。其中，2，4－二硝基苯肼的缩合产物 2，4－二硝基苯腙多为橙黄色或橙红色沉淀，应用最广泛。由于氨的衍生物可用于鉴别羰基化合物，常把它们称为羰基试剂。

2. 羰基α氢的反应

醛、酮分子中与羰基直接相连的碳原子称为α碳，α碳上的氢称为α氢。由于受羰基影响，α氢具有一定的酸性，因此醛、酮易在碱存在的条件下失去α氢形成负离子。由于羰基的吸电子效应，负电荷不完全在α碳上，而会被分散到氧原子上，从而增加了酸性解离度，提高了负离子的稳定性，即

$$R-\overset{\overset{\displaystyle O}{\|}}{C}-CH_2R' \longrightarrow \left[R-\overset{\overset{\displaystyle O}{\|}}{C}-\overset{-}{C}HR' \longleftrightarrow R-\overset{\overset{\displaystyle O^-}{|}}{C}=CHR' \right] \equiv R-\overset{\overset{\displaystyle \overset{\sigma^-}{O}}{\|}}{C}\overset{\sigma^-}{=}CHR'$$

1）卤化反应

醛、酮分子中的α氢，在碱或酸的催化下，容易被卤素取代，生成α-卤代醛、酮，如

$$C_6H_5-\overset{\overset{\displaystyle O}{\|}}{C}-CH_3 \xrightarrow{Br_2} C_6H_5-\overset{\overset{\displaystyle O}{\|}}{C}-CH_2Br + HBr$$

碱催化和酸催化的反应机理是不同的，酸催化的机理如下：

$$(R)H-\overset{\overset{\displaystyle O}{\|}}{C}-CH_3 \underset{\text{慢}}{\xrightarrow{H^+}} (R)H-\overset{\overset{\displaystyle \overset{+}{O}H}{\|}}{C}-\underset{\underset{\displaystyle H}{|}}{C}H_2 \xrightarrow{-H^+} (R)H-\overset{\overset{\displaystyle OH}{|}}{C}=CH_2$$

$$(R)H-\overset{\overset{\displaystyle OH}{|}}{C}=CH_2 + X-X \underset{\text{快}}{\xrightarrow{-X^-}} \left[(R)H-\overset{\overset{\displaystyle OH}{|}}{\underset{+}{C}}-CH_2X \longleftrightarrow (R)H-\overset{\overset{\displaystyle \overset{+}{O}H}{\|}}{C}-CH_2X \right]$$

$$(R)H-\overset{\overset{\displaystyle \overset{+}{O}H}{\|}}{C}-CH_2X \underset{\text{快}}{\rightleftharpoons} (R)H-\overset{\overset{\displaystyle O}{\|}}{C}-CH_2X + H^+$$

在酸作用下，醛、酮进行质子转移形成烯醇，然后烯醇的 C═C 与卤素加成形成碳正离子，再失去质子生成α-卤代醛、酮。

碱催化的反应机理如下：

$$(R)H-\overset{\overset{\displaystyle O}{\|}}{C}-CH_3 \underset{\text{慢}}{\xrightarrow{OH^-}} \left[(R)H-\overset{\overset{\displaystyle O}{\|}}{C}-\overset{-}{C}H_2 \longleftrightarrow (R)H-\overset{\overset{\displaystyle O^-}{|}}{C}=CH_2 \right]$$

$$(R)H-\overset{\overset{\displaystyle O}{\|}}{C}-\overset{-}{C}H_2 + X-X \underset{\text{快}}{\longrightarrow} (R)H-\overset{\overset{\displaystyle O}{\|}}{C}-CH_2X + \overset{-}{X}$$

在碱作用下，醛、酮失去一个α氢生成烯醇负离子，然后烯醇负离子迅速地与卤素反应，生成α-卤代醛、酮。由于卤素原子的吸电子能力更强，会增加α氢的活泼型，使得剩下的α氢在碱的作用下更加容易失去。因此第二个、第三个α氢也会紧接着被卤素取代。

$$\mathrm{H(R)-\overset{\overset{\displaystyle O}{\|}}{C}-CH_3 \xrightarrow{X_2} H(R)-\overset{\overset{\displaystyle O}{\|}}{C}-CH_2X \xrightarrow{X_2} H(R)-\overset{\overset{\displaystyle O}{\|}}{C}-CHX_2 \xrightarrow{X_2} H(R)-\overset{\overset{\displaystyle O}{\|}}{C}-CX_3}$$

凡是具有 CH_3CO 结构的醛、酮(乙醛和甲基酮)与卤素的碱溶液(即次卤酸盐溶液)作用，总是生成同碳三卤代物。而同碳三卤代物在碱作用下，发生羰基碳和三卤甲基间的裂解，得到少一个碳原子的羧酸盐和三卤甲烷。三卤甲烷又称为卤仿，$CHCl_3$、$CHBr_3$ 和 CHI_3 分别称氯仿、溴仿和碘仿，因此该反应又名卤仿反应，即

$$\mathrm{H(R)-\overset{\overset{\displaystyle O}{\|}}{C}-CH_3 \xrightarrow{NaOX} H(R)-\overset{\overset{\displaystyle O}{\|}}{C}-CX_3 \xrightarrow{OH^-} H(R)-\overset{\overset{\displaystyle O^-}{|}}{\underset{\underset{\displaystyle OH}{|}}{C}}-CX_3 \xrightarrow{OH^-} H(R)-\overset{\overset{\displaystyle O}{\|}}{C}-O^- + CHX_3}$$

具有 $\mathrm{H_3C-\overset{\overset{\displaystyle OH}{|}}{C}H-}$ 结构的化合物，由于次卤酸盐溶液能将 $\mathrm{H_3C-\overset{\overset{\displaystyle OH}{|}}{C}H-}$ 氧化成 $\mathrm{H_3C-\overset{\overset{\displaystyle O}{\|}}{C}-}$，因此也能够发生卤仿反应，例如

$$CH_3CH_2OH \xrightarrow{NaOI} CH_3CHO \xrightarrow{NaOI} CHI_3\downarrow + HCOO^-$$

碘仿反应后的现象非常明显，生成的碘仿是不溶于水的黄色固体，且具有特殊气味，因此适用于乙醛、甲基酮以及含有 $\mathrm{H_3C-\overset{\overset{\displaystyle OH}{|}}{C}H-}$ 结构的醇的鉴别。而氯仿和溴仿反应则主要用于其他方法难以合成的羧酸的制备，例如

$$\mathrm{C_6H_{11}-\overset{\overset{\displaystyle O}{\|}}{C}-CH_3 \xrightarrow{Cl_2,\ NaOH} C_6H_{11}-COOH + CHCl_3}$$

2) 羟醛缩合反应

在稀碱作用下，两分子醛可以相互作用，其中一分子醛的α氢会加成到另一分子醛的羰基氧原子上，而其余部分则加成到羰基碳原子上，结合生成碳原子数增加一倍的β-羟基醛，该反应称为羟醛缩合，即

$$\mathrm{H-\overset{\overset{\displaystyle R}{|}}{\underset{\underset{\displaystyle H(R')}{|}}{C}}-\overset{\overset{\displaystyle O}{\|}}{C}-H + H-\overset{\overset{\displaystyle R}{|}}{\underset{\underset{\displaystyle H(R')}{|}}{C}}-\overset{\overset{\displaystyle O}{\|}}{C}-H \xrightleftharpoons{10\%\,NaOH} H-\overset{\overset{\displaystyle R}{|}}{\underset{\underset{\displaystyle H(R')}{|}}{C}}-\overset{\overset{\displaystyle OH}{|}}{C}H-\overset{\overset{\displaystyle R}{|}}{\underset{\underset{\displaystyle H(R')}{|}}{C}}-\overset{\overset{\displaystyle O}{\|}}{C}-H}$$

反应机理可分为两步，以乙醛为例表示如下：

$$\mathrm{H{-}\overset{\displaystyle H}{\underset{\displaystyle H}{C}}{-}\overset{\displaystyle O}{\overset{\|}{C}}{-}H} \underset{-H_2O}{\overset{OH^-}{\rightleftharpoons}} \left[\ ^{-}\mathrm{\overset{\displaystyle H}{\underset{\displaystyle H}{C}}{-}\overset{\displaystyle O}{\overset{\|}{C}}{-}H} \longleftrightarrow \mathrm{\overset{\displaystyle H}{\underset{\displaystyle H}{C}}{=}\overset{\displaystyle O^-}{C}{-}H}\ \right]$$

第一步是碱夺取一个乙醛分子上的 α 氢，生成烯醇负离子。第二步是负离子作为亲核试剂进攻另一个乙醛分子，生成一个烷氧负离子。烷氧负离子再从水中夺取一个氢，生成β-羟基醛。

$$\mathrm{H_3C{-}\overset{\displaystyle O}{\overset{\|}{C}}{-}H} + {}^{-}\mathrm{\overset{\displaystyle H}{\underset{\displaystyle H}{C}}{-}\overset{\displaystyle O}{\overset{\|}{C}}{-}H} \longrightarrow \mathrm{H_3C{-}\overset{\displaystyle O^-}{\underset{\displaystyle H}{C}}{-}CH_2{-}\overset{\displaystyle O}{\overset{\|}{C}}{-}H} \underset{-OH^-}{\overset{H_2O}{\longrightarrow}} \mathrm{H_3C{-}\overset{\displaystyle OH}{CH}{-}CH_2{-}\overset{\displaystyle O}{\overset{\|}{C}}{-}H}$$

由于 α 氢很活泼，β-羟基醛上的羟基受热时易和 α 氢一起脱去，生成脱水产物烯醛，而烯醛因为有共轭双键，所以比较稳定。例如乙醛羟醛缩合所生成的β-羟基丁醛受热后，就会脱水生成 α，β-不饱和醛(巴豆醛)，即

$$\mathrm{H_3C{-}\overset{\displaystyle OH}{CH}{-}\overset{\displaystyle H}{CH}{-}\overset{\displaystyle O}{\overset{\|}{C}}{-}H} \xrightarrow{\triangle} \mathrm{H_3C{-}CH{=}CH{-}\overset{\displaystyle O}{\overset{\|}{C}}{-}H}$$

含有 α 氢的酮也能进行羟醛缩合反应，生成 α，β-不饱和酮，但是在平衡体系中收率很低。如果使生成的产物能够立即脱离反应体系，则可以获得比较高的收率。例如丙酮可以在索氏提取器中进行缩合反应，得到异亚甲基丙酮，即

$$\mathrm{H_3C{-}\overset{\displaystyle O}{\overset{\|}{C}}{-}CH_3} \xrightarrow{Ba(OH)_2} \mathrm{H_3C{-}\overset{\displaystyle OH}{\underset{\displaystyle CH_3}{C}}{-}CH_2{-}\overset{\displaystyle O}{\overset{\|}{C}}{-}CH_3} \longrightarrow \mathrm{H_3C{-}\underset{\displaystyle CH_3}{C}{=}CH{-}\overset{\displaystyle O}{\overset{\|}{C}}{-}CH_3}\quad 70\%$$

3）交叉羟醛缩合反应

两种含 α 氢的不同羰基化合物在碱性条件下也可以进行羟醛缩合反应(交叉羟醛缩合反应)，但是会生成四种可能的产物，分离困难，因此没有实用意义，例如乙醛和丙醛的缩合，即

$$\mathrm{CH_3CHO + CH_3CH_2CHO \longrightarrow CH_3\underset{\displaystyle OH}{CH}CH_2CHO + CH_3\underset{\displaystyle OH}{CH}\overset{\displaystyle CH_3}{CH}CHO}$$

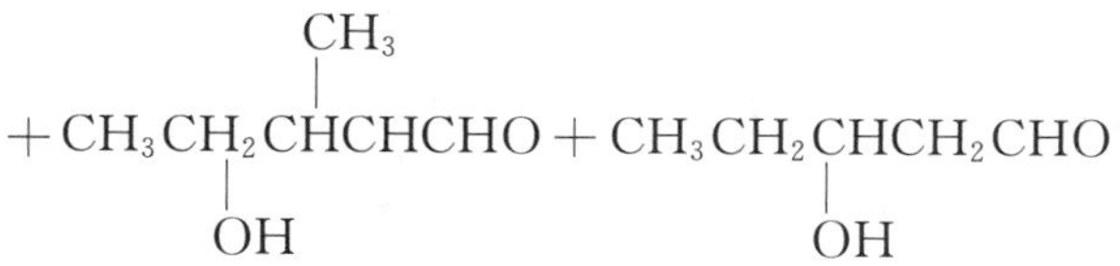

$$+CH_3CH_2\underset{\underset{OH}{|}}{C}H\overset{\overset{CH_3}{|}}{C}HCHO + CH_3CH_2\underset{\underset{OH}{|}}{C}HCH_2CHO$$

若其中一种羰基化合物不含 α 氢(如甲醛和苯甲醛),则具有实用价值,例如 2-甲基丙醛和甲醛制备 2,2-二甲基-3-羟基-丙醛,反应如下:

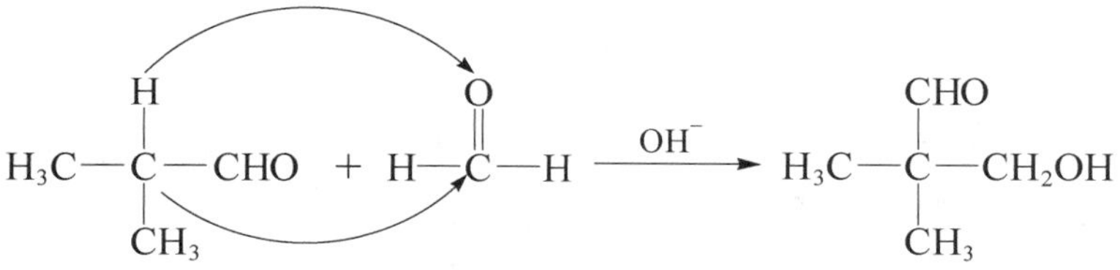

$$H_3C-\underset{\underset{CH_3}{|}}{\overset{\overset{H}{|}}{C}}-CHO + H-\overset{\overset{O}{\|}}{C}-H \xrightarrow{OH^-} H_3C-\underset{\underset{CH_3}{|}}{\overset{\overset{CHO}{|}}{C}}-CH_2OH$$

反应中为了避免 2-甲基丙醛的自身羟醛缩合,需要将 2-甲基丙醛和碱溶液同时滴加到甲醛溶液中,使甲醛始终保持过量状态。

工业上利用交叉羟醛缩合方法,以甲醛和乙醛为原料来制备三羟甲基乙醛,后者是季戊四醇的中间体,即

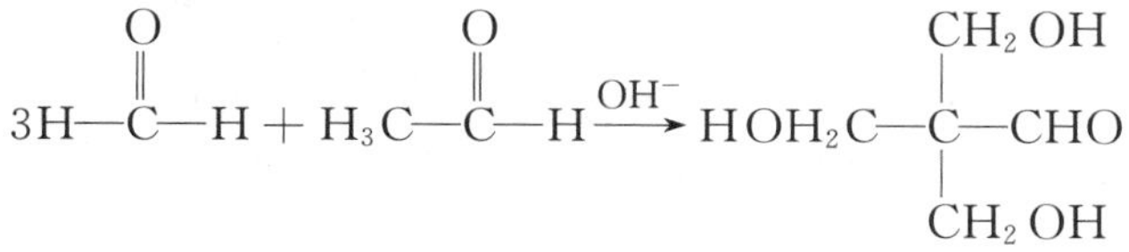

$$3H-\overset{\overset{O}{\|}}{C}-H + H_3C-\overset{\overset{O}{\|}}{C}-H \xrightarrow{OH^-} HOH_2C-\underset{\underset{CH_2OH}{|}}{\overset{\overset{CH_2OH}{|}}{C}}-CHO$$

4) 分子内羟醛缩合

二羰基化合物能进行分子内羟醛缩合生成环状化合物,可用于五、六、七元环化合物的合成。如果有多种成环位置选择,则倾向于形成五、六元环,如

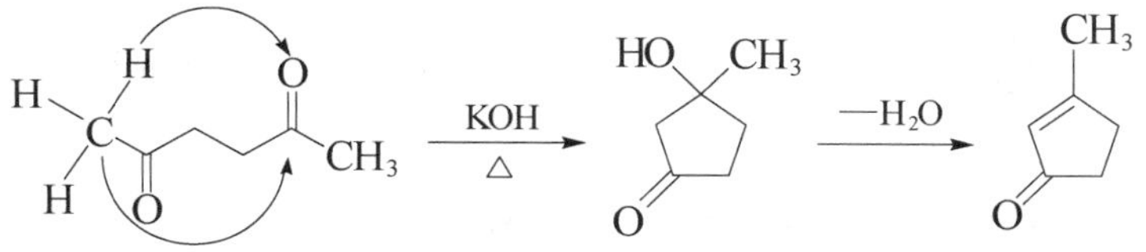

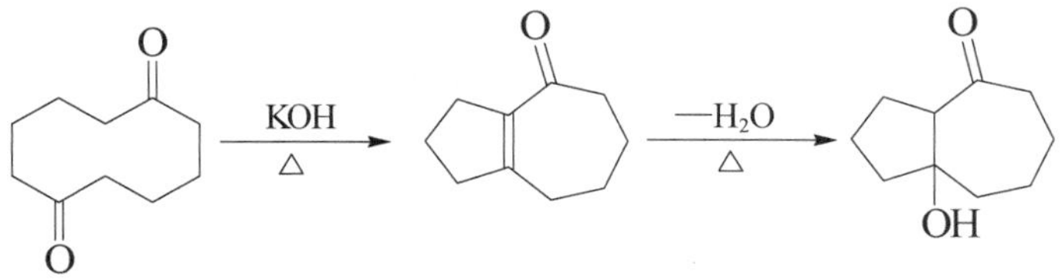

KOH, △ ; $-H_2O$

KOH, △ ; $-H_2O$, △

3. 氧化反应

醛的羰基碳上连有一个氢原子,所以醛比酮容易氧化,弱氧化剂能把醛氧化成同碳数的羧酸,而弱的氧化剂不能使酮氧化。因此可以用氧化法来区别醛和酮。常用的弱氧化剂有多伦(Tollens)试剂和费林(Fehling)试剂。

多伦试剂是氢氧化银氨溶液，可以与醛反应，生成羧酸的铵盐，阴离子被还原成金属银，可以镀在试管壁上形成银镜，所以又称银镜反应，即

$$RCHO+2Ag(NH_3)_2OH \xrightarrow[\triangle]{} RCOONH_4+2Ag\downarrow+H_2O+3NH_3$$

费林试剂是硫酸铜和酒石酸钾钠碱溶液混合液，与醛反应时，二价的铜离子被还原成砖红色的氧化亚铜沉淀析出，但费林试剂不能氧化芳醛，即

$$RCHO+2Cu(OH)_2+NaOH+H_2O \xrightarrow[\triangle]{} RCOONa+Cu_2O\downarrow+3H_2O$$

上述两种氧化剂与醛的反应现象明显，因此可用来鉴别醛和酮或脂肪醛和芳香醛。多伦试剂和费林试剂可以用于选择性氧化，与含有不饱和碳碳双键和三键的醛反应只氧化羰基而不氧化碳碳双键和三键，所以在有机合成中可以选用多伦或费林试剂作为氧化剂将不饱和醛氧化成不饱和羧酸。例如采用α，β-不饱和醛氧化制备α，β-不饱和酸，反应如下：

$$R—CH═CHCHO \xrightarrow{\text{多伦试剂}} R—CH═CH—COOH$$

此外，醛也易被 H_2O_2、RCO_3H、$KMnO_4$ 和 CrO_3 等氧化。

酮不易被氧化，但遇强氧化剂（如高锰酸钾、重铬酸钾加浓硫酸、硝酸等）会发生羰基和α碳之间的碳碳键断裂，生成低级羧酸混合物，由于生成产物复杂，一般没有实用价值。但环己酮氧化时生成己二酸，因此工业上生产己二酸是利用此法制备的，即

$$\text{环己酮} \xrightarrow{HNO_3,\ V_2O_5} HOOC(CH_2)_4COOH\ \text{（己二酸）}$$

环己酮　　己二酸

4. 还原反应

在不同条件下，可用以下方法还原醛、酮的羰基，可以得到不同的产物。

1）催化氢化

醛、酮可在金属催化剂 Ni、Cu、Pt 和 Pd 等存在的条件下加氢还原成伯醇和仲醇。

$$R'(''R)HC═O \xrightarrow{H_2、Pt、Pd\text{或}Ni} R'(''R)HC(OH)H$$

$$CH_3(CH_2)_4CHO \xrightarrow{H_2,Pt} CH_3(CH_2)_4CH_2OH$$

己醛　　己醇(100%)

催化加氢时，如果分子中还有其他不饱和键或基团，如 C═C、C≡C、NO_2 和 C≡N，它们会同时被还原。但若选用选择性较好的 Pd/C 为催化剂，则碳碳不饱和键优先被还原，得到饱和羰基化合物，例如

$$\text{C}_6\text{H}_{11}\text{—CH=CHCHO} \xrightarrow{Pd/C,H_2} \text{C}_6\text{H}_{11}\text{—CH}_2\text{CH}_2\text{CHO}$$

2）金属氢化物还原法

醛、酮可以被金属氢化物（如硼氢化钠、氢化铝锂等）还原成相应的醇。

$NaBH_4$是一种温和的还原剂，可以在水或醇中使用。其选择性较好，只还原醛酮的羰基，而不会还原其他不饱和基团，如

$$C_6H_5\text{—CH=CH—CHO} \xrightarrow{NaBH_4,H^+} C_6H_5\text{—CH=CH—CH}_2\text{OH}$$

$LiAlH_4$的还原性较硼氢化钠强，除了能还原醛酮的羰基，还能还原羧基、酯基、酰胺基、腈基等不饱和基团。但其性质活泼，遇质子溶剂剧烈反应，通常只能在无水醚和无水 THF 等非质子溶剂中使用。

硼氢化钠和氢化铝锂都不能还原 C=C 和 C≡C。

异丙醇铝-异丙醇等有很高的还原选择性，只还原醛、酮羰基而不影响碳碳重键，如

$$\text{RR}'\text{C=O} + H_3C\text{—CH(OH)—CH}_3 \rightleftharpoons \text{RR}'\text{C(H)OH} + H_3C\text{—C(=O)—CH}_3$$

异丙醇铝-异丙醇把氢负离子转移给羰基，而自身氧化成丙酮，需要把丙酮不断从体系中蒸出，以保证反应顺利进行，此法又称为 Meerwein - Ponnndorf 还原法。

3）克莱门森还原法

醛、酮与锌汞齐和盐酸一起回流，可以把羰基还原成亚甲基，即

$$\text{(H)RR}'\text{C=O} \xrightarrow{Zn-Hg,HCl} \text{(H)RR}'\text{CH}_2$$

4）Wolff - Kishner -黄鸣龙反应

醛、酮在高沸点溶剂（如二甘醇、三甘醇和一缩乙二醇）中与肼和碱一起加热，羰基与肼作用生成腙，腙再在碱性加热条件下失去氮，结果也是羰基还原成亚甲基，即

$$\text{(H)RR}'\text{C=O} \xrightarrow[\text{三甘醇}]{NH_2NH_2,NaOH} \text{(H)RR}'\text{C=NNH}_2 \xrightarrow{-N_2} \text{RR}'\text{C(H)OH}$$

克莱门森还原法和 Wolff - Kishner -黄鸣龙反应都是把羰基还原成亚甲基的好方法，在有机合成中很有用处，例如制备直链烷基芳烃。因为芳烃进行弗里德-克拉夫茨烷基化时会

发生重排，进行弗里德-克拉夫茨酰基化时不会重排，所以可以通过先弗里德-克拉夫茨酰基化，再经克莱门森还原，来制备直链烷基芳烃，即

$$C_6H_6 \xrightarrow{CH_3(CH_2)_4COCl} C_6H_5CO(CH_2)_4CH_3 \xrightarrow{Zn-Hg,HCl} C_6H_5(CH_2)_5CH_3$$

需要注意的是，克莱门森还原法在酸性条件下进行，而 Wolff - Kishner -黄鸣龙反应在碱性条件下进行，因此选择还原方法时，需要考虑反应物的所有基团的性质。

5）坎尼扎罗反应

不含α氢的醛在浓碱存在的条件下可以发生相同分子间的氧化和还原，称为坎尼扎罗(Cannizzaro)歧化反应。一分子的醛被氧化成羧酸，另一分子的醛被还原成醇，即

$$2HCHO \xrightarrow[\triangle]{50\%NaOH} HCOONa + HCH_2OH$$

两种不同的含α氢的醛在浓碱条件下可以进行交叉歧化反应，但产物相当复杂，没有实用价值。但如果其中一种为甲醛，则由于甲醛的还原性强，反应结果总是另一种醛被还原成醇，而甲醛被氧化成甲酸，较有实用价值。例如，工业上利用乙醛和甲醛的交叉羟醛缩合和交叉歧化反应来制备季戊四醇，即

$$3HCHO + CH_3CHO \xrightarrow{Ca(OH)_2} HOH_2C-C(CH_2OH)_2-CHO$$

$$HOH_2C-C(CH_2OH)_2-CHO + HCHO \xrightarrow{Ca(OH)_2} HOH_2C-C(CH_2OH)_2-CH_2OH$$

工业上也利用芳醛与甲醛的交叉歧化反应，来制备芳醇，即

$$C_6H_5-CHO + HCHO \xrightarrow{NaOH} C_6H_5-CH_2OH$$

10.1.4 醛、酮的来源及工业制法

1. 醇氧化法

伯醇、仲醇氧化或脱氢可制备醛或酮，例如

$$CH_3CH(OH)CH_2CH_2CH_3 \xrightarrow{K_2Cr_2O_7 \cdot H_2SO_4} CH_3C(=O)CH_2CH_2CH_3$$

$$CH_3CH_2CH_2CH_2OH \xrightarrow{Na_2Cr_2O_7 \cdot H_2SO_4} \underset{52\%}{CH_3CH_2CH_2CHO}$$

仲醇氧化制酮产率高，但伯醇在强氧化剂 $Na_2Cr_2O_7 \cdot H_2SO_4$ 作用下，产率低，且容易被进一步氧化成羧酸。将反应较好地控制在生成醛的阶段可选用 CrO_3 -吡啶(萨雷特试剂)做氧化剂，产率较高，且对双键无影响，即

$$\text{CH}_3(\text{CH}_2)_4\text{CH}_2\text{OH} \xrightarrow{2\,\text{C}_5\text{H}_5\text{N}\cdot\text{CrO}_3} \text{CH}_3(\text{CH}_2)_4\text{CHO}$$

不饱和醇在 $CrO_3 \cdot H_2SO_4$(琼斯试剂)或丙酮-异丙醇铝作用下可制备不饱和酮，如

$$\text{HO-(bicyclic alkene)} \xrightarrow[\text{CH}_3\text{COCH}_3]{\text{CrO}_3\cdot\text{H}_2\text{SO}_4} \text{O=(bicyclic alkene)}$$

$$\text{C}_6\text{H}_9\text{-}\underset{\text{OH}}{\text{CH}}\text{CH}_3 \xrightarrow[\text{CH}_3\text{COCH}_3]{[(\text{CH}_3)_2\text{CHO}]_3\text{Al}} \text{C}_6\text{H}_9\text{-}\overset{\text{O}}{\overset{\|}{\text{C}}}\text{CH}_3$$

2. 烯烃氧化法

烯烃经臭氧化、还原，可得到醛或酮，如

$$(\text{CH}_3)_2\text{CHCH}_2\text{CH}_2\text{CH=CH}_2 \xrightarrow[\text{CH}_2\text{Cl}_2]{\text{O}_3} \xrightarrow[\text{HOAc}]{\text{Zn}} (\text{CH}_3)_2\text{CHCH}_2\text{CH}_2\text{CHO}\quad 62\%$$

工业上制备乙醛，可由乙烯经空气氧化，如

$$H_2C{=}CH_2 + \frac{1}{2}O_2 \xrightarrow{PdCl_2,\,CuCl_2} CH_3CHO$$

3. 炔烃水合法

炔烃水合可得到醛或酮。乙炔水合得到乙醛也是工业上制备乙醛的方法。其他炔烃水合得到相应的酮。而端炔用硼氢化-氧化法水合，可制得醛，如

$$HC{\equiv}CH + H_2O \xrightarrow{HgSO_4,\,H_2SO_4} CH_3CHO$$

$$\text{1-hydroxy-1-(C}{\equiv}\text{CH)cyclohexane} \xrightarrow[\text{H}_2\text{O}-\text{C}_2\text{H}_5\text{OH}]{\text{HgSO}_4,\text{H}_2\text{SO}_4} \text{1-hydroxy-1-(COCH}_3\text{)cyclohexane}$$

$$n\text{-}C_5H_{11}C{\equiv}CH \xrightarrow{B_2H_6} \xrightarrow[OH^-]{H_2O_2} n\text{-}C_6H_{13}CHO$$

4. 弗里德-克拉夫茨酰基化反应法

芳烃的弗里德-克拉夫茨酰基化反应是制备芳酮的重要方法。反应不重排，产率高。

$$\text{C}_6\text{H}_6 + CH_3CH_2CH_2COCl \xrightarrow{AlCl_3} C_6H_5COCH_2CH_2CH_3$$

在路易斯酸催化下,芳烃与 CO、HCl 混合物作用可在芳环上引入甲酰基,制得芳醛,该反应称为加特曼-科赫(Gattermann - Koch)反应,是一种特殊的弗里德-克拉夫茨酰基化反应,如

$$CH_3C_6H_5 \xrightarrow[AlCl_3,Cu_2Cl_2]{CO,HCl} p\text{-}CH_3C_6H_4CHO$$

5. 羧酸衍生物还原法

酰氯、酰胺等羧酸衍生物可通过还原能力弱的金属氢化物(如三叔丁氧基氢化铝锂)还原得到醛,如

$$O_2N\text{-}C_6H_4\text{-}COCl \xrightarrow[80\%]{LiAlH[OC(CH_3)_3]_3} O_2N\text{-}C_6H_4\text{-}CHO$$

$$C_6H_5\text{-}CON(CH_3)_2 \xrightarrow[\text{② } H_2O,80\%]{\text{① } LiAlH[OC(CH_3)_3]_3\text{,乙醚, 0℃}} C_6H_5\text{-}CHO$$

催化氢化也可将酰氯还原成相应醛。将 Pd 沉积在 $BaSO_4$ 上作为催化剂,酰氯常压加氢生成醛,该反应称为罗森蒙德(Rosenmund)还原。

$$C_{10}H_7\text{-}COCl \xrightarrow[140\sim150℃,74\%\sim81\%]{H_2,Pd\text{-}BaSO_4\text{,喹啉-硫}} C_{10}H_7\text{-}CHO$$

10.2 醌

10.2.1 醌的命名及结构

1. 醌的命名

醌是作为相应芳烃的衍生物来命名的,如由苯得到的醌称为苯醌,由萘得到的醌称为萘醌,由蒽得到的醌称为蒽醌等,如

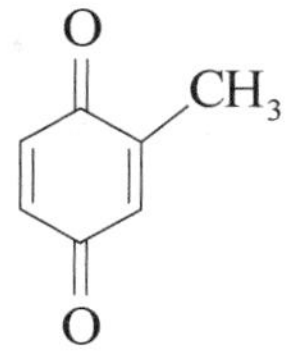

2-甲基-1,4-苯醌 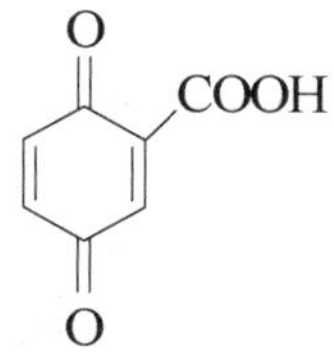　　1,4-苯醌-2-甲酸 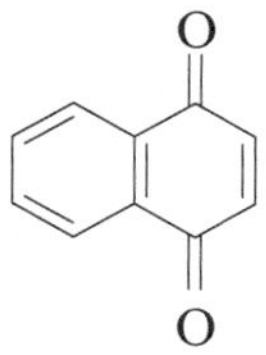　　1,4-萘醌

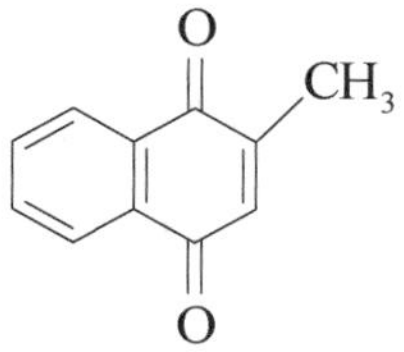

2-甲基-1,4-萘醌 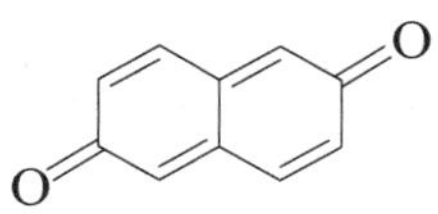　　2,6-萘醌 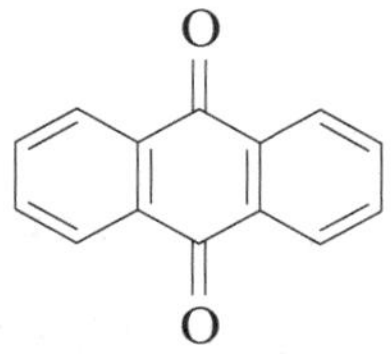　　9,10-蒽醌

2. 醌的结构

醌分子中含有 O═⟨⟩═O 或 邻苯醌结构，从分子结构上看属于环状不饱和二元酮，具有羰基的特性。

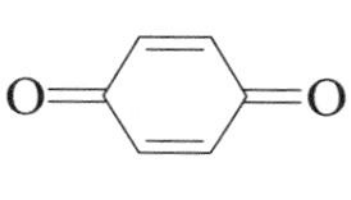

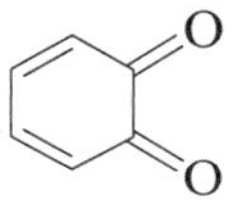

10.2.2 醌的化学性质

1. 加成反应

苯醌分子中既含有羰基又含有双键，羰基和双键共轭，因此，苯醌可发生羰基的反应、双键的亲电加成、还能发生共轭双键上的 1,4 -加成反应。

苯醌同醛酮一样，可与羰基试剂发生加成反应。苯醌与一分子羟胺反应生成对苯醌一肟，与两分子羟胺反应生成对苯醌二肟。

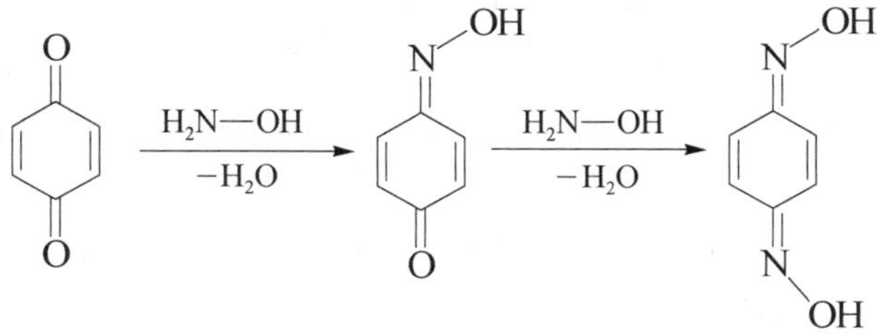

$$\xrightarrow[-H_2O]{H_2N—OH} \qquad \xrightarrow[-H_2O]{H_2N—OH}$$

苯醌中的碳碳双键可发生亲电加成反应。对苯醌与溴加成时，生成二溴化物或四溴化物，即

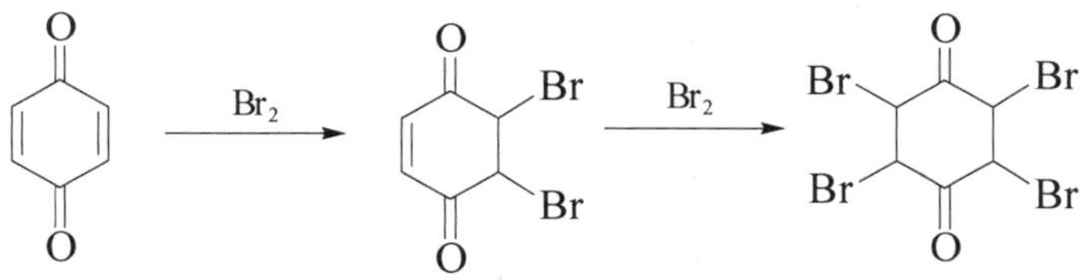

$$\xrightarrow{Br_2} \qquad \xrightarrow{Br_2}$$

2. 还原反应

对苯二酚能氧化成对苯醌,对苯醌能被还原成对苯二酚,这是一个可逆反应,即

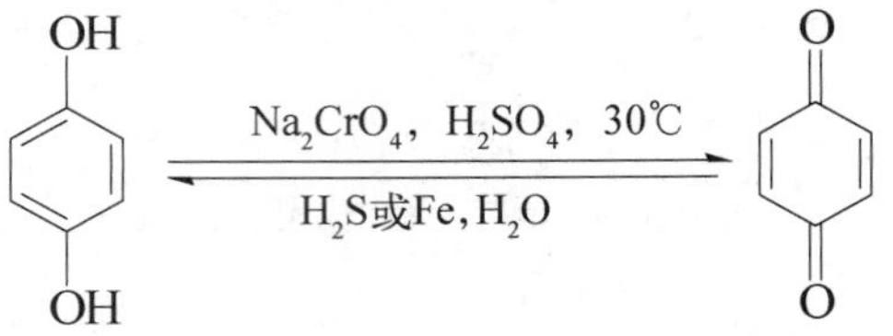

$$\text{对苯二酚} \underset{H_2S\text{或}Fe,\,H_2O}{\overset{Na_2CrO_4,\ H_2SO_4,\ 30℃}{\rightleftharpoons}} \text{对苯醌}$$

对苯二酚被氧化,或苯醌被还原过程中,会生成一种稳定的中间产物——暗绿色晶体氢醌氢(一分子对苯醌和一分子对苯二酚经氢键结合而成),难溶于冷水,易溶于热水,同时解离。氢醌氢的缓冲液可用作标准参比电极。

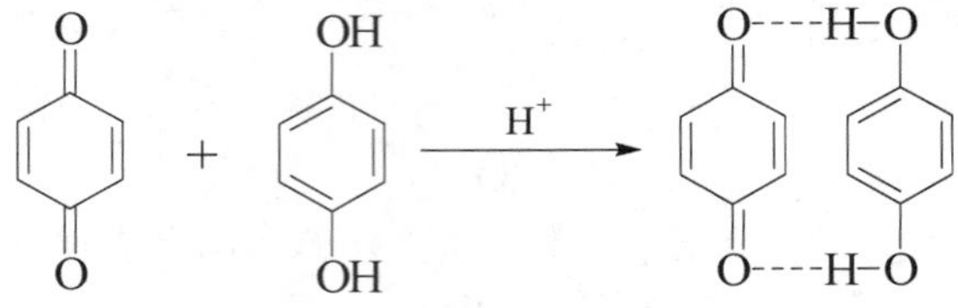

$$\text{对苯醌} + \text{对苯二酚} \xrightarrow{H^+} \text{氢醌氢}$$

黄色 熔点:116℃ 无色 暗绿色 熔点:171℃

10.2.3 重要的醛酮化合物

1. 甲醛

甲醛又称蚁醛,在常温下是一种无色,有强烈刺激性气味的气体。易溶于水和乙醇,35%~40%的甲醛水溶液称为福尔马林,具有杀菌和防腐能力。甲醛是生产量最大的一种醛,工业上多用甲醇氧化得到,以天然气为原料用控制氧化也可生产甲醛。甲醛是一种重要的有机原料,主要用于人工合成黏结剂,如制酚醛树脂、脲醛树脂、合成纤维、皮革、医药、染料等。由于甲醛的广泛使用,其危害性也日益引起重视。甲醛是一种能破坏生物细胞蛋白质的原生质毒物,对健康有危害。目前甲醛污染问题主要集中于居室装修中。

2. 乙醛

乙醛又称醋醛,常温下为液态,无色、可燃、有刺激臭味的液体。易溶于水、醇和醚。乙醛在自然界中广泛存在,工业上也有大规模生产,被认为是最重要的醛类化合物之一。乙醛是有机合成的重要原料,可合成乙酸、丁醇、三氯乙醛等产品。

3. 苯甲醛

苯甲醛在室温下是一种无色有毒的液体,具有特殊的杏仁气味,故俗称苦杏仁油。微溶于水,易溶于乙醇、乙醚、苯等有机溶剂。苯甲醛是有机合成的重要原料,工业上可用于合成香料、燃料、药品等。

4. 丙酮

丙酮在室温下是一种无色透明液体,有特殊的辛辣气味。可与水和甲醇、乙醇、乙醚、氯

仿、吡啶等混溶，并能溶解很多有机物质，是一种优良的溶剂。丙酮易燃、易挥发，化学性质较活泼。其广泛用于有机合成，可用于合成有机玻璃、制造合成树脂、合成橡胶等，还广泛用于油漆、炸药、化学纤维等的生产。

5. 环己酮

环己酮是重要的环酮。室温下是无色透明液体，带有泥土气息，微溶于水，溶于乙醇和乙醚。常用于合成己内酰胺、尼龙-6等，也可氧化制得己二酸。

习 题

10-1 用系统命名法命名下列化合物：

(1) $CH_3\underset{\displaystyle CH_3}{\underset{|}{C}}HCH_2CHO$　　(2) $CH_3\overset{\displaystyle O}{\overset{\|}{C}}CH_2CH_3$

(3) $C_6H_{11}CH_2COCH_2CH_3$　　(4) 5,5-二甲基环己-1,3-二酮（骨架式）

(5) $HOCH_2CH_2CHO$　　(6) $CH_3\overset{\displaystyle O}{\overset{\|}{C}}CH{=\!=}CH\overset{\displaystyle O}{\overset{\|}{C}}CH_3$

(7) $H_3C\overset{\displaystyle O}{\overset{\|}{C}}-C_6H_4-CHO$　　(8) $HO-C_6H_3(OCH_3)-\overset{\displaystyle O}{\overset{\|}{C}}CH_3$

10-2 分别指出苯乙醛和苯乙酮与下列试剂反应的产物：

(1) $NaBH_4$，H_3O^+　　(2) 多伦试剂　　(3) C_2H_5MgBr，H_3O^+

(4) $2CH_3OH/HCl(g)$　　(5) NH_2OH

10-3 下列化合物哪些能发生碘仿反应？哪些能与费林试剂反应？哪些能与多伦试剂反应？写出反应式。

(1) $CH_3COCH_2CH_3$　　(2) $CH_3CH_2CH_2CHO$　　(3) $CH_3CH_2\overset{\displaystyle CH_3}{\overset{|}{C}}HCHO$

(4) C_6H_5-CHO　　(5) $C_6H_5-COCH_3$　　(6) $C_6H_{11}-CHO$

(7) CH_3CH_2OH　　(8) $CH_3CH_2COCH_2CH_3$　　(9) $H_3C-\underset{\displaystyle CH_3}{\underset{|}{\overset{\displaystyle CH_3}{\overset{|}{C}}}}-CHO$

10-4 完成下列反应式：

(1) $CH_3COCH_3 \xrightarrow{NaBH_4}$ ( )

(2) 环己酮 $\xrightarrow{Zn/Hg, HCl}$ ( )

(3) C_6H_5—CHO + HCHO $\xrightarrow{浓\ OH^-}$ ( ) + ( )

(4) 环戊基—$\overset{O}{\overset{\|}{C}}CH_3 \xrightarrow[NaOH]{Br_2}$ ( ) + ( )

(5) 环戊酮 $\xrightarrow{H_2NOH, H^+}$ ( )

(6) $CH_3COCH_3 \xrightarrow{NaBH_4}$ ( )

10-5 用化学方法区别下列各组化合物：

(1) 2-甲基环庚酮、3-甲基环庚酮

(2) 2-戊酮、3-戊酮、环己酮

(3) $C_6H_5CH_2COCH_3$　$C_6H_5CH_2CH_2CHO$　对乙基苯甲醛（p-$CH_3CH_2C_6H_4CHO$）

10-6 分子式为 $C_6H_{12}O$ 的 A 能与苯肼作用但不发生银镜反应。A 经催化氢化得到分子式为 $C_6H_{14}O$ 的 B，与浓硫酸共热得 C(C_6H_{12})。C 经臭氧化并水解得 D 和 E。D 能发生银镜反应，但不起碘仿反应。而 E 则可发生碘仿反应而无银镜反应。写出 A、B、C、D、E 的结构式。

10-7 完成下列转化：

(1) $CH_3CH_2CH_2OH \longrightarrow CH_3CH_2\overset{O}{\overset{\|}{C}}CH_2CH_2CH_3$

(2) 苯 $\longrightarrow$ 间溴正丁基苯（m-$BrC_6H_4CH_2CH_2CH_2CH_3$）

第 11 章　羧酸及其衍生物

分子中含有羧基(—COOH)官能团的化合物称为羧酸。羧基中的羟基(—OH)被卤素(—X)、酰氧基(—OCOR)、烷氧基(—OR)、氨(胺)基($—NH_2$、—NHR、$—NR_2$)取代得到的化合物分别称为酰卤、酸酐、酯、酰胺,这些化合物均可由羧酸制得,经水解又可以转化为羧酸,故称为羧酸衍生物。腈是含有氰基(—CN)官能团的化合物,其水解产物为羧酸,也常被看作羧酸衍生物。

11.1　羧酸

11.1.1　羧酸的结构、分类和命名

1. 羧酸的结构

羧基中的碳原子也是以 sp^2 杂化方式成键的,它用三个 sp^2 杂化轨道分别与羟基(—OH)中的氧原子、羰基的氧原子和一个烃基的碳原子(或是一个氢原子)以 σ 键相结合,且这三个 σ 键在同一平面内,如图 11－1(a)所示。羰基碳原子上未参与杂化的 p 轨道与羰基氧原子的 p 轨道相互交盖而形成 π 键。羟基氧原子上的带有未共用电子对的 p 轨道可以与 π 键形成 p－π 共轭体系,发生电子离域。

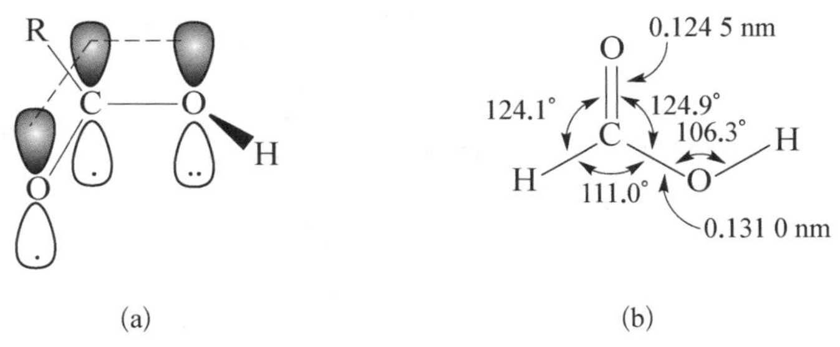

图 11－1　羧基的电子结构和甲酸的分子结构

(a) 羧基中的 p－π 共轭;(b) 甲酸的分子结构

2. 羧酸的分类和命名

羧酸分子按羧基所连的烃基种类不同,可分为脂肪族羧酸、脂环族羧酸、芳香族羧酸和杂

环族羧酸。按烃基是否饱和,可分为饱和羧酸和不饱和羧酸。按羧酸分子中所含羧基的数目不同,又可分为一元羧酸、二元羧酸、三元羧酸等。二元及二元以上羧酸统称为多元羧酸。

由于许多羧酸最早是从自然界得到的,所以通常由它们的来源而命名(俗名)。常见羧酸的俗名如表 11-1 所示。

表 11-1　一些羧酸的名称和物理常数

化学式	系统名	俗名	熔点/℃	沸点/℃	溶解度/(g/100 g)	pK_a
$HCOOH$	甲酸	蚁酸	8.4	100.7	∞	3.77
CH_3COOH	乙酸	醋酸	16.6	118	∞	4.76
CH_3CH_2COOH	丙酸	初油酸	−21	141	∞	4.88
$CH_3(CH_2)_2COOH$	丁酸	酪酸	−5	164	∞	4.82
$CH_3(CH_2)_3COOH$	戊酸	缬草酸	−34	186	3.7	4.86
$CH_3(CH_2)_4COOH$	己酸	羊油酸	−3	205	1.0	4.85
$CH_3(CH_2)_{10}COOH$	十二酸	月桂酸	44	225	不溶	—
$CH_3(CH_2)_{12}COOH$	十四酸	肉豆蔻酸	54	—	不溶	—
$CH_3(CH_2)_{14}COOH$	十六酸	棕榈酸(软脂酸)	63	390	不溶	—
$CH_3(CH_2)_{16}COOH$	十八酸	硬脂酸	71.5～72	369(分解)	不溶	6.37
$CH_2{=}CH_2{-}COOH$	丙烯酸	败脂酸	13	141.6	溶	4.26
$CH(CH_2)_7CH_3$ ‖ $CH(CH_2)_7COOH$	顺-十八碳-9-烯酸	油酸	16	285.6*	不溶	—
$CH(CH_2)_4CH_3$ ‖ CH │ CH_2 │ CH ‖ $CH(CH_2)_7COOH$	十八碳-9,12-二烯酸	亚油酸	−5	230 (2 133 Pa)	不溶	—
$CH_2CH(CH_2)_5CH_3$ │ │ CH OH ‖ CH │ $(CH_2)_7COOH$	12-羟基十八碳-9-烯酸	蓖麻酸(蓖麻醇酸)	5.5	226	不溶	—
$COOH$ │ $COOH$	乙二酸	草酸	189.5	157(升华)	溶 10	pK_{a_1} 1.23 pK_{a_2} 4.19
$CH_2(COOH)_2$	丙二酸	胡萝卜酸(缩苹果酸)	135.6	140(分解)	易溶 140	pK_{a_1} 2.83 pK_{a_2} 5.69

续　表

化学式	系统名	俗名	熔点/℃	沸点/℃	溶解度/(g/100 g)	pK_a
CH_2—COOH | CH_2—COOH	丁二酸	琥珀酸	188(185)	235(失水分解)	微溶 6.8	pK_{a_1} 4.16 pK_{a_2} 5.61
H、H / C=C / HOOC、COOH（顺式）	顺丁烯二酸	马来酸(失水苹果酸)	130.5	135(分解)	易溶 78.8	pK_{a_1} 1.83 pK_{a_2} 6.07
HOOC、H / C=C / H、COOH（反式）	反丁烯二酸	富马酸	2 862～87	200(升华)	溶于热水 0.70	pK_{a_1} 3.03 pK_{a_2} 4.44
CH_2CH_2COOH | CH_2CH_2COOH	己二酸	肥酸(凝脂酸)	153	300.5(分解)265*	微溶 2	pK_{a_1} 4.43 pK_{a_2} 5.41
C_6H_5—COOH	苯甲酸	安息香酸	122.4	100(升华)295	0.34	4.19
邻-$C_6H_4(COOH)_2$	邻苯二甲酸	酞酸	231(速热)	—	0.70	pK_{a_1} 2.89 pK_{a_2} 5.51
对-$C_6H_4(CO_2H)_2$	对苯二甲酸	对酞酸	300(升华)	—	0.002	pK_{a_1} 3.51 pK_{a_2} 4.82
C_6H_5—CH=CHCO$_2$H	3-苯丙烯酸(反式)	肉桂酸	133	300	溶于热水	4.43

羧酸的系统命名是选择含有羧基的最长碳链为主链，按主链的碳原子数目称为某酸。主链碳原子的编号从羧基开始，用阿拉伯数字(或希腊字母，与羧基相连的碳为 α，其余依次为 β、γ、δ，碳链末端为 ω)表示取代基的位次，如

$$\overset{4}{Br}\overset{3}{CH_2}\overset{2}{CH_2}\overset{1}{CH_2}COOH \quad (\gamma\ \beta\ \alpha)$$

4-溴丁酸 (γ-溴丁酸)

$$\overset{5}{HO}\overset{4}{CH_2}\overset{3}{CH_2}\overset{2}{CH_2}\overset{1}{CH_2}COOH$$

5-羟基戊酸 (ω-羟基戊酸)

$$CH_2{=}CHCH_2CH_2COOH$$

4-戊烯酸

$$CH_3CH{=}\underset{\displaystyle CH_3}{\underset{|}{C}}CH{=}CHCOOH$$

4-甲基-2，4-己二烯酸

二元酸命名时选择含有两个羧基的最长碳链为主链，称为某二酸，如

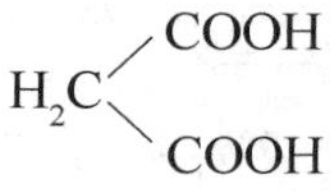

H_2C COOH COOH　　COOH COOH　　C_2H_5 HOOCCHCHCOOH CH_3

丙二酸 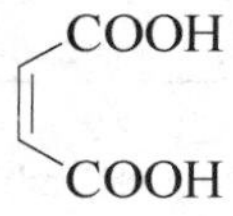　　顺丁烯二酸 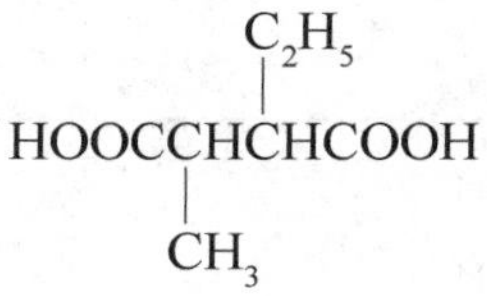　　2-甲基-3-乙基丁二酸

在含有脂环或芳环的羧酸中，若羧基与环直接相连时，是在脂环或芳环的名称后再加“甲酸”作为母体，其他基团作为取代基。羧基与侧链相连时，脂肪酸作为母体，脂环或芳环则作为取代基。环上和侧链都含有羧基时，以脂肪酸为母体命名。

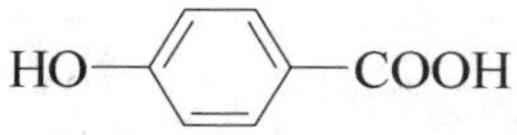

HO—⟨苯环⟩—COOH　　⟨环戊烯⟩—COOH　　CH═CHCOOH

对羟基苯甲酸 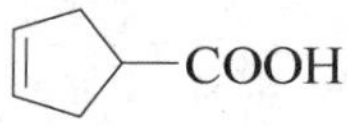　　3-环戊烯甲酸 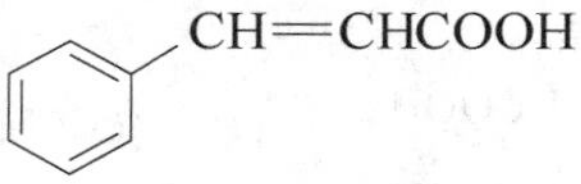　　3-苯基丙烯酸

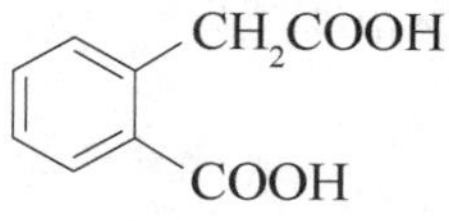

CH_2COOH COOH　　CH_2CH_2COOH CH_2COOH

2-羧基苯乙酸 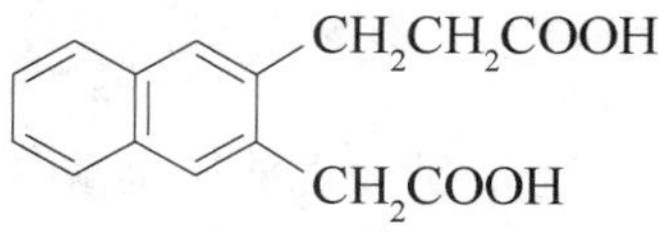　　3-羧甲基-2-萘丙酸

11.1.2 羧酸的物理性质和波谱性质

1. 羧酸的物理性质

甲酸、乙酸、丙酸是具有刺激性臭味的液体，丁酸至壬酸是具有腐败气味的油状液体，癸酸以上的正构羧酸是无臭的固体。脂肪族二元羧酸和芳香族羧酸都是结晶固体。

由于羧酸中的羧基是个亲水基团，可与水形成氢键。甲酸至丁酸都能与水混溶。从戊酸开始，随相对分子质量的增加，分子中非极性烃基增大，水溶性迅速降低。癸酸以上的羧酸不溶于水。脂肪族一元羧酸一般都能溶于乙醇、乙醚、氯仿等有机溶剂中。低级的饱和二元羧酸也可溶于水，并随碳链的增长而溶解度降低。芳酸的水溶性极差。

饱和一元脂肪酸，除甲酸、乙酸的相对密度大于 1 外，其他羧酸的相对密度都小于 1。二元羧酸和芳酸的相对密度都大于 1。

饱和一元羧酸的沸点随相对分子质量的增加而增高。羧酸的沸点比相对分子质量相同或相近的醇的沸点高。例如，甲酸和乙醇的相对分子质量均为 46，而甲酸的沸点为 100.7℃，乙醇的沸点为 78℃；又如乙酸和丙醇的相对分子质量均为 60，而乙酸的沸点为 118℃，正丙醇的沸点为 97.2℃。这是由于羧酸分子之间能由两个氢键互相结合形成双分子缔合的二聚体。在固态和液态中，羧酸主要以二聚体的形式存在。据物理方法测定证明，甲酸、乙酸等低级的羧酸，在气相时仍以双分子缔合的状态存在，即

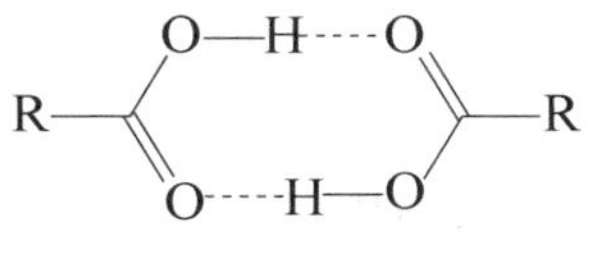

R—C(=O)—O—H···O=C(—R)—O—H···O（二聚体）

羧酸的熔点随着碳原子数的增加而呈锯齿状上升。含偶数碳原子的羧酸的熔点比相邻两个奇数碳原子的羧酸的熔点高。这是因为偶数碳原子的羧酸分子的对称性较高，晶体排列比较紧密。

芳酸一般具有升华性，有些能随水蒸气挥发。一些羧酸的物理常数如表 11－1 所示。

2. 羧酸的波谱性质

羧酸的官能团是羧基(—COOH)，羧酸的红外光谱特征吸收是碳氧双键(C═O)、氧氢键(O—H)和碳氧键(C—O)的振动吸收。由于羧酸分子间能形成氢键缔合成二聚体，其 O—H 的伸缩振动吸收出现在 3 000～2 500 cm^{-1}，且峰型较宽。只有在气态或非极性溶剂的稀溶液中，才能在 3 300 cm^{-1}处观测到羧酸单体的吸收峰。羧酸的官能团的吸收峰位置如表 11－2 所示。

表 11－2　羧酸的红外特征吸收

官能团	单体	二聚体
O—H	3 560～3 500 cm^{-1}	3 000～2 500 cm^{-1}
C═O		
R—C(═O)—OH	1 760 cm^{-1}	1 710 cm^{-1}
>C═C<—C(═O)—OH	1 720 cm^{-1}	1 715～1 690 cm^{-1}
Ar—C(═O)—OH	1 720 cm^{-1}	1 700～1 680 cm^{-1}

羧酸的 C—O 的伸缩振动在 1 250 cm^{-1}处的强吸收峰、O—H 的弯曲振动在 1 400 cm^{-1}和 900 cm^{-1}处的吸收峰，可以作为进一步确定羧基存在的证据。

在羧酸的核磁共振谱图中，由于羧基中的质子受两个氧原子的吸电子作用和氢键缔合作用，具有较高的去屏蔽效应，其化学位移出现在低场，δ 值为 10～13。与羧基直接相连的 α 氢质子由于受羧基吸电子的影响，化学位移移向低场，δ 值为 2.2～2.5。

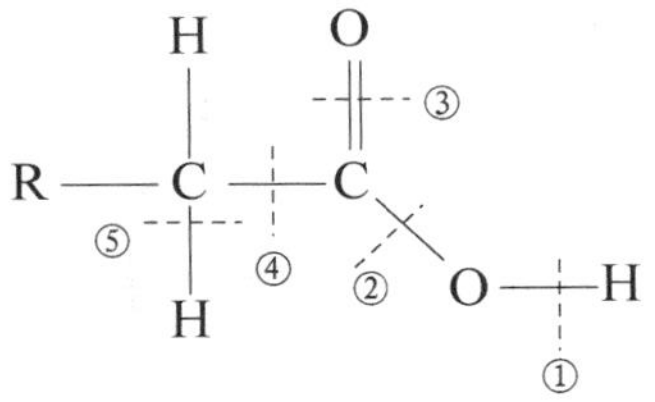

11.1.3　羧酸的化学性质

羧酸的主要化学反应都发生在羧基官能团上或受羧基影响较大的 α 碳上。根据羧酸分子结构中键的断裂方式不同而发生不同的反应如图 11－2 所示。

① O—H 键断裂而表现出酸性；② —OH 被取代的反应；③ 羰基的亲核加成反应；④ C—C 键断裂发生脱羧反应；⑤ α－H 的取代反应。

图 11－2　羧酸各反应中的键断裂方式

1. 羧酸的酸性

1）酸性与成盐

在水中羧酸呈明显的酸性。在水溶液中，羧基中的氢氧键断裂，离解出的氢离子能与水结合成为水合氢离子，即

$$RCOOH + H_2O \rightleftharpoons RCOO^- + H_3O^+$$

一般羧酸的 pK_a 值约在 4～5 之间，属于弱酸，但比碳酸的酸性（$pK_a = 6.5$）要强些。所以羧酸可与 Na_2CO_3 或 $NaHCO_3$ 溶液发生反应，而苯酚（$pK_a = 10$）不能发生反应，因此可利用这个性质来分离或鉴别酚和羧酸。一些羧酸的 pK_a 值如表 11-1 所示。

羧酸与碳酸氢钠（或碳酸钠、氢氧化钠）的成盐反应如下：

$$RCOOH + NaHCO_3 \longrightarrow RCOONa + CO_2 + H_2O$$

加入无机强酸又可以使盐重新变为羧酸游离出来，即

$$RCOONa + HCl \longrightarrow RCOOH + NaCl$$

因此可利用上述性质使羧酸与不溶于水或易挥发的物质分离。

羧酸呈现酸性，一方面是由于羧基中的羟基氧原子上带未共用电子对的 p 轨道可以与羰基的碳氧 π 键形成 p-π 共轭体系，羟基氧上的未共用电子对发生离域，使羟基 O—H 键减弱，使它易离解成负离子和氢质子。另一方面，羧酸解离后形成的羧酸根负离子，由于 p-π 共轭效应，使氧上带的负电荷被平均分散在它的两个氧原子上。由于负电荷得到分散，羧酸根负离子是比较稳定的。实验已证明羧酸根负离子的结构和原来羧酸中羧基的结构有所不同，两个碳氧键是等同的，这种结构可以用下列共振结构式表示：

$$\left[R-C\begin{matrix} O^- \\ \| \\ O \end{matrix} \longleftrightarrow \begin{matrix} O \\ \| \\ O^- \end{matrix}C-R \right] \equiv R-C\begin{matrix} O^{-1/2} \\ \vdots \\ O_{-1/2} \end{matrix}$$

通过对 X 射线的研究表明，在甲酸根负离子中，两个碳氧键的键长是一样的，都等于 0.127 nm。而在甲酸分子中，C═O 键键长为 0.120 nm，C—O 键键长为 0.134 nm，这说明在甲酸根负离子中已没有一般的碳氧双键和碳氧单键，由于电子的离域而发生键长的平均化，两个碳氧键是完全相同的。

2）影响酸性的因素

不同结构的羧酸酸性强弱不同。表 11-3 列出了部分羧酸和卤代羧酸的 pK_a 值。

表 11-3 某些羧酸和卤代羧酸的 pK_a 值

羧 酸	构 造 式	pK_a	卤代乙酸	构 造 式	pK_a
甲酸	HCOOH	3.77	氯乙酸	$ClCH_2COOH$	2.86
乙酸	CH_3COOH	4.74	二氯乙酸	$CHCl_2$—COOH	1.26

续 表

羧 酸	构 造 式	pK_a	卤代乙酸	构 造 式	pK_a
丙酸	CH_3CH_2COOH	4.87	三氯乙酸	$CCl_3—COOH$	0.64
丁酸	$CH_3CH_2CH_2COOH$	4.82	氟乙酸	FCH_2COOH	2.66
α-氯代丁酸	$CH_3CH_2CH(Cl)COOH$	2.84	氯乙酸	$ClCH_2COOH$	2.86
β-氯代丁酸	$CH_3CH(Cl)CH_2COOH$	4.06	溴乙酸	$BrCH_2COOH$	2.86
γ-氯代丁酸	$CH_2(Cl)CH_2CH_2COOH$	4.52	碘乙酸	ICH_2COOH	3.12

影响羧酸酸性强弱的因素很多,其中主要是电子效应和空间效应,溶剂和温度也是不可忽视的因素。

从表 11-3 中的数据可以看出,羧酸分子烃基上的氢原子被氯原子取代后,其酸性增强。氯乙酸的酸性($pK_a=2.86$)远比于乙酸($pK_a=4.74$)强,这是因为氯原子的电负性较大,是个吸电子基。由于氯原子吸电子诱导效应,使羟基氧原子上的电子云向氯原子方向偏移,有利于质子的解离,使酸性增强。由于同样的原因,使羧酸根负离子稳定,也有利于质子的解离,使酸性增强。

$$Cl \leftarrow CH_2 \leftarrow \overset{\overset{\displaystyle O}{\|}}{C} \leftarrow OH \rightleftharpoons \left[Cl \leftarrow CH_2 \leftarrow C\begin{smallmatrix} \cdot\cdot O \\ \\ \cdot\cdot O \end{smallmatrix} \right]^- + H^+$$

从表 11-3 还可以看出,羧酸分子中引入氯原子的数目愈多,吸电子诱导效应愈强,酸性也愈强;氯原子距羧基的位置愈近,对羧基的影响愈大,酸性愈强。诱导效应是沿着 σ 键由近及远传递的一种电子效应(这种传递常用箭头表示),随着传递距离的增加而减弱,一般超过 3 个原子后影响就不明显了。羧酸分子中引入的取代原子电负性愈强,吸电子诱导效应愈强,酸性愈强。

羧酸分子中引入供电子基团后,由于供电子诱导效应使酸性减弱。乙酸的酸性比甲酸弱,因为甲基具有供电子性。

$$H—\overset{\overset{\displaystyle O}{\|}}{C}—OH \qquad CH_3 \rightarrow \overset{\overset{\displaystyle O}{\|}}{C} \rightarrow OH$$

从表 11-1 中还可以看出:苯甲酸的酸性($pK_a=4.19$)比 HCOOH 的酸性($pK_a=3.77$)弱。这是由于苯基具有吸电诱导效应和供电共轭效应,且供电共轭效应大于吸电诱导效应,因此苯基对羧基的供电子作用,使苯甲酸的酸性比 HCOOH 弱。但是在生成苯甲酸根时,

由于苯环对这个负离子的稳定化作用，却使苯甲酸的酸性比乙酸、丙酸和苯乙酸强，即

	HCOOH	CH_3COOH	CH_3CH_2COOH	C_6H_5COOH	$C_6H_5CH_2COOH$
pK_a	3.77	4.76	4.84	4.19	4.28

取代苯甲酸的酸性不仅与取代基的种类有关，而且与取代基在苯环上的位置有关(见表 11－4)。

表 11－4　取代苯甲酸($Y-C_6H_4-COOH$)的 pK_a 值(25℃)

Y	o-	m-	p-
CH_3	3.19	4.27	4.38
C_2H_5	3.79	4.27	4.35
F	3.27	3.86	4.14
Cl	2.92	3.83	3.97
Br	2.85	3.81	3.97
I	2.86	3.85	4.02
CN	3.44	3.64	3.55
CF_3	—	3.77	3.66
OH	2.98	4.08	4.57
OCH_3	4.09	4.09	4.47
C_6H_5	3.46	4.14	4.21
NO_2	2.21	3.49	3.42

从表中的间位和对位取代基对羧酸酸性的影响可以看到，取代基的吸电子作用使酸性增强，而取代基的供电子作用则使酸性减弱。邻位取代基对取代苯甲酸的酸性影响，除了有基团的电子效应外，还有基团的场效应、立体效应、氢键的形成等因素，总称为邻位效应。

在苯二甲酸的三个异构体中，以邻苯二甲酸的 pK_{a_1} 为最小，其 pK_{a_2} 为最大，如表 11－5 所示，这种情况也是邻位效应的影响所致。

表 11－5　苯二甲酸的 pK_a 值

pK_a	邻苯二甲酸	间苯二甲酸	对苯二甲酸
pK_{a_1}	2.89	3.54	3.51
pK_{a_2}	5.41	4.60	4.82

2. 羧酸衍生物的生成

羧酸分子中羧基上的羟基被卤素(—X)、酰氧基(—OCOR)、烷氧基(—OR)及氨基(—NH_2)取代会分别生成酰卤、酸酐、酯和酰胺等羧酸衍生物。

1) 酰氯的生成

羧酸与三氯化磷、五氯化磷或亚硫酰氯反应，可生成酰氯，即

$$RCOOH + PCl_3 \longrightarrow 3RCOCl + H_3PO_3$$

$$RCOOH + PCl_5 \longrightarrow RCOCl + POCl_3 + HCl$$
$$RCOOH + SOCl_2 \longrightarrow RCOCl + SO_2 + HCl$$

酰氯非常活泼，极易水解，所含无机杂质不能水洗除去，只能用蒸馏方法分离。在选择氯化剂时，要注意产物与副产物的沸点差距，沸点差距较大有利于产物的分离提纯。通常用 PCl_3 来制备沸点较低的酰氯，而用 PCl_5 制备具有较高沸点的酰氯，例如

$$3CH_3COOH + PCl_3 \longrightarrow 3CH_3COCl + H_3PO_3$$

沸点　118℃　75℃　52℃

亚硫酰氯常用来制备酰氯(也用于制备氯代烷)，由于生成的 HCl 和 SO_2 可从反应体系中移出，所以反应的转化率很高，酰氯的产率也高达 90%以上。但由于使用的 $SOCl_2$ 过量，应当在制备与它有较大沸点差别的酰氯中使用，以便于蒸馏分离。己酰氯的实验室合成如下所示：

$$CH_3(CH_2)_4COOH + SOCl_2 \longrightarrow CH_3(CH_2)_4COCl + SO_2\uparrow + HCl\uparrow$$

沸点　205℃　76℃　153℃

生成的酸性气体 HCl 和 SO_2 要回收或吸收，以避免造成对环境的污染。

芳香族酰氯一般是由五氯化磷或亚硫酰氯与芳酸作用制取的。芳香族酰氯的稳定性较好，在水中发生水解反应缓慢。苯甲酰氯是常用的苯甲酰化试剂。

$$C_6H_5COOH + PCl_5 \xrightarrow{\triangle} C_6H_5COCl + POCl_3 + HCl$$

沸点　249℃　197℃　105℃

2) 酸酐的生成

在脱水剂(如乙酸酐或五氧化二磷等)的作用下，两分子羧酸脱去一分子水生成酸酐，即

$$R\overset{O}{\overset{\|}{C}}-OH + HO-\overset{O}{\overset{\|}{C}}R \xrightarrow[\triangle]{P_2O_5} R\overset{O}{\overset{\|}{C}}-O-\overset{O}{\overset{\|}{C}}R$$

有些二元酸，如丁二酸、戊二酸等，只需加热，分子内就可脱水形成五元环或六元环的酸酐，而不必使用脱水剂，这是由于五、六元环稳定、容易形成酸酐的缘故，如

$$HOOC(CH_2)_3COOH \xrightarrow{300℃} \text{戊二酸酐} + H_2O$$

$$\text{邻苯二甲酸} \xrightarrow{200\sim230℃} \text{邻苯二甲酸酐} + H_2O$$

混合酸的酸酐可由酰卤与羧酸盐作用而得到，乙酸的混酐也可以由乙烯酮与羧酸作用得到。

3）酯的生成——酯化反应

羧酸与醇生成酯的反应称为酯化反应。酯化反应速度一般很慢，需要加催化剂和加热来提高反应速度。常用的催化剂有浓硫酸、干燥的氯化氢、对甲苯磺酸和强酸性离子交换树脂等。

$$RCOOH + R'OH \xrightleftharpoons{H^+} R{-}\overset{\overset{\large O}{\|}}{C}{-}OR' + H_2O$$

酯化反应是可逆反应。如果将 1 mol 乙醇与 1 mol 的乙酸在催化条件下发生反应达到平衡时，只能得到约 2/3 mol 乙酸乙酯。为了提高酯的产率，一方面可以增加其中一种较便宜原料的用量，另一方面可以不断除去反应生成的水，例如，加入合适的脱水剂（如无水 $CuSO_4$、$Al(SO_4)_3$、二环己基碳二亚胺等），用恒沸去水的手段来实现，或者及时将生成的低沸点酯蒸出，使平衡向正反应方向移动。

酯化反应可以有如下两种脱水方式：

$$R{-}\overset{\overset{\large O}{\|}}{C}{\vdots}\boxed{OH\quad H}{\vdots}O{-}R' \qquad\qquad R{-}\overset{\overset{\large O}{\|}}{C}{-}O{\vdots}\boxed{H\quad HO}{\vdots}R'$$

①　　　　　　　　　　②

第①种方式键断裂在羧酸的酰基和羟基之间，称为酰氧键断裂；第②种方式键断裂在醇的羟基和烷基之间，称为烷氧键断裂。

通过示踪原子的实验表明：大多数酯化反应是按照第①种方式脱水的。用含 ^{18}O 的醇与羧酸反应，结果发现生成的酯含有 ^{18}O。

$$R{-}\overset{\overset{\large O}{\|}}{C}{-}OH + H^{18}O{-}R' \longrightarrow R{-}\overset{\overset{\large O}{\|}}{C}{-}{}^{18}O{-}R' + H_2O$$

据此，可推知酸催化酯化反应历程如下：

$$R{-}\overset{\overset{\large O}{\|}}{C}{-}OH \xrightleftharpoons{H^+} R{-}\overset{\overset{\large \overset{+}{O}H}{\|}}{C}{-}O{-}H \xrightleftharpoons{R'OH} R{-}\underset{\underset{\large H\overset{}{\underset{+}{O}}R'}{|}}{\overset{\overset{\large OH}{|}}{C}}{-}O{-}H \xrightleftharpoons{H^+\text{转移}} R{-}\underset{\underset{\large OR'}{|}}{\overset{\overset{\large OH}{|}}{C}}{-}\overset{+}{O}H_2 \xrightleftharpoons{-H_2O}$$

$$R{-}\overset{\overset{\large \overset{+}{O}H}{\|}}{C}{-}O{-}R' \xrightleftharpoons{-H^+} R{-}\overset{\overset{\large O}{\|}}{C}{-}OR'$$

在上述反应中，羧酸分子中的羰基首先结合质子形成𬭩盐，增加了羰基碳的正电荷密度，有利于亲核试剂 R′OH 对羰基的亲核加成。

实验还表明，酯化反应存在明显的位阻效应，羧酸分子中的烃基 R 体积越大，酯化反应速度越慢，即

$$HCOOH > CH_3COOH > RCH_2COOH > R_2CHCOOH > R_3CCOOH$$

这是因为随着烃基 R 体积的增大，空间效应增强，阻碍了亲核试剂对羧基的进攻，使酯化反应速度变慢。同理，醇的酯化反应速度为伯醇>仲醇>叔醇。这从另一个角度证实了上述酯化反应历程是正确的。表 11-6 列出了不同结构的羧酸在相同条件下与甲醇酯化反应的相对速度。

表 11-6　几种羧酸与甲醇酯化反应的相对速度

羧酸的结构	相对速度
CH_3COOH	1
$CH_3CH_2CH_2COOH$	0.51
$(CH_3)_3CCOOH$	0.037
$(CH_3CH_2)_3CCOOH$	0.000 16

在 2,4,6-三甲基苯甲酸酯化时，因空间位阻关系，醇分子难以接近羧基而不能发生反应。如果将羧酸先溶于 100% H_2SO_4，使其形成酰基正离子，再将其倒入醇中就可以顺利实现酯化，这是由于酰基正离子是 sp 杂化，并且与苯环共平面。这样，醇分子可以几乎不受阻碍地从平面的上方或下方进攻酰基碳，从而产生酯化产物，即

$$\text{2,4,6-}(CH_3)_3C_6H_2\text{-COOH} \underset{}{\overset{H_2SO_4}{\rightleftharpoons}} \text{2,4,6-}(CH_3)_3C_6H_2\text{-CO-}\overset{+}{O}H_2 \overset{H_2O}{\rightleftharpoons} \text{2,4,6-}(CH_3)_3C_6H_2\text{-}\overset{+}{C}{=}O \overset{ROH}{\rightleftharpoons} \text{2,4,6-}(CH_3)_3C_6H_2\text{-CO-}\overset{H^+}{O}R \overset{-H^+}{\rightleftharpoons} \text{2,4,6-}(CH_3)_3C_6H_2\text{-COOR}$$

羧酸与酚类化合物的酯化较脂肪醇困难得多，故通常在酚和活性比羧酸大的酸酐或酰卤之间进行，即

$$RCOCl + C_6H_5OH \xrightarrow{-HCl} R\text{-}\overset{O}{\overset{\|}{C}}\text{-}O\text{-}C_6H_5 \xleftarrow{-RCO_2H} C_6H_5OH + (RCO)_2O$$

芳香族羧酸的酯化反应要比脂肪族的难一些。对苯二甲酸与乙二醇或环氧乙烷作用可生成对苯二甲酸二羟乙酯，它是合成纤维（涤纶）的中间体，即

$$p\text{-}HO_2C\text{-}C_6H_4\text{-}CO_2H + H_2C\overset{O}{—}CH_2 \longrightarrow p\text{-}HOCH_2CH_2O_2C\text{-}C_6H_4\text{-}CO_2CH_2CH_2OH$$

少数酯化反应是按第②种方式脱水的。例如,在酸催化作用下,叔醇酯化时首先容易生成正碳离子,羧酸的羟基作为亲核试剂与 C^+ 结合反应生成锌盐,再脱去质子生成酯,即

$$R_3COH \xrightleftharpoons{H^+} R_3C\overset{+}{O}H_2 \rightleftharpoons R_3C^+ + H_2O$$

$$R'\overset{O}{\overset{\|}{C}}OH + R_3C^+ \rightleftharpoons R'-\overset{O}{\overset{\|}{C}}-\underset{H}{\underset{|}{\overset{+}{O}}}-CR_3 \xrightleftharpoons{-H^+} R'-\overset{O}{\overset{\|}{C}}-O-CR_3$$

从上述讨论可知,即便是同一类型的反应,反应历程也不是不变的。反应历程主要取决于反应物的结构、性质和反应条件。

4) 酰胺的生成

羧酸与氨或碳酸铵反应可生成铵盐,铵盐加热后部分脱水得到酰胺,即

$$R-\overset{O}{\overset{\|}{C}}-OH + NH_3 \longrightarrow R-\overset{O}{\overset{\|}{C}}-ONH_4 \xrightarrow{\triangle} R\overset{O}{\overset{\|}{C}}NH_2 + H_2O$$

对氨基苯酚与乙酸作用,加热后脱水的产物是对羟基乙酰苯胺("扑热息痛"药物),即

$$HO-C_6H_4-NH_2 + CH_3COOH \xrightarrow{-H_2O} HO-C_6H_4-NH\overset{O}{\overset{\|}{C}}CH_3$$

3. *羧酸的还原*

羧酸在一般条件下不易被化学还原剂所还原,只能被强烈的还原剂,如氢化铝锂($LiAlH_4$)或在高温(300~400℃)、高压(20~30 MPa)下,用铜、锌、亚铬酸镍等催化剂催化加氢还原为伯醇,即

$$RCOOH + LiAlH_4 \xrightarrow[\text{② 水解}]{\text{① 无水乙醚}} RCH_2OH$$

$$RCOOH + H_2 \xrightarrow[300\sim400℃,20\sim30\ MPa]{Cu} RCH_2OH$$

用氢化铝锂直接还原羧酸,不但产率高,而且还原不饱和羧酸时,对碳碳不饱和键没有影响。但由于它价格昂贵,在工业上还不能广泛应用。乙硼烷也是一种特别有用的还原剂,可使羧酸还原为伯醇,如

$$C_6H_5-COOH + B_2H_6 \longrightarrow \xrightarrow{H_2O} C_6H_5-CH_2OH$$

除直接还原外,也可以将羧酸先酯化,再将羧酸还原成醇,这样要容易得多。

4. *脱羧反应*

羧酸失去羧基放出 CO_2 的反应称为脱羧反应(decarboxylation)。例如乙酸的无水碱金属盐与碱石灰(NaOH+CaO)共热,则从羧基中脱去 CO_2 生成烃,即

$$CH_3—COONa \xrightarrow[\triangle]{NaOH+CaO} CH_4 + CO_2$$

此反应是实验室制取甲烷的方法。

$$CH_3—C_6H_4—COONa \xrightarrow[\triangle]{NaOH+CaO} C_6H_5—CH_3 + CO_2$$

因副产物很多，不易分离，一般不用来制备烷烃，例如

$$C_2H_5COONa \xrightarrow[\triangle]{NaOH} \underset{44\%}{C_2H_6} + \underset{20\%}{CH_4} + \underset{33\%}{H_2} + \text{不饱和化合物} + CO_2$$

羧酸蒸气通过加热的钍、锰或镁等的氧化物，可进行气相催化脱羧生成酮类，即

$$2RCOOH \xrightarrow[400\sim500℃]{ThO_2} RCOR + CO_2 + H_2O$$

如果羧酸的 α 碳上连有吸电子基团，如硝基、卤素、酮基、氰基等，由于诱导效应使羧基变得不稳定，容易进行脱羧反应，例如

$$CCl_3COOH \xrightarrow{\triangle} CHCl_3 + CO_2$$

$$CH_3\overset{O}{\overset{\|}{C}}CH_2COOH \xrightarrow{\triangle} CH_3\overset{O}{\overset{\|}{C}}CH_3 + CO_2$$

$$HOOC—CH_2—COOH \xrightarrow{\triangle} CH_3COOH + CO_2$$

在羧基的 α 位有重键存在时也易脱羧。许多取代的芳香羧酸也容易发生脱羧或羧基重排反应，特别是羧基的邻位有吸电子基团存在或羧基邻位有大的立体位阻基团存在的情况下更是如此，如

$$C_6H_5CH═CHCO_2H \xrightarrow{\triangle} C_6H_5CH═CH_2$$

$$2,4,6\text{-}R_3C_6H_2COOH \xrightarrow{\triangle} 1,3,5\text{-}R_3C_6H_3$$

$$R═NO_2$$

5. 二元酸的受热反应

各种二元酸受热后，由于两个羧基的位置不同，将发生不同的化学反应，有的脱水，有的脱羧，有的同时脱水脱羧，例如

$$HOOCCOOH \xrightarrow{160\sim180℃} HCOOH + CO_2$$

$$HOOCCH_2COOH \xrightarrow{140\sim160℃} CH_3COOH + CO_2$$

$$HOOCCH_2CH_2COOH \xrightarrow{300℃} \begin{array}{l} CH_2-C(=O) \\ | \qquad\quad O \\ CH_2-C(=O) \end{array} + H_2O$$

$$CH_2\begin{array}{l} CH_2-C(=O)OH \\ CH_2-C(=O)OH \end{array} \xrightarrow{300℃} CH_2\begin{array}{l} CH_2-C(=O) \\ \qquad\qquad O \\ CH_2-C(=O) \end{array} + H_2O$$

$$\begin{array}{l} CH_2-CH_2-\overset{O}{\overset{\|}{C}}-OH \\ | \\ CH_2-CH_2-COOH \end{array} \xrightarrow[BaO]{300℃} \begin{array}{l} CH_2-CH_2 \\ | \qquad\qquad \rangle C=O \\ CH_2-CH_2 \end{array} + CO_2 + H_2O$$

$$CH_2\begin{array}{l} CH_2-CH_2-\overset{O}{\overset{\|}{C}}-OH \\ CH_2-CH_2-COOH \end{array} \xrightarrow{300℃} CH_2\begin{array}{l} CH_2-CH_2 \\ \qquad\qquad\quad \rangle C=O \\ CH_2-CH_2 \end{array} + CO_2 + H_2O$$

庚二酸以上的二元酸在高温时发生分子间的脱水作用，形成高分子的酸酐，而不形成大于六元的环酮。根据以上反应，可以得出一个结论，即在成环时有一种倾向，如有可能时总是倾向于形成张力较小的五元或六元环。

取代的二元酸同样也能发生上述反应。

6. 羧酸α氢的反应

羧酸中的羧基和醛酮中的羰基一样，由于吸电子诱导效应和σ-π超共轭效应共同作用使α碳上的氢活化而能发生取代反应。但羧基的活化作用比羰基小得多，因此羧酸的α-卤代反应并不容易进行，需要在红磷或三卤化磷的催化下，才能逐渐被氯或溴取代，即

$$CH_3COOH \xrightarrow[P]{Cl_2} CH_2ClCOOH \xrightarrow[P]{Cl_2} CHCl_2COOH \xrightarrow[P]{Cl_2} CCl_3COOH$$

控制卤素的量和反应条件可以制取不同的卤代酸，如

$$CH_3CH_2CH_2COOH \xrightarrow[P]{Br_2} CH_3CH_2\underset{Br}{\underset{|}{C}}HCOOH \quad 82\%$$

羧酸α-卤代反应称为赫尔-福尔哈德-泽林斯基(Hell - Volhard - Zelinsky)反应，这是工业生产一氯乙酸的方法。一氯乙酸是染料、医药、农药、树脂及其他有机合成的重要中间体。三氯乙酸不但可作为农药的原料、蛋白质的沉淀剂，主要还用作生化药品的提取剂，如用于磷酸腺苷(ATP)、细胞色素丙和胎盘多糖等高效生化药品的提取。

三卤化磷的催化作用是让羧酸先形成酰卤，酰卤的α氢有更大的互变异构倾向而加快了

卤化反应。在反应时，少量红磷与卤素相遇，生成卤化磷进行催化反应。该反应机理如下：

$$P + Br_2 \longrightarrow PBr_3$$

$$RCH_2COOH \xrightarrow{P+Br_2} RCH_2\overset{\overset{O}{\|}}{C}—Br$$

羧酸首先反应生成酰溴，酰溴互变异构成其烯醇式结构，α 碳上受到极化的卤素正碳离子的进攻，而卤素负离子则与质子结合，即

$$RCH_2\overset{\overset{O}{\|}}{C}—Br \rightleftharpoons RCH{=}\overset{\overset{OH}{|}}{C}—Br + \overset{\delta^+}{Br}—\overset{\delta^-}{Br} \longrightarrow \underset{\underset{Br}{|}}{RCH}—\overset{\overset{OH^+}{\|}}{C}—Br + Br^-$$

$$\rightleftharpoons \underset{\underset{Br}{|}}{RCH}—\overset{\overset{O}{\|}}{C}—Br + H^+$$

α-溴代酰溴再和未反应的羧酸交换一个溴原子，生成 α-溴代酸与酰溴，酰溴可以循环使用，如

$$\underset{\underset{Br}{|}}{RCH}\overset{\overset{O}{\|}}{C}Br + RCH_2\overset{\overset{O}{\|}}{C}—OH \longrightarrow \underset{\underset{Br}{|}}{RCH}\overset{\overset{O}{\|}}{C}—OH + RCH_2\overset{\overset{O}{\|}}{C}—Br$$

真正的反应是溴与酰溴的烯醇式反应，这是关键的一步，羧酸本身在这个反应中不起作用。总的结果是 α 氢被卤素取代。

更加新的方法是不用磷做催化剂，而是直接加入 10%～30%乙酰氯或乙酸酐，也可取得同样的效果。

α-卤代酸是制备其他 α-取代酸的母体，例如 α-溴代丙酸可以制备 α-羟基酸、α-氨基酸、α,β-不饱和酸以及 α-氰基酸等，即

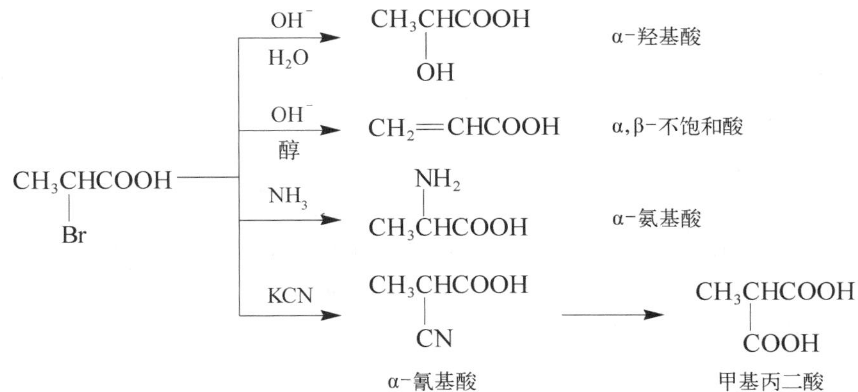

7. 羟基酸的性质

羟基酸是分子中同时具有羟基和羧基的化合物。由于羟基在烃基的位置不同，可分为α、β、γ等羟基酸。通常把羟基连在碳链末端的羟基酸称为ω-羟基酸，羟基连在饱和碳链上的称为醇酸，羟基直接连在芳酸的芳环上的称为酚酸。

羟基酸一般为结晶固体或黏稠液体。由于羟基酸分子中含有羟基和羧基，这两个基团都能分别与水形成氢键，所以羟基酸在水中的溶解度比一般的羧酸都大，低级的羟基酸可以与水混溶。羟基酸的熔点也比相应的羧酸高。

羟基酸兼有羟基和羧基的特性，并由于羟基和羧基的相互影响而具有一些特殊的性质。

1）羟基酸的酸性

在羟基酸分子中，羟基是吸电子基，它对羧基有吸电子诱导效应，使羟基酸的酸性较相应的脂肪族羧酸强。但羟基不如卤代酸中卤素的吸电子诱导效应大。羟基距羧基距离愈远，则对酸性影响愈小。如表 11-7 所示为羟基对羧酸酸性的影响。

表 11-7　羟基对羧酸酸性的影响

构造式	pK_a	构造式	pK_a	构造式	pK_a
CH_3COOH	4.76	$CH_3CH(OH)COOH$	3.68	COOH / OH（苯环邻位）	2.98
$CH_2(OH)COOH$	3.85	$CH_2(OH)CH_2COOH$	4.51	COOH / HO（苯环间位）	4.07
CH_3CH_2COOH	4.87	C_6H_5—COOH	4.17	HO—C_6H_4—COOH	4.58

连接在芳环上的羟基因共轭和诱导的双重作用（方向相反）而使对羟基苯甲酸的酸性降低。其中邻羟基苯甲酸（水杨酸）的酸性异常强，这是因为水分子内形成氢键，有利羧酸电离。

O　O^-　H　O

2）羟基酸的脱水反应

羟基酸受热或与脱水剂共热脱水时，由于羟基和羧基的相对位置不同，脱水反应的产物也不同。

α-羟基酸受热时，两分子间的羟基与羧基相互酯化脱水而生成交酯；β-羟基酸受热时，发生分子内脱水而生成α，β-不饱和酸，如

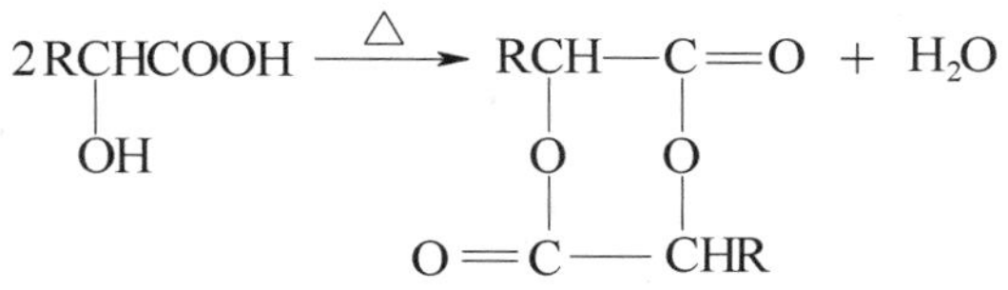

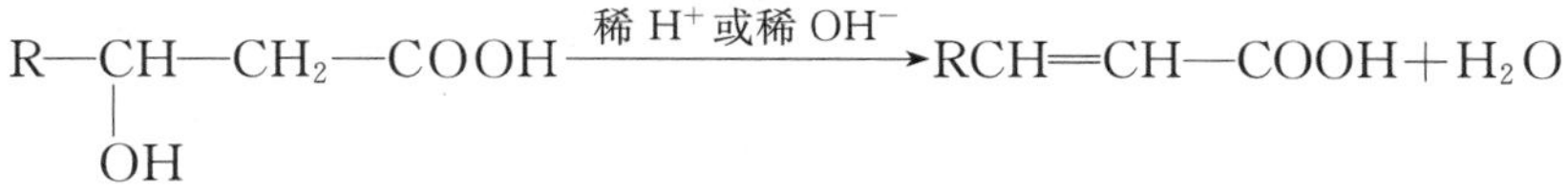

$$2RCH(OH)COOH \xrightarrow{\triangle} \text{RCH—C(=O)—O—CHR—C(=O)—O (环状交酯)} + H_2O$$

$$R—CH(OH)—CH_2—COOH \xrightarrow{\text{稀 } H^+ \text{ 或稀 } OH^-} RCH{=}CH—COOH + H_2O$$

γ 和 δ-羟基酸很容易脱水生成五元环和六元环的内酯，如

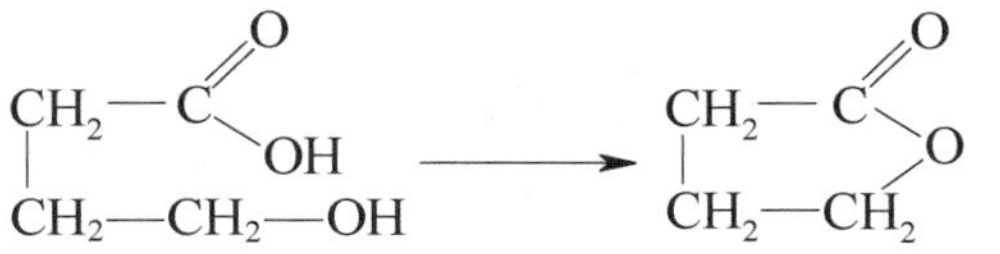

$$CH_2(COOH)—CH_2—CH_2—OH \longrightarrow \text{(五元环内酯)}\quad \gamma\text{-丁内酯}$$

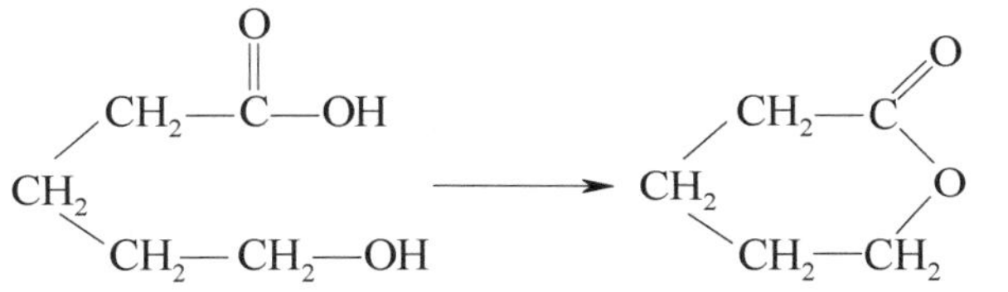

$$CH_2(COOH)—CH_2—CH_2—CH_2—OH \longrightarrow \text{(六元环内酯)}\quad \delta\text{-戊内酯}$$

当羟基与羧基相隔四个以上亚甲基碳时，分子内脱水生成大环内酯就比较困难了。直接反应时，发生的基本上都是分子间的反应，生成聚酯，即

$$n\,HO{+}CH_2{+}_m\overset{O}{\overset{\|}{C}}—OH \longrightarrow {+}O(CH_2)_m—\overset{O}{\overset{\|}{C}}{+}_n$$

要得到分子内的脱水产物大环内酯，一个办法是使反应物的浓度降低，减少分子间碰撞的机会，但这样将使反应很慢，达不到反应的生产要求。

许多大环内酯有抗菌和抗肿瘤的活性，如红霉素，其结构式如下：

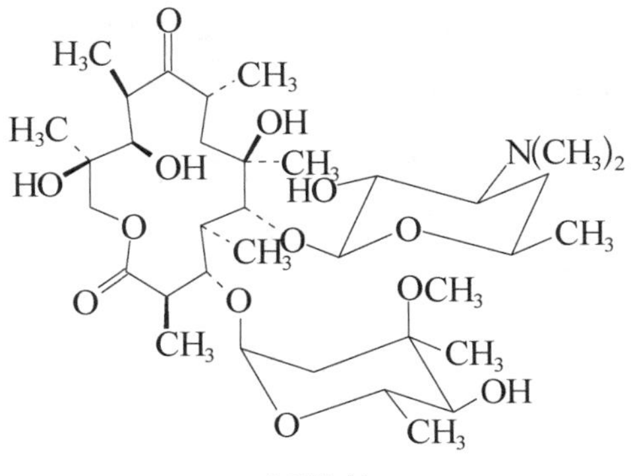

红霉素

许多内酯存在于自然界，有些是天然香精的主要成分，例如

C_6H_{13}-γ-lactone ring structure; C_3H_7-δ-lactone ring structure; macrocyclic lactone structure

γ-癸内酯　　δ-辛内酯　　十五内酯(黄蜀葵素)

3)羟基酸的分解

若将α-羟基酸与稀硫酸或酸性高锰酸钾共热,则羧基和α碳之间的键断裂,分解脱羧生成醛、酮或羧酸,即

$$\underset{\displaystyle \mathrm{OH}}{\mathrm{RCHCOOH}} \begin{cases} \xrightarrow{\text{稀 } H_2SO_4} RCHO + CO + H_2O \\ \xrightarrow[H^+]{KMnO_4} RCOOH + CO_2 + H_2O \end{cases}$$

$$\underset{\displaystyle \mathrm{OH}}{R_2CCOOH} \xrightarrow[H^+]{KMnO_4} R_2CO + CO_2 + H_2O$$

这个反应可用于将高级羧酸经α-溴代水解再通过上述反应来合成少一个碳的醛或酮。

若将β-羟基酸用碱性高锰酸钾氧化,则分解生成少一个碳原子的酮,即

$$\underset{\displaystyle \mathrm{OH}}{\mathrm{RCH}}CH_2COOH \xrightarrow[OH^-]{KMnO_4} \underset{\displaystyle \mathrm{O}}{\overset{}{\mathrm{RC}}}CH_2COOH \xrightarrow{-CO_2} \underset{\displaystyle \mathrm{O}}{\mathrm{RC}}CH_3$$

11.1.4 羧酸的来源和制法

1. 羧酸的工业合成

1)烃的氧化

工业上通常以烷烃为原料,在催化剂作用下,用空气或氧气进行氧化来制备较低级的羧酸。该方法通常得到的是各种羧酸的混合物,如

$$CH_3CH_2CH_2CH_3 \xrightarrow[\text{加热、加压}]{O_2\text{,醋酸钴}} \underset{57\%}{CH_3COOH} + \text{甲酸、丙酸、酯和酮}$$

芳烃的侧链烷基上只要含有α氢,用强氧化剂氧化,都可以生成苯甲酸,这是工业上合成芳香羧酸的常用方法之一,如

$$C_6H_5CH_3 + O_2 \xrightarrow[165℃,\ 0.88\ \text{MPa},\ 92\%]{\text{钴盐和锰盐}} C_6H_5COOH$$

2）由一氧化碳、甲醇或乙醛制备

工业上也可以用一氧化碳、甲醇、乙醛等为原料，在高温、高压、催化剂等条件下合成甲酸或乙酸，如

$$CO + NaOH \xrightarrow[0.6\sim1\ MPa]{210℃} HCOONa \xrightarrow{H^+} HCOOH$$

$$CH_3CHO + O_2 \xrightarrow[加热、压力]{催化剂} CH_3COOH$$

$$CH_3OH + CO \xrightarrow[高温、高压]{催化剂} CH_3COOH$$

2. 伯醇和醛的氧化

伯醇部分氧化生成醛，醛比醇更容易氧化生成羧酸。这方法常用于实验室和工业上制备羧酸，如

$$—CH_2OH \xrightarrow{[O]} —CHO \xrightarrow{[O]} —COOH$$

$$(CH_3)_3C—\underset{\displaystyle CH_2OH}{\underset{|}{CH}}—C(CH_3)_3 \xrightarrow{K_2Cr_2O_7-H_2SO_4} (CH_3)_3C—\underset{\displaystyle COOH}{\underset{|}{CH}}—C(CH_3)_3$$

3. 腈的水解

腈类化合物可通过酸性水水解生成羧酸。由于腈很容易从少一个碳的卤代烃与氰化钠反应得到，因此这是合成羧酸的重要方法之一，如

$$—CN \xrightarrow{H_2O/H^+} —COOH$$

$$CH_3CH_2CH_2CH_2Br \xrightarrow{NaCN} CH_3CH_2CH_2CH_2CN \xrightarrow[\triangle]{H_2O/H^+} CH_3CH_2CH_2CH_2COOH$$

醛或酮与氢氰酸加成可得到 α-羟基腈，氰基进一步水解可得到羧酸。得到的产物是比醛或酮多一个碳的 α-羟基酸，如

$$(H_3C)_2C{=}O \xrightarrow{HCN} (H_3C)_2C(OH)CN \xrightarrow{H_2O/H^+} (H_3C)_2C(OH)COOH$$

4. 格氏试剂法

卤代烃与金属镁反应生成格氏试剂，格氏试剂与二氧化碳发生亲核加成然后水解可得到羧酸，相当于将卤代烃中的卤原子变为了羧基。这是一种制备比卤代烃多一个碳原子羧酸的有效方法。

$$R—X \xrightarrow[干醚]{Mg} R—MgX \xrightarrow[②\ H^+/H_2O]{①\ CO_2} R—COOH$$

$$(CH_3)_3C—MgCl + CO_2 \xrightarrow[\text{② } H_2O/H^+]{\text{① 干醚}} (CH_3)_3C—COOH \quad 79\%\sim80\%$$

5. 酚酸的合成

苯酚钠(或钾)与二氧化碳在加热、加压下反应,在酚羟基的邻位或对位上一个羧基,生成酚酸,该反应称为科尔比-施米特(Kolbe - Schmitt)反应。通常反应温度较低时,以邻位产物为主;反应温度较高时,以对位产物为主,如

$$C_6H_5ONa + CO_2 \xrightarrow[0.5\ \text{MPa}]{150\sim160℃} o\text{-}HOC_6H_4COONa \xrightarrow{H_2O/H^+} o\text{-}HOC_6H_4COOH \quad 90\%$$

$$C_6H_5OK + CO_2 \xrightarrow[2.02\ \text{MPa}]{180\sim250℃} KOOC—C_6H_4—OH \xrightarrow{H_2O/H^+} HOOC—C_6H_4—OH \quad 100\%$$

11.2 羧酸衍生物

11.2.1 羧酸衍生物的命名

$$R—\overset{O}{\overset{\|}{C}}—OH \longrightarrow \begin{cases} R—\overset{O}{\overset{\|}{C}}—X & \text{酰卤} \\ R—\overset{O}{\overset{\|}{C}}—O—\overset{O}{\overset{\|}{C}}—R' & \text{酸酐} \\ R—\overset{O}{\overset{\|}{C}}—O—R' & \text{酯} \\ R—\overset{O}{\overset{\|}{C}}—NH_2(R) & \text{酰胺} \end{cases}$$

羧酸衍生物都是按照形成它的羧酸来命名的。羧酸中去掉羧基中的羟基后剩余的基团称为酰基,例如

$CH_3—\overset{O}{\overset{\|}{C}}—OH$ 乙酸　　$CH_3—\overset{O}{\overset{\|}{C}}—$ 乙酰基　　$C_6H_5—\overset{O}{\overset{\|}{C}}—OH$ 苯甲酸　　$C_6H_5—\overset{O}{\overset{\|}{C}}—$ 苯甲酰基

酰卤命名时可作为酰基的卤化物,在酰基后加卤素的名称即可,例如

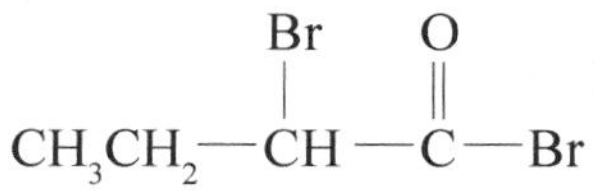

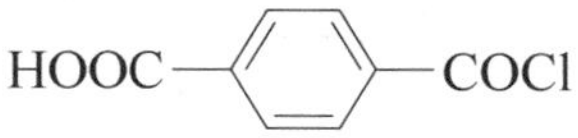

$$CH_3CH_2—\underset{\displaystyle |}{\overset{\displaystyle Br}{CH}}—\overset{\displaystyle O}{\overset{\|}{C}}—Br \qquad HOOC—C_6H_4—COCl$$

普通命名法：α-溴丁酰溴　　对氯甲酰苯甲酸

IUPAC命名法：2-溴丁酰溴　　4-氯甲酰苯甲酸

酸酐可分为单酐、混酐和环酐。单酐命名时，在羧酸的名称后加酐字。由不同羧酸形成的混酐命名时，将简单的酸放前面，复杂的酸放后面再加酐字。二元酸形成的环状酸酐命名时在二元酸的名称后加酐字，例如

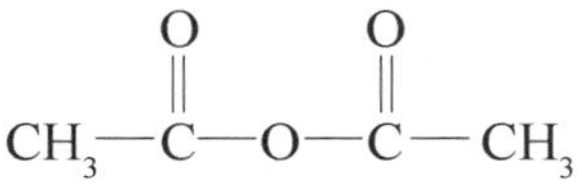

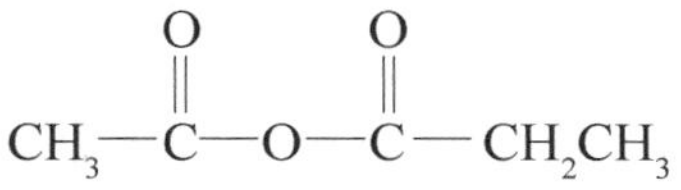

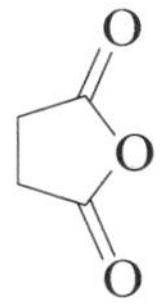

$$CH_3—\overset{\displaystyle O}{\overset{\|}{C}}—O—\overset{\displaystyle O}{\overset{\|}{C}}—CH_3 \qquad CH_3—\overset{\displaystyle O}{\overset{\|}{C}}—O—\overset{\displaystyle O}{\overset{\|}{C}}—CH_2CH_3$$

普通命名法：醋酸酐　　乙丙酸酐　　丁二酸酐

IUPAC命名法：乙酸酐　　乙丙酸酐　　丁二酸酐

酯可看作羧酸的羧基氢原子被烃基取代的产物。命名时把羧酸名称放在前面，烃基的名称放在后面，再加一个“酯”字。内酯命名时，用“内酯”二字代替“酸”字并标明羟基的位置，如

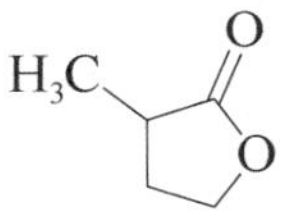

$$CH_3\overset{\displaystyle O}{\overset{\|}{C}}OCH_2C_6H_5$$

普通命名法：醋酸苯甲酯　　α-甲基-γ-丁内酯

IUPAC命名法：乙酸苯甲酯　　2-甲基-4-丁内酯

酰胺命名时，把羧酸名称放在前面，将相应的“酸”字改为“酰胺”即可。当酰胺氮原子上有取代基时，需要将取代基的位置标出，例如

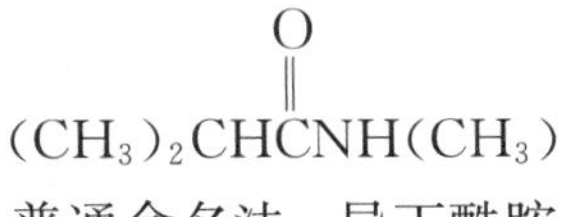

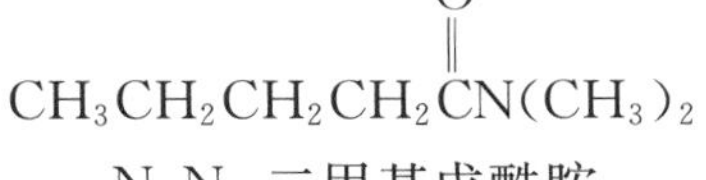

$$(CH_3)_2CH\overset{\displaystyle O}{\overset{\|}{C}}NH(CH_3) \qquad CH_3CH_2CH_2CH_2\overset{\displaystyle O}{\overset{\|}{C}}N(CH_3)_2$$

普通命名法：异丁酰胺　　N,N-二甲基戊酰胺

IUPAC 命名法：2-甲基丙酰胺　　N,N-二甲基戊酰胺

腈命名时要把—CN 中的碳原子计算在内，并从此碳原子开始编号。氰基作为取代基时，氰基碳原子不计在内，如

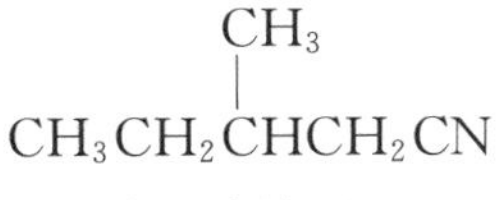

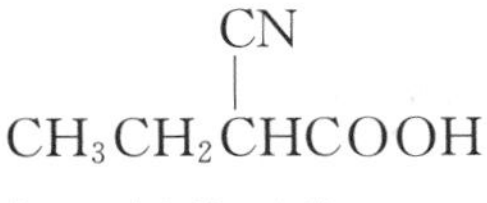

$$CH_3CH_2\underset{}{\overset{\displaystyle CH_3}{\overset{|}{C}H}}CH_2CN \qquad CH_3CH_2\overset{\displaystyle CN}{\overset{|}{C}H}COOH \qquad NC(CH_2)_4CN$$

普通命名法：β-甲基戊腈　α-氰基丁酸　　己二腈

IUPAC 命名法：3-甲基戊腈　2-氰基丁酸　　己二腈

11.2.2 羧酸衍生物的物理性质和波谱性质

1. *羧酸衍生物的物理性质*

低级的酰氯和酸酐是有刺鼻气味的液体，高级的为固体。低级的酯具有芳香的气味，可作为香料。十四碳酸以下的甲酯和乙酯均为液体；酰胺除甲酰胺外，由于分子内形成了氢键，均是固体；而当酰胺的氮上有取代基时为液体。

羧酸衍生物可溶于有机溶剂。酰氯和酸酐不溶于水，但低级的遇水分解；酯在水中溶解度很小；低级酰胺可溶于水。二甲基甲酰胺和二甲基乙酰胺可与水混溶，是很好的非质子极性溶剂。

2. *羧酸衍生物的波谱性质*

羧酸衍生物的红外光谱与羧酸类似，羰基的伸缩振动吸收峰在 1 850～1 630 cm^{-1}处，但不同的羧酸衍生物的红外吸收峰有明显的区别。

酰卤的羰基伸缩振动吸收峰在 1 815～1 770 cm^{-1}处，同时在 645 cm^{-1}附近出现 C—X 键的面内弯曲振动吸收峰。

酸酐中有两个羰基，在 1 850～1 780 cm^{-1}和 1 790～1 740 cm^{-1}处，区域内出现两个强吸收峰。在 1 300～1 050 cm^{-1}区域的强吸收峰是酸酐的 C—O—C 伸缩振动。

羧酸酯中的羰基伸缩振动在 1 750～1 735 cm^{-1}区域有强吸收峰，C—O 的伸缩振动在 1 300～1 000 cm^{-1}有两个强吸收峰。

不同类型的酰胺有不同的红外特征吸收，数据如表 11－8 所示。利用红外光谱的特征可以鉴别酰胺的类型。

表 11－8　酰胺的特征振动吸收

化合物	N—H 伸缩振动	C═O 伸缩振动
$RCONH_2$	约 3 350 cm^{-1}和约 3 180 cm^{-1}（双峰）	1 690～1 630 cm^{-1}
RCONHR	3 300 cm^{-1}（单峰）	1 700～1 670 cm^{-1}
$RCONR_2$		1 670～1 630 cm^{-1}

羧酸衍生物中的 α 氢由于受到羰基的去屏蔽作用的影响，其化学位移向低场位移，δ＝2～3。羧酸酯中与烷氧基相连的碳上的质子的化学位移 δ＝3.7～4.1。酰胺中氮原子上的氢质子的化学位移 δ＝5～9，为宽而矮的典型吸收峰。

11.2.3 羧酸衍生物的化学性质

羧酸衍生物的结构特点是都含有酰基，具有相似的共性，又因为脱离的基团不同而显示出各自的特性，如

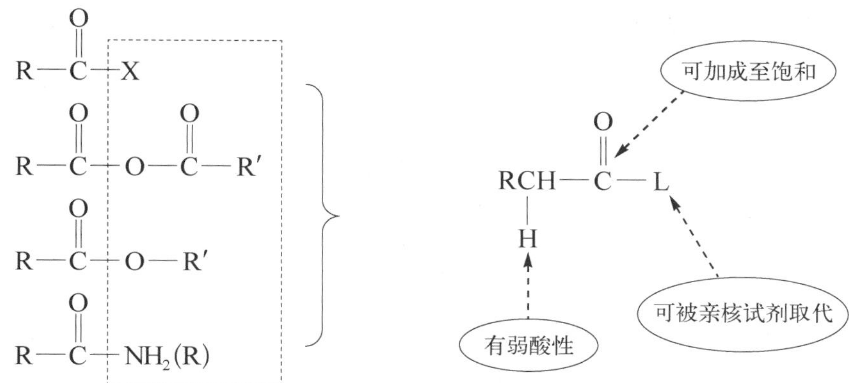

羧酸衍生物的化学性质表现如下：

(1) C═O 基。羰基中的碳原子由于受氧原子吸电子的影响而带部分正电荷，容易受亲核试剂的进攻，发生亲核加成反应。

(2) C—L 键。发生亲核取代-消除反应。

(3) α-H。与羧酸的 α-H 相似，不同的羧酸衍生物 α-H 的反应活性不同。

(4) L 基。不同的 L 基表现出各自的特性。

1. 酰基碳上的亲核取代反应

羧酸衍生物酰基碳上的亲核取代反应可以用通式表示如下：

$$\mathrm{R-\overset{\overset{\displaystyle O}{\|}}{C}-L + Nu^- \longrightarrow R-\overset{\overset{\displaystyle O}{\|}}{C}-Nu + L^-}$$

反应结果是酰基碳上的脱离基团 L 被亲核试剂所取代，因此此类反应称为酰基碳上的亲核取代反应。各类羧酸衍生物中的脱离基团 L 不同，其亲核取代反应的活性也不同。

1) 酰基碳上亲核取代反应机理

酰基碳上的亲核取代反应是分两步进行的。第一步，亲核试剂进攻羰基碳原子，发生亲核加成反应，形成氧原子带负电荷、碳原子为四面体的中间体；第二步，四面体中间体发生分子内的亲核取代(消除)，消除一个脱离基团负离子，形成另一种羧酸衍生物，即

$$\mathrm{R-\overset{\overset{\displaystyle O}{\|}}{C}-L \xrightarrow[Nu^-]{亲核加成} R-\underset{\underset{\displaystyle Nu}{|}}{\overset{\overset{\displaystyle O^-}{|}}{C}}-L \xrightarrow{消除} R-\overset{\overset{\displaystyle O}{\|}}{C}-Nu + L^-}$$

四面体中间体

酰基碳上的亲核取代反应的反应速率与加成和消除两步反应都有关。任何影响这两步反应的因素都会对反应速率产生影响。在第一步亲核加成反应中，电子效应和空间效应两种因素都存在。如果酰基碳上所连接的基团使碳原子上的电正性增加，则有利于反应；如果相连接的基团体积较大，则四面体中间体由于空间过于拥挤而不易形成，则不利于反应。在

第二步消除反应中，脱离基团 L 的脱离难易程度决定了反应是否容易进行。脱离基团 L 的碱性越弱，基团越易脱离，反应越易进行。羧酸衍生物中脱离基团的脱离能力为

$$Cl^- > RCOO^- > RO^- > NH_2^-$$

综合考虑各种影响因素，羧酸衍生物发生亲核取代反应的活性次序为

$$R-\overset{O}{\overset{\|}{C}}-X > R-\overset{O}{\overset{\|}{C}}-O-\overset{O}{\overset{\|}{C}}-R' > R-\overset{O}{\overset{\|}{C}}-O-R' > R-\overset{O}{\overset{\|}{C}}-NH_2(R)$$

2）羧酸衍生物的水解

羧酸衍生物都可以与水发生水解反应生成相应的羧酸，即

$$R-\overset{O}{\overset{\|}{C}}-X + H-OH \xrightarrow{\text{室温}} R-\overset{O}{\overset{\|}{C}}-OH + HCl$$

$$R-\overset{O}{\overset{\|}{C}}-O-\overset{O}{\overset{\|}{C}}-R' + H-OH \xrightarrow{\text{加热}} R-\overset{O}{\overset{\|}{C}}-OH + R'COOH$$

$$R-\overset{O}{\overset{\|}{C}}-O-R' + H-OH \xrightarrow[\text{加热}]{H^+\text{或}OH^-} R-\overset{O}{\overset{\|}{C}}-OH + R'OH$$

$$R-\overset{O}{\overset{\|}{C}}-NH_2 + H-OH \xrightarrow[\text{回流}]{H^+\text{或}OH^-} R-\overset{O}{\overset{\|}{C}}-OH + NH_3$$

$$R-\overset{O}{\overset{\|}{C}}-NH_2 + H-OR'' \xrightarrow[\text{回流}]{H^+\text{或}OR''^-} R-\overset{O}{\overset{\|}{C}}-OR'' + NH_3$$

低级的酰卤极易水解，在室温下与水剧烈反应。乙酰氯在潮湿的空气中水解放出氯化氢气体而呈现白雾。分子质量较大的酰卤和芳香族酰卤因在水中的溶解度较小，水解反应的速率较小。但如果加入能使酰卤和水都溶解的有机溶剂，水解反应也能顺利进行。

由于酸酐不溶于水，酸酐和水在室温下的水解反应速率很慢。但若加热或加入合适的溶剂使其成均相，则不用酸或碱催化，水解反应就能顺利进行。

酯和酰胺的水解一般需要加入酸或碱催化剂，并在加热或回流条件下进行。在酸催化的水解反应中，由于酸对酰基的质子化作用，增加了酰基碳原子上的正电性，有利于弱亲核试剂水的进攻；碱催化水解反应时，羟基负离子的亲核性比水强，因而提高了水解反应的速率。

$$R-\overset{O}{\overset{\|}{C}}-L + H^+ \longrightarrow \left[R-\overset{{}^+O}{\overset{\|}{C}}-L \longleftrightarrow R-\overset{OH}{\overset{|}{\underset{+}{C}}}-L \right]$$

酯的酸催化水解是酯化反应的逆反应，水解反应不能进行完全。酯在碱性水解时，水解产

物羧酸可与碱生成羧酸盐而使水解反应完全，故碱性水解是不可逆反应，也称为酯的皂化反应。

与酯化反应类似，酯的水解机理也有酰氧断键和烷氧断键两种途径。

$$\mathrm{R{-}\overset{\overset{\large O}{\|}}{C}\,\vdots\,O{-}R'} \qquad\qquad \mathrm{R{-}\overset{\overset{\large O}{\|}}{C}{-}O\,\vdots\,R'}$$

酰氧断键　　　　　　烷氧断键

由伯醇、仲醇形成的酯，在酸性水解时通常按照酰氧断键的途径进行，其机理如下：

$$\mathrm{R{-}\overset{\overset{\large O}{\|}}{C}{-}OR'} \underset{-H^+}{\overset{H^+}{\rightleftharpoons}} \mathrm{R{-}\overset{\overset{\large {}^{+}OH}{\|}}{C}{-}OR'} \underset{-H_2O}{\overset{H\ddot{O}H}{\rightleftharpoons}} \mathrm{R{-}\underset{\underset{\large \overset{+}{O}H_2}{|}}{\overset{\overset{\large OH}{|}}{C}}{-}OR'} \rightleftharpoons \mathrm{R{-}\underset{\underset{\large OH}{|}}{\overset{\overset{\large \ddot{O}H}{|}}{C}}{-}\underset{\underset{\large H}{|}}{\overset{+}{O}}R'}$$

$$\underset{R'OH}{\overset{-R'OH}{\rightleftharpoons}} \mathrm{R{-}\overset{\overset{\large {}^{+}OH}{\|}}{C}{-}OH} \underset{H^+}{\overset{-H^+}{\rightleftharpoons}} \mathrm{R{-}\overset{\overset{\large O}{\|}}{C}{-}OH}$$

首先是酯分子中的酰基氧原子质子化，使酰基碳原子上的正电性增加，更易与弱亲核试剂水发生亲核加成；然后质子转移到烷氧基上，消除弱碱性的醇分子。

由叔醇形成的酯在酸性水解时，反应按照烷氧断键方式进行。反应机理为 S_N1，酰基氧原子质子化后生成碳正离子，碳正离子再与水反应生成醇，即

$$\mathrm{R{-}\overset{\overset{\large O}{\|}}{C}{-}OC(CH_3)_3} \underset{-H^+}{\overset{H^+}{\rightleftharpoons}} \mathrm{R{-}\overset{\overset{\large {}^{+}OH}{\|}}{C}{-}O{-}C(CH_3)_3} \underset{RCOOH}{\overset{-RCOOH}{\rightleftharpoons}}$$

$$\underset{-H_2O}{\overset{H_2O}{\rightleftharpoons}} \mathrm{H_2\overset{+}{O}{-}C(CH_3)_3} \underset{H^+}{\overset{-H^+}{\rightleftharpoons}} \mathrm{HO{-}C(CH_3)_3}$$

酯的碱性水解是按酰氧断键的方式进行的，其反应机理也是亲核加成-消除。OH^- 作为强碱直接进攻酰基碳原子，形成四面体中间体的负离子；然后消去烷氧负离子得到羧酸；羧酸与烷氧负离子质子交换生成产物羧酸盐和醇，即

$$\mathrm{R{-}\overset{\overset{\large O}{\|}}{C}{-}OR'} + \mathrm{OH^-} \rightleftharpoons \mathrm{R{-}\underset{\underset{\large OH}{|}}{\overset{\overset{\large O^-}{|}}{C}}{-}OR'} \rightleftharpoons \mathrm{R{-}\overset{\overset{\large O}{\|}}{C}{-}OH} + \mathrm{R'O^-} \longrightarrow \mathrm{R{-}\overset{\overset{\large O}{\|}}{C}{-}O^-} + \mathrm{R'OH}$$

用 ^{18}O 标记的丙酸乙酯在碱性条件下水解得到含有 ^{18}O 标记的乙醇，说明此反应是按酰氧断键方式进行的，即

$$\mathrm{CH_3CH_2\overset{\overset{\large O}{\|}}{C}{-}{}^{18}OC_2H_5} + \mathrm{NaOH} \longrightarrow \mathrm{CH_3CH_2COONa} + \mathrm{C_2H_5{}^{18}OH}$$

酰胺的水解比较难，需要剧烈反应条件。一般加入强碱或强酸，经长时间加热或回流进行反应。酰胺在酸性条件下水解生成羧酸和铵盐，在碱性条件下水解生成羧酸盐并放出氨或胺。

3）羧酸衍生物的醇解

酰卤、酸酐、酯和酰胺与醇发生醇解反应生成酯，是合成酯的重要方法，如

$$R-\overset{O}{\overset{\|}{C}}-X + H-OR'' \longrightarrow R-\overset{O}{\overset{\|}{C}}-OR'' + HCl$$

$$R-\overset{O}{\overset{\|}{C}}-O-\overset{O}{\overset{\|}{C}}-R' + H-OR'' \xrightarrow{\text{加热}} R-\overset{O}{\overset{\|}{C}}-OR'' + R'COOH$$

$$R-\overset{O}{\overset{\|}{C}}-O-R' + H-OR'' \xrightarrow[\text{加热}]{H^+\text{或}OR''^-} R-\overset{O}{\overset{\|}{C}}-OR'' + R'OH$$

$$R-\overset{O}{\overset{\|}{C}}-NH_2 + H-OR'' \xrightarrow[\text{回流}]{H^+\text{或}OR''^-} R-\overset{O}{\overset{\|}{C}}-OR'' + NH_3$$

酰卤很容易醇解生成酯，这是合成酯常用的方法。通常用羧酸与醇直接酯化效果不好，可用羧酸经过酰卤再与醇反应的方法来制备用酯化反应难以得到的酯。可在反应体系中加入三乙胺、吡啶等缚酸剂中和反应中生成的氢卤酸，促进反应的进行，如

$$(CH_3)_3CCOOH \xrightarrow{SOCl_2} (CH_3)_3CCOCl \xrightarrow[C_5H_5N]{C_6H_5OH} (CH_3)_3C\overset{O}{\overset{\|}{C}}-OC_6H_5 + C_5H_5N\cdot HCl$$

酸酐的醇解也很容易。由于酸酐比酰卤易于制备和保存，也常被广泛用于制备酯。例如用乙酸酐与水杨酸合成乙酰水杨酸（俗称阿司匹林，具有解热、镇痛的作用），即

$$(CH_3CO)_2O + \text{(邻羟基苯甲酸：苯环上 COOH、OH)} \longrightarrow \text{(苯环上 COOH、}OCOCH_3\text{)} + CH_3COOH$$

乙酰水杨酸

环状酸酐发生醇解反应先生成二元酸的单酯，要得到二酯需在酸催化下与过量的醇反应，如

$$\text{(丁二酸酐)} + CH_3OH \longrightarrow \begin{array}{l}CH_2COOCH_3\\|\\CH_2COOH\end{array} \xrightarrow{CH_3OH,\ H^+} \begin{array}{l}CH_2COOCH_3\\|\\CH_2COOCH_3\end{array}$$

丁二酸单甲酯　　丁二酸二甲酯

酯与醇的反应生成新的醇和酯，故称为酯交换反应。酯交换反应活性较低，需要在酸或碱的催化下进行。酯交换反应是可逆的，可采用加入过量的醇或将新生成的醇移去的方法，使平衡向正方向进行。常用于由低沸点的酯合成高沸点的酯。

$$CH_2{=}CHCOOCH_3 + n\text{-}C_4H_9OH \xrightarrow{TsOH} CH_2{=}CHCOOC_4H_9\text{-}n + CH_3OH$$

聚乙烯醇生产中的最后一步就利用了酯交换反应。因为聚乙酸乙烯酯不溶于水，直接在水溶液中水解很困难。可让聚乙酸乙烯酯与甲醇进行酯交换反应，很容易便可使聚乙烯醇游离出来，如

$$\underset{\displaystyle \text{OAc}}{H_2C{=}\overset{}{CH}} \xrightarrow{\text{聚合}} \left[CH_2{-}\underset{\text{OAc}}{CH}\right]_n \xrightarrow[NaOH]{nCH_3OH} \left[CH_2{-}\underset{\text{OH}}{CH}\right]_n + nCH_3COOCH_3$$

酰胺很难醇解，反应是可逆的。需酸催化和过量的醇才能反应，也可用少量醇钠碱催化下醇解。

4) 羧酸衍生物的胺(氨)解

酰卤、酸酐和酯可与胺(氨)发生胺(氨)解反应生成酰胺，如

$$R{-}\overset{O}{\overset{\|}{C}}{-}L + H{-}NH_2 \longrightarrow R{-}\overset{O}{\overset{\|}{C}}{-}NH_2 + HL$$

L=X，OCOR′，OR

酰胺的胺(氨)解反应是很难进行的可逆反应，只有当伯(仲)胺的碱性较强且过量时才能发生胺解。叔胺不发生胺解。

$$R{-}\overset{O}{\overset{\|}{C}}{-}NH_2 + \left\{\begin{array}{l} H{-}NHR' \\ H{-}NR'_2 \end{array}\right. \underset{(\text{过量})}{} \longrightarrow \left\{\begin{array}{l} R{-}\overset{O}{\overset{\|}{C}}{-}NHR' \\ R{-}\overset{O}{\overset{\|}{C}}{-}NR'_2 \end{array}\right. + NH_3$$

（过量）

酰卤和酸酐的胺(氨)解反应很剧烈，需要在冷却条件下滴加反应物进行。该反应是合成酰胺常用的方法。酰氯与胺反应时生成的氯化氢常用碱性试剂如三乙胺、吡啶、氢氧化钠等中和，避免消耗反应物胺。

$$C_6H_5{-}\overset{O}{\overset{\|}{C}}{-}Cl + HN\text{(哌啶)} \xrightarrow{NaOH} C_6H_5{-}\overset{O}{\overset{\|}{C}}{-}N\text{(哌啶)} + NaCl + H_2O$$

环状酸酐与氨的反应先开环生成酰胺酸盐，再酸化得到酰胺酸。若反应在高温下进行则生成酰亚胺，如

$$\text{邻苯二甲酸酐} + NH_3 \longrightarrow \text{邻甲酰胺基苯甲酸铵 }(C_6H_4(CONH_2)(COONH_4)) \begin{cases} \xrightarrow{H^+} C_6H_4(CONH_2)(COOH) \\ \xrightarrow{300℃} \text{邻苯二甲酰亚胺} \end{cases}$$

邻苯二甲酰亚胺

胺(氨)的亲核性比醇强,又具有碱性,所以酯的胺(氨)解不需要酸或碱作催化剂,但反应需要加热,如

$$\gamma\text{-丁内酯} + NH_3 \xrightarrow{\text{加热}} \text{丁内酰胺} + H_2O$$

丁内酰胺

2. 羧酸衍生物的还原反应

羧酸衍生物比羧酸容易被还原。酰卤、酸酐和酯被还原生成醇,酰胺则被还原成胺,如

$$\left.\begin{array}{l} R—\overset{O}{\overset{\|}{C}}—X \\ R—\overset{O}{\overset{\|}{C}}—O—\overset{O}{\overset{\|}{C}}—R' \\ R—\overset{O}{\overset{\|}{C}}—O—R' \\ R—\overset{O}{\overset{\|}{C}}—NH_2(R) \end{array}\right\} \xrightarrow{[H]} \left\{\begin{array}{l} RCH_2OH \\ RCH_2OH + R'CH_2OH \\ RCH_2OH + R'OH \\ RCH_2NH_2(R) \end{array}\right.$$

羧酸衍生物被还原的反应活性为

$$R—\overset{O}{\overset{\|}{C}}—X > R—\overset{O}{\overset{\|}{C}}—O—\overset{O}{\overset{\|}{C}}—R' > R—\overset{O}{\overset{\|}{C}}—O—R' > R—\overset{O}{\overset{\|}{C}}—NH_2(R)$$

1) 催化氢化还原法

羧酸衍生物在催化加氢条件下都可以被还原。其中有制备价值的是酰卤的选择性还原。酰卤在催化剂(Pd－$BaSO_4$,硫-喹啉)作用下,选择性地还原生成醛,该反应成为罗森蒙德还原,即

$$\text{2-萘甲酰氯 (2-}C_{10}H_7COCl) \xrightarrow[\text{140～150℃,74\%～81\%}]{H_2,\text{Pd-BaSO}_4,\text{硫-喹啉}} \text{2-萘甲醛 (2-}C_{10}H_7CHO)$$

罗森蒙德反应是制备醛的重要方法之一。

2）金属氢化物还原法

羧酸衍生物都可以被氢化铝锂($LiAlH_4$)等金属氢化物还原。氢化铝锂也称铝锂氢，是还原性极强的化学还原剂。酰氯、酸酐和酯都可被还原生成相应的伯醇，酰胺可被还原成相应的胺，一般收率都很高，例如

$$C_{15}H_{31}-\overset{\overset{\displaystyle O}{\|}}{C}-Cl \xrightarrow[\text{② } H_2O]{\text{① } LiAlH_4\text{, 乙醚}} \underset{98\%}{C_{15}H_{31}-CH_2OH}$$

$$\text{邻苯二甲酸酐} \xrightarrow[\text{② } H_2O]{\text{① } LiAlH_4\text{, 乙醚}} \underset{87\%}{\text{1,2-}C_6H_4(CH_2OH)_2}$$

$$CH_3CH{=}CHCH_2COOCH_3 \xrightarrow[\text{② } H_2O]{\text{① } LiAlH_4\text{, 乙醚}} \underset{75\%}{CH_3CH{=}CHCH_2CH_2OH} + CH_3OH$$

$$C_6H_{11}-\overset{\overset{\displaystyle O}{\|}}{C}-N(CH_3)_2 \xrightarrow{LiAlH_4\text{, 乙醚}} \underset{88\%}{C_6H_{11}-CH_2N(CH_3)_2}$$

3）羧酸酯的还原

酯与金属钠在醇(常用乙醇)的溶液中加热回流反应，酯被还原生成相应的伯醇，该反应称为布沃-布朗(Bouveault - Blanc)反应，例如

$$\underset{\text{油酸乙酯}}{CH_3(CH_2)_7CH{=}CH(CH_2)_7COOC_2H_5} \xrightarrow{Na, C_2H_5OH} \underset{\substack{\text{油醇} \\ 49\%\sim51\%}}{CH_3(CH_2)_7CH{=}CH(CH_2)_7CH_2OH}$$

布沃-布朗还原反应是还原酯制备醇最常用的方法之一，特别适用于由天然油脂合成高级的不饱和脂肪醇。其也是工业上生产高级不饱和脂肪醇的唯一方法。

3. 羧酸衍生物与格氏试剂的反应

羧酸衍生物与试剂格氏的反应首先生成酮，酮进一步反应生成醇。反应的实质是碳负离子对酰基碳原子的亲核加成。反应历程如下：

$$R-\overset{\overset{\displaystyle O}{\|}}{C}-L \xrightarrow{R'MgX} R-\overset{\overset{\displaystyle OMgX}{|}}{\underset{\underset{\displaystyle R'}{|}}{C}}-L \xrightarrow[-LMgX]{} R-\overset{\overset{\displaystyle O}{\|}}{C}-R' \xrightarrow{R'MgX} R-\overset{\overset{\displaystyle OMgX}{|}}{\underset{\underset{\displaystyle R'}{|}}{C}}-R' \xrightarrow{H_2O} R-\overset{\overset{\displaystyle OH}{|}}{\underset{\underset{\displaystyle R'}{|}}{C}}-R'$$

反应过程的中间产物是酮。酰氯与格氏试剂反应时，由于酰氯的活性大于酮，控制反应条件可以让反应停留在生成酮的阶段，如

$$\text{1-甲基环戊烷甲酰氯}\ (C_5H_8(CH_3)COCl) + CH_3MgI \xrightarrow[-15℃]{Et_2O} C_5H_8(CH_3)COCH_3$$

低温、限制格氏试剂的用量都可以抑制酮进一步与格氏试剂反应。使用空间位阻较大的酰氯或格氏试剂，可以得到较高产率的酮，如

$$CH_3COCl + CH_3CH_2CH_2CH_2MgCl \xrightarrow[-70℃]{Et_2O,\ FeCl_3} CH_3\overset{O}{\overset{\|}{C}}—CH_2CH_2CH_2CH_3 \quad 72\%$$

酸酐和酯与格氏试剂反应也是先生成酮，但因为酮的反应活性比酸酐和酯高，酮会继续与格氏试剂反应生成叔醇，如

$$C_6H_5—\overset{O}{\overset{\|}{C}}—O—\overset{O}{\overset{\|}{C}}—C_6H_5 \xrightarrow[\text{② } H_3\overset{+}{O}]{\text{① } CH_3MgI,\ Et_2O} C_6H_5—\underset{CH_3}{\underset{|}{\overset{OH}{\overset{|}{C}}}}—CH_3$$

$$\delta\text{-戊内酯} + 2CH_3CH_2MgCl \xrightarrow[\text{② } H_2O]{\text{① } Et_2O} (CH_3CH_2)_2\overset{OH}{\overset{|}{C}}CH_2CH_2CH_2CH_2OH$$

酰胺分子中若氮上含有活泼氢，能使格氏试剂分解。N，N－二烷基酰胺虽然能与格氏试剂反应生成酮或醇，但一般在有机合成上的应用很少。

4. 酰胺的性质

酰胺分子中的氨(胺)基与别的离去基团不同，还具有酰胺的特性反应。

1) 酰胺的酸碱性

酰胺在水中不发生解离，不能使石蕊变色，一般被认为是中性化合物。酰胺的酸碱性是相对的，酰胺有时也显出弱酸性和弱碱性。例如将干燥的氯化氢气体通入乙酰胺的乙醚溶液中，可生成不溶于乙醚的盐，即

$$CH_3CONH_2 + HCl \xrightarrow{\text{乙醚}} CH_3CONH_2 \cdot HCl\downarrow$$

形成的乙酰胺盐酸盐不稳定，遇水又分解为乙酰胺和盐酸。这说明酰胺有碱性，但碱性非常弱。

乙酰胺的水溶液可与氧化汞反应生成稳定的汞盐，即

$$2CH_3CONH_2 + HgO \longrightarrow (CH_3CONH)_2Hg + H_2O$$

酰胺与金属钠等强碱作用也能生成钠盐，形成的盐不稳定，遇水立即分解。这都说明酰胺具有弱酸性。

酰胺分子中与酰基相连的氮原子受酰基吸电子的影响，使得氮上的电子云密度下降，酰胺的碱性明显不如氨或胺。氮原子与两个酰基相连的化合物称为酰亚胺，即

$$R-\overset{\overset{\displaystyle O}{\|}}{C}-\underset{\cdot\cdot}{\overset{H}{N}}-\overset{\overset{\displaystyle O}{\|}}{C}-R$$

酰亚胺

由于受到两个酰基吸电子的影响，使得氮上的氢原子易于以质子的形式与碱作用，因而酰亚胺显示出较酰胺更强的酸性，能与碱的水溶液形成较稳定的盐，例如邻苯二酰亚胺与氢氧化钾作用生成钾盐，即

$$\text{邻苯二酰亚胺(NH)} + KOH \longrightarrow \text{邻苯二酰亚胺钾(NK)} + H_2O$$

此盐与卤代烃反应生成的 N－烷基邻苯二酰亚胺经水解生成伯胺，是合成纯伯胺的重要方法，称为加百列合成法（见 13.2.5 节）。

2）酰胺的脱水反应

酰胺可与强脱水剂（如五氧化二磷、三氯氧磷、氯化亚砜）共热或高温加热，发生分子内脱水生成腈，这是合成腈最常用的方法，即

$$(CH_3)_2CH-\overset{\overset{\displaystyle O}{\|}}{C}-NH_2 \xrightarrow[200\sim220℃]{P_2O_5} (CH_3)_2CH-CN+H_2O$$

$$CH_3CH_2CH_2CH_2\underset{}{\overset{\overset{\displaystyle CH_2CH_3}{|}}{C}}HCONH_2 \xrightarrow[75\sim80℃]{SOCl_2,苯} CH_3CH_2CH_2CH_2\overset{\overset{\displaystyle CH_2CH_3}{|}}{C}HCN\ +H_2O$$

3）霍夫曼降解反应

酰胺与卤素的氢氧化钠溶液（或次卤酸盐的碱溶液）作用，脱去羰基生成少一个碳的伯胺的反应称为霍夫曼（Hofmann）降解反应，也称为霍夫曼重排反应，例如

$$(CH_3)_3CCH_2\overset{\overset{\displaystyle O}{\|}}{C}-NH_2 \xrightarrow{Br_2,NaOH} \underset{94\%}{(CH_3)_3CCH_2NH_2}$$

霍夫曼降解反应产率较高、产品纯度好，是制备伯胺或氨基酸的重要方法。其反应机理是先在酰胺的氮原子上碱催化溴化反应，得到中间体 N－溴代酰胺，即

$$R-\overset{\overset{O}{\|}}{C}-NH_2 + OH^- + Br_2 \longrightarrow R-\overset{\overset{O}{\|}}{C}-\underset{\underset{H}{|}}{N}-Br + Br^- + H_2O$$

此中间体在碱作用下消除氮上的氢质子，形成 N -溴代酰胺负离子，随后烷基迁移到氮原子上的同时脱去溴负离子生成异氰酸酯，即

$$R-\overset{\overset{O}{\|}}{C}-\underset{\underset{H}{|}}{N}-Br \underset{}{\overset{OH^-}{\rightleftharpoons}} R-\overset{\overset{O}{\|}}{C}-\overset{-}{N}-Br \xrightarrow[-Br^-]{} R-N{=}C{=}O$$

异氰酸酯具有累计双键的性质，很容易与水或醇等发生加成反应，其加成产物在碱性溶液中很快脱去二氧化碳生成产物伯胺，即

$$R-N{=}C{=}O + H_2O \longrightarrow R-NH-\overset{\overset{O}{\|}}{C}-OH \longrightarrow R-NH_2 + CO_2$$

11.2.4 重要的羧酸及衍生物

1. 乙酸

乙酸别名醋酸、冰醋酸，是一种有机一元酸，为食用醋内酸味及刺激性气味的来源。纯的无水乙酸(冰醋酸)是无色的吸湿性液体，凝固点为 16.7℃，凝固后为无色晶体。乙酸具有腐蚀性，其蒸气对眼和鼻有刺激性作用。在家庭中，乙酸稀溶液常用作除垢剂。在食品工业中，乙酸是食品添加剂中规定的一种酸度调节剂。

2. 乙酸酐

乙酸酐别名乙酐、醋酐，为无色透明液体，有强烈的乙酸气味，味酸。乙酸酐有吸湿性，可溶于氯仿和乙醚，也可缓慢地溶于水形成乙酸或与乙醇作用形成乙酸乙酯。低毒，半数致死量(大鼠，经口)为 1 780 mg/kg。易燃，有腐蚀性，勿接触皮肤或眼睛，以防引起损伤。有催泪性。

3. 乙酸乙酯

乙酸乙酯别名醋酸乙酯，是乙酸中的羟基被乙氧基取代而生成的化合物。无色透明液体，易挥发，有强烈的醚似的气味，为清香、微带果味的酒香。对空气敏感，能吸收水分，水分能使其缓慢分解而呈酸性。可用作纺织工业的清洗剂和天然香料的萃取剂，也是制药工业和有机合成的重要原料。

4. 苯甲酰胺

苯甲酰胺别名苯酰胺，无色片状晶体。可溶于乙醇和热水，微溶于乙醚。中性，具有一般酰胺的性质，可水解生成苯甲酸和氨。可用苯甲酰氯与氨反应制得。可用作有机合成试剂及甘氨酸试剂。

5. 乳酸

乳酸学名 2-羟基丙酸。纯品为无色液体，工业品为无色到浅黄色液体。无气味，具有吸湿性。能与水、乙醇、甘油混溶，不溶于氯仿、二硫化碳和石油醚。在常压下加热可分解，浓缩至 50%时，部分变成乳酸酐，因此产品中常含有 10%～15%的乳酸酐。乳酸在食品行业可以作为防腐保鲜剂或酸味调节剂，也是啤酒酿造糖果生产和面包制造中重要的添加剂。

习　　题

11-1　按系统命名法命名或写出结构式：

(1) $CH_3OCH_2CH_2CH_2COOH$

(2) 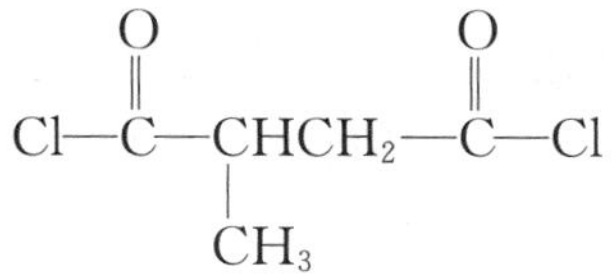 $Cl-\overset{O}{\overset{\|}{C}}-\underset{CH_3}{\underset{|}{C}}HCH_2-\overset{O}{\overset{\|}{C}}-Cl$

(3) (δ-戊内酯环状结构：六元环含 O，环上 C=O)

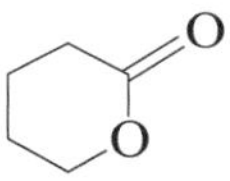

(4) 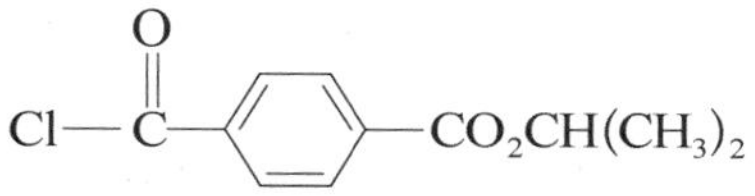 $Cl-\overset{O}{\overset{\|}{C}}-C_6H_4-CO_2CH(CH_3)_2$（对位）

(5)  $\begin{matrix} CH_2-OCOCH_2CH_3 \\ | \\ CH_2-OCOCH_2CH_3 \end{matrix}$

(6) 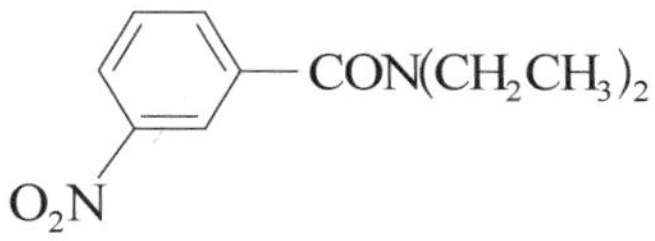 $O_2N-C_6H_4-CON(CH_2CH_3)_2$（间位）

(7) 2,4-二氯苯氧基乙酸　　(8) 4-乙酰氧基苯甲酸甲酯

(9) N-正丁基邻苯二甲酰亚胺　　(10) 顺丁烯二酸酐

(11) N,N-二甲基乙酰胺

11-2　完成下列各反应式：

(1) 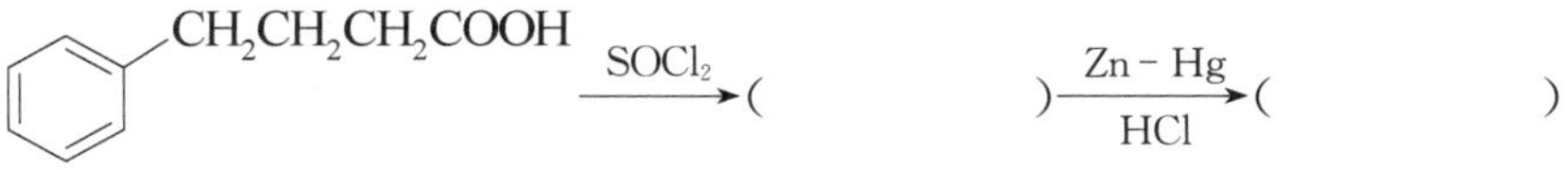 $C_6H_5CH_2CH_2CH_2COOH \xrightarrow{SOCl_2} (\qquad) \xrightarrow[HCl]{Zn-Hg} (\qquad)$

(2) $CH_3CH_2\overset{O}{\overset{\|}{C}}-\underset{COOH}{\underset{|}{C}}HCH_2COOH \xrightarrow{\triangle} (\qquad)$

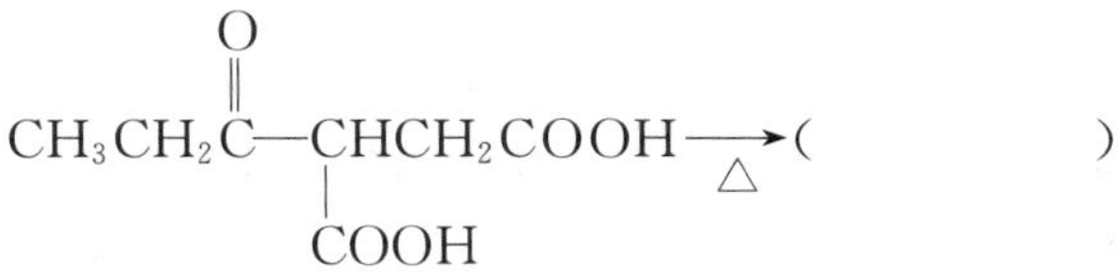

(3) 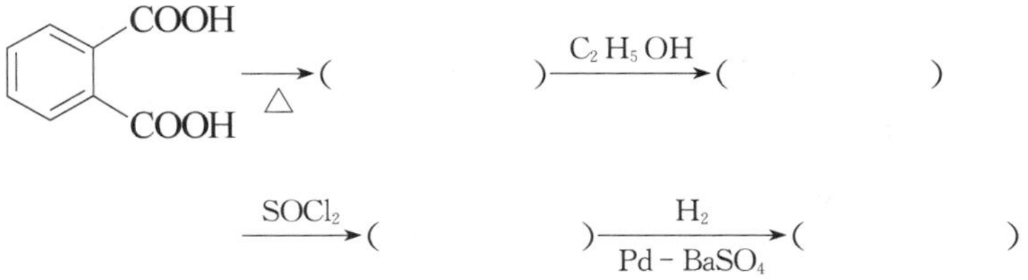 邻苯二甲酸 $\xrightarrow{\triangle} (\qquad) \xrightarrow{C_2H_5OH} (\qquad)$

$\xrightarrow{SOCl_2} (\qquad) \xrightarrow[Pd-BaSO_4]{H_2} (\qquad)$

(4) δ-戊内酯（环状酯，C=O，O） $+CH_3CH_2OH \xrightarrow{H^+}$ (　　　) $\xrightarrow{(CH_3)_2NH}$ (　　　)

(5) $NC-C_6H_4-\overset{O}{\overset{\|}{C}}-NHCH_3 \xrightarrow{LiAlH_4}$ (　　　)

(6) 邻苯二甲酸（COOH，COOH） $\xrightarrow{\triangle}$ (　　　) $\xrightarrow{C_2H_5OH}$ (　　　)

$\xrightarrow{SOCl_2}$ (　　　) $\xrightarrow{NH_3}$ (　　　) $\xrightarrow{Br_2/OH^-}$ (　　　)

11－3　根据题目要求回答下列问题：

(1) 比较下列化合物的酸性强弱：

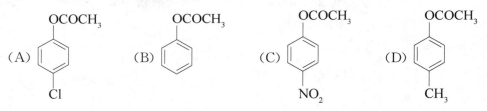

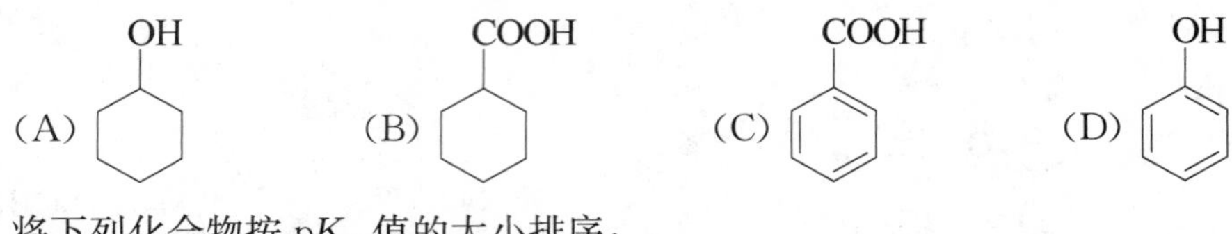

(2) 将下列化合物按 pK_a 值的大小排序：

(A) CH_3CH_2COOH　　(B) $CH_3\underset{Cl}{C}CHOOH$

(C) $CH_3\underset{F}{C}CHOOH$　　(D) $\underset{Cl}{C}H_2CH_2COOH$

(3) 比较下列化合物发生碱性水解的反应速率：

(A) $OCOCH_3$（苯环对位 Cl）　(B) $OCOCH_3$（苯环）　(C) $OCOCH_3$（苯环对位 NO_2）　(D) $OCOCH_3$（苯环对位 CH_3）

(4) 比较下列化合物的酸性：

(A) C_6H_5COOH　　(B) $CH_2=CHCOOH$

(C) CH_3CH_2COOH　　(D) CH_3COOH

(5) 比较下列化合物与甲醇酯化的反应速率：

(A) CH_3COOH

(B) $CH_3CH_2CH_2COOH$

(C) $(CH_3)_3CCOOH$

(D) $(CH_3)_2CHCOOH$

(6) 比较下列化合物发生胺解的反应速率：

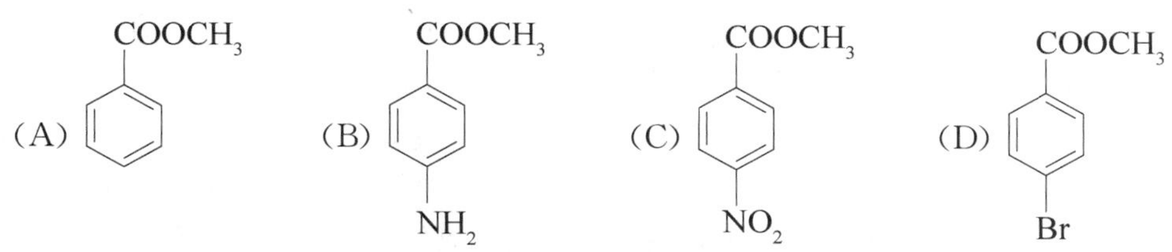

(7) 比较下列化合物与苯甲酸发生酯化反应的活性：

(A) CH_3CH_2OH　　(B) CH_3OH

(C) $CH_3CH(OH)CH_3$　　(D) $(CH_3)_3C—OH$

(8) 比较下列化合物的酸性强弱：

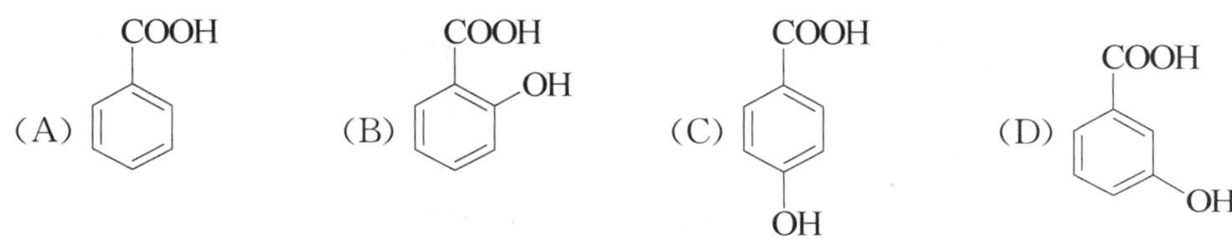

11－4　鉴别或分离下列各组化合物：

(1) 化学法鉴别：(A) 乙醛　(B) 乙醇　(C) 甲酸　(D) 乙酸

(2) 化学法鉴别：(A) 乙酸　(B) 乙酰氯　(C) 乙酸乙酯　(D) 乙酰胺

(3) 化学法鉴别：(A) 乙酸　(B) 乙二酸　(C) 丙二酸　(D) 丁二酸

(4) 分离下列化合物：(A) 苯甲醛　(B) 苯甲酸　(C) 苯酚　(D) 甲苯

(5) 分离下列化合物：(A) 戊酸　(B) 戊醇　(C) 戊醛　(D) 3-戊酮

11－5　由指定原料合成化合物，无机试剂任选。

(1) 从 $CH_3CH═CH_2$ 合成 $CH_3CH═CHCOOCH(CH_3)_2$

(2) 由丙醇合成 $CH_3CH_2CH(OH)—CH(CH_3)COOH$

(3) 以乙醇为原料合成 $CH_3CH_2CH(CH_3)—C(═O)—NHCH_2CH_3$

11－6　根据题意推测结构。

(1) 有两个酯类化合物 A 和 B，分子式均为 $C_4H_6O_2$。A 在酸性条件下水解成甲醇和另一个化合物 C(分子式为 $C_3H_4O_2$)，C 可以使溴的 CCl_4 溶液褪色。B 在酸性条件下水解生成一分子羧酸和化合物 D。D 可发生碘仿反应，也可与多伦试剂作用。试推测 A、B、C、D 的结构式。

(2) 某化合物 A，分子式为 $C_5H_{11}NO$，A 的 IR 光谱在 1 690 cm^{-1} 附近有特征吸收峰，A 的核磁共振有两个单峰，峰面积比为 9∶2。A 用 NaOI 处理后得 B，B 的分子式为 $C_4H_{11}N$，B 用对甲苯磺酰氯处理得一沉淀，沉淀溶于 NaOH 水溶液。试推测 A、B 的结构式。

(3) 某化合物 A，分子式为 $C_5H_6O_3$，它能与乙醇作用得到两个互为异构体的化合物 C 和 B，C 和 B 分别与氯化亚砜作用后，再加入乙醇都得到同一化合物 D，试推测 A、B、C、D 的结构式。

(4) 一酸性化合物 A($C_6H_{10}O_4$)，经加热到化合物 B($C_6H_8O_3$)。B 的 IR 光谱在 1 820 cm^{-1} 和 1 755 cm^{-1} 处有特征吸收，B 的 ^1H NMR 数据为 δ 1.0(d,3H)，δ 2.1(m,1H)，δ 2.8(d,4H)。试写出 A、B 的结构式。

(5) 某化合物 A，分子式为 $C_{10}H_{12}O_2$，其 IR 光谱在 1 740 cm^{-1} 处有特征吸收，^1H NMR 数据为 δ 1.2(t,3H)，δ 3.5(s,2H)，δ 4.1(q,2H)，δ 7.3(m,5H)。试推测 A 的结构式。

(6) 三个化合物 A、B、C，分子式均为 $C_4H_6O_4$，A、B 可溶于 $NaHCO_3$ 溶液。A 加热生成 $C_4H_4O_3$，B 加热生成 $C_3H_6O_2$，C 用稀酸处理得 D 和 E。D 和 E 均能被 $KMnO_4$ 氧化生成二氧化碳。试推导 A、B、C 的构造式。

(7) 某二元酸 A(分子式为 $C_8H_{14}O_4$)，受热时转变成中性化合物 B(分子式为 $C_7H_{12}O$)，B 用浓 HNO_3 氧化生成二元酸 C(分子式为 $C_7H_{12}O_4$)。C 受热脱水成酸酐 D(分子式为 $C_7H_{10}O_3$)，A 用 $LiAlH_4$ 还原得 E(分子式为 $C_8H_{18}O_2$)，E 能脱水生成 3,4-二甲基-1,5-己二烯。试推导 A、B、C、D、E 的结构。

(8) 某羧酸酯 A(分子式为 $C_5H_{10}O_2$)，用乙醇钠的乙醇溶液处理，得到另一个酯 B(分子式为 $C_8H_{14}O_3$)。B 能使溴水褪色。将 B 用乙醇钠的乙醇溶液处理后与碘乙烷反应，得到化合物 C(分子式为 $C_{10}H_{16}O_3$)，C 在室温下与溴水不反应。将 C 经稀碱水解、酸化、加热脱羧得到一个酮 D(分子式为 $C_7H_{14}O$)。D 不发生碘仿反应，用锌-汞齐还原得到 3-甲基己烷。试推导 A、B、C、D 的结构。

第 12 章 β-二羰基化合物

分子中的两个羰基被一个饱和碳原子相间隔的化合物统称为β-二羰基化合物，该化合物一般有以下三种结构形式：

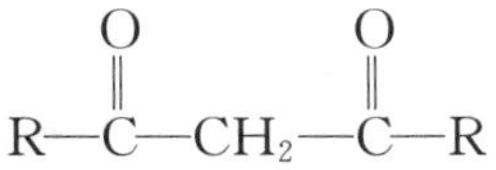

$$\underset{\beta\text{-二酮}}{R-\overset{\overset{\displaystyle O}{\|}}{C}-CH_2-\overset{\overset{\displaystyle O}{\|}}{C}-R} \qquad \underset{\beta\text{-酮酸酯}}{R-\overset{\overset{\displaystyle O}{\|}}{C}-CH_2-\overset{\overset{\displaystyle O}{\|}}{C}-OR'} \qquad \underset{\text{丙二酸二酯}}{RO-\overset{\overset{\displaystyle O}{\|}}{C}-CH_2-\overset{\overset{\displaystyle O}{\|}}{C}-OR}$$

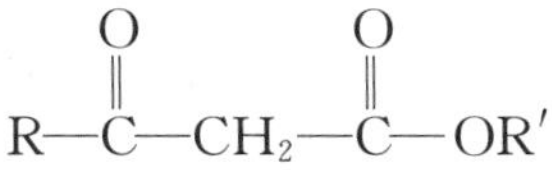

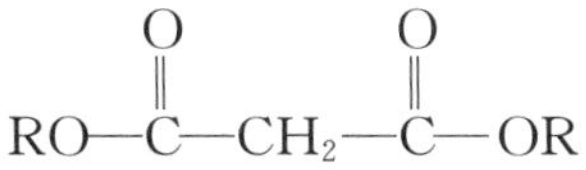

这里所说的羰基可以是醛或酮，也可以是酯基。两个羰基之间的亚甲基由于受到羰基吸电子作用的活化，其上氢的酸性增加，所以β-二羰基化合物也称为含活泼亚甲基的化合物。这类化合物在有机合成中是很重要的试剂。

12.1 烯醇式和酮式的互变异构

羰基化合物中活泼的α氢可以在α碳和羰基氧原子之间转移，与生成的烯醇式之间构成酮式-烯醇式互变异构，即

$$\underset{\text{酮式}}{RH_2C-\overset{\overset{\displaystyle O}{\|}}{C}-R'} \xrightleftharpoons{\text{互变异构}} \underset{\text{烯醇式}}{RHC=\overset{\overset{\displaystyle OH}{|}}{C}-R'}$$

酸或碱都可催化酮式与烯醇式之间的异构化，痕量的酸、碱甚至玻璃仪器都能促进其很快达到平衡。

酸催化的异构化首先是酸对羰基中的氧原子质子化形成锌盐，其共轭碱再失去α氢形成烯醇，即

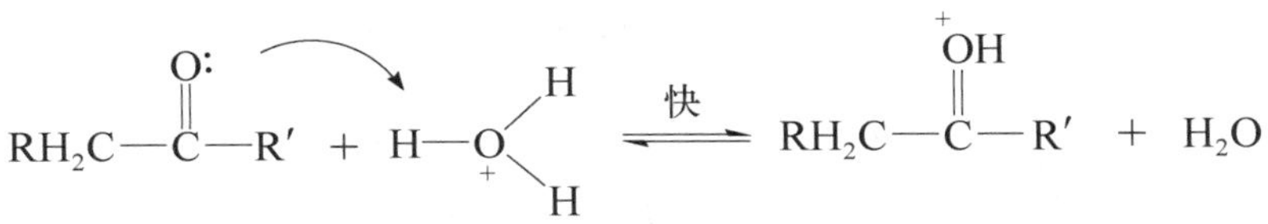

$$RH_2C-\overset{\overset{\displaystyle O\!:}{\|}}{C}-R' + H-\overset{+}{O}\begin{matrix}H\\ \\H\end{matrix} \xrightleftharpoons{\text{快}} RH_2C-\overset{\overset{\displaystyle \overset{+}{O}H}{\|}}{C}-R' + H_2O$$

$$RHC-\overset{\overset{+}{O}H}{\overset{\|}{C}}(-H)-R' + :OH_2 \xrightleftharpoons{慢} RHC=\overset{\overset{OH}{|}}{C}-R' + H_3\overset{+}{O}$$

碱催化的异构化首先是碱夺取醛或酮中的一个α氢子，形成烯醇负离子，烯醇负离子再夺取碱的共轭酸中的一个质子形成烯醇，即

$$\underset{\underset{H}{|}}{RHC}-\overset{\overset{O}{\|}}{C}-R' + OH^- \xrightleftharpoons{慢} \left[R\overset{-}{H}C-\overset{\overset{O}{\|}}{C}-R' \longleftrightarrow RHC=\overset{\overset{O^-}{|}}{C}-R'\right] + H_2O$$

$$RHC=\overset{\overset{O^-}{|}}{C}-R' + H_2O \xrightleftharpoons{快} RHC=\overset{\overset{OH}{|}}{C}-R' + OH^-$$

酮式和烯醇式虽然共存于一个平衡体系中，但一般情况下，单羰基化合物在平衡中以酮式结构为主，其烯醇式的含量很少。例如乙醛的烯醇式含量很少几乎测不出来，丙酮的烯醇式含量只有 1.5×10^{-6}，这主要是酮式异构体要比烯醇式异构体更稳定(两者的键能相差 45～60 kJ/mol)。而具有β-二羰基结构的化合物在平衡状态下其烯醇式含量较高，如β-丁酮酸乙酯(又称乙酰乙酸乙酯，俗称三乙)通常以酮式和烯醇式的混合物存在。

乙酰乙酸乙酯能与羟氨、苯肼等反应生成肟、苯腙等；也能与亚硫酸氢钠、氢氰酸等发生加成反应；能被还原生成β-羟基酸酯；与稀碱作用后酸化、加热分解得到丙酮。以上性质说明乙酰乙酸乙酯具有下列酮式结构：

$$CH_3-\overset{\overset{O}{\|}}{C}-CH_2COOC_2H_5$$

另一方面，乙酰乙酸乙酯还表现出以下特性：可以与金属钠作用放出氢气生成钠的衍生物；可与五氯化磷反应生成 3-氯-2-丁烯酸乙酯；还可以与乙酰氯反应生成酯。乙酰乙酸乙酯的这些性质说明分子中含有羟基。另外乙酰乙酸乙酯可以使溴的四氯化碳溶液迅速褪色，说明分子中含有碳碳不饱和键。乙酰乙酸乙酯还能与三氯化铁作用呈紫红色，这是烯醇式结构的特征反应，说明其含有烯醇式结构。上述性质表明乙酰乙酸乙酯还应具有下列烯醇式结构：

$$CH_3-\underset{\underset{OH}{|}}{C}=CHCOOC_2H_5$$

实际上，上述的两种异构体之间存在下列平衡：

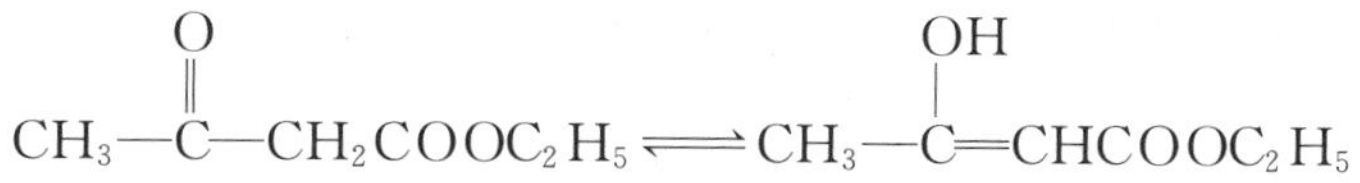

$$CH_3-\overset{\overset{O}{\|}}{C}-CH_2COOC_2H_5 \rightleftharpoons CH_3-\overset{\overset{OH}{|}}{C}=CHCOOC_2H_5$$

酮式　　　　　　烯醇式

乙酰乙酸乙酯的酮式和烯醇式的沸点分别为 41℃/267 Pa 和 33℃/267 Pa，因此可以在较低温度下用石英容器精馏的方法加以分离。在室温条件下，乙酰乙酸乙酯平衡化合物中酮式和烯醇式的含量分别为 92.5%和 7.5%。

乙酰乙酸乙酯烯醇式异构体具有较大的稳定性，主要有下列两个原因：一是烯醇式的羟基氢原子可以与酯酰基上的氧形成分子内氢键，这是一个稳定的六元环状结构；二是烯醇式中羟基氧原子上的未共用电子对，与碳碳双键和碳氧双键形成的共轭体系使电子发生了离域，分子能量降低，体系较稳定。

H, H_3C, OC_2H_5, O, H, O

:OH, O, $CH_3-C=CHCOC_2H_5$

酮式-烯醇式之间的这种互变异构现象普遍存在于羰基化合物，特别是在 β-二羰基化合物中。影响羰基化合物中烯醇式的含量的因素主要是化合物的结构。某些化合物的烯醇式的含量如表 12-1 所示。

表 12-1　某些化合物的烯醇式的含量

酮　式	烯　醇　式	烯醇式含量/%
$CH_3\overset{\underset{\|}{}}{C}OC_2H_5$ (C=O)	$CH_2=C(OH)OC_2H_5$	0
CH_3CH (C=O)	$CH_2=CH(OH)$	0
CH_3CCH_3 (C=O)	$CH_2=C(OH)CH_3$	0.000 15
$C_2H_5OC(=O)CH_2C(=O)OC_2H_5$	$C_2H_5OC(=O)CH=C(OH)OC_2H_5$	0.1
$CH_3C(=O)CH_2C(=O)OC_2H_5$	$CH_3C(OH)=CHC(=O)OC_2H_5$	7.5
$CH_3C(=O)CH_2C(=O)CH_3$	$CH_3C(OH)=CHC(=O)CH_3$	76.0
$C_6H_5C(=O)CH_2C(=O)CH_3$	$C_6H_5C(OH)=CHC(=O)CH_3$	90.9

手性化合物(+)-仲丁基苯基甲酮的乙醇-水溶液用酸或碱处理时,其光学活性将逐渐消失,经拆分后才发生了外消旋化,即

$$\text{(R)-(+)-仲丁基苯基甲酮} \xrightarrow{OH^- \text{或} H^+} \text{(±)-仲丁基苯基甲酮}$$

(R)-(+)-仲丁基苯基甲酮　　(±)-仲丁基苯基甲酮

这是因为酮在酸或碱催化作用下缓慢地转变为无手性的烯醇式,再转化为酮式结构时生成等量的对映体而产生外消旋化,即

$$\text{(R)-(+)-仲丁基苯基甲酮} \xrightarrow{OH^- \text{或} H^+} \text{Et(Me)C=C(OH)Ph} \longrightarrow \text{(±)-仲丁基苯基甲酮}$$

(R)-(+)-仲丁基苯基甲酮　　烯醇(非手性)　　外消旋体

12.2 β-二羰基化合物α氢的酸性

在有机化合物中,与官能团直接相连的α碳上的α氢由于受到官能团吸电子作用的影响,具有一定的弱酸性,通常称为α氢的酸性或α氢的活性。通过测定α氢的 pK_a 值可以确定α氢的酸性强弱。

α氢的酸性强弱与α碳相连的官能团的吸电子能力有关。一般而言α碳上的官能团吸电子能力越强,α氢的酸性就越强。常见基团的吸电子能力强弱次序为

$$-NO_2 > \rangle C{=}O > \rangle SO_2 > -COOR > -CN > -C{\equiv}CH > -C_6H_5 > -CH{=}CH_2 > -R$$

如表 12-2 所示为一些化合物的α氢的 pK_a 值。

表 12-2　一些化合物的α氢的 pK_a 值

化　合　物	pK_a	化　合　物	pK_a
CH_3SOCH_3	29.00	CH_3CHO	17.00
CH_3CN	25.00	$CH_3COC_6H_5$	16.00
$CH_3SO_2CH_3$	23.00	CH_3NO_2	10.21

羰基具有很强的吸电子能力,因此含羰基的醛酮、羧酸衍生物中的α氢具有较强的酸性。不同的羰基化合物的α氢酸性如表 12-3 所示。

表 12-3　一些羰基化合物的 α 氢的酸性

羰基化合物	α 氢的 pK_a	羰基化合物	α 氢的 pK_a
CH_3COCl	约 16	$CH_3COOC_2H_5$	25
CH_3CHO	17	$CH_3CON(CH_3)_2$	约 30
CH_3COCH_3	20		

从表 12-3 中可以看出，酰氯 α 氢的酸性比醛、酮的还强，而酯和酰胺的 α 氢的酸性较弱，这与羰基化合物的结构和形成的烯醇负离子的结构有关。

$$CH_3\overset{O}{\overset{\|}{C}}Cl \rightleftharpoons H^+ + H_2C{=}\overset{O^-}{\overset{|}{C}}{-}Cl$$

$$CH_3\overset{O}{\overset{\|}{C}}OCH_3 \rightleftharpoons H^+ + H_2C{=}\overset{O^-}{\overset{|}{C}}{-}OCH_3$$

$$CH_3\overset{O}{\overset{\|}{C}}N(CH_3)_2 \rightleftharpoons H^+ + H_2C{=}\overset{O^-}{\overset{|}{C}}{-}N(CH_3)_2$$

在乙酰氯分子中，氯的吸电子诱导作用大于供电子共轭效应，从而增加了羰基对 α 碳的吸电子能力，同时也使得形成的烯醇式负离子上的负电荷更分散而稳定，故酰氯的 α 氢的酸性比醛酮强。而在酯和酰胺分子中，烷氧基的氧和氨基的氮上的未共用电子对的供电子共轭效应大于吸电子诱导作用，若要解离出 α 氢形成烯醇负离子，需要较大的能量，故它们的酸性比醛酮弱。特别是酰胺氮上的未共用电子对与羰基形成的共轭体系更加稳定，故其酸性比酯还弱。

在 β-二羰基化合物中，由于受到两个羰基的吸电子作用，亚甲基上的 α 氢的酸性增强，有利于 α 氢以质子的形式解离并形成稳定的负离子，如乙酰乙酸乙酯中的亚甲基的 α 氢有如下反应：

$$CH_3{-}\overset{O}{\overset{\|}{C}}{-}CH_2{-}\overset{O}{\overset{\|}{C}}{-}OC_2H_5 \rightleftharpoons H^+ + CH_3{-}\overset{O}{\overset{\|}{C}}{-}\overset{-}{C}H{-}\overset{O}{\overset{\|}{C}}{-}OC_2H_5$$

因为负离子可以同时与两个羰基发生共轭作用，负电荷可分散到整个共轭体系，使体系能量降低。这个烯醇式负离子是下列极限结构式的杂化体：

$$CH_3{-}\overset{O}{\overset{\|}{C}}{-}\overset{-}{C}H{-}\overset{O}{\overset{\|}{C}}{-}OC_2H_5 \longleftrightarrow CH_3{-}\overset{O^-}{\overset{|}{C}}{=}CH{-}\overset{O}{\overset{\|}{C}}{-}OC_2H_5 \longleftrightarrow CH_3{-}\overset{O}{\overset{\|}{C}}{-}CH{=}\overset{O^-}{\overset{|}{C}}{-}OC_2H_5$$

碳负离子上的负电荷可分散到两个羰基上，所以负离子特别稳定。

其他的 β-二羰基化合物也都含有一个活泼的亚甲基，α 氢具有较强的酸性。含有其他吸电子基团（如硝基、氰基等）与羰基的作用相同，因此被这些基团活化的亚甲基上的 α 氢也具有较强的酸性。β-二羰基化合物的 α 氢的 pK_a 值如表 12-4 所示。

表 12-4　β-二羰基化合物的 α 氢的酸性

β-二羰基化合物	pK_a	β-二羰基化合物	pK_a
$CH_3COCH_2COCF_3$	4.7	$CH_3COCH_2COOC_2H_5$	11.0
$CH_3COCH_2COCH_3$	9.0	$NCCH_2CN$	13.0
$NCCH_2COOC_2H_5$	9.0	$H_5C_2OOCCH_2COOC_2H_5$	13.0

12.3　缩合反应

将分子间或分子内不相连的两个碳原子连接起来的反应通常称为缩合反应。在缩合反应中有新的碳碳键生成，同时也有水或其他有机或无机小分子形成。缩合反应通常在缩合剂(如无机酸、碱、盐或醇钠、醇钾等)的作用下进行。

缩合反应有些是根据反应物和产物之间的关系定义的，如羟醛缩合。实际上，缩合反应要经过加成、消除、取代等过程。因此这些反应既是缩合反应，也可以归类于加成、消除等反应。

12.3.1　克莱森酯缩合反应

两分子酯在强碱醇钠作用下失去一分子醇，缩合生成产物 β-酮酸酯的反应，称为克莱森(Claisen)酯缩合反应，即

$$R-CH_2-\overset{O}{\overset{\|}{C}}-OC_2H_5 + H-\underset{R}{\underset{|}{CH}}-\overset{O}{\overset{\|}{C}}-OC_2H_5 \xrightarrow[\text{② HOAc}]{\text{① }C_2H_5ONa}$$

$$R-CH_2-\overset{O}{\overset{\|}{C}}-\underset{R}{\underset{|}{CH}}-\overset{O}{\overset{\|}{C}}-OC_2H_5 + C_2H_5OH$$

以乙酸乙酯为例，克莱森酯缩合反应的机理如下：

$$\underset{pK_a=25}{CH_3CO_2C_2H_5} \underset{pK_a=16}{\overset{C_2H_5O^-}{\rightleftharpoons}} \left[\overset{-}{C}H_2\overset{O}{\overset{\|}{C}}OC_2H_5 \longleftrightarrow CH_2=\overset{O^-}{\overset{|}{C}}OC_2H_5\right]$$

$$CH_3\overset{O}{\overset{\|}{C}}-OC_2H_5 + \overset{-}{C}H_2\overset{O}{\overset{\|}{C}}OC_2H_5 \rightleftharpoons CH_3-\underset{OC_2H_5}{\underset{|}{\overset{O^-}{\overset{|}{C}}}}-CH_2CO_2C_2H_5$$

$$\rightleftharpoons CH_3-\overset{O}{\overset{\|}{C}}-CH_2CO_2C_2H_5 + C_2H_5O^-$$

$$CH_3-\overset{\overset{\displaystyle O}{\|}}{C}-CH_2CO_2C_2H_5 \underset{pK_a=16}{\overset{C_2H_5O^-}{\rightleftharpoons}} \left[CH_3-\overset{\overset{\displaystyle O}{\|}}{C}-\overset{-}{C}HCO_2C_2H_5 \longleftrightarrow \right.$$
$pK_a=11$

$$\left. CH_3-\overset{\overset{\displaystyle O^-}{|}}{C}=CHCO_2C_2H_5 \right] + C_2H_5OH$$

首先乙酸乙酯在碱醇钠作用下失去 α 氢，生成烯醇负离子；烯醇负离子作为一个亲核试剂对另一分子的酯发生亲核加成，生成四面体中间体；再消去乙氧负离子，生成乙酰乙酸乙酯。在这几步反应中，平衡都是有利于逆反应的。但在最后一步中，由于乙酰乙酸乙酯的 α 氢的强酸性，平衡有利于正方向的反应，从而使整个反应平衡向正方向进行。实际上，可以将生成的乙醇蒸出，使负方向反应更为有利。反应结束后再加酸酸化即得乙酰乙酸乙酯。

从以上分析可以得知，酯缩合反应要顺利进行，酯分子中必须有 2 个 α 氢。只含一个 α 氢的酯进行酯缩合时，要用比乙醇钠的碱性更强的碱（如三苯甲基钠）。

克莱森酯缩合反应是可逆的。生成的 β-酮酸酯在催化量的碱（如醇钠）和一分子醇作用下，可发生克莱森酯缩合反应的逆反应，分解为两分子酯，即

$$CH_3-\overset{\overset{\displaystyle O}{\|}}{C}-CH_2CO_2C_2H_5 + C_2H_5OH \xrightarrow[180℃]{C_2H_5ONa(\text{催化量})} 2CH_3-\overset{\overset{\displaystyle O}{\|}}{C}-OC_2H_5$$

克莱森酯缩合反应及其逆反应在有机合成中都是十分重要和有用的。

12.3.2　交叉酯缩合反应

含有 α 氢的两个不同的酯可以发生交叉酯缩合反应，但理论上可得到四个不同的缩合产物，在合成上没有价值，因此一般用一个含有 α 氢的酯和一个不含 α 氢的酯进行缩合。常用的不含 α 氢的酯有甲酸酯、草酸酯、芳香酸酯、碳酸酯等。

含有 α 氢的酯可与甲酸酯发生交叉缩合反应，即在 α 碳上引入一个甲酰基，如甲酸乙酯与苯乙酸乙酯进行缩合，得到甲酰苯乙酸乙酯，即

$$C_6H_5-\overset{\overset{\displaystyle O}{\|}}{C}-CH_2CO_2C_2H_5 + HCOOC_2H_5 \xrightarrow{C_2H_5ONa} C_6H_5-\overset{\overset{\displaystyle O}{\|}}{C}-\underset{\underset{\displaystyle CHO}{|}}{C}HCO_2C_2H_5 + C_2H_5OH$$

α-甲酰化物非常活泼，反应的产率一般很低，并且容易聚合，如乙酸乙酯与甲酸乙酯的缩合产物会进一步发生羟醛缩合，生成均苯三甲酸三乙酯，即

$$CH_3=\overset{\overset{\displaystyle O}{\|}}{C}-OC_2H_5 + HCOOC_2H_5 \xrightarrow{C_2H_5ONa} \underset{\underset{\displaystyle CHO}{|}}{C}H_2-\overset{\overset{\displaystyle O}{\|}}{C}-OC_2H_5 + C_2H_5OH$$

$$\text{C}_2\text{H}_5\text{OOC—CH}_2\text{CHO} + \text{OHC—CH}_2\text{COOC}_2\text{H}_5 + \text{OHC—CH}_2\text{COOC}_2\text{H}_5 \xrightarrow{-3\text{H}_2\text{O}} 1,3,5\text{-C}_6\text{H}_3(\text{CO}_2\text{C}_2\text{H}_5)_3$$

草酸酯比较容易与别的酯发生交叉缩合，这是由于一个酯基的诱导作用增加了另一个羰基的亲电活性，即

$$C_2H_5O-\overset{O}{\overset{\|}{C}}-\overset{O}{\overset{\|}{C}}-OC_2H_5 + CH_3CH_2\overset{O}{\overset{\|}{C}}OC_2H_5 \xrightarrow[\text{② } H_3O^+]{\text{① } C_2H_5ONa} CH_3\underset{COCO_2C_2H_5}{\underset{|}{CH}}\overset{O}{\overset{\|}{C}}OC_2H_5$$

芳香酸酯的酯羰基不活泼，需要在较强碱（如氢化钠）的作用下，达到足够浓度的碳负离子时才能保证反应顺利进行，即

$$C_6H_5\overset{O}{\overset{\|}{C}}-OC_2H_5 + CH_3CH_2\overset{O}{\overset{\|}{C}}OC_2H_5 \xrightarrow[\text{② } H_3O^+]{\text{① NaH}} C_6H_5\overset{O}{\overset{\|}{C}}-\overset{CH_3}{\overset{|}{C}H}CO_2C_2H_5$$

12.3.3 迪克曼缩合反应

二元羧酸酯在醇钠作用下发生分子内的酯缩合反应，生成环状的β-酮酸酯的反应称为迪克曼(Dieckmann)缩合反应。己二酸二酯可和庚二酸二酯发生分子内酯缩合反应，形成五元环和六元环的β-酮酸酯。

$$C_2H_5OOC(CH_2)_4COOC_2H_5 \xrightarrow[\text{② } H_3O^+]{\text{① } C_2H_5ONa} \text{2-(}CO_2C_2H_5\text{)cyclopentanone} + C_2H_5OH$$

不对称的二元酸酯进行分子内缩合反应时，理论上可能得到两种缩合产物。但α-甲基己二酸二乙酯缩合时只能得到产物(2)，即

$$C_2H_5O_2C\overset{CH_3}{\overset{|}{C}H}(CH_2)_3CO_2C_2H_5 \underset{\text{② } H_3O^+}{\overset{\text{① } C_2H_5ONa}{\rightleftharpoons}} \begin{cases} \text{2-}CH_3\text{-2-}CO_2C_2H_5\text{-cyclopentanone} \quad (1) \\ \text{2-}CH_3\text{-5-}CO_2C_2H_5\text{-cyclopentanone} \quad (2) \end{cases}$$

原因在于缩合产物(1)的两个羰基之间的碳上没有酸性的 α 氢，而缩合产物(2)的两个羰基之间的碳上还有一个 α 氢可以进一步与碱作用生成负离子，有利于反应的平衡向正方向进行。

利用迪克曼缩合反应可以合成多种环状化合物，如

$$\text{1-}CO_2C_2H_5\text{-1-}CO_2C_2H_5\text{-3-}CH_2CH_2CO_2C_2H_5\text{环己烷} \xrightarrow{NaH} \text{双环产物}(C_2H_5O_2C,\ =O,\ CO_2C_2H_5)$$

12.3.4 酮酯缩合反应

酮的 α 氢比酯的 α 氢活泼，酮与酯进行缩合反应时，通常酮的 α 氢在碱作用下生成碳负离子，负离子进攻酯的羰基，发生酮酯缩合反应，生成 β-二羰基化合物。若使用甲酸酯与酮缩合，可得到含一个醛基和酮羰基的产物；若用草酸酯或碳酸酯为原料，产物为 β-羰基酯。若用其他一元羧酸酯，产物为 β-二酮。丙酮与不同的酯反应如下：

$$HCOOC_2H_5 + HCH_2COCH_3 \xrightarrow[\text{② } H_3O^+]{\text{① } C_2H_5ONa} HCOCH_2COCH_3$$

$$C_2H_5OCOCOOC_2H_5 + HCH_2COCH_3 \xrightarrow[\text{② } H_3O^+]{\text{① } C_2H_5ONa} C_2H_5OCOCOCH_2COCH_3$$

$$\xrightarrow[175℃]{-CO} C_2H_5OCOCH_2COCH_3$$

$$C_2H_5OCOOC_2H_5 + HCH_2COCH_3 \xrightarrow[\text{② } H_3O^+]{\text{① } NaH} C_2H_5OCOCH_2COCH_3$$

$$C_6H_5COOC_2H_5 + HCH_2COCH_3 \xrightarrow[\text{② } H_3O^+]{\text{① } NaH} C_6H_5COCH_2COC_6H_5$$

含有 α 氢的酮和含有 α 氢的酯发生缩合反应时产物很复杂。

12.3.5 其他缩合反应

含 α 氢的 β-二羰基化合物在碱作用下，与 α,β-不饱和化合物发生共轭加成，生成 1,4-加成产物的反应称为迈克尔(Michael)加成反应，如

$$\text{2-cyclohexenone} + CH_2(CO_2C_2H_5)_2 \xrightarrow[C_2H_5OH,\ 90\%]{C_2H_5ONa} \text{3-}[CH(CO_2C_2H_5)_2]\text{cyclohexanone}$$

在迈克尔加成反应中，α，β-不饱和化合物为α，β-不饱和羰基化合物（醛、酮、酯）以及α，β-不饱和腈、硝基化合物等。所用的碱可以是三乙胺、六氢吡啶、氢氧化钠和乙醇钠等。例如

$$CH_3COCH_2COCH_3 + CH_2{=}CHCN \xrightarrow[25℃,77\%]{(C_2H_5)_3N,叔丁醇} CH_3COCH(CH_2CHCN)COCH_3$$

$$CH_3COCH_2CO_2C_2H_5 + CH{\equiv}C{-}CO_2C_2H_5 \xrightarrow{C_2H_5ONa} CH_3COCH(CH{=}CH{-}CO_2C_2H_5)CO_2C_2H_5$$

迈克尔加成反应与克莱森缩合或羟醛缩合等反应联用时，可合成环状化合物。这类合环反应称为罗宾森（Robinson）稠环反应，即

$$\text{2-methyl-1,3-cyclohexanedione} + CH_2{=}CH{-}\overset{O}{\overset{\|}{C}}{-}CH_3 \xrightarrow[甲醇，回流]{KOH} \text{2-methyl-2-(3-oxobutyl)-1,3-cyclohexanedione}$$

$$\xrightarrow[② H^+,\ -H_2O]{① 四氢吡咯，苯，回流} \text{bicyclic enedione (Wieland–Miescher ketone)}\quad 63\%\sim65\%$$

醛酮在有机碱催化作用下，与含有α氢的β-二羰基化合物发生的缩合反应称为Knoevenagel缩合反应。反应一般在苯或甲苯中进行，分离出生成的水可以使反应趋于完全。常用的碱催化剂为伯胺、仲胺、吡啶和六氢吡啶等。

$$(CH_3)_2CHCH_2CHO + CH_2(CO_2C_2H_5)_2 \xrightarrow[78\%]{哌啶，苯，\triangle} (CH_3)_2CHCH_2CH{=}C(CO_2C_2H_5)_2$$

若使用含有羧基（—COOH）的活泼亚甲基化合物（如丙二酸、氰基乙酸等）进行Knoevenagel缩合反应时，其缩合产物在加热情况下进一步脱羧，形成α，β-不饱和产物，例如

$$C_6H_5{-}CHO + CH_2(CO_2C_2H_5)_2 \xrightarrow[-H_2O]{哌啶，95\sim100℃} C_6H_5{-}CH{=}C(CO_2C_2H_5)_2$$

$$\xrightarrow[-CO_2]{} C_6H_5{-}CH{=}C(CO_2H)_2 \quad 80\%\sim95\%$$

12.4 乙酰乙酸乙酯合成法

12.4.1 乙酰乙酸乙酯的性质

乙酰乙酸乙酯为无色具有水果香味的液体，沸点为 181℃(稍有分解)。微溶于水，可溶于多种有机溶剂。乙酰乙酸乙酯对石蕊呈中性，但能溶于稀的氢氧化钠溶液，但不发生碘仿反应。

乙酰乙酸乙酯可在稀碱或稀酸的作用下水解生成乙酰乙酸，乙酰乙酸是 β-酮酸结构，受热很容易发生脱酸反应生成酮，这种分解称为酮式分解，其反应式为

$$CH_3COCH_2COOC_2H_5 \xrightarrow{5\%NaOH} CH_3COCH_2COONa \xrightarrow{H^+}$$

$$CH_3COCH_2COOH \xrightarrow[-CO_2]{\triangle} CH_3COCH_3$$

乙酰乙酸受热分解的反应机理如下：

$$H_3C-\overset{O}{\overset{\|}{C}}-CH_2-\overset{O}{\overset{\|}{C}}-O-H \longrightarrow \left[\text{六元环过渡态}\right] \longrightarrow H_3C-\overset{OH}{\overset{|}{C}}=CH_2 + O=C=O$$

$$H_3C-\overset{OH}{\overset{|}{C}}=CH_2 \longrightarrow CH_3COCH_3$$

乙酰乙酸乙酯如和浓碱共热，则 α 和 β 碳之间的键发生断裂，生成两分子乙酸盐，这种分解称为酸式分解，即

$$CH_3\overset{O}{\overset{\|}{C}} \,\vdots\, CH_2COOC_2H_5 \xrightarrow[\triangle]{40\%\ NaOH} 2CH_3COONa + C_2H_5OH$$

反应过程中羟基负离子先进攻较活泼的羰基，然后 C—C 键断裂生成一个羧酸(盐)和一个酯，在碱的存在下，酯继续水解，转变为羧酸盐，再经酸化即得羧酸，即

$$CH_3\overset{O}{\overset{\|}{C}}-CH_2-\overset{O}{\overset{\|}{C}}-OC_2H_5 + OH^- \longrightarrow CH_3\overset{O^-}{\underset{OH}{\overset{|}{\underset{|}{C}}}}-CH_2-\overset{O}{\overset{\|}{C}}-OC_2H_5$$

$$\longrightarrow CH_3\overset{O}{\overset{\|}{C}}-OH + \overset{-}{C}H_2\overset{O}{\overset{\|}{C}}-OC_2H_5 \longrightarrow CH_3\overset{O}{\overset{\|}{C}}-O^- + CH_3\overset{O}{\overset{\|}{C}}-OC_2H_5$$

$$\xrightarrow{OH^-} 2CH_3\overset{O}{\overset{\|}{C}}-O^- + C_2H_5OH$$

乙酰乙酸乙酯分子中的亚甲基上的氢原子在醇钠等强碱作用下，生成碳负离子的钠盐，后者作为亲核试剂与卤代烷发生取代反应，得到烷基取代的乙酰乙酸乙酯；在更强的碱(如叔丁醇钾)作用下也可以生成二烷基取代的乙酰乙酸乙酯，如

$$CH_3COCH_2CO_2C_2H_5 \xrightarrow{C_2H_5ONa} [CH_3COCHCO_2C_2H_5]^- Na^+ \xrightarrow{RX} CH_3CO\underset{\displaystyle R}{\underset{|}{C}}HCO_2C_2H_5$$

$$CH_3CO\underset{\displaystyle R}{\underset{|}{C}}HCO_2C_2H_5 \xrightarrow{(CH_3)_3COK} [CH_3CO\underset{\displaystyle R}{\underset{|}{C}}CO_2C_2H_5]^- Na^+ \xrightarrow{R'X} CH_3CO\overset{\displaystyle R'}{\overset{|}{\underset{\displaystyle R}{\underset{|}{C}}}}CO_2C_2H_5$$

卤代烷最好使用伯卤代烷或仲卤代烷，因为叔卤代烷容易发生消除。

12.4.2 乙酰乙酸乙酯在合成中的应用

乙酰乙酸乙酯除可用克莱森酯缩合反应来制备外，工业上还可由二乙烯酮与乙醇反应来制备，即

$$\begin{array}{l} H_2C{=}C{-}O \\ \quad\;\; | \qquad | \\ \;\; H_2C{-}C{=}O \end{array} + C_2H_5OH \longrightarrow CH_3-\overset{\displaystyle O}{\overset{\|}{C}}-CH_2-\overset{\displaystyle O}{\overset{\|}{C}}-OC_2H_5$$

将烷基取代的乙酰乙酸乙酯进行酮式分解或酸式分解，可以用来合成烷基取代的丙酮或烷基取代的乙酸，这在有机合成上有着十分广泛的应用，例如

$$CH_3COCH_2CO_2C_2H_5 \xrightarrow[\text{② } CH_3CH_2CH_2Br]{\text{① } C_2H_5ONa} CH_3CO\underset{\displaystyle CH_2CH_2CH_3}{\underset{|}{C}}HCO_2C_2H_5 \xrightarrow[\text{② } CH_3I]{\text{① } C_2H_5ONa}$$

$$CH_3CO\overset{\displaystyle CH_3}{\overset{|}{\underset{\displaystyle CH_2CH_2CH_3}{\underset{|}{C}}}}CO_2C_2H_5 \begin{cases} \xrightarrow[\text{酮式分解}]{\text{① 稀}OH^-,\text{ ② }H^+,\text{ ③ }\triangle} CH_3CO\overset{\displaystyle CH_3}{\overset{|}{C}}HCH_2CH_2CH_3 \\ \xrightarrow[\text{酸式分解}]{\text{① 40\%}OH^-,\text{ ② }H^+} CH_3CH_2CH_2\overset{\displaystyle CH_3}{\overset{|}{C}}HCOOH \end{cases}$$

乙酰乙酸乙酯在醇钠催化下与二卤代烷作用再进行酮式分解，可以得到二元酮或甲基环烷基酮，例如

$$2[CH_3COCHCO_2C_2H_5]^- Na^+ \xrightarrow{CH_2Cl_2} \begin{array}{c} CH_3COCHCO_2C_2H_5 \\ | \\ CH_2 \\ | \\ CH_3COCHCO_2C_2H_5 \end{array} \xrightarrow{\text{酮式分解}} \underset{\text{2,6-庚二酮}}{CH_3COCH_2CH_2CH_2COCH_3}$$

$$2\,[CH_3COCHCO_2C_2H_5]^-Na^+ \xrightarrow{Br(CH_2)_4Br} Br(CH_2)_4CH\begin{matrix}COCH_3\\ \\CO_2C_2H_5\end{matrix} \xrightarrow{C_2H_5ONa}$$

$$\text{(环戊基)}\begin{matrix}COCH_3\\COOC_2H_5\end{matrix} \xrightarrow{\text{酮式分解}} \text{(环戊基)}-\overset{\overset{O}{\|}}{C}-CH_3$$

乙酰乙酸乙酯钠衍生物与碘作用，再经酮式分解可得到 2,5-已二酮，如

$$2[CH_3COCHCO_2C_2H_5]^-Na^+ \xrightarrow[-2NaI]{I_2} \begin{matrix}CH_3COCHCO_2C_2H_5\\ |\\ CH_3COCHCO_2C_2H_5\end{matrix} \xrightarrow{\text{酮式分解}} CH_3COCH_2CH_2COCH_3$$

乙酰乙酸乙酯钠衍生物与卤代酸酯作用，再经酮式分解可得到高级酮酸；进行酸式分解则可得到二元酸。

$$[CH_3COCHCO_2C_2H_5]^-Na^+ + Br(CH_2)_nCOOC_2H_5 \longrightarrow \begin{matrix}CH_3COCHCO_2C_2H_5\\ |\\ (CH_2)_nCOOC_2H_5\end{matrix}$$

$$\xrightarrow{\text{酮式分解}} CH_3COCH_2(CH_2)_nCOOH$$

乙酰乙酸乙酯钠衍生物也可与酰氯反应引入酰基，但必须用氢化钠(NaH)代替醇钠，以免生成的醇与酰氯反应。利用此法可合成β-二酮，如

$$CH_3COCH_2CO_2C_2H_5 \xrightarrow[\text{② } C_6H_5COCl]{\text{① } NaH} \begin{matrix}CH_3COCHCO_2C_2H_5\\ |\\ COC_6H_5\end{matrix}$$

$$\xrightarrow{\text{酮式分解}} CH_3COCH_2COC_6H_5$$

利用取代的乙酰乙酸乙酯酸式分解可以得到取代的乙酸，但一般不采用此合成法，而使用丙二酸酯法。这是因为在进行酸式分解时，常常伴有酮式分解的副反应，导致收率降低。

12.5 丙二酸二乙酯的合成法

12.5.1 丙二酸二乙酯的性质

丙二酸二乙酯为无色有香味的液体，沸点为 199℃，微溶于水。与乙酰乙酸乙酯相似，丙二酸酯中亚甲基上的氢原子受两个羰基的影响，具有微弱的酸性($pK_a=13$)。在强碱(如醇钠)作用下生成相应的钠衍生物，再与卤代烷反应生成一烷基取代的丙二酸酯。重复上述过程再引入第二个烷基，得到二烷基取代的丙二酸酯。一取代或二取代的丙二酸酯经水解、加热脱羧即可制得一取代或二取代的乙酸。

$$CH_2(CO_2C_2H_5)_2 \xrightarrow[\text{② RX}]{\text{① }C_2H_5ONa} RCH(CO_2C_2H_5)_2 \xrightarrow[\text{② R'X}]{\text{① }C_2H_5ONa}$$

$$\underset{\displaystyle R'}{\underset{|}{RC}}(CO_2C_2H_5)_2 \xrightarrow[\text{② }H^+]{\text{① 稀 }OH^-,H_2O} \underset{\displaystyle R'}{\underset{|}{RC}}(CO_2H)_2 \xrightarrow[-CO_2]{\triangle} \underset{\displaystyle R'}{\underset{|}{RCH}}CO_2H$$

12.5.2 丙二酸二乙酯在合成中的应用

由于丙二酸很活泼，受热容易分解脱羧变成乙酸，因此丙二酸酯一般不从丙二酸直接酯化制备，而是从氯乙酸钠经取代、酯化反应而得，即

$$\underset{\displaystyle Cl}{\underset{|}{CH_2}}COONa \xrightarrow{NaCN} \underset{\displaystyle CN}{\underset{|}{CH_2}}COONa \xrightarrow[H_2SO_4]{C_2H_5OH} H_2C\begin{matrix} \diagup COOC_2H_5 \\ \diagdown COOC_2H_5 \end{matrix}$$

丙二酸二乙酯在强碱(如醇钠)作用下可与卤代烷反应生成一烷基取代的丙二酸酯；再在强碱作用下引入第二个烷基，可得到二烷基取代的丙二酸二乙酯。一取代或二取代的丙二酸二乙酯经水解、加热脱羧即可制得一取代或二取代的乙酸。

$$CH_2(CO_2C_2H_5)_2 \xrightarrow[\text{② }CH_3CH_2Br]{\text{① }C_2H_5ONa} CH_3CH_2CH(CO_2C_2H_5)_2 \xrightarrow[\text{② }CH_3I]{\text{① }C_2H_5ONa}$$

$$CH_3CH_2\underset{\displaystyle CH_3}{\underset{|}{C}}(CO_2C_2H_5)_2 \xrightarrow[\text{② }H^+]{\text{① 稀 }OH^-,H_2O} CH_3CH_2\underset{\displaystyle CH_3}{\underset{|}{C}}(CO_2H)_2 \xrightarrow[-CO_2]{\triangle} CH_3CH_2\underset{\displaystyle CH_3}{\underset{|}{CH}}CO_2H$$

丙二酸二乙酯在碱作用下与二卤代烷、卤代酸酯等反应，再经水解、酸化、脱羧等反应可得到二元酸，即

$$CH_2(CO_2C_2H_5)_2 \xrightarrow[\text{② }BrCH_2CH_2Br]{\text{① }C_2H_5ONa} \begin{matrix} CH_2CH(CO_2C_2H_5)_2 \\ | \\ CH_2CH(CO_2C_2H_5)_2 \end{matrix} \xrightarrow[\text{② }H^+\text{,③ }\triangle]{\text{① 稀 }OH^-,H_2O} \begin{matrix} CH_2CH_2COOH \\ | \\ CH_2CH_2COOH \end{matrix}$$

$$CH_2(CO_2C_2H_5)_2 \xrightarrow[\text{② }ClCH_2CO_2C_2H_5]{\text{① }C_2H_5ONa} \begin{matrix} CH_2CH(CO_2C_2H_5)_2 \\ | \\ CH_2CO_2C_2H_5 \end{matrix} \xrightarrow[\text{② }H^+\text{,③ }\triangle]{\text{① 稀 }OH^-,H_2O} \begin{matrix} CH_2COOH \\ | \\ CH_2COOH \end{matrix}$$

丙二酸二乙酯法也可以用于合成三至六元环的环烷酸，如

$$CH_2(CO_2C_2H_5)_2 \xrightarrow[\text{② }Br(CH_2)_4Br]{\text{① }C_2H_5ONa} \begin{matrix} CH_2CH(CO_2C_2H_5)_2 \\ | \\ CH_2CH_2CH_2Br \end{matrix} \xrightarrow{C_2H_5ONa} \text{(环戊烷)}\begin{matrix} \diagup COOC_2H_5 \\ \diagdown COOC_2H_5 \end{matrix}$$

$$\xrightarrow[\text{② }H^+\text{, ③ }\triangle]{\text{① 稀}OH^-,H_2O} \text{(环戊基)}-COOH$$

12.6 有机合成基础

有机合成是指利用有机反应合成有机化合物的过程，是有机化学的重要组成部分，也是有机化学工业、原料药制造业等的基础。有机合成的目的是利用已有的简单原料，通过最简便的、最有效的方法制备新的、更复杂、更有价值的目标化合物。有机合成的基本特点为合成步骤少、反应选择性和产率高、中间产物和目标产物容易提纯、原料成本和生产成本较低。

在有机合成设计中，主要考虑分子骨架的构成、官能团的引入和立体化学三个因素。这三个因素相互影响，每一步反应都需要同时考虑。

12.6.1 分子骨架的构建

在有机合成设计中，首先要考虑的是分子骨架的构建。大部分情况需要在原料分子骨架的基础上增碳，但有时需要成环或减碳。

1. *增碳反应*

很多有机反应都可以形成新的碳碳键，能用于有机合成的主要有以下几类：

1）亲核取代反应

卤代烃与氰化钠、炔钠等含碳原子的亲核试剂反应是增碳反应中重要的形成碳碳键的反应，如

$$RX + NaCN \longrightarrow RCN$$

$$RX + NaC{\equiv}C{-}R' \longrightarrow RC{\equiv}C{-}R'$$

乙酰乙酸乙酯合成法和丙二酸酯合成法也是这类典型的反应，如

$$CH_3COCH_2CO_2C_2H_5 \xrightarrow[\text{② RX}]{\text{① }NaOC_2H_5} CH_3CO\underset{\displaystyle R}{\underset{|}{C}}HCO_2C_2H_5$$

$$CH_2(CO_2C_2H_5)_2 \xrightarrow[\text{② RX}]{\text{① }NaOC_2H_5} RCH(CO_2C_2H_5)_2$$

2）亲核加成反应

这类方法是通过格氏试剂、锌试剂、氰基等亲核试剂与羰基等发生亲核加成，形成新的碳碳键的反应，如

$$RMgX + \underset{\displaystyle O}{\overset{\diagdown\ \diagup}{\underset{\|}{C}}} \xrightarrow[\text{② }H_3O^+]{\text{① 干醚}} R{-}\overset{|}{\underset{|}{C}}{-}OH$$

$$RMgX + CO_2 \xrightarrow[\text{② }H_3O^+]{\text{① 干醚}} R{-}\overset{\displaystyle O}{\overset{\|}{C}}{-}OH$$

$$RMgX + \underset{O}{\triangle} \xrightarrow[\text{② } H_3O^+]{\text{① 干醚}} R-CH_2CH_2OH$$

$$\text{>C=O} \xrightarrow{HCN} -\overset{OH}{\underset{|}{C}}-CN$$

$$BrCH_2CO_2C_2H_5 \xrightarrow{Zn} BrZnCH_2CO_2C_2H_5 \xrightarrow[\text{② } H_3O^+]{\text{① >C=O}} -\overset{OH}{\underset{|}{C}}-CH_2CO_2C_2H_5$$

另外羟醛缩合、克莱森酯缩合等缩合反应都属于这一类型，如

$$2RCH_2CHO \xrightarrow{NaOH} RCH_2\overset{OH}{CH}\underset{R}{CH}CHO$$

$$2RCH_2CO_2C_2H_5 \xrightarrow{NaOC_2H_5} RCH_2\overset{O}{\overset{\|}{C}}\underset{R}{CH}CO_2C_2H_5$$

3）芳环上的亲电取代

利用芳环上的弗里德-克拉夫茨烷基化反应和酰基化反应，可以在芳环上引入烷基和酰基侧链，如

$$C_6H_6 + \begin{matrix}RX\\(ROH)\end{matrix} \xrightarrow{AlCl_3} C_6H_5R$$

$$C_6H_6 + (CH_3)_2C{=}CH_2 \xrightarrow{AlCl_3} C_6H_5C(CH_3)_3$$

$$C_6H_6 + RCOCl \xrightarrow{AlCl_3} C_6H_5COR$$

$$C_6H_6 + \text{(丁二酸酐)} \xrightarrow{AlCl_3} C_6H_5COCH_2CH_2COOH$$

2. 成环反应

1）第尔斯-阿尔德反应

共轭二烯烃与含碳碳重键的亲双烯体进行 1，4 -加成得到环己烯的衍生物，是合成六元环的基本方法，如

$$CH_2{=}C(CH_3)CH{=}CH_2 + CH_3OC(O)CH{=}CHC(O)OCH_3 \longrightarrow \text{(4-甲基环己-4-烯-1,2-二甲酸二甲酯)}\ (CO_2CH_3)_2$$

2）迪克曼酯缩合

$$C_6H_4(CH_2CO_2C_2H_5)_2 \xrightarrow{NaOC_2H_5} \text{(2-茚酮-1-甲酸乙酯)}\ {=}O,\ CO_2C_2H_5$$

3）β-二羰基化合物的烃基化

$$Br(CH_2)_4Br + CH_3COCH_2CO_2C_2H_5 \xrightarrow{NaOC_2H_5} \text{1-乙酰基环戊烷甲酸乙酯}$$

3. 减碳反应

1）霍夫曼降解反应

$$RCH_2CONH_2 \xrightarrow{Br_2 - NaOH} RCH_2NH_2$$

2）脱羧反应

$$CH_3COC(R)(R')CO_2C_2H_5 \xrightarrow[\text{② } H_3O^+,\text{③ } \triangle, CO_2]{\text{① } OH^-} CH_3COCHRR'$$

$$RR'C(CO_2C_2H_5)_2 \xrightarrow[\text{② } H_3O^+,\text{③ } \triangle, CO_2]{\text{① } OH^-} RR'CHCOOH$$

$$R{-}CH(OH){-}CO_2H \xrightarrow[\triangle]{\text{稀 } H_2SO_4} R{-}\overset{\overset{\displaystyle O}{\|}}{C}{-}H$$

3）卤仿反应

$$R-\overset{O}{\overset{\|}{C}}-CH_3 \xrightarrow{X_2 - OH^-} R-\overset{O}{\overset{\|}{C}}-OH$$

$$R-\overset{OH}{\overset{|}{C}H}-CH_3 \xrightarrow{X_2 - OH^-} R-\overset{O}{\overset{\|}{C}}-OH$$

12.6.2 官能团的引入和转换

在构建分子的基本骨架的同时，要考虑官能团的引入和官能团的转换，有时还要除去不需要的官能团。

1. 官能团的引入

芳环上的官能团可以通过苯环上的亲电取代反应引入，根据定位规则确定官能团引入的次序。脂肪烃一般使用自由基卤代反应，使烯丙位氢或苄位氢被卤原子取代，然后再将卤原子转化为其他官能团，如

$$\text{环己烯} \xrightarrow[hv]{Cl_2} \text{3-氯环己烯（Cl）}$$

$$C_6H_5CH_2CH_3 \xrightarrow{NBS} C_6H_5\overset{Br}{\overset{|}{C}H}CH_3$$

2. 官能团的转换

官能团的转换也是有机合成中常用的方法，如卤代烃和醇之间的转换、醇与醛、酮或羧酸之间的转换等。

$$R-CH_2X \underset{SOCl_2}{\overset{OH^-}{\rightleftharpoons}} R-CH_2OH$$

$$R-\overset{OH}{\overset{|}{C}H}-R' \underset{[H]}{\overset{[O]}{\rightleftharpoons}} R-\overset{O}{\overset{\|}{C}}-R'$$

$$R-CH_2OH \underset{NaBH_4}{\overset{PCC}{\rightleftharpoons}} R-CHO$$

$$R-CH_2OH \underset{LiAlH_4}{\overset{K_2Cr_2O_7}{\rightleftharpoons}} R-CO_2H$$

还有羧酸和羧酸衍生物之间的相互转换。

3. 官能团的除去

在构建目标分子的骨架时，为了合成的需要会引入一些目标分子中没有的官能团，一般在合成结束后必须将“多余的”官能团除去。主要方法如下：

$$RR'C{=}O \xrightarrow[\text{或}NH_2NH_2/NaOH]{Zn\text{-}Hg/H^+} RR'CH_2$$

$$C_6H_5SO_3H \xrightarrow[H^+,\triangle]{H_2O} C_6H_6$$

$$C_6H_5NH_2 \xrightarrow{NaNO_2,\ HCl} C_6H_5N_2^+Cl^- \xrightarrow[\text{或}C_2H_5OH]{H_3PO_2} C_6H_6$$

$$\mathrm{-\overset{H}{\underset{|}{C}}-\overset{L}{\underset{|}{C}}-} \xrightarrow[-HL]{} \mathrm{>C{=}C<} \xrightarrow{H_2/Ni} \mathrm{>CH-CH<}$$

L=OH, X

$$RX \xrightarrow{Mg} RMgX \xrightarrow{H_2O} RH$$

12.6.3　官能团保护

某些官能团在合成过程中需要用保护基保护起来，合成结束后再将保护基除去，如

$$\mathrm{>C{=}O} \underset{H^+,\ H_2O}{\overset{HOCH_2CH_2OH,\ \text{干}HCl}{\rightleftharpoons}} \mathrm{>C(OCH_2CH_2O)}$$

$$-NH_2 \underset{H^+\text{或}OH^-,H_2O}{\overset{CH_3COCl}{\rightleftharpoons}} -NHCOCH_3$$

$$-OH \underset{H^+\text{或}OH^-,H_2O}{\overset{CH_3COCl}{\rightleftharpoons}} -OCOCH_3$$

$$-OH \underset{HI}{\overset{CH_3I\text{或}(CH_3)_2SO_4}{\rightleftharpoons}} -OCH_3$$

$$-COOH \underset{H^+\text{或}OH^-,H_2O}{\overset{ROH}{\rightleftharpoons}} -COOR$$

12.6.4 有机合成举例

例 12-1 以丙炔为原料合成 $\underset{H}{\overset{H_3C}{}}C{=}C\underset{H}{\overset{CH_2CH_2CH_3}{}}$

分析：比较所给的原料和目标产物的结构，可推知应通过丙炔钠和 1-溴丙烷的增碳反应得到产物的分子骨架。产物为顺式烯烃，可由炔烃选择性地催化加氢得到。1-溴丙烷可由丙炔部分加氢得到丙烯、丙烯再与溴化氢在过氧化物条件下反应而制得。

合成步骤如下：

$$CH_3C{\equiv}CH \xrightarrow{Na} CH_3C{\equiv}CNa$$

$$CH_3C{\equiv}CH \xrightarrow[\text{Lindlar 催化剂}]{H_2} CH_3CH{=}CH_2 \xrightarrow[ROOR]{HBr} CH_3CH_2CH_2Br$$

$$CH_3CH_2CH_2Br \xrightarrow{CH_3C{\equiv}CNa} CH_3CH_2CH_2C{\equiv}CCH_3$$

$$\xrightarrow[\text{Lindlar催化剂}]{H_2} \underset{H}{\overset{H_3C}{}}C{=}C\underset{H}{\overset{CH_2CH_2CH_3}{}}$$

例 12-2 以甲苯为原料合成 3,5-二溴甲苯（结构式：苯环上 CH_3，两个间位 Br）

分析：比较原料甲苯和目标产物的结构，发现甲基是邻对位定位基，而溴在甲基的间位，显然不能用甲苯直接溴代的方法。若在甲基的对位有一个强第一类定位基，就可以在甲基的间位上加入两个溴，合成结束再将此定位基除去。氨基可以符合上述要求。

合成步骤如下：

$$C_6H_5CH_3 \xrightarrow{\text{混酸}} p\text{-}CH_3C_6H_4NO_2 \xrightarrow{Fe\text{-}HCl} p\text{-}CH_3C_6H_4NH_2 \xrightarrow{2Br_2}$$

$$\text{2,6-}Br_2\text{-}4\text{-}CH_3C_6H_2NH_2 \xrightarrow{NaNO_2,\ HCl} \text{2,6-}Br_2\text{-}4\text{-}CH_3C_6H_2N_2^+ \xrightarrow{H_3PO_2} \text{3,5-}Br_2C_6H_3CH_3$$

例 12-3　以甲苯、乙醇、乙酰乙酸乙酯为原料合成

$$C_6H_5-CH_2-\underset{\displaystyle CH_2CH_3}{\underset{|}{C}}HCOCH_3$$

分析：目标产物的结构为二取代的丙酮，可以乙酰乙酸乙酯为原料经两次烃基化得到二取代的乙酰乙酸乙酯，再经酮式分解得到目标产物。

合成步骤如下：

$$C_6H_5CH_3 \xrightarrow[hv]{Cl_2} C_6H_5CH_2Cl$$

$$CH_3CH_2OH \xrightarrow{PBr_3} CH_3CH_2Br$$

$$CH_3COCH_2CO_2C_2H_5 \xrightarrow[\text{②}\ C_6H_5CH_2Cl]{\text{①}\ NaOC_2H_5} CH_3CO\overset{\displaystyle CH_2C_6H_5}{\overset{|}{C}}HCO_2C_2H_5 \xrightarrow[\text{②}\ CH_3CH_2Br]{\text{①}\ NaOC_2H_5} CH_3CO\overset{\displaystyle CH_2C_6H_5}{\overset{|}{\underset{\displaystyle CH_2CH_3}{\underset{|}{C}}}}CO_2C_2H_5$$

$$\xrightarrow[\text{②}\ H_3O^+,\text{③}\ \triangle,-CO_2]{\text{①}\ OH^-} C_6H_5-CH_2-\underset{\displaystyle CH_2CH_3}{\underset{|}{C}}HCOCH_3$$

例 12-4　以乙烯为原料合成

$$CH_3CH_2CH_2CH_2COOH$$

分析：由原料到产物需要增加三个碳，显然需要两次增碳反应（一次增 2 个碳，一次增一个碳）。增两个碳可以使用格氏试剂与环氧乙烷的反应；增一个碳可用卤代烃与氰化钠或格氏试剂与二氧化碳的反应。

合成步骤如下：

$$H_2C=CH_2 \xrightarrow{RCO_3H} \text{环氧乙烷}$$

$$H_2C=CH_2 \xrightarrow{HBr} CH_3CH_2Br \xrightarrow[\text{②}\ \text{环氧乙烷}]{\text{①}\ Mg} CH_3CH_2CH_2CH_2OH$$

$$\xrightarrow{SOCl_2} CH_3CH_2CH_2CH_2Cl \xrightarrow[\text{②}\ CO_2]{\text{①}\ Mg} CH_3CH_2CH_2CH_2COOH$$

或 $CH_3CH_2CH_2CH_2Cl \xrightarrow{NaCN} CH_3CH_2CH_2CH_2CN \xrightarrow{H^+-H_2O} CH_3CH_2CH_2CH_2COOH$

习　题

12-1　按系统命名法命名或写出下列物质的结构式：

(1) $(CH_3)_2CHCCH_2CO_2CH_3$（C 上连 =O）

(2) $C_6H_5COCH_2CO_2C_2H_5$

(3) $CH_3CH_2COCHCHO$（CH 上连 CH_3）

(4) 2-甲基-4-苯基-3-氧代丁酸甲酯

(5) 2-丁基丙二酸二乙酯

12-2　完成下列各反应式：

(1) $CH_3\overset{O}{\overset{\|}{C}}—CH_2CH_2CH_2\overset{O}{\overset{\|}{C}}—OC_2H_5 \xrightarrow[\text{② } H^+]{\text{① } C_2H_5ONa}$ (　　　　)

(2) $CH_3CH_2O—\overset{O}{\overset{\|}{C}}—OCH_2CH_3 + CH_3CH_2CO_2C_2H_5 \xrightarrow[\text{② } H^+]{\text{① } C_2H_5ONa}$ (　　　　)

(3) $CH_3COCH_2CO_2C_2H_5 \xrightarrow[\text{② } Br(CH_2)_5Br]{\text{① } C_2H_5ONa}$ (　　　　) $\xrightarrow[\text{② } H^+,\text{③ } \triangle,-CO_2]{\text{① 稀 } OH^-,H_2O}$ (　　　　)

(4) 2-乙氧羰基环己酮（环己酮 2 位连 $CO_2C_2H_5$）$\xrightarrow[CH_3CH_2CH_2Cl]{Na_2CO_3}$ (　　　　) $\xrightarrow[\text{② } H^+,\text{③ } \triangle,-CO_2]{\text{① 稀 } OH^-,H_2O}$ (　　　　)

(5) $C_6H_5—CO_2C_2H_5 + CH_3CH_2CH_2CO_2C_2H_5 \xrightarrow{C_2H_5ONa}$ (　　　　)

$\xrightarrow[\text{② } CH_3CH_2COCl]{\text{① } NaH}$ (　　　　) $\xrightarrow[\text{② } H^+,\text{③ } \triangle,-CO_2]{\text{① 稀 } OH^-,H_2O}$ (　　　　)

12-3　根据题目要求回答下列问题：

(1) 比较下列化合物活泼亚甲基的酸性：

(A) $C_6H_5COCH_2COCH_3$　　　　(B) $C_6H_5COCH_2COCF_3$

(C) $C_6H_5COCH_2CO_2C_2H_5$ (D) $CH_3COCH_2CO_2C_2H_5$

(2) 比较下列化合物 αH 的酸性大小：

(A) $CH_3CO\underline{CH_3}$ (B) $C\underline{H_3}CO_2C_2H_5$

(C) $C\underline{H_2}(CO_2C_2H_5)_2$ (D) $CH_3COC\underline{H_2}CO_2C_2H_5$

(3) 比较下列化合物形成烯醇式的比例：

(A) $CH_3\overset{\overset{O}{\|}}{C}CH_2\overset{\overset{O}{\|}}{C}CH_3$ (B) $CH_3\overset{\overset{O}{\|}}{C}CH_2\overset{\overset{O}{\|}}{C}OCH_3$

(C) $C_6H_5\overset{\overset{O}{\|}}{C}CH_2\overset{\overset{O}{\|}}{C}CH_3$ (D) $CH_3O\overset{\overset{O}{\|}}{C}CH_2\overset{\overset{O}{\|}}{C}OCH_3$

(4) 将下列化合物烯醇式的比例按含量排序：

(A) $CH_3CH_2COCH(CH_3)CO_2C_2H_5$ (B) $CH_3—CH(CO_2C_2H_5)_2$

(C) $CH_2═CH—\overset{\overset{O}{\|}}{C}—CH_2\overset{\overset{O}{\|}}{C}CH_3$ (D) 1,3-环己二酮

12 - 4 由指定原料合成化合物，无机试剂任选。

(1) 以甲苯、含碳数≤3 的有机物、乙酰乙酸乙酯为原料合成

$C_6H_5CH_2CH(CH_2CH_3)—COCH_3$

(2) 以甲苯、含碳数≤3 的有机物为原料，经丙二酸二乙酯合成

$C_6H_5CH_2CH(CH_2COOH)—COOH$

(3) 以乙醇为原料，经乙酰乙酸乙酯合成

$CH_3COCH_2CH_2COOH$

(4) 以含碳数≤3 的有机物为原料,经丙二酸二乙酯合成

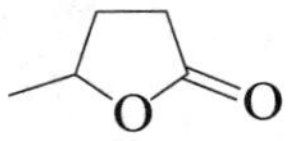

(5) 以含碳数≤3 的有机物为原料,经乙酰乙酸乙酯合成

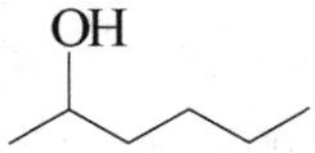

OH

第 13 章　含氮化合物

组成有机化合物的常见元素除碳、氢、氧外，氮是第四种常见的元素。从广义上讲，分子中含有氮元素的有机化合物称为有机含氮化合物。氮在元素周期表中是第Ⅴ族元素，有机含氮化合物是一类非常重要的化合物，主要是三价和五价的化合物。有机含氮化合物种类繁多，广泛存在于自然界中，如前文中提到过的酰胺、肼、腙、肟等都属于有机含氮化合物，与生命现象有直接关系的氨基酸、肽、蛋白质、生物碱以及一些药物、染料等也属于含氮化合物。

本章重点讨论的是芳香硝基化合物、胺、季铵盐和季铵碱、重氮化合物、偶氮化合物和腈类化合物。它们的结构特征是含有碳氮键、氮氮键、氮氧键及氮氢键等。

13.1　芳香硝基化合物

13.1.1　芳香硝基化合物的命名和结构

硝基化合物可看成是烃分子中的一个或多个氢原子被硝基取代所形成的化合物。硝基（$-NO_2$）是硝基化合物的官能团。硝基化合物分成两大类，一类是硝基直接与脂肪族碳原子相连的化合物，称为脂肪族硝基化合物；一类是硝基直接连接在芳环上的化合物，称为芳香族硝基化合物。就工业应用而言，芳香族硝基化合物的重要性远远高于脂肪族硝基化合物，因此本章重点介绍芳香族硝基化合物。一元芳香族硝基化合物可看成是苯分子中的一个氢原子被硝基取代所形成的化合物，其通式是 $ArNO_2$，多元芳香族硝基化合物可看成是苯分子中的多个氢原子被硝基取代所形成的化合物。一般来说芳香硝基化合物以苯为母体，硝基作为取代基来命名，如

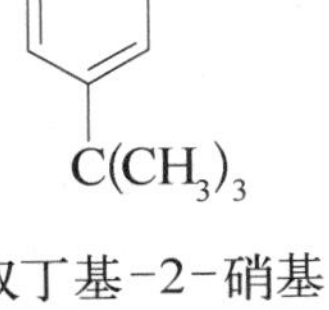

4-叔丁基-2-硝基甲苯
(2-nitro-4-tert-butyltoluene)

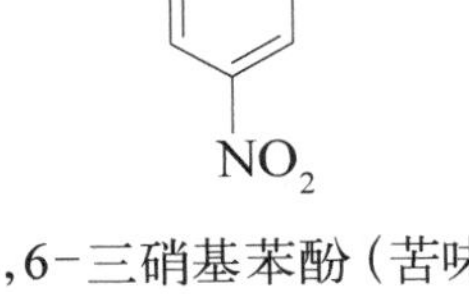

2,4,6-三硝基苯酚（苦味酸）
(2,4,6-Trinitrophenol)(Picricacid)

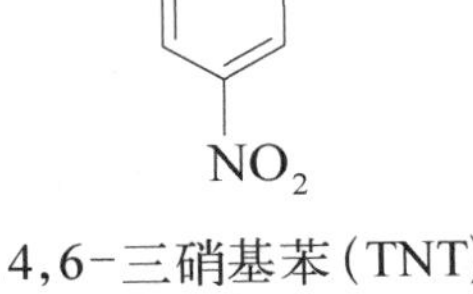

2,4,6-三硝基苯（TNT）
(2,4,6-Trinitrobenzene)

硝基化合物的经典价键结构式为

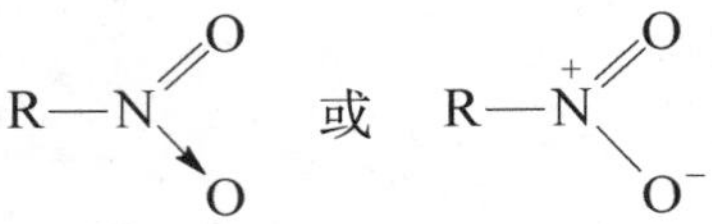

$$R-N\begin{matrix}\nearrow O \\ \searrow O\end{matrix} \quad 或 \quad R-\overset{+}{N}\begin{matrix}=O \\ -O^-\end{matrix}$$

按经典结构式，硝基中的两个氮氧键的键长应该是不同的，氮氧双键(N═O)的键长应短些。然而，现代仪器分析证明硝基中两个氮氧键的键长是完全相同的，都是 0.122 nm。介于 N═O 双键和 N—O 单键之间。因此，经典结构式不能准确反映硝基的真实结构。硝基中的 N 原子由于受到 O 原子的吸电子作用，带有部分正电荷，形成一个三中心四电子的共轭体系，如

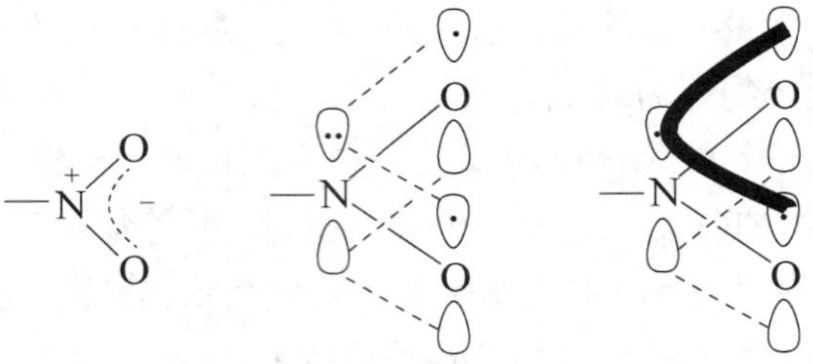

13.1.2 芳香硝基化合物的性质

1. 芳香硝基化合物的物理性质

芳香硝基化合物多为淡黄色或黄色的液体或固体，具有苦杏仁味，有毒，既可以通过呼吸道也可通过皮肤被人体吸收，与血液中的血红素作用。其相对密度都大于 1，不溶于水，而溶于有机溶剂。常见的芳香硝基化合物的物理常数如表 13-1 所示。芳香多硝基化合物受热易分解而发生爆炸，如 2,4,6-三硝基甲苯(TNT)、1,3,5-三硝基苯(TNB)、2,4,6-三硝基苯酚(苦味酸)。因此使用和储存芳香硝基化合物时，不仅要注意其毒性，还要注意其爆炸性，要严格遵守操作规程，防止事故发生。芳香硝基化合物主要用于采矿、铁路和军事等，但有某些多硝基化合物具有类似天然麝香的香气，常被用作香水、香皂和化妆品的定香剂或者作为香料，如

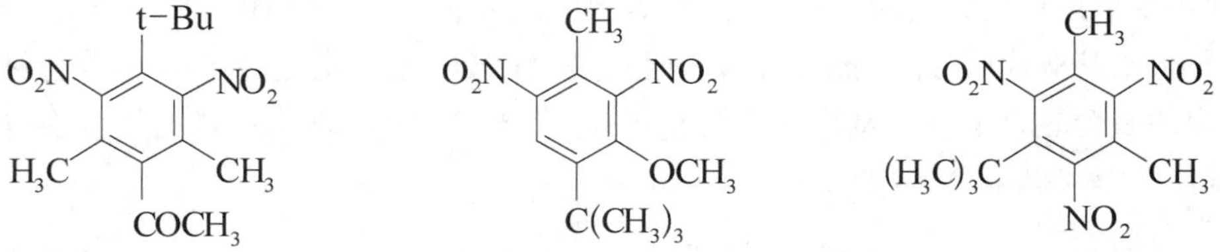

酮麝香　　葵子麝香　　二甲苯麝香

表 13-1　常见硝基化合物的物理常数

名　　称	熔点/℃	沸点/℃	相对密度 d_4^{20}
硝基苯	5.7	210.8	1.203
间二硝基苯	89.8	303	1.571

续 表

名称	熔点/℃	沸点/℃	相对密度 d_4^{20}
邻硝基甲苯	−9.3	222	1.163
间硝基甲苯	16.1	232.6	1.157
对硝基甲苯	52	238.5	1.286
1,3,5-三硝基苯	122	分解	1.688
2,4,6-三硝基甲苯	80.6	分解	1.654
2,4,6-三硝基苯酚	121.8	—	1.763
α-硝基萘	61	304	1.332

2. 芳香硝基化合物的波谱性质

1) 红外光谱

硝基有两个 N—O 键,硝基的特征吸收峰主要为 N—O 键的对称、不对称伸缩振动。芳香硝基化合物的硝基在 1 550～1500 cm^{-1} 和 1 365～1 290 cm^{-1} 处有两个吸收峰;C—N 键在 870 cm^{-1} 处有一个伸缩振动吸收峰。以对硝基氯苯为例,如图 13-1 所示为其红外光谱。在 3 500～3 000 cm^{-1} 处的较强的吸收峰是苯环上 C—H 键的伸缩振动,2 000～1 300 cm^{-1} 之间较强的两个吸收峰是硝基中氮氧键的两个不对称伸缩振动,在 900～800 cm^{-1} 之间的吸收峰是 C—N 的伸缩振动吸收峰。

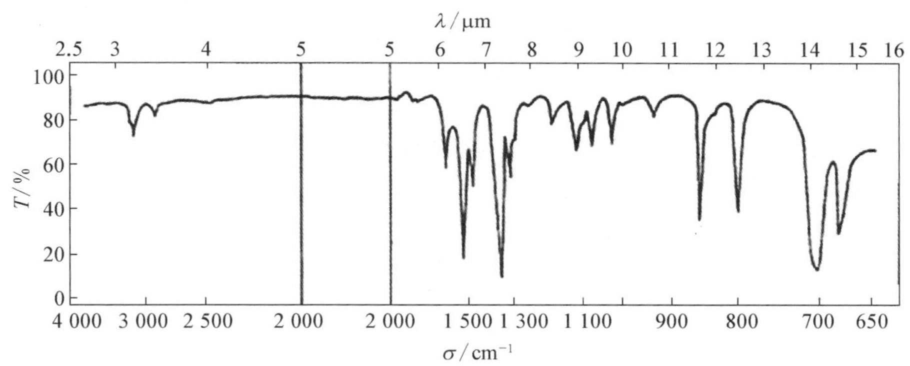

图 13-1 对硝基氯苯的红外光谱

2) 氢核磁光谱(^{1}H NMR)

以对硝基氯苯为例,在其[1]H NMR 谱图中,硝基和氯都使苯环上质子的化学位移向低场移动,使相邻的氢的化学位移分别移动 0.77 ppm 和 0.49 ppm,可见硝基的吸电子能力强于氯。

3. 芳香族硝基化合物的化学性质

芳香族硝基化合物的化学性质主要体现在硝基和芳环上。

1) 硝基的还原反应

芳香族硝基化合物容易被多种还原剂还原,还原产物因反应条件及介质的不同而不同。以硝基苯的还原为例,在催化氢化或较强的化学还原剂如氢化铝锂的作用下,硝基可直接被还原成相应的氨基,即

$$C_6H_5NO_2 \xrightarrow[\text{或}LiAlH_4]{H_2\ Pd/C} C_6H_5NH_2$$

由于催化加氢法具有对环境无污染、工艺简单、产率高等优点，已成为现代工业上常用的将硝基还原为氨基的方法。

在酸性介质中，硝基也可直接被还原成胺，即

$$ArNO_2 \xrightarrow{[H]} ArNH_2$$

$$[H]=Zn+HCl,Fe+HCl,Sn+HCl$$

例如

$$C_6H_5NO_2 \xrightarrow{Zn+HCl} C_6H_5NH_2$$

硝基的一般还原过程如下：

$$C_6H_5NO_2 \longrightarrow C_6H_5NO \longrightarrow C_6H_5NHOH \longrightarrow C_6H_5NH_2$$

亚硝基苯　　N-羟基苯胺（苯基羟胺）

由于在酸性介质中，亚硝基苯和N-羟基苯胺比硝基苯更容易还原，所以最终产物为苯胺。

在中性介质中，用锌粉和氯化铵在水溶液中还原，还原产物为N-羟基苯胺，即

$$C_6H_5NO_2 \xrightarrow[60℃]{Zn,NH_4Cl/H_2O} C_6H_5NHOH$$

在碱性介质中，发生双分子还原，在不同碱性条件下，可得到不同的还原产物，如

$$2C_6H_5NO_2 \xrightarrow[NaOH]{AS_2O_3} C_6H_5-N{=}N(\rightarrow O)-C_6H_5$$

氧化偶氮苯

$$2C_6H_5NO_2 \xrightarrow[NaOH]{Zn\text{适量}} C_6H_5-N{=}N-C_6H_5$$

偶氮苯

$$2C_6H_5NO_2 \xrightarrow[NaOH]{Zn\text{过量}} C_6H_5-NH-NH-C_6H_5$$

氢化偶氮苯

氧化偶氮苯、偶氮苯、氢化偶氮苯在强烈条件下或酸性介质中进一步还原，最终都会得到苯胺。

芳香族多硝基化合物在 Na_2S、NaHS、NH_4HS、$(NH_4)_2S$、$(NH_4)_2S_x$ 等硫化物或多硫化物作为还原剂的条件下，可选择性地将其中的一个硝基还原成氨基，例如

$$C_6H_4(NO_2)_2 \xrightarrow[\triangle]{(NH_4)_2S,\ CH_3OH} C_6H_4(NH_2)(NO_2)$$

硫化物作为还原剂的反应机理目前尚不清楚，但此类还原反应在工业生产中具有一定的意义。

2) 芳环上的亲电取代反应

硝基是一个强吸电子基团，芳香族硝基化合物由于硝基的钝化作用，芳环上的亲电取代反应活性大大降低，比苯要困难得多。芳香族硝基化合物不能进行弗里德-克拉夫茨反应，在较剧烈的条件下，可以发生硝化、磺化、卤化等反应，例如

$$C_6H_5NO_2 \xrightarrow[\triangle]{\text{发烟}HNO_3,\ \text{浓}H_2SO_4} C_6H_4(NO_2)_2$$

$$C_6H_5NO_2 \xrightarrow[\triangle]{\text{发烟}H_2SO_4} C_6H_4(NO_2)(SO_3H)$$

$$C_6H_5NO_2 \xrightarrow[\triangle]{Fe,\ Br_2} C_6H_4(NO_2)Br$$

13.2　胺

胺及其衍生物广泛存在于生物界中，具有极重要的生理作用。蛋白质、核酸、多种激素、抗生素和生物碱中都含有氨基，是胺的复杂衍生物。许多生物碱（如麻黄碱、阿托品等）都具有生理或药理作用。胺可看作是氨（NH_3）中的氢被 R 或 Ar 取代后的衍生物。氨基（—NH_2、—NHR、—NR_2）是胺的官能团。

13.2.1　胺的分类、命名与结构

1. 胺的分类与命名

1) 胺的分类

根据胺分子中氮上所连烃基的不同，分为脂肪胺和芳香胺。胺分子中的氮原子与脂肪

烃相连的称为脂肪胺，与芳香烃相连的称为芳香胺，例如

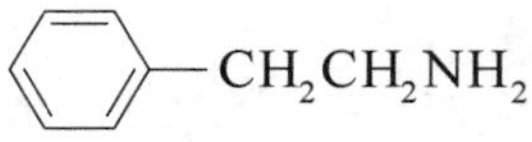

$$C_6H_5-CH_2CH_2NH_2$$

2-苯乙胺（脂肪胺）

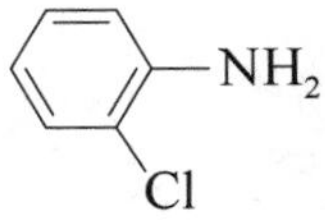

$$o\text{-}Cl-C_6H_4-NH_2$$

2-氯苯胺（芳香胺）

胺可以看作氨的烃基衍生物。氨分子中的一个、二个或三个氢原子被取代而生成的化合物分别称为伯胺、仲胺和叔胺。值得注意的是，胺是以氮原子上所连烃基的数目为分类依据，与烃基本身的结构无关。

RNH_2	R_2NH	R_3N
伯胺	仲胺	叔胺

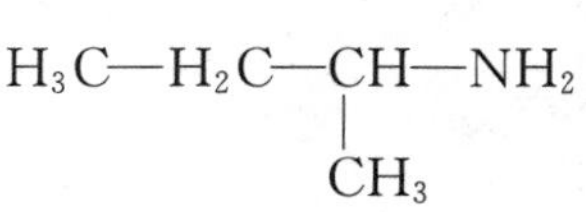

$$H_3C-H_2C-CH(CH_3)-NH_2$$

仲丁胺（伯胺）

$$H_3C-CH_2-NH-CH_3$$

甲乙胺（仲胺）

$$CH_3-N(CH_3)-CH_3$$

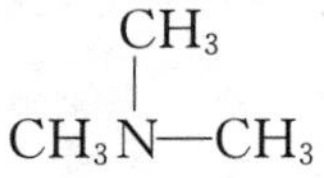

三甲胺（叔胺）

根据分子中氨基的数目可分为一元胺、二元胺和三元胺等，如

$$H_2N-CH_2-CH_2-CH_2-NH_2$$

1,3-丙二胺（二元胺）

铵盐（如 NH_4X）或氢氧化铵（NH_4OH）中的四个氢原子被四个烃基取代而生成的化合物称为季铵盐或季铵碱，如

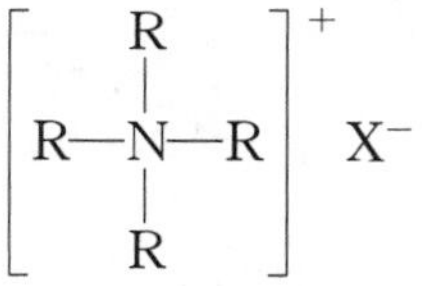

$$[R_4N]^+X^-$$

季铵盐

$$[R_4N]^+OH^-$$

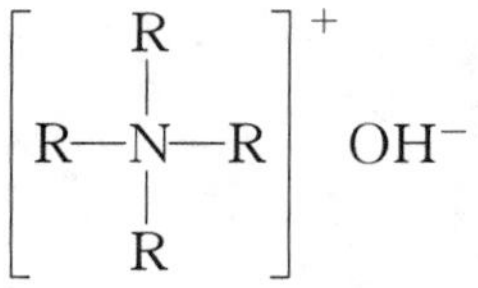

季铵碱

2）胺的命名

简单胺可以用它所含烃基的名称后面加上“胺”字来命名。即先写出连于氮原子上烃基的名称，再以“胺”字结尾。烃基相同时，在前面用数字二、三表明烃基的数目；烃基不同时，则按次序规则将“较优”基团后列出，“基”字一般可省略，例如

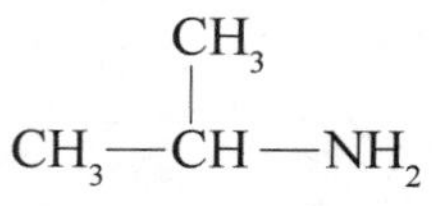

$$CH_3-CH(CH_3)-NH_2$$

异丙胺

(isopropylamine)

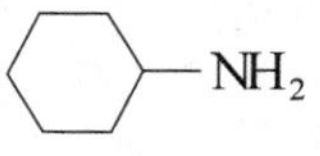

$$C_6H_{11}-NH_2$$

环己胺

(cyclohexylamine)

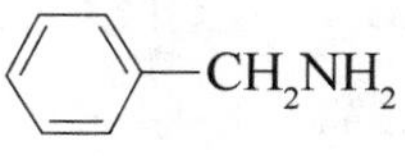

$$C_6H_5-CH_2NH_2$$

苄胺

(benzylamine)

$$CH_3-\underset{}{\overset{CH_3}{\overset{|}{N}}}-CH_2CH_2CH_3$$

二甲基丙胺
(dimethylpropylamine)

$C_6H_5-NH_2$

苯胺
(aniline)

$C_6H_5-N(CH_3)_2$

N,N-二甲基苯胺
(dimethyl aniline)

比较复杂的胺可看作烃类的衍生物来命名，命名时以烃作为母体，氨基作为取代基，如

$$CH_3-\overset{CH_3}{\overset{|}{CH}}-CH_2CH_2\overset{NH_2}{\overset{|}{C}}HCH_2CH_3$$

2-甲基-5-氨基庚烷
(2-methyl-5-aminoheptane)

$$CH_3\overset{CH_3}{\overset{|}{C}}HCH_2\overset{CH_3}{\overset{|}{C}}H\underset{\underset{CH_2CH_3}{|}}{N}CH_2CH_3$$

2-甲基-4-二乙氨基戊烷
(4-diethylamino-2-methyl-pentane)

命名芳香族、脂肪族仲胺或叔胺时，则在取代基前面冠以“N”字，以表示这个基团是连在氮上，而不是连在芳香环或脂肪环上，如

$H_3C-C_6H_4-NH-CH_2CH_3$

N-乙基-4-甲基-苯胺
(N-ethyl-4-methyl-aniline)

$C_6H_{11}-N(CH_3)-CH_2CH_3$

N-甲基-N-乙基环己烷
(N-ethyl-N-methylcyclohexane)

当分子中含有多官能团时，应遵循多官能团化合物的命名规则(见第 5 章)。

$H_2N-C_6H_4-COOH$

对氨基苯甲酸
(4-aminobenzoic acid)

$H_2N-CH_2-CH_2-OH$

2-氨基乙醇
(2-amineethanol)

$H_2N-C_6H_4-Cl$

对氯苯胺
(p-chloroaniline)

含有两个氨基的化合物称为某二胺，含三个氨基的化合物称为某三胺，例如

$H_2N-C_6H_4-NH_2$

对苯二胺
(p-phenylenediamine)

$H_2N-CH_2-CH_2-CH_2-CH_2-NH_2$

1,4-丁二胺
(1,4-butanediamine)

$C_6H_3(NH_2)_3$

1,2,3-苯三胺
(1,2,3-phenyltriamine)

对于胺生成的铵盐、季铵盐或季铵碱类化合物，可以看作铵的衍生物来命名。命名时用“铵”字代替“胺”字，并在前面加上负离子或酸的名称(如氯化、硫酸等)，例如

$(CH_3\overset{+}{N}H_2CH_2CH_3)Cl^-$　　$(CH_3)_3\overset{+}{N}CH_2CH_3OH^-$　　$(CH_3)_3\overset{+}{N}CH_2CH_3Br^-$

氯化甲乙铵　　氢氧化三甲乙铵　　溴化三甲乙铵

2. 胺的结构

氮原子的电子结构为 $1s^2 2s^2 2p_x^1 p_y^1 p_z^1$，与无机氨类似，胺中的氮为 sp^3 杂化，氮上的一对孤对电子处于一个 sp^3 杂化轨道上，另三个 sp^3 杂化轨道分别与氢或碳原子形成三个 σ 键，根据氮上基团的不同，各键角有些差异，但脂肪胺的形状一般呈棱锥形的结构。N 原子与 H 原子或烃基形成的单键的键角接近 109°。如图 13－2 所示为胺的结构。

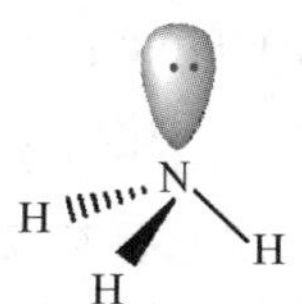

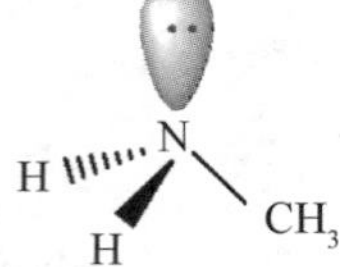

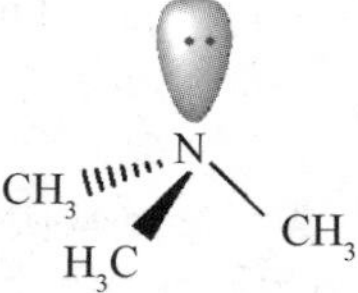

图 13－2　胺的结构

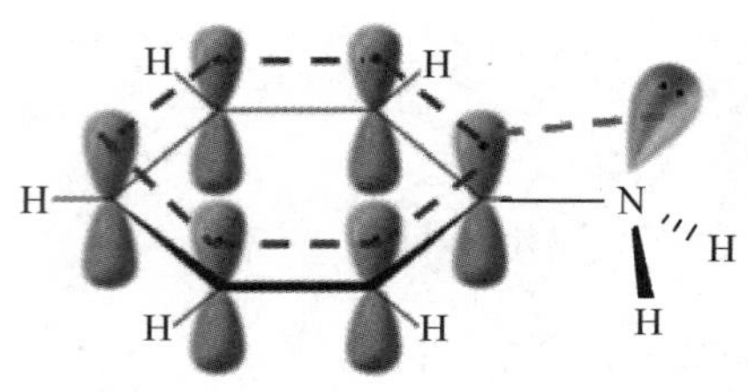

图 13－3　苯胺的结构

在芳胺中，当孤对电子所占的 sp^3 轨道与苯环 π 电子轨道接近平行时，苯环倾向于与氮上的孤对电子占据的轨道共轭，发生最大重叠，形成氮和苯环在内的共轭体系，使 H—N—H 键角加大，苯平面与 H—N—H 平面交叉角度为 39.4°，所以氮的杂化在 sp^3 与 sp^2 之间，氮仍然是棱锥形的结构，如图 13－3 所示。

因为胺是棱锥形结构，当氮上连有三个不同的取代基时，把孤对电子看作氮上连接的第四个"取代基"，该化合物因具有一个手性中心，为手性分子，理论上应存在两个具有旋光性、互为实物与镜像关系，又不能重叠的对映异构体，如图 13－4 所示。

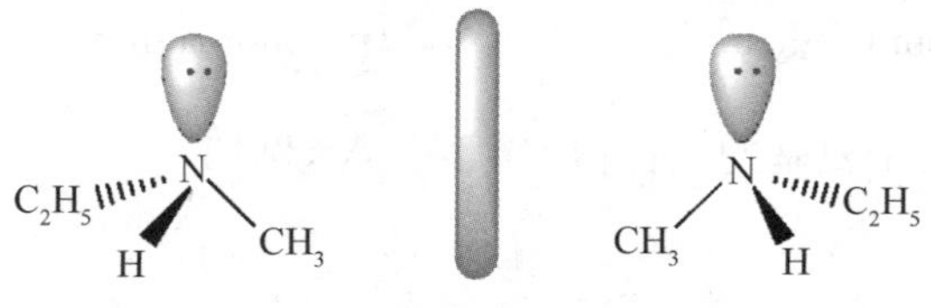

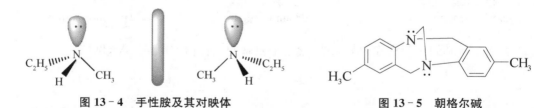

图 13－4　手性胺及其对映体

图 13－5　朝格尔碱

但实际上这种胺的对映体却一般不可拆分。这是因为氮上的孤对电子并不能起到四面体构型中第四个"基团"的作用，两者可通过平面过渡态互相翻转，这种翻转需要的能量很低，只需 25～37.6 kJ/mol，在室温下就可迅速地互相转化，若限制这种翻转就能得到两种对映异构体。1944 年，普雷洛格(Prelog)把朝格尔(Troger)碱的左旋和右旋体加以拆分(见图 13－5)。

当氮上连有四个不同基团的季铵化合物时，氮上的四个 sp^3 杂化轨道都用于成键，使构型的翻转不易发生，可分离得到相对稳定的旋光方向相反的对映异构体，如图 13－6 所示。

$$\begin{array}{c|c} \mathrm{C_6H_5}\cdots\overset{+}{\mathrm{N}}(\mathrm{CH_3})(\mathrm{Cl})-\mathrm{C_2H_5} & \mathrm{C_2H_5}-\overset{+}{\mathrm{N}}(\mathrm{CH_3})(\mathrm{Cl})\cdots\mathrm{C_6H_5} \end{array}$$

图 13-6　胺的对映体

13.2.2　胺的物理性质和波谱性质

1. 胺的物理性质

在室温下，低级脂肪胺（如甲胺、二甲胺、三甲胺和乙胺）为气体，其他低级胺为易挥发的液体，含碳原子数大于 12 的胺为固体。低级胺的气味与氨相似，且很多具有难闻的气味，如 $(CH_3)_3N$ 具有鱼腥臭味，1,4-丁二胺（腐胺）和 1,5-戊二胺（尸胺）具有肉腐烂的恶臭味。芳香胺为无色、高沸点的液体或低熔点的固体，虽气味不像脂肪胺那样大，但毒性较大，如苯胺可通过吸入或透过皮肤吸收而导致中毒，β-萘胺和联苯胺有强烈的致癌作用，因此应注意避免因芳胺接触皮肤或吸入体内而中毒。

胺和氨一样是极性物质，除叔胺外，伯、仲胺可形成分子间氢键。由于氮的电负性比氧的小，N…H—N 的氢键比 O…H—O 氢键弱，故胺的沸点低于分子量相近的醇或酸，但高于分子量相近的烃类、醚等非极性或弱极性化合物。在碳原子数相同的脂肪胺中，伯胺的沸点最高，仲胺次之，叔胺因分子中无 N—H 键，不能形成分子间氢键，其沸点比分子量相近的伯、仲胺低。

由于伯、仲、叔胺均可与水形成氢键，低级胺一般易溶于水，但溶解度随相对分子质量的增加而降低；含碳原子数大于 6 的胺难溶或不溶于水，但易溶于醇、醚、苯等有机溶剂。芳胺一般难溶于水，易溶于有机溶剂。胺能与 $CaCl_2$ 形成配合物，一般用无水 KOH、NaOH 进行干燥。一些胺的物理性质如表 13-2 所示。

表 13-2　一些胺的物理常数

名　　称	熔点/℃	沸点/℃	溶解度(水)/(g/100 g)
甲胺	−92	−7.5	易溶
二甲胺	−96	7.5	易溶
三甲胺	−117	3	91
乙胺	−80	17	混溶
二乙胺	−39	55	易溶
三乙胺	−115	89	14
正丙胺	−83	49	∞
异丙胺	−101	34	∞
正丁胺	−50	78	易溶
异丁胺	−85	68	混溶
仲丁胺	−104	63	∞

续 表

名　　称	熔点/℃	沸点/℃	溶解度(水)/(g/100 g)
叔丁胺	−67	46	∞
环己胺	−18	134	微溶
苯胺	−6	184	3.7
苄胺	10	185	微溶
N-甲基苯胺	−5.7	196	难溶
N,N-二甲基苯胺	3	194	1.4
α-萘胺	50	301	微溶
β-萘胺	111	306	微溶

2. 胺的波谱性质

1）红外光谱

胺类化合物的红外特征吸收峰主要为N—H键伸缩振动、N—H键的弯曲振动和C—N键的伸缩振动。

伯胺、仲胺的N—H键伸缩振动吸收峰在3 500～3 300 cm^{-1}（中或弱）区域，当胺缔合时向低波数移动。其中，伯胺有两个N—H吸收峰，这是由NH_2中两个N—H键的对称和不对称伸缩振动引起的；仲胺有一个吸收峰；叔胺由于无N—H键，在此区域无吸收峰。因此，如果知道某化合物含氮并且在3 400 cm^{-1}附近出现谱峰，就说明有N—H键存在。

伯胺的N—H面内弯曲振动在1 650～1 580 cm^{-1}区域有中等或强的吸收峰，摇摆振动在909～666 cm^{-1}区域有宽或强的吸收峰，可用于鉴定伯胺。脂肪仲胺N—H键的弯曲振动吸收峰很弱，多数观察不到；其摇摆振动在750～700 cm^{-1}区域有较强的吸收峰。

脂肪胺的C—N键的伸缩振动在1 250～1 020 cm^{-1}区域有中或弱的吸收峰，芳香胺在1 350～1 250 cm^{-1}区域也有中、弱吸收峰。

胺分子中的红外吸收峰可大致解析如下：

N—H吸收峰

RNH_2(伯胺)　　波数/cm^{-1}：3 500～3 400　　双峰

R_2NH(仲胺)　　波数/cm^{-1}：3 500～3 400　　单峰

R_3N(叔胺)　　无N—H吸收峰

C—N吸收峰　　波数/cm^{-1}：1 360～1 180

如图13-7和图13-8所示为异丁胺和N-甲基苯胺的红外光谱。

在图13-7中，在3 500～3 400 cm^{-1}处有两个吸收峰，是N—H伸缩振动吸收，在1 600 cm^{-1}处的中等强度吸收峰是N—H面内弯曲振动吸收，在1 200～1 000 cm^{-1}处的吸收峰是C—N伸缩振动吸收，在1 000～800 cm^{-1}处的宽而强的吸收峰是N—H摇摆振动吸收。

在图13-8中，在3 500 cm^{-1}处有一个中等吸收峰，是N—H伸缩振动吸收，在1 600～1 500 cm^{-1}处的两个吸收峰是苯环骨架伸缩振动吸收，在1 300 cm^{-1}左右的吸收峰是C—N伸缩振动吸收，在800～700 cm^{-1}处的吸收峰是N—H摇摆振动吸收。

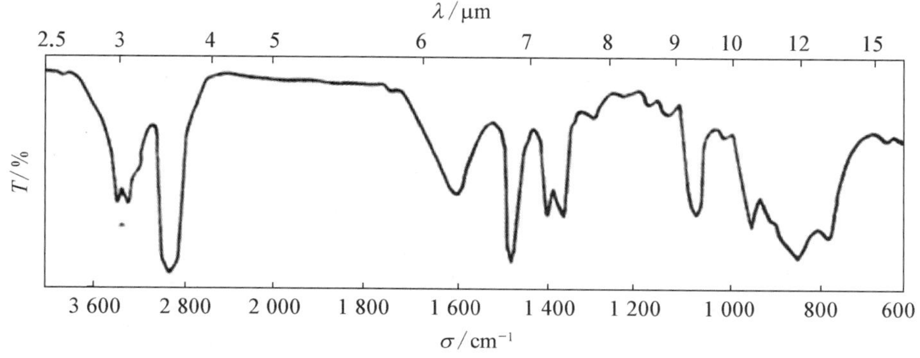

图 13-7　异丁胺红外光谱

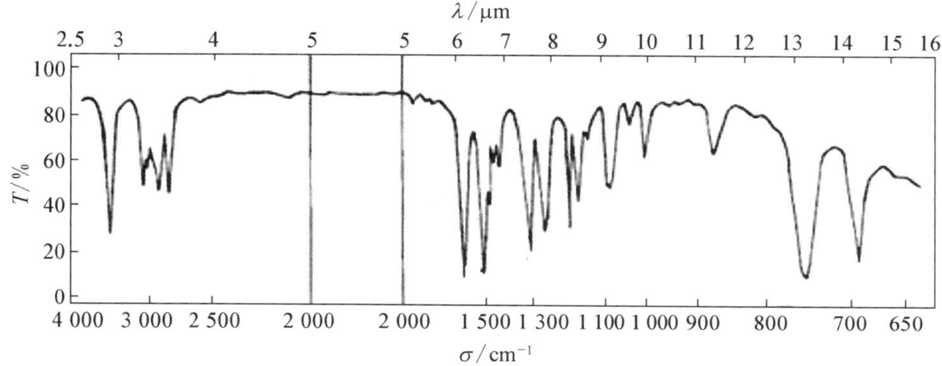

图 13-8　N-甲基苯胺红外光谱

2）核磁共振谱

胺的核磁共振谱中 N—H 质子吸收范围变化较大，通常不被邻近的质子裂分，为一单峰，有时出现一个很宽的峰，不易被觉察到。由于不同胺氢键形成的程度不同，化学位移变化较大，δ 为 0.6～5.0。化学位移取决于样品的纯度、溶剂的性质、核磁共振测量所使用的溶液温度和浓度。脂肪胺的 N—H 质子通常 δ 为 1～3，而芳香胺的 δ 则在 3～5 范围内。随氢键减少，N—H 质子吸收移向高场，因此可能会隐藏于烷基质子峰中，常通过质子数计算来发现。胺中氮的电负性较强，受氮的吸电子诱导效应的影响，胺中 α 碳上质子的化学位移向低场移动，δ 为 2.2～2.8；β 碳上质子受氮原子的影响较小，化学位移向高场移动，δ 为 1.1～1.7。如图 13-9 所示为对甲基苯胺的核磁共振谱。

13.2.3　胺的化学性质

胺的重要化学性质都与官能团氨基（$—NH_2$）氮原子上具有的一对孤电子有关，如胺的碱性、胺的氧化、亲核反应以及芳环胺的芳环上亲电取代反应。

1. 胺的碱性

1）碱性

含有孤对电子的氮原子能接受质子，当胺溶于水中，可与水中的质子作用，所以胺都具

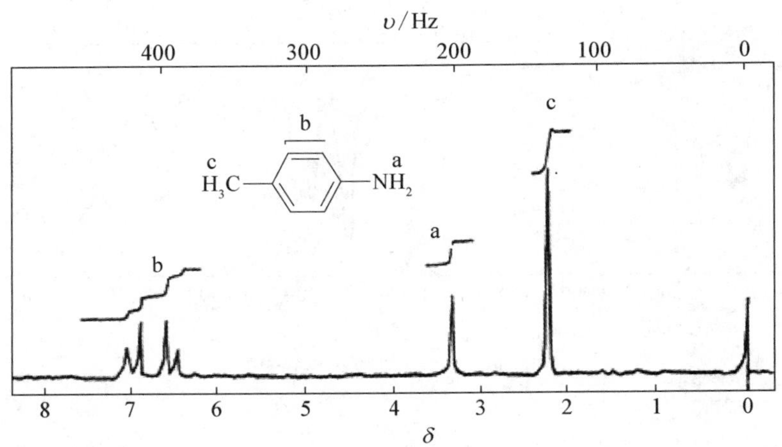

图 13-9 对甲基苯胺核磁共振谱

有碱性。胺在水溶液中有下列平衡：

$$\underset{\text{碱}}{R—NH_2}+H_2O \overset{K_b}{\rightleftharpoons} \underset{\text{共轭酸}}{R—\overset{+}{N}H_3}+OH^-$$

胺的碱性强弱常用胺在水溶液中的解离平衡常数 K_b 或 pK_b 值的大小来表示。K_b 值越大，pK_b 值越小，平衡越向右，碱性越强。表 13-3 列出了一些胺的 pK_b 值。

$$K_b=\frac{[RNH_3^+][OH^-]}{[RNH_2]} \quad pK_b=-\lg K_b$$

表 13-3 胺的碱性

名称	pK_b	名称	pK_b
氨	4.75	对甲苯胺	8.90
甲胺	3.38	间甲苯胺	9.31
二甲胺	3.27	对硝基苯胺	13.00
三甲胺	4.21	对甲氧基苯胺	8.66
乙胺	3.36	对氯苯胺	10.02
苯胺	9.40	2,4-二硝基苯胺	13.82
二苯胺	13.80		

从表 13-3 所列 pK_b 值中可看出，胺类化合物属于弱碱，一般脂肪胺的 $pK_b=3\sim5$，而芳香胺 $pK_b=7\sim10$。胺的碱性强弱顺序一般为脂肪胺>氨>芳香胺。

2）成盐

胺的碱性比较弱，可使石蕊变蓝，能与大多数酸作用生成铵盐，即

$$RNH_2+HCl \longrightarrow R\overset{+}{N}H_3Cl^-$$

铵盐是离子化合物，固体、无味。一般简单胺的无机盐大都溶于水，有机酸的铵盐在水中溶解度较小，但这两种铵盐均不溶于有机溶剂。由于铵盐是弱碱形成的盐，遇强碱即游离出胺，即

$$R\overset{+}{N}H_3Cl^- \xrightarrow{NaOH} RNH_2 + NaCl + H_2O$$

利用这一性质可分离、提纯和鉴别不溶于水的胺类化合物。很多胺的药物为便于保存和利于体内吸收，常常制成水溶性的铵盐，如

$$(C_2H_5)_2NCH_2CH_2OC(=O)-C_6H_4-NH_2 \xrightarrow{HCl} (C_2H_5)_2NCH_2CH_2OC(=O)-C_6H_4-\overset{+}{N}H_3Cl^-$$

novocaine (药物)　　　　novocaine盐酸盐

另外，一些植物用盐酸处理提取生物碱的过程也是这一反应的最好应用。

3）碱性的影响因素

胺的碱性受电子效应、空间效应、溶剂化效应等因素的影响。

(1) 影响脂肪胺碱性的因素。

脂肪胺的碱性比氨强，这是因为脂肪胺相对胺而言引入了给电子的烷基，使氮原子上的电子云密度增加，接受质子的能力增强，所形成的铵离子因正电荷分散而稳定。铵正离子越稳定，胺的碱性越强。从理论上讲，胺中与氮相连的烷基越多，碱性越强。这在气相中这个结论是正确的，脂肪胺在气相的碱性强弱顺序为叔胺＞仲胺＞伯胺。但在水中的胺的碱性却为仲胺＞伯胺＞叔胺。这是因为脂肪胺在水中碱性的强弱受电子效应、溶剂化效应、空间效应的共同影响，在此不做深入讨论，例如

	$(CH_3)_2NH$ >	CH_3NH_2 >	$(CH_3)_3N$ >	NH_3
pK_b	3.27	3.38	4.21	4.76

(2) 影响芳香胺碱性的因素。

芳香胺的碱性比氨和脂肪胺的碱性弱得多，这是因为苯胺中的氮近乎 sp^2 杂化，孤对电子占据的轨道可与苯环共轭，N 上电子云向苯环转移，减少了 N 周围的电子云密度，使 N 原子与质子结合能力降低，碱性减弱，如

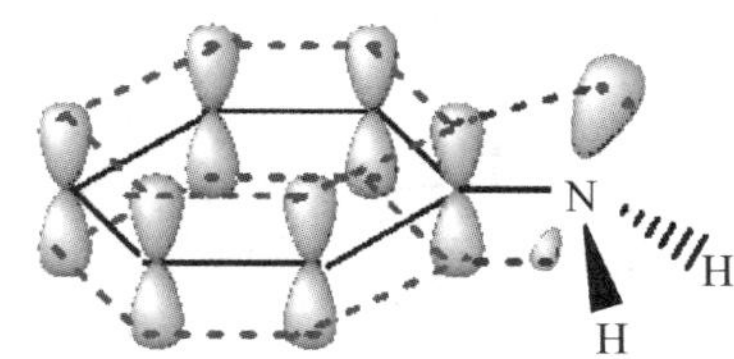

在水溶液中，芳香胺的碱性顺序为伯胺＞仲胺＞叔胺，如

$$C_6H_5NH_2 > (C_6H_5)_2NH > (C_6H_5)_3N$$

pK_b	9.30	13.8	中性

对于取代芳胺的碱性，一般来说，当取代基为给电子基时，其碱性增强；为吸电子基时，其碱性减弱，例如

	对甲氧基苯胺 ($p-CH_3OC_6H_4NH_2$)	苯胺 ($C_6H_5NH_2$)	对氯苯胺 ($p-ClC_6H_4NH_2$)	对硝基苯胺 ($p-O_2NC_6H_4NH_2$)	2,4-二硝基苯胺
pK_b	8.66	9.30	10.02	13.00	13.82

2. 胺的氧化

胺很容易被氧化，胺的氧化可以分两种方式进行，一种是“加入氧”，另一种是“脱氢”，例如

$$R_2NH \xrightarrow{H_2O_2} R_2NOH + H_2O$$

$$C_6H_5N(CH_3)_2 \xrightarrow[\text{或}RCO_3H]{H_2O_2} C_6H_5\overset{+}{N}(CH_3)_2-O^-$$

氧化胺

$$2,6\text{-}Cl_2C_6H_3NH_2 \xrightarrow[CH_2Cl_2]{CF_3CO_3H} 2,6\text{-}Cl_2C_6H_3NO_2$$

芳胺，尤其是N上有氢的芳胺极易被氧化，甚至空气也能使芳胺氧化。例如，纯的苯胺是无色油状液体，在空气中放置会逐渐被氧化，颜色逐渐变成黄色、红棕色，氧化产物非常复杂，主要的产物决定于氧化剂性质和实验条件。因芳胺易被氧化，应贮存在棕色瓶中。又例如，苯胺用二氧化锰和硫酸氧化时可生成对苯醌，即

$$C_6H_5NH_2 \xrightarrow[\text{稀}H_2SO_4]{MnO_2} O{=}C_6H_4{=}O$$

对苯醌

若用酸性重铬酸钾(钠)氧化,经过复杂的变化,苯胺生成"苯胺黑"。

由于N,N-二烷基芳胺和芳胺盐对氧化剂不那么敏感,因此有时先将芳胺变成盐后再贮藏。

3. 胺与亚硝酸的反应

脂肪胺和芳香胺均可与亚硝酸作用,胺的结构不同,反应的最终产物也不同。

1) 伯胺

脂肪族伯胺与亚硝酸反应生成脂肪族重氮盐,脂肪族重氮盐极不稳定,在低温下很快自动分解,因此这个反应在合成上没有意义。脂肪族重氮盐自动分解生成碳正离子,而碳正离子可以发生各种反应,最后得到卤代烃、醇、烯等混合物,例如

$$CH_3CH_2CH_2NH_2 \xrightarrow[HCl]{NaNO_2} CH_3CH_2CH_2—\overset{+}{N}≡NCl^- \longrightarrow CH_3CH_2\overset{+}{C}H_2 + Cl^- + N_2\uparrow$$

$$CH_3CH_2\overset{+}{C}H_2 \begin{cases} \xrightarrow{Cl^-} CH_3CH_2CH_2Cl \\ \xrightarrow{H_2O} CH_3CH_2CH_2OH \\ \xrightarrow{-H^+} CH_3CH=CH_2 \\ \xrightarrow{重排} CH_3\overset{+}{C}HCH_3 \begin{cases} \xrightarrow{H_2O} CH_3CH(OH)CH_3 \\ \xrightarrow{Cl^-} CH_3CHClCH_3 \end{cases} \end{cases}$$

由于反应定量地放出氮气,可以用来定量分析—NH_2。由于亚硝酸不稳定,一般在反应过程中将亚硝酸钠和反应物混合后滴加盐酸,使亚硝酸一生成就立刻与胺反应。

芳香族伯胺在低温下与亚硝酸作用生成相应的芳香族重氮盐,这个反应称为重氮化反应,例如

$$C_6H_5—NH_2 + NaNO_2 + HCl \xrightarrow{0\sim5℃} C_6H_5—N≡\overset{+}{N}Cl^- + 2H_2O + NaCl$$

重氮盐

在低温下芳香族重氮盐是稳定的,有合成上的意义,芳香族重氮盐是非常重要的有机合成中间体。

2) 仲胺

脂肪族或芳香族仲胺的氮上具有氢,因此也可与亚硝酸作用,生成N-亚硝基胺。N-亚硝基胺为中性,难溶于水,通常是黄色油状物或固体化合物,可用于鉴别仲胺。N-亚硝基仲胺具有强的致癌作用,应避免直接接触。

$$(CH_3)_2NH \xrightarrow[HCl]{NaNO_2} (CH_3)_2N—N=O$$

N-亚硝基二甲胺

$$(C_6H_5)_2NH \xrightarrow[HCl]{NaNO_2} (C_6H_5)_2N-N=O$$

N-亚硝基二苯胺（黄色固体）

N-亚硝基仲胺用稀盐酸和 $SnCl_2$ 处理时，N-亚硝基仲胺可还原为原来的仲胺。利用此性质可分离或提纯仲胺，如

$$(C_6H_5)_2N-N=O \xrightarrow[HCl]{SnCl_2} (C_6H_5)_2NH$$

3）叔胺

叔胺因氮上无氢，与亚硝酸不反应，在低温时生成不稳定的亚硝酸盐，此盐用碱中和时又被分解，如

$$R_3N \xrightarrow[HCl]{NaNO_2} [R_3\overset{+}{N}H]NO_2^- \xrightarrow{OH^-} R_3N$$

芳香族叔胺与亚硝酸作用，反应发生在芳环上，当对位无取代基时，发生环上的亲电取代反应——亚硝化反应，生成对亚硝基取代物。对亚硝基芳胺通常为绿色结晶，可用于芳叔胺的鉴别，例如

$$C_6H_5-N(CH_3)_2 \xrightarrow[80\%\sim90\%]{NaNO_2, HCl, 5\sim8℃} ON-C_6H_4-N(CH_3)_2$$

绿色晶体

根据上述的不同反应，可以用来区别脂肪族及芳香族的伯、仲和叔胺。

4. 氮上的烃基化反应

氨或胺易与卤代烷、含有活泼卤原子的芳卤化合物发生亲核取代反应，在胺的氮原子上引入烃基，称为胺的烃基化反应。此反应可用于工业上生产胺类化合物。

伯胺可与卤代烷反应，生成仲胺、叔胺和季胺盐的混合物，如

$$CH_3CH_2-NH_2 + CH_3-I \longrightarrow \underset{(15\%)}{CH_3CH_2NHCH_3} + \underset{(45\%)}{CH_3CH_2N(CH_3)_2} + \underset{(10\%)}{CH_3CH_2\overset{+}{N}(CH_3)_3I^-}$$

首先乙胺与碘甲烷发生亲核取代反应，生成仲胺的盐，在过量乙胺的存在下游离出仲胺，即

$$CH_3CH_2NH_2 + CH_3I \longrightarrow CH_3CH_2\overset{+}{N}H_2CH_3I^- \xrightarrow{CH_3CH_2NH_2} CH_3CH_2NHCH_3 + CH_3CH_2\overset{+}{N}H_3I^-$$

仲胺可以进一步与碘甲烷作用生成叔胺的盐，再与过量乙胺反应得到叔胺，即

$$CH_3CH_2NHCH_3 + CH_3I \longrightarrow CH_3CH_2NH(CH_3)_2 \xrightarrow{CH_3CH_2NH_2} CH_3CH_2N(CH_3)_2$$

叔胺继续与碘甲烷反应生成季铵盐，即

$$CH_3CH_2N(CH_3)_2 + CH_3I \longrightarrow CH_3CH_2\overset{+}{N}(CH_3)_3I^-$$

氨或胺的氮上有一对孤对电子，可以作为亲核试剂，按 S_N2 机理发生氮上的烃基化反应。因此，反应最终得到的是多种产物的混合物。控制反应条件和原料的投料比可以得到以某种胺为主的产物：当胺过量时，主要产物为伯胺；当卤代烷过量时，主要产物为季铵盐。季铵盐将在 13.2.4 节中详细介绍。

芳胺烷基化的活性低于脂肪胺，在硫酸等催化剂的存在下，芳胺能与醇反应，这是工业上合成 N，N－二甲基苯胺的方法，如

$$C_6H_5NH_2 + 2CH_3OH \xrightarrow[210\sim215℃, 3\sim3.5\ MPa]{H_2SO_4} C_6H_5N(CH_3)_2 + 2H_2O$$

5. 氮上的酰基化和磺酰化反应

1）酰基化反应

伯胺和仲胺的氮原子上有氢原子，可与酰基化试剂（酰卤、酸酐、羧酸等）反应，氮上的氢被酰基取代，得到相应的酰基化产物 N－取代或 N，N－二取代酰胺，这种反应被称为胺的酰基化反应。叔胺的氮原子上无氢原子，故不发生酰基化反应。

$$RNH_2 + R'COL \longrightarrow RNHCOR' + HL$$

$$R_2NH + R'COL \longrightarrow R_2NHCOR' + HL$$

$$L = —Cl,\ —O—\overset{\overset{O}{\|}}{C}—R',\ —OH$$

在酰基化反应中，伯胺活性大于仲胺，脂肪胺大于芳香胺。酰基化试剂的酰基化能力为酰卤＞酸酐＞羧酸。以酰卤或酸酐为酰基化试剂，一般能得到较好收率的酰胺。羧酸的酰基化能力较弱，在反应中需加热除去反应中生成的水。例如

$$C_6H_5—NH_2 + CH_3COOH \xrightarrow[-H_2O]{\triangle} C_6H_5—NHCOCH_3$$

乙酰苯胺

$$C_6H_5—NHCH_3 + C_6H_5—COCl \longrightarrow C_6H_5—\overset{\overset{CH_3}{|}}{N}—\overset{\overset{O}{\|}}{C}—C_6H_5$$

N－甲基苯甲酰苯胺

酰基化反应中以过量胺、碳酸盐或吡啶为缚酸剂，生成的酰胺多为结晶固体，是中性物质，一般不能再与酸成盐。因此，当伯仲叔胺混合物经乙酸酐酰基化后，再加稀盐酸，只有叔胺仍能与盐酸成盐而溶于水中，故可用于分离叔胺。酰胺有固定的熔点，根据熔点的测定可推断(鉴定)伯胺和仲胺。某些胺在苯甲酰化后产物的熔点如下：

	胺甲胺	乙胺	苄胺	苯胺	对甲苯胺	邻甲苯胺
酰胺的熔点/℃	80	71	105	160	158	146

芳胺的N-酰基化反应在有机合成中有广泛的应用，常用于保护氨基，如苯胺发生硝化反应，为防止氨基被破坏，先把氨基酰基化，生成不易被氧化的酰氨基，即

$$C_6H_5NH_2 \xrightarrow{(CH_3CO)_2O} C_6H_5NHCOCH_3 \xrightarrow[H_2SO_4]{HNO_3} p\text{-}O_2NC_6H_4NHCOCH_3 \xrightarrow[OH^-]{H_2O} p\text{-}O_2NC_6H_4NH_2$$

2) 磺酰化反应

在氢氧化钠或氢氧化钾溶液存在的条件下，用磺酰化试剂(如苯磺酰氯或对甲苯磺酰氯)与脂肪族、芳香族伯胺或仲胺作用，可生成相应的磺酰胺，该反应称为兴斯堡(Hinsberg)反应。叔胺氮上无氢原子，故不与磺酰化试剂反应。例如

$$RNH_2 \xrightarrow[NaOH]{C_6H_5SO_2Cl} C_6H_5SO_2NHR \xrightarrow{NaOH} [C_6H_5SO_2NR]^- Na^+$$

$$R_2NH \xrightarrow[NaOH]{C_6H_5SO_2Cl} C_6H_5SO_2NR_2$$

$$R_3N \xrightarrow[NaOH]{C_6H_5SO_2Cl} \text{不反应}$$

伯胺与苯磺酰氯在碱溶液中反应先生成N-烃基苯磺酰胺，由于磺酰基是较强的吸电子基，N-烃基苯磺酰胺中氮上的氢受其影响，具有一定的酸性，能与过量的氢氧化钠作用生成溶于水的钠盐。仲胺与苯磺酰氯在碱溶液中反应生成的N,N-二烃基苯磺酰胺，因氮上无氢原子，不能与碱作用，因此不溶于碱的水溶液。叔胺因氮上无氢故不发生磺酰化反应。伯、仲胺的磺酰胺都可以经过酸性水解而分别得到原来的胺，利用此反应可以分离或鉴别伯、仲、叔胺。

6. 芳胺环上的取代反应

1) 卤化

$—NH_2$、$—NHR$ 和 $—NR_2$ 与苯相连时，可以使苯环上的电子云密度大大增加，因此芳胺苯环上的亲电取代反应活性很高。苯胺与氯、溴发生卤化反应不需要催化剂，常温下就可生成2,4,6-三卤苯胺，例如

$$C_6H_5NH_2 \xrightarrow[H_2O]{Br_2} 2,4,6\text{-}Br_3C_6H_2NH_2 \downarrow \text{白色} + HBr$$

100%

该反应定量进行,可用于芳胺的鉴定和定量分析。若要制备一取代苯胺,则需先将氨基乙酰化,降低氨基对苯环的给电子能力,再卤化,最后水解除去乙酰基,即

$$C_6H_5NH_2 \xrightarrow{CH_3COOH} C_6H_5NHCOCH_3 \xrightarrow{Br_2} p\text{-}BrC_6H_4NHCOCH_3 \xrightarrow[\triangle, H_2O]{OH^- \text{或} H^+} p\text{-}BrC_6H_4NH_2$$

2) 硝化

硝酸是一种较强的氧化剂,苯胺硝化时易被硝酸氧化生成焦油物质。为了避免苯胺被硝酸氧化,必须先把氨基保护起来,然后再硝化、水解,得到硝基取代的苯胺衍生物,例如

$$C_6H_5NH_2 \xrightarrow{(CH_3CO)_2O} C_6H_5NHCOCH_3 \xrightarrow[H_2SO_4]{HNO_3} \underset{\text{主产物}}{p\text{-}O_2NC_6H_4NHCOCH_3} + o\text{-}O_2NC_6H_4NHCOCH_3$$

$$\xrightarrow[H_2O]{OH^- \text{或} H^+} \underset{\text{主产物}}{p\text{-}O_2NC_6H_4NH_2} + o\text{-}O_2NC_6H_4NH_2$$

邻硝基苯胺也可通过磺酸基占据乙酰氨基对位,再经硝化、水解来制备,即

$$C_6H_5NHCOCH_3 \xrightarrow{\text{浓}H_2SO_4} p\text{-}HO_3SC_6H_4NHCOCH_3 \xrightarrow[H_2SO_4]{HNO_3} 2\text{-}NO_2\text{-}4\text{-}SO_3H\text{-}C_6H_3NHCOCH_3 \xrightarrow[H_2O]{H^+} o\text{-}O_2NC_6H_4NH_2$$

间硝基苯胺的制备可先使苯胺与硫酸成盐,再硝化、中和,即

$$NH_2 \xrightarrow{\text{浓}H_2SO_4} \overset{+}{N}H_3HSO_4^- \xrightarrow[H_2SO_4]{HNO_3} \overset{+}{N}H_3HSO_4^-,\ NO_2 \xrightarrow[H_2O]{OH^-} NH_2,\ NO_2$$

3）磺化

苯胺与浓硫酸混合可生成苯胺硫酸盐，后者在 180～190℃下烘焙，发生分子内重排，得到对氨基苯磺酸，这是工业上生产对氨基苯磺酸的方法。产物中因含有酸性和碱性两种基团，形成内盐，即

$$NH_2 \xrightarrow{\text{浓}H_2SO_4} \overset{+}{N}HHSO_4^- \xrightarrow{180\sim190℃} NH_2,\ SO_3H \longrightarrow \overset{+}{N}H_3,\ SO_3^-$$

内盐

萘胺也会发生类似的反应，即

$$NH_2 \xrightarrow{\text{浓}H_2SO_4} \overset{+}{N}H_3HSO_4^- \xrightarrow[\text{回流}]{\text{二氯苯}} NH_2,\ SO_3H \longrightarrow \overset{+}{N}H_3,\ SO_3^-$$

内盐

13.2.4 季铵盐和季铵碱

1. 季铵盐

氮上连有四个烃基的化合物称为季铵盐，一般是叔胺与卤代烷或具有活泼卤原子的芳卤化合物作用生成铵盐，即

$$R_3N + RX \longrightarrow R_4\overset{+}{N}X^-$$

季铵盐是无色晶体，性质类似于无机盐，具有高的熔点，易溶于水，不溶于乙醚等非极性有机溶剂。季铵盐的结晶往往是水合物晶体，有固定熔点。季铵盐加热时常在熔点前分解，生成叔胺和卤代烷，即

$$R_4\overset{+}{N}X^- \xrightarrow{\triangle} R_3N + RX$$

季铵盐是一类重要的有机化合物。一些具有一个长链烷基的季铵盐，由于它有亲油基团（烃基）和亲水基团（正离子部分），可用作阳离子表面活性剂，具有良好的去污、乳化、杀

菌、消毒作用。季铵盐可用作相转移催化剂，如氯化苯甲基三乙基铵(TEBA)、溴化四乙基铵(TBA)。天然存在的季铵盐在动物、植物体内起着各种生理作用，如胆碱在动物体内起抗脂作用、溴化乙酰胆碱在神经传递系统担当重要的角色。

2. 季铵碱

季铵盐中的负离子被氢氧根取代后的化合物称为季铵碱。季铵碱是强碱，其碱性与 NaOH、KOH 相当。

$$R_4\overset{+}{N}X^- + OH^- \rightleftharpoons R_4\overset{+}{N}OH^- + X^-$$

伯、仲、叔胺的盐与强碱作用时，能将胺游离出来。但季铵盐与强碱作用不能游离出胺来，而是得到季铵碱的平衡混合物。在季铵碱的制备中，为使反应进行到底，常采用湿的氧化银生成 AgX 沉淀，使反应平衡向右移动，即

$$R_4\overset{+}{N}X^- + Ag_2O + H_2O \longrightarrow R_4\overset{+}{N}OH^- + AgX\downarrow$$

例如，四甲基氢氧化铵的制备过程如下：

$$2(CH_3)_4\overset{+}{N}Br^- + Ag_2O + H_2O \longrightarrow 2(CH_3)_4\overset{+}{N}OH^- + 2AgBr\downarrow$$

3. 季铵碱的消除反应

季铵碱受热发生热分解，没有 β 氢的季铵碱分解生成叔胺和醇，例如

$$(CH_3)_4\overset{+}{N}OH^- \xrightarrow{\triangle} (CH_3)_3N + CH_3OH$$

其他含有 β 氢的季铵碱受热分解时生成烯烃和叔胺，这个反应称为霍夫曼消除反应，即

$$-\overset{H}{\underset{|}{\overset{|}{C}}}{}^{\beta}-\overset{|}{\underset{\overset{+}{N}R_3}{C}}{}^{\alpha}- \xrightarrow{\triangle} \;>C=C<\; + R_3N + H_2O$$

例如

$$CH_3CH_2CH_2CH_2\overset{+}{N}(CH_3)_3OH^- \xrightarrow{\triangle} CH_3CH_2CH=CH_2 + (CH_3)_3N + H_2O$$

4. 霍夫曼消除的取向

当季铵碱氮原子上连有多个不同种的 β 氢时，消除就有多种可能，例如

$$\underset{\overset{+}{N}(CH_3)_3OH^-}{CH_3CH_2-\underset{|}{CH}-CH_3} \xrightarrow{\triangle} \underset{95\%}{CH_3CH_2CH=CH_2} + \underset{5\%}{CH_3CH=CHCH_3} + (CH_3)_3N + H_2O$$

实验数据表明，反应的主产物是消去含氢较多的 β 碳上的氢而生成双键上取代基较少的烯烃，称为霍夫曼消除规则。

霍夫曼消除规则适用于β碳上的取代基是烷基的化合物，如果β碳上吸电子基，霍夫曼消除规则就不适用了。于是霍夫曼消除规则的第二种表述就更为贴切了。霍夫曼消除规则的第二种表述：当季铵碱消除生成烯烃时，优先消除酸性较大的β氢，形成稳定性较大的碳负离子中间体。例如

$$(CH_3)_2\overset{+}{N}(CH_2CH_2COCH_3)—CH_2CH_3 \quad OH^- \xrightarrow{\triangle} \underset{主产物}{CH_2{=}CHCOCH_3} + (CH_3)_2NCH_2CH_3$$

5. 霍夫曼消除的立体化学

霍夫曼消除反应是在碱的作用下的 E2 消除反应，碱进攻取代基较少、酸性较强β碳上的氢，立体化学一般为反式共平面消除。利用构象分析，E2 消除反应要求被消除的氢与 $—\overset{+}{N}R_3$ 处于反式共平面，即氢和 $—\overset{+}{N}R_3$ 处在同一平面上且为对位交叉式，如手性化合物氢氧化三甲基仲丁基铵加热主要得到反式烯烃，即

$$\text{H}_3\text{C, H, H, H, CH}_3,\ \overset{+}{N}(CH_3)OH^- \longrightarrow \text{H, H}_3\text{C, H, H, CH}_3,\ \overset{+}{N}(CH_2)_3OH^- \longrightarrow \text{H, CH}_3;\ \text{H}_3\text{C, H}$$

6. 季铵碱的消除在结构分析中的应用

季铵碱的消除反应较少用于烯烃的制备，常用于胺结构的测定，特别是生物碱结构式的测定。通常把胺与过量碘甲烷的反应称为彻底甲基化反应，如

$$\text{哌啶 (NH)} + CH_3I \longrightarrow \text{N,N-二甲基哌啶鎓 }(\overset{+}{N}, H_3C, CH_3)\ I^-$$

要测定一个未知结构的胺，可先用过量的 CH_3I 与胺进行彻底甲基化反应，生成季铵盐。根据第一次彻底甲基化生成的季铵盐比原来胺增加的甲基个数，判定原来胺的类型。再用湿的氧化银处理，转化成季铵碱，然后进行热分解，从而得到叔胺和烯烃。根据霍夫曼消去的次数和产生的烯烃及胺的结构分析判定原来胺的结构。例如

$$C_6H_5—\overset{H}{N}—CH_2CH_3 \xrightarrow{2CH_3I} \xrightarrow{AgOH} C_6H_5—\overset{+}{N}(CH_3)_2—CH_2CH_3\ OH^-$$

$$\xrightarrow{\triangle} C_6H_5—N(CH_3)_2 + CH_2{=}CH_2$$

13.2.5 胺的来源与制法

1. 胺的来源与工业合成法

胺广泛存在于自然界，许多复杂的天然产物胺类被用作药物。不少天然产物药物现仍从天然产物中提取。工业制备胺类的方法多是由氨与醇或卤代烷反应制得，产物为各级胺的混合物，分馏后得到纯品。

2. 氨或胺的烃基化

氨或胺具有亲核性，可与卤代烃发生亲核取代反应。氨与卤代烃首先生成伯胺，伯胺可以继续与卤代烃反应生成仲胺，仲胺再反应生成叔胺，最后生成季铵盐。因此，反应的产物是混合物，所以用于制备单一产物会受到一定的限制。当在氨过量的情况则可以得到以伯胺为主的产物，如

$$CH_3CH_2CH_2Br + NH_3(\text{过量}) \xrightarrow{NaOH} CH_3CH_2CH_2NH_2$$

反应中使用的卤代烃一般是伯卤代烃、烯丙基型卤代烃和苄基型卤代烃，叔卤代烃发生的反应主要是消除，不是取代。乙烯型卤代烃和芳卤代烃活性小，一般条件下不与 NH_3 发生反应。

卤素直接连接在苯环上很难与氨发生亲核取代反应，但当在苯环卤原子的邻位或对位存在强吸电子基时，卤原子的活性增强，可在一般条件下与氨或胺发生亲核取代反应，并生成相应的胺，例如

$$O_2N-C_6H_4-Cl \xrightarrow[\triangle]{NH_3} O_2N-C_6H_4-NH_2$$

3. 腈和酰胺的还原

腈和酰胺都含有 C—N 键，可采用催化氢化或 $LiAlH_4$ 还原生成相应的伯胺。

用 $LiAlH_4$ 还原腈为伯胺的反应是在无水乙醚或无水四氢呋喃中进行的，例如

$$RCN \xrightarrow[\text{无水乙醚}]{LiAlH_4} RCH_2NH_2$$

酰胺在醚中用 $LiAlH_4$ 还原，可将羰基还原为亚甲基，得到较高产率的胺，例如

$$NC-C_6H_4-NH-\overset{O}{\overset{\|}{C}}-CH_3 \xrightarrow[\text{无水乙醚}]{LiAlH_4} \xrightarrow[H^+]{H_2O} H_2NH_2C-C_6H_4-NH-CH_2CH_3$$

4. 羰基化合物氨化还原

醛、酮与氨或胺进行反应后再进行催化氢化，这个方法称为醛或酮的还原氨（胺）化，例如

$$R-\overset{O}{\overset{\|}{C}}-H(R') + NH_3 \longrightarrow \underset{\text{亚胺}}{R-\overset{NH}{\overset{\|}{C}}-H(R')} \xrightarrow[Ni]{H_2} \underset{\text{伯胺}}{R-\overset{NH_2}{\overset{|}{CH}}-H(R')}$$

$$C_6H_5-CHO + NH_3 \longrightarrow C_6H_5-CH{=}NH \xrightarrow[Ni]{H_2} C_6H_5-CH_2NH_2$$

还原氨(胺)化反应可一步完成,操作方便,收率较高。由氨制备伯胺时,为防止生成的伯胺与醛或酮反应生成仲胺副产物,需采用过量的氨。

5. *硝基化合物的还原*

制备芳胺的最好办法就是硝基化合物的还原,硝基苯在盐酸、硫酸或醋酸等酸性条件下用金属还原剂如铁、锡、锌等还原,最终产物为芳胺。

选择性还原剂(如硫化铵、硫氢化铵或硫化钠等)可将二硝基化合物中的一个硝基还原,从而得到硝基胺,例如

$$m\text{-}C_6H_4(NO_2)_2 \xrightarrow{NH_4HS} m\text{-}NH_2C_6H_4NO_2$$

工业上用铁粉和水还原硝基苯制取苯胺,但是用铁粉会产生大量含苯胺的铁泥,造成环境的污染,因此,工业上逐渐改用催化加氢的方法制备苯胺,如

$$C_6H_5-NO_2 + H_2 \xrightarrow{Pd} C_6H_5-NH_2$$

6. *霍夫曼降解法*

氮上无取代基的酰胺与卤素在氢氧化钠溶液中作用,酰胺分子可失去羰基,生成比原来少一个碳原子的伯胺,此反应称霍夫曼降解法,例如

$$RCH_2CONH_2 \xrightarrow[\text{浓 NaOH}]{Br_2} RCH_2NH_2$$

7. *加百列合成法*

加百列合成法是制备纯净伯胺的好方法。由邻苯二甲酰亚胺与KOH或NaOH溶液作用生成盐,该盐的负离子为一亲核试剂,与卤代烃发生S_N2反应,生成N-烷基邻苯二甲酰亚胺,然后水解,得到伯胺。需注意的是,叔卤代烃在此条件下易发生消除反应,不能使用。

$$\text{邻苯二甲酰亚胺(NH)} \xrightarrow{KOH} \text{邻苯二甲酰亚胺}\ N^-K^+ \xrightarrow{RBr} \text{N-R 邻苯二甲酰亚胺} \xrightarrow[H_2O]{OH^-} C_6H_4(CO_2^-)_2 + RNH_2$$

13.3 重氮、偶氮和腈类化合物

重氮和偶氮化合物是指分子内含有氮氮多重键的化合物，腈类化合物分子中会有碳氮三键。

13.3.1 重氮和偶氮化合物

1. 重氮和偶氮化合物的结构

重氮和偶氮化合物都含有—N═N—基团，当—N═N—基团的两端都与烃基直接相连时，这类化合物称为偶氮化合物，其通式为：R—N═N—R′(R、R′为脂肪烃基和芳香烃基)，例如

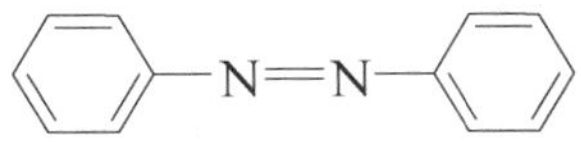

$$C_6H_5-N=N-C_6H_5 \qquad (CH_3)_2C(CN)-N=N-C(CN)(CH_3)_2 \qquad C_{10}H_7-N=N-C_6H_5$$

偶氮苯 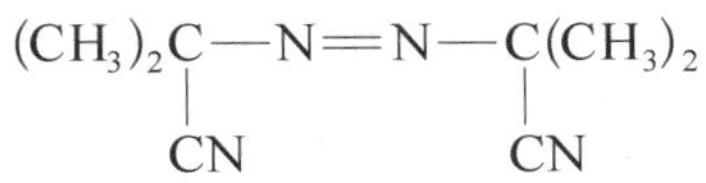　　偶氮二异丁腈 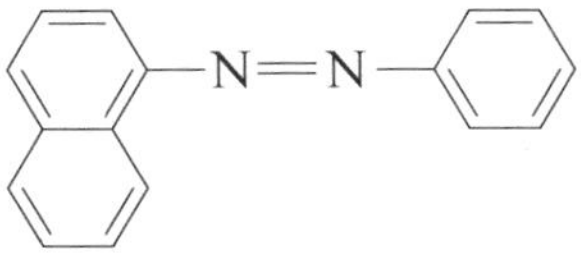　　萘-1-偶氮苯

—N═N—基团一端与烃基相连，另一端与其他原子或原子团相连的化合物称为重氮化合物，例如

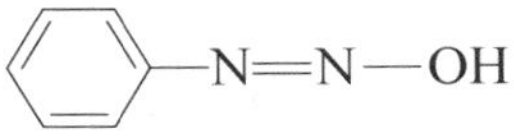

$$C_6H_5-N=N-OH \qquad C_6H_5-N=N-CN \qquad C_6H_5-\overset{+}{N}\equiv NCl^-$$

苯基重氮酸（氢氧化重氮苯）　　氰化重氮苯 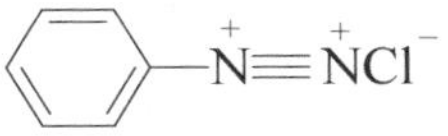　　苯重氮盐酸盐（氯化重氮苯）

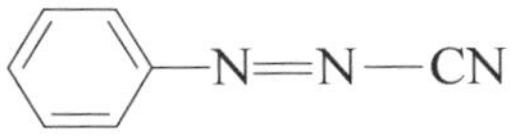

偶氮基的两端为烃基的偶氮苯在光照或加热条件下，容易分解释放出氮气并产生自由基，可用作自由基引发剂。例如，偶氮二异丁腈即是一种自由基聚合反应中常用的自由基引发剂，其特点是在低温或光照下便能分解产生自由基，即

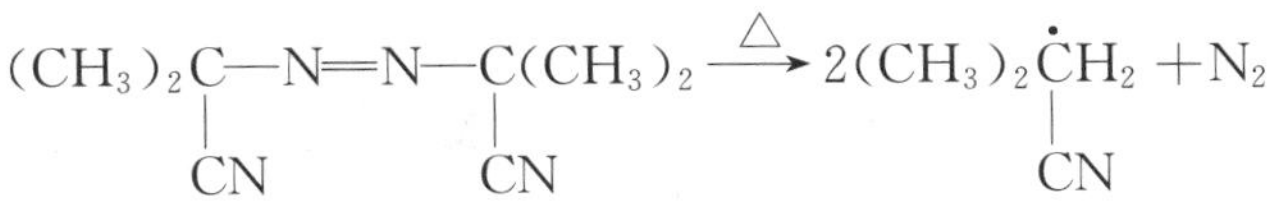

$$(CH_3)_2C(CN)-N=N-C(CN)(CH_3)_2 \xrightarrow{\triangle} 2(CH_3)_2\dot{C}(CN) + N_2$$

如偶氮基的两端均为芳基时，这类偶氮化合物十分稳定，光照或加热都不能使其分解，从而也不能产生自由基。

2. 重氮化反应

芳香族伯胺与亚硝酸或亚硝酸盐在过量的无机酸存在下生成芳香重氮盐，该反应称为重氮化反应，即

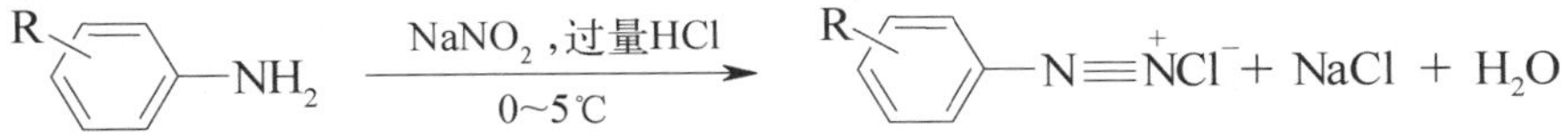

$$R-C_6H_4-NH_2 \xrightarrow[0\sim5℃]{NaNO_2,过量HCl} R-C_6H_4-N\equiv\overset{+}{N}Cl^- + NaCl + H_2O$$

重氮化反应需在低温下将芳伯胺溶于过量的酸中，控制温度为 0～5℃，滴加 $NaNO_2$ 溶液到反应完成。重氮化反应的终点可用碘化钾-淀粉试纸测定，因为过量的 HNO_2 可以把碘负离子氧化成单质碘，使淀粉变蓝。

重氮化反应中酸过量是为了避免在重氮化过程中生成的重氮盐与尚未反应的芳胺偶合。但不宜太过量，否则过量的亚硝酸会促使重氮盐分解，过量的 HNO_2 可用尿素除去。

3. 重氮盐的反应

1）重氮盐

重氮盐为无色晶体。干燥的重氮盐极不稳定，受热或震动时容易爆炸，所以重氮盐一般不制成固体。重氮盐具有盐的典型性质，绝大多数重氮盐易溶于水而不溶于有机溶剂，其水溶液具有极强的导电能力。

芳香族重氮盐比脂肪族重氮盐稳定，是因为其重氮盐正离子中，C—N—N 键呈线型结构，其 π 轨道与芳环的 π 轨道构成共轭体系，存在着 8 个电子、8 个原子的共轭 π 键，使其得以稳定。苯重氮正离子的结构如图 13－10 所示。

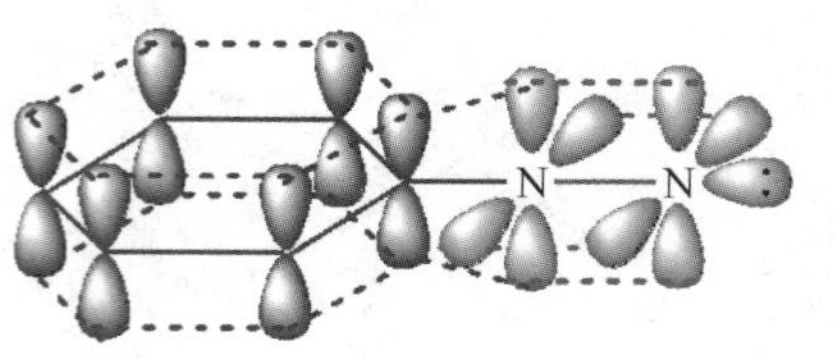

图 13－10　苯重氮正离子的结构

2）重氮盐的反应

重氮盐非常活泼，能发生多种反应，但大体上可分为放出氮气和保留氮原子两大类。

(1) 放出氮气的反应。

重氮盐在一定条件下分解，重氮基（$-\overset{+}{N}_2$）是个正离子，是亲电试剂，可被其他原子或原子团所取代同时放出氮气。

① 被羟基取代。

重氮硫酸盐可与稀硫酸水溶液作用，放出氮气，重氮基被羟基取代生成酚，如

$$C_6H_5\overset{+}{N}\equiv N\,SO_4^- + H_2O \xrightarrow{H_2SO_4} C_6H_5OH + N_2\uparrow + H_2SO_4$$

溶液用强酸的原因是防止未水解的重氮盐和生成的酚发生偶联反应。值得注意的是该法不宜使用重氮苯盐酸盐，是因为氯离子的存在会生成副产物氯苯。利用这个反应在苯环上引入羟基，在有机合成上是很有意义的。如从苯制备间硝基苯酚，先生成苯酚再硝化是不可能得到想要的产物的。一般是从苯先制备间二硝基苯，经过部分还原为间硝基苯胺，再经重氮化反应生成重氮盐，接着与酸共热得到较纯的间硝基苯酚，即

$$C_6H_6 \xrightarrow[H_2SO_4,\triangle]{2HNO_3} m\text{-}C_6H_4(NO_2)_2 \xrightarrow{NH_4HS} m\text{-}O_2NC_6H_4NH_2 \xrightarrow[0\sim5℃]{NaNO_2\ \ H_2SO_4} m\text{-}O_2NC_6H_4N\equiv\overset{+}{N}HSO_4^- \xrightarrow[H_2O,\triangle]{H_2SO_4} m\text{-}O_2NC_6H_4OH$$

该法主要用来制备没有异构体的酚和用磺化、碱熔等其他方法难以得到的酚。在磺化、碱熔法制酚的过程中，碱熔要在高温、强碱性的条件下进行。当反应物的芳环上除磺酸基外还连有硝基、卤原子等吸电子基时，碱熔时会发生芳环上其他位置的亲核取代和另外一些副反应，造成产物复杂化。如从对二氯苯制备2,5-二氯苯酚，因为苯环上的氯对碱敏感，所以不能用磺化碱熔法，通过重氮盐的水解制备较好，即

$$\text{1,4-二氯苯} \xrightarrow[H_2SO_4]{HNO_3} \text{2,5-二氯硝基苯} \xrightarrow{Fe/HCl} \text{2,5-二氯苯胺} \xrightarrow[0\sim5℃]{NaNO_2/H_2SO_4} \text{2,5-二氯苯重氮硫酸氢盐}(N_2^+HSO_4^-) \xrightarrow[H_2O,\triangle]{H_2SO_4} \text{2,5-二氯苯酚}$$

② 被氢取代。

芳香重氮盐在次磷酸(H_3PO_2)或乙醇等还原剂作用下，重氮基可被氢原子取代。由于重氮基来自氨基，所以该反应也称为去氨基还原反应，如

$$Ar-\overset{+}{N}\equiv NX^- \xrightarrow[H_2O]{H_3PO_2} Ar-H+N_2\uparrow$$

也可用乙醇作还原剂代替次磷酸，但有副产物醚生成，如

$$Ar-\overset{+}{N}\equiv NX^- \xrightarrow{C_2H_5OH} Ar-H+Ar-OC_2H_5+N_2\uparrow$$

重氮盐被氢取代的反应在有机合成中很重要。由于氨基是强的邻对位定位基，利用氨基的导向基作用，先将某个基团引入到芳环的一定位置中，再把氨基去掉，可以合成其他方法难以合成的化合物。这个反应在有机合成上很有用，例如

$$\text{甲苯}(CH_3) \xrightarrow[H_2SO_4,\triangle]{HNO_3} \text{对硝基甲苯}(NO_2) \xrightarrow{Fe/HCl} \text{对甲苯胺}(NH_2) \xrightarrow[Fe]{Br_2}$$

$$\text{2,6-二溴-4-甲基苯胺} \xrightarrow[0\sim5℃]{HNO_2} \text{2,6-二溴-4-甲基苯重氮盐}(N_2^+Cl^-) \xrightarrow{H_3PO_2} \text{3,5-二溴甲苯}$$

由于甲基是邻对位定位基，甲苯直接亲电取代不能在甲基的间位引入溴，但可以在甲基的对位引入硝基，硝基接着还原成为氨基，由于氨基是邻、对位定位基，可以在氨基的邻位通过亲电取代直接引入溴，再通过重氮化反应，最后用氢原子取代重氮基。

③ 被卤素取代。

芳环上的重氮基可以被卤素取代，适用于制备难以通过亲电取代反应制备的芳卤。

芳环上直接氟化的反应很猛烈，较难控制，因此将芳胺制成氟硼酸重氮盐溶液，不溶解的氟硼酸重氮盐沉淀后经过滤、洗涤、干燥、热分解可得到芳香氟化物。此反应称为席曼(Schiemann)反应，是制备芳香氟代烃的一种方法，例如

$$\mathrm{ArNH_2} \xrightarrow[0\sim5℃]{\mathrm{NaNO_2,HCl}} \mathrm{Ar{-}\overset{+}{N}{\equiv}NCl^-} \xrightarrow{\mathrm{HBF_4}} \mathrm{Ar{-}\overset{+}{N}{\equiv}NBF_4^-} \xrightarrow[\triangle]{\text{过滤干燥}} \mathrm{ArF}$$

1884 年，桑德迈尔(Sandmeyer)发现，在氯化亚铜或溴化亚铜的催化下，重氮盐在氢卤酸溶液中加热，重氮基可分别被氯和溴原子取代，生成芳香氯化物和溴化物，这一反应称为桑德迈尔反应，如

$$\mathrm{Ar{-}\overset{+}{N}{\equiv}NCl^-} \xrightarrow{\mathrm{CuCl,HCl}} \mathrm{ArCl+N_2}\uparrow$$

$$\mathrm{Ar{-}\overset{+}{N}{\equiv}NBr^-} \xrightarrow{\mathrm{CuBrI,HBr}} \mathrm{ArBr+N_2}\uparrow$$

加特曼发现，用金属铜的盐酸或氢溴酸代替氯化亚铜或溴化亚铜也可制得芳香氯化物或溴化物，这个反应称为加特曼反应。桑德迈尔反应需等物质量的卤化亚铜，而加特曼反应只需催化量的铜，且反应温度一般较桑德迈尔反应的低，操作简单，但产率一般不如桑德迈尔反应的高。这两种方法都不适于制备氟代物和碘代物。因碘的活性较差，芳环上直接碘化速率较慢，芳香族重氮盐和碘化钾一起加热时，重氮基很容易被碘取代，生成芳香碘，并放出氮气，且收率良好，如

$$\mathrm{Ar{-}\overset{+}{N}{\equiv}NSO_4^-} \xrightarrow[\triangle]{\mathrm{KI}} \mathrm{ArI+N_2}\uparrow$$

④ 被氰基取代。

重氮盐与氰化亚铜的氰化钾水溶液作用时，重氮基被氰基取代，生成芳香腈，称为桑德迈尔反应；若在铜粉存在下和氰化钾溶液作用，称为加特曼反应。该反应需在中性条件下进行，以免氢氰酸逸出。

$$\mathrm{Ar{-}\overset{+}{N}{\equiv}NCl^-} \xrightarrow[\mathrm{Cu,KCN}]{\mathrm{CuCN,KCN}} \mathrm{ArCN+N_2}\uparrow$$

在有机合成中，通过重氮盐被氰基取代，接着再通过水解或还原，可在芳环上引入羧基、氨甲基，例如

$$\text{C}_6\text{H}_5\text{CH}_3 \xrightarrow[\mathrm{H_2SO_4}]{\mathrm{HNO_3}} p\text{-}\mathrm{CH_3C_6H_4NO_2} \xrightarrow[\mathrm{HCl}]{\mathrm{Fe}} p\text{-}\mathrm{CH_3C_6H_4NH_2} \xrightarrow[\mathrm{HCl},0\sim5℃]{\mathrm{NaNO_2}}$$

$$p\text{-}CH_3C_6H_4N_2^+Cl^- \xrightarrow[KCN]{CuCN} p\text{-}CH_3C_6H_4CN \xrightarrow[H^+]{H_2O} p\text{-}CH_3C_6H_4COOH$$

(2) 保留氮原子的反应。

① 还原反应。

芳香重氮盐在弱还原剂(如氯化亚锡和盐酸、亚硫酸氢钠、亚硫酸钠)的作用下,重氮盐可被还原成芳基肼,反应完成之后加入碱使肼游离出来,如

$$C_6H_5\overset{+}{N_2}Cl^- \xrightarrow[HCl]{SnCl_2} C_6H_5-NH-NH_2$$

苯肼

若用强还原剂锌粉和盐酸,可还原成苯胺,如

$$C_6H_5\overset{+}{N_2}Cl^- \xrightarrow[HCl]{Zn} C_6H_5-NH_2\cdot HCl \xrightarrow{NaOH} C_6H_5-NH_2$$

② 偶合反应。

在弱碱、中性或弱酸性溶液中,重氮盐可与芳胺、酚等具有强给电子基团的芳香化合物反应,生成偶氮化合物,这种反应称为偶合反应。参加偶合反应的重氮盐称为重氮组分,酚或芳胺等活泼芳香化合物称为偶合组分。例如

$$C_6H_5\overset{+}{N_2}X^- + C_6H_5-N(CH_3)_2 \xrightarrow[pH=5\sim6]{CH_3COOH} C_6H_5-N{=}N-C_6H_4-N(CH_3)_2$$

对(N,N-二甲氨基)偶氮苯

$$C_6H_5\overset{+}{N_2}X^- + C_6H_5-OH \xrightarrow[pH=8\sim10]{NaOH} C_6H_5-N{=}N-C_6H_4-OH$$

对羟基偶氮苯

重氮盐的正离子是一个很弱的亲电试剂,只能与高度活化的芳环发生偶合反应。当重氮组分的芳环上连有强的吸电子基团,使重氮正离子的亲电能力增强,反应活性增大;当偶合组分芳环上的给电子基团增多时,有利于亲电试剂的进攻,使偶合组分的活性增大。

重氮盐与芳胺的偶合反应要在弱酸性或中性条件下进行,如在强酸条件下,芳胺会变成芳铵盐,不能进一步与重氮盐偶合,一般选择在 pH=5～7 的酸溶液中进行。

重氮盐与芳香叔胺的偶合反应优先发生在胺基的对位。只有当其对位已被其他取代基占据时,则偶合反应才发生在邻位,但不发生在间位。

芳香伯、仲胺因氮上连有氢,在冷的弱酸性溶液中,与重氮盐的偶合反应可以发生在氮上,生成苯重氮氨基苯,如

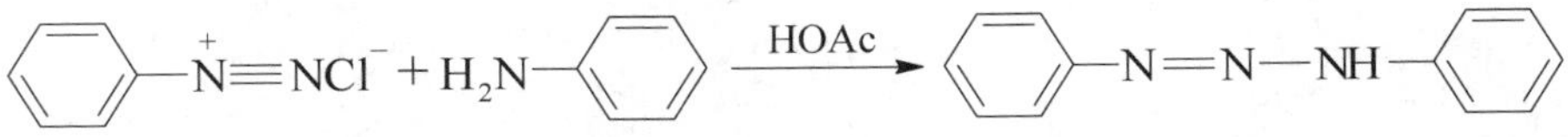

$$C_6H_5-\overset{+}{N}\equiv NCl^- + H_2N-C_6H_5 \xrightarrow{HOAc} C_6H_5-N=N-NH-C_6H_5$$

苯重氮氨基苯在苯胺中与少量苯胺盐酸盐一起加热容易重排，生成对氨基偶氮苯，如

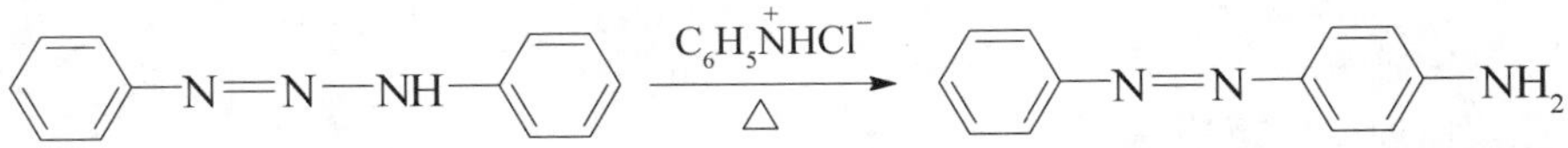

$$C_6H_5-N=N-NH-C_6H_5 \xrightarrow[\triangle]{C_6H_5\overset{+}{N}HCl^-} C_6H_5-N=N-C_6H_4-NH_2$$

酚的偶合反应与芳香叔胺相似，偶合优先发生在对位。只有当其对位已被其他取代基占据时，则偶合反应才发生在邻位。

一般来说，酚类偶合反应要求在弱碱介质中进行。因为酚是弱酸性物质，在弱碱介质中，与碱作用生成酚盐。氧负离子是比羟基更强的致活基，酚类以氧负离子形式参与反应，活性高，对偶合反应有利。若碱性太强，重氮盐会生成重氮酸盐，没有偶合能力。所以酚的偶合反应一般在 pH＝8～10 的碱溶液中进行。

萘酚或萘胺类化合物也能与重氮盐发生偶合反应。因羟基和氨基使所在苯环活化，偶合反应发生在同环。重氮盐与 1-萘酚或 1-萘胺偶合时，反应发生在 4 位；若 4 位被占据，则发生在 2 位。重氮盐与 2-萘酚或 2-萘胺偶合时，反应发生在 1 位；若 1 位被占据，则不发生反应，如

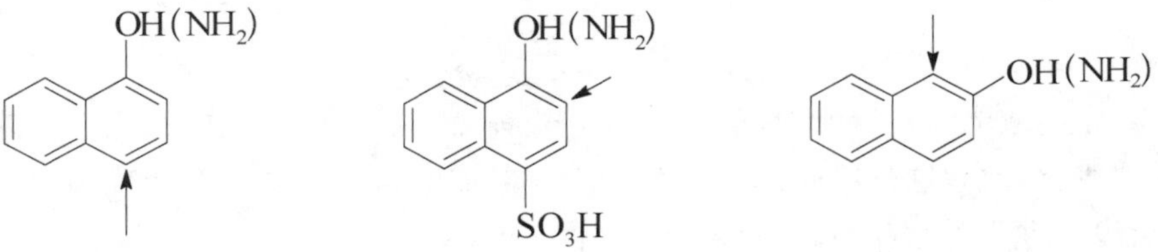

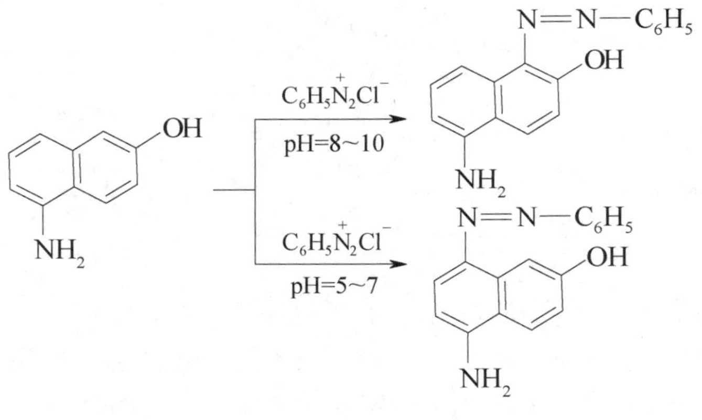

OH(NH_2)　　　OH(NH_2)、SO_3H　　　OH(NH_2)

$C_6H_5\overset{+}{N_2}Cl^-$，pH=8~10 → N＝N—$C_6H_5$、OH、$NH_2$

$C_6H_5\overset{+}{N_2}Cl^-$，pH=5~7 → N＝N—$C_6H_5$、OH、$NH_2$

13.3.2 腈

腈（汉语拼音：jīng）为烃分子中的氢原子被氰基（—CN）取代生成的化合物，通式是 RCN。腈可以通过氰化钾和卤代烷在水或与水化学特性类似的溶液中，通过亲核取代反应制取。

1. 腈的命名

腈的命名可以根据腈分子中碳原子的个数称为某腈。命名时要把 CN 中的碳原子计算

在内，并从此碳原子开始编号，如

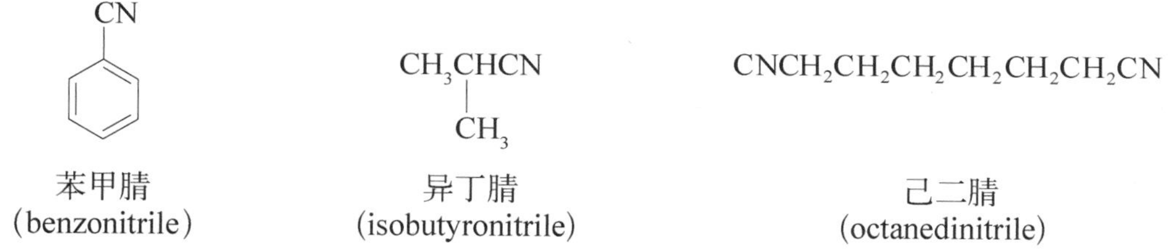

苯甲腈 (benzonitrile)　　异丁腈 (isobutyronitrile)　　己二腈 (octanedinitrile)

腈也可以用氰基作为取代基、母体根据相应的官能团来命名，例如

$$\underset{\displaystyle\overset{|}{CN}}{CH_3CH_2CHCH_3}\qquad\qquad CH_3CH_2CH_2\underset{\displaystyle\overset{|}{COOH}}{CHCN}$$

2-氰基丁烷 (2-cyanobutane)　　2-氰基戊酸 (2-cyanovaleric acid)

2. 腈的化学性质

乙腈是最简单的腈，它能与水互溶；丙腈在水中溶解度也很大。高级的腈一般只微溶于水。低级腈多是无色液体，C14 以上的腈则多是结晶形的固体。腈的沸点一般略高于相应的脂肪酸。腈有芳香气味，一般都很稳定。

腈的化学性质分两大类，一类是—CN 上的反应，一类是活泼 α 氢的反应。

1）氰基上的反应

在酸或碱存在和加热条件下，腈可以发生水解反应生成羧酸，这是制备羧酸的重要方法之一，如

$$RC\equiv N + H_2O \xrightarrow[OH^-]{H^+} RCOOH$$

腈可与格利雅试剂发生加成反应，水解生成酮，如

$$RC\equiv N + R'MgX \xrightarrow{Et_2O} \underset{\displaystyle\overset{|}{R'}}{RC}{=}NMgX \xrightarrow{H_3O^+} RCOR'$$

腈在催化氢化或 $LiAlH_4$ 作用下可还原成伯胺，例如

$$RC\equiv N \xrightarrow[\text{或 } H_2/Ni]{LiAlH_4,\text{醚}/H_3O^+} RCH_2NH_2$$

2）α 氢的反应

氰基是强吸电子基团，与之相连的 α 氢有酸性，在碱的作用下易与羰基化合物发生缩合反应，例如

$$CH_3CH_2CN + C_6H_5\text{—}CHO \xrightarrow[\triangle]{\text{碱}} C_6H_5\text{—}CH{=}\underset{\displaystyle\overset{|}{CN}}{C}CH_3$$

13.3.3 重要含氮化合物

1. 芳香硝基化合物

1）硝基苯

硝基苯又名密斑油、苦杏仁油，无色或微黄色具苦杏仁味的油状液体。难溶于水，密度比水大；易溶于乙醇、乙醚、苯和油。遇明火、高热会燃烧、爆炸。它可以通过呼吸道和皮肤进入血液中，破坏血红素输送氧的能力，有很大的毒性。与硝酸反应剧烈。可作有机合成中间体及用作生产苯胺的原料，可用于生产染料、香料、炸药等有机合成工业中。

2）2,4,6-三硝基甲苯

2,4,6-三硝基甲苯简称TNT，白色或黄色针状结晶，无臭，几乎不溶于水，微溶于冷乙醇，易溶于热乙醇，溶于苯、芳烃、丙酮，以及较浓的硝酸。它经由甲苯与混酸经过分步硝化反应而制得。带有爆炸性，常用来制造炸药，广泛用于装填各种炮弹、航空炸弹、火箭弹、导弹、水雷、鱼雷、手榴弹及爆破器材。

3）2,4,6-三硝基苯酚

2,4,6-三硝基苯酚又名苦味酸，黄色晶体。味很苦，有毒。难溶于冷水，较易溶于热水，水溶液呈酸性。苦味酸可溶于乙醇、乙醚、苯和氯仿，工业上用2,4-和2,6-二硝基氯苯经氢氧化钠水解、酸化后得到。苦味酸在医药上用作外科收敛剂，还用于制红光硫化黑及酸性染料、照相药品、炸药及农药等，也是检验生物碱的重要试剂。

2. 季铵碱

季胺碱的分子结构与氢氧化铵相似，通式是R_4NOH，式中R为四个相同或不同的脂烃基或芳烃基。季铵碱是强碱，常用作表面活性剂，杀菌剂和相转移催化剂。

1）苄基三乙基氯化铵

苄基三乙基氯化铵主要用作烷基化反应催化剂和相转移催化剂，还可用作杀菌剂。

2）2-羟乙基三甲铵

2-羟乙基三甲铵别名氯化胆碱，又名氯化胆脂，白色吸湿性结晶，无味，有鱼腥臭，易潮解，在碱液中不稳定，可作为饲料添加剂。

3. 偶氮颜料

许多酚和芳胺与芳香重氮盐的偶合产物中，由于芳环与偶氮基(—N═N—)形成一个大的共轭体系，π电子有较大的离域范围，可吸收可见光波长范围的光，而显有颜色，因而被广泛用作染料和指示剂。因分子中含有偶氮基，所以这类化合物被称为偶氮染料。染料品种繁多，偶氮染料是其中应用较广的一类化学合成染料，在合成染料中约占60%。

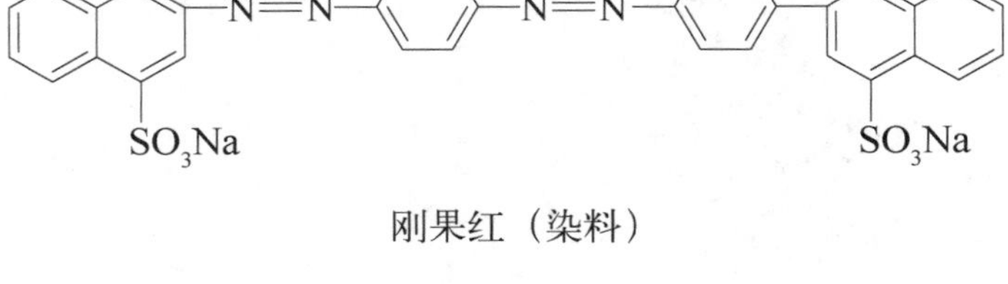

NH_2 SO_3Na —N═N— —N═N— NH_2 SO_3Na

刚果红（染料）

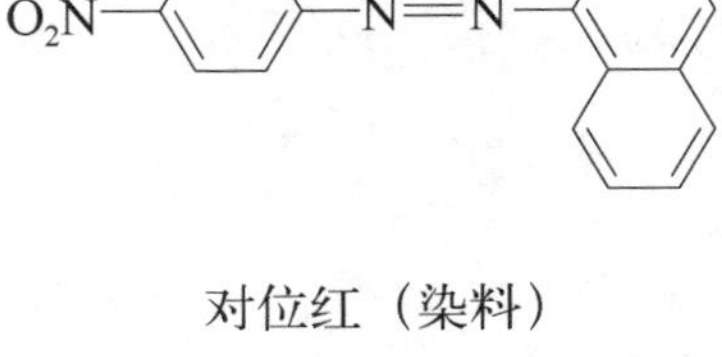

O_2N— —N═N— HO

对位红（染料）

偶合反应的最主要用途是合成偶氮染料。偶氮染料的偶氮基可被 $SnCl_2/HCl$ 还原成两分子胺，可用此反应来测定偶氮染料的结构，例如

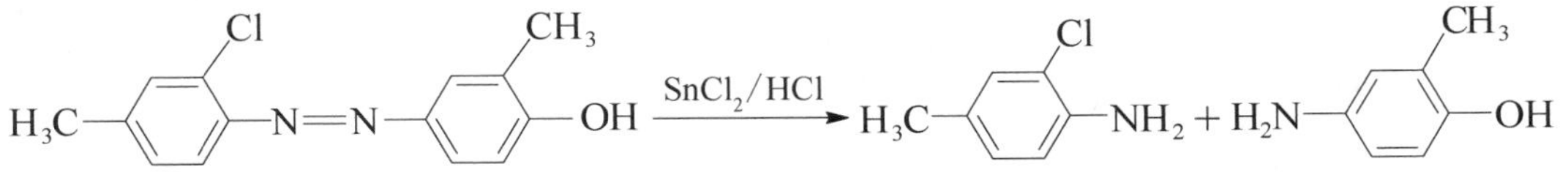

$$H_3C-C_6H_3(Cl)-N{=}N-C_6H_3(CH_3)-OH \xrightarrow{SnCl_2/HCl} H_3C-C_6H_3(Cl)-NH_2 + H_2N-C_6H_3(CH_3)-OH$$

4. 重氮甲烷

重氮甲烷(分子式 CH_2N_2)是最重要的脂肪族重氮化合物，在常温下为黄色有毒气体，熔点为－145℃，沸点为－23℃。重氮甲烷具有爆炸性，因此在制备及使用重氮甲烷时要特别注意安全，在有机合成中一般使用它的乙醚溶液。重氮甲烷非常活泼，能够发生多种类型的反应，且反应条件温和，产率高，副反应少，是一个重要的有机合成试剂，在有机合成上占有重要地位。

习　题

13－1　命名下列化合物：

(1) 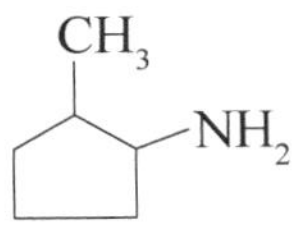 2-甲基环戊胺结构式（环戊烷，相邻碳上分别连 CH_3 和 NH_2）

(2) $CH_3CH_2\overset{+}{N}(CH_3)_2OH^-$

(3) 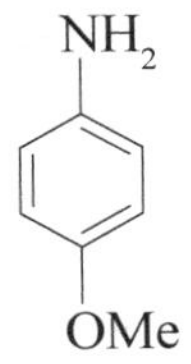 苯环对位分别连 NH_2 和 OMe

(4) 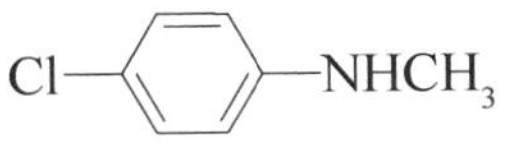 $Cl-C_6H_4-NHCH_3$（对位）

(5) $CH_3\underset{NH_2}{\underset{|}{C}}HCH_2CH_2CH_2NH_2$

(6) 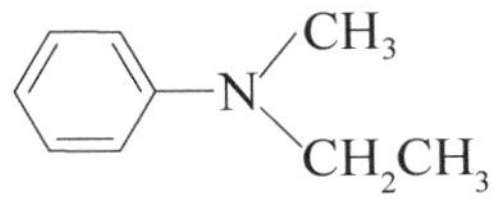 $C_6H_5-N(CH_3)(CH_2CH_3)$

13－2　完成下列方程式：

(1)  邻硝基苯甲酸 $\xrightarrow[\triangle]{NH_3}$ (　　　　) $\xrightarrow{(\quad\quad)}$ 邻硝基苯胺（苯环上连 NO_2 和 NH_2）

(2) $CH_3-\overset{O}{\overset{\|}{C}}CH_2-CH_2\overset{+}{N}(CH_2CH_3)_3OH^- \xrightarrow{\triangle}$ (　　　　)＋(　　　　)

(3) 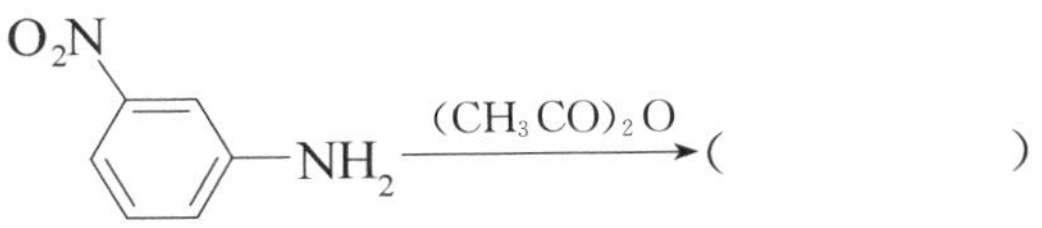 间硝基苯胺（O_2N、NH_2）$\xrightarrow{(CH_3CO)_2O}$ (　　　　)

(4) 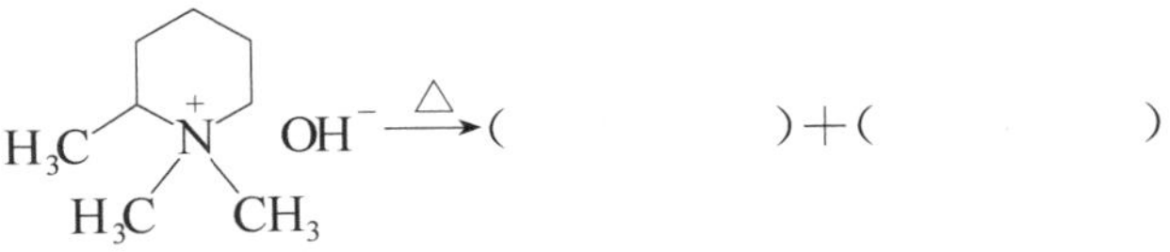 2-甲基-1,1-二甲基哌啶鎓氢氧化物（H_3C、$\overset{+}{N}$ 上连 H_3C 和 CH_3，OH^-）$\xrightarrow{\triangle}$ (　　　　)＋(　　　　)

(5) $C_6H_5N_2^+Cl^-$ + HO—C_6H_4—C_6H_4—NH_2 $\xrightarrow{pH=8\sim10}$ (　　　　　　　)

(6) 邻氯苯胺（C_6H_4(Cl)NH_2） $\xrightarrow[0\sim5℃]{NaNO_2,HCl}$ (　　　　　　) $\xrightarrow[HCl]{CuCl}$ (　　　　　　)

13-3　比较下列化合物碱性的强弱：

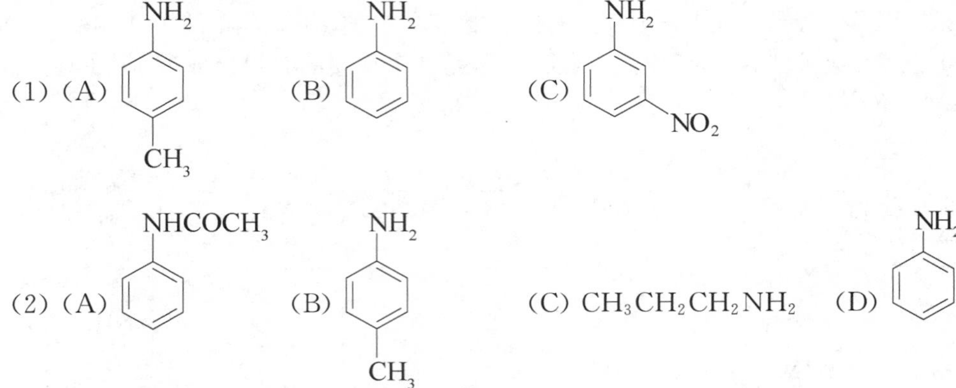

13-4　鉴别与分离。

(1) 鉴别下列化合物：

(A) C_6H_5—NH_2　(B) $CH_3CH_2CH_2NH_2$

(2) 分离下列各组化合物：

(A) 苯胺　　(B) N-甲基苯胺　(C) N,N-二甲基苯胺

13-5　完成下列转化：

苯 ⟶ 1,3,5-三溴苯（Br、Br、Br）

13-6　推测化合物的结构。

一个化合物分子式 $C_6H_{15}N$，IR 在 3 500～3 200 cm^{-1} 无吸收峰，^1H NMR：在 δ 2.1(s)，δ 1.0(s)有吸收峰，峰相对强度比为 2∶3，试推测其结构。

第 14 章　杂环化合物

在环状有机化合物中，构成环的原子除了碳原子外还有其他杂原子，例如氧、硫、氮、磷等，这种环状有机化合物称为杂环化合物。杂环上可以有一个、两个或多个杂原子。前面章节中讨论过的环醚、内酯、内酸酐、内酰胺等都属于杂环化合物。

杂环化合物是有机化合物中的一大类，约占全部有机化合物的三分之一，普遍存在于生物界里。有些杂环化合物是很好的溶剂，动植物体内所含的生物碱、苷类、有重要的生理作用的血红素、核酸、叶绿素的碱基都是杂环化合物，许多药物，包括天然药物和人工合成药物，例如头孢菌素(抗生素)、羟基树碱(抗肿瘤药)、小檗碱(抗菌药)等也都含有杂环。中草药的有效成分生物碱大多是杂环化合物，在动植物体内存在的一部分维生素和抗生素、一些植物色素和植物染料以及具有遗传作用的核酸都含有杂环。可见，杂环化合物与生物的生长、繁殖、发育和遗传等有密切关系，对生命科学有着极为重要的作用。许多天然杂环化合物，包括维生素 B 这种结构极其复杂的杂环分子，已经能够用人工方法进行全合成。同时，人类也合成了许多自然界不存在的杂环化合物。这些化合物可作为药物、超导材料、工程材料，也都具有很重要的意义。

本章重点讨论的是五元杂环化合物、六元杂环化合物和稠杂环化合物。

14.1　杂环化合物的分类和命名

杂环化合物的种类繁多，按分子所含环系的多少分为单杂环和稠杂环。稠杂环是由苯环及一个或多个单杂环稠合而成的。常见的单杂环为五元和六元单杂环。

杂环化合物的命名比较复杂，其名称应包括基本母核名称和环上取代基的名称这两部分。取代基的命名原则基本上与前面各章所介绍的相同。杂环化合物的命名多采用译音命名法命名，即按照该杂环的英文特定名称选用发音相同或相似的汉字，并在左边加“口”字偏旁，作为其名称。常见杂环化合物的分类和命名如表 14 - 1 所示。

命名杂环的衍生物时，含一个杂原子的单杂环从杂原子开始，用阿拉伯数字编号，同时应使取代基所在碳原子位次最低。若用希腊字母，将杂原子邻位编为 α 位，其次为 β 位，再其次为 γ 位。

命名含有多个相同杂原子的单杂环时，编号应使所有杂原子都位次最低。如果其中一

表 14－1　常见杂环化合物的分类和命名

类　别	含一个杂原子				含两个杂原子			
单　环	呋喃	噻吩	吡咯	吡啶	吡唑	咪唑	嘧啶	哒嗪
稠　环	苯并呋喃	苯并噻吩	苯并吡咯		苯并咪唑	苯并噻唑	酞嗪	

个杂原子连有氢或取代基，则应从此杂原子开始编号，并使其他杂原子有最低位次。如果杂环中含有两种或两种以上的杂原子，则按 O、S、N 的顺序优先选择起编点。例如

咪唑
(imidazole)

噻唑
(thiazole)

5－甲基吲哚
(5－methy indole)

2 (α) －呋喃甲醛
furan－2(α)－carbaldehyde

3－甲基吡啶
3－methy pyridine

(β－甲基吡啶) 8－羟基喹啉
(β－methyl pyridine) 8－hydroxyl group quinoline

14.2　五元杂环化合物

含一个杂原子的典型五元杂环化合物有呋喃、噻吩和吡咯，分别存在于木焦油、煤焦油和骨焦油中。它们的衍生物种类繁多，如呋喃的衍生物糠醛是重要的工业原料，吡咯衍生物在自然界中分布很广，植物中的叶绿素和动物中的血红素都是吡咯衍生物，此外还有胆红素等天然物质中都含有吡咯环，它们都有着重要的生理活性。

14.2.1　五元杂环化合物的结构

呋喃、噻吩和吡咯在结构上具有共同点，即都是平面结构，环上的所有原子都是 sp^2 杂化，彼此以 σ 键相连，4 个碳原子各有一个电子在 p 轨道上，杂原子(O、S、N)的 p 轨道上有一对未共用电子，这 5 个 p 轨道垂直于分子所在的平面，形成一个闭合的共轭体系。符合休克

尔规则，具有芳香性。噻吩和呋喃结构相似，吡咯和呋喃的结构如下：

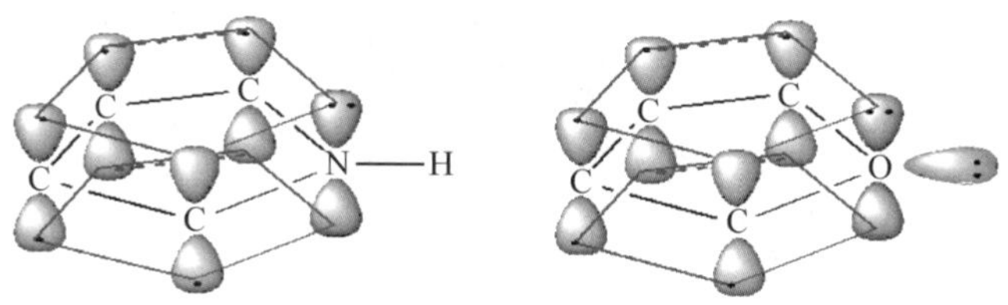

呋喃、噻吩和吡咯环的稳定性不如苯环，电子云密度没有完全平均化，由于杂原子不同，键长的平均化程度也不一样。键长数据如下：

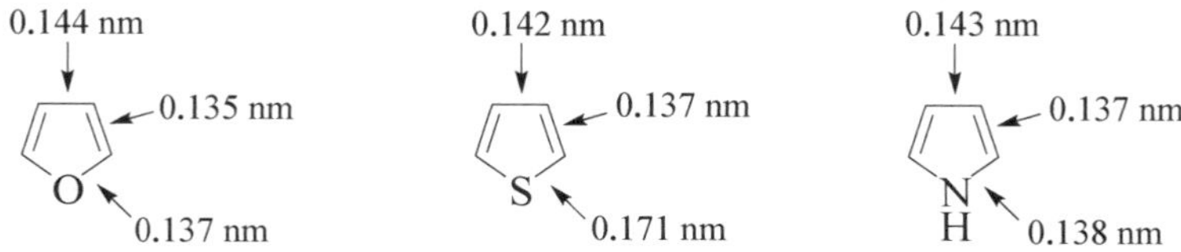

与已知典型键长数据相比，呋喃、噻吩和吡咯的键长已有相当大程度的平均化，单键变短，双键变长。五元杂环分子中的键长有一定的平均化，但不像苯那样完全平均化，因此其芳香性较苯环差。

由于杂原子不同，呋喃、噻吩和吡咯的电子云离域有差异，它们的离域能分别为 67 kJ/mol、88 kJ/mol 和－1 117 kJ/mol，从离域能的大小可知，五元杂环化合物芳香性大小为噻吩＞吡咯＞呋喃，它们的芳香性都弱于苯环，苯环的离域能为 150.6 kJ/mol。

14.2.2　五元杂环化合物的物理性质

呋喃为无色液体，沸点为 31.36℃，具有氯仿的气味，难溶于水，易溶于有机溶剂。呋喃蒸气遇到被盐酸浸过的松木片时，呈现绿色，该反应称为呋喃的松木反应，可用量鉴定呋喃的存在。

噻吩是无色有特殊气味的液体，沸点为 84.16℃。噻吩在硫酸的作用下与松木片作用显蓝色，可用来鉴定噻吩的存在。

吡咯是无色的液体，沸点为 131℃。吡咯的蒸气遇被盐酸浸过的松木片时，呈现红色，该反应称为吡咯的松木反应，可用来鉴定吡咯的存在。

糠醛，即 α-呋喃甲醛，最初是从米糠中得来的，所以叫糠醛。它是一种无色透明的液体，沸点为 161.7℃，在空气中氧化为黄色至棕色，可溶于水，能溶于醇、醚等有机溶剂。在乙酸存在下与苯胺作用显红色，可用来检验糠醛的存在。

14.2.3　五元杂环化合物的化学性质

杂环化合物能发生亲电取代反应，五元杂环化合物中的呋喃、噻吩和吡咯中的杂原子有给电子性，其活性相当于苯环上连接—OH、—SH、$—NH_2$，环上电子云密度比苯环上的高，因此比苯更容易发生亲电取代反应。亲电取代反应的活性顺序为吡咯＞呋喃＞噻吩＞苯。

五元杂环化合物的电子云密度α位比β位大，取代主要发生在α位，杂环上有取代基和杂原子均有定位作用，所以二元取代产物较为复杂，本章只讨论杂环化合物的一元取代产物。呋喃、噻吩和吡咯具有芳香性，但其共轭体系比苯环要容易破坏，不需要太多的能量，就可以发生加成反应。

1. 亲电取代反应

1）呋喃的亲电取代反应

呋喃进行卤代反应时比苯活泼，它的氯化反应即使在低温下也会生成二取代产物，溴代反应要在低温下加溶剂稀释来降低反应的活性，如

$$\text{呋喃} + Br_2 \xrightarrow[\text{二氧六环}]{25℃} \text{2-溴呋喃}$$

呋喃遇强酸时立即分解、开环甚至聚合，所以呋喃硝化时不能用混酸（HNO_3 + H_2SO_4），通常在低温下用乙酰基硝酸酯来进行硝化反应，如

$$\text{呋喃} + CH_3COONO_2 \xrightarrow{-30\sim-5℃} \text{2-硝基呋喃}(NO_2)$$

呋喃也不能用浓硫酸进行磺化反应，常用三氧化硫和吡啶形成的配合物来进行磺化，如

$$\text{呋喃} \xrightarrow[CH_2ClCH_2Cl]{SO_3\text{-吡啶}} \text{呋喃-2-}SO_3H$$

呋喃的弗里德-克拉夫茨烷基化反应总是生成多种复杂产物的混合物，没有合成价值，但可以进行酰基化反应生成一酰基化产物，如

$$\text{呋喃} + (CH_3CO)_2O \xrightarrow[\text{乙酸}]{BF_3} \text{呋喃-2-}\underset{\underset{O}{\|}}{C}-CH_3 + CH_3COOH$$

2）吡咯的亲电取代反应

吡咯和呋喃相似，亲电取代必须在缓和的条件下进行，在酸性条件下同样极易发生开环、聚合等反应。吡咯活性大，在反应中往往形成四取代物，如

$$\text{吡咯} \xrightarrow[\text{乙醇}/0℃]{Br_2} \text{2,3,4,5-四溴吡咯}$$

吡咯的硝化、磺化和弗里德-克拉夫茨反应和呋喃相似，如

$$\text{吡咯} + CH_3COONO_2 \xrightarrow[\text{乙酐}]{-10℃} \text{2-硝基吡咯}(NO_2) + CH_3COOH$$

$$\text{吡咯} \xrightarrow[CH_2ClCH_2Cl]{SO_3\text{-吡啶}} \text{2-吡咯磺酸}(SO_3H)$$

$$\text{吡咯} + (CH_3CO)_2O \xrightarrow{SnCl_4} \text{2-吡咯基}-\underset{\underset{O}{\|}}{C}-CH_3 + CH_3COOH$$

3）噻吩的亲电取代反应

在呋喃、吡咯和噻吩这三个五元杂环化合物中，噻吩环是最稳定的，加热到 800℃也不会分解，对氧化剂的稳定性也较高，其亲电加成的反应条件也与呋喃相似，操作更方便，如

$$\text{噻吩} + Cl_2 \xrightarrow{50℃} \text{2-氯噻吩}$$

$$\text{噻吩} + Br_2 \xrightarrow{\text{乙酸}} \text{2-溴噻吩}$$

$$\text{噻吩} + CH_3COONO_2 \xrightarrow{-10℃} \text{2-硝基噻吩}(NO_2) + CH_3COOH$$

$$\text{噻吩} + (CH_3CO)_2O \xrightarrow{SnCl_4} \text{2-噻吩基}-\underset{\underset{O}{\|}}{C}-CH_3 + CH_3COOH$$

噻吩不仅可以用三氧化硫和吡啶形成的配合物进行磺化，还可以用硫酸直接进行磺化，如

$$\text{噻吩} \xrightarrow{SO_3\text{-吡啶}} \text{2-噻吩磺酸}(SO_3H)$$

$$\text{噻吩} + H_2SO_4 \longrightarrow \text{2-噻吩磺酸}(SO_3H)$$

噻吩和硫酸的磺化反应可以在室温下进行，利用这个反应可以从粗苯中除去噻吩。

2. 加成反应

呋喃的共轭能是 67 kJ/mol，破坏芳环需要的能量比苯低，可与卤素在低温下进行共轭加成反应，如

$$\text{呋喃} + 2Br_2 \xrightarrow{-50℃} \text{2,3-二溴-2,3-二氢呋喃} + \text{2,5-二溴-2,5-二氢呋喃}$$

在金属催化剂的作用下，呋喃可以和氢发生加成生成有机合成的一种重要有机溶剂四

氢呋喃，即

$$\text{呋喃} + 2H_2 \xrightarrow{Pd或Ni} \text{四氢呋喃}$$

呋喃可与顺丁烯二酸酐等发生第尔斯-阿尔德反应，生成多环化合物，即

$$\text{呋喃} + \text{顺丁烯二酸酐} \xrightarrow{30℃} \text{加成产物}$$

吡咯的催化加氢比呋喃困难得多，只有在高温和活泼金属的催化下才能与氢发生加成反应生成四氢吡咯，即

$$\text{吡咯} + 2H_2 \xrightarrow[200℃]{Pd} \text{四氢吡咯}$$

噻吩的催化加氢更为困难，要在高温高压下才能与氢发生反应生成四氢噻吩，即

$$\text{噻吩} + 2H_2 \xrightarrow[200℃,20\ MPa]{MoS_2} \text{四氢噻吩}$$

3. 吡咯的弱酸性

吡咯氮原子上的一对电子参与了共轭，所以其碱性比四氢吡咯弱得多，但具有一定的酸性，能与强碱 KOH 或 $NaNH_2$ 反应生成盐，即

$$\text{吡咯} + KOH \xrightarrow{\triangle} \text{吡咯钾}(N^-K^+) + H_2O$$

4. 糠醛的化学性质

糠醛是呋喃的重要衍生物，在光、热的作用下与空气中的氧发生复杂的反应而变质，一般糠醛要低温避光保存。在碱性条件下，糠醛可以被高锰酸钾氧化成可做防腐剂和杀菌剂的糠酸(α-呋喃甲酸)，如

$$\text{呋喃-2-CHO} \xrightarrow[②\ H^+/H_2O]{①\ KMnO_4/OH^-} \text{呋喃-2-COOH}$$

糠醛在 V_2O_5 的催化下，可被空气氧化成顺丁烯二酸酐，即

$$\text{呋喃-2-CHO} \xrightarrow[320\sim350℃]{V_2O_5} \text{顺丁烯二酸酐}$$

糠醛在不同的催化剂作用下可发生还原反应，催化剂不同，产物也不一样，如

$$\text{(furan-2-yl)}CHO \xrightarrow[CuO,\,Cr_2O_3]{H_2} \text{(furan-2-yl)}CH_2OH \quad \text{(糠醇)}$$

$$\text{(furan-2-yl)}CHO \xrightarrow[180℃,\,10\ MPa]{H_2\text{雷内镍}} \text{(tetrahydrofuran-2-yl)}CH_2OH \quad \text{(四氢糠醇)}$$

糠醛是一种不含 αH 的醛，性质类似于苯甲醛，可发生歧化反应和缩合反应。糠醛在浓碱的作用下可以发生歧化反应，生成糠酸和糠醇，如

$$\text{(furan-2-yl)}CHO \xrightarrow[\text{② } H^+/H_2O]{\text{① 浓}NaOH} \text{(furan-2-yl)}COO^- + \text{(furan-2-yl)}CH_2OH$$

糠醛也可以与醛发生缩合反应，生成 α,β-不饱和醛，如

$$\text{(furan-2-yl)}CHO + CH_3CHO \xrightarrow{\text{稀碱}} \text{(furan-2-yl)}CH{=}CHCHO$$

糠醛还可发生珀金(Perkin)反应，生成 α,β-不饱和羧酸，如

$$\text{(furan-2-yl)}CHO + (CH_3CO)_2O \xrightarrow[\text{② } H^+/H_2O]{\text{① } CH_3COOK} \text{(furan-2-yl)}CH{=}CHCOOH$$

2-呋喃丙烯酸

14.3　六元杂环化合物

吡啶和嘧啶是最重要的六元单杂环有机化合物。吡啶存在于煤焦油、页岩油和骨焦油中。嘧啶是组成核糖核酸的重要生物碱母体。

14.3.1　吡啶结构及碱性

吡啶是无色有恶臭的液体，沸点为 115.5℃，熔点为－42℃，可与水、乙醇、乙醚等混溶，是良好的溶剂。吡啶环上的氮以 sp^2 杂化成键，环上的 5 个碳原子和 1 个氮原子都有一个电子在 p 轨道上，这些 p 轨道垂直于环的平面，组成具有 6 个 p 电子的闭合共轭体系，符合休克尔规则，具有芳香性。其结构如下：

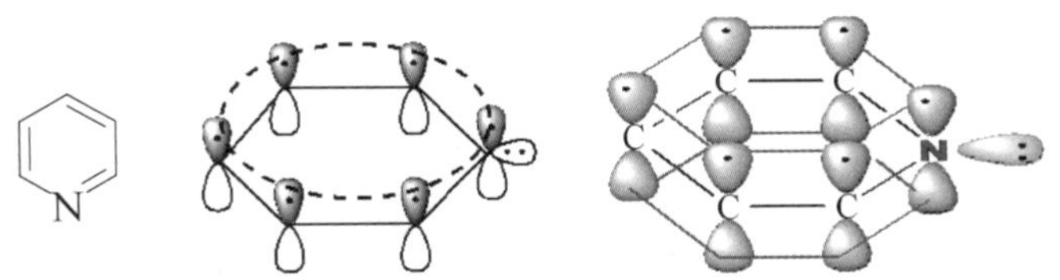

吡啶的结构与苯相似，由于N原子的电负性较强，环上的电子云密度不像苯那样分布均匀，键长也没有完全平均化，键长数据如下：

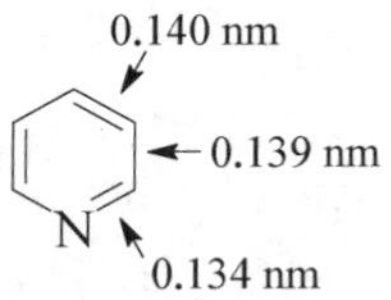

0.140 nm
0.139 nm
0.134 nm

吡啶氮上的未成键电子对未参与共轭，因此具有碱性，$pK_b=8.75$，比脂肪胺弱，比芳香胺强，是重要的有机碱试剂，是广泛使用的水溶性碱。吡啶环也是组成一些有机化合物的重要的结构单元，比如维生素B6和烟碱(尼古丁)都含有吡啶环。

14.3.2 吡啶的化学性质

1. 成盐反应

吡啶作为碱可以和强酸反应生成盐，在一些反应中，常用吡啶吸收反应中产生的酸来提高反应的产率，如

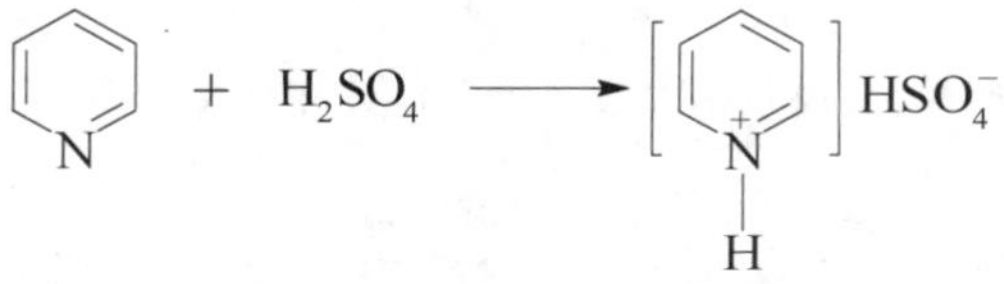

$$\text{C}_5\text{H}_5\text{N} + H_2SO_4 \longrightarrow [\text{C}_5\text{H}_5\overset{+}{\text{N}}\text{-H}]HSO_4^-$$

吡啶还可以与卤代烃、酰卤等发生亲核取代反应生成季铵盐，例如

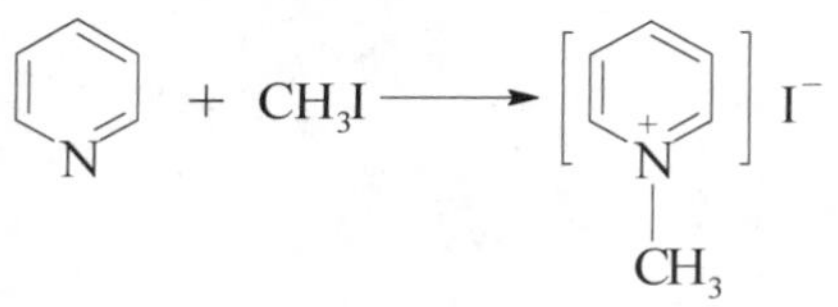

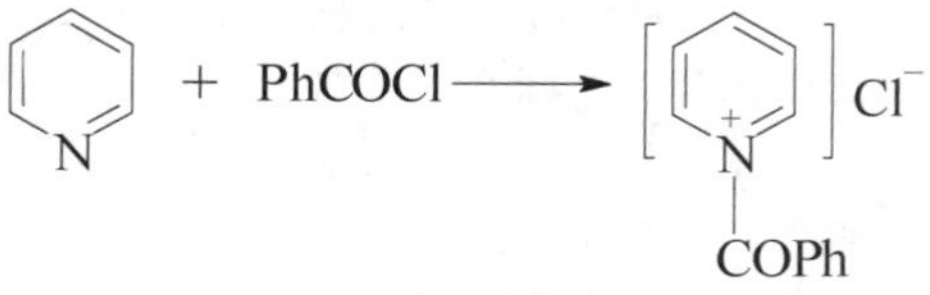

$$\text{C}_5\text{H}_5\text{N} + CH_3I \longrightarrow [\text{C}_5\text{H}_5\overset{+}{\text{N}}\text{-CH}_3]I^-$$

$$\text{C}_5\text{H}_5\text{N} + PhCOCl \longrightarrow [\text{C}_5\text{H}_5\overset{+}{\text{N}}\text{-COPh}]Cl^-$$

吡啶与三氧化硫反应生成的吡啶-三氧化硫配合物，是一种温和的磺化试剂，用于呋喃、吡咯、噻吩等活性较高的芳香杂环化合物的磺化，如

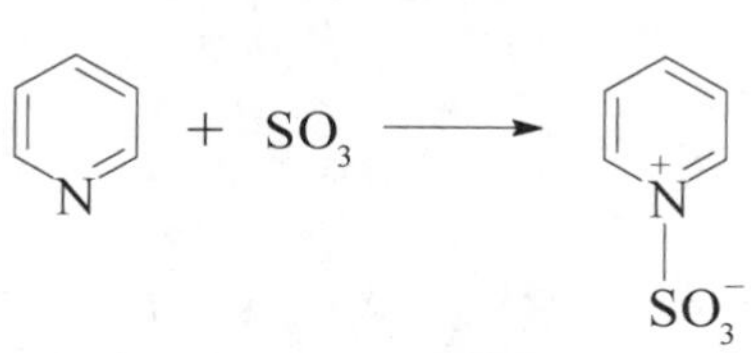

$$\text{C}_5\text{H}_5\text{N} + SO_3 \longrightarrow \text{C}_5\text{H}_5\overset{+}{\text{N}}\text{-}SO_3^-$$

2. 亲电取代反应

吡啶的性质类似于硝基苯，环上的电子云密度比苯小，吡啶进行亲电取代反应比苯要困

难，吡啶氮原子的邻位和对位电子云密度更小，所以亲电取代反应主要发生在氮原子的间位，吡啶不能进行弗里德-克拉夫茨烷基化和酰基化反应。

吡啶发生卤代反应通常在高温条件下进行，如

$$\text{吡啶} + Br_2 \xrightarrow[39\%]{300℃} \text{3-溴吡啶}$$

吡啶的硝化反应更为困难，要在高温条件下使用催化剂用 KNO_3 和 H_2SO_4 来进行硝化；磺化反应需在高温和硫酸汞催化下用发烟硫酸来进行，如

$$\text{吡啶} \xrightarrow[330℃]{KNO_3, H_2SO_4, Fe} \text{3-}NO_2\text{-吡啶}$$

$$\text{吡啶} \xrightarrow[230℃]{HgSO_4, H_2SO_4} \text{3-}SO_3H\text{-吡啶}$$

3. 亲核取代反应

吡啶环上的电子云密度较低，不易进行亲电取代反应，更有利于发生亲核取代，吡啶的亲核取代反应主要是发生在α和γ位，如

$$\text{2-Br-吡啶} \xrightarrow[180\ ℃]{NH_3} \text{2-}NH_2\text{-吡啶}$$

$$\text{4-Br-吡啶} \xrightarrow[\triangle]{PhNH_2} \text{4-NHPh-吡啶}$$

吡啶环上的氢也可被强碱性试剂如氨基钠、苯基锂取代，这个反应称为 Chichibabin 反应，是在吡啶及其衍生物的氮杂环上直接引入氨基和苯基的有效方法，如

$$\text{吡啶} + NaNH_2 \longrightarrow \text{2-}NH_2\text{-吡啶}$$

$$\text{吡啶} + PhLi \xrightarrow[②\ H_2O]{①\ \text{干醚},\ 0℃} \text{2-Ph-吡啶}$$

4. 氧化和还原反应

吡啶环上的电子云密度较低，不易被氧化，氧化时主要发生在侧链，生成吡啶甲酸，如

$\xrightarrow{KMnO_4, H^+}$

$\xrightarrow{HNO_3}$

尼古丁（烟碱）　　尼古丁酸（烟酸）

如果分子中同时有苯环和吡啶环，则苯环被氧化，如

$\xrightarrow[\text{② } H_2O/H^+]{\text{① } KMnO_4/OH^-}$

另外吡啶在过氧化氢或过氧酸作用下也可以发生氧化反应，生成配合物，如

$\xrightarrow{H_2O_2-CH_3COOH}$

吡啶比苯环更容易还原，在较低的温度下，吡啶就可催化加氢生成六氢吡啶，如

$\xrightarrow[\text{常温，常压}]{3H_2/Pt}$

六氢吡啶也叫哌啶(piperidine)，是环状仲胺，碱性比吡啶强，在有机合成中常用来做酸的吸收剂，还能用作化工原料和环氧树脂的固化剂。

5. α氢的反应

甲基吡啶的侧链甲基的活泼性与硝基甲苯中的甲基相似，具有一定的酸性，在强碱的催化下可进行缩合反应，如

$+\ CH_3CHO \xrightarrow[\triangle]{OH^-}$ $CH{=}CHCH_3$ $\xrightarrow{H_2/Ni}$ $CH_2CH_2CH_3$

14.3.3 嘧啶

嘧啶又名间二嗪，是无色结晶，熔点为22℃，易溶于水。嘧啶中的氮是 sp^2 杂化，都以一个p电子参与共轭，性质与吡啶相似，碱性比吡啶弱得多，发生亲电取代反应比吡啶困难，亲核取代反应比吡啶容易，主要发生在氮的邻对位，即2、4、6位，例如

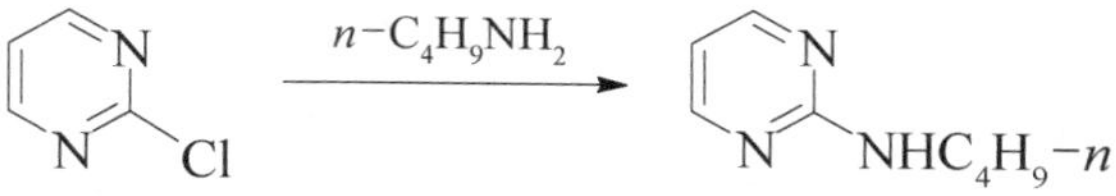

$$\text{2-氯嘧啶} \xrightarrow{n\text{-}C_4H_9NH_2} \text{2-}(NHC_4H_9\text{-}n)\text{嘧啶}$$

嘧啶本身并不存在于自然界，其衍生物广泛存在于自然界，在新陈代谢中起着重要的作用，例如维生素 B_1 含有嘧啶环，核酸的含氮碱性组分中的尿嘧啶、胞嘧啶及胸腺嘧啶都含有嘧啶结构。

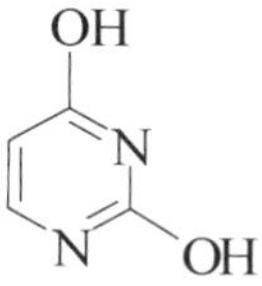

尿嘧啶 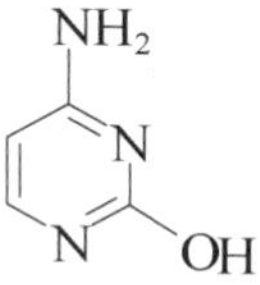　　胞嘧啶 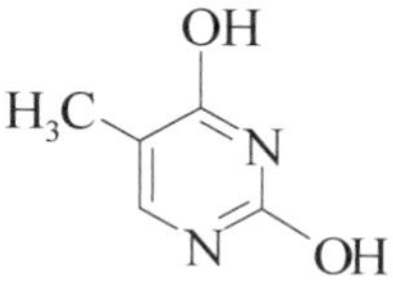　　胸腺嘧啶

14.4 稠杂环化合物

稠杂环化合物是指两个或两个以上杂环稠合或杂环与苯环稠合而成的杂环化合物。常见的稠杂环化合物有嘌呤、吲哚、喹啉及其衍生物。

14.4.1 吲哚及其衍生物

吲哚是由吡咯和苯环稠合而成的环状化合物，存在于煤焦油中，是无色片状结晶，不溶于冷水，可溶于热水、乙醇和乙醚，具有粪臭味。低浓度的吲哚溶液却具有花的香味，可以做香料。与吡咯相比，吲哚碱性比较弱，与强碱作用可以成盐，遇浸过盐酸的松木片显红色。

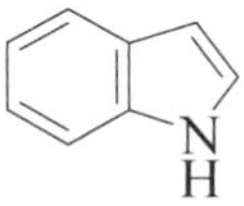

吲哚 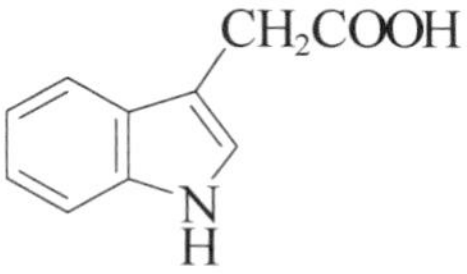　　3-吲哚乙酸 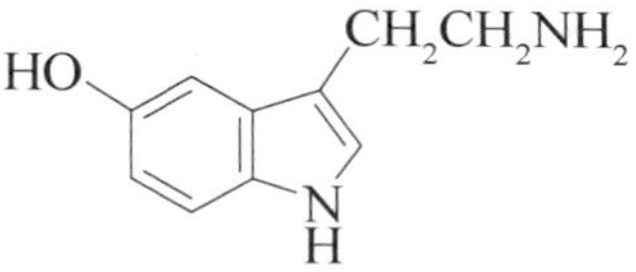　　5-羟色胺

吲哚衍生物在自然界存在很广，植物生长激素 3-吲哚乙酸中含有吲哚结构，哺乳动物和人脑思维活动中的重要物质 5-羟基色胺中也含有吲哚环。吲哚易发生亲电取代反应，与吡咯不同，取代基主要进入β位，如

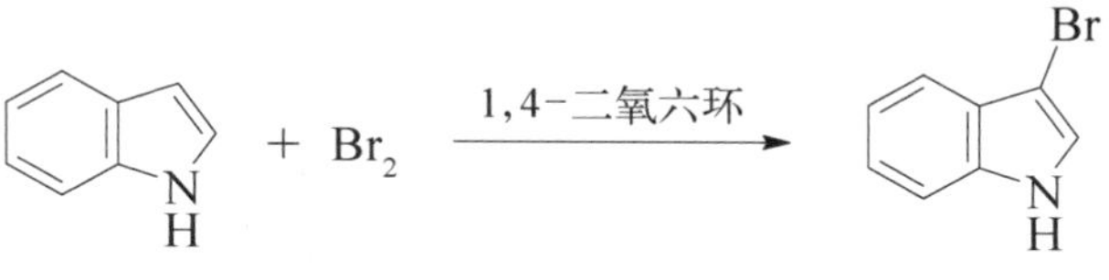

$$\text{吲哚} + Br_2 \xrightarrow{1,4\text{-二氧六环}} \text{3-溴吲哚}$$

14.4.2 喹啉及其衍生物

1. 喹啉

喹啉是苯与吡啶稠合而成的化合物，又名氮杂萘，为无色油状液体，有特殊气味，沸点为

238.05℃，难溶于水，易溶于有机溶剂，是一种高沸点溶剂，存在于煤焦油和骨焦油中。很多天然和合成的抗疟药物中都含有喹啉的结构，如合成的抗疟药氯喹（ehloroquine）和金鸡纳植物树皮中的奎宁（quinine），具有抗癌作用的喜树碱分子中也含有喹啉环。

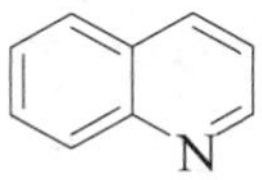

喹啉 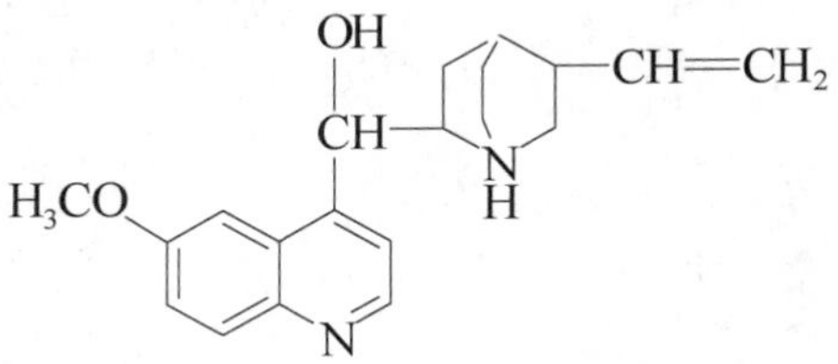　　奎宁

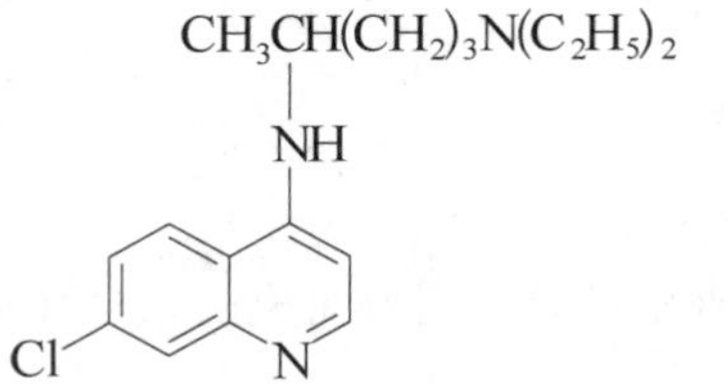

氯喹 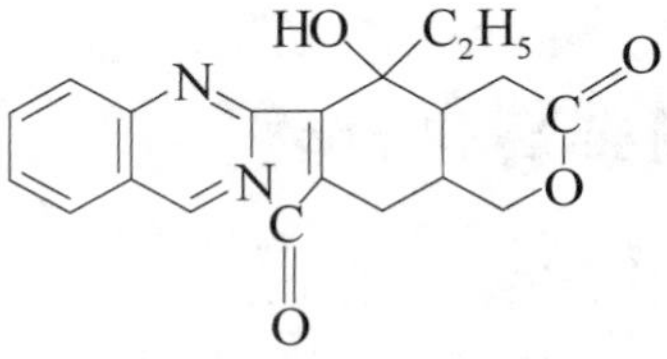　　喜树碱

喹啉与吡啶相似，也有碱性（pK_b=9.1），但碱性弱于吡啶。喹啉所有π电子形成一个相互交盖的大π键体系，但电子云密度分布不是很均匀，分子中杂原子的吸电子效应使苯环上的电子云密度比吡啶环相对高些，环上各个位置的电子云密度分布还有差别，因此发生化学反应时位置不同。

喹啉能发生取代反应，亲电取代反应进入苯环，主要发生在5位和8位，如

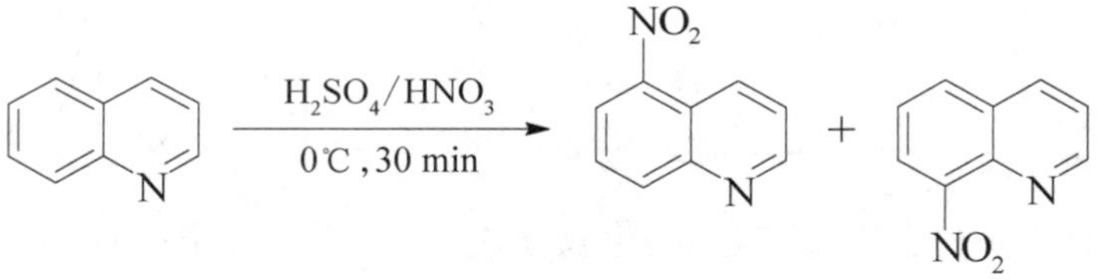

喹啉亲核取代反应进入吡啶环，如

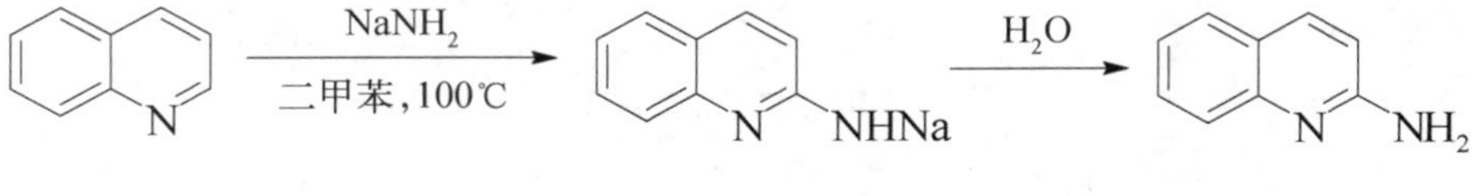

喹啉氧化时，电子云密度高的苯环破裂，吡啶环保持不变，如

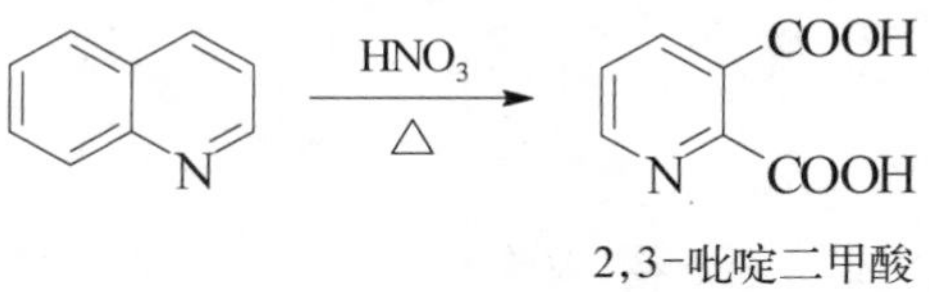

2,3-吡啶二甲酸

喹啉还原时，电子云密度低的吡啶环破裂，苯环保持不变，如

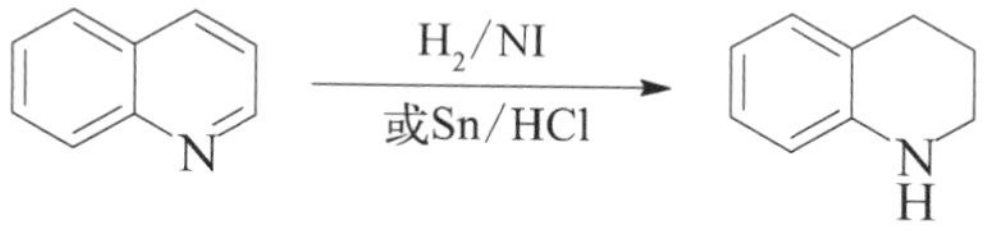

$$\text{喹啉} \xrightarrow[\text{或Sn/HCl}]{H_2/NI} \text{四氢喹啉}$$

四氢喹啉

$$\text{喹啉} \xrightarrow[40℃]{H_2/Pt, CH_3COOH} \text{十氢喹啉}$$

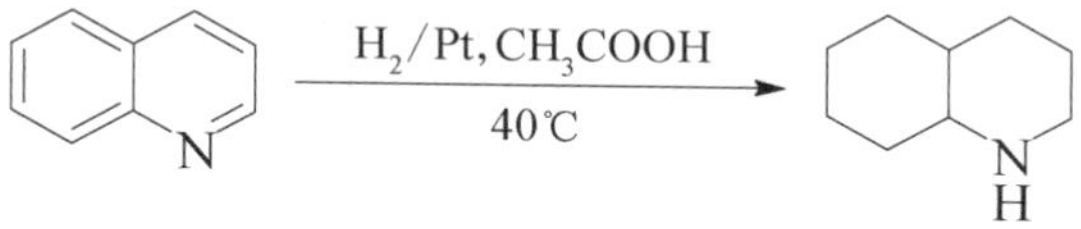

十氢喹啉

2. 异喹啉

异喹啉也是苯与吡啶稠合而成的化合物，具有香味，熔点为 24℃，沸点为 240℃。异喹啉的碱性比喹啉强，相当于是苄胺的衍生物，而喹啉可认为是苯胺的衍生物。异喹啉的化学性质大致与喹啉相似，这里就不做介绍。异喹啉衍生物中比较重要的有罂粟碱、吗啡、可待因等。

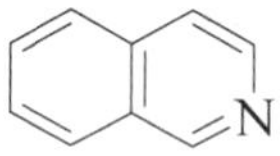

异喹啉 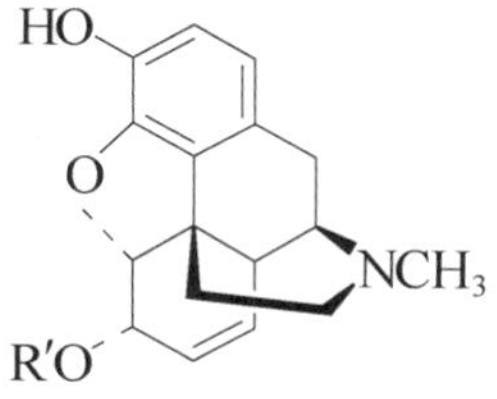　　吗啡 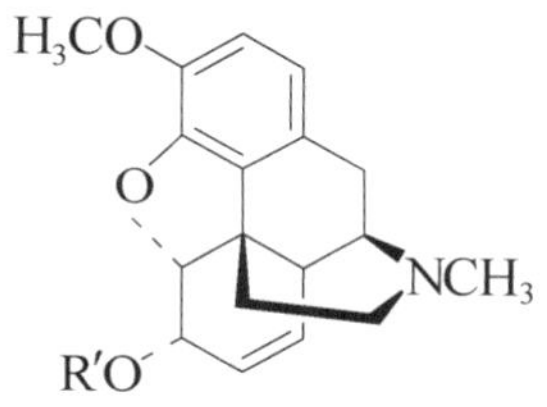　　可待因

14.5 重要杂环化合物

1. 嘌呤

嘌呤由嘧啶和咪唑稠合而成，为白色固体，熔点为 216～217℃，易溶于水，水溶液呈中性，可以与酸碱成盐。嘌呤广泛存在于动植物体中，如腺嘌呤、鸟嘌呤均为核酸的碱基。

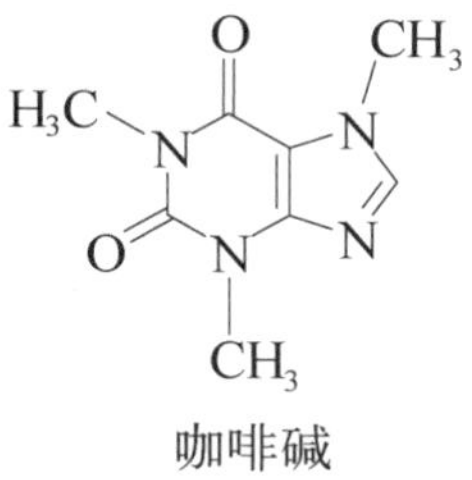

咖啡碱 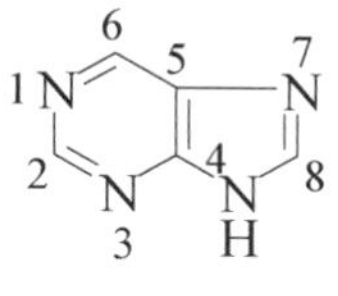　　嘌呤 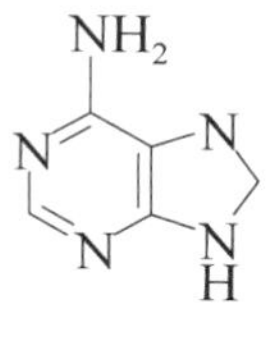　　腺嘌呤 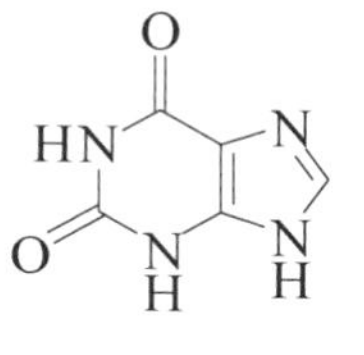　　鸟嘌呤

2. 苯并吡喃

苯并吡喃是由苯环和吡喃环稠合而成的，它本身不重要，但许多天然色素都是它的衍生物，如花色素、黄酮色素等。植物的花果显示不同的颜色，主要是由花色素引起的。花色素都有颜色，并具有苯并吡喃的基本骨架和𬭩盐的结构。

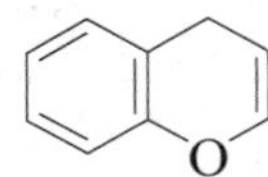

苯并吡喃　　2-苯基苯并吡喃

3. 黄酮色素

黄酮色素是一类黄色色素，广泛存在于植物的花、根和茎中，都具有黄酮（α-苯基苯并-γ-吡喃酮）的基本结构。

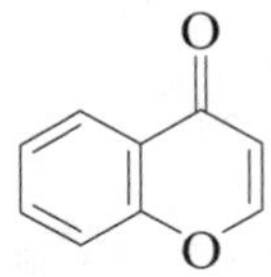

苯并-γ-吡喃酮

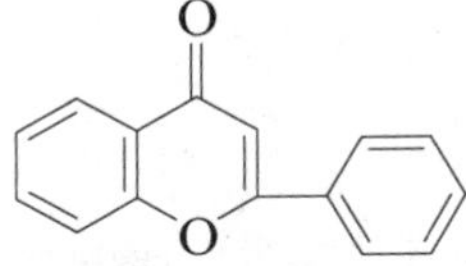

α-苯基苯并-γ-吡喃酮

4. 小檗碱

小檗碱又名黄连素，是一种重要的生物碱，可以从黄连、黄柏等植物中提取，有显著的抑菌、消炎作用。可用于治疗肠胃炎、眼结膜炎、化脓性中耳炎及细菌性痢疾等，是异喹啉的衍生物。

小檗碱

习　题

14-1　写出下列化合物的构造式：

(1) β-氨基吡啶　　(2) 2,5-二氢吡咯

(3) 2-甲基吲哚　　(4) α-呋喃甲酸

14-2　写出下列反应的主要产物：

(1) 呋喃 $\xrightarrow[H_2SO_4]{HNO_3}$ (　　　　)

(2) 2-甲基吡啶 + 呋喃甲醛 $\xrightarrow{\triangle}$ (　　　　)

14-3　除去混在六氢吡啶中的少量吡啶。

第 15 章　生命有机化学

生命有机化学主要研究对象是糖类、氨基酸、蛋白质与生命遗传物质，如脱氧核糖核酸(deoxyribonucleic acid，DNA)和核糖核酸(ribonucleic acid，RNA)。它们是自然界存在最多、分布最广的一类重要的有机化合物，是生命体的组成物质，也是生命体的维持物质。

15.1　碳水化合物

15.1.1　单糖

单糖为不能水解的多羟基醛(醛糖)或者酮(酮糖)。按含碳原子的数目，单糖可分为丙糖、丁糖、戊糖和己糖等；根据分子中是含醛基还是含酮基，单糖又可分为醛糖和酮糖。单糖中以葡萄糖最为重要。常见单糖如下：

```
   CHO
H ─┼─ OH
   CH2OH
```
D-(+)-甘油醛

```
CH2OH
 |
 C═O
 |
CH2OH
```
二羟基丙酮

```
    CHO
H  ─┼─ OH
HO ─┼─ H
H  ─┼─ OH
H  ─┼─ OH
    CH2OH
```
D-(+)-葡萄糖

```
    CH2OH
    ═O
HO ─┼─ H
H  ─┼─ OH
H  ─┼─ OH
    CH2OH
```
D-(−)-果糖

```
   CH2OH
   ═O
H ─┼─ OH
H ─┼─ OH
H ─┼─ OH
   CH2OH
```
D-(+)-谢柯糖

```
    CH2OH
    ═O
H  ─┼─ OH
HO ─┼─ H
H  ─┼─ OH
    CH2OH
```
D-(−)-山梨糖

```
    CH2OH
    ═O
HO ─┼─ H
HO ─┼─ H
H  ─┼─ OH
    CH2OH
```
D-(−)-塔格糖

```
    CHO
H  ─┼─ OH
H  ─┼─ OH
HO ─┼─ H
HO ─┼─ H
    CH3
```
L-鼠李糖

```
    CHO
HO ─┼─ H
H  ─┼─ OH
H  ─┼─ OH
HO ─┼─ H
    CH3
```
L-岩藻糖

1. 葡萄糖结构的确定

人们很早就通过元素分析得知葡萄糖分子式为 $C_6H_{12}O_6$，用 Na－Hg 还原得到己六醇，

进一步还原得到正己烷，即

$$C_6H_{12}O_6 \xrightarrow[\text{或 } C_2H_5OH+Na]{Na-Na} \text{己六醇} \xrightarrow{HI+P} CH_3(CH_2)_4CH_3$$

葡萄糖乙酰化后得到五乙酸酯，说明葡萄糖内含有 5 个羟基，而氧化后得到酸，所以葡萄糖的结构如下：

$$\underset{\displaystyle OH}{\overset{}{CH_2}}-\underset{\displaystyle OH}{\overset{*}{C}H}-\underset{\displaystyle OH}{\overset{*}{C}H}-\underset{\displaystyle OH}{\overset{*}{C}H}-\underset{\displaystyle OH}{\overset{*}{C}H}-CHO$$

该分子中含有 4 个手性碳原子，理论上有 16 个旋光异构体，其中哪个是葡萄糖呢？经典的化学法如下：

$$\begin{array}{c} CHO \\ H-\!\!\!+\!\!\!-OH \\ CH_2OH \end{array} \xrightarrow{HCN} \left\{ \begin{array}{c} \begin{array}{c} CN \\ H-\!\!\!+\!\!\!-OH \\ H-\!\!\!+\!\!\!-OH \\ CH_2OH \end{array} \\[1em] \begin{array}{c} CN \\ HO-\!\!\!+\!\!\!-H \\ H-\!\!\!+\!\!\!-OH \\ CH_2OH \end{array} \end{array} \right. \xrightarrow{H_2O} \left\{ \begin{array}{c} \begin{array}{c} COOH \\ H-\!\!\!+\!\!\!-OH \\ H-\!\!\!+\!\!\!-OH \\ CH_2OH \end{array} \\[1em] \begin{array}{c} COOH \\ HO-\!\!\!+\!\!\!-H \\ H-\!\!\!+\!\!\!-OH \\ CH_2OH \end{array} \end{array} \right. \xrightarrow{[H]} \left\{ \begin{array}{c} \begin{array}{c} CHO \\ H-\!\!\!+\!\!\!-OH \\ H-\!\!\!+\!\!\!-OH \\ CH_2OH \\ \text{赤藓糖} \end{array} \\[1em] \begin{array}{c} CHO \\ HO-\!\!\!+\!\!\!-H \\ H-\!\!\!+\!\!\!-OH \\ CH_2OH \\ \text{苏阿糖} \end{array} \end{array} \right.$$

从已知构型的甘油醛出发，不断增加碳原子。—OH 在手性碳的左边还是右边的问题可通过如下方法确定：

$$\begin{array}{c} COOH \\ HO-\!\!\!+\!\!\!-H \\ H-\!\!\!+\!\!\!-OH \\ CH_2OH \\ \text{苏阿糖} \end{array} \xrightarrow{HNO_3} \begin{array}{c} COOH \\ HO-\!\!\!+\!\!\!-H \\ H-\!\!\!+\!\!\!-OH \\ COOH \end{array} \quad \text{有旋光性} \quad \text{故—OH 在左边}$$

$$\begin{array}{c} COOH \\ H-\!\!\!+\!\!\!-OH \\ H-\!\!\!+\!\!\!-OH \\ CH_2OH \\ \text{赤藓糖} \end{array} \xrightarrow{HNO_3} \begin{array}{c} COOH \\ H-\!\!\!+\!\!\!-OH \\ \hdashline H-\!\!\!+\!\!\!-OH \\ COOH \end{array} \quad \begin{array}{l} \text{无旋光性} \\ \text{（内消旋体）} \end{array} \quad \text{故—OH 在右边}$$

在这方面的研究中，德国化学家费歇尔(Fischer)的工作最为突出，为此曾获 1902 年 Nobel 化学奖。经研究确定，葡萄糖具有下面的构型：

费歇尔投影式　　　2R,3S,4R,5R-2,3,4,5-五羟基己醛

商业上习惯用 DL 标记法：以离—CHO 最远的 C* 上的—OH 与甘油醛比较，若与 D-油醛构型相同则为 D 型，与 L-甘油醛构型相同的则为 L 型。

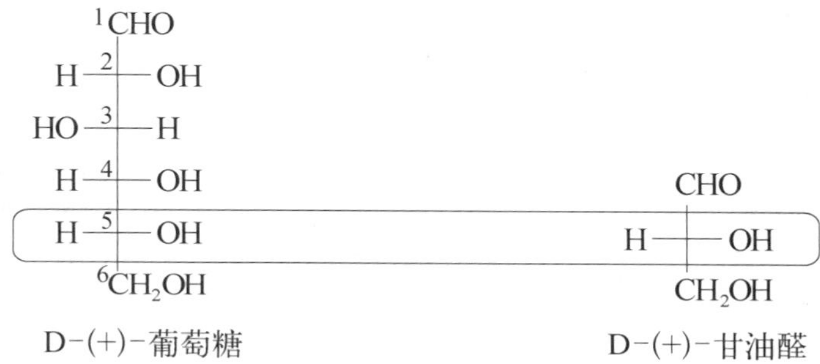

D-(+)-葡萄糖　　　D-(+)-甘油醛

葡萄糖的开链式结构固然可以清楚地表明分子中各原子的结合次序、解释某些化学性质，然而它无法解释下面的事实：

从 D-(＋)-葡萄糖中可分离出两种结晶形式，其物理性质如表 15-1 所示。

表 15-1　D-(＋)-葡萄糖中可分离出两种结晶

	熔点/℃	溶解度(g/100 ml)	$[\alpha]_D$
α-(D)-(＋)-葡萄糖	146	82	112°
β-(D)-(＋)-葡萄糖	150	154	19°

无论哪一种，其水溶液的旋光度均发生改变，最后达到一个定值＋52.7°。像这种单糖溶液的$[\alpha]_D$随时间的变化而改变，最后达到一个定值的现象，称为变旋光现象。

不仅如此，在 HCl 存在的条件下，葡萄糖与甲醇作用仅生成一分子加成产物(醛可以与两分子醇作用)，形成的甲基-D-葡萄糖苷有两种结构，它们都没有变旋光现象。这说明，葡萄糖的结构不仅仅是链式的，而且很大部分是环式结构，即哈沃斯(Haworth)式。

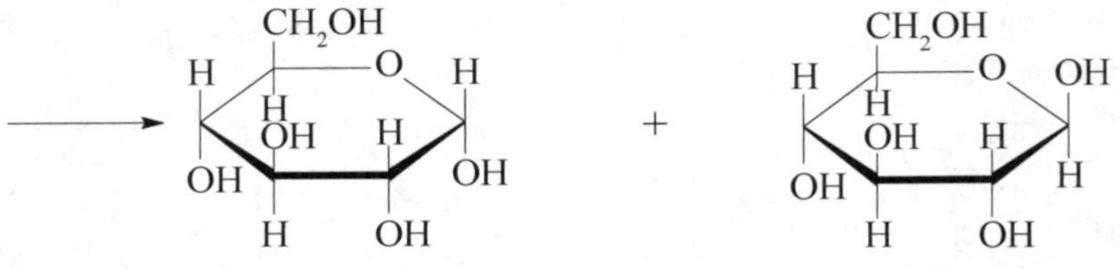

→ α-(D)-(+)-葡萄糖 + β-(D)-(+)-葡萄糖

哈沃斯式

葡萄糖的环状结构存在α、β两种形式，它们的旋光性是不同的。熔点为146℃的结晶为α型，熔点为150℃的结晶为β型。在溶液中，它们可以通过开链式结构发生转化(动态平衡)。这就是所谓变旋现象的解释。

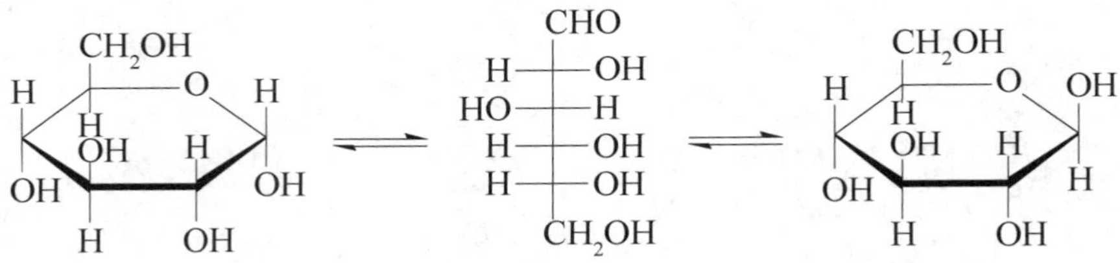

α结构38% ⇌ 开链式 ⇌ β结构62%

2. 葡萄糖的性质

1）葡萄糖的还原性

由于含有醛基，葡萄糖具有还原性，可以被费林试剂或多伦试剂氧化，得到葡萄糖酸，因此葡萄糖也称为还原糖(果糖与其相似)。与溴水反应时，只有葡萄糖可以氧化，果糖不行，如

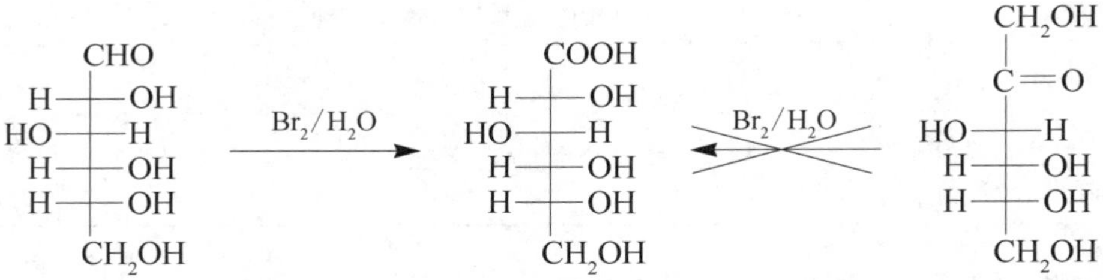

D-葡萄糖 $\xrightarrow{Br_2/H_2O}$ D-葡萄糖酸；D-果糖 与 Br_2/H_2O 不反应

2）成脎反应

醛糖或酮糖与苯肼作用，生成苯腙，当苯肼过量时，则生成一种不溶于水的黄色结晶，称为脎，如

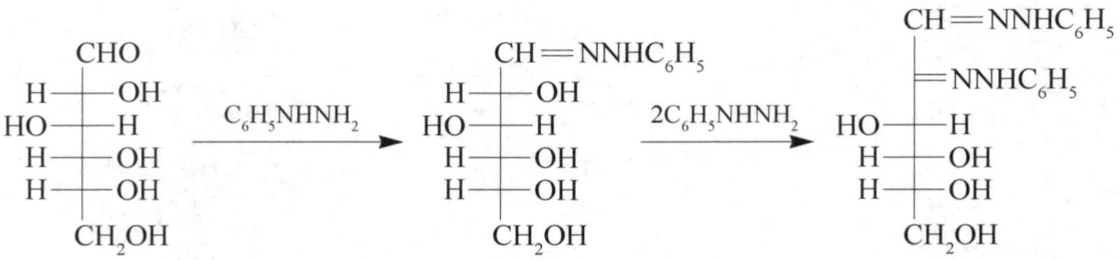

D-葡萄糖 $\xrightarrow{C_6H_5NHNH_2}$ 苯腙（$CH{=}NNHC_6H_5$） $\xrightarrow{2C_6H_5NHNH_2}$ D-葡萄糖脎

果糖同样可以发生成脎反应，产物与葡萄糖相同。一般说来，不同的糖将生成不同的糖脎，即使生成相同的糖脎，其反应速度、析出脎的时间也不同。因此，可用成脎反应来鉴别糖。

3）糖苷反应

葡萄糖环式结构中，由自身醛基与 5 位羟基缩合产生的羟基称为苷羟基，与醇继续反应后的化合物称为糖苷，如

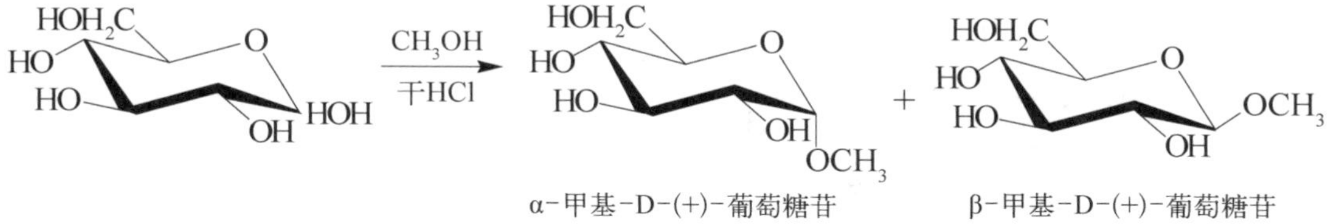

$\xrightarrow[\text{干HCl}]{CH_3OH}$

α-甲基-D-(+)-葡萄糖苷　　β-甲基-D-(+)-葡萄糖苷

成苷以后，苷羟基消失，故不能再转变为开链式，因此不能发生成脎反应，没有变旋现象，也不能被费林或多伦试剂氧化。

糖苷是一种缩醛或缩酮，因此它对碱稳定。但在酸性条件下，易水解为原来的糖和醇。

4）成醚、成酯反应

糖分子中的羟基，除苷羟基(半缩醛羟基)外均为醇羟基，故在适当试剂作用下，可生成醚或酯，如

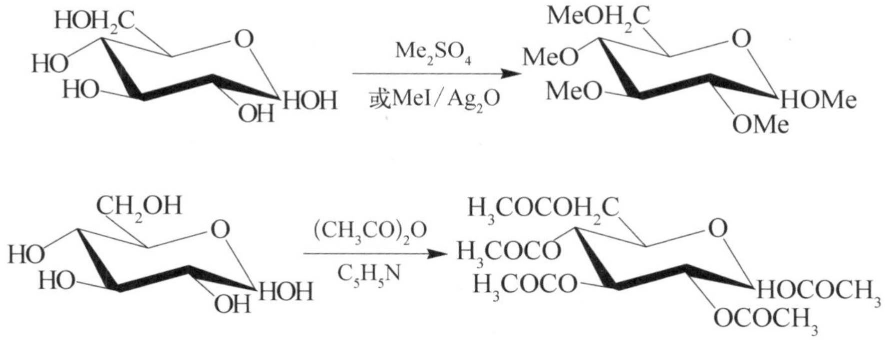

$\xrightarrow[\text{或}MeI/Ag_2O]{Me_2SO_4}$

$\xrightarrow[C_5H_5N]{(CH_3CO)_2O}$

15.1.2　二糖

二糖可看成是由两分子单糖的苷羟基彼此间失水或一分子单糖的苷羟基与另一分子单糖的醇羟基之间失水而形成的。

1. 蔗糖

将蔗糖水解，可得到两分子单糖：一分子葡萄糖和一分子果糖。蔗糖没有变旋光现象，不能成脎，也不能还原费林和多伦试剂，其结构是葡萄糖的苷羟基和果糖的苷羟基之间失水的结果。可见蔗糖既是一个葡萄糖苷，也是一个果糖苷。

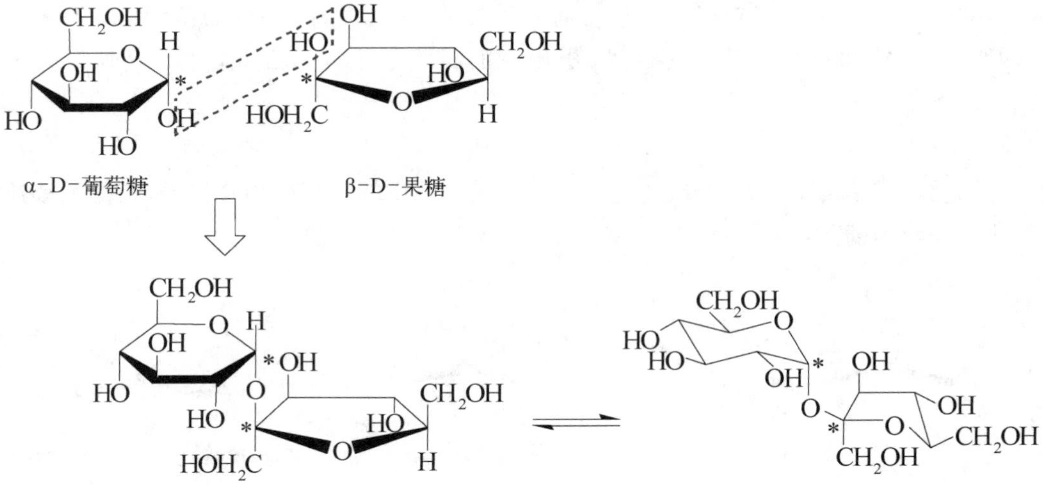

α-D-葡萄糖　　β-D-果糖

蔗糖的哈沃斯式　　蔗糖的构象式

蔗糖的$[\alpha]_D=+66°$，但其水解后生成的葡萄糖和果糖的混合物却是左旋的，由于蔗糖水解时，比旋光度发生了由右旋向左旋的转化，故蔗糖的水解反应又称为转化反应，生成的葡萄糖和果糖混合物称为转化糖。

2. 麦芽糖

麦芽糖水解得到两分子葡萄糖，有变旋光现象、能成脎、能还原费林和多伦试剂，证明它是一个还原糖，即分子中还有苷羟基存在。麦芽糖是由一分子α-葡萄糖与另一分子葡萄糖C4上的羟基缩合失水而成的，通常将这种形式的苷键称为1，4-苷键。

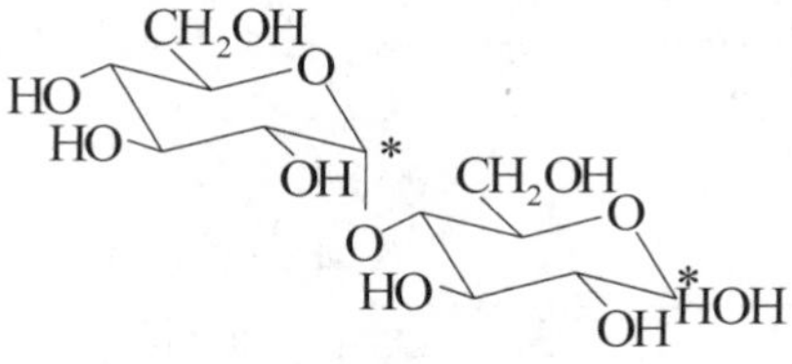

麦芽糖的构象式

15.1.3 多糖

多糖为水解后能产生较多个单糖分子的碳水化合物，也称高聚糖，如纤维素等。

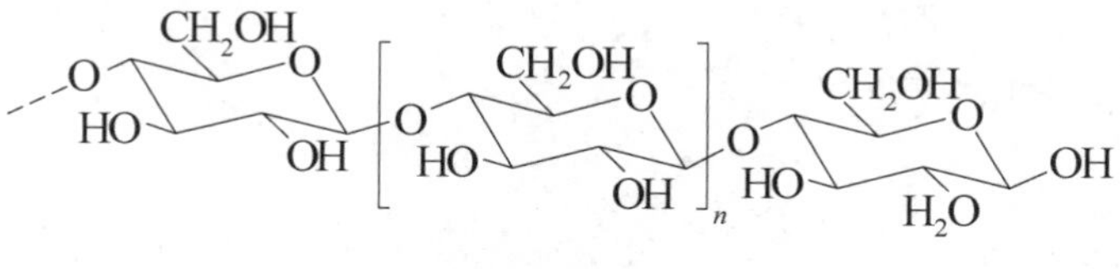

纤维素

上述糖类化合物主要由绿色植物经光合作用而形成，是光合作用的初级产物。

1. 淀粉

淀粉是由若干葡萄糖分子缩合组成的，按结构可分为直链淀粉和支链淀粉。

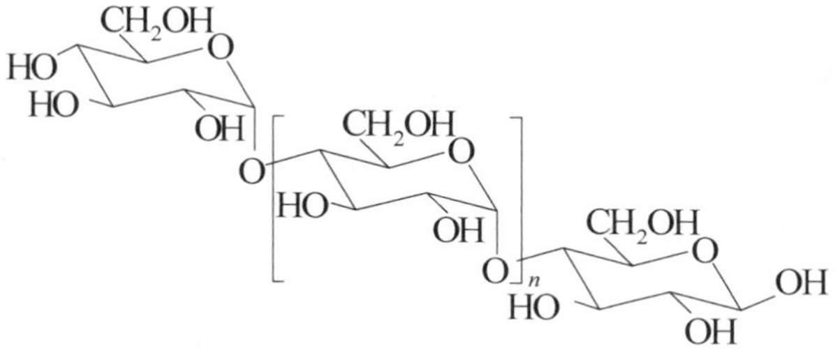

直链淀粉：含有 1 000 个以上的葡萄糖单元，相对分子质量为 15 万～60 万

直链淀粉虽属线型高聚物，但卷曲呈螺旋状，犹如线圈一样，紧密堆积在一起，水分子难以接近，故难溶于水。

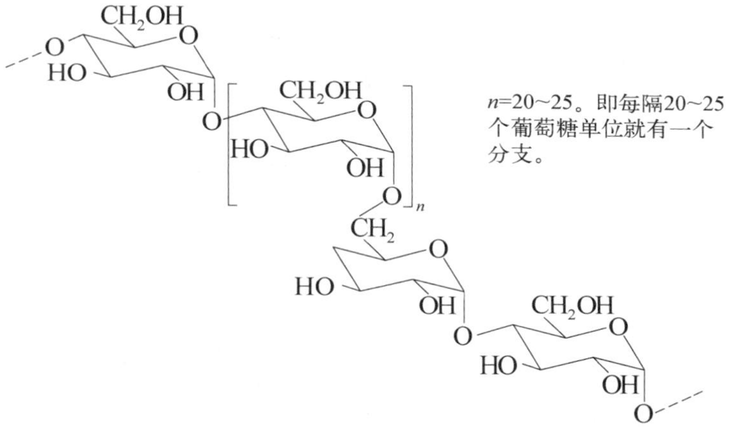

n=20～25。即每隔20～25个葡萄糖单位就有一个分支。

支链淀粉：分子量为 100 万～600 万

因支链淀粉具有高度的分支，使水分子易于接近，因此溶于水。

淀粉在酸催化下水解成糊精，进一步水解为麦芽糖，最后得到葡萄糖。由于淀粉二级结构中的空穴中刚好容纳碘分子，因而淀粉遇到碘显示蓝色（直链）或者紫红色（支链）。

2. 纤维素

由葡萄糖以 β-1,4 苷键连接而成。

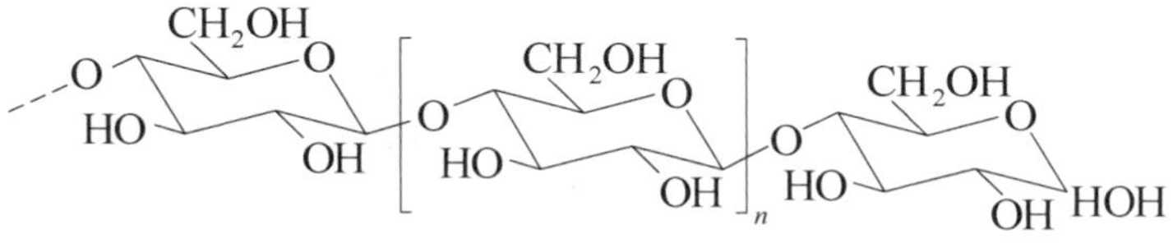

纤维素构象

纤维素与淀粉的差异仅在于两个葡萄糖分子的连接方式不同。

15.2 氨基酸与蛋白质

15.2.1 氨基酸

氨基酸是含有氨基和羧基的一类有机化合物的通称，是生物功能大分子蛋白质的基本组成单位，也是构成动物营养所需蛋白质的基本物质。与生物的生命活动有着密切的关系。它在抗体内具有特殊的生理功能，是生物体内不可缺少的营养成分之一。自然界的氨基酸氨基一般连在 α 碳上，目前自然界中尚未发现蛋白质中有氨基和羧基不连在同一个碳原子上的氨基酸。现已经发现的天然的氨基酸有 300 多种，其中人体所需的氨基酸约有 22 种。

构成蛋白质的氨基酸主要是 α－氨基酸。由蛋白质经酸水解，分离后可得到二十余种 α－氨基酸，其中除甘氨酸之外，都具有旋光性，并且同属 L 构型。如表 15－2 所示为常见的 20 种氨基酸。

表 15－2　常见的 20 种氨基酸

中文名称	英文名称	符号与缩写	pI	侧链结构	类型
丙氨酸	alanine	A 或 Ala	6.02	CH_3—	中性
天冬酰胺	asparagine	N 或 Asn	2.77	H_2N—CO—CH_2—	
半胱氨酸	cysteine	C 或 Cys	5.07	HS—CH_2—	
谷氨酰胺	glutamine	Q 或 Gln	5.65	H_2N—CO—$(CH_2)_2$—	
甘氨酸	glycine	G 或 Gly	5.97	H—	
异亮氨酸	isoleucine	I 或 Ile	6.02	CH_3—CH_2—$CH(CH_3)$—	
亮氨酸	leucine	L 或 Leu	5.98	$(CH_3)_2$—CH—CH_2—	
蛋氨酸	methionine	M 或 Met	5.75	CH_3—S—$(CH_2)_2$—	
苯丙氨酸	phenylalanine	F 或 Phe	5.48	Ph—CH_2—	
脯氨酸	proline	P 或 Pro	6.48	HN—$(CH_2)_3$—CH—（HN 与 CH 成环）	
丝氨酸	serine	S 或 Ser	5.68	HO—CH_2—	
苏氨酸	threonine	T 或 Thr	5.60	CH_3—CH(OH)—	
色氨酸	tryptophan	W 或 Trp	5.89	Ph—NHCH═CCH_2—（Ph 与 C 成环）	
酪氨酸	tyrosine	Y 或 Tyr	5.66	4－OH—Ph—CH_2—	
缬氨酸	valine	V 或 Val	5.97	$(CH_3)_2$CH—	
谷氨酸	glutamic acid	E 或 Glu	3.22	HOOC—$(CH_2)_2$—	酸性
天冬氨酸	aspartic acid	D 或 Asp	2.98	HOOC—CH_2—	
精氨酸	arginine	R 或 Arg	10.98	HN═C(NH_2)—NH—$(CH_2)_3$—	碱性
组氨酸	histidine	H 或 His	7.59	咪唑环（N═CH—NH）—CH_2—	
赖氨酸	lysine	K 或 Lys	9.74	H_2N—$(CH_2)_4$—	

1. 氨基酸的等电点

氨基酸是没有挥发性的黏稠液体或结晶固体。固体氨基酸的熔点很高。一般氨基酸能溶于水，不溶于乙醚、丙酮、氯仿等有机溶剂。氨基是碱性基团，羧基是酸性基团，氨基酸分子是一个两性分子。固体氨基酸主要以内盐形式存在。在水溶液中，根据环境的 pH 而显示不同的存在形式。

$$\underset{\displaystyle NH_2}{RCHCOO^-} \underset{OH^-}{\overset{H^+}{\rightleftharpoons}} \underset{\displaystyle \overset{+}{N}H_3}{RCHCOO^-} \underset{OH^-}{\overset{H^+}{\rightleftharpoons}} \underset{\displaystyle \overset{+}{N}H_3}{RCHCOOH}$$

由于氨基接受质子的能力和羧基离去质子的能力不同，导致溶液中各个离子的不平衡。当溶液 pH 调节到溶液中正、负离子浓度恰好相等时(此时溶液不导电，偶极离子浓度最大，氨基酸的溶解度最小)，此点 pH 值为该氨基酸的等电点 pI。在等电点时，氨基酸溶解度最小，因此，可以利用不同氨基酸等电点的不同分离氨基酸混合物。

2. 氨基酸的化学性质

除了脯氨酸和羟基脯氨酸与水合茚三酮反应显黄色外，其他 α-氨基酸的水溶液与水合茚三酮反应，呈现蓝紫色，这是氨基酸的特征反应，即

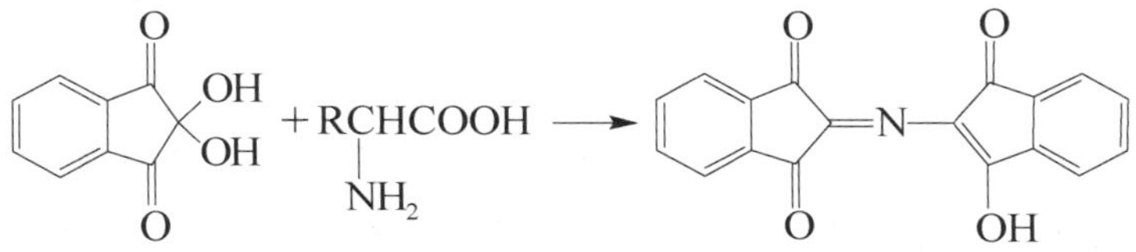

$$\text{水合茚三酮} + \underset{\displaystyle NH_2}{RCHCOOH} \longrightarrow \text{(蓝紫色产物：两个茚酮环经 =N– 相连，一侧为二酮，另一侧为 O 与 OH)}$$

水合茚三酮

氨基酸最重要的性质就是缩合反应，α-氨基酸分子间的氨基与羧基脱水，通过酰胺键相连而成的化合物称为肽，其中酰胺键又称为肽键。由两分子氨基酸组成的肽称为二肽，由多个氨基酸组成的肽称为多肽。

$$H_2NCH_2CONH\overset{\displaystyle CH_3}{\overset{|}{C}}HCOOH \qquad NH_2\overset{\displaystyle CH_3}{\overset{|}{C}}HCONHCH_2COOH$$

甘氨酰丙氨酸　　　　丙氨酰甘氨酸

蛋白质分子中各个基本单元氨基酸都是以肽键连接起来的，可以说蛋白质就是分子量很大的多肽。多肽分子的表示如下：

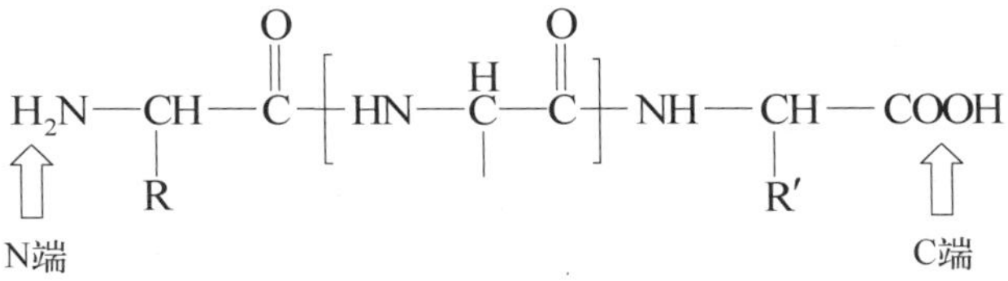

$$\underset{\text{N端}}{H_2N}-\underset{\displaystyle R}{CH}-\overset{\displaystyle O}{\overset{\|}{C}}-\left[HN-\overset{\displaystyle H}{C}-\overset{\displaystyle O}{\overset{\|}{C}}\right]-NH-\underset{\displaystyle R'}{CH}-\underset{\text{C端}}{COOH}$$

3. 氨基酸一般合成方法

氨基酸一般以羧酸为原料合成，经 α-H 卤代后再与氨反应，例如

$$CH_3CH_2COOH \xrightarrow{Br_2,P} \underset{\displaystyle Br}{CH_3\underset{|}{C}HCOOH} \xrightarrow{NH_3} \underset{\displaystyle NH_2}{CH_3\underset{|}{C}HCOOH}$$

此反应易生成仲和叔胺衍生物，不易纯化。

纯净的氨基酸生产方法主要是加百列合成法，例如

$$\text{邻苯二甲酰亚胺(NH)} \xrightarrow{KOH} \text{邻苯二甲酰亚胺钾(NK)} \xrightarrow{BrCH(COOEt)_2} \text{邻苯二甲酰亚氨基}—N—CH(COOEt)_2$$

$$\xrightarrow[\text{② EtBr}]{\text{① EtONa}} \text{邻苯二甲酰亚氨基}—N—\overset{\displaystyle Et}{\overset{|}{C}}H(COOEt)_2 \xrightarrow[\text{② }H^+]{\text{① }OH^-} \underset{\displaystyle NH_2}{CH_3CH_2\underset{|}{C}HCOOH} + \text{邻苯二甲酸}(C_6H_4(COOH)_2)$$

15.2.2 蛋白质

1. 蛋白质的结构

一般认为分子量大于 10 000 的多肽是蛋白质。蛋白质的结构非常复杂，存在四级结构。多肽链中氨基酸组成和氨基酸排列顺序为蛋白质的一级结构。

多肽链的主链由许多酰胺平面组成，平面之间以 α 碳原子相隔。而 C_α—C 键和 C_α—N 键是单键，可以自由旋转，其中 C_α—C 键旋转的角度为 ψ，C_α—N 键旋转的角度为 φ。ψ 和 φ 这一对两面角决定了相邻两个酰胺平面的相对位置，也就决定了肽链的构象，如图 15-1 所示。

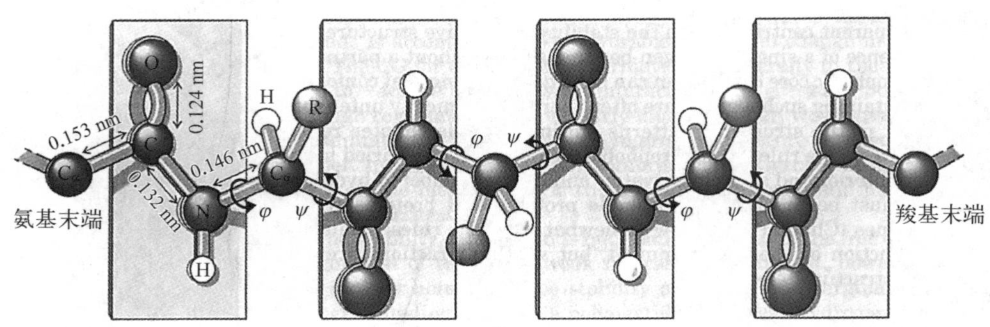

图 15-1 肽链的构象

1）蛋白质的二级结构

蛋白质的二级结构指多肽键在空间的折叠方式。由于氢键和空间效应的影响，使多肽在空间形成一定的排列形式，二级结构的形式为 α-螺旋、β-折叠，如图 15-2 所示。

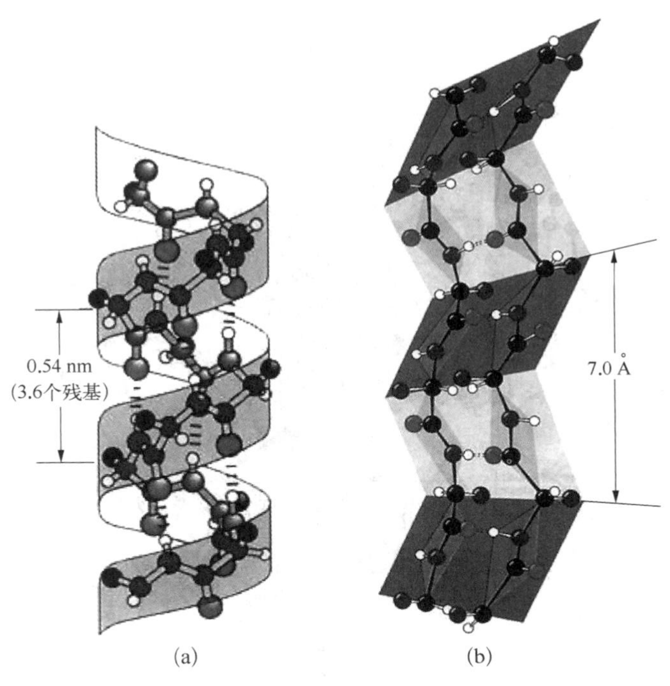

图 15-2　多肽的二级结构

(a) 蛋白质的 α-螺旋结构；(b) β-折叠

两条相邻的肽链之间会形成氢键，正是氢键维持了肽链的空间螺旋结构。

2）蛋白质的三级结构

在二级结构基础上，由螺旋或折叠的肽键再按一定空间取向盘绕交联成的一定的形状称为蛋白质的三级结构，又称亚基。

如图 15-3 所示为鲸肌红蛋白，1963 年 Kendrew 等通过鲸肌红蛋白的 X 射线衍射分析，测得了它的空间结构。

3）蛋白质四级结构

亚基间按一定方式缔合所形成的结构称为蛋白质的四级结构。以血红蛋白(hemoglobin)为例说明蛋白质的四级结构，如图 15-4 所示。血红蛋白是由四个亚基组成：2 个 α-亚基和 2 个 β-亚基，每个亚基由一条多肽链与一个血红素辅基组成，如图 15-5 所示。4 个亚基以正四面体的方式排列，彼此之间以非共价键相连(主要是离子键、氢键)。

2. 蛋白质的性质

与氨基酸相似，蛋白质也有等电点。此外，由于蛋白质分子量巨大，在水中呈现胶体性质，不能通过半透膜。由于胶体不稳定，加入强电解质会产生盐析；当加入能溶于水的有机溶剂或重金属离子时，都会使蛋白质沉淀出来。

1）蛋白质的变性

受热或受化学试剂的作用，蛋白质会发生变性，溶解度下降。变性分为可逆变性和不可逆变性。可逆变性是指蛋白质不会失去生物活性，不可逆变性后蛋白质则会失去生物活性。

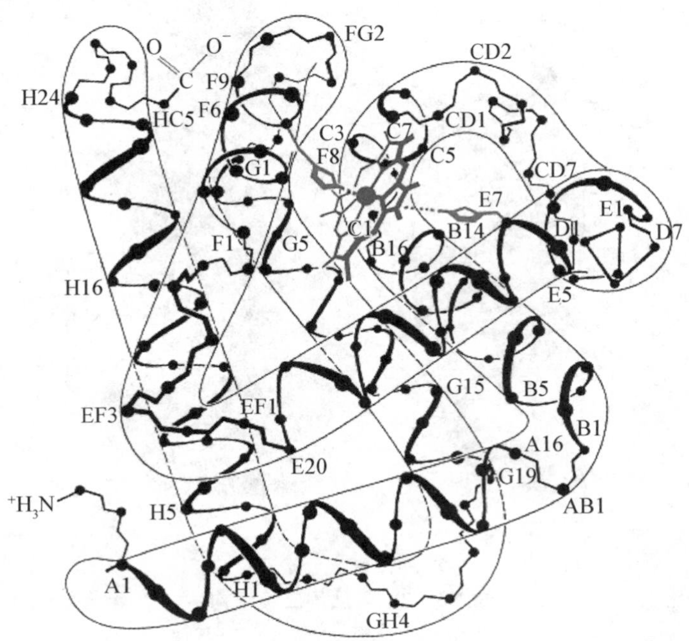

图 15-3　鲸肌红蛋白的三级结构

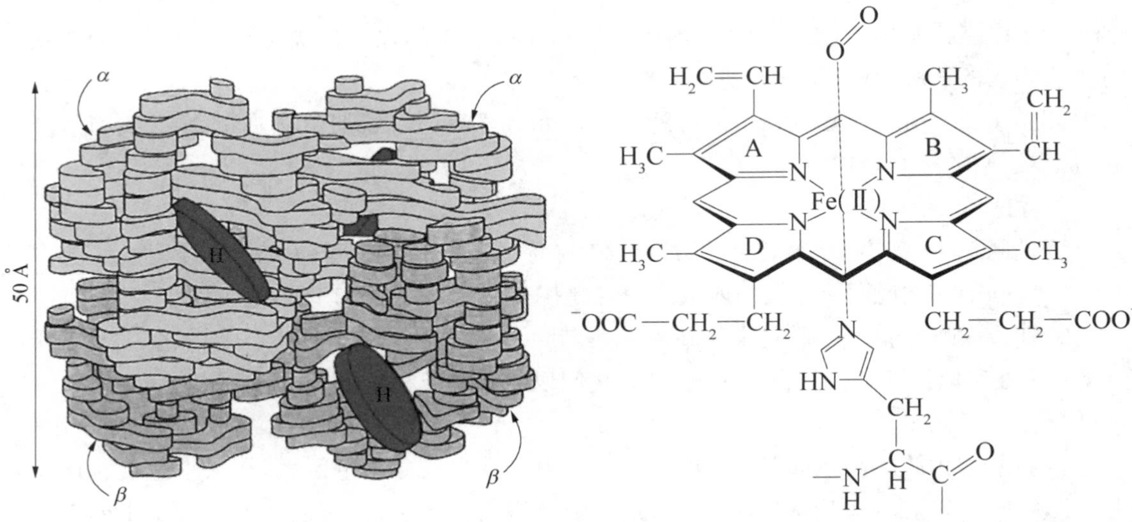

图 15-4　血红蛋白的四级结构

图 15-5　血红蛋白中血红素辅基的结构

2）蛋白质的变色反应

（1）缩二脲反应。蛋白质与硫酸铜的碱性溶液反应，呈红紫色。

（2）蛋白黄反应。含有芳环的蛋白质，遇浓硝酸会显黄色。

（3）水合茚三酮反应。蛋白质与稀的水合茚三酮一起加热，呈蓝紫色。

15.3　核酸

15.3.1　核酸的组成和结构

核酸由核苷与磷酸两部分组成。核苷又由核糖与杂环碱组成。组成核苷的戊糖有两种：核糖和脱氧核糖。

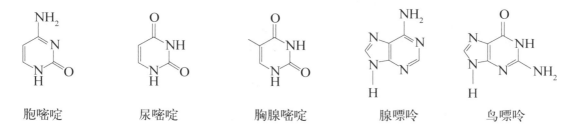

核糖　　　　脱氧核糖

核酸中的杂环碱主要有如下五种：

胞嘧啶　　尿嘧啶　　胸腺嘧啶　　腺嘌呤　　鸟嘌呤

碱基与戊糖结合形成核苷，如

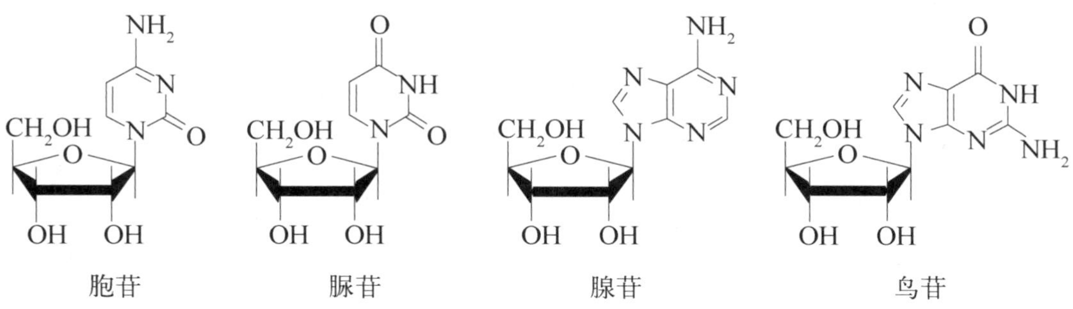

胞苷　　脲苷　　腺苷　　鸟苷

核苷的 3 位或 5 位的羟基和磷酸结合形成核苷酸，如

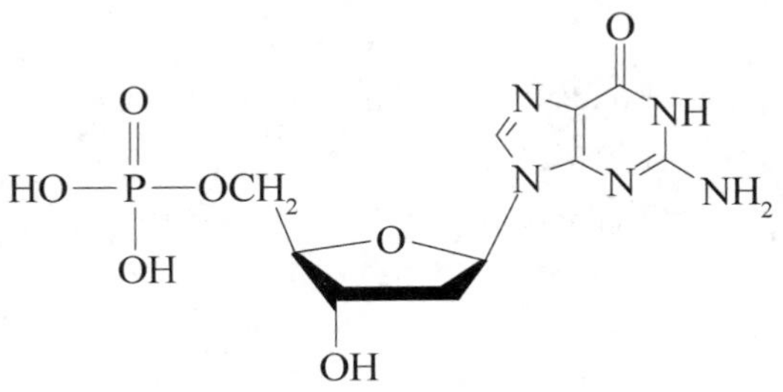

脱氧核糖腺苷-5-磷酸酯

核苷酸通过磷酸连接起来，形成 DNA 链，包含遗传信息的链的片段称为遗传基因，实际上就是碱基的排列次序。两条链按照碱基配对原则相互盘旋，就构成了遗传物质。在 DNA 分子结构中，由于碱基之间的氢键具有固定的数目且 DNA 两条链之间的距离保持不变，使得碱基配对必须遵循一定的规律，即腺嘌呤（adenine，A）一定与胸腺嘧啶（thymine，T）配对，鸟嘌呤（guanine，G）一定与胞嘧啶（cytosine，C）配对，反之亦然。碱基间的这种一一对应的关系称为碱基互补配对原则。

15.3.2 核糖核酸和脱氧核糖核酸

核糖核酸（ribonucleic acid，RNA）存在于生物细胞以及部分病毒、类病毒的遗传信息载体中。RNA 由核糖核苷酸经磷酸二酯键缩合而成长链状分子。一个核糖核苷酸分子由磷酸、核糖和碱基构成。脱氧核糖核酸（deoxyribonucleic acid，DNA）又称去氧核糖核酸，是一种分子双螺旋结构，由脱氧核糖核苷酸（成分为脱氧核糖、磷酸及四种含氮碱基）组成。DNA 可组成遗传指令，引导生物发育与生命机能运作。

习　题

15-1　鉴别下列化合物：

(1) 葡萄糖　　(2) 果糖

(3) 蔗糖　　(4) 淀粉

15-2　推测下列结构题：

(1) 某戊醛糖 A 氧化生成二元酸 B，B 具有旋光性，A 经降解反应生成丁醛糖 C，C 氧化生成二元酸 D，D 无旋光性，设 A 为 D 构型，试写出 A、B、C、D 的结构式。

(2) 一个氨基酸的衍生物 A（分子式为 $C_5H_{10}O_3N_2$）与氢氧化钠水溶液共热放出氮，并生成 $C_3H_5(NH_2)(COOH)$ 的钠盐，若把 A 进行霍夫曼降级反应，则生成 α、β-二氨基丁酸。推测 A 的结构。

15-3　完成下列反应式：

(1) 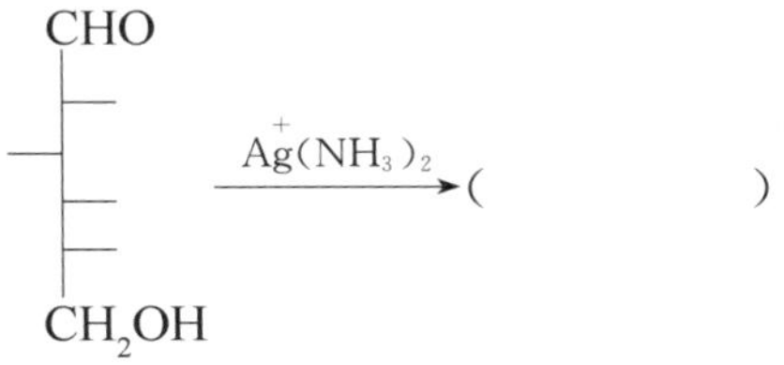

(2) 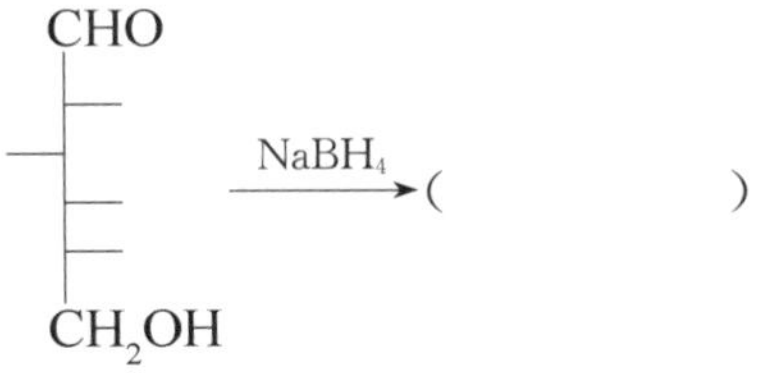

(3) 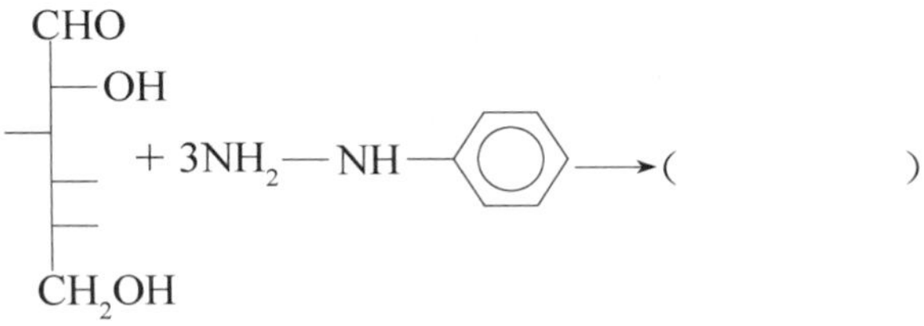

(4) 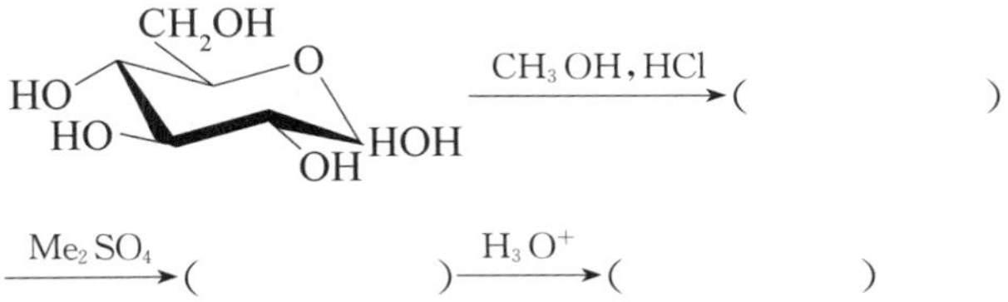

(5) $(CH_3)_2CH\underset{\displaystyle NH_2}{\underset{|}{C}}HCOOH + HNO_2 \longrightarrow$ (　　　　　)

(6) $CH_3\overset{\displaystyle NH_2}{\overset{|}{C}}HCOOH + HCHO \longrightarrow$ (　　　　　)

15-4　选择题。

(1) 下列糖中不与费林试剂反应的是(　　)。

(A) D-核糖

(B) D-果糖

(C) 纤维二糖

(D) 蔗糖

(2) 下列叙述错误的是(　　)。

(A) 葡萄糖在酸性水溶液中有变旋光现象。

(B) 麦芽糖、蔗糖都是还原糖。

(3) 判断下列化合物是否有变旋光现象?(　　)

(A) 是

(B) 否

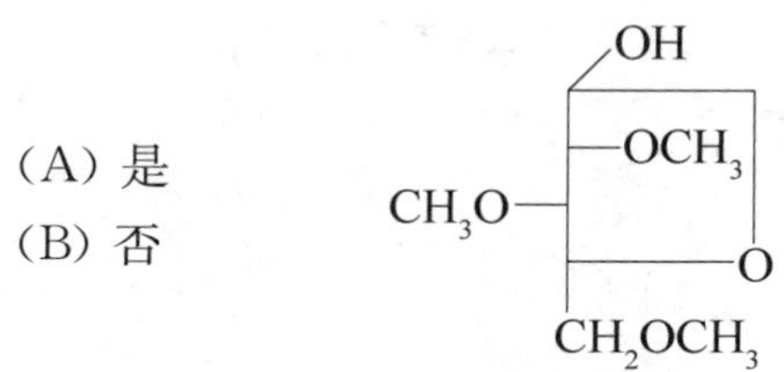

(4) 下列叙述错误的是(　　)。

(A) 蛋白质在高温作用下发生变性。

(B) 氨基酸具有两性,既具有酸性又具有碱性,但它们的等电点都不等于7,含—NH—COOH的氨基酸其等电点也不等于7。

(C) 可以利用等电点原理来分离甘氨酸(H_2NCH_2COOH)和赖氨酸($H_2NCH_2CH_2CH_2CH_2CHNH_2COOH$)的混合物。

(D) 氨基酸在等电点时的溶解度最大。

(5) 鉴定α-氨基酸常用的试剂是(　　)。

(A) 多伦试剂　(B) 水合茚三酮　(C) 费林试剂

(6) 蛋白质是(　　)物质。

(A) 酸性　(B) 碱性　(C) 两性　(D) 中性

(7) 在合成多肽时,保护氨基的试剂是(　　)。

(C) PCl_5　(D) HCl

15-5 写出下列各氨基酸在指定的pH介质中的主要存在形式:

(A) 缬氨酸在pH为8时　(B) 丝氨酸在pH为1时

参 考 文 献

［1］Goodman L. Hyperconjugation not steric repulsion leads to the staggered structure of ethane. Natue[J]. 2001，411：565－568.

［2］Solomons T W G，Fryhle C B. Organic Chemistry[M]. 8th ed. Hoboken：John Wiley & Sons，Inc.，2003.

［3］陈长水.有机化学[M].3 版.北京：科学出版社，2015.

［4］程侣伯.精细化工产品的合成及应用[M].3 版.大连：大连理工大学出版社，1992.

［5］高等学校化学化工类规划教材编审委员会.有机化学[M].大连：大连理工大学出版社，2009.

［6］高鸿宾.有机化学[M].3 版.北京：高等教育出版社，1999.

［7］高鸿宾.有机化学[M].4 版.北京：高等教育出版社，2005.

［8］胡宏纹.有机化学[M].4 版.北京：高等教育出版社，2013.

［9］胡宏纹.有机化学[M].北京：高等教育出版社，1990.

［10］李艳梅，赵圣印，王兰英.有机化学[M].2 版.北京：科学出版社，2014.

［11］鲁崇贤，杜洪光.有机化学[M].北京：科学出版社，2003.

［12］任玉杰.有机化学[M].上海：华东理工大学出版社，2010.

［13］荣国斌，苏克曼.大学有机化学基础[M].上海：华东理工大学出版社，2000.

［14］覃兆海，金淑惠，李楠.基础有机化学[M].北京：科学技术文献出版社，2003.

［15］王积涛.有机化学[M].2 版.天津：南开大学出版社，1993.

［16］王兴明，康明.基础有机化学[M].2 版.北京：科学出版社，2015.

［17］魏骏杰，刘晓东.有机化学[M].2 版.北京：高等教育出版社，2010.

［18］吴范宏，任玉杰.有机化学[M].北京：高等教育出版社，2014.

［19］肖繁华.有机化学[M].北京：化学工业出版社，2018.

［20］刑其毅，徐瑞秋，周政，等.基础有机化学：下册[M].北京：高等教育出版社，1983.

［21］刑其毅.基础有机化学：下册[M].2 版.北京：高等教育出版社，1994.

［22］刑其毅.有机化学[M].北京：高等教育出版社，2002.

［23］邢其毅，裴伟伟，徐瑞秋，等.基础有机化学[M].3 版.北京：高等教育出版社，2005.

［24］邢其毅，裴伟伟，徐瑞秋，等.基础有机化学[M].4 版.北京：北京大学出版社，2016.

[25] 徐寿昌.有机化学[M].北京：高等教育出版社，1993.
[26] 尹玉英.有机化学[M].北京：高等教育出版社，1993.
[27] 袁开基，夏鹏.有机杂环化学[M].北京：人民卫生出版社，1984.
[28] 张文勤，郑艳，马宁，等.有机化学[M].5 版.北京：高等教育出版社，2014.
[29] 郑大贵.基于图表素材的有机化学教学[M].上海：复旦大学出版社，2012.